信息与通信工程专业核心教材

移动通信原理

（第3版）

高伟东　啜　钢　刘　倩　杜海清　编著

電子工業出版社
Publishing House of Electronics Industry
北京·BEIJING

内 容 简 介

本书详细地介绍了移动通信的基本原理和技术。主要内容有：移动通信的基本理论，包括移动通信的无线传播环境、移动通信系统中的调制技术、抗衰落技术、蜂窝组网技术；移动通信的应用系统，包括 GSM 和第三代移动通信系统、第四代移动通信系统、第五代移动通信系统及未来发展趋势。每章开头有学习指导，结束有习题和思考题。

本书力求理论结合实际，在讲述基本理论的同时，更注重实际应用。

本书可作为高等学校通信工程等专业的教材，也可作为从事移动通信研究的工程技术人员的参考书。

图书在版编目（CIP）数据

移动通信原理 / 高伟东等编著. —3 版. —北京：电子工业出版社，2022.7
ISBN 978-7-121-43896-7

Ⅰ. ①移… Ⅱ. ①高… Ⅲ. ①移动通信-通信理论-高等学校-教材 Ⅳ. ①TN929.5

中国版本图书馆 CIP 数据核字（2022）第 118245 号

责任编辑：韩同平
印　　刷：北京虎彩文化传播有限公司
装　　订：北京虎彩文化传播有限公司
出版发行：电子工业出版社
　　　　　北京市海淀区万寿路 173 信箱　邮编：100036
开　　本：787×1092　1/16　印张：19　字数：608 千字
版　　次：2011 年 6 月第 1 版
　　　　　2022 年 7 月第 3 版
印　　次：2025 年 1 月第 5 次印刷
定　　价：65.90 元

凡所购买电子工业出版社图书有缺损问题，请向购买书店调换。若书店售缺，请与本社发行部联系，联系及邮购电话：（010）88254888，88258888。

质量投诉请发邮件至 zlts@phei.com.cn，盗版侵权举报请发邮件至 dbqq@phei.com.cn。

本书咨询联系方式：（010）88254525，hantp@phei.com.cn。

前　言

目前，移动通信是通信领域发展最快的通信技术之一，近年来人们在继续关注第三代蜂窝移动通信系统发展的同时，已将第五代蜂窝移动通信系统投入商用，人们正在从 4G 商用网络的应用中得到无线宽带业务带来的高速、高质量的体验。与此同时，3GPP IMT-Advanced 的标准化和产业化也已经取得了巨大进展，5G 网络逐渐投入商用，相信在不久的将来将会得到迅猛发展。另外，6G 也进入理论探讨和系统仿真评估阶段。

随着移动通信技术的发展，越来越多的年轻学子和广大的工程技术人员渴望学习和了解移动通信的基本原理和新技术。为了满足高等学校电子信息类专业学生和移动通信领域广大工程技术人员的需要，我们编写了此教材。编写此教材的宗旨是：以基础理论、基本技术为基础；以实际移动通信应用系统为重点，力图全面准确地介绍蜂窝移动通信系统基础理论，并且尽量选取较新的资料和作者的一些研究成果，为读者了解移动通信的发展以及新技术和新方法提供帮助。另外，在对移动通信原理和技术进行介绍时，避免过多的数学分析和表述，而尽量用图表和文字进行论述。

本书共 9 章，各章主要内容包括：

第 1 章，介绍了移动通信的发展，简单给出了移动通信系统的特点和应用系统。

第 2 章，较全面地介绍移动通信的无线传播环境和传播预测模型。这部分内容是移动通信的基础，也是移动通信系统设计的关键。

第 3 章，介绍移动通信中的信源编码和调制解调技术，尽管这些技术在通信工程等专业的先修课程中已有所介绍，不过这里将依据移动通信的特点和要求，重点介绍移动通信系统中所采用的调制解调技术。

第 4 章，介绍移动通信系统中的各种抗衰落和抗干扰技术、链路自适应技术，以及多天线传输技术，以期为后面介绍移动应用系统提供必要的理论基础。

第 5 章，从移动通信网的角度，介绍网络的组成和结构。

第 6 章，系统介绍 GSM 系统的业务、网络组成、信道结构，以及呼叫处理和移动性管理等技术。以 GSM 系统为例，使读者较全面地了解一个实际系统的运行过程。另外，还简单介绍了 GSM 的增强技术 GPRS 和 EDGE 系统的概念。

第 7 章，对 3G 技术基础进行介绍，包括 3G 技术的三大标准的基本概念，以及 CDMA2000 1X、WCDMA 和 TD-SCDMA 等。

第 8 章，介绍 3GPP LTE 基本技术，以及第四代移动通信系统的增强技术。

第 9 章，介绍目前 5G 移动通信系统的发展状况、研究成果和未来发展趋势。

本书第 1, 2, 3 章由啜钢编写，第 4, 5, 6, 7 章由高伟东编写，第 8 章由杜海清编写，第 9 章由刘倩编写。

由于作者才疏学浅，书中难免会出现一些错误和不妥之处，敬请批评指正。

作者联系方式：gaoweidong@bupt.edu.cn

编著者

目　　录

第1章 概　述

本章主要介绍了移动通信原理及其应用方面的基本概念，主要包括移动通信系统的发展历程；移动通信的特点；移动通信的工作方式及移动通信的应用系统。

- 重点掌握移动通信的概念、特点；
- 理解移动通信的发展历程及发展趋势；
- 掌握移动通信的3种工作方式；
- 了解移动通信的应用系统。

1.1 移动通信发展简述

1．第一代及第二代移动通信系统

移动通信的飞速发展是超乎寻常的，它是20世纪人类最伟大的科技成果之一。在回顾移动通信的发展进程时我们不得不提起1946年第一个推出移动电话的AT&T的先驱者，正是他们为通信领域开辟了一个崭新的发展空间。然而移动通信真正走向广泛的商用，还应该从20世纪70年代末蜂窝移动通信的推出算起。蜂窝移动通信系统从技术上解决了频率资源有限、用户容量受限、无线电波传输时的干扰等问题。20世纪70年代末的蜂窝移动通信采用的空中接入方式为频分多址接入方式，即所谓的FDMA方式。其传输的无线信号为模拟量，因此人们称此时的移动通信系统为模拟通信系统，也称为第一代移动通信系统(1G)。这种系统的典型代表有美国的AMPS(Advanced Mobile Phone System)、欧洲的TACS(Total Access Communication System)等。我国建设移动通信系统的初期主要就是引入这两类系统。

然而随着移动通信市场的繁荣，对移动通信技术提出了更高的要求。由于模拟系统本身的缺陷，如频谱效率低、网络容量有限、保密性差等，已使得模拟系统无法满足人们的需求了。为此，广大的移动通信领域里的有识之士在20世纪90年代初期开发出了基于数字通信的移动通信系统——数字蜂窝移动通信系统，即第二代移动通信系统(2G)。

第二代数字蜂窝移动通信系统克服了模拟系统所存在的许多缺陷，因此2G系统一经推出就备受人们的注目，得到了迅猛的发展。我国2G移动通信网在短短的十几年就发展为世界范围的最大的移动通信网，几乎完全取代了模拟移动通信系统。在数字蜂窝移动系统中，最有代表性的是GSM系统和CDMA系统。这两大系统在世界数字移动通信市场中占了主要份额。

GSM系统的空中接口采用的是时分多址(TDMA)的接入方式。占移动通信市场的大部分份额。GSM是为了解决欧洲第一代蜂窝系统四分五裂的状态而发展起来的。在GSM之前，欧洲各国在整个欧洲大陆上采用了不同的蜂窝标准，对用户来讲，不能用同一种制式的移动台在整个欧洲进行通信。另外，由于模拟网本身的弱点，使得它的容量也受到了限制。为此欧洲电信联盟在1980初期就开始研制一种覆盖全欧洲的移动通信系统，即GSM系统。如今GSM移动通信系统已经遍及全世界，即所谓的“全球通”。

2．第三代移动通信系统

CDMA即码分多址接入方式。从当前人们对无线接入方式的认识角度来讲，码分多址技术有其独特的优越性。CDMA 技术最先是由美国的高通(Qualcomm)公司提出的，并于 1980 年 11 月在美国的圣地亚哥利用两个小区基站和一个移动台，对窄带 CDMA 进行了首次现场实验。1990 年 9 月，高通公司发布了 CDMA“公共空中接口”规范的第一个版本。1992 年 1 月 6 日，美国通信工业协会(TIA)开始准备 CDMA 的标准化。1995 年正式的 CDMA 标准出台了，即 IS-95A。CDMA 技术向人们展示的是它独特的无线接入技术：系统区分地址时在频率、时间和空间上是重叠的，它使用相互准正交的地址码来完成对用户的识别。这种技术带来的好处有：①多种形式的分集(时间分集、空间分集和频率分集)；②低的发射功率；③保密性；④软切换；⑤大容量；⑥话音激活技术；⑦频率再用及扇区化；⑧低的信噪比或载干比需求；⑨软容量。这些特性在满足用户需求方面具有独特的优势，因而得到迅速发展。3G 技术大多采用了 CDMA 无线接入方式。

尽管基于语音业务的移动通信网足以满足人们对于语音移动通信的需求，但是随着人们对数据通信业务需求的日益增高，人们不再满足于以语音业务为主的移动通信网为人们所提供的服务了。特别是 Internet 的发展大大推动了人们对数据业务的需求。固定数据通信网的用户需求和业务使用量已接近了语音业务。在这种情况下，移动通信网所提供的以语音为主的业务已不能满足人们的需要了。为此移动通信业内的领军者们努力研究开发了适用于数据通信的移动系统。人们首先着手开发的是基于 2G 系统的数据系统。在不大量改变 2G 系统的条件下，适当增加一些网络和一些适合数据业务的协议，使系统可以较高效率传送数据业务。GPRS 就是这样的系统，已在我国组网投入商用。另外，CDMA20001X 也属于这一范畴。

尽管 2.5G 系统可以方便地传输数据业务，然而由于它的先天不足，即没有从根本上解决无线信道传输速率低的问题，因此应该说 2.5G 还是一个过渡系统。而当今人们定义的第三代移动通信系统(3G)才能基本达到人们对快速传输数据业务的需求。

3G 的目标主要有以下几个方面：

（1）全球漫游，以低成本的多模手机来实现。全球具有公用频段，用户不再限制于一个地区和一个网络，而能在整个系统和全球漫游。在设计上具有高度的通用性，拥有足够的系统容量和强大的多种用户管理能力，能提供全球漫游。它是一个覆盖全球的、具有高度智能和个人服务特色的移动通信系统。

（2）适应多种环境，采用多层小区结构，即微微蜂窝、微蜂窝、宏蜂窝；将地面移动通信系统和卫星移动通信系统结合在一起，与不同网络互通；提供无缝漫游和业务一致性，网络终端具有多样性；与第二代系统共存和互通，开放结构，易于引入新技术。

（3）能提供高质量的多媒体业务，包括高质量的话音、可变速率的数据、高分辨率的图像等多种业务，实现多种信息一体化。

（4）足够的系统容量，强大的用户管理能力，高保密性能和服务质量。用户可用唯一的个人电信号码(PTN)在任何终端上获取所需要的电信业务，这就超越了传统的终端移动性，真正实现个人移动性。

为实现上述目标，对无线传输技术提出了以下要求：

（1）高速传输以支持多媒体业务。室内环境至少 2Mb/s，室外步行环境至少 384kb/s，室外车辆环境至少 144kb/s。

（2）传输速率按需分配。

（3）上下行链路能适应不对称业务的需求。

（4）简单的小区结构和易于管理的信道结构。

（5）灵活的频率和无线资源的管理、系统配置和服务设施。

3G 技术标准主要有 3 个：欧洲的 WCDMA、北美的 CDMA2000 和我国的 TD-SCDMA。

随着 3G 逐渐走向商用，3G 演进技术也在世界范围内受到重视。根据两大标准化组织 3GPP(3G Partnership Project，第三代合作伙伴计划)和 3GPP2(3G Partnership Project2，第三代合作伙伴计划 2)的标准发展进程可以清晰地看出 3G 演进路线。

3GPP 标准的演进如图 1.1 所示。

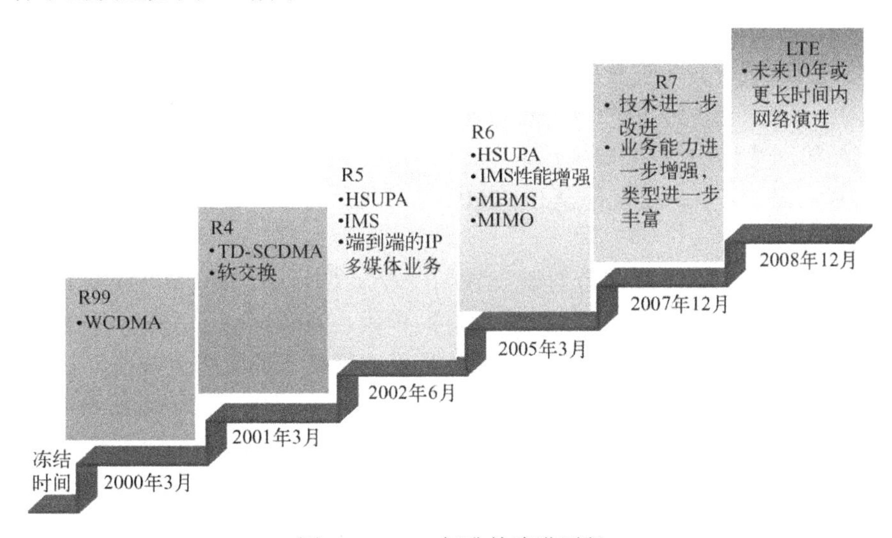

图 1.1　3GPP 标准的演进历程

3GPP 的网络演进是分阶段的平滑演进，R99 系统考虑到了对 GSM 的兼容，现有的 2G 用户和 3G R99 用户会继续把他们的业务通过 CS 域和 PS 域功能的结合来传输；R4 系统对 CS 域进行了大的改动，引入了软交换，并在 BSS 引入 Iu 接口，以适应未来发展的需要；R5 系统则在 PS 域引入 IMS 子系统，提供基于 IP 的实时多媒体业务，并支持未来新业务的开发。同时在 R5 系统引入了下行链路增强技术，即 HSDPA 技术，可在 5MHz 的信道带宽内提供最高 14.4Mb/s 的下行数据传输速率。随后，又在 R6 中引入了上行链路增强技术，即 HSUPA 技术，可在 5MHz 信道带宽内提供最高 5.8Mb/s 的上行数据传输速率。

3．第四代移动通信系统

为应对 WiMAX 等新兴无线宽带技术的竞争，进一步改进和增强现有 3G 技术以提高 3G 技术在宽带无线接入市场的竞争力，2004 年年底，3GPP 提出了 3G 长期演进——3G LTE(Long Term Evolution)计划。为了实现向 LTE 演进的系统目标，3GPP 提出了一系列新技术和实现方案，而且不考虑与现有 WCDMA 系统的后向兼容。LTE 重新定义了空中接口和核心网络，摒弃了 CDMA 技术而采用 OFDM 技术，只支持分组域，这导致 LTE 与已有 3GPP 各版本标准不兼容，现有 3G 网络很难平滑演进到 LTE。3GPP 于 2008 年 1 月通过 FDD LTE 地面无线接入网络技术规范的审批，目前 LTE 已完成修订阶段，并被纳入 3GPP R 8 之中。

需要说明的是，这里所介绍的 3GPP 的标准演进同时包括了 WCDMA 及 TD-SCDMA 的演进方案。

3GPP2 标准的演进如图 1.2 所示。

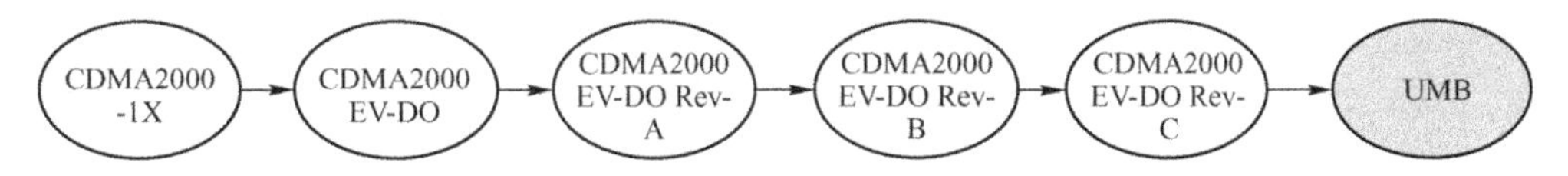

图 1.2　3GPP2 标准的演进路线

3GPP2 中核心网和无线接入网的演进是相互独立的，核心网将向全 IP 过渡。为了满足下一代移动通信中高速率的数据业务并保持前后向兼容性，3GPP2 中无线接入技术的演进，即 AIE（Air Interface Evolution，空中接口演进）将分阶段 1 和阶段 2 两个阶段进行。其中，阶段 1 完成多载波 HRPD（High Rate Packet Data，高速分组数据），即 Rev.B Nx EV-DO，主要目标是提高峰值数据速率并保持后向兼容，同时尽可能减小对基础硬件的影响，通过对多个 HRPD 载波的捆绑，既保持良好的后向兼容，又能够推进标准化和市场化进程；阶段 2 实现增强数据分组空中接口（E-PDAI），其峰值数据速率目标是前向链路依据不同的移动性，可以支持 100～500Mb/s；反向链路支持 50～150Mb/s，同时降低系统时延。2007 年推出的 CDMA2000 演进升级版本 UMB（超移动宽带）空中接口规范采用 OFDMA、MIMO、LDPC 等先进技术，并支持全 IP 业务。但实际上在 3GPP LTE 的竞争下，2008 年高通公司宣布放弃 UMB 技术而转向 LTE 技术的研究。

另外，移动 WiMAX 技术的崛起打破了 WCDMA、CDMA2000 和 TD-SCDMA 三足鼎立的格局，使竞争进一步升级，并加快了技术演进的步伐。随着移动通信技术和宽带无线接入技术的不断发展和融合，能够在移动状态下为用户提供宽带接入的宽带无线移动技术逐渐成为未来无线通信技术的重点。以 3GPP、3GPP2、WiMAX 三大阵营为代表的 4 种技术——WCDMA、CDMA2000、TD-SCDMA（以下简称 TD）和 WiMAX，成为目前最具发展潜力的宽带无线移动技术。

WiMAX 的演进如图 1.3 所示。

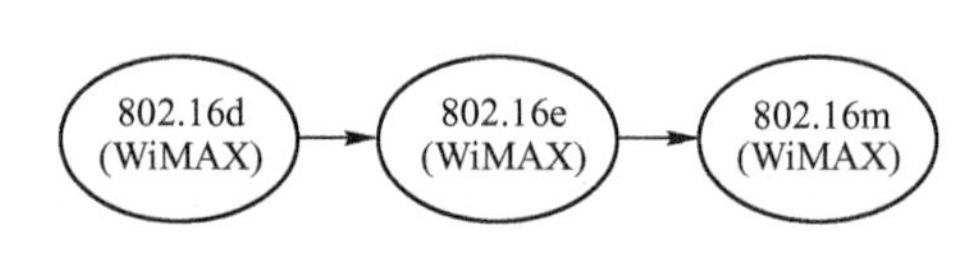

图 1.3 WiMAX 的演进

在 WiMAX 系列标准中，IEEE 802.16d 和 IEEE 802.16e 是核心标准，但随着技术的演进和标准的不断完善，这两大标准已经成为不兼容的两种技术。IEEE 802.16e 采用了很多先进技术来获得高数据速率，包括 OFDMA、先进编码技术 CTC、自适应编码和调制 AMC、混合自动重传请求 HARQ、自适应波束成型、空时码 STC 及 MIMO（多入多出）等技术。IEEE 802.16e 可以使用不同的载波带宽（1.75～20MHz）。例如，在 10MHz 载波带宽下，单用户速率可以达到 30Mb/s，可以支持 120km/h 的移动速度。

IEEE 802.16e 不仅具备 IEEE 802.16d 的性能，而且具备移动、切换等功能，支持多种业务和应用。从应用场景和范围来看，IEEE 802.16e 更为广泛。因此，IEEE 802.16e 将成为 WiMAX 标准的主流，甚至会用于固定接入。

随着 IEEE 802.16d 和 IEEE 802.16e 技术逐渐走向商用，IEEE 802.16 工作组开始研究 WiMAX 下一步演进路线，为此成立了 IEEE 802.16m 工作组，并于 2006 年底获得 IEEE 的正式批准。IEEE 802.16m 的目标是成为下一代移动通信技术，以及 ITU 即将讨论的 IMT-Advanced 标准之一；传输目标是固定状态下传输速率达到 1Gb/s，移动状态下达到 100Mb/s。

移动通信的进一步演进方向是 IMT-Advanced 或称第四代移动通信系统（4G），无论是 LTE 还是 IEEE 802.16m 都在向 IMT-Advanced 标准化演进。对于 IEEE 802.16m 来说，由于它的方案与 4G 的演进方案本质区别较小，两者可以适当融合，所以 IEEE 802.16m 的进一步完善可以成为一种新的 IMT-Advanced 技术方案。2010 年 10 月，ITU-R 经审议一致通过将收到的 6 个 4G 标准候选提案融合为 2 个——LTE-Advanced 和 WirelessMAN-Advanced（IEEE 802.16m）。

归纳起来，4G 是具备宽带接入和具有分布式特征的网络，4G 是一个采用全 IP 的网络结构。也就是说，它的核心网采用 IP 网结构，整个无线接口也采用 IP 技术。4G 网络采用许多新的技术和新的方法来支撑，包括：AMC（Adaptive Modulation and Coding，自适应调制和编码技术）、自适应混合 ARQ 技术、MIMO（多输入多输出）和 OFDM（正交频分复用）技术、智能天线技术、软件无线电技术，以及网络优化和安全性等。另外，为了使 4G 与各种通信网融合必须使 4G 网络支持多种协议。

4．第五代移动通信系统

为顺应未来爆炸性数据流量增长、海量设备接入和各类新业务与多样应用场景的发展趋势，作为通信领域权威的国际化标准组织的国际电信联盟（International Telecommunication Union，ITU），从 2012 年起就开展了关于下一代移动通信系统的研究工作，并在 2015 无线电通信全会上正式将第五代移动通信系统（5G）命名为“IMT-2020”，并顺利完结了 IMT-2020 愿景、技术趋势等基本概念研究工作，2016 年初启动 5G 技术性能需求和评估方法研究，2017 年底启动 5G 候选提案征集，2018 年底启动 5G 技术评估和标准化，并于 2020 年底完成标准制定。

5G 将为社会提供全方位的信息生态系统，实现人与万物智能互联的愿景，包括移动带宽增强（Enhanced Mobile Broadband，eMBB）、大规模机器类通信（Massive Machine Type Communications，eMTC）、超高可靠低时延通信（Ultra-reliable and Low Latency Communications，uRLLC）这三个主要应用场景。5G 系统的主要能力指标扩展为 8 个：支持 10～20Gbit/s 的峰值速率，100Mbit/s～1Gbit/s 的用户体验速率，相对 4G 系统提升 3 到 5 倍的频谱效率，500km/h 的移动性支持，1ms 的空口时延，每平方公里百万的连接数密度，相对 4G 系统百倍提升的网络能量效率，每平方米 10Mbit/s 的流量密度。面对 5G 多样化场景的差异化性能需求，用户体验速率、连接数密度、端到端时延、峰值速率和移动性等都成为 5G 的关键性能指标。因此，5G 技术创新呈现多元化发展的趋势，新型网络架构、新型多址技术、大规模天线阵列、超密集组网、全频谱接入等都被认为是 5G 的关键技术方向。在网络技术领域，基于软件定义网络（Soft Defined Network，SDN）和网络功能虚拟化（Network Function Virtualization，NFV）的新型网络架构已取得业界的广泛共识。此外，统一自适应的帧结构、灵活多址、灵活双工、终端直通（Device-to-Device，D2D）等也被认为是潜在的 5G 无线关键技术。

5．下一代移动通信系统

移动蜂窝通信技术大约每 10 年大发展一次，每一代无线通信技术都比其上一代技术有显著的能力改进，在无线接入网和核心网络中引入了新的服务类型和新的设计理念。在信息消费爆发式增长和生产效率不断提升的需求驱动下，以及在先进的感知技术、人工智能、通信技术、新材料和新器件的赋能下，将衍生出更高层次的移动通信新需求，推动 5G 向 6G 演进和发展。随着 5G 大规模商用，全球业界已开启对下一代移动通信技术（6th Generation of Mobile networks，6G）的研究探索，其发展目前仍处于早期研究阶段。ITU 于 2021 年 3 月成立愿景和需求工作组，3GPP 6G 技术预言与国际标准化预计 2025 年后启动，2030 年前后实现 6G 商用。

我国工信部 IMT-2030(6G)推进组在 2021 年正式发布的《6G 总体愿景与潜在关键技术》白皮书中，对 6G 总体愿景的描述为：“万物智联、数字孪生”。6G 移动通信系统将面向 2030 及未来，构建人机物智慧互联、智能体高效互联，驱动人类社会进入智能化时代。白皮书描绘了未来 6G 的八大主要业务应用，即沉浸式云 XR、全息通信、感官互联、智慧交互、通信感知、普惠智能、数字孪生、全域覆盖，其呈现出沉浸化、智慧化、全域化等新发展趋势。

1.2　移动通信的特点和应用系统

1.2.1　移动通信的特点

所谓移动通信，是指通信双方或至少有一方处于运动中进行信息交换的通信方式。显然，这是一种在人们的生活和工作中非常实用的通信方式。例如，固定点与移动体(汽车、轮船、飞机)之间、移动体与移动体之间、人与活动中的人或人与移动体之间的信息传递，都属于移动通信。

移动通信系统包括无绳电话、无线寻呼、陆地蜂窝移动通信、卫星移动通信等。移动体之间通信联系的传输手段只能依靠无线通信。因此，无线通信是移动通信的基础，而无线通信技术的发展将推动移动通信的发展。当移动体与固定体之间通信联系时，除依靠无线通信技术外，还依赖于有线通信网络技术，例如，公众电话网(PSTN)、公众数据网(PDN)、综合业务数字网(ISDN)。

移动通信的主要特点如下。

(1) 移动通信利用无线电波进行信息传输

移动通信中基站至用户间必须靠无线电波来传送信息。由于无线传播环境十分复杂，导致了无线电波传播特性一般很差。表现在传播的电波一般是直射波和随时间变化的绕射波、反射波、散射波的叠加，造成所接收信号的电场强度起伏不定，最大可相差 20～30dB，这种现象称为衰落。另外，移动台的不断运动，当达到一定速度时，固定点接收到的载波频率将随运动速度 v 的不同，产生不同的频移，即产生多普勒效应，使接收点信号场强的振幅、相位随时间、地点而不断地变化，严重影响通信的质量。这就要求在设计移动通信系统时，必须采取抗衰落措施，以保证通信质量。

(2) 移动通信在强干扰环境下工作

在移动通信系统中，除了一些外部干扰外(如城市噪声、各种车辆发动机点火噪声、微波炉干扰噪声等)，自身还会产生各种干扰。主要的干扰有互调干扰、邻道干扰及同频干扰等。因此，无论是在系统设计中，还是在组网时，都必须对各种干扰问题予以充分的考虑。

① 互调干扰。所谓互调干扰是指两个或多个信号作用在通信设备的非线性器件上，产生与有用信号频率相近的组合频率，从而对通信系统构成干扰的现象。产生互调干扰的原因是由于在接收机中使用“非线性器件”引起的。如接收机的混频，当输入回路的选择性不好时，就会使干扰信号随有用信号一起进入混频级，最终形成对有用信号的干扰。

② 邻道干扰。它是指相邻或邻近的信道(或频道)之间的干扰，是由于一个强信号串扰弱信号而造成的干扰。例如，有两个用户距离基站位置差异较大，且这两个用户所占用的信道为相邻或邻近信道时，距离基站近的用户信号较强，而距离基站远的用户信号较弱，因此，距离基站近的用户有可能对距离基站远的用户造成干扰。为解决这个问题，在移动通信设备中，使用了自动功率控制电路，以调节发射功率。

③ 同频干扰。同频干扰是指相同载频电台之间的干扰。由于蜂窝式移动通信采用同频复用来规划小区，这就使系统中相同频率电台之间的同频干扰成为其特有的干扰。这种干扰主要与组网方式有关，在设计和规划移动通信网时必须予以充分的重视。

(3) 通信容量有限

频率作为一种资源必须合理地安排和分配。由于适于移动通信的频段仅限于 UHF 和 VHF，所以可用的通道容量是极其有限的。为满足用户数量的增加，只能在有限的已有频段中采取有效利用频率措施，如窄带化、缩小频带间隔、频道重复利用等方法来解决。目前常使用频道重复利用的方法来扩容，以增加用户容量。但每个城市要做出长期增容的规划，以利于今后的发展需要。

(4) 通信系统复杂

由于移动台在通信区域内随时运动，需要随机选用无线信道，进行频率和功率控制、地址登记、越区切换及漫游存取等跟踪技术。这就使其信令种类比固定网要复杂得多。在入网和计费方式上也有特殊的要求，所以移动通信系统是比较复杂的。

（5）对移动台的要求高

移动台长期处于位置不固定状态，外界的影响很难预料，如尘土、震动、碰撞、日晒雨淋，这就要求移动台具有很强的适应能力。此外，还要求性能稳定可靠，携带方便、小型、低功耗及耐高、低温等。同时，要尽量使用户操作方便，适应新业务、新技术的发展，以满足不同人群的使用。这给移动台的设计和制造带来了很大困难。

1.2.2 移动通信的应用系统

移动通信的应用系统大致包括以下几种。

（1）蜂窝式公用陆地移动通信系统

蜂窝式公用陆地移动通信系统适用于全自动拨号、全双工工作、大容量公用移动陆地网组网，可与公用电话网中任何一级交换中心相连接，实现移动用户与本地电话网用户、长途电话网用户及国际电话网用户的通话接续；与公用数据网相连接，实现数据业务的接续。这种系统具有越区切换、自动或人工漫游、计费及业务量统计等功能。

（2）集群调度移动通信系统

集群调度移动通信系统属于调度系统的专用通信网。这种系统一般由控制中心、总调度台、分调度台、基地台及移动台组成。

（3）无绳电话系统

无绳电话最初是应有线电话用户的需求而诞生的，初期主要应用于家庭。这种无绳电话系统十分简单，只有一个与有线电话用户线相连接的基站和随身携带的手机，基站与手机之间利用无线电沟通。

但是，无绳电话很快得到商业应用，并由室内走向室外。这种公用系统由移动终端（公用无绳电话用户）和基站组成。基站通过用户线与公用电话网的交换机相连接而进入本地电话交换系统。通常在办公楼、居民楼群之间、火车站、机场、繁华街道、商业中心及交通要道设立基站，形成一种微蜂窝或微微蜂窝网，无绳电话用户只要看到这种基站的标志，就可使用手机呼叫。这就是所谓的“TelePoint”（公用无绳电话）。

（4）无线电寻呼系统

无线电寻呼系统是一种单向通信系统，既可公用也可专用，仅规模大小有差异。专用寻呼系统由用户交换机、寻呼控制中心、发射台及寻呼接收机组成。公用寻呼系统由与公用电话网相连接的无线寻呼控制中心、寻呼发射台及寻呼接收机组成。

（5）卫星移动通信系统

卫星移动通信系统利用卫星中继，在海上、空中和地形复杂而人口稀疏的地区中实现移动通信具有独特的优越性，很早就引起了人们的关注。以手持机为移动终端的非同步卫星移动通信系统已涌现出多种设计及实施方案。其中，呼声最高的要算铱（Iridium）系统，它采用 8 轨道 66 颗星的星状星座，卫星高度为 765km。另外还有：全球星（Global star）系统，它采用 8 轨道 48 颗星的莱克尔星座，卫星高度约 1400km；奥德赛（Odessey）系统，采用 3 轨道 12 颗星的莱克尔星座，中轨、高度为 10 000km；白羊（Aries）系统，采用 4 轨道 48 颗星的星状星座，高度约 1000km；以及俄罗斯的 4 轨道 32 颗星的 COSCON 系统。除上述系统外，海事卫星组织推出的 Inmarsat-P，实施全球卫星移动电话网计划，采用 12 颗星的中轨星座组成全球网，提供声像、传真、数据及寻呼业务。该系统设计可与现行地面移动电话系统联网，用户只需携带便携式双模式话机，在地面移动电话系统的覆盖范围内使用地面蜂窝移动电话网，而在地面移动电话系统不能覆盖的海洋、空中及人烟稀少的边远山区、沙漠地带，则通过转换开关使用卫星网通信。

（6）无线 LAN/WAN

无线 LAN/WAN 是无线通信的一个重要领域。IEEE 802.11、IEEE 802.11a/IEEE 802.11b 及 IEEE 802.11g 等标准已相继出台，为无线局域网提供了完整的解决方案和标准。随着需求的增长和技术的发展，无线局域网的应用越来越广，它的作用不再局限于有线网络的补充和扩展，已经成为计算机网络的一个重要组成部分。WLAN 技术是目前国内外无线通信和计算机网络领域的一大热点，并且止在成为一个新的经济增长点，对 WLAN 技术的研究、开发和应用也正在国内兴起。

本书主要讨论蜂窝式公用移动通信系统，其他系统读者可参考有关文献资料。

习题与思考题

1.1 简述移动通信的特点。

1.2 移动台主要受哪些干扰影响？哪种干扰是蜂窝移动通信系统所特有的？

1.3 简述蜂窝式移动通信的发展历史，说明各代移动通信系统的特点。

1.4 移动通信的工作方式主要有几种？蜂窝式移动通信系统采用哪种方式？

本章参考文献

1 Willie W.Lu. 4G Mobile Reserch IN Asia，IEEE Communication magazine，March 2003

2 Toru Otsu，ichiro okajima，Network Architecture for Mobile Communications Systems Beyond IMT-2000，IEEE Personal Communications，October 2001

3 Aurelian Bria，Fredrik Gessler. 4th-Generation Wireless Infrastructures Scenarios and Research Challenges，IEEE Personal Communications，December 2001

4 啜钢，王文博，常永宇，等. 移动通信原理与应用. 北京：北京邮电大学出版社，2002

5 啜钢，等. CDMA 无线网络规划与优化. 北京：机械工业出版社，2004

6 杨大成，等. CDMA2000 1x 移动通信系统. 北京：机械工业出版社，2003

第 2 章　移动通信电波传播与传播预测模型

本章主要介绍移动通信电波传播的基本概念和原理，并介绍常用的几种传播预测模型。首先介绍电波传播的基本特性，在此基础上介绍影响电波传播的 3 种基本机制：反射、绕射和散射。然后较详细地介绍移动无线信道及其特性参数，给出常用的几种传播预测模型和使用方法。最后介绍中继协同信道及其建模的一些基本概念。

- 理解电波传播的基本特性；
- 了解 3 种电波传播的机制；
- 掌握自由空间和阴影衰落的概念；
- 掌握多径衰落的特性和多普勒频移；
- 掌握多径信道模型的原理和多径信道的主要参数；
- 掌握多径信道的统计分析及多径信道的分类；
- 掌握多径衰落信道的特征量的概念和计算；
- 了解衰落信道的建模和仿真；
- 理解传播损耗和传播预测模型的基本概念，理解几种典型模型；
- 了解中继协同信道的基本概念。

2.1　电波传播的基本特性及其研究方法

2.1.1　电波传播的基本特性

移动通信的首要问题就是研究电波的传播特性，掌握移动通信电波传播特性对移动通信无线传输技术的研究、开发和移动通信的系统设计具有十分重要的意义。移动通信的信道是指基站天线、移动用户天线收发天线之间的传播路径，也就是移动通信系统面对的传播环境。总体来说，移动通信的传播环境包括地貌、人工建筑、气候特征、电磁干扰、通信体移动速度和使用的频段等。无线电波在此环境下传播表现出了几种主要传播方式：直射、反射、绕射和散射，以及它们的合成。图 2.1 描述了一种典型的信号传播环境。

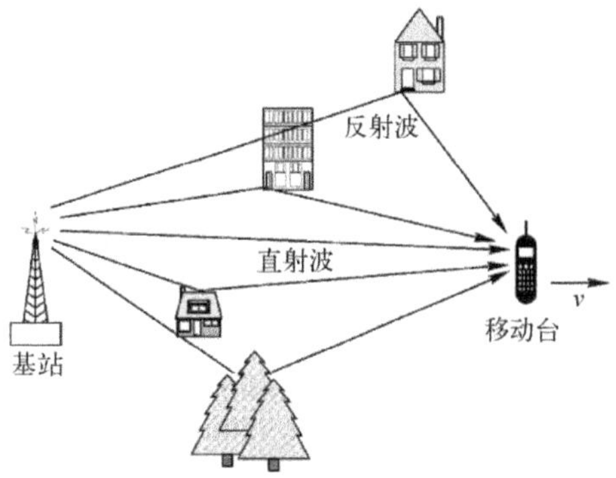

图 2.1　一种典型的信号传播环境

移动通信系统的传播环境的各种复杂因素本身可能与时间有关，收发两端的位置也是随机的和时变的，因而移动信道是时变的随机参数信道。信道参数的随机变化导致接收信号幅度和相位的随机变化，这种现象称为衰落。

无线电波在这种传播环境下受到的影响主要表现在如下几个方面：随信号传播距离变化而导致的传播损耗，即自由空间传输损耗；由于传播环境中的地形起伏、建筑物及其他障碍物对电磁波的遮蔽所引起的损耗，一般称为阴影衰落；无线电波在传播路径上受到周围环境中地形地物的作用而产生的反射、绕射和散射，使得其到达接收机时是从多条路径传来的多个信号的叠加，这种多径传播所引起的信号在接收端幅度、相位和到达时间的随机变化将导致严重的衰落，即所谓多径衰落。

另外，移动台在传播径向方向的运动将使接收信号产生多普勒(Doppler)效应，其结果会导致接收信号在频域的扩展，同时改变了信号电平的变化率。这就是所谓的多普勒频移，它的影响会产生附加的调频噪声，出现接收信号的失真。

通常在分析、研究无线信道时，常常将无线信道分为大尺度(Large-Scale)传播模型和小尺度传播模型两种。大尺度模型主要用于描述发射机与接收机(T-R)之间的长距离(几百或几千米)上信号强度的变化。小尺度模型用于描述短距离(几个波长)或短时间(秒级)内信号强度的快速变化。通常在同一个无线信道中大尺度衰落和小尺度衰落是同时存在的，如图 2.2 所示。

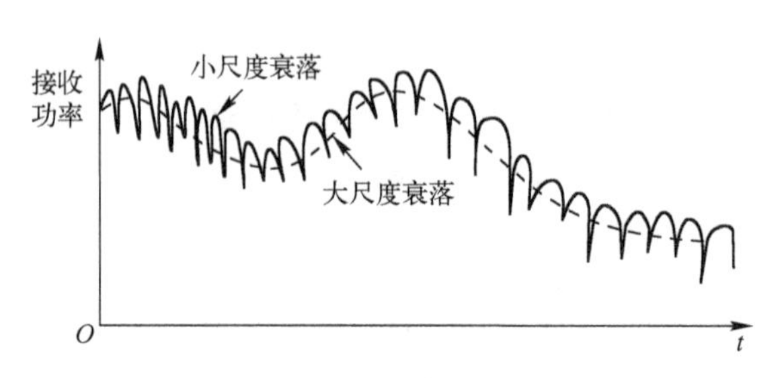

图 2.2　无线信道中的大尺度和小尺度衰落

根据发送信号与信道变化快慢程度的不同，无线信道的衰落又可分为长期慢衰落和短期快衰落。一般而言，大尺度表征了接收信号在一定时间内的均值随传播距离和环境的变化而呈现的缓慢变化，小尺度表征了接收信号短时间内的快速波动。

因此，无线信道的衰落特性可用下式描述

$$r(t) = m(t) \cdot r_0(t) \tag{2.1}$$

式中，$r(t)$ 为信道的衰落因子；$m(t)$ 为大尺度衰落；$r_0(t)$ 为小尺度衰落。

大尺度衰落是由移动通信信道路径上的固定障碍物(建筑物、山丘、树林等)的阴影引起的，衰减特性一般服从 d^{-n} 律，平均信号衰落和关于平均衰落的变化具有对数正态分布的特征。利用不同测试环境下的移动通信信道的衰落中值计算公式，可以计算移动通信系统的业务覆盖区域。从无线系统工程的角度看，传播衰落主要影响无线区的覆盖。

小尺度衰落由移动台运动和地点的变化而产生，主要特征是多径。多径产生时间扩散，引起信号符号间干扰；运动产生多普勒效应，引起信号随机调频。不同的测试环境有不同的衰落特性。而多径衰落严重影响信号传输质量，并且是不可避免的，只能采用抗衰落技术来减小其影响。

2.1.2　电波传播特性的研究方法

理论上来说，电波传播的基本细节可以通过求解带边界条件的麦克斯韦方程得到。边界条件反映了传播环境中各种因素的影响。然而表征传播环境的各种复杂因素是一个复杂的问题，甚至无法得到必要的参数；求解带有复杂边界条件的麦克斯韦方程涉及非常复杂的计算，通常采用一次近似的方法分析电波的传播特性，以避免上述问题。

常用的近似方法是射线跟踪。根据电波在各种障碍物表面上的反射、折射等特性，计算出到达接收端的电波受到的影响。最简单的射线跟踪模型是两径模型，通常是一个直射路径和一个地面反射路径，接收信号是这两个路径信号的叠加。

很多复杂的传播环境不能用射线跟踪模型描述。此时，一般要对传播环境进行实际测量，根据实际测量数据，建立经验模型，如奥村模型、哈塔模型等。

本章将分析无线移动通信信道中信号的场强，概率分布及功率谱密度，多径传播与快衰落，阴影衰落，时延扩展与相关带宽，以及信道的衰落特性，包括平坦衰落和频率选择性衰落，衰落率与电平通过率，电平交叉率，平均衰落周期与长期衰落，衰落持续时间，以及衰落信道的数学模型。另外，介绍主要的用于无线网络工程设计的无线传播损耗预测模型。

2.2 自由空间的电波传播

自由空间是指在理想的、均匀的、各向同性的介质中，电波传播不发生反射、折射、绕射、散射和吸收现象，只存在电磁波能量扩散而引起的传播损耗。在自由空间中，设发射点处的发射功率为 P_t，以球面波辐射；设接收的功率为 P_r，则有

$$P_r = \frac{A_r}{4\pi d^2} P_t G_t \tag{2.2}$$

式中，$A_r = \frac{\lambda^2 G_r}{4\pi}$，$\lambda$为工作波长，$G_t$ 和 G_r 分别为发射天线和接收天线增益，d 为发射天线和接收天线间的距离。

自由空间的传播损耗 L 定义为

$$L = P_t / P_r \tag{2.3}$$

当 $G_t=G_r=1$ 时，自由空间的传播损耗可写成

$$L = \left(\frac{4\pi d}{\lambda}\right)^2 \tag{2.4}$$

若以分贝(dB)表示，则有

$$[L] = 32.45 + 20\lg f + 20\lg d \tag{2.5}$$

式中，f (MHz)为工作频率，d (km)为收发天线间距离。

需要指出的是，自由空间是不吸收电磁能量的介质。实质上自由空间的传播损耗是指：球面波在传播过程中，随着传播距离的增大，电磁能量在扩散过程中引起的球面波扩散损耗。电波的自由空间传播损耗是与距离的平方成正比的。实际上，接收机天线所捕获的信号能量只是发射机天线发射能量的一小部分，大部分能量都散失掉了。

【例 1】 对于自由空间路径损耗模型，求使接收功率达到 1dBm 所需的发射功率。假设载波频率 $f = 5\text{GHz}$，全向天线（$G_t = G_r = 1$），距离分别为 $d = 10\text{m}$ 及 $d = 100\text{m}$。

解： 由于 $G_t = G_r = 1$，所以由式(2.5)有

$$L = 32.45 + 20\lg f + 20\lg d$$

求出发射和接收端距离分别为 10m 和 100m 自由空间的路径损耗，然后依据式(2.3)

$$L = P_t / P_r$$

即

$$P_t(\text{dBm}) = L + P_r$$

求出所需要的发射功率。

当 $d = 10\text{m}$ 时

$$L = 32.45 + 20\lg(5\times10^3) + 20\lg(10\times10^{-3}) = 66.43$$

$$P_t(\text{dBm}) = L + P_r = 67.43\text{dBm}$$

当 $d = 100\text{m}$ 时

$$L = 32.45 + 20\lg(5\times10^3) + 20\lg(100\times10^{-3}) = 126.43$$

$$P_t(\text{dBm}) = L + P_r = 127.43\text{dBm}$$

另外要说明一点，在移动无线系统中通常接收电平的动态范围很大，因此常常用 dBm 或

dBW 为单位来表示接收电平，即

$$P_r(\text{dBm}) = 10\lg P_r(\text{mW})$$

$$P_r(\text{dBW}) = 10\lg P_r(\text{W})$$

2.3 3 种基本电波传播机制

一般认为，在移动通信系统中影响传播的 3 种最基本的机制为反射、绕射和散射。

- 反射发生在地球表面、建筑物和墙壁表面，当电磁波遇到比其波长大得多的物体时就会发生反射。反射是产生多径衰落的主要因素。
- 当接收机和发射机之间的无线路径被尖利的边缘阻挡时会发生绕射。由阻挡表面产生的二次波分布于整个空间，甚至绕射于阻挡体的背面。当发射机和接收机之间不存在视距路径时，围绕阻挡体也产生波的弯曲。视距路径(LOS，Line Of Sight)是指移动台可以看见基站天线；非视距(NLOS)是指移动台看不见基站天线。
- 散射波产生于粗糙表面、小物体或其他不规则物体。在实际的移动通信系统中，树叶、街道标志和灯柱等都会引起散射。

2.3.1 反射与多径信号

1．反射

电磁波的反射发生在不同物体界面上，这些反射界面可能是规则的，也可能是不规则的；可能是平滑的，也可能是粗糙的。为了简化，考虑反射表面是平滑的，即所谓理想介质表面。如果电磁波传输到理想介质表面，则能量都将反射回来。图 2.3 示出了平滑表面的反射。

入射波与反射波的比值称为反射系数。反射系数与入射角θ、电磁波的极化方式及反射介质的特性有关。反射系数可表示为

$$R = \frac{\sin\theta - z}{\sin\theta + z} \tag{2.6}$$

式中 $z = \sqrt{\varepsilon_0 - \cos^2\theta}/\varepsilon_0$（垂直极化），$z = \sqrt{\varepsilon_0 - \cos^2\theta}$（水平极化）

$$\varepsilon_0 = \varepsilon - \text{j}60\sigma\lambda$$

式中，ε为介电常数，σ为电导率，λ为波长。

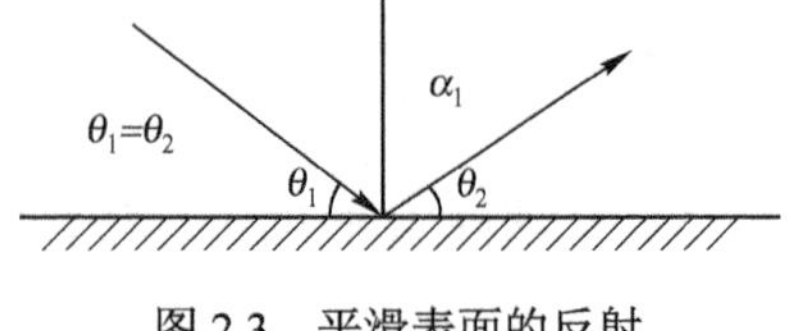

图 2.3 平滑表面的反射

2．两径传播模型

移动传播环境是复杂的，实际上由于众多反射波的存在，在接收机端是大量多径信号的叠加。为了使问题简化，首先考虑简单的两径传播情况，然后再研究多径的问题。

图 2.4 所示为有一条直射波和一条反射波路径的两径传播模型。图中 A 表示发射天线，B 表示接收天线，AB 表示直射波路径，ACB 表示反射波路径。在接收天线 B 处的接收信号功率可表示为

$$P_r = P_t\left[\frac{\lambda}{4\pi d}\right]^2 G_r G_t \left|1 + R\text{e}^{\Delta\varphi} + (1-R)A\text{e}^{\Delta\varphi} + \cdots\right|^2 \tag{2.7}$$

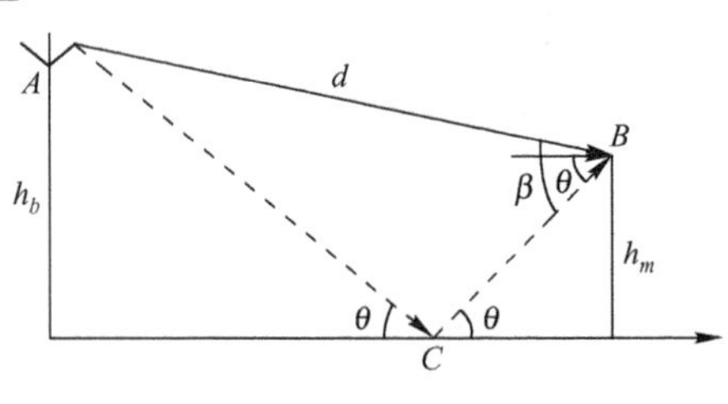

图 2.4 两径传播模型

式中，在绝对值号内，第一项代表直射波，第二项代表地面反射波，第三项代表地表面波，省略号代表感应场和地面二次效应。

在大多数场合，地表面波的影响可以忽略，则式(2.7)可以简化为

$$P_{\mathrm{r}} = P_{\mathrm{t}}\left[\frac{\lambda}{4\pi d}\right]^2 G_{\mathrm{r}}G_{\mathrm{t}}\left|1+R\,\mathrm{e}^{\Delta\varphi}\right|^2 \tag{2.8}$$

式中，P_{r} 和 P_{t} 分别为接收功率和发射功率；G_{t} 和 G_{r} 分别为基站和移动台的天线增益；R 为地面反射系数，可由式(2.6)求出；d 为收发天线距离；λ 为波长；$\Delta\varphi$ 为两条路径的相位差，且有

$$\Delta\varphi = 2\pi\Delta l / \lambda \tag{2.9}$$

$$\Delta l = (AC + CB) - AB \tag{2.10}$$

3. 多径传播模型

考虑 N 个路径时，式(2.8)可推广为

$$P_{\mathrm{r}} = P_{\mathrm{t}}\left[\frac{\lambda}{4\pi d}\right]^2 G_{\mathrm{r}}G_{\mathrm{t}}\left|1+\sum_{i=1}^{N-1} R_i \exp(\mathrm{j}\Delta\varphi_i)\right|^2 \tag{2.11}$$

当多径数目很大时，已无法用式(2.11)准确计算出接收信号的功率，必须用统计的方法计算接收信号的功率。

2.3.2 绕射

在发送端和接收端之间有障碍物遮挡的情况下，电波绕过遮挡物传播称为绕射现象。绕射通常会引起电波的损耗。损耗的大小与遮挡物的性质，以及与传播路径的相对位置有关。

绕射现象可由惠更斯(Huygens)-菲涅耳原理来解释，即波在传播过程中，行进中的波前(面)上的每一点，都可作为产生次级波的点源，这些次级波组合起来形成传播方向上新的波前(面)。绕射由次级波的传播进入阴影区而形成。阴影区绕射波场强为围绕阻挡物所有次级波的矢量和。

图 2.5 是对惠更斯-菲涅耳原理的一个说明。

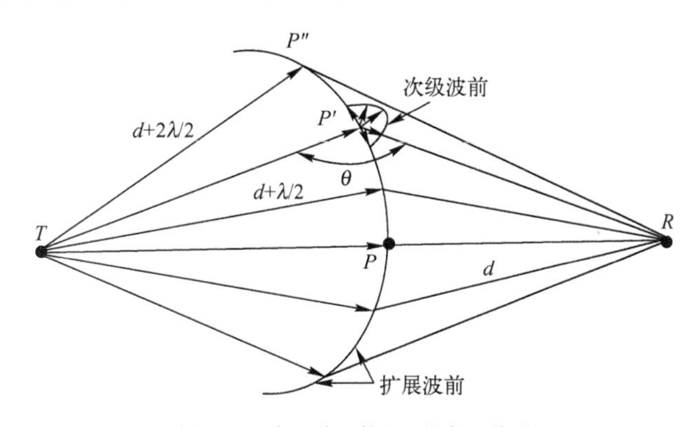

图 2.5 惠更斯-菲涅耳原理说明

由图 2.5 可以看出，在 P' 点处的次级波前中，只有夹角为 θ（即 $\angle TP'R$）的次级波前能到达接收点 R。在 P 点，$\theta = 180°$；对于扩展波前上的其他点，θ 将在 0°～180° 之间变化。θ 的变化决定了到达接收点的辐射能量的大小。显然 P'' 点的二次辐射波对 R 处接收信号电平的贡献小于 P' 点的。

若经由 P' 点的间接路径比经由 P 点的直接路径 d 长 $\lambda/2$，则这两条信号到达 R 点后，由于相位相差180°而相互抵消。如果间接路径长度再增加 $\lambda/2$ 波长，则通过这条间接路径的信号到达 R 点与直接路径信号(经由 P 点)是同相叠加的；间接路径的继续增加，经这条路径的信号就会在接收点 R 交替抵消和叠加。

上述现象可用菲涅耳区来解释。菲涅耳区表示从发射点到接收点次级波的路径长度比直接路径长度大 $n\lambda/2$ 的连续区域。图 2.6 示意了菲涅耳区的概念。

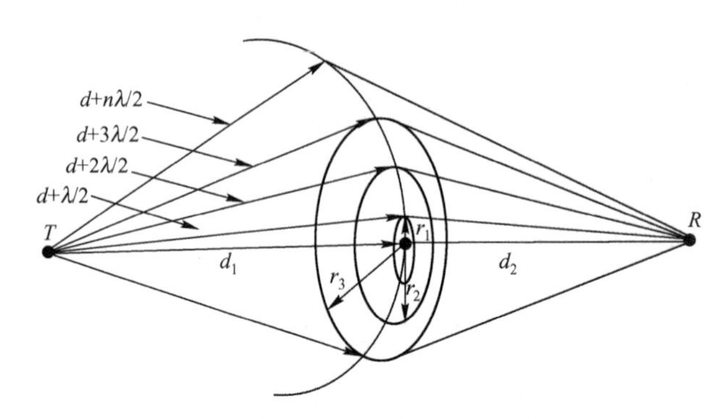

图 2.6　菲涅耳区无线路径的横截面

经过推导可得出，菲涅耳区同心圆的半径为

$$r_n = \sqrt{\frac{n\lambda d_1 d_2}{d_1 + d_2}} \tag{2.12}$$

当 $n=1$ 时，就得到第一菲涅耳区半径。通常认为，在接收点处第一菲涅耳区的场强是全部场强的一半。若发射机和接收机的距离略大于第一菲涅耳区，则大部分能量可以到达接收机。

建立了上述概念后，就可以利用基尔霍夫(Kirchhoff)公式求解从波前点到空间任何一点的场强：

$$E_{\mathrm{R}} = \frac{-1}{4\pi}\int_{\mathrm{s}}\left[E_{\mathrm{s}}\frac{\partial}{\partial n}\left(\frac{\mathrm{e}^{-\mathrm{j}kr}}{r}\right) - \frac{\mathrm{e}^{-\mathrm{j}kr}}{r}\frac{\partial E_{\mathrm{s}}}{\partial n}\right]\mathrm{d}s \tag{2.13}$$

式中，E_{R} 为波面场强，$\frac{\partial E_{\mathrm{s}}}{\partial n}$ 为与波面正交的场强导数。

在实际计算绕射损耗时，很难给出精确的结果。为了估计计算方便人们常常采用一些典型的绕射模型。

2.3.3　散射

当无线电波遇到粗糙表面时，反射能量由于散射而散布于所有方向，这种现象称为散射。散射给接收机提供了额外的能量。散射发生的表面常常是粗糙不平的。

前面提到的反射一般采用平滑的表面，而散射发生的表面常常是粗糙不平的。给定入射角 θ_{i}，则得到表面平整度的参数高度为

$$h_{\mathrm{c}} = \frac{\lambda}{8\sin\theta_{\mathrm{i}}} \tag{2.14}$$

式中，λ 为入射电波的波长。

若平面上最大的突起高度 $h < h_{\mathrm{c}}$，则可认为该表面是光滑的；反之，认为该表面是粗糙

的。计算粗糙表面的反射时需要乘以散射损耗系数 ρ_s，以表示减弱的反射场。Ament 提出表面高度 h 是具有局部平均值的高斯(Gaussian)分布的随机变量，此时

$$\rho_s = \exp\left[-8\left(\frac{\pi\sigma_h \sin\theta_i}{\lambda}\right)^2\right] \tag{2.15}$$

式中，σ_h 为表面高度的标准差。

当 $h > h_c$ 时，可以用粗糙表面的修正反射系数表示反射场强：

$$\Gamma_{\text{rough}} = \rho_s \Gamma \tag{2.16}$$

2.4 阴影衰落的基本特性

阴影衰落是由移动无线通信信道传播环境中的地形起伏、建筑物及其他障碍物对电波传播路径的阻挡而形成的电磁场阴影效应。阴影衰落的信号电平起伏是相对缓慢的，又称为慢衰落。其特点是衰落与无线电传播地形和地物的分布、高度有关。图 2.7 示意了阴影衰落。

阴影衰落一般表示为电波传播距离 r 的 m 次幂与表示阴影损耗的正态对数分量的乘积。移动用户和基站之间的距离为 r 时，传播路径损耗和阴影衰落可以表示为

$$l(r,\zeta) = r^m \times 10^{\zeta/10} \tag{2.17}$$

式中，ζ 为阴影产生的对数损耗(dB)，服从零均值和标准偏差为σdB 的对数正态分布。

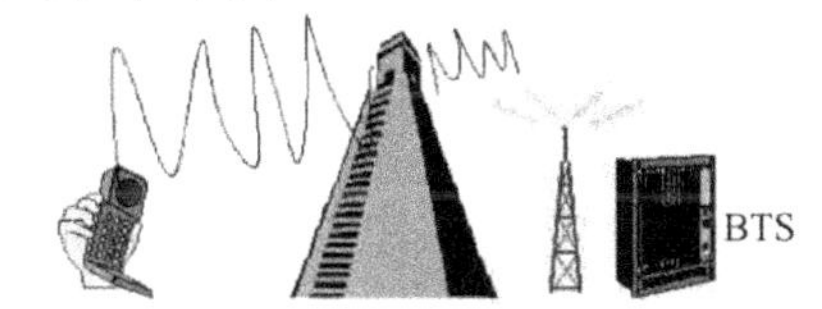

图 2.7　阴影衰落

当用 dB 表示时，式(2.17)变为

$$10\lg l(r,\zeta) = 10m\lg r + \zeta \tag{2.18}$$

人们将 m 称为路径损耗指数，实验数据表明 m=4，标准差σ=8dB，是合理的。

2.5 多径传播模型

2.5.1 多径衰落的基本特性

移动无线信道的主要特征是多径传播。多径传播是由于无线传播环境的影响，在电波传播路径上产生了反射、绕射和散射，这样当电波传输到移动台的天线时，信号不是从单一路径来的，而是由许多路径来的多个信号的叠加。因为电波通过各个路径的距离不同，所以各个路径电波到达接收机的时间不同，相位也就不同。不同相位的多个信号在接收端叠加，有时是同相叠加而加强，有时是反相叠加而减弱。这样接收信号的幅度将急剧变化，即产生了所谓的多径衰落。多径衰落将严重影响信号的传输质量，所以研究多径衰落对移动通信传输技术的选择和数字接收机的设计尤为重要。

根据对大尺度衰落和小尺度衰落的分类，这里所讨论的属于小尺度衰落。

多径衰落的基本特性表现为信号幅度的衰落和时延扩展。具体地说，从空间角度考虑多径衰落时，接收信号的幅度将随着移动台移动距离的变动而衰落，其中本地反射物所引起的多径效应表现为较快的幅度变化，而其局部均值是随距离增加而起伏的，反映了地形变化所引起的衰落及空间扩散损耗；从时间角度考虑，由于信号的传播路径不同，所以到达接收端的时间也

就不同，当基站发出一个脉冲信号时，接收信号不仅包含该脉冲，还包括此脉冲的各个延时信号。这种由于多径效应引起的接收信号中脉冲的宽度扩展现象称为时延扩展。一般来说，模拟移动通信系统主要考虑多径效应引起的接收信号的幅度变化；数字移动通信系统主要考虑多径效应引起的脉冲信号的时延扩展。

基于上述多径衰落特性，在研究多径衰落时从以下几个方面进行：研究无线信道的数学描述方法；考虑无线信道的特性参数；根据测试和统计分析的结果，建立移动无线信道的统计模型；考察多径衰落的衰落特性参数。

2.5.2 多普勒频移

当移动体在 x 轴上以速度 v 移动时会引起多普勒频率漂移，如图 2.8 所示。

此时，多普勒效应引起的多普勒频移可表示为

$$f_{\mathrm{d}}=\frac{v}{\lambda}\cos\alpha \tag{2.19}$$

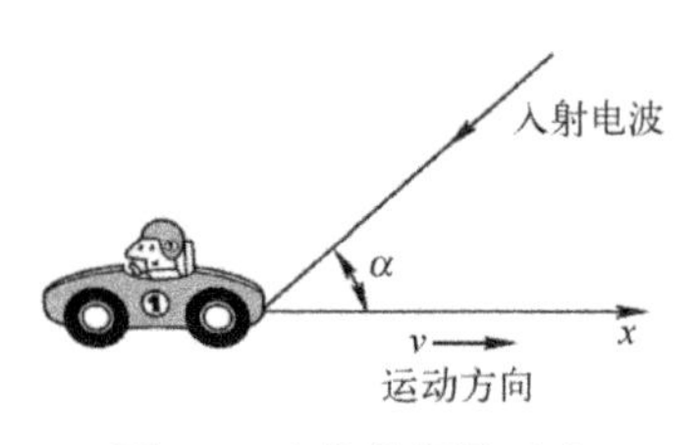

图 2.8 多普勒频移示意

式中，v 为移动速度；λ 为波长；α为入射波与移动台移动方向之间的夹角；$v/\lambda=f_{\mathrm{m}}$，为最大多普勒频移。

由式(2.19)可以看出，多普勒频移与移动台运动的方向、速度，以及无线电波入射方向之间的夹角有关。若移动台朝向入射波方向运动，则多普勒频移为正(接收信号频率上升)；反之，若移动台背向入射波方向运动，则多普勒频移为负(接收信号频率下降)。信号经过不同方向传播，其多径分量将造成接收机信号的多普勒扩散，因而增加了信号带宽。

2.5.3 多径信道的信道模型

多径信道对无线信号的影响表现为多径衰落特性。通常可以将信道视为作用于信号上的一个滤波器，因此可通过分析滤波器的冲激响应和传递函数得到多径信道的特性。

设传输信号

$$x(t)=\mathrm{Re}\{s(t)\exp(\mathrm{j}2\pi f_{\mathrm{c}}t)\} \tag{2.20}$$

式中，f_{c} 为载频。当此信号通过无线信道时，会受到多径信道的影响而产生多径效应。假设第 i 径的路径长度为 x_i 、衰落系数(或反射系数)为 a_i，则接收到的信号可表示为

$$\begin{aligned}y(t)&=\sum_i a_i x\left(t-\frac{x_i}{c}\right)=\sum_i a_i\,\mathrm{Re}\left\{s\left(t-\frac{x_i}{c}\right)\exp\left[\mathrm{j}2\pi f_{\mathrm{c}}\left(t-\frac{x_i}{c}\right)\right]\right\}\\&=\mathrm{Re}\left\{\sum_i a_i s\left(t-\frac{x_i}{c}\right)\exp\left[\mathrm{j}2\pi\left(f_{\mathrm{c}}t-\frac{x_i}{\lambda}\right)\right]\right\}\end{aligned} \tag{2.21}$$

式中，c 为光速；$\lambda=c/f_{\mathrm{c}}$ 为波长。

经简单推导可以得出接收信号的包络：

$$y(t)=\mathrm{Re}\{r(t)\exp(\mathrm{j}2\pi f_{\mathrm{c}}t)\} \tag{2.22}$$

式中，$r(t)$ 为接收信号的复数形式，即

$$r(t)=\sum_i a_i\exp\left(-\mathrm{j}2\pi\frac{x_i}{\lambda}\right)s\left(t-\frac{x_i}{c}\right)=\sum_i a_i\exp(-\mathrm{j}2\pi f_{\mathrm{c}}\tau_i)s(t-\tau_i) \tag{2.23}$$

式中，$\tau_i=x_i/c$ 为传播时延。

$r(t)$ 实质上是接收信号的复包络，是衰落、相移和时延都不同的各个路径的总和。

上面的讨论忽略了移动台的移动情况。考虑移动台移动时，由于移动台周围的散射体较杂乱，则多径的各个路径长度将发生变化。这种变化会导致每条路径的频率发生变化，产生多普勒效应。

设路径i的到达方向和移动台运动方向之间的夹角为θ_i，则路径的变化量为

$$\Delta x_i = -vt\cos\theta_i \tag{2.24}$$

这时信号输出的复包络将变为

$$\begin{aligned} r(t) &= \sum_i a_i \exp\left(-\mathrm{j}2\pi\frac{x_i+\Delta x_i}{\lambda}\right)s\left(t-\frac{x_i+\Delta x_i}{c}\right) \\ &= \sum_i a_i \exp\left(-\mathrm{j}2\pi\frac{x_i}{\lambda}\right)\exp\left(\mathrm{j}2\pi\frac{v}{\lambda}t\cos\theta_i\right)s\left(t-\frac{x_i}{c}+\frac{vt\cos\theta_i}{c}\right) \end{aligned} \tag{2.25}$$

简化式(2.25)，忽略信号的时延变化量$\frac{vt\cos\theta_i}{c}$在$s\left(t-\frac{x_i}{c}+\frac{vt\cos\theta_i}{c}\right)$中的影响(因为$\frac{vt\cos\theta_i}{c}$的数量级比$\frac{x_i}{c}$小得多)，但$\frac{vt\cos\theta_i}{c}$在相位中不能忽略，则

$$\begin{aligned} r(t) &= \sum_i a_i \exp\left[\mathrm{j}2\pi\left(\frac{v}{\lambda}t\cos\theta_i-\frac{x_i}{\lambda}\right)\right]s\left(t-\frac{x_i}{c}\right) \\ &= \sum_i a_i \exp\left[\mathrm{j}2\pi\left(f_\mathrm{m}t\cos\theta_i-\frac{x_i}{\lambda}\right)\right]s(t-\tau_i) \\ &= \sum_i a_i \exp[\mathrm{j}(2\pi f_\mathrm{m}t\cos\theta_i-2\pi f_\mathrm{c}\tau_i)]s(t-\tau_i) \\ &= \sum_i a_i s(t-\tau_i)\exp[-\mathrm{j}(2\pi f_\mathrm{c}\tau_i-2\pi f_\mathrm{m}t\cos\theta_i)] \end{aligned} \tag{2.26}$$

式中，f_m为最大多普勒频移。

式(2.26)表明了多径和多普勒效应对复基带传输信号$s(t)$施加的影响。

令
$$\psi_i(t) = 2\pi f_\mathrm{c}\tau_i - 2\pi f_\mathrm{m}t\cos\theta_i = \omega_\mathrm{c}\tau_i - \omega_{\mathrm{D},i}t \tag{2.27}$$

式中，τ_i为第i条路径到达接收机的信号分量的增量延迟，它随时间变化。增量延迟是指实际延迟减去所有分量取平均的延迟。因此$\omega_\mathrm{c}\tau_i$表示了多径延迟对随机相位$\psi_i(t)$的影响。$\omega_{\mathrm{D},i}t$表示多普勒效应对$\psi_i(t)$的影响。在任何时刻t，随机相位$\psi_i(t)$都可产生对$r(t)$的影响，从而引起多径衰落。

进一步分析式(2.26)可得

$$r(t) = \sum_i a_i s(t-\tau_i)\mathrm{e}^{-\mathrm{j}\psi_i(t)} = s(t)*h(t,\tau) \tag{2.28}$$

式中，$s(t)$为复基带传输信号；$h(t,\tau)$为信道的冲激响应；符号$*$表示卷积。图 2.9 所示为这种等效的冲激响应的信道模型。其中冲激响应可表示为

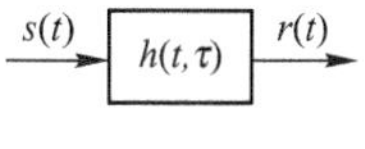

$s(t)$ → [$h(t,\tau)$] → $r(t)$

图 2.9　等效冲激响应模型

$$h(t,\tau) = \sum_i a_i \mathrm{e}^{-\mathrm{j}\psi_i(t)}\delta(\tau-\tau_i) \tag{2.29}$$

式中，a_i、τ_i为第i个分量的实际幅度和增量延迟；相位$\psi_i(t)$包含了在第i个增量延迟内一个多径分量所有的相移；$\delta(\bullet)$为单位冲激函数。

假设信道冲激响应具有时不变性，或者至少在一小段时间间隔或距离内具有保持不变，则信道冲激响应可以简化为

$$h(\tau)=\sum_i a_i \mathrm{e}^{-\mathrm{j}\psi_i(t)}\delta(\tau-\tau_i) \tag{2.30}$$

此冲激响应完全描述了信道特性。研究表明，相位ψ_i服从$[0,2\pi]$的均匀分布，多径信号的个数、每个多径信号的幅度(或功率)，以及时延需要进行测试，找出其统计规律。此冲激响应模型在工程上可用抽头延迟线实现。

2.5.4 多径信道的主要描述参数

由于多径环境和移动台运动等因素的影响，使得移动信道对传输信号在时间、频率和角度上造成了色散。通常用功率在时间、频率及角度上的分布来描述这种色散，即用功率延迟分布(PDP，Power Delay Profile)描述信道在时间上的色散；用多普勒功率谱密度(DPSD，Doppler Power Spectral Density)描述信道在频率上的色散；用角度谱(PAS，Power Azimuth Spectrum)描述信道在角度上的色散。定量描述这些色散时，常用一些特定参数来描述，即所谓多径信道的主要参数。

1. 时间色散参数和相关带宽

（1）时间色散参数

这里讨论的多径信道时间色散参数，是用平均附加时延$\bar{\tau}$和 rms 时延扩展σ_τ，以及最大附加延时扩展(XdB)描述的。这些参数是由功率延迟分布$P(\tau)$来定义的。功率延迟分布是一个基于固定时延参考τ_0的附加时延τ的函数，通过对本地瞬时功率延迟分布取平均得到。

平均附加时延$\bar{\tau}$定义为

$$\bar{\tau}=\frac{\sum_k a_k^2\tau_k}{\sum_k a_k^2}=\frac{\sum_k P(\tau_k)\tau_k}{\sum_k P(\tau_k)} \tag{2.31}$$

rms 时延扩展σ_τ定义为

$$\sigma_\tau=\sqrt{E(\tau^2)-(\bar{\tau})^2} \tag{2.32}$$

式中

$$E(\tau^2)=\frac{\sum_k a_k^2\tau_k^2}{\sum_k a_k^2}=\frac{\sum_k P(\tau_k)\tau_k^2}{\sum_k P(\tau_k)} \tag{2.33}$$

最大附加时延扩展(XdB)定义为，多径能量从初值衰落到比最大能量低 X(dB)处的时延。也就是说，最大附加时延扩展定义为$\tau_x-\tau_0$，其中τ_0是第一个到达信号的时刻，τ_x是最大时延值，该期间到达的多径分量不低于最大分量减去 XdB(最强多径信号不一定在τ_0处到达)。实际上最大附加时延扩展(XdB 处)定义了高于某特定门限的多径分量的时间范围。

在市区环境中常将功率延迟分布近似为指数分布，如图 2.10 所示。

其指数分布为

$$P(\tau)=\frac{1}{T}\mathrm{e}^{-\tau/T} \tag{2.34}$$

式中，T是常数，为多径时延的平均值。

为了更直观地说明平均附加时延$\bar{\tau}$和 rms 时延扩展σ_τ，以及最大附加时延扩展(XdB)的概念，图 2.11 示出了典型的对最强路径信号功率的归一化时延扩展谱。图中，T_m为归一化的最大附加时延扩展(XdB)；τ_m为归一化平均附加时延$\bar{\tau}$；Δ为归一化 rms 时延扩展σ_τ。

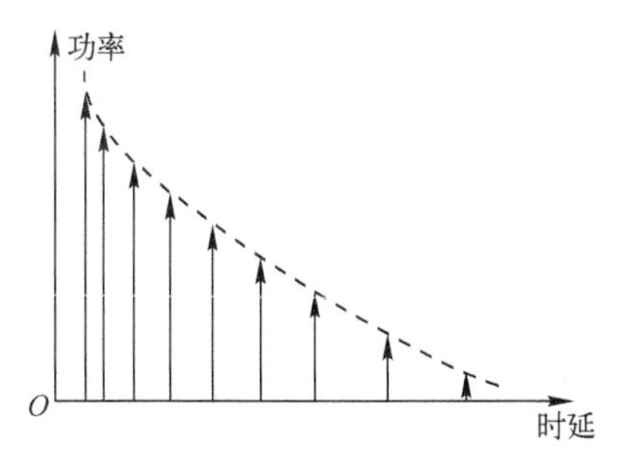

图 2.10　功率延迟分布示意

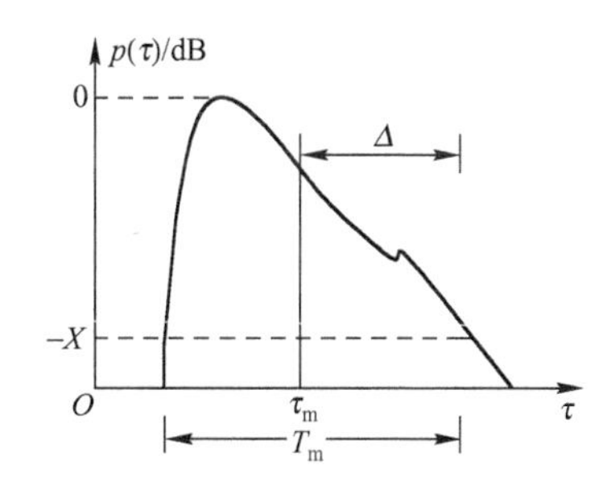

图 2.11　典型的归一化时延扩展谱

（2）相关带宽

与时延扩展有关的另一个重要概念是相关带宽。当信号通过移动信道时，会引起多径衰落。我们自然会考虑，信号中不同频率分量通过多径衰落信道后所受到的衰落是否相同。频率间隔靠得很近的两个衰落信号存在不同时延，这可使两个信号变得相关。使得这一情况经常发生的频率间隔取决于时延扩展 σ_τ。这一频率间隔称为“相干”(coherence) 或“相关”(correlation) 带宽 (B_c)。

为了说明问题简单起见，先考虑两径的情况。

图 2.12 示出了两条路径信道模型。第一条路径信号为 $x_i(t)$，第二条路径信号为 $rx_i(t)\mathrm{e}^{\mathrm{j}\omega\varDelta(t)}$，$r$ 为比例常数，$\varDelta(t)$ 为两径时延差。

接收信号为
$$r_0(t)=x_i(t)(1+r\mathrm{e}^{\mathrm{j}\omega\varDelta(t)}) \tag{2.35}$$

两路径信道的等效网络传递函数为
$$H_\mathrm{e}(\mathrm{j}\omega,t)=\frac{r_0(t)}{x_i(t)}=1+r\mathrm{e}^{\mathrm{j}\omega\varDelta(t)} \tag{2.36}$$

信道的幅频特性为
$$A(\omega,t)=\left|1+r\cos\omega\varDelta(t)+\mathrm{j}r\sin\omega\varDelta(t)\right| \tag{2.37}$$

所以，当 $\omega\varDelta(t)=2n\pi$ 时（n 为整数），两径信号同相叠加，信号出现峰点；而当 $\omega\varDelta(t)=(2n+1)\pi$ 时，双径信号反相相减，信号出现谷点。幅频特性曲线如图 2.13 所示。

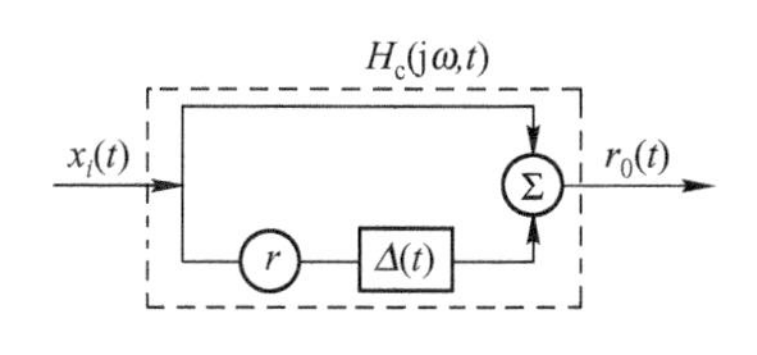

图 2.12　两条路径信道模型

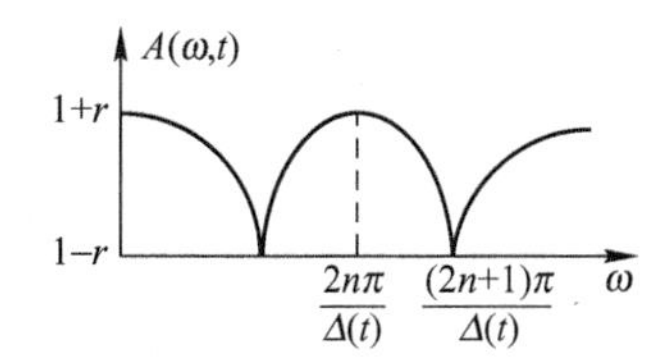

图 2.13　通过两条路径信道的接收信号幅频特性曲线

由图 2.13 可见，相邻两个谷点的相位差 $\Delta\varphi=\Delta\omega\cdot\varDelta(t)=2\pi$，$\Delta\omega=2\pi/\varDelta(t)$ 或 $B_\mathrm{c}=\Delta\omega/2\pi=1/\varDelta(t)$。两相邻场强为最小值的频率间隔是与两径时延 $\varDelta(t)$ 成反比的。

实际上，移动信道中的传播路径通常是多条而不止两条，且由于移动台处于运动状态，因此当考虑多径时 $\varDelta(t)$ 应为 rms 时延扩展 $\sigma_\tau(t)$。上面从时延扩展出发比较直观地说明了相关带宽的概念，但由于 $\sigma_\tau(t)$ 是随时间变化的，所以合成信号的振幅的谷点和峰点在频率轴上的位置也随时间变化，使得信道的传递函数变得复杂，很难准确地分析相关带宽的大小。通常的做法是先考虑两个信号包络的相关性，当多径时其 rms 时延扩展 $\sigma_\tau(t)$ 可以由大量实测数据经过统计处理计算出来，这样再确定相关带宽，这也说明相关带宽是信道本身的特性参数，与信号无关。

下面来说明当考虑两个信号包络的相关性时，推导出的相关带宽。

设两个信号的包络为 $r_1(t)$ 和 $r_2(t)$，频率差为 $\Delta f = |f_1 - f_2|$，则包络相关系数为

$$\rho_{\mathrm{r}}(\Delta f, \tau) = \frac{R_{\mathrm{r}}(\Delta f, \tau) - \langle r_1 \rangle \langle r_2 \rangle}{\sqrt{\left[\langle r_1^2 \rangle - \langle r_1 \rangle^2\right]\left[r_2^2 - \langle r_2 \rangle^2\right]}} \tag{2.38}$$

式中，$R_{\mathrm{r}}(\Delta f, \tau)$ 为相关函数，有

$$R_{\mathrm{r}}(\Delta f, \tau) = \langle r_1, r_2 \rangle = \int_0^{\infty} r_1 r_2 p(r_1, r_2) \mathrm{d}r_1 \mathrm{d}r_2 \tag{2.39}$$

若信号衰落服从瑞利分布，则可以计算出

$$\rho_{\mathrm{r}}(\Delta f, \tau) \approx \frac{\mathrm{J}_0^2(2\pi f_{\mathrm{m}} \tau)}{1 + (2\pi \Delta f)^2 \sigma_\tau^2} \tag{2.40}$$

式中，$\mathrm{J}_0(\cdot)$ 为零阶 Bessel 函数，f_{m} 为最大多普勒频移。

不失一般性，可令 $\tau = 0$，于是式(2.40)可简化为

$$\rho_{\mathrm{r}}(\Delta f) \approx \frac{1}{1 + (2\pi \Delta f)^2 \sigma_\tau^2} \tag{2.41}$$

从式(2.41)可见，当频率间隔增加时，包络的相关性降低。通常，根据包络的相关系数 $\rho_{\mathrm{r}}(\Delta f) = 0.5$ 来测度相关带宽。例如，$2\pi f \sigma_\tau = 1$，得到 $\rho_{\mathrm{r}}(\Delta f) = 0.5$，相关带宽为

$$\Delta f = 1/(2\pi \sigma_\tau) \tag{2.42}$$

即相关带宽为

$$B_{\mathrm{c}} = 1/(2\pi \sigma_\tau) \tag{2.43}$$

根据衰落与频率的关系，将衰落分为两种：频率选择性衰落和非频率选择性衰落。后者又称为平坦衰落。

频率选择性衰落是指传输信道对信号不同的频率成分有不同的随机响应，信号中不同频率分量衰落不一致，引起信号波形失真。

非频率选择性衰落是指信号经过传输信道后，各频率分量的衰落是相关的，具有一致性，衰落波形不失真。

发生频率选择性衰落或非频率选择性衰落要由信道和信号两方面来决定。对于移动信道来说，存在一个固有的相关带宽。当信号的带宽小于相关带宽时，发生非频率选择性衰落；当信号的带宽大于相关带宽时，发生频率选择性衰落。

对于数字移动通信来说，当码元速率较低、信号带宽小于信道相关带宽时，信号通过信道传输后各频率分量的变化具有一致性，衰落为平坦衰落，信号的波形不失真；反之，当码元速率较高、信号带宽大于信道相关带宽时，信号通过信道传输后各频率分量的变化是不一致性的，衰落为频率选择性衰落，将引起波形失真，造成码间干扰。

2．频率色散参数和相关时间

频率色散参数是用多普勒扩展来描述的，而相关时间是与多普勒扩展相对应的参数。与时延扩展和相关带宽不同的是，多普勒扩展和相关时间描述的是信道的时变特性。这种时变特性或是由移动台与基站间的相对运动引起的，或是由信道路径中的物体运动引起的。

当信道时变时，信道具有时间选择性衰落，这种衰落会造成信号的失真。这是因为发送信号在传输过程中，信道特性发生了变化。信号尾端时的信道特性与信号前端的信道特性发生了变化，不一样了，就会产生时间选择性衰落。

（1）多普勒扩展

假设发射载频为 f_{c}，接收信号是由许多径过多普勒频移的平面波合成的，即是由 N 个平

面波合成的。当 $N \to \infty$ 时，接收天线在 $\alpha \sim \alpha + \mathrm{d}\alpha$ 角度内的入射功率趋于连续。

再假设 $p(\alpha)\mathrm{d}\alpha$ 表示在角度 $\alpha \sim \alpha + \mathrm{d}\alpha$ 内的入射功率，$G(\alpha)$ 表示接收天线增益，则入射波在 $\alpha \sim \alpha + \mathrm{d}\alpha$ 内的功率为

$$b \cdot G(\alpha) \cdot p(x) \cdot \mathrm{d}\alpha \tag{2.44}$$

式中，b 为平均功率。

考虑多普勒频移时，则接收的频率为

$$f(\alpha) = f = f_{\mathrm{c}} + f_{\mathrm{m}} \cos\alpha = f(-\alpha) \tag{2.45}$$

式中，f_{c} 为载波频率。

用 $S(f)$ 表示功率谱，则

$$S(f)\left|\mathrm{d}f\right| = b\left|p(\alpha)G(\alpha) + p(-\alpha)G(-\alpha)\right| \cdot \left|\mathrm{d}\alpha\right| \tag{2.46}$$

式中，$d\left|f(\alpha)\right| = f_{\mathrm{m}}\left|-\sin\alpha\right|\left|\mathrm{d}\alpha\right|$。又由式(2.45)可知，$\alpha = \arccos\left[\dfrac{f - f_{\mathrm{c}}}{f_{\mathrm{m}}}\right]$，则可推导出

$$\sin\alpha = \sqrt{1 - \left(\frac{f - f_{\mathrm{c}}}{f_{\mathrm{m}}}\right)^2} \tag{2.47}$$

$$\begin{aligned} S(f) &= \frac{b}{\left|\mathrm{d}f(\alpha)\right|}\left[p(\alpha)G(\alpha) + p(-\alpha)G(-\alpha)\right] \cdot \left|\mathrm{d}\alpha\right| \\ &= \frac{b\left[p(\alpha)G(\alpha) + p(-\alpha)G(-\alpha)\right]}{f_{\mathrm{m}}\sqrt{1 - \left(\dfrac{f - f_{\mathrm{c}}}{f_{\mathrm{m}}}\right)^2}}, \quad \left|f - f_{\mathrm{c}}\right| < f_{\mathrm{m}} \end{aligned} \tag{2.48}$$

对 b 归一化，并设 $G(\alpha) = 1$，$p(\alpha) = 1/2\pi$，$-\pi \leqslant \alpha \leqslant \pi$，得到典型的多普勒功率谱为

$$S(f) = \frac{1}{\pi\sqrt{f_{\mathrm{m}}^2 - (f - f_{\mathrm{c}})^2}}, \quad \left|f - f_{\mathrm{c}}\right| < f_{\mathrm{m}} \tag{2.49}$$

由于多普勒效应，接收信号的功率谱展宽到 $f_{\mathrm{c}} - f_{\mathrm{m}} \sim f_{\mathrm{c}} + f_{\mathrm{m}}$。图 2.14 示出了多普勒扩展功率谱，即多普勒扩展。

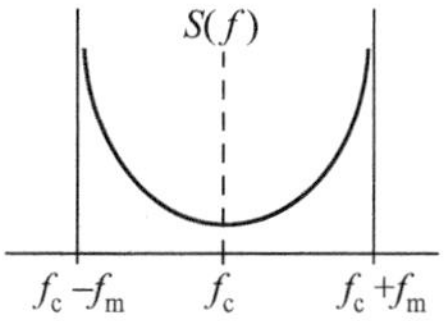

S(f)
fc-fm fc fc+fm

图 2.14 多普勒扩展功率谱

在应用多普勒频谱时，通常假设以下条件成立：

① 对于室外传播信道，大量接收波到达后均匀地分布在移动台的水平方位上，每个时延间隔的仰角为 0。假设天线方向图在水平方位上是均匀的。在基站一侧，一般来说，到达的接收波在水平方位上处于一个有限的范围内。这种情况的多普勒扩展由式(2.49)表示，称为典型(CLASS)多普勒扩展。

② 对于室内传播信道，在基站一侧，对于每个时延间隔，大量到达的接收波均匀地分布在仰角方位和水平方位上。假设天线是短波或半波垂直极化天线，此时天线增益 $G(\alpha) = 1.64$。这种情况的多普勒扩展由式(2.50)表示，称为平坦(FLAT)多普勒扩展，有

$$S(f) = 1/2f_{\mathrm{m}}, \quad \left|f - f_{\mathrm{c}}\right| \ll f_{\mathrm{m}} \tag{2.50}$$

（2）相关时间

相关时间是信道冲激响应维持不变的时间间隔的统计平均值。也就是说，相关时间是指一段时间间隔，在此间隔内，两个到达信号具有很强的相关性，换句话说，在相关时间内信道特性没有明显的变化。因此相干时间表征了时变信道对信号的衰落节拍，这种衰落是由多普勒效应引起的，并且发生在传输波形的特定时间段上，即信道在时域具有选择性。一般称这种由多普勒效应而在时域产生的选择性衰落为时间选择性衰落。时间选择性衰落对数字信号误码有明显的影响，为了减小这种影响，要求基带信号的码元速率远大于信道的相关时间。

时间相关函数$R(\Delta\tau)$与多普勒功率谱$S(f)$之间是傅里叶变换关系，即

$$R(\Delta\tau) \leftrightarrow S(f) \tag{2.51}$$

所以多普勒扩展的倒数就是对信道相关时间的度量，即

$$T_c \approx 1/f_D \approx 1/f_m \tag{2.52}$$

式中，f_D为多普勒扩展(有时也用B_D表示)，即多普勒频移。当入射波与移动台移动方向之间的夹角$\alpha=0$时，式(2.52)成立。

与讨论相关带宽的方法类似，如果以信号包络相关度为 0.5 来定义相关时间，则相关时间的计算如下。

令式(2.40)中$\Delta f=0$，则

$$\rho_r(0,\tau) \approx J_0^2(2\pi f_m \tau) \tag{2.53}$$

因此

$$\rho_r(0,T_c) \approx J_0^2(2\pi f_m T_c) = 0.5 \tag{2.54}$$

可推出

$$T_c \approx \frac{9}{16\pi f_m} \tag{2.55}$$

式中，f_m为最大多普勒频移。

由相关时间的定义可知，时间间隔大于T_c的两个到达信号受到信道的影响各不相同。例如，移动台的移动速度为30m/s，信道的载频为2GHz，则相关时间为 1ms。所以要保证信号经过信道后不会在时间轴上产生失真，就必须保证传输的符号速率大于 1kb/s。

另外，在测量小尺度电波传播时，要考虑选取适当的空间取样间隔，以避免连续取样值有很强的时间相关性。一般认为，式(2.55)给出的T_c是一个保守值，所以可以选取$T_c/2$作为取样值的时间间隔，以此求出空间取样间隔。

在现代数字通信中，比较粗糙的方法是规定T_c为式(2.52)和式(2.55)的几何平均作为经验关系：

$$T_c \approx \sqrt{\frac{9}{16\pi f_m^2}} = \frac{0.423}{f_m} \tag{2.56}$$

3. 角度色散参数和相关距离

由于无线通信中移动台和基站周围的散射环境不同，使得多天线系统中不同位置的天线经历的衰落不同，从而产生了角度色散，即空间选择性衰落。与单天线的研究不同，在对多天线研究过程中，不仅要了解无线信道的衰落、延时等变量的统计特性，还需了解有关角度的统计特性，如到达角度和离开角度等，正是这些角度的原因才引发了空间选择性衰落。角度扩展和相关距离是描述空间选择性衰落的两个主要参数。

（1）角度扩展

角度扩展(AS，Azimuth Spread) $\varDelta$是用来描述空间选择性衰落的重要参数，它与角度功率谱(PAS) $p(\theta)$有关。

角度功率谱是信号功率谱密度在角度上的分布。研究表明，角度功率谱(PAS)一般为均匀分布、截短高斯分布和截短拉普拉斯分布。

角度扩展$\varDelta$等于角度功率谱$p(\theta)$的二阶中心矩的平方根，即

$$\varDelta = \sqrt{\frac{\int_0^\infty (\theta-\bar{\theta})^2 p(\theta)\mathrm{d}\theta}{\int_0^\infty p(\theta)\mathrm{d}\theta}} \tag{2.57}$$

式中
$$\bar{\theta}=\frac{\int_0^{\infty}\theta p(\theta)\mathrm{d}\theta}{\int_0^{\infty}p(\theta)\mathrm{d}\theta} \tag{2.58}$$

角度扩展Δ描述了功率谱在空间上的色散程度，角度扩展在$[0,360^{\circ}]$区间分布。角度扩展越大，表明散射环境越强，信号在空间的色散度越高；反之，角度扩展越小，表明散射环境越弱，信号在空间的色散度越低。

（2）相关距离

相关距离D_{c}是指信道冲激响应保证有一定相关度的空间距离。在相关距离内，信号经历的衰落具有很大的相关性。在相关距离内，可以认为空间传输函数是平坦的；如果天线单元放置的空间距离比相关距离小得多，即
$$\Delta x \ll D_{\mathrm{c}} \tag{2.59}$$
则信道就是非空间选择性信道。

2.5.5 多径信道的统计分析

这里所述的多径信道的统计分析，主要讨论多径信道的包络统计特性。一般而言，根据不同的无线环境，接收信号的包络服从瑞利分布和莱斯分布。另外，还有一种具有参数 m 的 Nakagami-m 分布，参数m取不同的值时对应的分布也不相同，因此更具有广泛性。

1．瑞利分布

设发射信号是垂直极化的，并且只考虑垂直波时，场强为
$$E_z=E_0\sum_{n=1}^{N}C_n\cos(\omega_{\mathrm{c}}t+\theta_n) \qquad \text{（实部）} \tag{2.60}$$
式中，ω_{c}为载波频率；$E_0\cdot C_n$为第 n 个入射波(实部)的幅度；$\theta_n=\omega_n t+\phi_n$，$\omega_n$为多普勒频率漂移，$\phi_n$为随机相位(0～2π均匀分布)。

假设：① 发射机和接收机之间没有直射波路径；

② 有大量的反射波存在，且到达接收机天线的方向角是随机的(0～2π均匀分布)；

③ 各个反射波的幅度和相位都是统计独立的。

通常在离基站较远、反射物较多的地区是符合上述假设的，则E_z可以表示为
$$E_z=T_{\mathrm{c}}(t)\cos\omega_{\mathrm{c}}t-T_{\mathrm{s}}(t)\sin\omega_{\mathrm{c}}t \tag{2.61}$$
式中
$$T_{\mathrm{c}}(t)=E_0\sum_{n=1}^{N}C_n\cos(\omega_n t+\phi_n)，\ T_{\mathrm{s}}(t)=E_0\sum_{n=1}^{N}C_n\sin(\omega_n t+\phi_n)$$
$T_{\mathrm{c}}(t)$和$T_{\mathrm{s}}(t)$分别为E_z的两个角频率相同的相互正交的分量。当 N 很大时，$T_{\mathrm{c}}(t)$和$T_{\mathrm{s}}(t)$是大量独立随机变量之和。根据中心极限定理，大量独立随机变量之和接近于正态分布，因而$T_{\mathrm{c}}(t)$和$T_{\mathrm{s}}(t)$是高斯随机过程。对应固定时间t，T_{c}和T_{s}为随机变量。$T_{\mathrm{c}},T_{\mathrm{s}}$具有零平均和等方差：
$$\langle T_{\mathrm{c}}^2\rangle=\langle T_{\mathrm{s}}^2\rangle=E_{\mathrm{s}}^2/2=\langle|E_z|^2\rangle \tag{2.62}$$
$\langle|E_z|^2\rangle$是关于α_n,ϕ_n的总体平均，$C_n,T_{\mathrm{s}},T_{\mathrm{c}}$是不相关的，$\langle T_{\mathrm{s}}\cdot T_{\mathrm{c}}\rangle=0$。

由于T_{c}和T_{s}是高斯过程，因此，其概率密度为
$$p(x)=\frac{1}{\sqrt{2\pi b}}\mathrm{e}^{-\frac{x^2}{2b}} \tag{2.63}$$

式中，$b=E_0^2/2$ 为信号的平均功率，$x=T_c$ 或 T_s。

由于 T_s 和 T_c 是统计独立的，则 T_c 和 T_c 的联合概率密度为

$$p(T_s,T_c)=p(T_s)p(T_c)=\frac{1}{2\pi\sigma^2}e^{\frac{T_s^2+T_c^2}{2\sigma^2}} \tag{2.64}$$

式中，$\sigma^2=b=E_0^2/2$。

为了求出接收信号的幅度和相位分布，将 $p(T_s,T_c)$ 变为 $p(r,\theta)$，即将式(2.64)的直角坐标变换为极坐标的形式。

令
$$r=\sqrt{(T_s^2+T_c^2)},\qquad \theta=\arctan T_s/T_c \tag{2.65}$$

则
$$T_c=r\cos\theta,\qquad T_s=r\sin\theta \tag{2.66}$$

由雅可比行列式
$$J=\frac{\partial(T_c,T_s)}{\partial(r,\theta)}=\begin{vmatrix}\cos\theta-r\sin\theta\\ \sin\theta r\cos\theta\end{vmatrix}=r \tag{2.67}$$

所以
$$p(r,\theta)=p(T_c,T_s)\cdot|J|=\frac{r}{2\pi\sigma^2}e^{-\frac{r^2}{2\sigma^2}} \tag{2.68}$$

式(2.68)对 θ 积分，得
$$p(r)=\frac{1}{2\pi\sigma^2}\int_0^{2\pi}re^{-\frac{r^2}{2\sigma^2}}d\theta=\frac{r}{\sigma^2}e^{-\frac{r^2}{2\sigma^2}},\qquad r\geqslant 0 \tag{2.69}$$

式(2.68)对 r 积分，得
$$p(\theta)=\frac{1}{2\pi\sigma^2}\int_0^{\infty}re^{-\frac{r^2}{2\sigma^2}}dr=\frac{1}{2\pi} \tag{2.70}$$

所以信号包络 r 服从瑞利分布(见式(2.69))，θ 在 0～2π内为均匀分布。其中，σ 是包络检波之前所接收的电压信号的均方根值(rms)，$\sigma^2=E_0^2/2$ 为接收信号包络的时间平均功率，r 是幅度。

不超过某一特定值 R 的接收信号的包络的概率分布(PDF)为

$$P(R)=p_r(r\leqslant R)=\int_0^R p(r)dr=1-\exp\left(-\frac{R^2}{2\sigma^2}\right) \tag{2.71}$$

瑞利分布的均值 r_{mean} 及方差 σ^2 分别为

$$r_{mean}=E[r]=\int_0^R rp(r)dr=\sigma\sqrt{\frac{\pi}{2}}=1.2533\sigma \tag{2.72}$$

$$\sigma^2=E[r^2]-E^2[r]=\int_0^R r^2dr-\frac{\sigma^2}{2}$$
$$=\sigma^2\left(2-\frac{\pi}{2}\right)=0.4292\sigma^2 \tag{2.73}$$

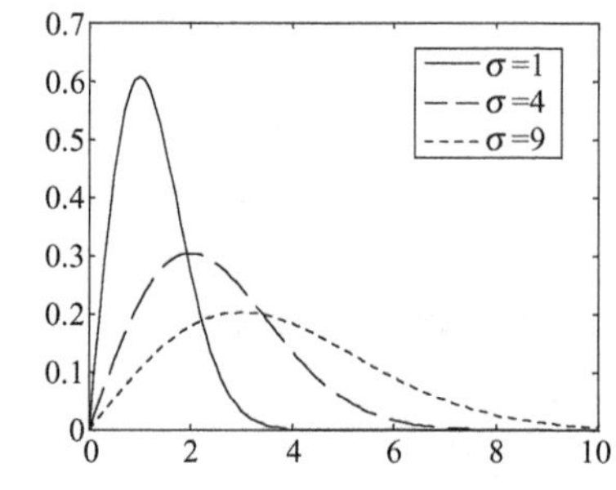

图 2.15 瑞利分布的概率密度曲线

满足 $P(r\leqslant r_m)=0.5$ 的 r_m 值称为信号包络样本区间的中值。由式(2.71)可以求出 r_m=1.777σ。瑞利分布的概率密度曲线如图 2.15 所示。

2. 莱斯分布

当接收信号中有视距传播的直达波信号时，视距信号成为主接收信号分量，同时还有不同角度随机到达的多径分量叠加在这个主信号分量上，这时的接收信号就呈现为莱斯分布，甚至高斯分布。但当主信号减弱达到与其他多径信号分量的功率一样，即没有视距信号时，混合信号的包络又服从瑞利分布。所以，在接收信号中没有主导分量时，莱斯分布就转变为瑞利分布。

莱斯分布的概率密度表示为

$$p(r)=\frac{r}{\sigma^2}\mathrm{e}^{-\frac{(r^2+A^2)}{2\sigma}}\mathrm{I}_0\left(\frac{A^2}{\sigma^2}\right);\quad A\geqslant 0, r\geqslant 0 \tag{2.74}$$

$$p(r)=0,\quad r<0 \tag{2.75}$$

式中，A 是主信号的峰值；r 是衰落信号的包络，σ 为 r 的方差；$I_0(\cdot)$ 是零阶第一类修正贝塞尔函数。贝塞尔分布常用参数 K 来描述，$K=\frac{A^2}{2\sigma^2}$，定义为主信号的功率与多径分量方差之比，即

$$K(\mathrm{dB})=10\lg\frac{A^2}{2\sigma^2} \tag{2.76}$$

K 值是莱斯因子，完全决定了莱斯分布。当 $A\to 0, K\to -\infty$ 时，莱斯分布变为瑞利分布。很显然，强直射波的存在使得接收信号包络从瑞利变为莱斯分布；当直射波进一步增强（$\frac{A}{2\sigma^2}\gg 1$）时，莱斯分布将向高斯分布趋近。图 2.16 示出了莱斯分布的概率密度曲线。

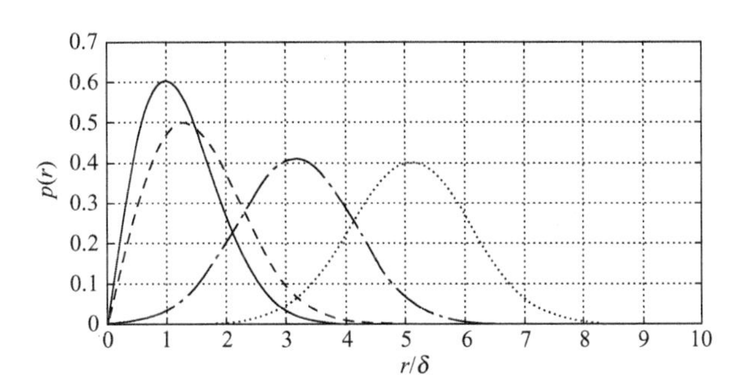

图 2.16　莱斯分布的概率密度曲线

注意：莱斯分布适用于一条路径明显强于其他多径的情况，但并不意味着这条径就是直射径。在非直射系统中，如果源自某一个散射体路径的信号功率特别强，信号的衰落也会服从莱斯分布。

3. Nakagami-m 分布

Nakagami-m 分布由 Nakagami 在 20 世纪 40 年代提出，通过基于场测试的实验方法，用曲线拟合，达到近似分布。研究表明，Nakagami-m 分布对于无线信道的描述具有很强的适应性。

若信号的包络 r 服从 Nakagami-m 分布，则其概率密度函数为

$$p(r)=\frac{2m^m r^{2m-1}}{\Gamma(m)\Omega^m}\exp\left(-\frac{mr^2}{\Omega}\right) \tag{2.77}$$

式中，$m=E^2(r^2)/\mathrm{var}(r^2)$，为 $\geqslant 1/2$ 的实数；$\Omega=E(r^2)$；$\Gamma(m)=\int_0^\infty x^{m-1}\mathrm{e}^{-x}\mathrm{d}x$，为伽马函数。

对于功率 $s=r^2/2$ 的概率密度函数，则有

$$p(s)=\left(\frac{m}{\overline{s}}\right)^m\frac{s^{m-1}}{\Gamma(m)}\exp\left(-\frac{ms}{\overline{s}}\right) \tag{2.78}$$

式中，$\overline{s}=E(s)=\Omega/2$，为信号的平均功率。

$m=1$时
$$p(r)=\frac{2r}{\Omega}\exp\left(-\frac{r^2}{\Omega}\right)=\frac{r}{\overline{s}}\exp\left(\frac{2r^2}{\overline{s}}\right) \tag{2.79}$$

Nakagami-m 分布成为瑞利分布。

另外，Nakagami-m 分布可以用 m（一般称为形状因子）和莱斯因子 K 之间的关系来确定，即

$$m = \frac{(K+1)^2}{2K+1} \tag{2.80}$$

当 m 较大时，Nakagami-m 分布接近高斯分布。

2.5.6 多径衰落信道的分类

前面详细讨论了信号通过无线信道时，所产生的多径时延、多普勒效应，以及信号的包络所服从的各种分布等。由此导致信号通过无线信道时，经历了不同类型的衰落。移动无线信道中的时间色散和频率色散可能产生 4 种衰落效应，这是由信号、信道以及发送频率的特性引起的。

概括起来这 4 种衰落效应是：由于时间色散导致发送信号产生的平坦衰落和频率选择性衰落；根据发送信号与信道变化快慢程度的比较，也就是频率色散引起的信号失真，可将信道分为快衰落信道和慢衰落信道。

1．平坦衰落和频率选择性衰落

如果信道带宽大于发送信号的带宽，且在带宽范围内有恒定增益和线性相位，则接收信号就会经历平坦衰落过程。在平坦衰落情况下，信道的多径结构使发送信号的频谱特性在接收机内仍能保持不变，所以平坦衰落也称为频率非选择性衰落。平坦衰落信道的条件可概括为

$$B_s \ll B_c \tag{2.81}$$

$$T_s \gg \sigma_\tau \tag{2.82}$$

式中，T_s 为信号周期(信号带宽 B_s 的倒数)；σ_τ 为信道的时延扩展；B_c 为相关带宽。

如果信道具有恒定增益和相位，其带宽范围小于发送信号带宽，则此信道特性会导致接收信号产生选择性衰落。此时，信道冲激响应具有多径时延扩展，其值大于发送信号波形带宽的倒数。在这种情况下，接收信号中包含经历了衰减和时延的发送信号波形的多径波，因而将产生接收信号失真。频率选择性衰落是由信道中发送信号的时间色散引起的，这种色散会引起符号间干扰。

对于频率选择性衰落而言，发送信号的带宽大于信道的相关带宽。由频域可以看出，不同频率获得不同增益时，信道就会产生频率选择。产生频率选择性衰落的条件为

$$B_s > B_c \tag{2.83}$$

$$T_s < \sigma_\tau \tag{2.84}$$

通常若 $T_s \leqslant 10\sigma_\tau$，可认为该信道是频率选择性的，但这一范围依赖于所用的调制类型。

2．快衰落信道和慢衰落信道

当信道的相关时间比发送信号的周期短，且基带信号的带宽 B_s 小于多普勒扩展 B_D 时，信道冲激响应在符号周期内变化很快，从而导致信号失真，产生衰落，此衰落为快衰落。所以信号经历快衰落的条件为

$$T_s > T_c \tag{2.85}$$

$$B_s < B_D \tag{2.86}$$

当信道的相关时间远远大于发送信号的周期，且基带信号的带宽 B_s 远远大于多普勒扩展 B_D 时，信道冲激响应变化比要传送的信号码元的周期低很多，可以认为该信道是慢衰落信

道，即信号经历慢衰落的条件为

$$T_s \ll T_c \tag{2.87}$$

$$B_s \gg B_D \tag{2.88}$$

显然，移动台的移动速度(或信道路径中物体的移动速度)及基带信号发送速率，决定了信号是经历了快衰落还是慢衰落。

另外，当考虑角度扩展时，会有角度色散，即空间选择衰落。这样可以根据信道是否考虑了空间选择性，把信道分为标量信道和矢量信道。标量信道是指，只考虑时间和频率的二维信息信道；而矢量信道指的是，考虑了时间、频率和空间的3维信息信道。

2.5.7 衰落特性的特征量

通常用衰落率、电平交叉率、平均衰落周期及衰落持续时间等特征量表示信道的衰落特性。

1. 衰落率和衰落深度

衰落率是指信号包络在单位时间内以正斜率通过中值电平的次数。简单地说，衰落率就是信号包络衰落的速率。衰落率与发射频率、移动台行进速度和方向，以及多径传播的路径数有关。测试结果表明，当移动台行进方向朝着或背着电波传播方向时，衰落最快。频率越高，速度越快，则平均衰落率的值越大。

平均衰落率
$$A = \frac{v}{\lambda/2} = 1.85\times10^{-3} vf \tag{2.89}$$

式中，v 为运动速度(km/h)，f 为频率(MHz)，A 为平均衰落(Hz)。

衰落深度指信号的有效值与该次衰落的信号最小值的差值。

2. 电平通过率和衰落持续时间

（1）电平通过率

电平通过率定义为信号包络单位时间内以正斜率通过某一规定电平值 R 的平均次数，用于描述衰落次数的统计规律。由衰落信道的实测结果发现，衰落率是与衰落深度有关的。深度衰落发生的次数较少，而浅度衰落发生得则相当频繁。电平通过率用于定量描述这一特征。

电平通过率
$$N(R) = \int_0^{\infty} \dot{r}p(R,\dot{r})\mathrm{d}\dot{r} \tag{2.90}$$

式中，$\dot{r}$ 为信号包络 r 对时间的导函数；$p(R,\dot{r})$ 为 R 和 $\dot{r}$ 的联合概率密度函数。

图 2.17 示意了电平通过率的基本概念。

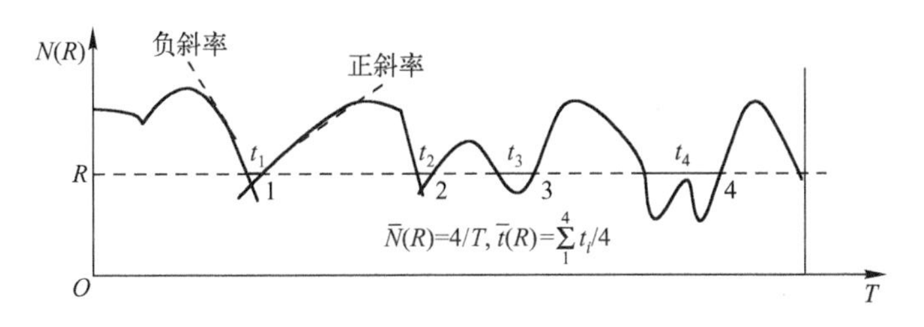

图 2.17　电平通过率基本概念示意

图 2.17 中 R 为规定电平，在时间 T 内以正斜率通过 R 电平的次数为 4，所以电平通过率为 $4/T$。

由于电平通过率是随机变量，通常用平均电平通过率来描述。对于瑞利分布可以得到

$$N(R)=\sqrt{2\pi}f_{\mathrm{m}}\cdot\rho\mathrm{e}^{-\rho^2} \tag{2.91}$$

式中，f_{m} 为最大多谱勒频移；$\rho=\frac{R}{\sqrt{2}\sigma}=\frac{R}{R_{\mathrm{rms}}}$（信号的平均功率 $E(r^2)=\int_0^\infty r^2p(r)\mathrm{d}r=2\sigma^2$，$R_{\mathrm{rms}}=\sqrt{2}\sigma$ 为信号有效值）。

（2）衰落持续时间

平均衰落持续时间定义为信号包络低于某个给定电平值的概率与该电平所对应的电平通过率之比。由于衰落是随机发生的，所以只能给出平均衰落持续时间

$$\overline{\tau}_R=P(r\leqslant R)/N_R \tag{2.92}$$

对于瑞利衰落，可以得出平均衰落持续时间

$$\overline{\tau}_R=\frac{1}{\sqrt{2\pi}f_{\mathrm{m}}\rho}(\mathrm{e}^{\rho^2}-1) \tag{2.93}$$

电平通过率描述了衰落次数的统计规律，那么，信号包络衰落到某一电平之下的持续时间是多少，也是一个很有意义的问题。当接收信号电平低于接收机门限电平时，就可能造成话音中断或误比特率突然增大。了解接收信号包络低于某个门限的持续时间的统计规律，就可以判定话音受影响的程度，以及在数字通信中是否会发生突发性错误和突发性错误的持续时长。

在图 2.17 中时间 T 内的衰落持续时间为 $t_1+t_2+t_3+t_4$，则平均衰落持续时间为

$$\overline{\tau}_R=\sum\frac{t_i}{N}=(t_1+t_2+t_3+t_4)/4$$

2.6 电波传播损耗预测模型

研究建立电波传播损耗预测模型的目的是，在进行无线移动通信网络设计时，很好地掌握在基站周围所有地点处接收信号的平均强度及其变化特点，以便为网络覆盖的研究以及整个网络设计提供基础。

无线传播环境决定了电波传播的损耗，然而由于传播环境极为复杂，所以在研究建立电波传播预测模型时，人们常常根据测试数据分析归纳出基于不同环境的经验模型，在此基础上对模型进行校正，以使其更加接近实际，更准确。

确定某一特定地区的传播环境的主要因素有：①自然地形(高山、丘陵、平原、水域等)；②人工建筑的数量、高度、分布和材料特性；③该地区的植被特征；④天气状况；⑤自然和人为的电磁噪声状况。另外，还要考虑系统的工作频率和移动台运动等因素。

电波传播预测模型通常分为室外传播模型和室内传播模型。室外传播模型相对于室内传播模型来说比较成熟，所以这里重点介绍室外传播模型，对室内传播模型只做简单的介绍。

2.6.1 室外传播模型

常用的几种电波传播损耗预测模型有 Okumura-Hata 模型、COST 231 Hata 模型、CCIR 模型、LEE 模型及 COST 231 Walfisch-Ikegami 模型。

Hata 模型是广泛使用的一种中值路径损耗预测的传播模型，适用于宏蜂窝(小区半径大于 1km)的路径损耗预测，根据应用频率的不同，Hata 模型又分为如下两种。

（1）Okumura-Hata 模型，适用的频率范围为 150M～1500MHz，主要用 900MHz。

（2）COST-231 Hata 模型，是 COST-231 工作委员会提出的将频率扩展到 2GHz 的 Hata 模型扩展版本。

本节选取两个常用的模型介绍。

1. Okumura-Hata 模型

Okumura-Hata 模型是根据测试数据统计分析得出的经验公式，应用频率为 150～1500MHz，适用于小区半径大于 1km 的宏蜂窝系统，基站有效天线高度为 30～200m，移动台有效天线高度为 1～10m。

Okumura-Hata 模型路径损耗计算的经验公式为

$$L_{\mathrm{p}}(\mathrm{dB}) = 69.55 + 26.16\lg f_{\mathrm{c}} - 13.82\lg h_{\mathrm{te}} - \alpha(h_{\mathrm{re}}) + (44.9 - 6.55\lg h_{\mathrm{te}})\lg d + C_{\mathrm{cell}} + C_{\mathrm{terrain}} \tag{2.94}$$

式中 f_{c}——工作频率，单位为 MHz。

h_{te}——基站天线有效高度，单位为 m，定义为基站天线实际海拔高度与基站沿传播方向实际距离内的平均地面海波高度之差，即 $h_{\mathrm{te}} = h_{\mathrm{BS}} - h_{\mathrm{ga}}$。

h_{re}——移动台有效天线高度，单位为 m，定义为移动台天线高出地表的高度。

d——基站天线和移动台天线之间的水平距离，单位为 km。

$\alpha(h_{\mathrm{re}})$——有效天线修正因子，是覆盖区大小的函数，有

$$\alpha(h_{\mathrm{re}}) = \begin{cases} (1.11\lg f_{\mathrm{c}} - 0.7)h_{\mathrm{re}} - (1.56\lg f_{\mathrm{c}} - 0.8) & \text{（中小城市）} \\ 8.29(\lg 1.54h_{\mathrm{re}})^2 - 1.1 \quad (f_{\mathrm{c}} \leqslant 300\mathrm{MHz}) & \text{（大城市、郊区、乡村）} \\ 3.2(\lg 11.75h_{\mathrm{re}})^2 - 4.97 \quad (f_{\mathrm{c}} \geqslant 300\mathrm{MHz}) & \end{cases} \tag{2.95}$$

C_{cell}——小区类型校正因子，有

$$C_{\mathrm{cell}} = \begin{cases} 0 & \text{（城市）} \\ -2\left[\lg(f_{\mathrm{c}}/28)\right]^2 - 5.4 & \text{（郊区）} \\ -4.78(\lg f_{\mathrm{c}})^2 - 18.33\lg f_{\mathrm{c}} - 40.98 & \text{（乡村）} \end{cases} \tag{2.96}$$

C_{terrain}——地形校正因子。

地形分为：水域、海、湿地、郊区开阔地、城区开阔地、绿地、树林、40m 以上高层建筑群、20～40m 规则建筑群、20m 以下高密度建筑群、20m 以下中密度建筑群、20m 以下低密度建筑群、郊区乡镇及城市公园。地形校正因子反映了一些重要的地形环境因素对路径损耗的影响，如水域、树木、建筑等，合理的地形校正因子取值通过对传播模型的测试和校正得到，也可以由人为设定。

2. COST-231 Hata 模型

COST-231Hata 模型是 EURO-COST 组成的 COST 工作委员会开发的 Hata 模型的扩展版本，应用频率为 1500～2000MHz，适用于小区半径大于 1km 的宏蜂窝系统，发射有效天线高度为 30～200m，接收有效天线高度为 1～10m。

COST-231Hata 模型路径损耗计算的经验公式为

$$L_{50}(\mathrm{dB}) = 46.3 + 33.9\lg f_{\mathrm{c}} - 13.82\lg h_{\mathrm{te}} - \alpha(h_{\mathrm{re}}) + (44.9 - 6.55\lg h_{\mathrm{te}})\lg d + C_{\mathrm{cell}} + C_{\mathrm{terrain}} + C_{\mathrm{M}} \tag{2.97}$$

式中，C_{M} 为大城市中心校正因子，有

$$C_{\mathrm{M}} = \begin{cases} 0\mathrm{dB} & \text{（中等城市和郊区）} \\ 3\mathrm{dB} & \text{（大城市中心）} \end{cases} \tag{2.98}$$

COST-231Hata 模型和 Okumura-Hata 模型的主要区别是频率衰减的系数不同，前者的频率

衰减因子为 33.9，后者的频率衰减因子为 26.16。另外，COST-231Hata 模型还增加了一个大城市中心衰减 C_M，大城市中心地区路径损耗增加 3dB。

2.6.2 室内传播模型

室内无线信道与传统的无线信道相比，具有两个显著的特点：室内覆盖面积要小得多；收发机间的传播环境变化更大。研究表明，影响室内传播的因素主要是建筑物的布局、建筑材料和建筑类型等。

室内的无线传播同样受到反射、绕射和散射 3 种主要传播方式的影响，但是与室外传播环境相比，条件却大大不同。实验研究表明，建筑物内部接收到的信号强度随楼层高度增加，在建筑物的较低层，由于都市群的原因有较大的衰减，使穿入建筑物的信号电平很小；在较高楼层，若存在 LOS 路径，会产生较强的直射到建筑物外墙处的信号。因而对室内传播特性的预测，需要使用针对性更强的模型。这里将简单介绍几种室内传播模型。

1. 对数距离路径损耗模型

研究表明，室内路径损耗遵从公式

$$\mathrm{PL}_{[\mathrm{dB}]}=\mathrm{PL}(d_0)+10\gamma\lg\left(\frac{d}{d_0}\right)+X_{\sigma[\mathrm{dB}]} \tag{2.99}$$

式中，γ 依赖于周围环境和建筑物类型，X_σ 为标准偏差为 σ 的正态随机变量。

2. Ericsson 多重断点模型

Ericsson 多重断点模型有 4 个断点，并考虑了路径损耗的上下边界，该模型假定在 $d_0=1\mathrm{m}$ 处衰减为 30dB，这对于频率为 900MHz 的单位增益天线是准确的。Ericsson 多重断点模型没有考虑对数正态阴影部分，它提供特定地形路径损耗范围的确定限度。图 2.18 所示为基于 Ericsson 多重断点模型的室内路径损耗曲线。

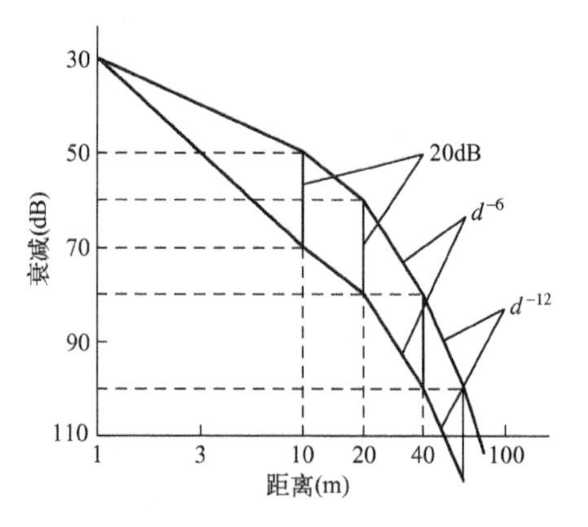

图 2.18 多重断点模型的室内路径损耗曲线

3. 衰减因子模型

适用于建筑物内传播预测的衰减因子模型包含了建筑物类型影响以及阻挡物引起的变化。这一模型灵活性很强，预测路径损耗与测量值的标准偏差约为 4dB，而对数距离模型的偏差可达 13dB。衰减因子模型为

$$\overline{\mathrm{PL}}(d)_{[\mathrm{dB}]}=\overline{\mathrm{PL}}(d_0)_{[\mathrm{dB}]}+10\gamma_{\mathrm{SF}}\lg\left(\frac{d}{d_0}\right)+\mathrm{FAF}_{[\mathrm{dB}]} \tag{2.100}$$

式中，γ_{SF} 为同层测试的指数值（同层指同一建筑楼层）。如果在同层条件下很好估算 γ，对不同楼层路径损耗可通过附加楼层衰减因子（FAF，Floor Attenuation Factor）获得，或者在式(2.100)中，FAF 由考虑多楼层影响的指数所代替，即

$$\overline{\mathrm{PL}}(d)_{[\mathrm{dB}]}=\overline{\mathrm{PL}}(d_0)_{[\mathrm{dB}]}+10\gamma_{\mathrm{MF}}\lg\frac{d}{d_0} \tag{2.101}$$

式中，γ_{MF} 为基于测试的多楼层路径损耗指数。

室内路径损耗等于自由空间损耗加上附加损耗因子，并且随着距离成指数增长。对于多层建筑物，修改式(2.100)得到

$$\overline{\mathrm{PL}}(d)_{[\mathrm{dB}]}=\overline{\mathrm{PL}}(d_0)_{[\mathrm{dB}]}+20\lg\frac{d}{d_0}+\alpha d+\mathrm{FAF}_{[\mathrm{dB}]} \tag{2.102}$$

式中，α为信道衰减常数，单位为 dB/m。

2.7 中继协同信道

传统的移动通信系统中，用户直接、独立地与基站进行通信，基站也是直接、独立地与用户进行通信。然而，为了使整个网络能提供更大的网络覆盖和容量、快速灵活的部署，并降低运营商的设备投资和维护成本，中继技术逐步引入到第四代移动通信标准中，作为两个 4G 的候选标准 LTE-Advanced 与 IEEE 802.16m，都将中继协同通信技术作为最重要的增强技术之一。同时，已有大量的文献阐述了各种各样的中继方法，但这些方法大致可分为两类：透明中继协议和再生中继协议。

使用透明中继类型的协议时，中继并没对接收信号所携带的消息进行修改，而只是进行了简单的操作，例如放大、相位旋转等。因为对信号没有进行数字处理，所以只是从一个频段接收模拟信号，放大后在另一个频段进行重传。属于透明中继类型的协议有：放大与转发(AF)、线性处理与转发(LF)、非线性处理与转发(nLF)。

在再生中继协议中，对信息(比特)和波形(采样值)均进行了调整，而这种调整需要数字基带处理和功能更强大的硬件支持。因此再生中继一般情况下要优于透明中继。典型的再生中继有：估计转发(EF)、压缩转发(CF)、译码转发(DF)、消除转发(PF)、聚集转发(GF)。

透明中继或再生中继协议的中继通信场景中，无线信道特征与前面所述的传统无线信道有明显的区别。对于中继及协同无线信道的信道测量与信道建模工作一直处于不断完善中。由于篇幅限制，本节将针对这两种典型的中继信道，初步介绍其信道建模需要考虑的因素，并给出信道建模的思路，而省略了具体信道数学模型的分析过程，感兴趣的读者可以阅读参考文献[11]。

2.7.1 再生中继信道简介

通信拓扑是千差万别的，图 2.19 示出了一种典型的再生中继的通信场景。此时，处于高处的基站与处于较低位置的、位于建筑物之间的中继节点进行通信，中继节点将接收后的信号以再生的方式重传到同样处于建筑物群之间的终端。在基站和中继之间的通信信道是传统的通信链路，但中继和终端之间的通信信道是协同中继链路。前者具有与蜂窝系统中同样的特性，而后者则是不一样的，因为无论在发射端还是接收端周围都存在障碍物。

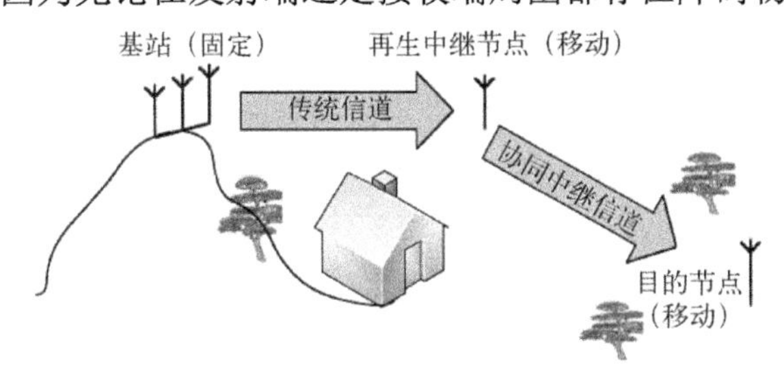

图 2.19 典型再生中继通信场景

1．系统假设

在这种场景下，中继通过对信号的再生处理，将中继前后的衰落信道进行了隔离，使信道不再相关。这与下一节中讨论的透明中继是不同的。再生中继系统中每段信道因此可以分别建模：

$$y_i = \sqrt{G_i} h_i x_i + n_i \tag{2.103}$$

式中 x_i、y_i、n_i 分别是第 i 个中继段的发送信号，接收信号和功率 σ_i^2 的加性高斯白噪声(AWGN)。此外，$G_i = L_i \cdot S_i$ 是由于路径损失(L_i)、阴影(S_i)造成的大尺度衰落，h_i 是衰复信道系数。因此每段再生中继信道特性可分别由 L_i，S_i，h_i 描述，这些因素的影响将在相关章节分别讨论。

2．信道参数

基于上述场景，下面将对每段再生中继信道的特性进行分析[12]。

（1）路损

传统链路的路损系数取值范围为：$n<2$(如电磁波传播沿线街道)，$n=2$(LOS)，$n=2$～4(NLOS)；协同链路的路损系数取值范围为：$n=2$(LOS)，$n=4$～6(NLOS)。在中继和终端周围的障碍物导致了平均路损的升高。

已有的路损模型可以用来模拟传统链路(信道)和协同链路(信道)。例如，传统的链路可以使用蜂窝 Okumura-Hata，Walfish-Ikegami 和双斜率模型，以及室内 COST231 和 COST 259-多层模型来模拟。协同链路可使用室内 COST231 和 COST259-多层模型、IEEE 802.15.3a 的 CH1 和 CH4，以及 IEEE 802.15.4a 路损模型。

（2）阴影

传统链路和协同链路都受典型对数正态分布(以 dB 表示高斯分布)的阴影效应的影响。虽然路损中通常已经包含了阴影衰落的平均值，但是这两种情况下其标准偏差还是有所不同。通常情况下，传统链路的标准偏差 σ(dB)为 2～6dB(LOS)和 6～18dB(NLOS)，而协同链路情况下为 0～2dB(LOS)，2～10dB(NLOS)。传统链路的自相关阴影距离 d_{corr} 为在 LOS 情况下大于 100m，在 NLOS 情况下约为几十米；对于协同链路，LOS 条件下约为 40～80m，NLOS 条件下为 20～40m。显然，协同链路的阴影衰落影响较小，这是因为传输距离短而经过的障碍物少的原因。应当指出的是，阴影标准差会随距离而产生变化。需要说明的是，上述提到的许多路损模型中，已经在标准差里将阴影衰落当作一个额外的常数分量考虑在内了。

（3）衰落

虽然协同链路中衰落分布类型并没有改变，但是衰落的一阶矩、二阶矩和联合矩都可能发生变化。之所以衰落分布类型不改变是因为中继链路之间是非关联的，并且每个中继段遵循相同的传播原则，而衰落矩变化的原因是传输环境中散射体数量的不同改变了衰落的分布。

衰落通常可以使用已有的信道模型来模拟，包括对传统链路和协同链路。传统链路的衰落可以采用 COST 207、3GPP A&B，斯坦福大学的 Interim SUI1-6 信道模型，室内 ETSI-BRAN，以及 IEEE 的多种模型。协同链路可以采用室内 ETSI-BRAN、IEEE 的多种模型，如 IEEE 802.15.3a 的 CH1-CH4 和 IEEE 802.15.4a 模型，以及其他衰落模型。

3．衰落特性

由于衰落特性会受再生中继结构的影响，因此下面将讨论相关的问题。

（1）包络分布

正如前面所说，由于中继链路中各段并不相关，衰落分布类型依然保持不变，因此典型的包络分布，如瑞利分布、莱斯分布、Nakagami 分布等都可以使用。一般来说，传统链路的多径第一分量在 LOS 条件下服从莱斯衰落分布，并且 $K=2$～10；在 NLOS 条件下服从瑞利衰落分布。其他的多径分量通常服从瑞利分布。功率分布可根据包络分布相应地得到。

（2）功率延迟分布

协同和直传链路的 PDP 都服从负指数分布。时延扩展在很大程度上与环境相关，传统链路中时延扩展的一般范围为 50～4μs，协同链路范围为 10～40ns。在协同链路中由于终端之间的距离缩短，同时与蜂窝通信场景相比传播中障碍物的减少，使得时延大大缩短。

（3）频域特性

频域特性受 PDP 与时延扩展所影响。由于在协同链路中时延明显降低，在中继路径中以相同的速率进行重传时，传统的频率选择性信道会转化为平坦的非频率选择性信道。因此降低了频率分集增益从而对端到端的性能影响非常大。如果使用均衡器，那么中继链路的性能将会明显好于主要链路。相反，如果使用类似扩频的技术，中继链路将无法提供与主要链路相等的(相对)功率增益。此外，如果采用正交频分复用技术，通常由信道编码器来获取信道频率分集，这对于协同链路来说有效性很低。

需要强调的是，如果性能是主要考虑因素，那么特定链路的收发信机需要根据具体情况来配置适当的参数。例如，一个中继节点汇集下行业务后采用更大的带宽进行转发，就可获得与传统链路相同的频率分集增益。

（4）时域特性

与传统系统相比协同最大的不同是其时域特性。原因是，传统系统中只有一个收发信机处于移动，而另一个保持稳定。但在协同中继系统中，多数情况下是两端可以自由移动的。因而多数最新研究都分析协同系统的时间特性，主要是相关时间。

（5）空间特征

空间特征变化也很明显，这一点对分布式 MIMO 系统的性能评估非常重要。事实上，收发两端都处在强散射环境中会使相关距离缩短，从而为通信带来可观的增益。

4．端到端性能的影响

我们将简要地总结再生中继对系统端到端性能的影响。在再生中继的情况下，端到端的性能完全是由系统中最差的中继链路所决定的。为此，图 2.20 所示为 BS 和 MS 距离一定，将中继放在两者之间的情况下，进行信道的变化趋势分析[11]。

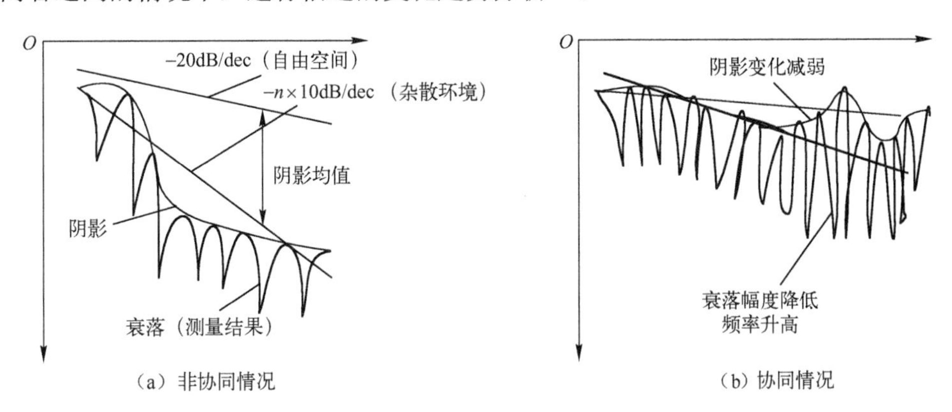

图 2.20　再生协同通信对于阴影与衰落的影响，并通常会降低路损

图 2.20(a)以窄带非协同情况作为参考，给出了路损斜率、阴影变化和衰减特性。当引入一个协同中继后(见图 2.20(b))，路损斜率减小了。这是由于累积功率损耗降低所带来的益处。此外，阴影变化受到影响，在这个特殊的例子里，阴影衰落的减小是因为各段通信链路距离的缩短。更重要的是，衰落变化更加剧烈，这是因为协同通信的每段链路中移动性的提高。在两种情况下，宽带化和选择更适合的接收机都会带来一定的功率增益；同时，由于不同多径

分量经历不同的阴影衰落，导致阴影变化有小幅度的降低。

2.7.2 透明中继信道简介

图 2.21 出了一个透明中继信道的场景。这里，架高的基站与中继节点进行通信，中继放在较低位置的物体之间。中继接收信号后，放大并以透明的方式转发到另一个移动台，移动台也处于较低位置的物体之间。这里出现了两种信道，一种是架高的基站与中继节点之间的传统链路，另外一种是中继节点和移动台协同中继链路，这两条链路是耦合相关的。

1. 系统假设

不同于再生中继的情况，这里需要联合考虑所有中继信道段的衰落因素。在下面的例子中只有一个中继节点，因此包括两段中继信道，接收到的有效信号为

$$y_2 = \sqrt{G_2}h_2 A y_1 + n_2 \tag{2.104a}$$

$$y_1 = \sqrt{G_1}h_1 x_1 + n_1 \tag{2.104b}$$

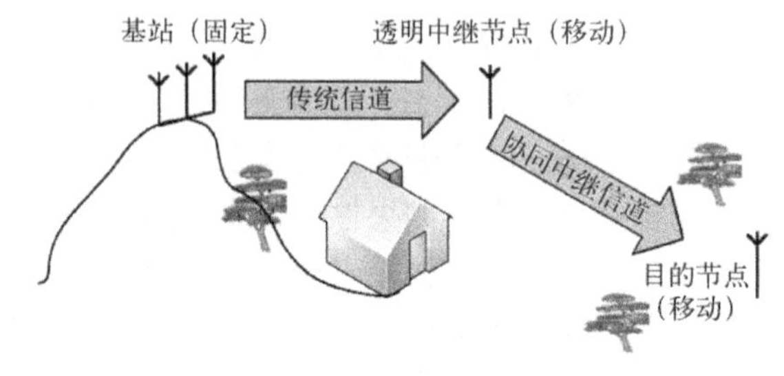

图 2.21 透明中继信道场景

可改写为

$$y_2 = A\sqrt{G_1G_2}h_1h_2x_1 + A\sqrt{G_2}h_2n_1 + n_2 \tag{2.105}$$

端到端的无线信道的特征由 $A\sqrt{G_1G_2}h_1h_2$ 表示，加性噪声由 $A\sqrt{G_2}h_2$ 表示。显然，现在端到端信噪比是一个关于信号、放大系数和噪声的复杂函数。在上述方程组中 x_i, y_i, n_i 分别是发射信号、接收信号及第 i 个中继段的功率为 δ_i^2 的加性高斯白噪声。此外，$G_i = L_i \cdot S_i$ 是包括路损及阴影衰落的大尺度增益，而 h_i 表示衰落。A 是放大因子，通常可以为可变、平均或固定的情况。

（1）可变放大因子

可变放大因子指放大倍数是瞬时信道条件的函数。具体实现方法有很多，例如，如果中继节点对于两段中继信道的瞬时信道条件完全了解，放大系数可以取平均信道增益乘积的倒数。当然首要的任务是如何让中继节点及时获得这些瞬时信道条件，另外一个需要解决的问题是弱信号需要较大的放大系数 A，但同时根据式(2.105)，这种方法也会将噪声放大。

因此，一个更常用的方法是，假定中继只能获得源节点到中继节点间的瞬时衰落条件，那么放大因子平衡了深衰减的影响[13]：

$$A = \sqrt{P_2/(P_1g_1 + \delta_1^2)} \tag{2.106}$$

式中，P_1 和 P_2 分别为发送端和中继的平均发送功率。g_1 为第一个中继段的瞬时信道功率。δ_1^2 为中继的输入端的热噪声平均功率。这种放大实质上等价于基于瞬时信道状态的 MMSE 均衡器。在接下来的分析中，由于这个放大倍数将会大大改变端到端的信道特征，所以不能设定为 1。另外，这种放大类型有时也称为基于信道状态信息中继[14]。

（2）平均放大因子

平均放大因子指放大倍数是平均信道条件下的函数，所以放大倍数变化很慢，且在典型的通信持续时间中可以认为是保持不变的。具体实现方法有很多，例如，如果中继节点对于两段中继信道的平均信道条件完全了解，放大系数可以取平均信道增益乘积的倒数。同样，这种方法也会造成噪声被放大的结果。一个普遍的解决方法是，假定中继可获得源到中继信道的平均衰落条件。这种放大类型有时也称为半盲中继[14]。

在文献[15]中已经提到，这里放大倍数可以使用与式(2.106)等效的符号表示，其中

$$A=\sqrt{P_2/(P_1\overline{g}_1+\delta_1^2)} \tag{2.107}$$

式中，$\overline{g}_1$的平均值是第一段中继信道的平均增益。

然而，有一个更常见的方法是，将式(2.106)的放大因子求平均后得到新的放大因子。如下式[16]

$$A=\sqrt{E\{P_2/(P_1g_1+\delta_1^2)\}} \tag{2.108}$$

式中，对第一段中继信道中的衰落求数学期望。因此不同的中继信道的统计特性要求不同的放大因子，在文献[17]中可以找到一般的量化表示。

（3）固定放大因子

固定的放大倍数可以预先被固化到中继节点中。在这种情况下，中继信道的统计特性与中继终端的噪声无关。不失一般性，可以在以后的分析中统一设为 $A=1$。这种类型的放大有时可称为盲中继。

对可变、平均及固定放大因子的上述分析同样适用于多跳的场景。以下将讨论这些参数的影响。

2．信道参数

基于上述场景，参照 2.2 节讨论的关键量化参数，可以对端到端的透明中继信道特性进行分析 [12]。

（1）路损

在这里，端到端的路损特性依赖于每个中继段的路损。与再生中继一致，传统链路路损系数的取值范围为 $n=2$(LOS)和 $n=2$～4(NLOS)，协同链路每段的路损系数取值为 $n=2$(LOS)和 $n=4$～6(NLOS)。因此端到端的路损是每一级路损的线性乘积或 dB 值之和，而对于每一级的中继链路仍然可以使用已有的路损模型。

（2）阴影

与路损类似，阴影同样对各级中继信道进行累加。如果每一级中继信道都服从正态分布的阴影衰落(dB 表示)，那么端到端阴影累加也服从正态分布，但是标准差会增大。同样，每级中继信道都可以独立建模，传统链路路损的标准差(dB)取值为 2～6dB(LOS)和 6～18dB(NLOS)，而协同链路取值范围为 0～2dB(LOS)和 2～10dB(NLOS)。端到端的阴影相关距离 d_{corr}，通常与所有中继链路中最小的相关距离量值相同。例如，如果传统链路的相关距离约为 80m，协同中继链路相关距离约为 40m，那么端到端的相关距离约为 40m。

（3）衰落

各级中继信道之间的耦合对端到端衰落信道的统计特性产生很大的影响。因此，复信道、包络和功率分布产生变化，同样二阶的空、时、频相关函数也发生改变。依照式(2.98)可发现这种结果实际上是由多级中继信道特性相乘带来的，而其中每级中继信道都可以使用已有的信道模型来建模。

（4）噪声

虽然与无线信道没有直接关系，但是应指出的是，透明中继实际导致了热噪声的增强，这对端到端性能有较大的影响。按式(2.105)噪声增强总量取决于放大因数、信道实现、每一级的统计特性和网络拓扑等。

3．衰落特性

由于透明中继结构对于衰落特性的影响非常大，因此可以分别讨论有关问题。

（1）包络分布

由于各级中继信道的紧密影响，端到端的衰落分布变化显著——一般会变得更差。在这种场景下每一级包络仍是典型分布，如 Rayleigh，Ricean，Nakagami 等，但最后的包络分布成为这些分布的级联。该端到端的功率延迟分布的第一多径分量是典型的级联莱斯分布。第一级的第一多径分量在后续链路中产生的多径分量，与第二级的第一多径分量在后续链路产生的多径分量的包络都服从级联 Ricean-Rayleigh 分布。所有其余的多径分量包络通常服从级联瑞利分布。

（2）功率延迟分布

每一级中继信道的功率延迟分布是传统的负指数分布，由于直接链路一般受阻碍物影响，PDP 服从指数分布。端到端的 PDP 实际是各级信道 PDP 的级联结果，更准确地说是它们的卷积。这通常导致信道的时延扩展 τ_{RMS} 大致为各级中继信道时延扩展的总和。可以看到，时延扩展随着通信距离的缩短而非线性减小。因此，由于每一级中继链路的缩短，使得透明中继信道的端到端时延扩展要比不采用中继的信道差。

（3）频域特性

正如前面所讨论的，频域特性受 PDP 与时延扩展所影响。由于协同中继信道中时延扩展的变化，当数据在中继链路以同样速率被重传时，传统的频率平坦衰落信道会转化为频率选择性衰落信道。因此所带来的频率分集增益的降低对于端到端的性能影响很大，这与再生中继场景中的现象一致。

（4）时域特征

相对于传统系统而言，最大的变化发生在时域。原因是，传统系统中只有一个收发信机处于移动，而另一个保持稳定。但在协同中继系统中，一般来说很多地方是两端可以自由移动的。透明中继系统中，移动性提高，并且中继可以自由移动。因而多数最新研究都分析时间特性，主要是相关时间。

（5）空间特征

空间特征也发生明显变化，这一点对分布式 MIMO 系统的性能评估非常重要。事实上，收发两端都处在强散射环境之中会使得相关距离降低，从而为通信带来积极的增益。

4．端到端性能的影响

这里将简要地总结透明中继对系统端到端性能的影响。图 2.22 示出了端到端接收场强随目标 MS 与 BS 距离的定性变化趋势。

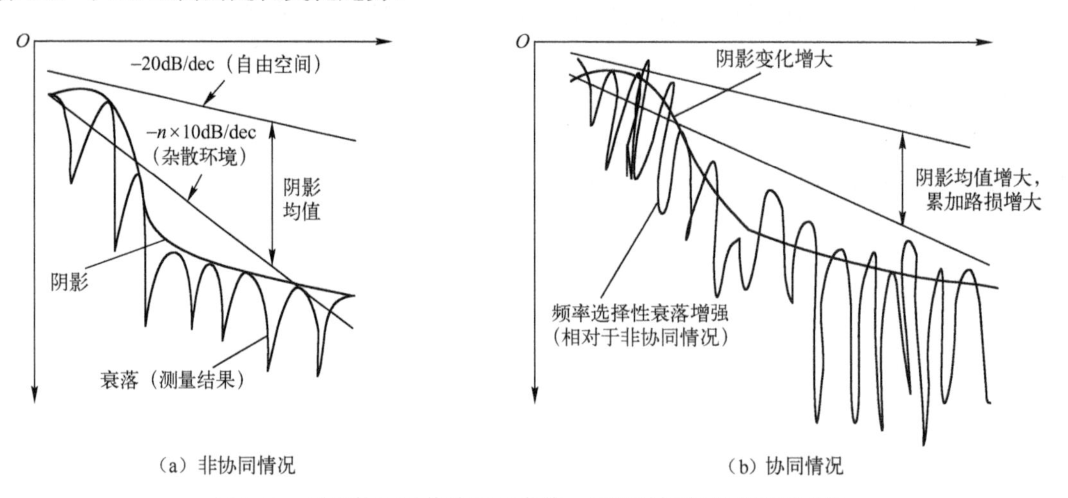

图 2.22　透明协同通信降低了衰落，但同时提高了阴影和路损

图 2.22(a)为窄带非协同情况的路径损失斜率、阴影变化和衰减特性。当引入一个协同中继后(见图 2.22(b))，路损的斜率产生了变化，在这个例子中路损随着固定放大因子增加而增加。此外，阴影变化受到影响，在这个例子中，阴影衰落随着阴影变化的加剧而增大。更重要的是，衰落变化更加剧烈并伴随着深衰落，这分别是由协同链路两端的移动性，以及级联衰落信道所带来的影响。在这两种情况下，采用宽带和更适合的接收机会带来轻微的功率增益；同样由于不同多径分量经历不同的阴影衰落，阴影变化也有小幅度的降低。

习题与思考题

2.1 说明多径衰落对数字移动通信系统的主要影响。

2.2 若某发射机发射功率为 100W，请将其换算成 dBm 和 dBW。如果发射机的天线增益为单位增益，载波频率为 900MHz，问在自由空间中距离天线 100m 处的接收功率为多少 dBm?

2.3 若载波 $f_0 = 800\text{MHz}$，移动台速度 $v = 60\text{km/h}$，求最大多普勒频移。

2.4 说明时延扩展、相关带宽和多普勒扩展、相关时间的基本概念。

2.5 设载波频率 $f_c = 1900\text{MHz}$，移动台运动速度 $v = 50\text{m/s}$，问移动 10m 进行电波传播测量时需要多少个样值？进行这些测量需要多少时间？信道的多普勒扩展为多少？

2.6 若 $f = 800\text{MHz}$， $v = 50\text{km/h}$，移动台沿电波传播方向行驶，求接收信号的平均衰落率。

2.7 已知移动台速度 $v = 60\text{km/h}$， $f = 1000\text{MHz}$，求对于信号包络均方值电平 R_{rms} 的电平通过率。

2.8 设基站天线高度为 40m，发射频率为 900MHz，移动台天线高度为 2m，通信距离为 15km，利用 Okumura-Hata 模型分别求出城市、郊区和乡村的路径损耗(忽略地形校正因子的影响)。

本章参考文献

1 [美] Theodore S.Rappaport. Wireless communications principles and practice. 影印版. 北京：电子工业出版社，1998

2 郭梯云. 数字移动通信. 北京：人民邮电出版社，1995

3 啜钢，王文博，常永宇. 移动通信原理与应用. 北京：北京邮电大学出版社，2002

4 吴志忠. 移动通信无线传播. 北京：人民邮电出版社，2002

5 杨大成. 移动传播环境. 北京：机械工业出版社，2003

6 Jhong Sam Lee Leonard E. Miller 著. 许希斌译. CDMA 系统工程手册. 北京：人民邮电出版社，2001

7 张平，王卫东，陶小峰. WCDMA 移动通信系统. 北京：人民邮电出版社，2001

8 啜钢. CDMA 无线网络规划与优化. 北京：机械工业出版社，2004

9 李建东，杨家玮. 个人通信. 北京：人民邮电出版社，1998

10 William C. Y. Lee 著. 宋维模，姜焕成译. 移动通信工程理论和应用. 北京：人民邮电出版社，2002

11 Cooperative communications : hardware, channel & PHY；Mischa Dohler, Yonghui Li，2010 John Wiley & Sons, Ltd

12 R. Vaughan and J. Andersen, Channels, Propagation and Antennas for Mobile Communications. The IEE, UK, 2003

13 J. N. Laneman, D. N. C. Tse, and G. W. Wornell, “Cooperative diversity in wireless networks: Efficient protocols and outage behavior,” IEEE Transactions on Information Theory, vol. 50, pp. 3062–3080, Dec. 2004

14 M. O. Hasna and M. S. Alouini, “A performance study of dual-hop transmissions with fixed gain relays,”in Acoustics, Speech, and Signal Processing, 2003. Proceedings. (ICASSP ’03). 2003 IEEE International Conference, vol. 4, pp. 189–92, Apr. 6–10, 2003

15 R. U. Nabar, H. Bolcskei, and F. W. Kneubuhler, “Fading relay channels: performance limits and space–time signal design,” IEEE Journal on Selected Areas in Communications, vol. 22, pp. 1099–1109,Aug. 2004

16 M. O. Hasna and M. S. Alouini, “A performance study of dual-hop transmissions with fixed gain relays,”IEEE Transactions on Wireless Communications, vol. 3, pp. 1963–1968, Nov. 2004

17 G. K. Karagiannidis, “Performance bounds of multihop wireless communications with blind relays over generalized fading channels,” IEEE Transactions on Wireless Communications, vol. 5, pp. 498–503,Mar. 2006

第3章　调制技术

本章首先介绍蜂窝移动通信系统对调制解调技术的要求；然后介绍蜂窝移动通信系统中常见的两种调制方式：频移键控和相移键控，主要介绍 GMSK 和各种 QPSK，介绍其已调信号的特点和功率谱特性，以及它们在蜂窝移动电话系统中的应用；最后介绍正交频分复用(OFDM)与高阶数字调制的基本原理。

- 了解蜂窝移动通信系统对调制解调技术的要求；
- 了解频移键控信号的相位连续性对信号功率谱的影响；
- 掌握 MSK 和 GMSK 信号特点和功率谱特性；
- 掌握 QPSK、OQPSK 和$\pi/4$-QPSK 信号特点和功率谱特性；
- 熟悉传输系统的非线性对各种 QPSK 信号的影响；
- 了解 OFDM 的原理。

3.1　概　　述

调制是把需要传输的符号映射成特定的信号形式的过程，其目的是使携带信息的已调信号与信道特性相匹配以便有效地利用信道。第一代蜂窝移动电话系统如 AMPS、TACS 等是模拟系统，其话音采用模拟调频方式(信令用数字调制方式)；第二代系统是数字系统，如 GSM、DAMPS 和 CDMA/IS-95 等，其话音、信令均用数字调制方式。未来的移动通信系统都采用数字调制方式。

移动信道存在的多径衰落、多普勒频率扩展都会对信号传输的可靠性产生影响。另外，日益增加的用户数目，无线信道频谱的拥挤，要求系统有比较高的频谱效率，即在有限的频率资源情况下，应尽可能多地容纳用户。所有这些因素对调制方式的选择都有重大的影响，这表现在以下几个方面。

1．频带利用率

为了容纳更多的移动用户，要求移动通信网有比较高的频带效率。移动通信系统从第一代向第二代的过渡，很重要的一个原因就是第二代的数字系统比第一代的模拟系统有更高的频带效率，其中调制方式起着重要的作用。在带宽相同的前提下，第二代系统可以提供更多的业务信道。例如，AMPS 系统，每信道占用带宽为 30kHz，而在 DAMPS 中，30kHz 可以提供 3 个信道。在数字调制中，常用带宽效率η_b来表示调制方式的频带利用率，它定义为$\eta_b = R_b/B$，其中R_b为比特速率，B为无线信号的带宽。

提高调制方式的频带利用率的方法，通常有两种类型。

① 采用多进制调制方式，由于每个调制符号携带的信息量大于二进制调制符号携带的信息量，因而可以在同样的信号带宽条件下，得到较高的频带效率。例如，DAMPS 所采用的$\pi/4$-QPSK 调制方式，是一种属于线性调制的 MPSK 调制方式，有较高的频带利用率，$\eta_b = 1.6$ b/s/Hz。

② 采用频谱旁瓣滚降迅速的调制信号。这样在传输信息速率不变的情况下，可以降低调制信号占用的频带宽度，因而提高了频带利用率。这种方法的例子是 GSM 系统中采用的 GMSK 调制方式，$\eta_b = 1.3$ b/s/Hz。

2. 功率效率

功率效率是指在保持一定传输性能的情况下所需的最小信号功率(或最小信噪比)。这个功率越小，功率效率就越高。对于模拟信号，在满足一定的输出信噪比的条件下，所要求的输入信噪比越低，功率效率就越高。例如，FM 信号的功率效率可以比 AM 高许多。对数字信号来说，在噪声功率一定的情况下，为达到同样的误符号率 P_b，已调信号功率越低，功率效率就越高。

3. 已调信号恒包络

具有恒包络特性的信号对放大器的非线性不敏感，功率放大器可以使用 C 类放大器而不会导致频谱的带外辐射的明显增加。C 类放大器的能量转换效率高，可以把电源提供的能量中更多的份额转换成信号。对于能源供给不受限制的基站来说，功放的能量转换效率不是一个重要的问题，但对使用电池的移动设备(如一般用户的手机)来说有重要意义：它可以延长移动台(MS)的工作时间，或者可以减小设备的体积(或重量)。非线性功率放大器的成本也比较低，有利于移动设备的普及。恒包络信号所承载的信息与信号的幅度无关，可以使用限幅器来减小信道衰落的影响。

3.2 最小移频键控

3.2.1 相位连续的 2FSK

1. 2FSK 信号

设要发送的数据为 $a_k=\pm1$，码元长度为 T_b，在一个码元时间内，它们分别用频率为 f_1 和 f_2 的正弦信号表示，例如：

$$\left.\begin{array}{ll} a_k=+1: & s_{\text{FSK}}(t)=\cos(\omega_1 t+\varphi_1) \\ a_k=-1: & s_{\text{FSK}}(t)=\cos(\omega_2 t+\varphi_2) \end{array}\right\}, \quad (kT_b \leqslant t \leqslant (k+1)T_b)$$

式中，$\omega_1=2\pi f_1, \omega_2=2\pi f_2$。定义载波角频率(虚载波)为

$$\omega_c=2\pi f_c=(\omega_1+\omega_2)/2 \tag{3.1}$$

ω_1, ω_2 对 ω_c 的角频偏为

$$\omega_d=2\pi f_d=|\omega_1-\omega_2|/2 \tag{3.2}$$

式中，$f_d=|f_1-f_2|/2$，为载波频率 f_c 的频率偏移。

定义调制指数

$$h=|f_1-f_2|T_b=2f_d\cdot T_b=2f_d/R_b \tag{3.3}$$

它也等于以码元速率为参考的归一化频率差。根据 a_k,h,T_b，可以重写一个码元内 2FSK 信号的表达式：

$$\begin{aligned} s_{\text{FSK}}(t) &= \cos(\omega_c t+a_k\omega_d t+\varphi_k) \\ &= \cos\left(\omega_c t+a_k\cdot\frac{\pi h}{T_b}\cdot t+\varphi_k\right) \\ &= \cos\left(\omega_c t+\theta_k(t)\right) \end{aligned} \tag{3.4}$$

式中

$$\theta_k(t)=a_k\frac{\pi h}{T_b}+\varphi_k, \quad kT_b \leqslant t \leqslant (k+1)T_b \tag{3.5}$$

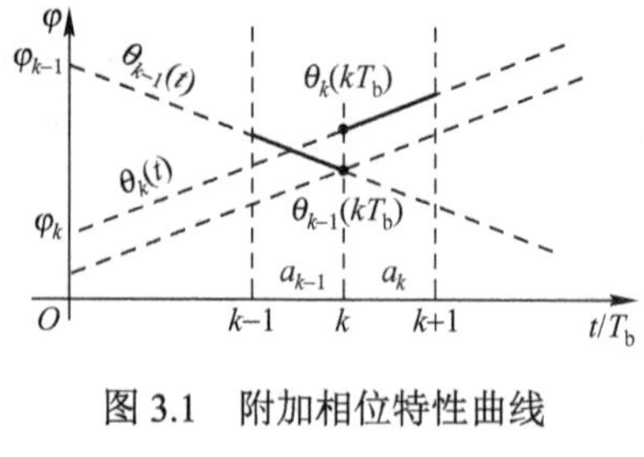

图 3.1 附加相位特性曲线

$\theta_k(t)$ 称为附加相位，它是 t 的线性函数，其中斜率为 $a_k\pi h/T_b$，截距为 φ_k，其特性曲线如图 3.1 所示。

2. 相位连续的 2FSK

从原理上讲，2FSK 信号的产生可以用两种不同的方法：开关切换法和调频法，如图 3.2 所示。

一般情况下，用开关切换法所得的是一种相位不连续的 FSK 信号；调频法所产生的是相位连续的 2FSK 信号(CPFSK，Continuous Phase FSK)。所谓相位连续是指不仅在一个码元持续期间相位连续，而且在从码元 a_{k-1} 到 a_k 转换的时刻 kT_b，两个码元的相位也相等，即

$$\theta_k(T_b) = \theta_{k-1}(T_b)$$

将式(3.5)代入上式得

$$a_k \frac{\pi h}{T_b} kT_b + \varphi_k = a_{k-1} \frac{\pi h}{T_b}(k-1)T_b + \varphi_{k-1}$$

这样就要求满足关系式

$$\varphi_k = (a_{k-1} - a_k)\pi hk + \varphi_{k-1} \tag{3.6}$$

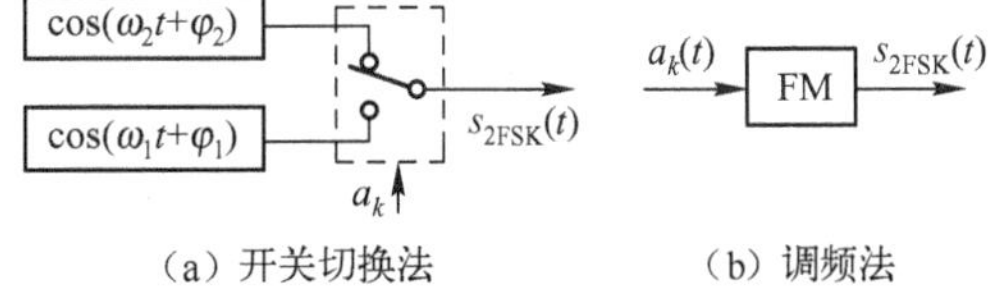

(a) 开关切换法　　(b) 调频法

图 3.2　2FSK 信号的产生

即要求当前码元的初相位 φ_k 由前一码元的初相位 φ_{k-1}、当前码元 a_k 和前一码元 a_{k-1} 来决定。式(3.6)是相位约束条件，满足该条件的 FSK 就是相位连续的 FSK。这两种相位特性不同的 FSK 信号波形如图 3.3 所示。

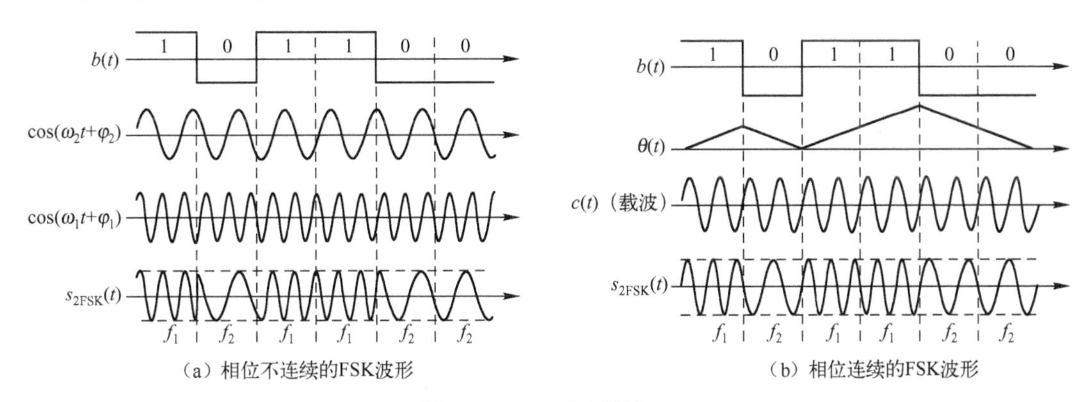

(a) 相位不连续的FSK波形　　(b) 相位连续的FSK波形

图 3.3　2FSK 信号的波形

由图 3.3 可以看出，相位不连续的 2FSK 信号在码元交替时刻，波形是不连续的，而 CPFSK 信号是连续的，这使得它们的功率谱特性不同，如图 3.4 所示。比较图 3.4(a)和(b)可以发现，在相同的调制指数 h 的情况下，CPFSK 的带宽要比一般的 2FSK 的带宽窄，这意味着前者的频带效率要高于后者。所以，在移动通信系统中 2FSK 调制常采用相位连续的调制方式。另外还看到它们的一个共同点，就是随着调制指数 h 的增加，信号的带宽也在增加。从频带效率考虑，调制指数 h 不宜太大，但过小又因两个信号频率过于接近而不利于信号的检测。所以应当根据它们的相关系数和信号的带宽来综合考虑。

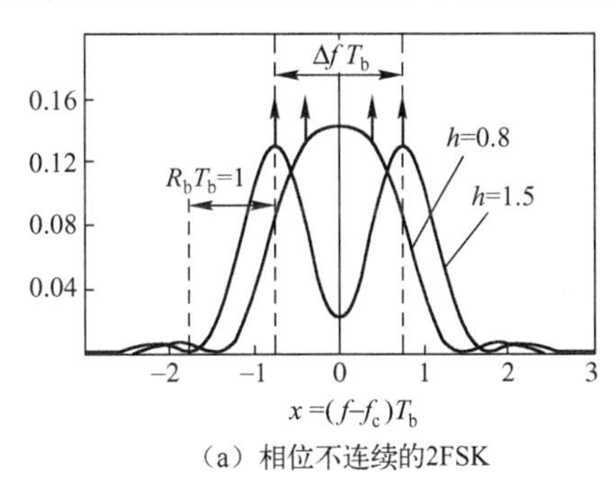

(a) 相位不连续的2FSK

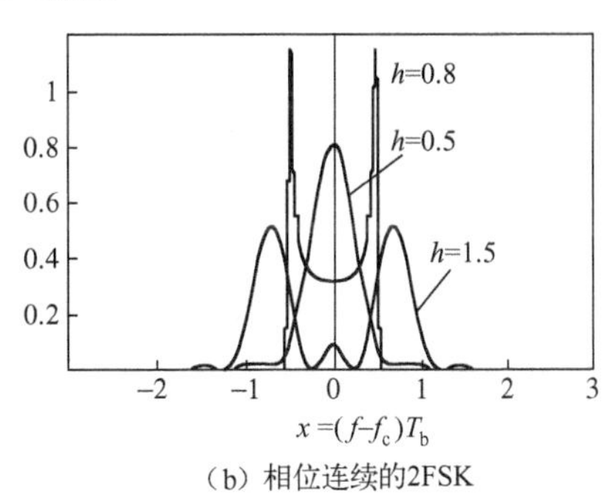

(b) 相位连续的2FSK

图 3.4　2FSK 信号的功率谱密度曲线

3.2.2 MSK 信号的相位路径、频率及功率谱

1．最小移频键控（MSK，Minimum Shift Keying）

可以求得 2FSK 信号的归一化互相关系数为（为方便讨论，令它们的初相 $\varphi_k=0$）

$$\rho=\frac{2}{T_b}\int_0^{T_b}\cos\omega_1 t\cos\omega_2 t\mathrm{d}t=\frac{\sin(2\omega_c T_b)}{(2\omega_c T_b)}+\frac{\sin(2\omega_d T_b)}{(2\omega_d T_b)} \tag{3.7}$$

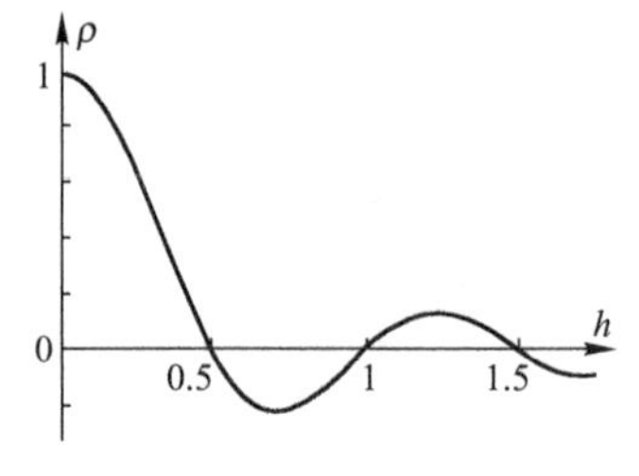

图 3.5 2FSK 信号的相关系数曲线

通常 $\omega_c T_b=2\pi f_c/f_b\gg 1$，或 $\omega_c T_b=n\pi$，因此略去上式第一项，得到

$$\rho=\frac{\sin 2\omega_d T_b}{2\omega_d T_b}=\frac{\sin 2\pi(f_1-f_2)T_b}{2\pi(f_1-f_2)T_b}=\frac{\sin 2\pi h}{2\pi h} \tag{3.8}$$

ρ-h 关系曲线如图 3.5 所示。从图中可以看出，当调制指数 $h=0.5,1,1.5,\cdots$时，$\rho=0$，即两个信号是正交的。信号的正交有利于信号的检测。在这些使$\rho=0$ 的参数中，h 的最小值为 1/2，此时在 T_b 给定的情况下，对应的两个信号的频率差 $|f_1-f_2|$有最小值，从而使 FSK 信号有最小的带宽。

$h=0.5$ 的 CPFSK 称为最小移频键控（MSK）。它是在两个信号正交的条件下，对给定的 R_b 有最小的频差。

2．MSK 信号的相位路径

由于 $h=0.5$，MSK 信号的表达式为

$$\left.\begin{aligned}s_{\mathrm{MSK}}(t)&=\cos\left(\omega_c t+\theta_k\right)\\ \theta_k(t)&=a_k\frac{\pi}{2T_b}t+\varphi_k\end{aligned}\right\},\quad kT_b\leqslant t\leqslant(k+1)T_b \tag{3.9}$$

由式(3.9)可知，一个码元从开始时刻到该码元结束的时刻，其相位变化量（增量）为

$$\Delta\theta_k=\theta_k\left((k+1)T_b\right)-\theta_k\left(kT_b\right)=b_k\cdot\frac{\pi}{2} \tag{3.10}$$

由于 $b_k=\pm1$，因此每经过 T_b 时间，相位增加或减小$\pi/2$，视该码元 b_k 的取值而定。这样，随着时间的推移，附加相位的函数曲线是一条折线，这一折线就是 MSK 信号的相位路径。由于 h=1/2，MSK 的相位约束条件（见式(3.6)）就是

$$\varphi_k=(a_{k-1}-a_k)\frac{\pi}{2}k+\varphi_{k-1}$$

由于$|a_k-a_{k-1}|$总为偶数，所以当$\varphi_0=0$ 时，其后各码元的初相位 φ_k 为π的整数倍。相位路径的例子如图 3.6 所示，其中设 $\varphi_0=0$。由图中可以看到 φ_k 的取值为 $0,-\pi,-\pi,-\pi,3\pi,\cdots$ $(k=0,1,2,\cdots)$。

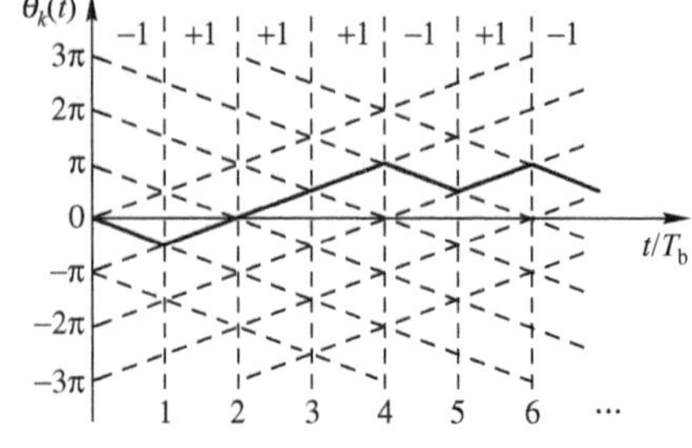

图 3.6 附加相位的相位路径

3．MSK 的频率关系

在 MSK 信号中，码元速率 $R_b=1/T_b$、峰值频偏 f_d 和两个频率 f_1、f_2 存在一定的关系。因为

$$\rho=\frac{\sin(2\omega_c T_b)}{2\omega_c T_b}+\frac{\sin(2\omega_d T_b)}{2\omega_d T_b}=0$$

则有

$$\left.\begin{aligned}\omega_c T_b&=2\pi f_c T_b=2\pi(f_2+f_1)T_b=m\pi\\ \omega_d T_b&=2\pi f_d T_b=2\pi(f_2-f_1)T_b=n\pi\end{aligned}\right\} \tag{3.11}$$

式中，m,n 均为整数。对于 MSK 信号，因为 $h=(f_1-f_2)T_b=1/2$，因此，式(3.11)中 $n=1$。当给

定码元速率 R_b 时可以确定各个频率如下

$$f_c = m \cdot R_b / 4, \quad f_2 = (m+1)R_b / 4, \quad f_1 = (m-1)R_b / 4 \tag{3.12}$$

即载波频率应当是 $R_b/4$ 的整数倍。例如，$R_b = 5\text{kb/s}$, $R_b/4 = 1.25\text{kb/s}$。设 $m = 7$，则 $f_c = 7\times 1.25 = 8.75\text{kHz}$；$f_1 = (7+1)\times 1.25 = 10\text{kHz}$；$f_2 = (7-1)\times 1.25 = 7.5\text{kHz}$。该信号的 f_1 在 1 个 T_b 时间内有 $f_1/R_b = 10/5 = 2$ 个周期，而 f_2 频率则有 $f_2/R_b = 7.5/5 = 1.5$ 个周期。

4. MSK 信号的功率谱

MSK 的功率谱为

$$W_{\text{MSK}}(f) = \frac{16A^2T_b}{\pi^2}\left\{\frac{\cos\left[2\pi\left(f-f_c\right)T_b\right]}{1-\left[4\left(f-f_c\right)T_b\right]^2}\right\}^2 \tag{3.13}$$

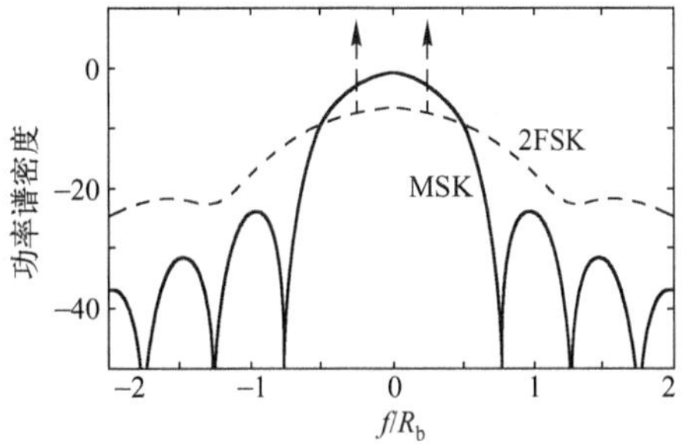

图 3.7 MSK 的功率谱密度曲线

式中，A 为信号的幅度。功率谱如图 3.7 所示。为便于比较，图中也示出了一般 2FSK 信号的功率谱。由图可见，MSK 信号比一般 2FSK 信号有更高的带宽效率。

MSK 的频谱特性比 2FSK 有很大的改进，但旁瓣的辐射功率仍然很大。90% 的功率带宽为 $2\times 0.75R_b$；99% 的功率带宽为 $2\times 1.2R_b$。在实际应用中，这一带宽仍然是比较宽的。例如，GSM 空中接口的传输速率为 $R_b = 270\text{kb/s}$，则 99%的功率带宽为 $B_s=2.4\times 270 = 648\text{kHz}$。移动通信不可能提供这样宽的带宽。另外还有 1% 的边带功率辐射到邻近信道，造成邻道干扰。1%的功率相当于 $10\lg(0.01) = -20\text{dB}$ 的干扰。而移动通信的邻道干扰要求为 60～70dB。故 MSK 的频谱仍然不能满足要求。旁瓣的功率之所以大是因为数字基带信号含有丰富的高频分量。用低通滤波器滤去其高频分量，便可以减小已调信号的带外辐射。

3.3 高斯最小移频键控

已调信号的相位路径影响其频谱特性。相位路径越平滑(即跳变的幅度小，或者保持连续的导数的阶数大)，已调信号的频谱滚降越快，旁瓣越小。有人证明，连续相位调制的频谱旁瓣随频率的变化以 $|f|^{-2(c+2)}$ 的规律下降，其中 c 为相位函数的导数保持连续的阶数。

3.3.1 高斯滤波器的传输特性

高斯最小移频键控(GMSK，Gaussian Minimum Shift Keying)指基带信号经过高斯低通滤波器的 MSK，如图 3.8 所示。MSK 的相位路径是不同斜率的直线组合成的折线。GMSK 在其基础上，通过高斯滤波器使得相位路径变成了更光滑的曲线，其保持连续的导数的阶数为无穷大，因而其已调信号的频谱与 MSK 相比，滚降更快，占用的频谱更窄，具有更高的频谱效率。

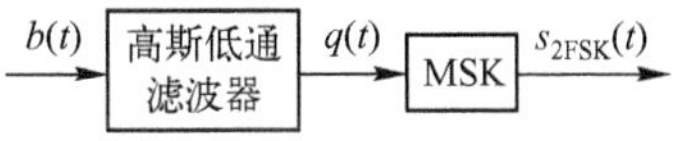

图 3.8 GMSK 信号的产生

1. 频率特性 $H(f)$ 和冲激响应 $h(t)$

高斯滤波器具有指数形式的响应特性，其幅度特性为

$$H(f) = \mathrm{e}^{-(f^2/a^2)} \tag{3.14}$$

冲激响应为

$$h(t) = \sqrt{\pi}a\mathrm{e}^{-(\pi a t)^2} \tag{3.15}$$

式中，a 为常数，取值不同将影响滤波器的特性。令 B_b 为 $H(f)$ 的 3dB 带宽，因为 $H(0) = 1$，

则有 $H(f)|_{f=B_b}=H(B_b)=0.707$，可以求得

$$a=\sqrt{2/\ln 2}\cdot B_b=1.6986B_b\approx 1.7B_b$$

设要传输的码元长度为 T_b，速率 R_b=1/T_b，以 R_b 为参考，对 f 归一化: $x=f/R_b=fT_b$，则归一化 3dB 带宽为

$$x_b=B_b/R_b=B_bT_b \tag{3.16}$$

这样，用归一化频率表示的频率特性就为 $H(x)$，即

$$H(x)=e^{-(f/1.7B_b)^2}=e^{-(x/1.7x_b)^2} \tag{3.17}$$

令 $\tau=t/T_b$，把 $a=1.7B_b$ 代入式(3.15)，并设 $T_b=1$，则有

$$h(\tau)=3.01x_b e^{-(5.3x_b\tau)^2} \tag{3.18}$$

给定 x_b ,就可以计算出 $H(x)$、$h(\tau)$ 并画出它们的特性曲线，如图 3.9 所示。从上述讨论可知，滤波器的特性完全由 x_b 确定。

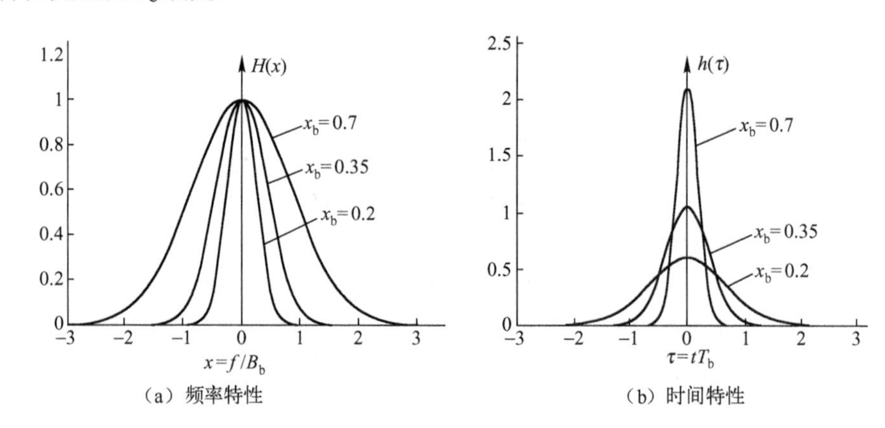

（a）频率特性　　（b）时间特性

图 3.9　高斯滤波器特性曲线

2．方波脉冲通过高斯滤波器

设有如图 3.10 所示的方波：

$$f(t)=\begin{cases}1, & |t|\leqslant T_b/2\\ 0, & |t|>T_b/2\end{cases}$$

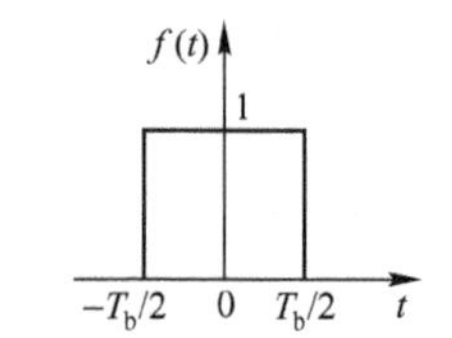

图 3.10　高斯滤波器的输入脉冲

经过高斯滤波器后，输出为

$$g(t)=\int_{-\infty}^{t}h(\tau)f(t-\tau)d\tau=\int_{-\infty}^{t}\sqrt{\pi}ae^{-(\pi a\tau)^2}f(t-\tau)d\tau$$
$$=Q\left\{\sqrt{2}a\pi(t-T_b/2)\right\}-Q\left\{\sqrt{2}a\pi(t+T_b/2)\right\}$$

式中
$$Q(z)=\frac{1}{\sqrt{2\pi}}\int_{z}^{\infty}e^{-y^2/2}dy$$

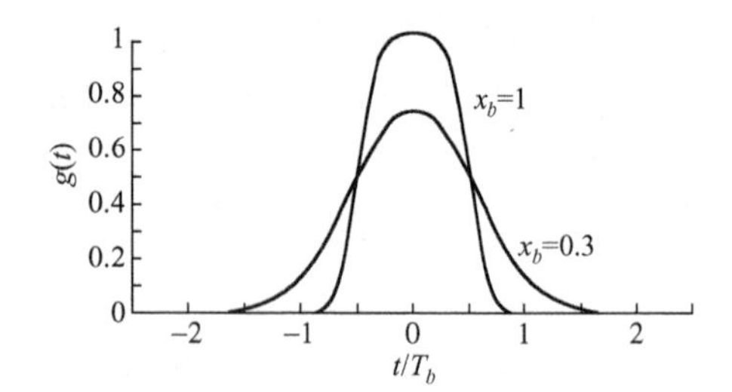

图 3.11　高斯滤波器对方波的响应

给定 x_b，便可以计算出 $g(t)$。例如，$x_b=0.3$，$x_b=1$ 时的 $g(t)$ 如图 3.11 所示。响应 $g(t)$ 在 $t=0$ 有最大值 $g(0)$，没有负值，时间是从 $t=-\infty$ 开始，延伸到 $+\infty$。显然这样的滤波器不符合因果关系，是物理不可实现的。注意到 $g(t)$ 有意义的取值仅持续若干码元时间，在此之外 $g(t)$ 的取值可以忽略。例如，当 $x_b=0.3$ 时，$g(\pm 1.5T_b)=0.016g(0)$；$x_b=1$ 时，$g(\pm T_b)=8\times 10^{-5}g(0)$。所以，可以截取其中有意义的区间作为实际响应波形的长

度，并在时间上做适当的延迟，就可以使它成为与 $g(t)$ 有足够的近似和可以实现的波形。通常截取的范围是以 $t=0$ 为中心的 $\pm(N+1/2)T_b$，即长度为 $(2N+1)T_b$，并延迟 $(N+1/2)T_b$。例如，$x_b=0.3$ 时，$N=1$，长度为 $3T_b$。显然，N 越大，近似效果越好，但需要的延迟就越大。

3.3.2 GMSK 信号的波形和相位路径

设要发送的二进制数据序列 $\{b_k\}(b_k=\pm1)$ 所用线路码为 NRZ 码，码元起止时刻为 T_b 的整数倍，此基带信号经高斯滤波器后的输出为

$$q(t)=\sum_{k=-\infty}^{\infty}b_k g(t-kT_b-T_b/2) \tag{3.19}$$

其波形举例见后面的图 3.14 所示，显然它是一条连续的光滑曲线。该信号对调频器调频，输出为

$$s(t)=\cos\left(2\pi f_c t+2\pi k_f\int_{-\infty}^{t}q(\tau)\mathrm{d}\tau\right)=\cos\left(2\pi f_c t+\theta(t)\right) \tag{3.20}$$

式中

$$\theta(t)=k_f\int_{-\infty}^{t}q(\tau)\mathrm{d}\tau \tag{3.21}$$

为附加相位；k_f 为由调频器灵敏度确定的常数。由于 $q(t)$ 为连续函数，$\theta(t)$ 也为连续函数，因此 $s(t)$ 是一个相位连续的 FSK 信号。

式(3.21)也可表示为

$$\begin{aligned}\theta(t)&=k_f\int_{-\infty}^{t}q(\tau)\mathrm{d}\tau=k_f\int_{-\infty}^{kT_b}q(\tau)\mathrm{d}\tau+k_f\int_{kT_b}^{t}q(\tau)\mathrm{d}\tau\\&=\theta(kT_b)+\Delta\theta(t)\end{aligned} \tag{3.22}$$

式中

$$\theta_k(kT_b)=k_f\int_{-\infty}^{kT_b}q(\tau)\mathrm{d}\tau \tag{3.23}$$

$$\Delta\theta_k(t)=k_f\int_{kT_b}^{t}q(\tau)\mathrm{d}\tau \tag{3.24}$$

$\theta(kT_b)$ 为码元 b_k 开始时刻的相位，$\Delta\theta_k(t)$ 则是在 b_k 期间相位的变化量。在一个码元结束时，相位的增量取决于在该码元期间 $q(t)$ 曲线下的面积 A_k。

$$\Delta\theta_k=k_f\int_{kT_b}^{(k+1)T_b}q(t)\mathrm{d}t=k_f\int_{kT_b}^{(k+1)T_b}\sum_{n=k-N}^{k+N}g(t-kT_b-T_{b/2})\mathrm{d}t=k_f A_k$$

如图 3.12 所示，$x_b=0.3$，截取 $g(t)$ 的长度为 $3T_b(N=1)$ 的情况。在 b_k 期间内，$q(t)$ 曲线只由 b_k 及其前后 1 个码元 b_{k-1}、b_{k+1} 所确定，与其他码元无关。当这 3 个码元同符号时，A_k 有最大值 $A_{\max}$，是一个常数。设计调频器的参数 k_f 使 $\Delta\theta_{\max}=k_f A_{\max}=\pi/2$。这样，调频器输出就是一个 GMSK 信号。由于 3 个码元取值的组合有 8 种，因此在 1 个码元内 $\Delta\theta_k(t)$ 的变化有 8 种，相位增量 $\Delta\theta_k$ 也只有 8 种，且 $|\Delta\theta_k(t)|\leqslant\pi/2$，如图 3.13 所示。可见，对 GMSK 信号不是每经过一个码元相位都变化 $\pi/2$，它不仅和本码元有关，还和前后 N 个码元取值有关。

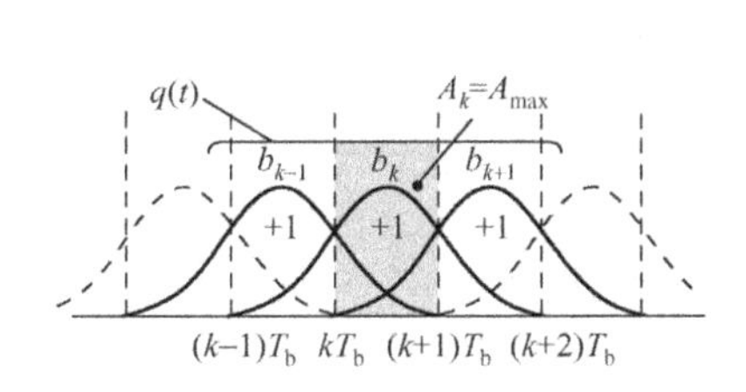

图 3.12 $q(t)$ 曲线下的面积最大

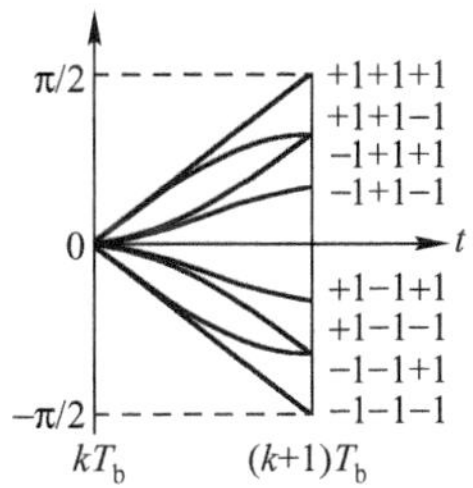

图 3.13 相位的 8 种状态

经过预滤波后的基带信号 $q(t)$、相位函数 $\theta(t)$ 和 GMSK 信号的举例如图 3.14 所示。由图可以看出，GMSK 信号的相位函数 $\theta(t)$ 是一条连续光滑的曲线。即使是在码元交替的时刻，其导数也是连续的，因此信号的频率在码元交替时刻也不会发生突变，这会使信号的副瓣有更快的衰减。

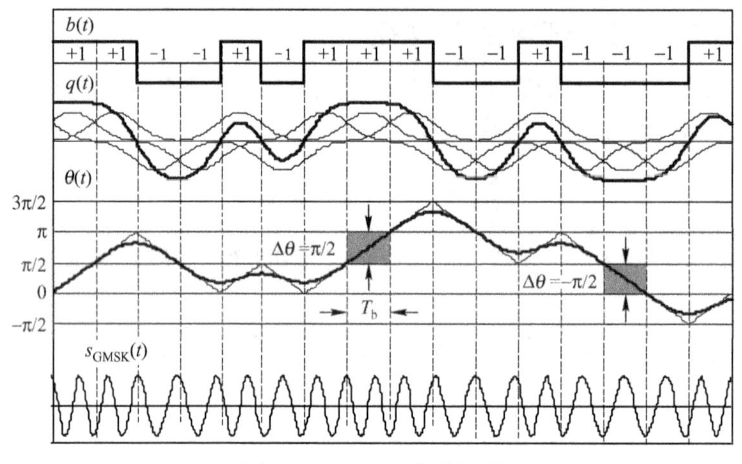

图 3.14 GMSK 信号波形

3.3.3 GMSK 信号的调制与解调

理论上 GMSK 信号可用 FM 方法产生。所产生的是相位连续的 FSK，只要控制调频指数 $k_{\rm f}$ 使 $h = 1/2$，便可以获得 GMSK。但在实际的调制系统中，常常采用正交调制方法。因为

$$
\begin{aligned}
s_{\rm GMSK}(t) &= \cos\left(\omega_{\rm c}t + k_{\rm f}\int_{-\infty}^{t} q(\tau)\,{\rm d}\tau\right) = \cos\left(\omega_{\rm c}t + \theta(t)\right) \\
&= \cos\theta(t)\cos\omega_{\rm c}t - \sin\theta(t)\sin\omega_{\rm c}t
\end{aligned}
\tag{3.25}
$$

式中

$$
\theta(t) = \theta(kT_{\rm b}) + \Delta\theta(t) \tag{3.26}
$$

在正交调制中，把式(3.25)中 $\cos\theta(t)$, $\sin\theta(t)$ 视为经过波形形成后的两个支路的基带信号。现在的问题是如何根据输入的数据 b_n 求得这两个基带信号。因为 $\Delta\theta(t)$ 是第 k 个码元期间信号相位随时间变化的量，因此 $\theta(t)$ 可以通过对 $\Delta\theta(t)$ 的累加得到。由于在一个码元内 $q(t)$ 波形为有限，在实际的应用中可以事先制作 $\cos\theta(t)$ 和 $\sin\theta(t)$ 两张表，根据输入数据通过查表读出相应的数值，得到相应的 $\cos\theta(t)$ 和 $\sin\theta(t)$ 的波形。GMSK 正交调制框图如图 3.15 所示，其各点波形如图 3.16 所示。

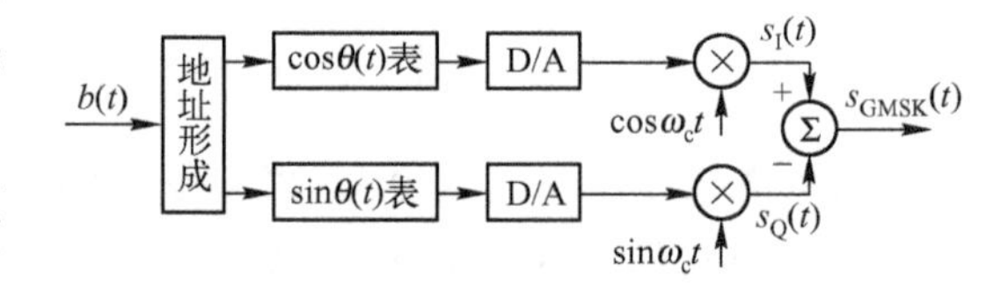

图 3.15 GMSK 正交调制框图

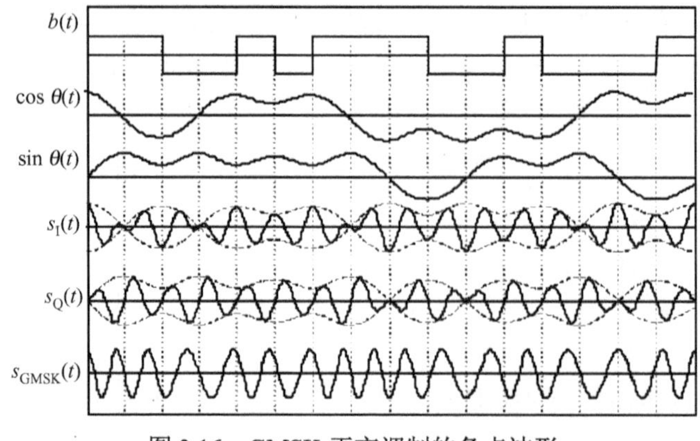

图 3.16 GMSK 正交调制的各点波形

GMSK 既可以用相干方法解调，也可以用非相干方法解调。在移动信道中，提取相干载波是比较困难的，通常采用非相干的差分解调方法。非相干解调方法有多种，这里介绍 1 比特延迟差分解调方法，其原理框图如图 3.17 所示。

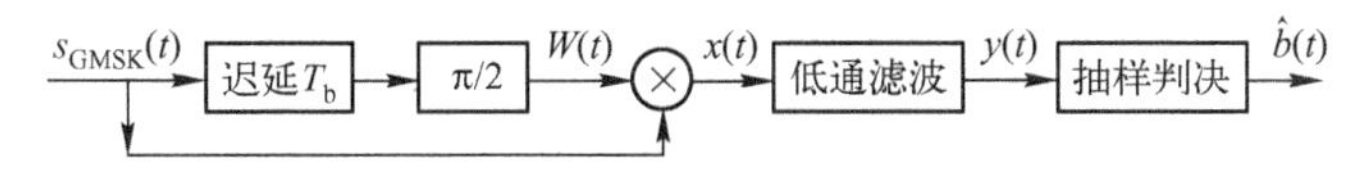

图 3.17　GMSK 1 比特迟延差分解调原理框图

设接收到的信号为　　$s(t) = s_{GMSK}(t) = A(t)\cos(\omega_c t + \theta(t))$

式中，$A(t)$ 是信道衰落引起的时变包络。接收机把 $s(t)$ 分成两路，一路经过 1 比特的迟延和 90° 的移相，得到

$$W(t) = A(t)\cos[\omega_c(t - T_b) + \theta(t - T_b) + \pi/2]$$

它与另一路的 $s(t)$ 相乘，得到

$$x(t) = s(t)W(t) = A(t)A(t - T_b)\frac{1}{2}\{\sin[\theta(t) - \theta(t - T_b) + \omega_c T_b] - \sin[2\omega_c t - \omega_c T_b + \theta(t) + \theta(t - T_b)]\}$$

经过低通滤波同时考虑到 $\omega_c T_b = 2n\pi$，得到

$$y(t) = \frac{1}{2}A(t)A(t - T_b)\sin[\theta(t) - \theta(t - T_b) + \omega_c T_b] = \frac{1}{2}A(t)A(t - T_b)\sin(\Delta\theta(t))$$

式中　　$$\Delta\theta(t) = \theta(t) - \theta(t - T_b)$$

$\Delta\theta(t)$ 是一个码元的相位增量。由于 $A(t)$为包络，总是满足 $A(t)A(t-T_b) > 0$，在 $t = (k+1)T_b$ 时刻对 $y(t)$ 抽样得到 $y((k+1)T_b)$，它的符号取决于 $\Delta\theta((k+1)T_b)$ 的符号，根据前面对 $\Delta\theta(t)$ 路径的分析，就可以进行判决：

$y((k+1)T_b) > 0$，即 $\Delta\theta((k+1)T_b) > 0$，判决解调的数据为 $\hat{b}_k = +1$

$y((k+1)T_b) < 0$，即 $\Delta\theta((k+1)T_b) < 0$，判决解调的数据为 $\hat{b}_k = -1$

解调过程的各波形如图 3.18 所示，其中设 $A(t)$ 为常数。

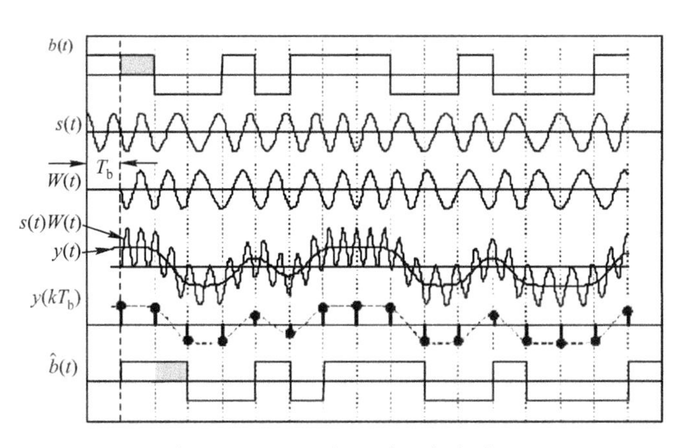

图 3.18　GMSK 解调过程各点波形

3.3.4　GMSK 功率谱

MSK 引入高斯滤波器后，平滑了相位路径，使得信号的频率变化平稳，大大减少了发射信号频谱的边带辐射。事实上，低通滤波器减少了基带信号的高频分量，使已调信号的频谱变窄。高斯低通滤波器的通带越窄，即 x_b 越小，GMSK 信号的频谱就越窄，对邻信道的干扰也

就越小。对 GMSK 信号功率谱的分析是比较复杂的，图3.19所示为计算机仿真得到的$x_b=0.5$，1 和$x_b=-\infty$（MSK）的功率谱。

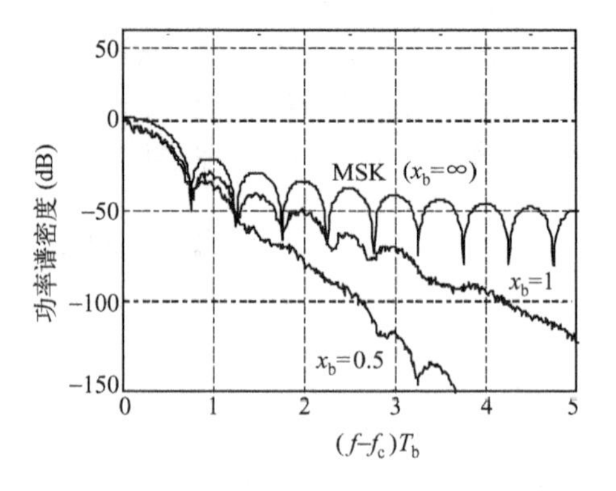

图 3.19　GMSK 功率谱密度曲线

许多文献都给出了不同 x_b 的百分比功率带宽，如表 3.1 所示，其中带宽是以码元速率为参考的归一化带宽。例如，GSM 空中接口码元速率 $R_b=270$ kb/s，若取 $x_b=T_bB_b=0.25$，则低通滤波器 3dBd 带宽为

$$B_b=x_b/T_b=x_bR_b=0.25\times270=65.567\text{kHz}$$

99 % 功率带宽为　　　$0.86R_b=0.86\times270=232.2\text{kHz}$

99.9 % 功率带宽为　　$1.09R_b=1.09\times270=294.3\text{kHz}$

这些带宽都超出了 GSM 系统的频道间隔 200kHz 的范围。虽然进一步减小 x_b 可以使带宽更窄，但 x_b 过小会使码间干扰(ISI)增加。事实上，对基带信号进行高斯滤波后，使波形在时间上扩展，引入了 ISI，这从图 3.18 的波形和抽样值可以看出，x_b 越小 ISI 就越严重，x_b 应适当选择。GSM 系统选择 $x_b=0.3$。$x_b=0.3$ 和 0.25 的眼图如图 3.20 所示，x_b 越小，眼图张开就越小。考虑到相邻信道之间的干扰，在实际的应用中，在同一蜂窝小区中，载波频率应当相隔若干频道。

GMSK 具有恒包络特性，功率效率高，可用非线性功率放大器和非相干检测。然而，其频谱效率还不够高。例如，GMSK 270.833kb/s 信道带宽为 200kHz，频带效率为 270.833/200 = 1.35b/s/Hz。

表 3.1　GMSK 百分比功率归一化带宽

$x_b=B_bT_b$	90%	99%	99.9%	99.99%
0.2	0.52	0.79	0.99	1.22
0.25	0.57	0.86	1.09	1.37
0.5	0.69	1.04	1.33	2.08
MSK	0.76	1.20	2.76	6.00

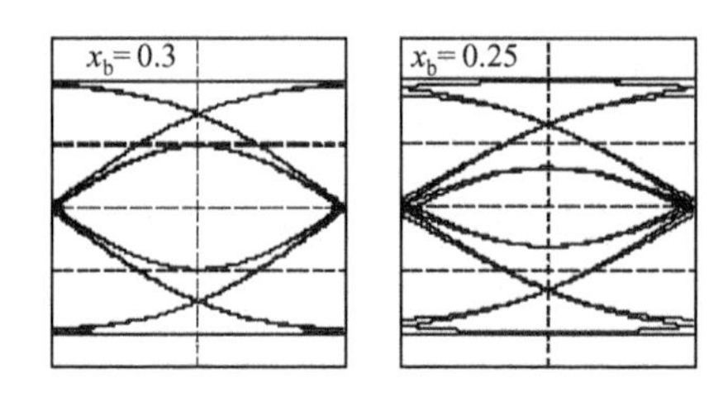

图 3.20　GMSK 信号的眼图

3.4　QPSK 调制

3.4.1　二相调制

1．二相调制信号 $s_{\text{BPSK}}(t)$

在二进制相位调制(BPSK，Binary Phase Shift Keying)中，二进制数据 $b_k=\pm1$ 可以用相位 φ_k 的不同取值表示，例如

$$s_{\text{BPSK}}(t)=\cos(\omega_c t+\varphi_k),\quad kT_b\leqslant t\leqslant(k+1)T_b \tag{3.27}$$

式中

$$\varphi_k=\begin{cases}0, & b_k=+1\\ \pi, & b_k=-1\end{cases} \tag{3.28}$$

由于 $\cos(\omega_c t+\pi)=-\cos\omega_c t$，所以 BPSK 信号一般也可以表示为

$$s_{\text{BPSK}}(t)=b(t)\cos\omega_c t \tag{3.29}$$

其中，基带信号 $b(t)$ 的波形为双极性 NRZ 码，BPSK 信号的波形如图 3.21 所示。

2. BPSK 信号的功率谱

由式(3.29)可知，BPSK 信号是一种线性调制，当基带波形为 NRZ 码时，其功率谱如图 3.22 所示。90% 功率带宽 $B=2R_s=2R_b$。频带效率只有 1/2。将其用在某些移动通信系统中，信号的频带就显得过宽。例如，DAMPS 移动电话系统，它的频道(载波)带宽为 30kHz，而它的传输速率 $R_b=48.6$kb/s，则信号带宽 $B=97.2$kHz，远大于频道带宽。此外，BPSK 信号有较大的副瓣，副瓣的总功率约占信号总功率的 10%，带外辐射严重。

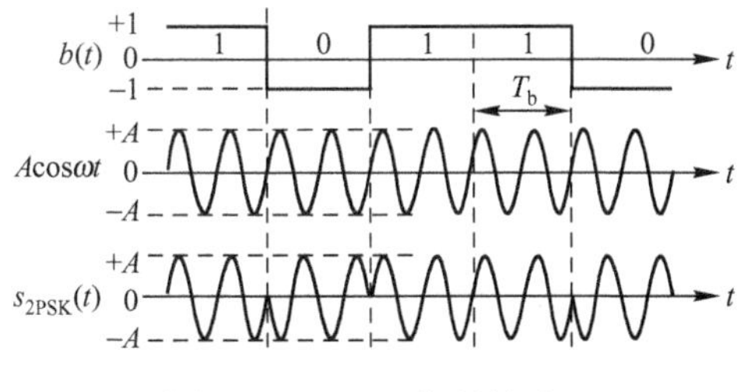

图 3.21 BPSK 信号的波形

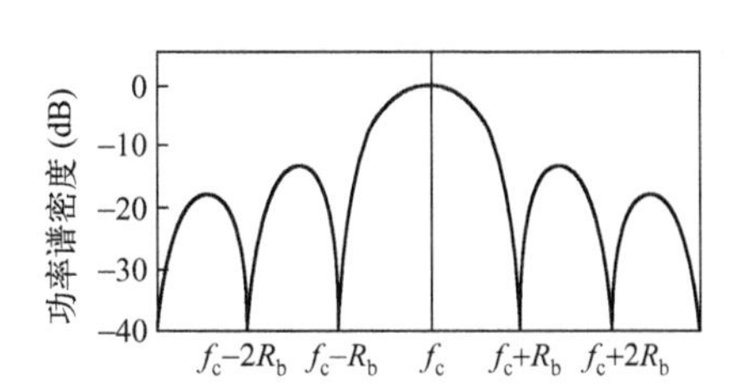

图 3.22 NRZ 基带信号的 BPSK 信号功率谱

3.4.2 四相调制

1. QPSK 信号

在四相调制(QPSK)中，在要发送的比特序列中，每两个相连的比特分为一组，构成一个四进制的码元，即双比特码元，如图 3.23 所示。双比特码元的 4 种状态用载波的 4 个不同相位 φ_k (k=1,2,3,4) 表示。双比特码元和相位的对应关系可以有许多种，图 3.24 所示为其中一种。这种对应关系叫作相位逻辑。

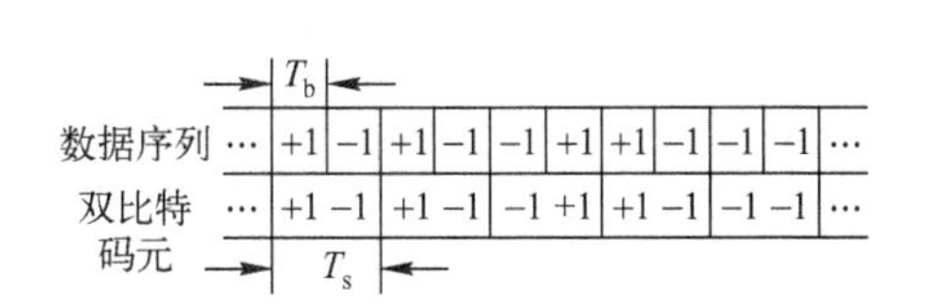

图 3.23 双比特码元

双极性表示 a_k b_k	φ_k
+1 +1	π/4
−1 +1	3π/4
−1 −1	5π/4
+1 −1	7π/4

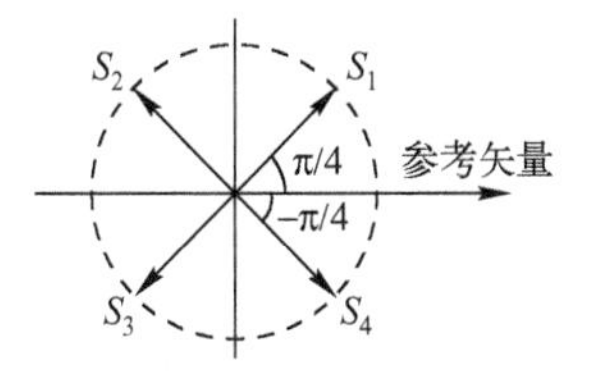

图 3.24 QPSK 的一种相位逻辑

QPSK 信号可以表示为

$$s_{\mathrm{QPSK}}(t)=A\cos(\omega_c t+\varphi_k);\quad k=1,2,3,4,\quad kT_s\leqslant t\leqslant(k+1)T_s \tag{3.30}$$

式中，A 为信号的幅度，ω_c 为载波频率。

2. QPSK 信号的产生

QPSK 信号可以用正交调制方式产生。把式(3.30)展开得到

$$s_{\mathrm{QPSK}}(t)=A\cos(\omega_c t+\varphi_k)=A\cos\varphi_k\cos\omega_c t-A\sin\varphi_k\sin\omega_c t=I_k\cos\omega_c t-Q_k\sin\omega_c t \tag{3.31}$$

式中

$$I_k=A\cos\varphi_k,\quad Q_k=A\sin\varphi_k \tag{3.32}$$

$$\varphi_k=\arctan(Q_k/I_k) \tag{3.33}$$

令双比特码元$(a_k，b_k)=(I_k，Q_k)$，则式(3.31)就是实现图 3.24 相位逻辑的 QPSK 信号。所以，把串行输入的$(a_k，b_k)$分开进入两个并联的支路——I 支路(同相支路)和 Q 支路(正交支路)，分别对 1 对正交载波进行调制，然后相加便得到 QPSK 信号。QPSK 正交调制的原理框

图如图 3.25 所示。调制器的各点波形如图 3.26 所示。

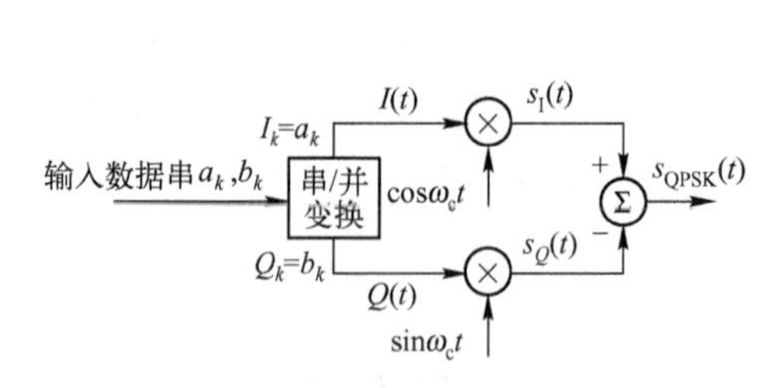

图 3.25　QPSK 正交调制原理框图

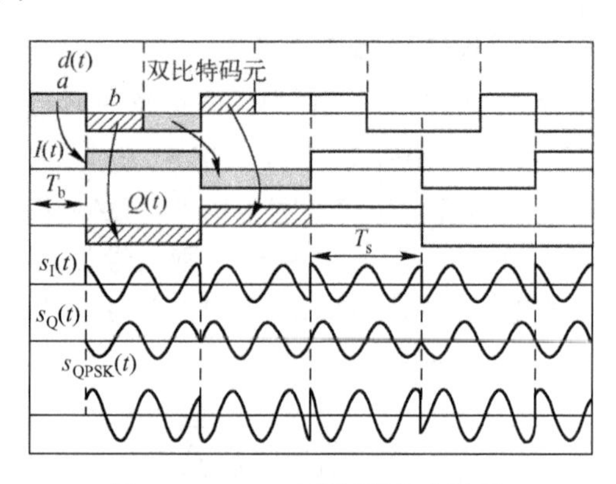

图 3.26　QPSK 调制器各点波形

由图 3.26 可以看出，当 I_k，Q_k 信号为方波时，QPSK 是一个恒包络信号。

QPSK 是一种相位不连续的信号，随着双码元的变化，在码元转换的时刻，信号的相位将发生跳变。当两个支路的数据符号同时发生变化时，相位跳变 ± 180°；当只有一个支路改变符号时，相位跳变 ± 90°。信号相位的跳变情况可以用图 3.27 所示的信号星座图来说明。图中的虚线表示相位跳变的路径，并显示了 I_k,Q_k 状态从②→③相位有 180° 的变化和从④→⑤有 + 90° 的变化。

3. QPSK 信号的功率谱和带宽

正交调制产生 QPSK 信号的方法实际上是把两个 BPSK 信号相加。由于每个 BPSK 信号的码元长度是原序列比特长度的 2 倍，即 $T_s = 2T_b$；或者说，码元速率为原比特速率的一半，即 $R_s = R_b/2$。另外，它们有相同的功率谱和相同的带宽 $B = 2R_s = R_b$，而两个支路信号的叠加得到的 QPSK 信号的带宽也为 $B = R_b$，频带效率 B/R_b 则提高为 1。

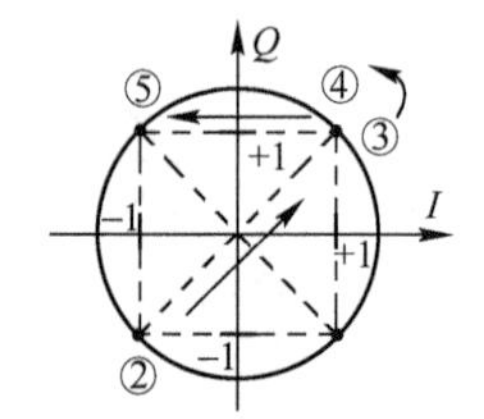

图 3.27　QPSK 信号相位跳变

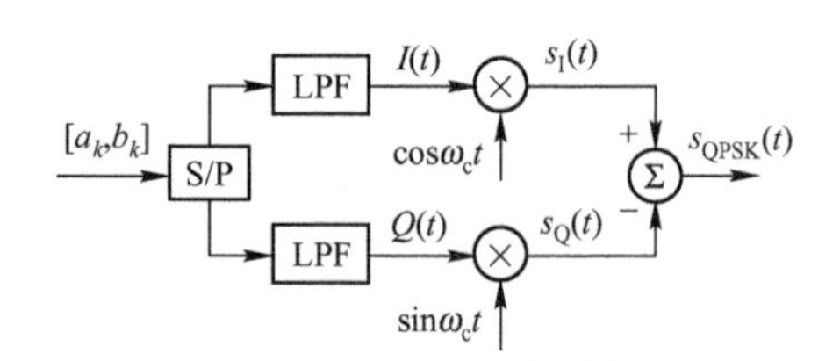

图 3.28　QPSK 的限带传输

QPSK 信号比 BPSK 信号的频带效率高出 1 倍，但当基带信号的波形是方波序列时，它含有较丰富的高频分量，所以已调信号功率谱的副瓣仍然很大，计算机分析表明信号主瓣的功率占 90%，而 99% 的功率带宽约为 $10R_s$。

在调制器的两个支路加入低通滤波器(LPF)(见图 3.28)，对基带信号实现限带，衰减其部分高频分量，就可以减小已调信号的副瓣。通常采用如图 3.29 所示具有升余弦特性的低通滤波器。

采用升余弦滤波的 QPSK 信号的功率谱，在理想情况下信号的功率完全被限制在升余弦滤波器的通带内，带宽为

$$B = (1+\alpha)R_s = R_b(1+\alpha)/2 \tag{3.34}$$

式中，α 为滤波器的滚降系数($0<\alpha \leqslant 1$)。$\alpha = 0.5$ 时的 QPSK 信号的功率谱密度曲线如图 3.30 所示。

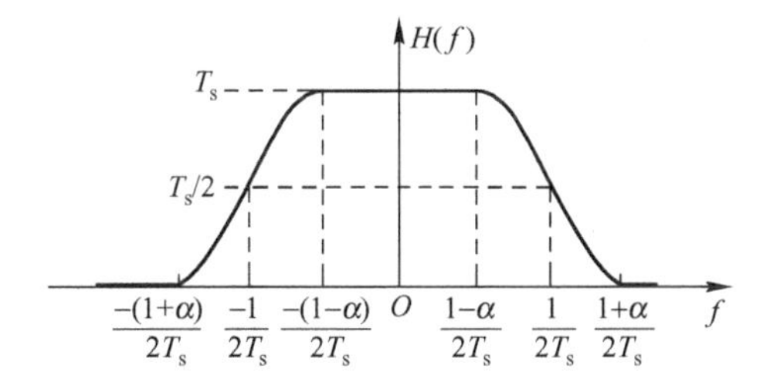

图 3.29　升余弦滤波特性

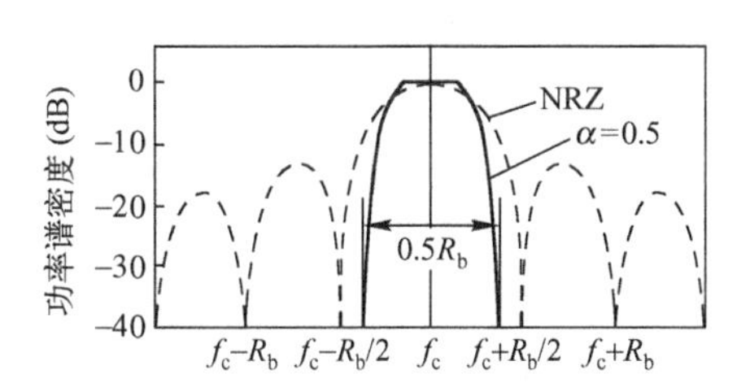

图 3.30　QPSK 信号的功率谱密度

4. QPSK 信号的包络特性和相位跳变

由升余弦滤波器形成的基带信号是连续的波形，它以有限的斜率通过零点，因此各支路的 BPSK 信号的包络有起伏且最小值为零，QPSK 信号的包络也不再恒定，如图 3.31 所示。包络起伏的幅度和 QPSK 信号相位跳变幅度有关。

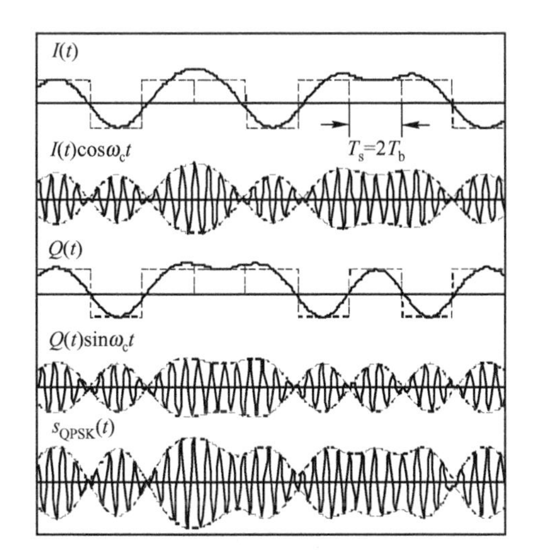

图 3.31　限带 QPSK 信号波形

3.4.3　偏移 QPSK——OQPSK

采用升余弦滤波器进行波形成形的 QPSK 不再具有恒包络的特性。π 相的相移会导致信号包络产生过零点。对这样的信号进行非线性放大的时候，会再次产生频谱旁瓣和扩展。为避免这个问题，波形成形的 QPSK 只能使用效率较低的线性放大器。

偏移 QPSK（OQPSK，Offset QPSK）是对 QPSK 的一种改进。把 QPSK 两个正交支路的码元在时间上错开 $T_s/2 = T_b$，这种调制方式称为 OQPSK。此时，两个支路的符号不会同时发生变化，每经过 T_b 时间，只有一个支路的符号发生变化，因此相位的跳变就被限制在±90°，与 QPSK 相比，相位路径的跳变幅度减小了。

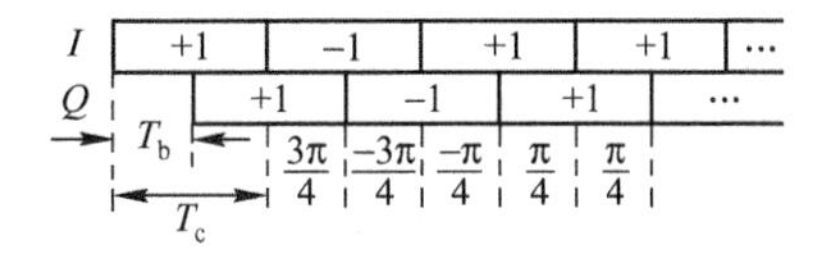

图 3.32　OQPSK 支路符号的偏移

OQPSK 两支路符号错开和相位变化的例子如图 3.32 所示，图 3.33 所示为 OQPSK 相位跳变的路径。

图 3.34 所示为 OQPSK 调制器原理框图，各点波形如图 3.35 所示。可以看出它的包络变化的幅度要比 QPSK 的小许多，且没有包络零点。由于两个支路符号的错开并不影响它们的功率谱，OQPSK 信号的功率谱和 QPSK 相同，因此有相同的带宽效率。

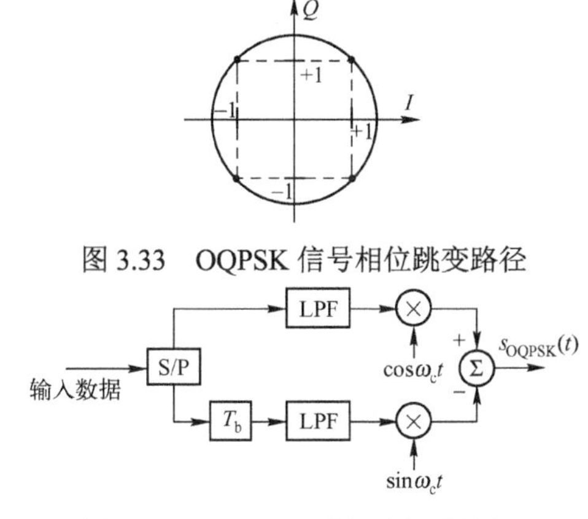

图 3.33　OQPSK 信号相位跳变路径

图 3.34　OQPSK 调制器原理框图

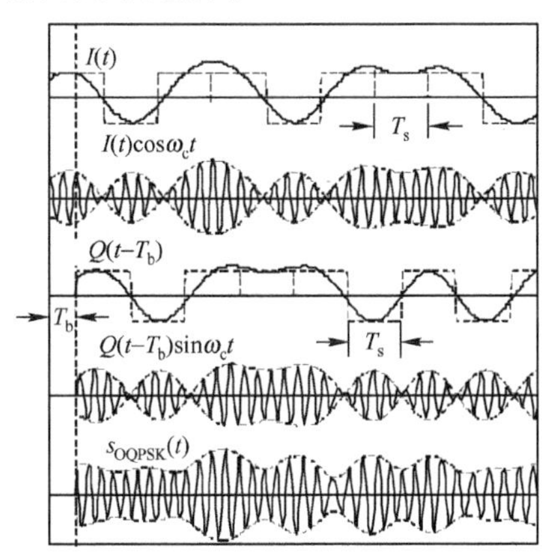

图 3.35　限带 OQPSK 信号波形

与 QPSK 信号比较，OQPSK 同样可以对调制器中两个支路的基带信号使用升余弦滤波器进行波形成形，由于 OQPSK 的相位跳变限制在±90°，没有了 180°的跳变，其信号包络不产生过零点，包络的变化变小，使用非线性放大器再生出的频谱旁瓣不再像波形成形的 QPSK 那样多，即 OQPSK 对功放的非线性不那么敏感。因此可以使用非线性功放获得较高的功率效率，同时不会引起副瓣功率显著增加。在 CDMA/IS-95 系统中，移动台就使用这种调制方式向基站发送信号。

3.4.4 π/4-QPSK

π/4-QPSK 也是 QPSK 的一种改进。从对大相位跳变的幅度来看，π/4-QPSK(135°)介于 QPSK(180°)和 OQPSK(90°)之间，因此，限带的(采用升余弦滤波器对调制器的两个支路上的基带信号进行波形成型) π/4-QPSK 的恒包络性质也介于限带的 QPSK 和 OQPSK 之间，对非线性放大器的适应性也介于二者之间。

π/4-QPSK 的优点在于它能够进行非相干解调。另外，文献证明，在多径衰落的情况下其性能好于 OQPSK。

π/4-QPSK 常常采用差分编码，以便在恢复的载波中有相位模糊时采用差分译码或相干解调。将采用差分编码的π/4-QPSK 称为π/4-DQPSK。

1. 信号产生

π/4-DQPSK 可采用正交调制方式产生，其原理框图如图 3.36 所示。

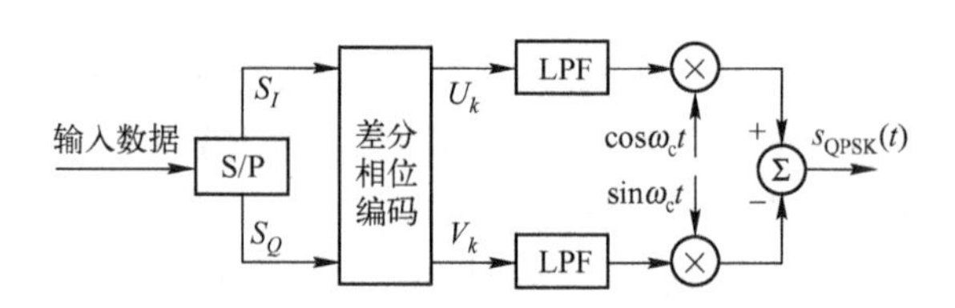

图 3.36 π/4-DQPS 调制器原理框图

输入的数据经串并变换后分成两路数据 S_I 和 S_Q，它们的符号速率等于输入串行比特速率的一半。这两路数据经过一个变换电路(差分相位编码器)在 $kT_s \leqslant t \leqslant (k+1)T_s$ 期间内输出信号 U_k 和 V_k，为了抑制已调信号的副瓣，在与载波相乘之前，通常还经具有升余弦特性的成形滤波器(LPF)，然后分别和一对正交载波相乘后合并，即得到π/4-DQPSK 信号。由于该信号的相位跳变取决于相位差分编码，为了突出相位差分编码对信号相位跳变的影响，下面的讨论先不考虑滤波器的存在，即认为调制载波的基带信号是脉冲方波(NRZ)信号，于是

$$s_{\pi/4\text{-DQPSK}}(t) = U_k \cos\omega_c t - V_k \sin\omega_c t = \cos(\omega_c t - \theta_k), \quad kT_s \leqslant t \leqslant (k+1)T_s \tag{3.35}$$

式中，θ_k 为当前码元的相位，即

$$\theta_k = \theta_{k-1} + \Delta\theta_k = \arctan(V_k / U_k) \tag{3.36}$$

$$U_k = \cos\theta_k, \quad V_k = \sin\theta_k \tag{3.37}$$

其中 θ_{k-1} 为前一个码元结束时的相位，$\Delta\theta_k$ 是当前码元的相位增量。所谓相位差分编码就是输入的双比特 S_I 和 S_Q 的 4 个状态用 4 个 $\Delta\theta_k$ 值来表示。其相位逻辑如表 3.2 所示。

式(3.36)表明，当前码元的相位 θ_k 可以通过累加的方法求得。若已知 S_I 和 S_Q，设初相位 $\theta_0 = 0$，根据这编码表可以计算得到信号每个码元相位的跳变 $\Delta\theta$，并通过累加的方法确定 θ_k，从而求得 U_k 和 V_k 的值。相位差分编码举例如表 3.3 所示。

表 3.3 中，设 $k=0$ 时 $\theta_0=0$，于是有

$k=1$：$\theta_1 = \theta_0 + \Delta\theta_1 = \pi/4$； $U_1 = \cos\theta_1 = 1/\sqrt{2}$； $V_1 = \sin\theta_1 = 1/\sqrt{2}$

$k=2$：$\theta_2 = \theta_1 + \Delta\theta_2 = \pi$； $U_2 = \cos\theta_2 = -1$； $V_2 = \sin\theta_2 = 0$

$k=3$：$\theta_3 = \theta_2 + \Delta\theta_3 = -\pi/4$； $U_3 = \cos\theta_3 = -1/\sqrt{2}$； $V_3 = \sin\theta_3 = 1/\sqrt{2}$

……

表 3.2 相位逻辑

S_I	S_Q	$\Delta\theta$
+1	+1	π/4
−1	+1	3π/4
−1	−1	−3π/4
+1	−1	−π/4

表 3.3 相位差分编码举例

k		0	1	2	3	4	5
数据	S_I S_Q		+1 +1	−1+1	+1 −1	−1+1	−1 −1
S/P	S_Q		+1	+1	−1	+1	−1
	S_I		+1	−1	+1	−1	−1
$\Delta\theta=\arctan(S_Q/S_I)$			π/4	3π/4	−π/4	3π/4	−3π/4
$\theta_k=\theta_{k-1}+\Delta\theta_k$		0	π/4	π	3π/4	3π/2	3π/4
$U_{kk}=\cos\theta$		1	$1/\sqrt{2}$	−1	$-1/\sqrt{2}$	0	$-1/\sqrt{2}$
$V_{kk}=\sin\theta$		0	$1/\sqrt{2}$	0	$1/\sqrt{2}$	−1	$1/\sqrt{2}$

上述结果也可以从递推关系求得

$$U_k=\cos\theta_k=\cos(\theta_{k-1}+\Delta\theta_k)=\cos\theta_{k-1}\cos\Delta\theta_k-\sin\theta_{k-1}\sin\Delta\theta_k$$

$$V_k=\sin\theta_k=\sin(\theta_{k-1}+\Delta\theta_k)=\sin\theta_{k-1}\cos\Delta\theta_k-\cos\theta_{k-1}\sin\Delta\theta$$

即

$$U_k=U_{k-1}\cos\Delta\theta_k-V_{k-1}\sin\Delta\theta_k,\quad V_k=V_{k-1}\cos\Delta\theta_k+U_{k-1}\sin\Delta\theta_k \tag{3.38}$$

从上述例子可以看出，U_k, V_k 值有 5 种可能的取值：0，±1，$\pm 1/\sqrt{2}$，并且总是满足

$$\sqrt{U_k^2+V_k^2}=\sqrt{\cos^2\theta_k+\sin^2\theta_k}=1,\quad kT_s\leqslant t\leqslant(k+1)T_s \tag{3.39}$$

所以若不加低通滤波器，π/4-DQPSK 信号仍然是一个具有恒包络特性的等幅波。为了抑制副瓣的带外辐射，在进行载波调制之前，用升余弦特性低通滤波器进行限带。结果信号因失去恒包络特性而呈现波动。π/4-DQPSK 调制器各点波形如图 3.37 所示。由于码元长度 $T_s=2T_b$，已调信号仍然是两个 2PSK 信号的叠加，它的功率谱和 QPSK 是一样的，因此有相同的带宽。

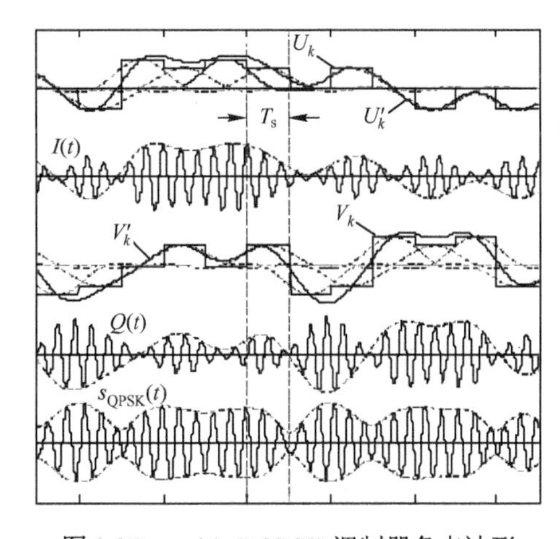

图 3.37 π/4-DQPSK 调制器各点波形

2. π/4-DQPSK 信号的相位跳变

由于 $\Delta\theta$ 可能的取值有 4 个：±π/4，±3π/4，所以相位 θ 有 8 种可能的取值，其星座图的 8 个点实际是由两个彼此偏移π/4 的两个 QPSK 星座图构成的，相位跳变总是在这两个星座图之间交替进行，跳变的路径如图 3.38 的虚线所示。图中还标出了表 3.3 中各码元相位的跳变位置。注意，所有的相位路径都不经过原点(圆心)。这种特性使得信号的包络波动比 QPSK 要小，即降低了最大功率和平均功率的比值。

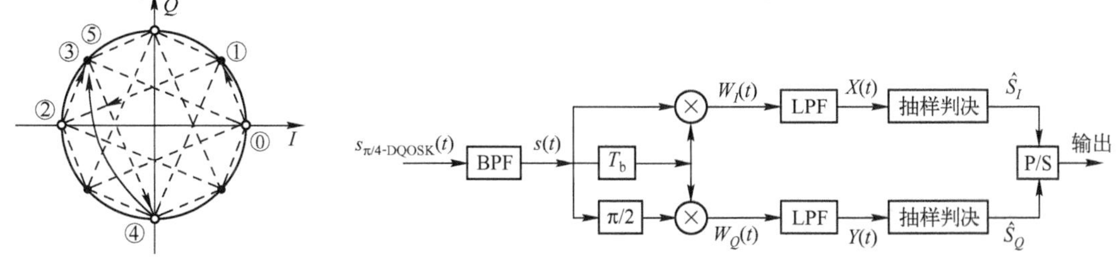

图 3.38 π/4-DQPSK 相位跳变　　图 3.39 π/4-DQPSK 中频差分解调的原理框图

3. π/4-DQPSK 的解调

从π/4-DQPSK 的调制方法可以看出，所传输的信息包含在两个相邻的载波相位差之中，

因此，可以采用易于用硬件实现的非相干差分检波。图 3.39 所示为中频差分解调的原理框图。设信号接收的中频信号为

$$s(t)=\cos(\omega_0 t+\theta_k),\quad kT_b \leqslant t \leqslant (k+1)T_b$$

解调器把输入的中频(频率等于 f_0) π/4 -DQPSK 信号 $s(t)$分成两路，一路是 $s(t)$和它的延迟一个码元的信号 $s(t-T_s)$相乘得 $W_I(t)$，另一路则是 $s(t-T_s)$和 $s(t)$移相 $\pi/2$ 后相乘得 $W_Q(t)$，即

$$W_I(t)=\cos(\omega_0 t+\theta_k)\cos[\omega_0(t-T_s)+\theta_{k-1}]$$

$$W_Q(t)=\cos(\omega_0 t+\theta_k+\pi/2)\cos[\omega_0(t-T_s)+\theta_{k-1}]$$

设 $\omega_0 T_s=2n\pi$ (n 为整数)，经过低通滤波器后，得到低频分量 $X(t)$和 $Y(t)$，抽样得到

$$X_k=\frac{1}{2}\cos(\theta_k-\theta_{k-1})=\frac{1}{2}\cos(\Delta\theta_k),\quad Y_k=\frac{1}{2}\sin(\theta_k-\theta_{k-1})=\frac{1}{2}\sin(\Delta\theta_k)$$

根据相位差分编码表，可做如下判决：当 $X_k>0$ 时，判 $\hat{S}_I=+1$；当 $X_k<0$ 时，判 $\hat{S}_I=-1$；当 $Y_k>0$ 时，判 $\hat{S}_I=+1$；当 $Y_k<0$ 时，判 $\hat{S}_I=-1$。

3.5 正交频分复用

3.5.1 概述

多径传播环境下，当信号的带宽大于信道的相关带宽时，就会使所传输的信号产生频率选择性衰落，在时域中表现为脉冲波形的重叠，即产生码间干扰。面对恶劣的移动环境和频谱的短缺，需要设计抗衰落性能良好和频带利用率高的信道。对一般的串行数据系统，每个数据符号都完全占用信道的可用带宽。由于瑞利衰落的突发性，多个连续比特往往在信号衰落期间被完全破坏而丢失，这是十分严重的问题。

采用并行传输可以减小串行传输所遇到的上述困难。这种系统把整个可用信道频带 B 划分为 N 个带宽为Δf 的子信道。把 N 个串行码元变换为 N 个并行的码元，分别调制这 N 个子信道载波进行同步传输，这就是频分复用。通常Δf 很窄，可以近似视为传输特性理想的信道。若子信道的码元速率$1/T_s \leqslant \Delta f$，则各子信道可以视为平坦性衰落的信道，从而避免严重的码间干扰。另外若频谱允许重叠，还可以节省带宽而获得更高的频带效率，如图 3.40 所示。

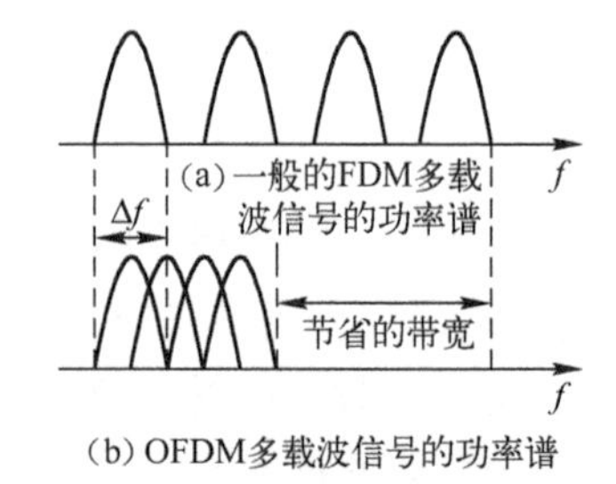

图 3.40 FDM 与 OFDM 带宽的比较

并行系统把衰落分散到多个符号上，使得每个符号只受到稍微一点损害而不至于造成一连多个符号被完全破坏，这样就有可能精确地恢复它们中的大多数。另外并行系统扩展了码元的长度 T，它远远大于信道的时延，这样就可以减小时延扩展对信号传输的影响。

3.5.2 正交频分复用的原理

如果不考虑带宽的使用效率，并行传输系统采用的就是频分复用的方法。在这样的系统中各个子信道的频谱不重叠，且相邻的子信道之间有足够的保护间隔，以便在接收端用滤波器把这些子信道分离出来。但是如果子载波的间隔等于并行码元长度的倒数($1/T_s$)和使用相干检测，则采用子载波的频谱重叠可以使并行系统获得更高的带宽效率，这就是正交频分复用(OFDM，Orthogonal Frequency Division Multiplexing)。

OFDM 系统框图如图 3.41 所示。设串行码元的周期为 t_s，速率为 $r_s=1/t_s$。经过串并变换

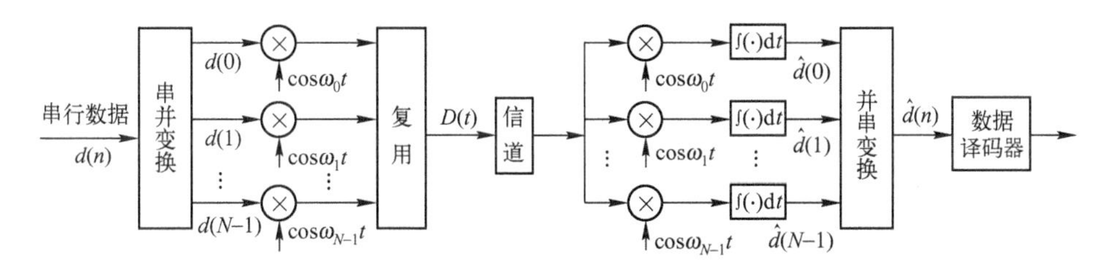

图 3.41　OFDM 系统框图

后 N 个串行码元被转换为长度为 $T_s = Nt_s$、速率为 $R_s = 1/T_s = 1/Nt_s = r_s/N$ 的并行码元。N 个码元分别调制 N 个子载波：

$$f_n = f_0 + n\Delta f,\quad n = 0,1,2,\cdots,N-1 \tag{3.40}$$

式中，Δf 为子载波的间隔，设计为

$$\Delta f = 1/T_s = 1/Nt_s \tag{3.41}$$

它是 OFDM 系统的重要设计参数之一。这样当 $f_0 \gg 1/T_s$ 时，各子载波是两两正交的，即

$$\frac{1}{T_s}\int_0^{T_s}\sin(2\pi f_k t+\varphi_k)\sin(2\pi f_j t+\varphi_j)\mathrm{d}t = 0 \tag{3.42}$$

式中，$f_k - f_j = m/T_s$（m=1,2,⋯）。把 N 个并行支路的已调子载波信号相加，便得到 OFDM 实际发射的信号

$$D(t) = \sum_{n=0}^{N-1} d(n)\cos(2\pi f_n t) \tag{3.43}$$

在接收端，接收的信号同时进入 N 个并行支路，分别与 N 个子载波相乘和积分（相干解调）便可以恢复各并行支路的数据

$$\hat{d}(k) = \int_0^{T_s} D(t)2\cos\omega_k t\mathrm{d}t = \int_0^{T_s}\sum_{n=0}^{N-1} d(n)2(\cos\omega_n t)^2\,\mathrm{d}t = d(k)$$

各支路的调制可以采用 PSK,QAM 等数字调制方式。为了提高频谱的利用率，通常采用多进制的调制方式。一般并行支路输入的数据可以表示为 $d(n) = a(n) + \mathrm{j}b(n)$，其中 $a(n)$和 $b(n)$表示输入的同相分量和正交分量的实序列（例如，QPSK，$a(n)$、$b(n)$取值 ± 1；16QAM 取值 ± 1、± 3 等），它们在每个支路上调制一对正交载波，则输出的 OFDM 信号为

$$D(t) = \sum_{n=0}^{N-1}[a(n)\cos(2\pi f_n t) + b(n)\sin(2\pi f_n t)] = \mathrm{Re}\left\{\sum_{n=0}^{N-1} A(t)\mathrm{e}^{\mathrm{j}2\pi f_0 t}\right\} \tag{3.44}$$

式中

$$A(t) = \sum_{n=0}^{N-1} d(n)\mathrm{e}^{\mathrm{j}n\Delta\omega t} \tag{3.45}$$

$A(t)$为信号的复包络。

系统的发射频谱的形状是经过仔细设计的，使得每个子信道的频谱在其他子载波频率上为零，这样子信道之间就不会发生干扰。当子信道的脉冲为矩形脉冲时，具有 sinc 函数形式的频谱可以准确满足这一要求，如 $N=4$、$N=32$ 的 OFDM 功率谱如图 3.42 所示。

由于频谱的重叠使得带宽效率得到很大的提高。OFDM 信号的带宽一般可以表示为

$$B = f_{N-1} - f_0 + 2\delta = (N-1)\Delta f + 2\delta \tag{3.46}$$

式中，δ 为子载波信道带宽的一半。设每个支路采用 M 进制调制，则 N 个并行支路传输的比特速率 $R_b = NR_s\log_2 M$，因此带宽效率为

$$\eta = \frac{R_b}{B} = \frac{NR_s \log_2 M}{(N-1)\Delta f + 2\delta} \tag{3.47}$$

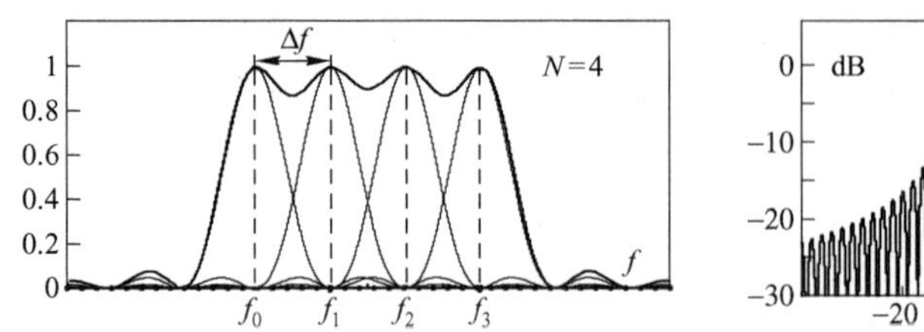

图 3.42　OFDM 的功率谱例子

若子载波信道严格限带且$\delta = \Delta f / 2 = 1/2T_s$，于是带宽效率为

$$\eta = R_b / B = \log_2 M \tag{3.48}$$

在实际应用中，子信道的带宽比这最小带宽稍大一些，即$\delta = (1+\alpha)/2T_s$，则

$$\eta = \frac{\log_2 M}{1+\alpha / N} \tag{3.49}$$

为了提高频带利用率可以增加子载波的数目N和减小α。

3.5.3　正交频分复用的 DFT 实现

OFDM 技术早在 20 世纪中期就已出现，但信号的产生及解调需要许多的调制解调器，硬件结构的复杂性使得在当时的技术条件下难以在民用通信中普及，后来(20 世纪 70 年代)出现了用离散傅氏变换(DFT)方法来简化系统的结构，但也是在大规模集成电路和信号处理技术充分发展后才得到广泛应用的。使用 DFT 技术的 OFDM 系统方框图如图 3.43 所示。

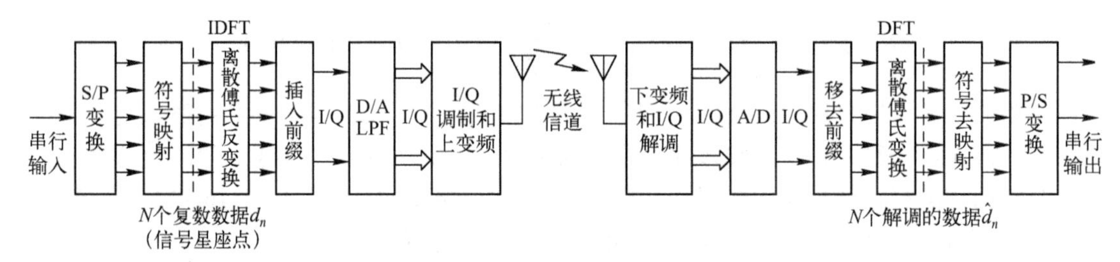

图 3.43　使用 DFT 的 OFDM 系统方框图

输入的串行比特以L比特为 1 帧，每帧分为N组，每组比特数可以不同，第i组有q_i个比特，即$L = \sum_{i=1}^{N} q_i$。第i组比特对应第i子信道的$M_i = 2^{q_i}$个信号点。这些复数信号点对应这些子信道的信息符号，用d_n（$n = 0,1,2,\cdots,N-1$）表示。利用 IDFT 可以完成$\{d_n\}$的 OFDM 基带调制，因为式(3.45)的复包络可以表示为

$$A(t) = x(t) + \mathrm{j}y(t) \tag{3.50}$$

则 OFDM 信号为

$$\begin{aligned} D(t) &= \mathrm{Re}\left\{A(t)\mathrm{e}^{\mathrm{j}\omega_0 t}\right\} = \mathrm{Re}\{[x(t)+\mathrm{j}y(t)](\cos\omega_0 t + \mathrm{j}\sin\omega_0 t)\} \\ &= x(t)\cos\omega_0 t - y(t)\sin\omega_0 t \end{aligned} \tag{3.51}$$

若对$A(t)$以$1/t_s$速率抽样，由式(3.45)得到

$$A(m) = x(m) + \mathrm{j}y(m) = \sum_{n=0}^{N-1} d_n \mathrm{e}^{\mathrm{j}n\Delta\omega m t_s} = \sum_{n=0}^{N-1} d_n \mathrm{e}^{\mathrm{j}2\pi nm/N} = \mathrm{IDFT}\{d_n\} \tag{3.52}$$

可见所得到的$A(m)$是$\{d_n\}$的IDFT，或者说直接对$\{d_n\}$求离散傅氏反变换就得到$A(t)$的抽样$A(m)$。而$A(m)$经过低通滤波（D/A变换）后所得到的模拟信号对载波进行调制，便得到所需的OFDM信号。在接收端则进行相反的过程，把解调出的基带信号经A/D变换后得到$\hat{d}_n$，经并串变换后输出。当N比较大时可以采用高效率的IFFT（FFT）算法。现在已有专用的IC可用，利用它可以取代大量的调制解调器，使结构变得简单。

设输入一个符号信号为$p(t)$，信道的冲激响应为$h(t)$，不考虑信道噪声的影响，信道的输出$r(t)=p(t)*h(t)$。$r(t)$的时间长度$T_r=T_s+\tau$（τ为信道冲激响应的持续时间）。若码元是一个接一个无缝连续发送的，则接收信号因$T_r>T_s$而产生码间干扰。应在数据块之间加入保护间隔T_g，只要$T_g\geqslant\tau$，就可以完全消除码间干扰。除了上述的载波间隔Δf外，T_g是OFDM系统的另一个重要的设计参数。

通常，T_g是以一个循环前缀的形式存在的，这些前缀由信号$p(t)$的g个样值构成，使得发送的符号样值序列的长度增加到$N+g$，如图3.44所示。由于是连续传输，若信道的冲激响应样值序列长度$j\leqslant g$，则信道的输出序列$\{r_n\}$的前g个样值会受到前一分组拖尾的干扰，把它们舍去，然后根据N个接收到的信号样值$r_n(0\leqslant n\leqslant N-1)$来解调。之所以用循环前缀填入保护间隔内，其中一个原因是为了保持接收载波的同步，在此段时间必须传输信号而不能让它空白。由于加入了循环前缀，为了保持原信息传输速率不变，信号的抽样速率应提高到原来的$1+N/g$倍。

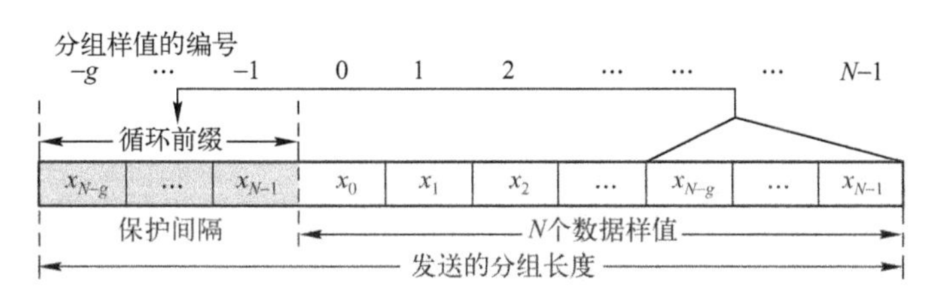

图3.44 循环前缀的加入

3.5.4 OFDM的应用

由上述讨论可知，采用OFDM有很多优点，例如：

① 由于采用了正交载波和频带重叠设计，OFDM有比较高的带宽效率。如式（3.49）所示，随着N的增大，带宽效率接近$\log_2M$波特/赫兹的理想情况。

② 由于并行的码元长度$T_s=Nt_s$远大于信道的平均衰落时间$\overline{T}_f$，瑞利衰落对码元的损伤是局部的，一般都可以正确恢复，而不像单载波传输时，由于$\overline{T}_f>t_s$而引起多个串行码元的丢失。

③ 当$T_s\gg\tau$（多径信道的相对时延）时，系统因时延所产生的码间干扰就不那么严重了，系统一般不需要均衡器。

④ 由于是多个窄带载波传输，当信道在某个频率出现较大幅度衰减或较强的窄带干扰时，也只是影响个别的子信道，而其他子信道的传输并未受影响。

⑤ 由于可以采用DFT实现OFDM信号，因此极大地简化了系统的硬件结构。

此外，在实际的应用中，OFDM系统可以自动测量子载波的传输质量，据此及时调整子信道的发射功率和发射比特数，使每个子信道的传输速率达到最佳状态。

OFDM的这些特点使得它在有线信道或无线信道的高速数据传输中得到了广泛的应用。例如，在数字用户环路上的ADSL，无线局域网的IEEE 802.11a和HIPERLAN-2，数字广播，高清晰度电视等。研究表明，OFDM技术和CDMA技术的结合比DC-CDMA具有更好的性能，也很可能成为未来宽带大容量蜂窝移动通信系统的无线接入技术。

在应用 OFDM 时，也有一些问题需要认真考虑。例如，和所有频分复用系统一样，存在发射信号的峰值功率和平均功率比值(PAR)过大的问题。过大的 PAR 会使发射机的功率放大器饱和，造成发射信号的互调失真。降低发射功率使信号工作在线性放大范围，可以减小或避免这种失真，但这样又降低了功率效率。另一个问题是 OFDM 信号对频率的偏移十分敏感。OFDM 的优越性能是建立在子载波正交的基础上的，移动台移动会产生多普勒频谱扩展，这种频率漂移会破坏这种正交性，造成子信道之间的干扰。实际上多普勒效应在时间上表现为信道的时变性质，当信号码元长度大于信道的相干时间时，就会产生失真。为此应控制码元的长度，使其不超出移动信道的相干时间。最后，接收机为了确定 FFT 符号的开始时间也是比较困难的。

3.6 高阶调制

频谱资源是有限而珍贵的，并且是不可再生资源。随着移动通信各种标准日新月异的发展，频谱资源显得日渐拥挤。同时，新业务的推陈出新也使得所需要的数据速率越来越高。TDD LTE 中将在 20MHz 的带宽下实现 100Mb/s 的下行峰值传输速率，也就是说需要达到 5b/s/Hz 的频谱利用率。在这种情况下，使用高阶调制的优势就很明显了，它能够在有限带宽下很好地实现高速数据传输，并且可以在很大程度上提高频谱利用率。下面就介绍高阶调制的原理以及应用，首先引入数字调制的信号空间原理。

3.6.1 数字调制的信号空间原理

误码性能的好坏是通过欧氏距离来衡量的。研究表明，信号波形的表达式和多维矢量空间的表达式存在一定程度的相似性，如果把信号的波形映射到矢量空间就可以很直观地表示欧氏距离了，并且把信号的矢量分析和统计判决理论相结合，就可以很好地分析误码性能。

包含 N 个正交归一化矢量的矢量组 $(\boldsymbol{e}_1,\boldsymbol{e}_2,\cdots,\boldsymbol{e}_N)$ 能够组成一个完备的坐标系统，即

$$\boldsymbol{e}_i\boldsymbol{e}_j=\begin{cases}1, & i=j\\ 0, & i\neq j\end{cases} \tag{3.53}$$

由于矢量空间是完备的，那么任意一个矢量 $\boldsymbol{x}$ 就可以由这个矢量组的线性组合来表示。把 $\boldsymbol{x}$ 投影到这些正交矢量上

$$\boldsymbol{x}=\sum_{i=1}^{N}x_i\boldsymbol{e}_i \tag{3.54}$$

式中，$x_i=\boldsymbol{x}\boldsymbol{e}_i$ 为矢量 $\boldsymbol{x}$ 在 $\boldsymbol{e}_i$ 上的投影。则矢量 $\boldsymbol{x}$ 在这个完备的坐标系统中就可以表示为 $[x_1,x_2,\cdots,x_N]$。

以上介绍了多维矢量的空间表示，以此类推也可以把信号波形在一个完备的矢量空间中正交展开。对于一个确定的实信号 $s(t)$，它具有有限能量 E_{s}：

$$E_{\mathrm{s}}=\int_{-\infty}^{+\infty}s(t)^2\mathrm{d}t \tag{3.55}$$

在一组完备的归一化正交函数集 $\{f_n(t),n=1,2,\cdots,N\}$ 中

$$\int_{-\infty}^{+\infty}f_m(t)f_n(t)=\begin{cases}1, & m=n\\ 0, & m\neq n\end{cases} \tag{3.56}$$

实信号 $s(t)$ 可以由这些函数的加权线性组合来近似表示

$$\hat{s}(t)=\sum_{n=1}^{N}s_nf_n(t) \tag{3.57}$$

近似表示所带来的误差为

$$e(t)=\hat{s}(t)-s(t) \tag{3.58}$$

通过使 $e(t)$ 最小可以得到加权系数

$$s_n=\int_{-\infty}^{+\infty}s(t)f_n(t)\mathrm{d}t \tag{3.59}$$

由此 $s(t)$ 在 N 维矢量空间中就可以表示为

$$\boldsymbol{s}=[s_1,s_2,\cdots,s_N] \tag{3.60}$$

如果把 M 个能量有限的信号映射到 N 维矢量空间上，将空间中的 M 个映射点称为星座点，矢量空间称为信号空间。在矢量空间中可以很容易地描述衡量误码性能的两个指标：信号之间的互相关系数和欧氏距离。当各个信号波形的能量相等都为 E_{s} 时，两个信号波形 $\boldsymbol{s}_m$ 和 $\boldsymbol{s}_n$ 之间的互相关系数可以表示为

$$\rho_{mn}=\frac{\boldsymbol{s}_m\cdot\boldsymbol{s}_n}{\sqrt{E_mE_n}}=\frac{\boldsymbol{s}_m\cdot\boldsymbol{s}_n}{E_{\mathrm{s}}} \tag{3.61}$$

式中，$\boldsymbol{s}_m\cdot\boldsymbol{s}_n$ 为这两个矢量的内积，E_m 和 E_n 分别为两个信号波形的能量。它们之间的欧氏距离可以表示为

$$d_{mn}=\left|\boldsymbol{s}_m-\boldsymbol{s}_n\right|=\left[2E_{\mathrm{s}}(1-\rho_{mn})\right]^{1/2} \tag{3.62}$$

由式(3.62)可以看出，符号之间相关性越大，欧氏距离就越小，那么误码性能就越差。一般来说，调制阶数越高，欧氏距离就越小。但是由于频率资源的限制，必须采用比较高的调制阶数。为了保证高频谱效率下链路的性能，可以相应地采用强有力的差错控制技术、提高功率等措施来弥补误码性能。

3.6.2 *M* 进制数字调制及高阶调制

调制一般是对载波的幅度、相位或者频率进行的，以此与信道特性相匹配，更有效地利用信道。M 进制数字调制，一般可以分为 MASK，MPSK，MQAM 和 MFSK，它们属于无记忆的线性调制。如果结合信号的矢量空间表示，可以理解为这些不同的调制方式是因为采用了不同的正交函数集。一般认为在阶数 $M\geqslant 8$ 时为高阶调制。MASK、MQAM、MPSK 这 3 种调制方式在信息速率和 M 值相同的情况下，频谱利用率是相同的。由于 MPSK 的抗噪声性能优于 MASK，所以 2PSK、QPSK 获得了广泛的应用。ASK 信号是对载波的幅度进行的调制，所以不适合衰落信道。在 $M>8$ 时，MQAM 的抗噪声性能优于 MPSK，所以阶数更高的调制一般采用 QAM。在传输高速数据时一般使用 8PSK、16QAM、32QAM、64QAM 等，而 MFSK 通过带宽的增加来换取误码性能的提升，这种方式牺牲了很大的带宽，因而不适于无线通信。下面分别介绍这几种 M 进制数字调制。

1. *M* 进制振幅键控(MASK)

用 MPAM 的数字基带信号的幅度直接对载波进行调制就能够得到 MASK 信号，$M=2^K$，每 K 个比特映射为 1 个 M 进制符号。MASK 信号可以表示为

$$s_{\mathrm{MASK}}(t)=\left[\sum_{n=-\infty}^{+\infty}a_ng_{\mathrm{T}}(t-nT_{\mathrm{s}})\right]A\cos\omega_{\mathrm{c}}t \tag{3.63}$$

式中，a_n 为 M 进制幅度序列，$g_{\mathrm{T}}(t)$ 为成型滤波器，$T_{\mathrm{s}}=KT_{\mathrm{b}}$ 为 M 进制符号周期，T_{b} 为二进制符号周期，A 为载波幅度，ω_{c} 为载波频率。假设 $A=1$，把 MASK 信号正交展开就可以得到

$$s_i(t) = a_i g_{\mathrm{T}}(t)\cos\omega_{\mathrm{c}}t = s_i f_1(t) \quad i=1,2,\cdots,M;\ 0 \leqslant t \leqslant T_{\mathrm{s}} \tag{3.64}$$

式中

$$f_1(t) = \sqrt{\frac{2}{E_{\mathrm{g}}}} g_{\mathrm{T}}(t)\cos\omega_{\mathrm{c}}t \tag{3.65}$$

$$g_{\mathrm{T}}(t) = \begin{cases} \sqrt{\dfrac{E_{\mathrm{g}}}{T_{\mathrm{s}}}}, & 0 \leqslant t \leqslant T_{\mathrm{s}} \\ 0, & \text{其他} \end{cases} \tag{3.66}$$

$$s_i = \int_0^{T_{\mathrm{s}}} s_i(t) f_1(t)\mathrm{d}t = \sqrt{\frac{E_{\mathrm{g}}}{2}} a_i \tag{3.67}$$

可以看出这个归一化正交函数集只含有 1 个正交基函数，在这个函数集下 MASK 信号可用一维矢量表示

$$\boldsymbol{s}_i = [s_i] \tag{3.68}$$

信号矢量之间的欧氏距离可以表示为

$$d_{mn} = \sqrt{(\boldsymbol{s}_m - \boldsymbol{s}_n)^2} = \sqrt{\frac{E_{\mathrm{g}}}{2}}\left|a_m - a_n\right| = \sqrt{2E_{\mathrm{g}}}\left|m-n\right| \tag{3.69}$$

以 8ASK 为例，在一维空间上的信号星座图如图 3.45 所示。

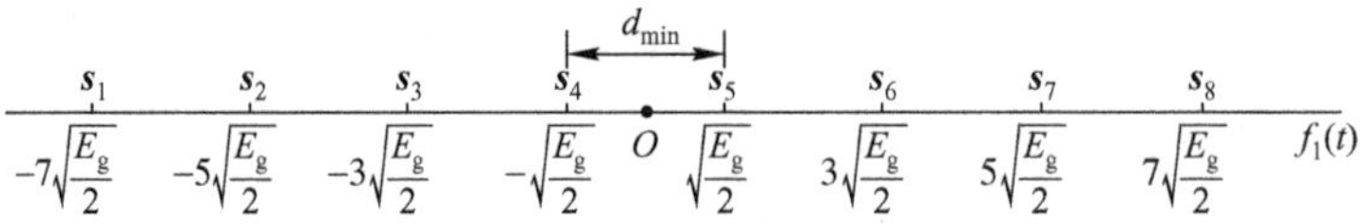

$d_{\min}$
$\boldsymbol{s}_1$ $\boldsymbol{s}_2$ $\boldsymbol{s}_3$ $\boldsymbol{s}_4$ $\boldsymbol{s}_5$ $\boldsymbol{s}_6$ $\boldsymbol{s}_7$ $\boldsymbol{s}_8$
$-7\sqrt{\frac{E_g}{2}}$ $-5\sqrt{\frac{E_g}{2}}$ $-3\sqrt{\frac{E_g}{2}}$ $-\sqrt{\frac{E_g}{2}}$ O $\sqrt{\frac{E_g}{2}}$ $3\sqrt{\frac{E_g}{2}}$ $5\sqrt{\frac{E_g}{2}}$ $7\sqrt{\frac{E_g}{2}}$
$f_1(t)$

图 3.45　8ASK 的星座图

由图 3.45 可以看出符号间的最小欧氏距离 $d_{\min} = \sqrt{2E_{\mathrm{g}}}$，根据统计判决理论就可以推导出它的平均误符号率。把接收信号 $r(t)$ 转化为一维观察矢量 $\boldsymbol{r}_1$，并且在接收端采用相干解调。白高斯信道下 8ASK 的各个似然函数和最佳判决域的划分如图 3.46 所示。

$p(r_1|s_1)$ $p(r_1|s_2)$ $p(r_1|s_3)$ $p(r_1|s_4)$ $p(r_1|s_5)$ $p(r_1|s_6)$ $p(r_1|s_7)$ $p(r_1|s_8)$
s_1 s_2 s_3 s_4 O s_5 s_6 s_7 s_8 r_1
D_1 D_2 D_3 D_4 D_5 D_6 D_7 D_8

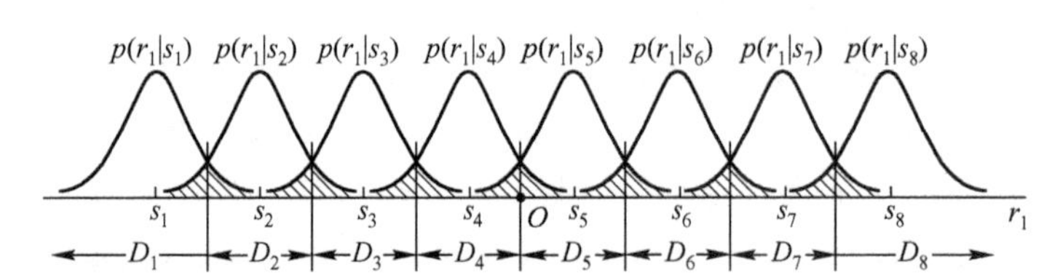

图 3.46　8ASK 的各个似然函数和最佳判决域的划分

D_i 为各个符号的判决域，假定发端先验等概，那么 MAP 准则即为 ML 准则，符号 $s_i(i=1,\cdots,8)$ 的似然函数为

$$p(r_1 \mid s_i) = \frac{1}{\sqrt{\pi N_0}}\exp\left[-\frac{(r_1 - s_i)}{N_0}\right] \tag{3.70}$$

8ASK 中符号 s_1, s_2 的错判概率为

$$P(e \mid s_1) = \int_{-6\sqrt{E_g/2}}^{\infty} p(r_1 \mid s_1)\mathrm{d}r_1;\ P(e \mid s_2) = \int_{-\infty}^{-6\sqrt{E_g/2}} p(r_1 \mid s_2)\mathrm{d}r_1 + \int_{-4\sqrt{E_g/2}}^{\infty} p(r_1 \mid s_2)\mathrm{d}r_1 \tag{3.71}$$

8ASK 的平均误符号率为

$$P_8 = \sum_{i=1}^{8} P(s_i)P(e \mid s_i) = \frac{7}{8}\left[2\mathrm{Q}\left(\sqrt{\frac{d_{\min}^2}{2N_0}}\right)\right] \tag{3.72}$$

也就是在计算图 3.46 中 7 块阴影部分面积的 1/8，由此可以推出 MASK 信号的平均误符号率

$$P_{\mathrm{M}}=\frac{2(M-1)}{M}\left[\mathrm{Q}\left(\sqrt{\frac{d_{\min}^{2}}{2N_{0}}}\right)\right] \tag{3.73}$$

如果 M 进制符号和二进制符号间采用格雷映射，由噪声引起的错误大多数会在一个符号的 K 比特中只分布一个错误比特，因此误比特率会降低。

2. M 进制移相键控(MPSK)

MPSK 信号是通过 MPAM 数字基带信号对载波的相位进行调制得到的，每个 M 进制的符号对应 1 个载波相位。MPSK 信号可以表示为

$$\begin{aligned}s_{i}(t)&=g_{\mathrm{T}}(t)\cos[\omega_{\mathrm{c}}t+\frac{2\pi(i-1)}{M}]\\&=g_{\mathrm{T}}(t)\left[\cos\frac{2\pi(i-1)}{M}\cos\omega_{\mathrm{c}}t-\sin\frac{2\pi(i-1)}{M}\sin\omega_{\mathrm{c}}t\right];\quad i=1,2,\cdots,M,\quad 0\leqslant t\leqslant T_{\mathrm{s}}\end{aligned} \tag{3.74}$$

每个 MPSK 信号的能量为 $$E_{\mathrm{s}}=\int_{0}^{T_{\mathrm{s}}}s_{i}^{2}(t)\mathrm{d}t=\frac{1}{2}\int_{0}^{T_{\mathrm{s}}}g_{\mathrm{T}}^{2}(t)\mathrm{d}t=\frac{1}{2}E_{\mathrm{g}} \tag{3.75}$$

由式(3.75)看出，可以把 MPSK 信号映射到一个二维的矢量空间上，这个矢量空间的两个归一化正交基函数为

$$f_{1}(t)=\sqrt{\frac{2}{T_{\mathrm{s}}}}\cos\omega_{\mathrm{c}}t,\quad f_{2}(t)=-\sqrt{\frac{2}{T_{\mathrm{s}}}}\sin\omega_{\mathrm{c}}t \tag{3.76}$$

MPSK 信号的正交展开式为 $$s_{i}(t)=s_{i1}f_{1}(t)+s_{i2}f_{2}(t) \tag{3.77}$$

式中 $$s_{i1}=\int_{0}^{T_{\mathrm{s}}}s_{i}(t)f_{1}(t)\mathrm{d}t,\quad s_{i2}=\int_{0}^{T_{\mathrm{s}}}s_{i}(t)f_{2}(t)\mathrm{d}t \tag{3.78}$$

MPSK 信号的二维矢量表示为 $$\boldsymbol{s}_{i}=[s_{i1},s_{i2}] \tag{3.79}$$

相邻符号间的欧氏距离为 $$d_{\min}=\sqrt{E_{\mathrm{g}}\left(1-\cos\frac{2\pi}{M}\right)} \tag{3.80}$$

8PSK 和 16PSK 的信号星座图如图 3.47 所示。

使用较多的是 8PSK 调制，对它来说相邻符号的欧氏距离为 $d_{\min}=\sqrt{E_{\mathrm{g}}\left(1-\cos\frac{2\pi}{8}\right)}$。把接收信号转化为二维观察矢量 $\boldsymbol{r}=[r_1,r_2]$，在白高斯信道下的最佳判决域划分如图 3.48 所示。

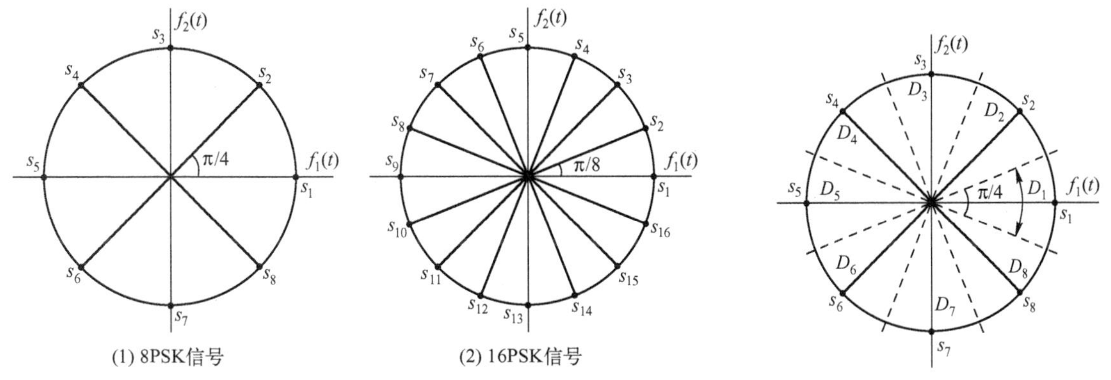

图 3.47　8PSK 和 16PSK 的信号星座图　　图 3.48　8PSK 的最佳判决域划分

MPSK 信号的解调是通过计算矢量的相位，判断矢量落在哪个判决区域内来实现的。设接

收矢量的包络V和相位θ的联合概率密度函数为$p(V\theta|s_i)$，通过计算边缘概率密度就可以求出相位的条件概率密度函数

$$p(\theta|s_i)=\int_0^{\infty}p(V\theta|s_i)\mathrm{d}V \tag{3.81}$$

发s_1时的判决错误概率为 $$P(e|s_1)=1-\int_{-\pi/M}^{\pi/M}p(\theta|s_1)\mathrm{d}\theta \tag{3.82}$$

发$s_i(i=2,\cdots,M)$时的判决错误概率为

$$P(e|s_i)=1-\int_{[2(i-1)-1]\frac{\pi}{M}}^{[2(i-1)+1]\frac{\pi}{M}}p(\theta|s_i)\mathrm{d}\theta \tag{3.83}$$

在先验等概时，MPSK的平均误符号率为

$$P_M=\sum_{i=1}^{M}P(s_i)P(e|s_i)\approx 2\mathrm{Q}(\sqrt{2K\gamma_{\mathrm{b}}}\sin\frac{\pi}{M}) \tag{3.84}$$

式中，$\gamma_{\mathrm{b}}=E_{\mathrm{b}}/N_0$。

3. 正交幅度调制(QAM)

（1）QAM基本原理

MASK信号的矢量空间是一维的，MPSK信号的矢量空间是二维的，随着调制阶数的增加，符号间的欧氏距离在减小。如果能充分利用二维矢量空间的平面，在不减小欧氏距离的情况下增加星座的点数就可以增加频谱利用率，从而引出了联合控制载波的幅度和相位的正交幅度调制方式(QAM)。QAM方式也是高阶调制中使用得最多的，下面将重点介绍。

MQAM信号是由被相互独立的多电平幅度序列调制的两个正交载波叠加形成的，信号可表示为

$$s_i(t)=a_{i_{\mathrm{c}}}g_{\mathrm{T}}(t)\cos\omega_{\mathrm{c}}t-a_{i_{\mathrm{s}}}g_{\mathrm{T}}(t)\sin\omega_{\mathrm{c}}t,\quad i=1,2,\cdots,M;\ 0\leqslant t\leqslant T_{\mathrm{s}} \tag{3.85}$$

式中，$\{a_{i_{\mathrm{c}}}\}$，$\{a_{i_{\mathrm{s}}}\}$是两组相互独立的离散电平序列。MAQM信号的正交展开式为

$$s_i(t)=s_{i_1}f_1(t)+s_{i_2}f_2(t) \tag{3.86}$$

两个归一化正交基函数为 $$f_1(t)=\sqrt{\frac{2}{E_{\mathrm{g}}}}g_{\mathrm{T}}(t)\cos\omega_{\mathrm{c}}t,\quad f_2(t)=-\sqrt{\frac{2}{E_{\mathrm{g}}}}g_{\mathrm{T}}(t)\sin\omega_{\mathrm{c}}t \tag{3.87}$$

式中 $$s_{i1}=\int_0^{T_{\mathrm{s}}}s_i(t)f_1(t)\mathrm{d}t=a_{i_{\mathrm{c}}}\sqrt{\frac{E_{\mathrm{g}}}{2}},\ s_{i2}=\int_0^{T_{\mathrm{s}}}s_i(t)f_2(t)\mathrm{d}t=a_{i_{\mathrm{s}}}\sqrt{\frac{E_{\mathrm{g}}}{2}} \tag{3.88}$$

MQAM的二维矢量表示为 $$\boldsymbol{s}_i=[s_{i1},s_{i2}]=\left[a_{i_{\mathrm{c}}}\sqrt{\frac{E_{\mathrm{g}}}{2}},a_{i_{\mathrm{s}}}\sqrt{\frac{E_{\mathrm{g}}}{2}}\right] \tag{3.89}$$

MQAM信号星座有圆形的和矩形的，由于矩形星座实现和解调简单，因此得到了广泛的应用。图3.49示出了各种阶数下MQAM信号的矩形星座图。

由式(3.85)可知，MQAM信号实质上可以看成是由同相和正交两路$\sqrt{M}$进制ASK信号叠加而成的，那么在进行最佳接收时也可以按照两路$\sqrt{M}$进制ASK信号进行解调。MQAM信号的误符号率为

$$P_M=1-(1-P_{\sqrt{M}})^2 \tag{3.90}$$

式中，$P_{\sqrt{M}}$ 为$\sqrt{M}$进制 ASK 信号的平均误符号率，有

$$P_{\sqrt{M}} = 2\left(1-\frac{1}{\sqrt{M}}\right)\mathrm{Q}\left[\sqrt{\frac{3E_{\mathrm{av}}}{(M-1)N_0}}\right] \tag{3.91}$$

E_{av} 为 T_{s} 内信号的平均能量，有

$$E_{\mathrm{av}} = \frac{1}{M}\sum_{i=1}^{M} E_i = \frac{1}{M}\sum_{i=1}^{M}\int_0^{T_{\mathrm{s}}} s_i^2(t)\mathrm{d}t \tag{3.92}$$

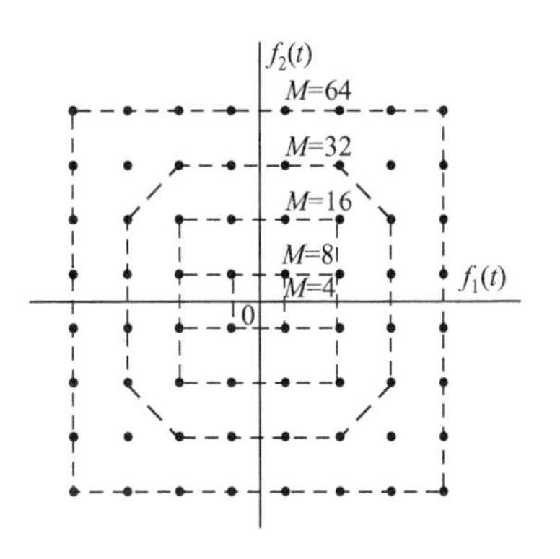

图 3.49　MQAM 信号的矩形星座图

（2）MQAM 软解调

最佳接收时采用的是硬判决解调，这种方式并没有充分地考虑似然信息对信道译码的影响。由于 Turbo 码的广泛应用，在 QAM 调制的实际系统中，一般使用的是软解调。这是因为 Turbo 码在译码时能够充分利用 QAM 软解调得到的似然信息，从而带来误码率的改善。软解调就是计算出比特的对数似然比(LLR)，然后直接将这个比特的 LLR 作为 Turbo 解码的输入。图 3.50 示出了采用 Turbo 编码和 MQAM 星座映射的方框图。

在图 3.50 中，Turbo 编码器产生的是$1/3$码率的码字，$\boldsymbol{d}_k$ 为第 k 个二进制信息比特组，$\boldsymbol{c}_k^1$ 和 $\boldsymbol{c}_k^2$ 分别为通过循环系统卷积(RSC)编码后的两路校验位比特。经过复用和打孔后，码率变为 $R=\dfrac{K-K'}{K}$，交织之后进行 MQAM 星座映射。每一对$\{I_k,Q_k\}$表征了一组二进制比特 $\boldsymbol{b}_k=\{b_k^1,b_k^2,\cdots,b_k^K\}$。在接收端收到的经过衰落和白高斯噪声的 MQAM 符号为

$$Y_{I,k}=H_k I_k + n_{I,k},\quad Y_{Q,k}=H_k Q_k + n_{Q,k} \tag{3.93}$$

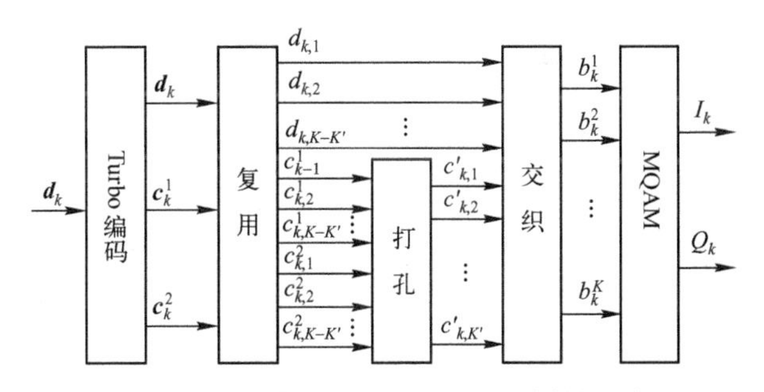

图 3.50　Turbo 编码和 MQAM 星座映射的方框图

式中，$Y_{I,k},Y_{Q,k}$ 为接收到的符号，H_k 为信道衰落因子，$n_{I,k},n_{Q,k}$ 分别为 I 路和 Q 路信号的独立的白高斯噪声，它们的功率都为σ^2。根据接收到的$\{Y_{I,k},Y_{Q,k}\}$就可以计算出和它们相对应的二进制比特组$\boldsymbol{b}_k$ 的 LLR：

$$\alpha(b_k^i) = K\lg\frac{P\{b_k^i=1|(Y_{I,k},Y_{Q,k})\}}{P\{b_k^i=0|(Y_{I,k},Y_{Q,k})\}},\quad i=1,2,\cdots,K \tag{3.94}$$

在不同的信道下 LLR 有不同的性质，在参考文献[7]和[10]中分别给出了在白高斯信道和瑞利信道条件下二进制比特的 LLR。

把 LLR 输入 Turbo 译码器译码的方框图如图 3.51 所示。

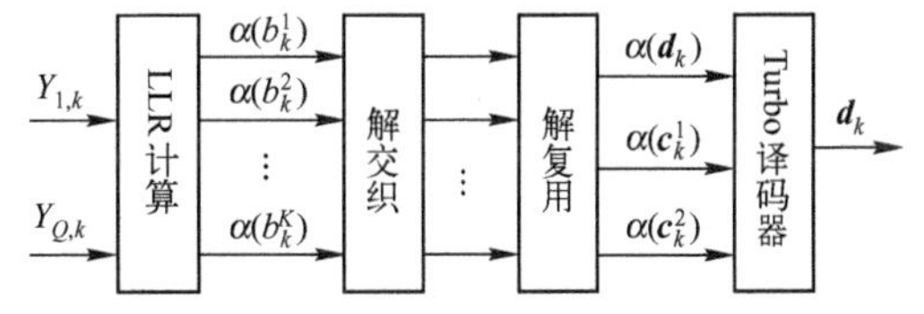

图 3.51　Turbo 码利用 LLR 译码的方框图

（3）叠加式 QAM

前面介绍的圆形星座调制和矩形星座调制信号在码元转换时刻都存在相位跳变，使得带外辐射比连续相位调制要强。为了改善 QAM 的性能，在文献[8]中提出了 SQAM 调制方案。其基本原理是两路信号在进行脉冲成型后把 Q 路信号延迟半个符号周期，然后再进行正交幅度调制。SQAM 信号的表达式为

$$s_i(t)=a_{i_{\mathrm{c}}}g_{\mathrm{T}}(t)\cos\omega_{\mathrm{c}}t - a_{i_{\mathrm{s}}}g_{\mathrm{T}}(t-T_{\mathrm{s}}/2)\sin\omega_{\mathrm{c}}t,\quad i=1,2,\cdots,M;\ 0\leqslant t\leqslant T_{\mathrm{s}} \tag{3.95}$$

从频谱上分析，SQAM 与标准的 QAM 相比，带外辐射减小了很多，并且性能有了明显提升。

（4）部分响应 QAM

部分响应和全响应都是针对基带信号来说的。全响应系统采样点的值取决于该采样点所在的码元时隙，而部分响应系统采样点的值不仅与当前码元时隙有关，还与前面的码元时隙有关。部分响应正交幅度调制(QPR, Quadrature Partial Response)是先把二电平码变换成多电平码，再进行正交幅度调制。它的产生有相关编码法和部分响应滤波法，具体在文献[9]中有介绍。

（5）变速率 QAM

由于采用了自适应技术，那么就可以根据信道的衰落情况而改变 QAM 的调制阶数。也就是说保持数据码元速率不变而改变比特速率。为了保证接收端能够正确解调，接收端应该明确地知道调制的阶数，这就需要与之相匹配的数据帧结构。对于 TDD 系统，数据帧结构如图 3.52 所示。

4．*M* 进制频率键控(MFSK)

在 MFSK 中，已调信号的载波频率是 M 个可能值之一，每个载波频率对应于 K 个二进制比特。MFSK 信号的表达式为

$$s_i(t)=\sqrt{\frac{2E_s}{T_s}}\cos\left(\omega_c t+2\pi i\Delta f t\right) \tag{3.96}$$

式中，$\Delta f=1/2T_s$ 为 MFSK 信号相邻载波的间隔。M 个归一化正交基函数为

$$f_i(t)=\sqrt{\frac{2}{T_s}}\cos\left(\omega_c t+2\pi i\Delta f t\right) \tag{3.97}$$

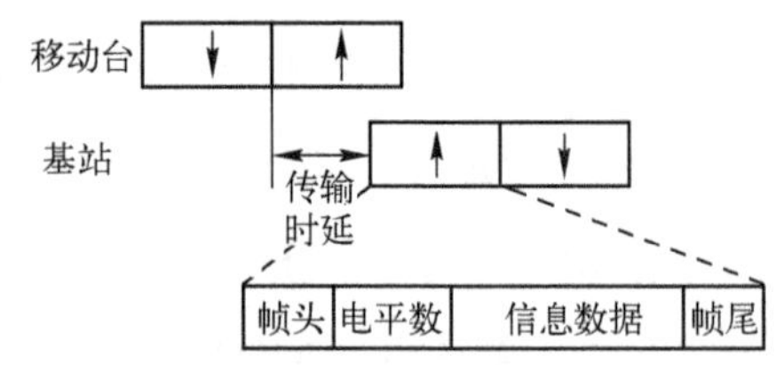

图 3.52　可变速率 QAM 调制的数据帧结构

MFSK 的信号空间是 M 维的，它的正交展开式为

$$s_i(t)=\sum_{n=1}^{M}s_{in}f_n(t) \tag{3.98}$$

式中

$$s_{\text{in}}=\int_0^{T_s}s_i(t)f_n(t)\mathrm{d}t \tag{3.99}$$

MFSK 信号的矢量表示为

$$\boldsymbol{s}_i=\left[s_{i1},s_{i2},\cdots,s_{iM}\right] \tag{3.100}$$

各信号矢量之间的欧氏距离为

$$d_{\text{mn}}=\sqrt{2E_s} \tag{3.101}$$

虽然 MFSK 调制的误码性能较好，但是由于频谱利用率低，一般不适用于高阶调制，所以不做详细介绍。

3.6.3　高阶调制在 3G 及 4G 中的应用

高阶调制在高速数据传输系统中的应用是相当多的。在未来移动通信的发展中，高阶调制也必然是一种提高频谱利用率的有力措施。下面分别介绍 3G 和 4G 所采用的调制方式。

TD-SCDMA 采用了较低阶的 QPSK 调制方案，WCDMA 也采用了低阶的上行 BPSK 方式和下行 QPSK 方式。随着差错控制技术的发展，当演进到 HSPA 阶段，无论 TDD 系统还

是 FDD 系统都引入了高阶 16QAM 方式。如今 LTE 是发展的一个热点，为了达到 5b/s/Hz 的频谱利用率，更是采用了 64QAM 调制方式。可以看出，更高阶的调制方式一般都采用了 QAM 形式，因为它既能有效地利用频谱空间又能保持良好的误码性能。CDMA2000 1x 也采用了 QPSK 方式，当它演进到 EV-DO 阶段，也引入了 8PSK, 16QAM, 64QAM 等高阶调制方式。

习题与思考题

3.1 在移动通信中对调制有哪些考虑？

3.2 什么是相位不连续的 FSK？相位连续的 FSK(CPFSK)应当满足什么条件？为什么移动通信中，在使用移频键控时，一般总是考虑使用 CPFSK？

3.3 MSK 信号数据速率为 100kb/s。若载波频率为 2MHz，求发送 1、0 时，信号的两个载波频率。

3.4 已知发送数据序列 $\{b_n\}=\{-1, +1, +1, -1, +1, -1, -1, -1\}$。①画出 MSK 信号的相位路径；②设 $f_c = 1.75R_b$，画出 MSK 信号的波形；③设附加相位初值 $\varphi_0=0$，计算各码元对应的 φ_k。

3.5 用数值方法计算 MSK 信号功率谱第二零点带宽的功率。

3.6 GMSK 系统空中接口传输速率为 270.833 33kb/s，求发送信号的两个频率差。若载波频率是 900MHz，这两个频率差又等于多少？

3.7 设升余弦滤波器的滚降系数 $\alpha = 0.35$，码元长度 $T_s = 1/24\,000$s。写出滤波器的频率响应表达式(频率单位：kHz)和它的冲激响应表达式(时间单位：ms)。

3.8 设高斯滤波器的归一化 3dB 带宽 $x_b = 0.5$，符号速率 $R_s = 19.2$kb/s。写出滤波器的频率响应表达式(频率单位：kHz)和它的冲激响应表达式(时间单位：ms)。

3.9 高斯滤波器的归一化参数 x_b 的大小是如何影响带宽效率和误码特性的？

3.10 QPSK 信号以 9600b/s 速率传输数据，若基带信号采用具有升余弦特性的脉冲响应，滚降系数为 0.5。求信道应有的带宽和传输系统的带宽效率；若改用 8PSK 信号，带宽效率又等于多少？

3.11 在移动通信系统中，采用 GMSK 和π/4-QPSK 调制方式各有什么优点？

3.12 若二进制数字基带信号为二电平的非归零码，在进行 FSK、MSK、GMSK、2PSK、QPSK、π/4-QPSK 和 OQPSK 调制后，这些已调信号是否具有恒包络性质？若基带信号经过低通滤波器后再进行调制，这些已调信号的包络会发生什么变化？在这种变化条件下，功率放大器的非线性对包络有什么不同的影响？

3.13 QPSK，π/4-QPSK 和 OQPSK 信号相位跳变在信号星座图上的路径有什么不同？

3.14 什么是 OFDM 信号？为什么它可以有效地抵抗频率选择性衰落?

3.15 OFDM 调制是如何利用离散傅里叶变换实现的?

3.16 简述 OFDM 技术的优点和缺点。

本章参考文献

1 Theodore S. Rappapaort. Wireless communications principles & practice. 北京：电子工业出版社，1998

2 John G. Proakis . Digital communications. MicGraw-Hill ,Inc 1995. 北京：电子工业出版社，1998

3 西蒙.赫金. 通信系统(第四版). 宋铁成，徐平平，译. 北京：电子工业出版社，2003

4 John G. Proakis ,Masoud Salehi. 通信系统工程(第二版). 叶芝慧，赵新胜，译. 北京：电子工业出版社，2002

5 Leon W. Couch Ii. Digital and analog communication system .Prentice Hall,Inc. 北京：清华大学出版社，1997

6 Rodger E.Ziemer,William H.Tranter. Principles of Communications: System, Modulation and Noise,5th ed. 北京：高等教育出版社, 2003
7 Stephane Le Goff, Alain Glavieux. Turbo-codes And High Spectral Efficiency Modulation. ICC. Vol.2 645～649
8 JProakis. Digital Communications. 3rd edition. New York: McGraw-Hill, 1995
9 刘聪锋. 高效数字调制技术及其应用. 北京：人民邮电出版社，2006
10 杨大成，等. 现代移动通信中的先进技术. 北京：机械工业出版社，2005

第4章　抗衰落技术

本章介绍移动通信中常用的抗衰落技术，分集接收、信道编码、信道均衡和扩频技术；多天线传输技术基础知识。

- 熟悉分集接收技术的指导思想；了解获得多个独立衰落信号常用的几种方法：频率分集、时间分集和空间分集；了解衰落独立信号的处理方式：选择合并、最大比值合并和等增益合并及其性能。
- 了解信道编码在移动通信中的应用；掌握卷积码的维特比译码原理；了解 Turbo 码的基本概念。
- 掌握信道时域均衡的基本原理；了解移动通信中所采用的自适应均衡技术的基本概念。
- 熟悉直接序列扩频技术原理；熟悉直接序列扩频技术抗多径衰落原理；熟悉 RAKE 接收机原理。
- 理解多天线传输基本原理；了解多天线传输的分类；掌握常用的空时编码算法。

4.1　概　　述

移动通信信道的多径传播、时延扩展，以及伴随接收机移动过程产生的多普勒频移，使接收信号受到严重的衰落；阴影效应会使接收的信号过弱而造成通信的中断；信道存在的噪声和干扰，也会使接收信号失真而造成误码。因此，在移动通信中需要采取一些信号处理技术来改善接收信号的质量。分集接收技术、均衡技术、信道编码技术、扩频技术和多天线技术是最常见的信号处理技术，根据信道的实际情况，它们可以独立使用或联合使用。

分集接收的基本思想是把接收到的多个衰落独立的信号加以处理，合理地利用这些信号的能量来改善接收信号的质量。分集通常用来减小在平坦性衰落信道上接收信号的衰落深度和衰落的持续时间。分集接收充分利用接收信号的能量，因此无须增加发射信号的功率就可以使接收信号得到改善。

信道编码的目的是尽量减小信道噪声或干扰的影响，以改善通信链路性能。其基本思想是通过引入可控制的冗余比特，使信息序列的各码元和添加的冗余码元之间存在相关性。在接收端信道译码器根据这种相关性对接收到的序列进行检查，从中发现错误或进行纠错。

当传输的信号带宽大于无线信道的相关带宽时，信号产生频率选择性衰落，接收信号就会产生失真，它在时域表现为接收信号的码间干扰。所谓信道均衡就是在接收端设计一个称之为均衡器的网络，以补偿信道引起的失真。这种失真是不能通过增加发射信号功率来弥补的。由于移动信道的时变特性，均衡器的参数必须能跟踪信道特性的变化而自行调整，因此这种情况下均衡器应当是自适应的。

随着移动通信的发展，所传输的数据速率越来越高，信号的带宽也远远超出了信道的相干带宽，采用传统的均衡技术难以保证信号传输的质量。多径衰落就成为妨碍高速数据传输的主要障碍。采用扩频技术极大地扩展了信息的传输带宽，可以把携带有同一信息的多径信号分离出来并加以利用，因此扩频技术具有频率分集和时间分集的特点。扩频技术是克服多径干扰的有效手段，是第三代移动通信无线传输的主流技术。

多天线技术指通过在收发端引入多根天线协同工作，以达到对抗无线信道衰落及提高系统容量的目的。多天线技术包括：利用接收多天线估计无线电信号的来波方位角；利用多天线技术提高无线通信中的链路性能，如多天线接收具有空间分集效果，可以很好地对抗信道中的衰落因素。

4.2 分集技术

在移动通信中为对抗衰落产生的影响，分集接收是常采用的有效措施之一。在移动环境中，通过不同途径所接收到的多个信号其衰落情况是不同的，是衰落独立的。设其中某一信号分量的强度低于检测门限的概率为 p，则所有 M 个信号分量的强度都低于检测门限的概率为 p^M，这个概率远远低于 p。综合利用各信号分量，就有可能明显地改善接收信号的质量，这就是分集接收的基本思想。分集接收的代价是增加了接收机的复杂度，因为要对多径信号进行跟踪，及时对更多的信号分量进行处理。但它可以提高通信的可靠性，因此被广泛用于移动通信中。

移动无线信号的衰落包括两个方面，一个是来自因地形地物造成的阴影衰落，它使接收的信号平均功率(或者信号的中值)在一个比较长的空间(或时间)区间内发生波动，这是一种宏观的信号衰落；而多径传播使得信号在一个短距离上(或一短时间内)信号强度发生急剧的变化(但信号的平均功率不变)，这是一种微观衰落。针对这两种不同的衰落，常用的分集技术可以分为宏观分集和微观分集。这里主要介绍微观分集，也就是通常所说的分集。

分集技术对信号的处理包含两个过程，首先是要获得 M 个相互独立的多径信号分量，然后对它们进行处理以获得信噪比的改善，这就是合并技术。本节将讨论与这两个过程有关的基本问题。

4.2.1 宏观分集

为了消除阴影区域的信号衰落，可以在两个不同的地点设置两个基站，如图 4.1 所示。这两个基站可以同时接收移动台的信号。这两个基站的接收天线相距甚远，所接收到的信号的衰落是相互独立、互不相关的。用这样的方法可获得两个衰落独立、携带同一信息的信号。

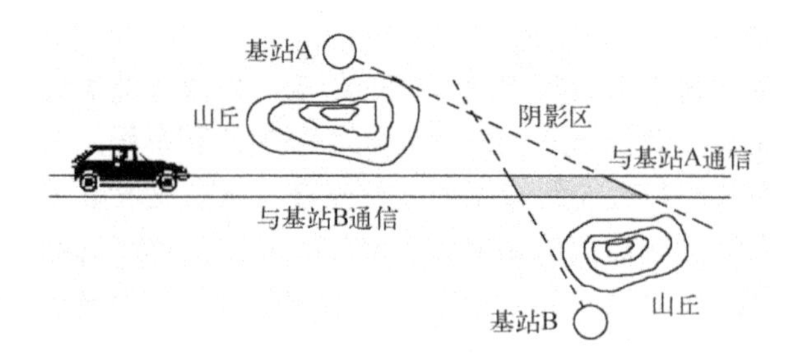

图 4.1 宏观分集

由于传播的路径不同，所得到的两个信号强度(或平均功率)一般是不相等的。设基站 A 接收到的信号中值为 m_A，基站 B 接收到的信号中值为 m_B，它们都服从对数正态分布。若 $m_A>m_B$，则确定用基站 A 与移动台通信；若 $m_A<m_B$，则确定用基站 B 与移动台通信。图 4.1 中，移动台在 B 路段运动时，可以和基站 B 通信；而在 A 路段则和基站 A 通信。从所接收到的信号中选择最强信号，这就是宏观分集中所采用的信号合并技术。

宏观分集所设置的基站数可以不止一个，视需要而定。宏观分集也称为多基站分集。

4.2.2 微观分集

若在一个局部地区(一个短距离上)接收无线信号，信号衰落所呈现的独立性是多方面的，如时间、频率、空间、角度，以及携带信息的电磁波极化方向等。利用这些特点采用相应的方法可以得到来自同一发射机的衰落独立的多个信号，这样就有多种分集方式。这里只讨论目前移动通信中常见的几种分集方式。

1. 时间分集

在移动环境中，信道的特性随时间变化。当移动的时间足够长(或移动的距离足够长)，大于信道的相干时间时，则这两个时刻(或地点)无线信道的衰落特性是不同的，可以认为是独立的。可以在不同的时间段发送同一信息，接收端则在不同的时间段接收这些衰落独立的信号。时间分集要求在收发信机都有存储器，这使得它更适合于移动数字传输。时间分集只需使用一部接收机和一副天线。若信号发送 M 次，则接收机重复使用以接收 M 个衰落独立的信号。此时称系统为 M 重时间分集系统。要注意的是，因为 $f_m = v/\lambda$，当移动速度 $v=0$ 时，相干时间会变为无穷大，所以时间分集不起作用。

2. 频率分集

在无线信道中，若两个载波的频率间隔大于信道的相干带宽，则这两个载波信号的衰落是相互独立的。例如，信道的时延扩展为$\Delta=0.5\mu s$，相干带宽为 $B_c = 1/(2\pi\Delta) = 318kHz$。所以为了获得衰落独立的信号，两个载波的间隔应大于此带宽。实际上为了获得完全的不相关，信号的频率间隔还应当更大(如 1MHz)。所以为了获得多个频率分集信号，直接在多个载波上传输同一信息，所需的带宽就很宽，这对频谱资源短缺的移动通信来说，代价是很大的。

在实际应用中，一种实现频率分集的方法是采用跳频扩频技术。它把调制符号在频率快速改变的多个载波上发送，如图 4.2 所示。采用跳频方式的频率分集很适合采用 TDMA 接入方式的数字移动通信系统。由于瑞利衰落和频率有关，在同一地点，不同频率的信号衰落的情况是不同的，所有频率同时严重衰落的可能性很小，如图 4.3 所示。当移动台静止或慢速移动时，通过跳频获取频率分集的好处是明显的；当移动台高速移动时，跳频没什么作用，也没什么危害。数字蜂窝移动电话系统(GSM)在业务密集的地区常常采用跳频技术，以改善接收信号的质量。

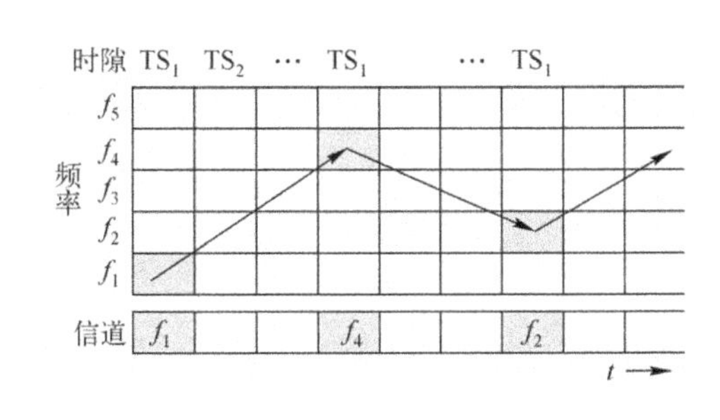

图 4.2 跳频图案

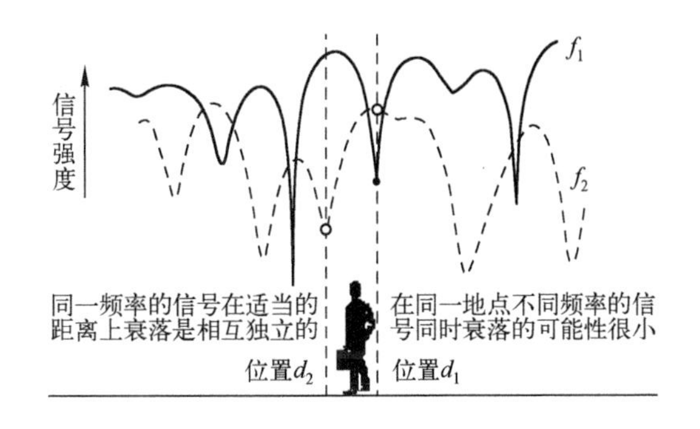

图 4.3 瑞利衰落引起信号强度随地点、频率变化

3. 空间分集

由于多径传播的结果，在移动信道中不同的地点信号的衰落情况是不同的(见图 4.3)。在

相隔足够大的距离上，信号的衰落是相互独立的，若在此距离上设置两副接收天线，它们所接收到的来自同一发射机发射的信号就可以认为是不相关的。这种分集方式也称为天线分集。两副天线的接收信号不相关的距离，因移动台天线和基站天线所处的环境不同而有所区别。

一般在移动台的附近反射体、散射体比较多，移动台天线和基站天线直线传播的可能性比较小，因此移动台接收的信号多是服从瑞利分布的。理论分析表明，移动台两副垂直极化天线的水平距离为 d 时，接收信号的相关系数ρ与 d 的关系为

$$\rho(d) = \mathrm{J}_0^2\left(\frac{2\pi}{\lambda}d\right)$$

式中，$\mathrm{J}_0(x)$为第一类零阶贝塞尔函数。ρ 与 d/λ 的关系曲线如图 4.4 所示。

由图 4.4 可以看出，随着天线距离的增加，ρ呈现波动衰减。在 $d = 0.4\lambda$时，$\rho = 0$。实际上只要$\rho < 0.2$，这两个信号就可以认为是互不相关的。实际测量表明，通常在市区取 $d = 0.5\lambda$，在郊区可以取 $d = 0.8\lambda$。

对基站的天线来说，两个接收信号的相关系数 ρ 和天线高度 h、天线的距离 d，以及移动台相对于基站天线的方位角 θ(见图 4.5)有关，当然和工作波长λ也有关。对它的理论分析是比较复杂的，可以通过实际测量来确定。实际测量结果表明，h/d 越大，ρ 就越大；h/d 为一定时，$\theta = 0°$ 相关性最小，$\theta = 90°$ 相关性最大。在实际的工程设计中，h/d 约为 10，天线一般高几十米，天线的距离约有几米，相当于 10 多个波长或更多。

空间分集需要多副天线，使用这种分集的移动台一般是车载台。

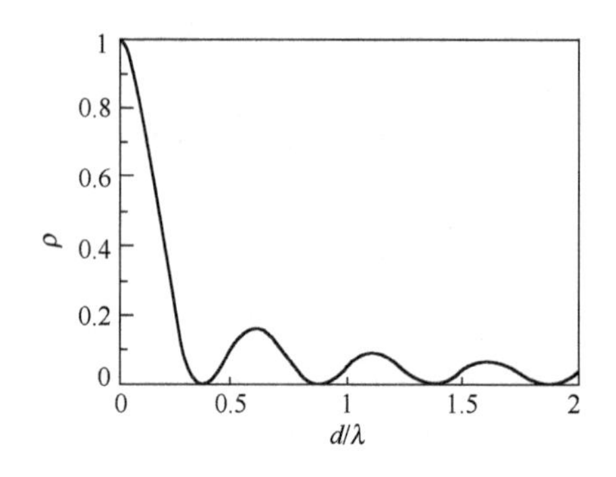

图 4.4 ρ与 d/λ 的关系曲线

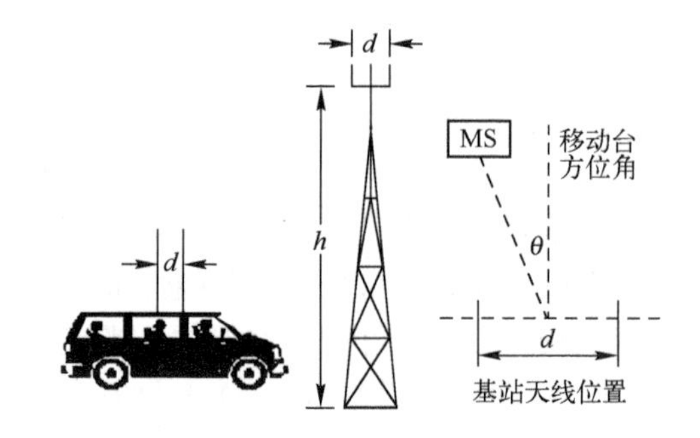

图 4.5 分集接收天线的距离

4.2.3 分集的合并方式及性能

分集在获得多个衰落独立的信号后，需要对它们进行合并处理。合并器的作用就是把经过相位调整和时延后的各分集支路信号按一定方式相加。对大多数通信系统而言，M 重分集对这些信号的处理概括为 M 支路信号的线性叠加：

$$f(t) = \alpha_1(t)f_1(t) + \alpha_2(t)f_2(t) + \cdots + \alpha_M(t)f_M(t) = \sum_{k=1}^{M}\alpha_k(t)f_k(t) \tag{4.1}$$

式中，$f_k(t)$为第 k 支路的信号；$\alpha_k(t)$为第 k 支路信号的加权因子。信号合并的目的是，使其信噪比有所改善。因此对合并器的性能分析是环绕其输出信噪比进行的。分集的效果常用分集改善因子或分集增益来描述，也可以用中断概率来描述。可以预见，分集合并器的输出信噪比的均值将大于任何一个支路输出的信噪比均值。最佳的分集就在于最有效地减小信噪比低

于正常工作门限信噪比的时间。信噪比的改善和加权因子有关，对加权因子的选择方式不同，将形成 3 种基本的合并方式：选择合并、最大比值合并和等增益合并。在下面的讨论中假设：

① 每支路的噪声与信号无关，为零均值、功率恒定的加性噪声。

② 信号幅度的变化是由于信号的衰落，其衰落的速率比信号的最低调制频率低许多。

③ 各支路信号相互独立，服从瑞利分布，具有相同的平均功率。

1. 选择合并

这是所有合并方法中最简单的一种。在所接收的多路信号中，合并器选择信噪比最高的一路输出，这相当于在 M 个系数 $\alpha_k(t)$中，只有 1 个等于 1，其余为零。这种选择可以在解调(检测)前的 M 个射频信号中进行，也可以在解调后的 M 个基带信号中进行，这对选择合并来说都是一样的，因为最终只选择一个解调的数据流。$M=2$ 即有两个分集支路的例子如图 4.6 所示。合并器实际就是一个开关，在各支路噪声功率相同的情况下，系统把开关置于信号功率最大的支路，输出的信号就有最大的信噪比。

设第 k 支路信号包络为 $r_k=r_k(t)$，其概率密度函数为

$$p(r_k)=\frac{r_k}{b^2}\mathrm{e}^{-r_k^2/2b^2} \tag{4.2}$$

则信号的瞬时功率为 $r_k^2/2$ 。设支路的噪声平均功率为 N_k，第 k 支路的信噪比为

$$\xi_k=\xi_k(t)=\frac{r_k^2}{2N_k}$$

则选择合并器的输出信噪比为

$$\xi_{\mathrm{s}}=\max\{\xi_k\},\ \ k=1,2,\cdots,M \tag{4.3}$$

$M=2$ 时，ξ_{s} 的选择情况如图 4.7 所示。

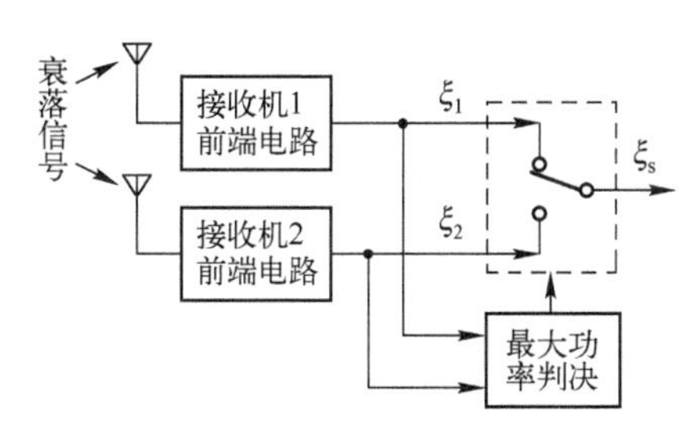

图 4.6　二重分集的选择合并

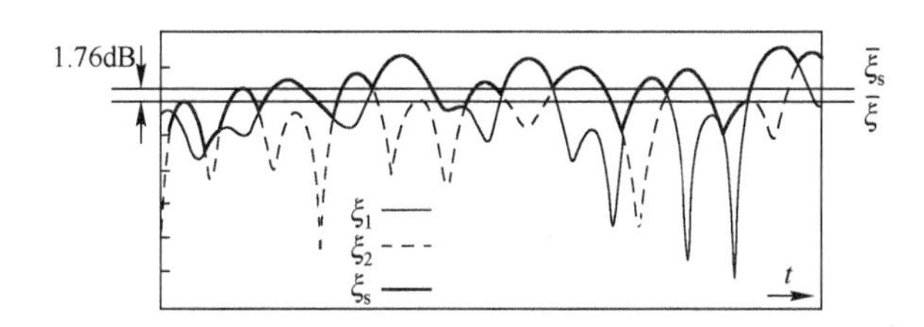

图 4.7　二重分集选择合并的信噪比曲线

由于 r_k 是一个随机变量，正比于它的平方的信噪比 ξ_k 也是一个随机变量，可以求得其概率密度函数为

$$p(\xi_k)=\frac{1}{\overline{\xi}_k}\mathrm{e}^{-\xi_k/\overline{\xi}_k} \tag{4.4}$$

式中

$$\overline{\xi}_k=E[\xi_k]=b_k^2/N_k \tag{4.5}$$

$\overline{\xi}_k$ 为第 k 支路的平均信噪比。ξ_k 小于某一指定的信噪比 x 的概率为

$$P(\xi_k<x)=\int_0^x\frac{1}{\overline{\xi}_k}\mathrm{e}^{-\xi_k/\overline{\xi}_k}\mathrm{d}\xi_k=1-\mathrm{e}^{-x/\overline{\xi}_k} \tag{4.6}$$

设各支路都有相同的噪声功率，即 $N_1=N_2=\cdots=N$；信号平均功率相同，即$b_1^2=b_2^2=\cdots=b^2$，各支路有相同的平均信噪比$\overline{\xi}=b^2/N$ 。由于 M 个分集支路的衰落是互不相关的，所有支路的

$\xi_k(k=1, 2, \cdots, M)$同时小于某个给定值 x 的概率分布函数为

$$F(x)=\left(1-\mathrm{e}^{-x/\bar{\xi}}\right)^M \tag{4.7}$$

若 x 为接收机正常工作的门限，$F(x)$就是通信中断的概率。而至少有一个支路的信噪比超过 x 的概率，即系统能正常通信的概率(可通率)为

$$1-F(x)=1-\left(1-\mathrm{e}^{-x/\bar{\xi}}\right)^M \tag{4.8}$$

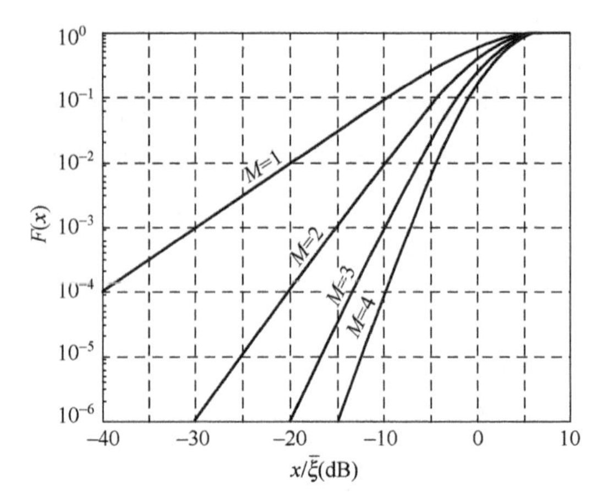

图 4.8　选择合并的累积分布函数曲线

$F(x)$ - x 的关系曲线如图 4.8 所示。由图可以看出，当给定一个中断概率 $F(x)$时，有分集($M>1$)与无分集($M=1$)时所要求 $x/\bar{\xi}$ 的值是不同的。例如，$F=10^{-3}$，无分集时，要求

$$\left(x/\bar{\xi}\right)_{\mathrm{dB}}=-30\mathrm{dB}$$

或

$$20\ \lg\bar{\xi}-20\ \lg x=\bar{\xi}_{\mathrm{dB}}-x_{\mathrm{dB}}=30\mathrm{dB}$$

即要求支路接收信号的平均信噪比高出门限 30dB。而有分集时，例如，$M=2$，这一数值为15dB。也就是说，采用二重分集，在保证中断概率不超过给定值的情况下，所需支路接收信号的平均信噪比下降了 30−15 = 15dB。采用 3 重分集时，信噪比下降 30−10 = 20dB；4 重分集时，信噪比下降 30−7 = 23dB。由此可以看出，在给定的门限信噪比情况下，随着分集支路数的增加，所需支路接收信号的平均信噪比将下降，这意味着采用分集技术可以降低对接收信号的功率(或者降低发射功率)要求，而仍然能保证系统所需的通信概率，这就是采用分集技术带来的好处。

$F(x)$也是 $\xi_k(k=1, 2, \cdots, M)$中最大值小于给定值 x 的概率。因此式(4.7)也是选择合并器输出的信噪比 ξ_{s} 的累积分布函数，其概率密度函数可以对 $F(x)$求导得到：

$$p(\xi_{\mathrm{s}})=\left.\frac{\mathrm{d}F(x)}{\mathrm{d}x}\right|_{x=\xi_{\mathrm{s}}}=\frac{M}{\bar{\xi}}\left(1-\mathrm{e}^{-\xi_{\mathrm{s}}/\bar{\xi}}\right)^{M-1}\mathrm{e}^{-\xi_{\mathrm{s}}/\bar{\xi}} \tag{4.9}$$

可以进一步求得 ξ_{s} 的均值

$$\bar{\xi}_{\mathrm{s}}=\int_0^\infty \xi_{\mathrm{s}}p(\xi_{\mathrm{s}})\mathrm{d}\xi_{\mathrm{s}}=\bar{\xi}\sum_{k=1}^{M}\frac{1}{k} \tag{4.10}$$

对二重分集($M=2$)有

$$\bar{\xi}_{\mathrm{s}}=\bar{\xi}(1+1/2)=1.5\,\bar{\xi} \tag{4.11}$$

它等于没有分集的平均信噪比的 1.5 倍(10 lg1.5 = 1.76dB)，如图 4.7 所示。在 $\bar{\xi}$ 相同的情况下，$\bar{\xi}_{\mathrm{s}}$ 可以用作不同合并技术性能的比较，这将在本书后面讨论。

2．最大比值合并

在选择合并中，只选择其中一路信号，其余信号被抛弃。这些被弃之不用的信号都具有能量并且携带相同的信息，若把它们也利用上，将会明显改善合并器输出的信噪比。基于这样的考虑，最大比值合并把各支路信号加权后合并。在信号合并前对各路载波相位进行调整并使之同相，然后相加。这样合并器输出信号的包络为

$$r_{\mathrm{mr}}=\sum_{k=1}^{M}\alpha_k r_k \tag{4.12}$$

输出的噪声功率等于各支路输出噪声功率之和

$$N_{\mathrm{mr}}=\sum_{k=1}^{M}\alpha_k^2 N_k$$

于是合并器的输出信噪比为

$$\xi_{\mathrm{mr}}=\frac{r_{\mathrm{mr}}^2/2}{N_{\mathrm{mr}}}=\frac{\left(\sum\limits_{k=1}^{M}\alpha_k r_k\right)^2}{2\sum\limits_{k=1}^{M}\alpha_k^2 N_k}=\frac{\left(\sum\limits_{k=1}^{M}\alpha_k\sqrt{N_k}\cdot r_k/\sqrt{N_k}\right)^2}{2\sum\limits_{k=1}^{M}\alpha_k^2 N_k}$$

我们希望输出的信噪比有最大值，根据施瓦兹不等式

$$\left(\sum_{k=1}^{M}x_k y_k\right)^2\leqslant\left(\sum_{k=1}^{M}x_k^2\right)\left(\sum_{k=1}^{M}y_k^2\right)\tag{4.13}$$

若

$$\frac{x_1}{y_1}=\frac{x_2}{y_2}=\cdots=\frac{x_M}{y_M}=C\text{（常数）}$$

则式(4.13)取等号，即式(4.13)获得最大值。

现令 $x_k=\alpha_k\sqrt{N_k}$， $y_k=r_k/\sqrt{N_k}$，若使加权系数 α_k 满足

$$\frac{\alpha_k\sqrt{N_k}}{r_k/\sqrt{N_k}}=\frac{\alpha_k N_k}{r_k}=C\text{（常数）},\quad k=1,2,\cdots,M$$

即

$$\alpha_k=C\frac{r_k}{N_k}\propto\frac{r_k}{N_k}$$

则有

$$\xi_{\mathrm{mr}}=\frac{\left(\sum\limits_{k=1}^{M}\alpha_k\sqrt{N_k}\cdot r_k/\sqrt{N_k}\right)^2}{2\sum\limits_{k=1}^{M}\alpha_k^2 N_k}=\frac{\left(\sum\limits_{k=1}^{M}\alpha_k^2 N_k\right)\left(\sum\limits_{k=1}^{M}r_k^2/N_k\right)}{2\sum\limits_{k=1}^{M}\alpha_k^2 N_k}=\sum_{k=1}^{M}\frac{r_k^2}{2N_k}=\sum_{k=1}^{M}\xi_k$$

该结果表明，若第 k 支路的加权系数 α_k 和该支路信号幅度 r_k 成正比，和噪声功率 N_k 成反比，则合并器输出的信噪比有最大值，且等于各支路信噪比之和：

$$\xi_{\mathrm{mr}}=\sum_{k=1}^{M}\xi_k\tag{4.14}$$

一个 $M=2$ 的例子如图 4.9 所示。ξ_{mr} 随时间的变化的例子如图 4.10 所示。

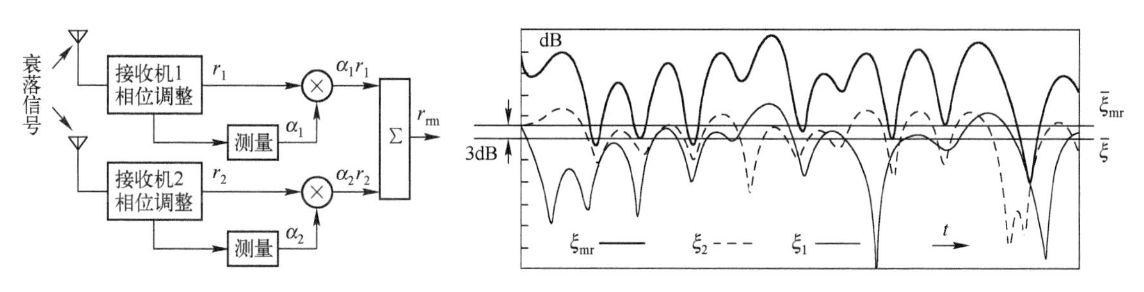

图 4.9　二重分集最大比值合并

图 4.10　二重分集最大比值合并的信噪比

由于 r_k 是服从瑞利分布的随机变量，各支路有相同的平均信噪比，可以证明其概率密度函数为

$$p(\xi_{mr}) = \frac{1}{(M-1)!(\overline{\xi})^M}(\xi_{mr})^{M-1}\mathrm{e}^{-\xi_{mr}/\overline{\xi}}$$

ξ_{mr} 小于等于给定值 x 的概率为

$$F(x) = P(\xi_{mr} \leqslant x) = \int_0^x \frac{\xi_{mr}^{M-1}\mathrm{e}^{-\xi_{mr}/\overline{\xi}}}{(\overline{\xi})^M (M-1)!}\mathrm{d}\xi_{mr}$$

$$= 1 - \mathrm{e}^{-x/\overline{\xi}}\sum_{k=1}^{M}\frac{(x/\overline{\xi})^{k-1}}{(k-1)!} \tag{4.15}$$

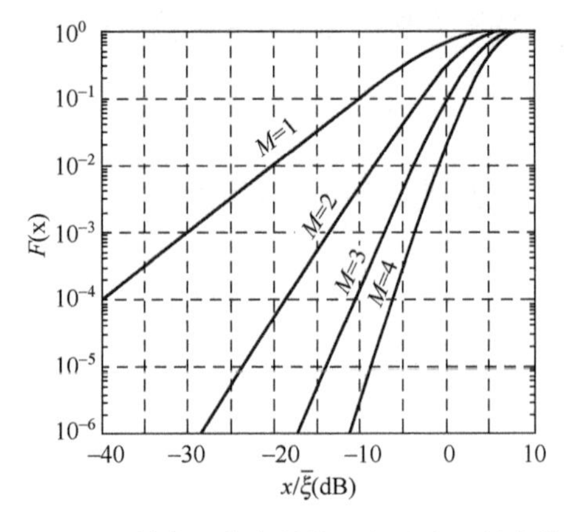

图 4.11　最大比值合并的累积分布函数曲线

$F(x)$-x 的特性曲线如图 4.11 所示。由图可以看出，和选择合并一样，对给定的中断概率 10^{-3}，随着 M 的增加，所需的信噪比在减小：相对于没有分集，$M=2$ 时所需信噪比减小了 30−13.5 = 16.5dB；$M=3$ 时减小了 30−7.2 = 22.8dB，$M=4$ 时减小了 30−3.7 = 26.3dB。

ξ_{mr} 的均值可以由式(4.12)直接求得

$$\overline{\xi}_{mr} = \sum_{k=1}^{M}\overline{\xi}_k = M\overline{\xi} \tag{4.16}$$

$M=2$ 时，其信噪比是没有分集时信噪比的 2 倍，即增加了 3dB(见图 4.10)。

3. 等增益合并

最大比值合并有最好的性能，但它要求有准确的加权系数，所实现的电路比较复杂。等增益合并的性能虽然比它差一些，但实现起来要容易得多。等增益合并器的各个加权系数均为 1，即

$$\alpha_k = 1,\quad k = 1,2,\cdots,M$$

二重分集等增益合并的例子如图 4.12 所示。

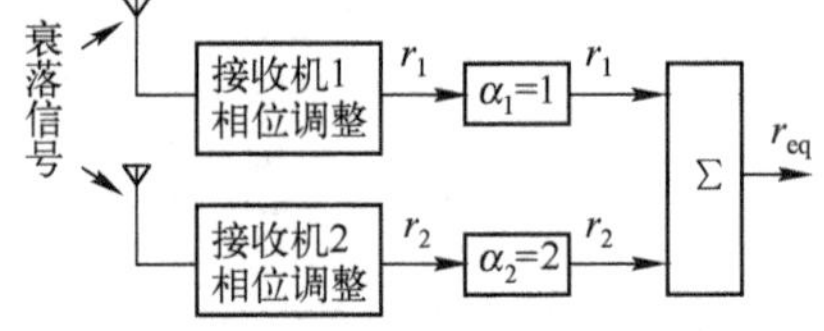

图 4.12　二重分集等增益合并举例

合并器输出信号的包络等于

$$r_{eq} = \sum_{k=1}^{M} r_k \tag{4.17}$$

设各支路噪声平均功率相等，输出信噪比为

$$\xi_{eq} = \frac{\frac{1}{2}\left(\sum_{k=1}^{M} r_k\right)^2}{\sum_{k=1}^{M} N_k} = \frac{\left(\sum_{k=1}^{M} r_k\right)^2}{2\sum_{k=1}^{M} N_k} = \frac{1}{2MN}\left(\sum_{k=1}^{M} r_k\right)^2 \tag{4.18}$$

$M=2$ 时，ξ_{eq} 随时间变化的例子如图 4.13 所示。

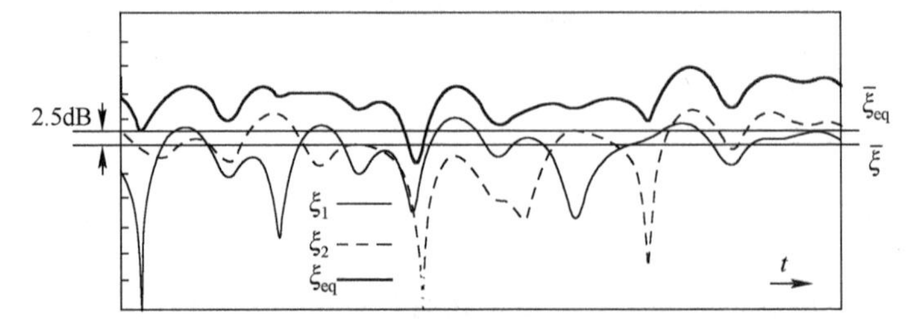

图 4.13　二重分集等增益合并的信噪比举例

对于 $M>2$ 的情况，要求得 ξ_{eq} 的累积分布函数和概率密度函数是比较困难的，可以用数值方法求解。$M=2$ 时其累积分布函数为(推导过程略)：

$$F(x)=P(\xi_{eq}\leqslant x)=1-e^{-2x/\bar{\xi}}-\sqrt{\pi x/\bar{\xi}}\cdot e^{-x/\bar{\xi}}\cdot \mathrm{erf}\left(\sqrt{\xi_{eq}/\bar{\xi}}\right)$$

概率密度函数为 $$p(\xi_{eq})=\frac{1}{\bar{\xi}}\cdot e^{-2\xi_{eq}/\bar{\xi}}-\sqrt{\pi}\cdot e^{-\xi_{eq}/\bar{\xi}}\cdot\left(\frac{1}{2\sqrt{\xi_{eq}\bar{\xi}}}-\frac{1}{\bar{\xi}}\sqrt{\xi_{eq}/\bar{\xi}}\right)\cdot \mathrm{erf}\left(\sqrt{\xi_{eq}/\bar{\xi}}\right) \quad (4.19)$$

$F(x)$特性曲线如图 4.14 所示。虽然无法得到 $M>2$ 时 ξ_{eq} 的概率密度函数的一般表达式，但可以求得其均值为

$$\bar{\xi}_{eq}=\frac{1}{2MN}\overline{\left(\sum_{k=1}^{M}r_k\right)^2}=\frac{1}{2MN}\left(\sum_{k=1}^{M}\overline{r_k^2}+\sum_{\substack{j,k=1\\j\neq k}}^{M}\overline{r_k r_j}\right) \quad (4.20)$$

因为各支路的衰落各不相关，所以

$$\overline{r_j\cdot r_k}=\overline{r_j}\cdot\overline{r_k},\quad j\neq k$$

对瑞利分布有 $\overline{r_k^2}=2b^2$ 和 $\overline{r_k}=b\sqrt{\pi/2}$，把这些关系代入式(4.20)，便得到

$$\bar{\xi}_{eq}=\frac{1}{2MN}\left(2Mb^2+M(M-1)\frac{\pi b^2}{2}\right)$$
$$=\bar{\xi}\left(1+(M-1)\frac{\pi}{4}\right) \quad (4.21)$$

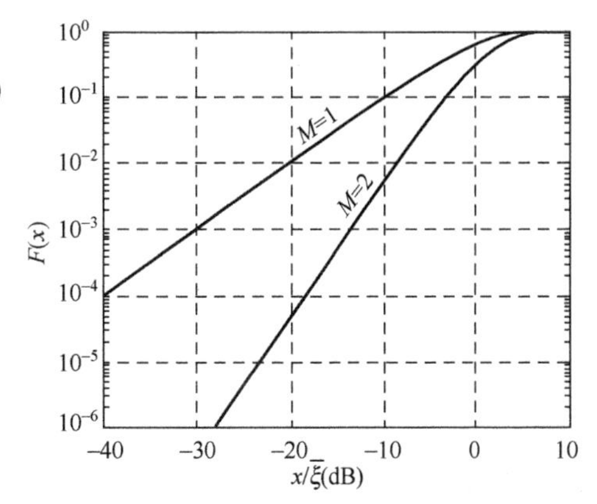

图 4.14　等增益合并的 x 累积分布函数曲线

例如，$M=2$ 时有 $$\bar{\xi}_{eq}=\bar{\xi}(1+\pi/4)=1.78\bar{\xi}$$

即等于没有分集时的平均信噪比的 1.78 倍（2.5dB），如图 4.14 所示。

4.2.4　性能比较

为了比较不同合并方式的性能，可以比较它们的输出平均信噪比与没有分集时的平均信噪比。这个比值称作合并方式的改善因子，用 D 表示。

对选择合并方式，由式(4.10)可得改善因子为

$$D_s=\frac{\bar{\xi}_s}{\bar{\xi}}=\sum_{k=1}^{M}\frac{1}{k} \quad (4.22)$$

对最大比值合并，由式(4.16)可得改善因子为

$$D_{mr}=\bar{\xi}_{mr}/\bar{\xi}=M \quad (4.23)$$

对等增益合并，由式(4.21)可得改善因子为

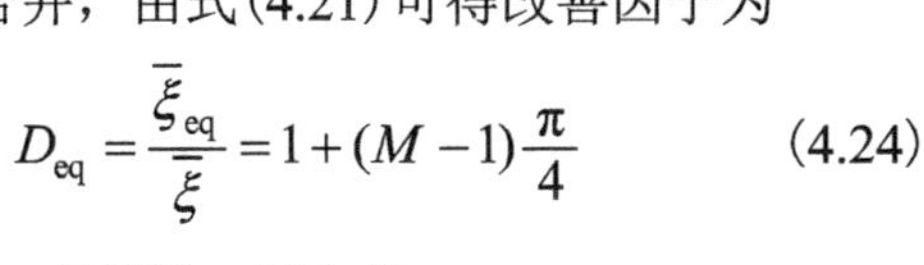

$$D_{eq}=\frac{\bar{\xi}_{eq}}{\bar{\xi}}=1+(M-1)\frac{\pi}{4} \quad (4.24)$$

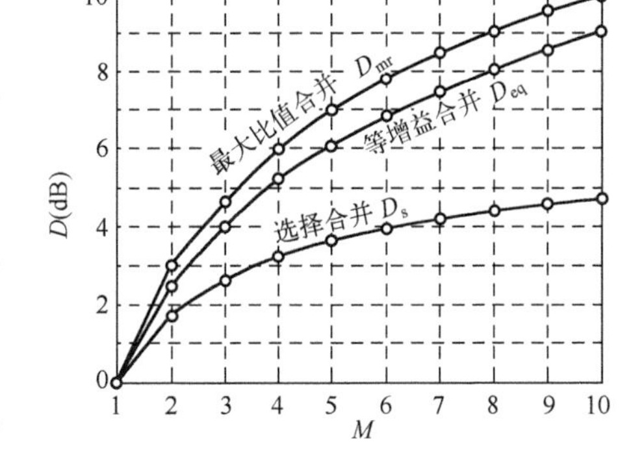

图 4.15　各种合并方式的关系曲线

通常用 dB 表示：$D(\mathrm{dB})=10\lg D$。

图 4.15 示出了各种 $D(\mathrm{dB})$- M 的关系曲线。

由图 4.15 可见，信噪比的改善随着分集重数的增加而增强，在 $M=2$～3 时，增加很快，但随着 M 的继续增加，改善的速率放慢，特别是选择合并。考虑到随着 M 的增加，电路复杂程度也增加，实际的分集重数一般最高为 3～4。在 3 种合并方式中，最大比值合并改善得最

多，其次是等增益合并，选择合并最差，这是因为选择合并只利用其中一路信号，其余没有被利用，而前两者的各支路信号的能量都得到了利用。

4.2.5 分集对数字移动通信误码的影响

在加性高斯白噪声信道中，数字传输的错误概率 P_e 取决于信号的调制解调方式及信噪比 γ。在数字移动信道中，信噪比是一个随机变量。前面通过对各种分集合并方式的分析，得到了瑞利衰落的信噪比的概率密度函数。可以把 P_e 视为衰落信道中给定信噪比 $\gamma=\xi$ 的条件概率。可以通过计算下面的积分来确定所有可能值的平均错误概率 $\overline{P}_e$：

$$\overline{P}_e=\int_0^{\infty}P_e(\xi)P_M(\xi)\mathrm{d}\xi \tag{4.25}$$

式中，$P_M(\xi)$ 即为 M 重分集的信噪比的概率密度函数。下面以二重分集为例说明分集对二进制数字传输误码的影响。由于差分相干解调（DPSK）误码率的表达式是比较简单的指数函数，这里以它为例来分析多径衰落环境下各种合并器的误码特性。DPSK 的误码率为

$$P_b=\frac{1}{2}\mathrm{e}^{-\gamma} \tag{4.26}$$

利用式（4.25）的积分可以计算各种合并器的误码率（推导过程略）。

① 采用选择合并器的 DPSK 的误码特性。

令 $\gamma=\xi_s$，则平均误码率为

$$\overline{P}_b=\int_0^{\infty}\frac{1}{2}\mathrm{e}^{-\xi_s}P(\xi_s)\mathrm{d}\xi_s=\frac{M}{2}\sum_{k=0}^{M-1}C_{M-1}^{k}(-1)^k\frac{1}{1+k+\overline{\xi}} \tag{4.27}$$

式中，C_m^n 为二项式系数，等于 $m!/[(m-n)!n!]$。

② 采用最大比值合并器的 DPSK 的误码特性。

令 $\gamma=\xi_{mr}$，则

$$\overline{P}_b=\int_0^{\infty}\frac{1}{2}\mathrm{e}^{-\xi_{mr}}\cdot p(\xi_{mr})\mathrm{d}\xi_{mr}=\frac{1}{2\left(1+\overline{\xi}\right)^M} \tag{4.28}$$

③ 采用等增益合并器的 DPSK 的误码特性。

令 $\gamma=\xi_{eq}$，由 $M=2$ 时等增益合并的输出信噪比率为

$$\overline{P}_b=\int_0^{\infty}\frac{1}{2}\mathrm{e}^{-\xi_{eq}}\cdot p(\xi_{eq})\mathrm{d}\xi_{eq}$$

$$=\frac{1}{2(1+\overline{\xi})}-\frac{\overline{\xi}}{2\left(\sqrt{1+\overline{\xi}}\right)^3}\operatorname{arccot}\left(\sqrt{1+\overline{\xi}}\right) \tag{4.29}$$

上述各积分计算也可以用数值计算的方法。图 4.16 示出了 $M=2$ 时，3 种合并方式的平均误码率特性曲线。由图可见，二重分集较无分集误码特性有了很大的改善，而 3 种合并的差别不是很大。

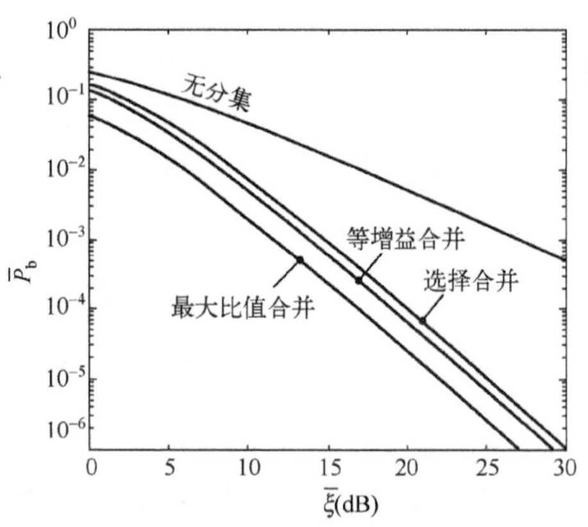

图 4.16 M=2 时各种合并方式 DPSK 平均误码率曲线

4.3 信 道 编 码

4.3.1 概述

传统的信道编码通常分成两大类，即分组码和卷积码。这两种码在移动通信中都得到了应

用。例如，数字蜂窝标准 GSM、D-AMPS 都采用了卷积码和循环码(分组码的一个子类)。在相同的计算复杂度的前提下，卷积码可以获得更好的性能。

为了尽量接近香农信道容量的理论极限，传统的分组码和卷积码需要增加线性分组码的长度或卷积码的约束长度，长度的增加将使最大似然估计译码器的计算复杂程度以指数形式增加，直至复杂到译码器无法实现。20 世纪 90 年代出现的 Turbo 码为接近这一理论极限开辟了新的途径。1993 年在日内瓦举行的 IEEE 国际通信学会议上，两位法国电机工程师克劳德·伯劳(Claude Berrou)和雷恩·格莱维欧克斯(Alain Glavieux)提出一种新的编码方法。他们声称在误比特率为 10^{-5} 情况下，和香农极限的距离缩小到 0.5dB 以内。这篇论文(*Near Shannon limit error-correcting coding and decoding:turbo codes*)后来被证明对纠错编码具有革命性的影响。

在早期的数字通信中，调制技术和编码技术是两个独立的部分。信道编码通常是以增加信息速率(即增加信号的带宽)来获得编码增益的，这对频谱资源丰富但功率受限制的信道是很适用的。但在频带受限制的蜂窝移动通信系统中，其应用则受到很大的限制。为了改善这种状况，在 20 世纪后期出现了把调制和编码视为一个整体来考虑的网格编码调制(TCM，Trellis Coded Modulation)。理论和实践表明，在不牺牲带宽和速率的前提下，TCM 编码在频带有限的加性高斯白噪声信道上极大地提高了编码增益，这使得它在移动通信中具有很大的吸引力。

由于篇幅关系，本节主要对卷积码和 Turbo 码的基本原理及应用作一些介绍。

4.3.2 分组码

1. 分组码概述

二进制分组码编码器的输入是一个长度为 k 的信息矢量 $\boldsymbol{a}=[a_1,a_2,\cdots,a_k]$，它通过一个线性变换，输出一个长度等于 n 的码字 $\boldsymbol{C}$。

$$\boldsymbol{C}=\boldsymbol{aG} \tag{4.30}$$

式中，$\boldsymbol{G}$ 为 $k\times n$ 的矩阵，称为生成矩阵。$R_c=k/n$ 称为编码率。长度等于 k 的输入矢量有 2^k 个，因此编码得到的码字也是 2^k 个。这个码字的集合称为线性分组码，即(n, k)分组码。分组码的设计任务就是要找到一个合适的生成矩阵 $\boldsymbol{G}$。

若生成矩阵具有下述形式

$$\boldsymbol{G}=[\boldsymbol{I}\,|\,\boldsymbol{P}] \tag{4.31}$$

式中，$\boldsymbol{I}$ 为 k 阶单位矩阵；$\boldsymbol{P}$ 为 $k\times(n-k)$矩阵，则由式(4.30)生成的分组码称作系统码。其码字的前 k 位就是信息矢量 $\boldsymbol{a}$，后面的$(n-k)$位则是校验位。

对一个分组码的生成矩阵 $\boldsymbol{G}$，也存在一个$(n-k)\times n$ 矩阵 $\boldsymbol{H}$，满足

$$\boldsymbol{GH}^{\mathrm{T}}=\boldsymbol{O} \tag{4.32}$$

式中，$\boldsymbol{O}$ 为一个 $k\times(n-k)$全零矩阵。$\boldsymbol{H}$ 称作校验矩阵，它也满足

$$\boldsymbol{CH}^{\mathrm{T}}=\boldsymbol{O} \tag{4.33}$$

式中，$\boldsymbol{O}$ 为一个 $1\times(n-k)$全零行矩阵。式(4.33)可以用来校验所接收到的码字是否有错。

通常码字 $\boldsymbol{C}_i$ 中 1 的个数称作 $\boldsymbol{C}_i$ 的重量，表示为 $w\{\boldsymbol{C}_i\}$。两个分组码字 $\boldsymbol{C}_i$、$\boldsymbol{C}_j$ 对应位不同的数目称作码字 $\boldsymbol{C}_i$ 与 $\boldsymbol{C}_j$ 的汉明距离，表示为 $d\{\boldsymbol{C}_i, \boldsymbol{C}_j\}$。任意两个码字之间汉明距离的最小值称作码的最小距离，表示为 $d_{\min}$。由于对线性分组码来说，任何两个码字之和都是另一个码字，所以码的最小距离等于非零码字重量的最小值。$d_{\min}$ 是衡量码的抗干扰能力(检错/纠错能力)的重要参数，$d_{\min}$ 越大，码字之间差别就越大，即使传输过程产生较多的错误，也不会变成其他的码字，因此码的抗干扰能力就越强。理论分析表明：

① (n, k)线性分组码能纠正 t 个错误的充分必要条件是

$$d_{\min} = 2t + 1 \tag{4.34}$$

或

$$t = \left\lfloor \frac{d_{\min} - 1}{2} \right\rfloor \tag{4.35}$$

式中，$\lfloor x \rfloor$为对 x 取整数部分。

② (n, k)线性分组码能发现接收码字中 l 个错误的充分必要条件是

$$d_{\min} = l + 1 \tag{4.36}$$

③ (n, k)线性分组码能纠正 t 个错误并能发现 $l(l > t)$个错误的充分必要条件是

$$d_{\min} = t + l + 1 \tag{4.37}$$

译码是编码的反变换。译码器根据编码规则和信道特性，对所接收到的码字进行判决，这一过程就是译码。通过译码纠正码字在传输过程中产生的错误，从而求出发送信息的估值。设发送的码字为 $\boldsymbol{C}$，接收到的码字 $\boldsymbol{R} = \boldsymbol{C} + \boldsymbol{e}$，其中 $\boldsymbol{e}$ 为错误图样，它指示码字中错误码元的位置。当没有错误时，$\boldsymbol{e}$ 为全零矢量。因为码字符合式(4.32)，也可以利用这种关系检查接收的码字是否有错。定义接收码字 $\boldsymbol{R}$ 的伴随式(或校验子)为

$$\boldsymbol{S} = \boldsymbol{R}\boldsymbol{H}^{\mathrm{T}} \tag{4.38}$$

如果 $\boldsymbol{S} = \boldsymbol{O}$，则 $\boldsymbol{R}$ 是一个码字；若 $\boldsymbol{S} \neq \boldsymbol{O}$，则传输一定有错。但是由于任意两个码字的和是另外一个码字，所以 $\boldsymbol{S} = \boldsymbol{O}$ 不等于没有错误发生，而未能发现这种错误的图样有 2^k-1 个。

由于

$$\boldsymbol{S} = \boldsymbol{R}\boldsymbol{H}^{\mathrm{T}} = (\boldsymbol{C} + \boldsymbol{e})\boldsymbol{H}^{\mathrm{T}} = \boldsymbol{C}\boldsymbol{H}^{\mathrm{T}} + \boldsymbol{e}\boldsymbol{H}^{\mathrm{T}} = \boldsymbol{e}\boldsymbol{H}^{\mathrm{T}} \tag{4.39}$$

可见伴随式仅与错误图样有关，与发送的具体码字无关；不同的错误图样有不同的伴随式，它们有一一对应的关系，据此可以构造伴随式与错误图样关系的译码表。

(n, k)线性码对接收码字的译码步骤如下：

① 计算伴随式 $\boldsymbol{S}^{\mathrm{T}} = \boldsymbol{H}\boldsymbol{R}^{\mathrm{T}}$；

② 根据伴随式检出错误图样 $\boldsymbol{e}$；

③ 计算发送码字的估值 $\hat{\boldsymbol{C}} = \boldsymbol{R} \oplus \boldsymbol{e}$。

这种译码方法可以用于任何线性分组码。

2. 分组码举例

（1）汉明码

汉明码是最早(1950 年)出现的纠正一个错误的线性码。由于它的编码简单，在通信和数据存储系统有广泛的应用。其主要参数如下：码长：$n = 2^m-1$；信息位数：$k = 2^m-m-1$；监督位数：$n-k = m$，$m \geqslant 3$；最小距离：$d_{\min} = 3$。

（2）循环码

前面介绍的译码步骤适用于所有的线性分组码。但在求错误图样 $\boldsymbol{e}$ 时，需要使用组合逻辑电路；当 $n-k$ 比较大时，电路将变得十分复杂而不实用。由于循环码可以使用线性反馈移位寄存器，很容易实现编码和伴随式的计算，且译码方法简单，因此得到了广泛的应用。

如果(n, k)线性分组码的每个码字经过任意循环移位后仍然是一个分组码的码字，则称该码为循环码。为便于讨论，通常把码字 $\boldsymbol{C} = [c_{n-1}, c_{n-2},\cdots, c_1, c_0]$的各个分量视为一个多项式的系数，即

$$C(x) = c_{n-1}x^{n-1} + c_{n-2}x^{n-2} + \cdots + c_1 x + c_0 \tag{4.40}$$

将 $C(x)$称作码多项式。循环码可以由一个$(n-k)$阶生成多项式 $g(x)$产生。$g(x)$的一般形式为

$$g(x) = x^{n-k} + g_{n-k-1}x^{n-k-1} + \cdots + g_1 x + 1 \tag{4.41}$$

$g(x)$是关于 $1+x^n$ 的 $n-k$ 次因式。

设信息多项式为

$$m(x) = m_{k-1}x^{k-1} + \cdots + m_1 x + m_0 \tag{4.42}$$

则循环码的编码步骤为：

① 计算 $x^{n-k}m(x)$；

② 计算 $x^{n-k}m(x)/g(x)$，得余式 $r(x)$；

③ 得到码字多项式 $C(x) = x^{n-k}m(x) + r(x)$。

循环码的译码方法基本上是按照上述分组码的译码步骤进行的。由于采用了线性反馈移位寄存器，使译码电路变得十分简单。

循环码特别适合误码检测，在实际应用中许多用于误码检测的码都属于循环码。用于误码检测的循环码称作循环冗余校验码(CRC，Cyclic Redundancy Check)。

4.3.3 卷积码

1. 卷积码编码器

分组码的码字是逐组产生的，即编码器每接收一组 k 个信息比特就输出一个长度等于 n 的码字。编码器所添加的 $n-k$ 个冗余仅和这 k 个信息比特有关，和其他信息分组无关，所以编码器是无记忆的。卷积码编码器对输入的数据流每次进行 1 比特或 k 比特编码，输出 n 个编码符号(称作 n 维分支码字)。但输出分支码字的每个码元不仅和此时刻输入的 k 个信息有关，也和前 m 个连续时刻输入的信息元有关。因此编码器应包含有 m 级寄存器以记录这些信息，即卷积码编码器是有记忆的。通常将卷积码表示为(n, k, m)，编码率 $r = k/n$。

当 $k = 1$ 时，卷积码编码器的结构包括一个由 m 个串接的寄存器构成的移位寄存器(称 m 级移位寄存器)、n 个连接到指定寄存器的模二加法器，以及把模二加法器的输出转换为串行输出的转换开关。图 4.17 所示为一个简单的卷积码编码器的例子，其中 $n = 2$，$m = 3$，所以是$(2, 1, 3)$编码。卷积码编码器每次(一个单元时间即一个节拍)输入一个信息比特，从 $b^{(1)}b^{(2)}$端子输出卷积码分支码字的两个码元，并由转换开关把 $b^{(1)}b^{(2)}$变换为串行输出。显然，输出的两个码元不仅和当前输入的信息码元有关，还和前面输入的两个信息码元有关。每个输入的信息码元对当前和其后编码的分支码字都有影响，直到该信息码元完全移出移位寄存器。卷积码的约束长度定义为串行输入比特通过编码器所需的移位次数，它表示编码过程相互约束的相连的分支码字数。所以，具有 m 级移位寄存器的编码器其约束长度 $K = m + 1$。图 4.17 所示编码器的约束长度为 4。

上述的概念可以推广到码率为 k/n 的卷积码。此时编码器包含了 k 个移位寄存器、n 个模二加法器和输入输出开关。若用 K_i 表示第 i 个移位寄存器的约束长度，则整个编码器的约束长度定义为 $K = \max(K_i)$。图 4.18 所示为一个码率为 2/3、约束长度等于 2 的卷积码编码器。

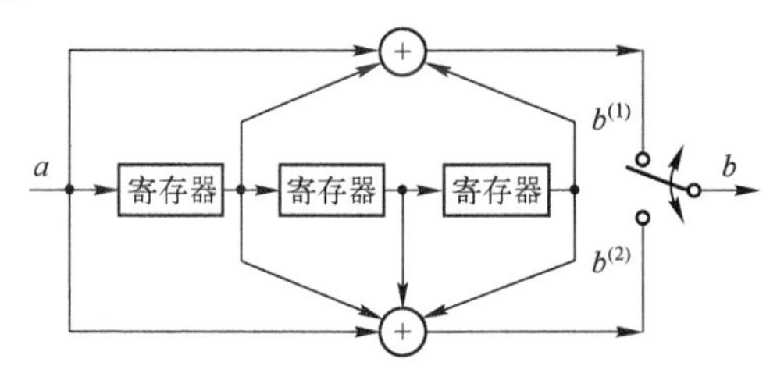

图 4.17 二进制(2,1,3)卷积码编码器

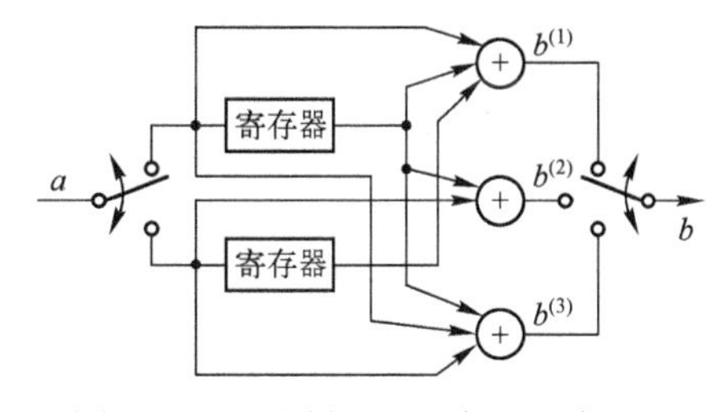

图 4.18 二进制(3,2,2)卷积码编码器

在蜂窝移动电话系统中，常采用 $K=1$ 的卷积码，即 $(n,1,m)$ 码，码率 $r=1/n$。下面将讨论该类卷积码，并通过具体例子说明描述卷积码的方法和编码译码原理。

卷积码编码器的编码特性可以用其冲激响应集 $\{g^{(i)}\}$ 来描述，其中 $g^{(i)}$ 表示输入序列 $a=(1,0,0,\cdots)$ 产生的第 i 个输出序列 $b^{(i)}$。由于移位寄存器只有 m 级寄存器，所以冲激响应持续时间最大为 $K=m+1$。例如，对图 4.17 的编码器只有一个输入序列 a，它经过两条不同的路径到达输出端，对应两个长度为 $K=4$ 的响应序列，即

$$g^{(1)}=(1\,1\,0\,1)\,,\quad g^{(2)}=(1\,1\,1\,1) \tag{4.43}$$

不难证明，对任意的输入序列 a，对应两个输出的序列分别是 a 与 $g^{(1)}$、$g^{(2)}$的离散卷积：

$$b^{(1)}=a*g^{(1)}\,,\quad b^{(2)}=a*g^{(2)} \tag{4.44}$$

所以这种编码被称作卷积码，冲激响应又称作生成序列。

另外卷积码编码器的编码特性还可以用生成多项式来表述，它定义为冲激响应的单位时延变换。设生成序列 $(g_0^{(i)},g_1^{(i)},g_2^{(i)},\cdots,g_K^{(i)})$ 表示第 i 条路径的冲激响应，其中系数 $g_0^{(i)},g_1^{(i)},g_2^{(i)},\cdots,g_K^{(i)}$ 等于 0 或 1。对应第 i 条路径的生成多项式定义为

$$g^{(i)}(D)=g_0^{(i)}+g_1^{(i)}D+g_2^{(i)}D^2+\cdots+g_K^{(i)}D^K \tag{4.45}$$

式中，D 为单位时延变量，D^n 为相对于时间起点的 n 个单位时间的时延。完整的卷积码编码器可以用一组生成多项式 $\{g^{(1)}(D),g^{(1)}(D),\cdots,g^{(n)}(D)\}$ 来表述。例如，对图 4.17 的编码器有

$$g^{(1)}(D)=1+D+D^3\,,\quad g^{(2)}(D)=1+D+D^2+D^3 \tag{4.46}$$

类似地，对信息序列 $a=(a_0, a_1, a_2,\cdots, a_{N-1})$也可以表示为信息多项式

$$a(D)=a_0+a_1D+a_2D^2+\cdots+a_{N-1}D^{N-1} \tag{4.47}$$

则相应的第 i 条路径输出序列多项式为

$$b^{(i)}(D)=g^{(i)}(D)a(D) \tag{4.48}$$

注意，式(4.46)也描述了图 4.17 所示编码器的结构，即寄存器和模二加法器的连接方式。一般地，给出一组生成多项式，就给出了编码器的结构。

除了上述的解析方法，卷积码的编解码过程还可以用状态图和网格图来描述。

2. 状态图(State Diagram)

对于码率为 $1/n$ 的卷积码编码器，可以用存在编码器内移位寄存器的 $m=K-1$ 个信息比特来定义它的状态。设在 j 时刻相邻的 K 个比特为 $a_{j-K+1}, \cdots, a_{j-1}, a_j$，其中 a_j 是当前(输入)比特，则在 j 时刻编码器的 $K-1$ 个状态比特就是 $a_{j-1}, \cdots, a_{j-K+2}, a_{j-K+1}$。显然，编码器的输出是由当前的输入和当前编码器状态所决定的。每当输入一个信息比特，编码器的状态就发生一次变化，编码器输出 n 位的编码分支码字。编码过程可以用状态图来表示，它描述了编码器每输入一个信息码元时，编码器各可能状态以及伴随状态的转移所产生的分支码字。下面通过具体例子来说明编码的过程。

图 4.19(a)是一个(2,1,2)卷积码编码器，其状态图如图 4.19(b)所示。图 4.19(b)中圆圈内的数字表示状态，箭头表示状态转移的方向，用连线表示状态转移的条件(输入的信息比特)：若输入信息比特为 1，连线为虚线；若为 0 则为实线。连线旁的两位数字表示相应输出分支码字。

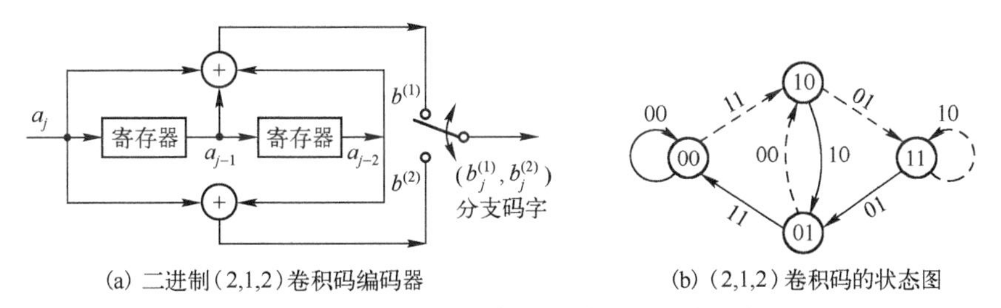

(a) 二进制(2,1,2)卷积码编码器　　(b) (2,1,2)卷积码的状态图

图 4.19　二进制(2,1,2)卷积码编码器及其状态图

状态图简明地示意了在某一时刻编码器的输入比特和输出分支码字的关系，但不能描述随着信息比特的输入，编码器状态及编码输出分支码字随时间变化的情况。用网格图可以比较方便表示这种变化关系。

3. 网格图(Trellis Diagam)

网格图实际就是在时间轴上展开编码器在各时刻的状态图。下面仍以图 4.19 的编码器为例来说明用网格图描述编码的过程。编码器有 $m=2$ 个寄存器，编码器的状态共有 4 种可能。随着时间节拍 $t_0, t_1, t_2, \cdots$的推移和信息比特的输入，编码器从一种状态转移到另一种状态，状态每变化一次就输出一个分支码字。编码器在各时刻的可能状态在图 4.19(b)中用一小圆点(节点)表示。两圆点的连线则表示一个确定的状态转移方向。若输入信息比特为 1，连线用虚线表示；若为 0，用实线表示。连线旁的数字就表示相应输出的分支码字。图 4.19(a)所示编码器的网格图如图 4.20 所示。

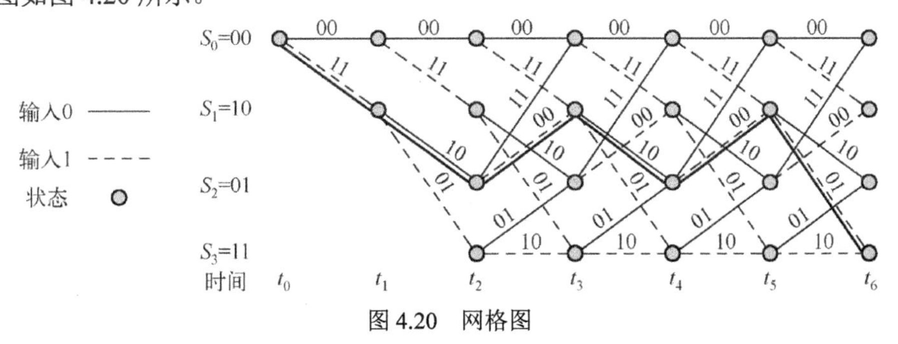

图 4.20　网格图

编码器是从 t_0 时刻的初始状态(S_0=00)开始的，根据输入的信息比特向两个可能的状态转移。直到 t_2，编码器才可能有 4 种状态。前 $m=2$ 个节拍的过程是编码器脱离初始状态的过程，在这一过程中，并不是 4 种可能的状态都能达到的。

网格图中的首尾相连的连线构成了一条路径，对应着某个输入序列的编码输出序列。例如，输入序列为 101011，根据上述表示规则，很容易找到相应的路径(见图 4.20 中的粗线)以及编码输出序列为 11 10 00 10 00 01。同样对编码序列 11 01 10 01 00 10，可以很方便地从网格图指出相应的输入序列为 111010。所以输入信息序列、编码输出序列和网格图中一条路径是唯一对应的。对含有 k 个移位寄存器的编码器，当输入的信息序列长度为 L 时，有 2^{Lk} 种可能，所以对应的可能路径也有 2^{Lk} 条。当 Lk 比较大时，2^{Lk} 是一个很大的数。

4. 维特比译码的基本原理

译码器的功能就是要根据某种法则(方法)以尽可能低的错误概率对编码输入信息做出估计。卷积码通常按最大似然法则译码，对二进制对称信道(BSC)来说，它就等效于最小汉明距译码。在这种译码器中，把接收序列和所有可能的发送序列进行比较，选择一个汉明距最小的序列判做发送序列。由于信息序列、编码序列有着一一对应的关系，而这种关系又唯一对应网格图的一条路径。因此译码就是根据接收序列 R 在网格图上全力搜索编码器在编码时所经过的路径，即寻找与 R 有最小汉明距的路径。最大似然译码在实际应用中遇到的困难是当 2^{Lk} 很大时，计算量很大。

维特比(A.J.Viterbit)译码是基于最大似然法则的最重要的卷积码译码方法。它不是一次计算和比较 2^{Lk} 条路径，而采用逐步比较的方法来逼近发送序列的路径。所谓逐步比较就是把接收序列的第 j 个分支码字和网格图上相应的两个时刻 t_j 和 t_{j+1} 之间的各支路做比较，即和编码器在此期间可能输出的分支码字做比较，计算和记录它们的汉明距，同时把它们分别累加到 t_j 时刻之前的各支路累加的汉明距上。比较累加结果并进行选择，保留汉明距最小的一条路径(称作幸存路径)，其余的被删除。所以 t_{j+1} 时刻进入每个节点的路径只有一条，且均为幸存支路。这一过程直到接收序列的分支码字全部处理完毕，判决具有最小汉明距的路径为发送序列。

下面用图 4.21(2,1,2)编码器的例子来说明维特比译码算法的基本操作。

通常设编码器的初始状态 $S_0=(0\ 0)$。为了使编码器对信息序列编码后回到初始状态，在输入的信息比特序列后加 $m=2$ 个 0 比特(拖尾比特)，这样正确接收序列所对应的路径应终止于 S_0 的节点。设信息输入序列长为 L，加 m 个拖尾比特后编码器的输入序列长度变为 $L+m$。$L=5$ 时的网格图如图 4.21 所示。由图可以看出，编码器结束编码时，各状态回归到 S_0 的路径有 4 种可能：$S_0\to S_0\to S_0$; $S_1\to S_2\to S_0$; $S_2\to S_0\to S_0$; $S_3\to S_2\to S_0$，对应时刻 $t_5\to t_6\to t_7$。

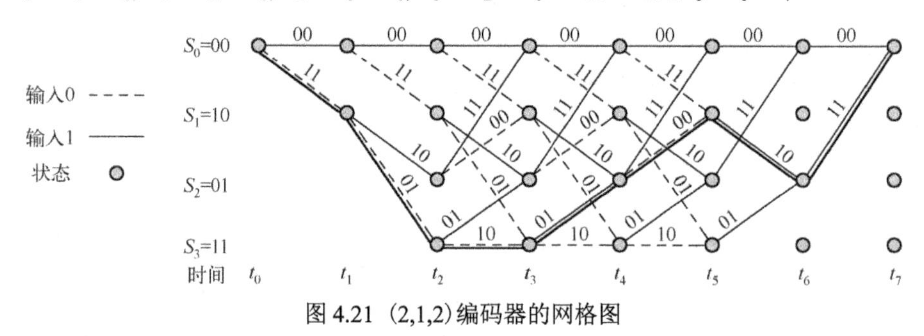

图 4.21 (2,1,2)编码器的网格图

设输入信息序列为 $a=(11101)$，加拖尾比特后则为(1110100)，由网格图可以得到对应发送的编码序列为

$$C=(c_0,c_1,c_2,c_3,c_4,c_5,c_6)=(11,01,10,01,00,10,11)$$

它对应图 4.21 的一条用粗线表示的路径。设接收序列为

$$R=(r_0,r_1,r_2,r_3,r_4,r_5,r_6)=(11,01,10,01,0\underline{1},10,1\underline{0})$$

其中有下画线的表示误码。图 4.22(a)～(g)描述了利用网格图对发送序列的搜索过程。在搜索过程中若进入同一节点两支路的累加汉明距相等，可以随意删除一个，这不影响其后支路汉明距的累加。

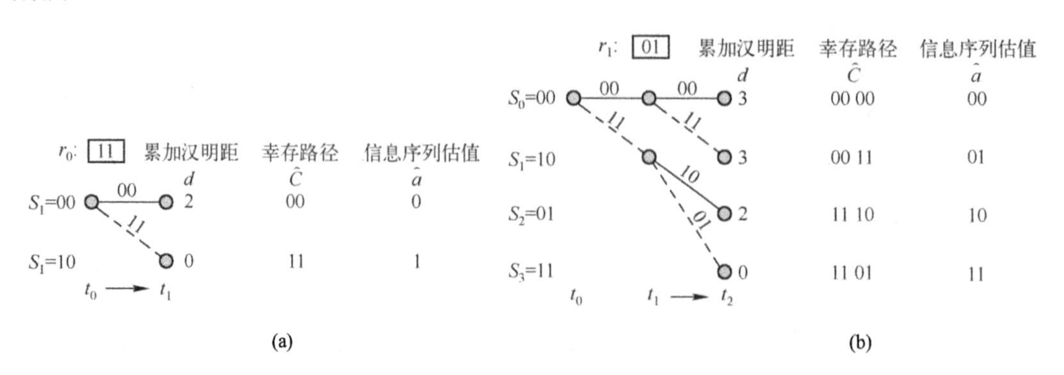

图 4.22 利用网格图的搜索过程举例

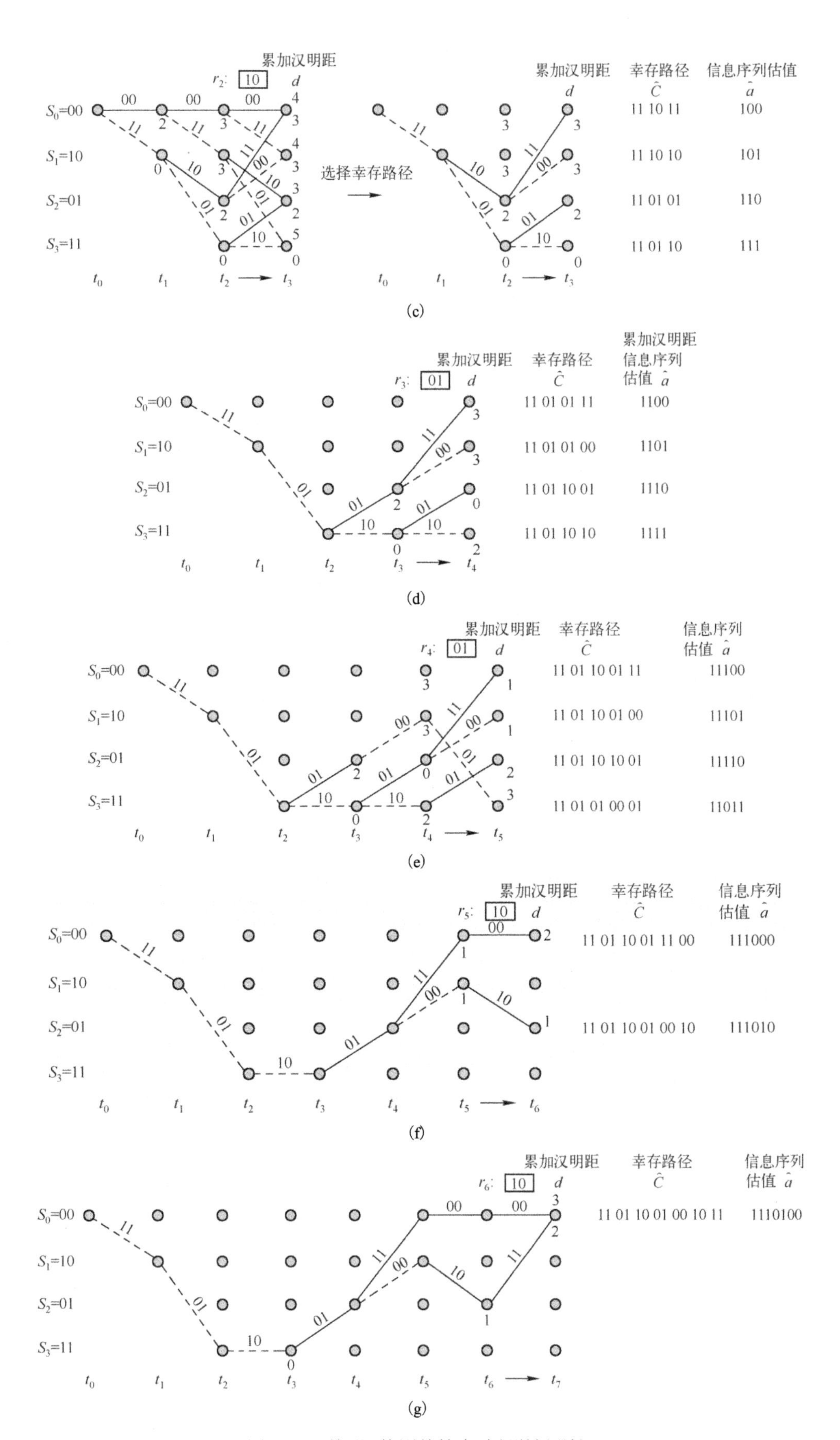

图 4.22　利用网格图的搜索过程举例(续)

在上述的图解过程中，为了简单起见，略去了图 4.22(d)～(g)计算各支路汉明距的过程，仅给出幸存支路选择的结果。在 t_6 时刻，网格图中回到 t_7 时刻 S_0 状态的路径只有 $S_0 \to S_0$ 或 $S_2 \to S_0$，因此只保留 S_0 和 S_2 这两个状态的幸存路径。最后在 t_7 时刻，两路径会合，选择汉明距最小(等于 2)的路径为输出。比较输入、输出序列结果，译码是正确的。

上述的译码结果确定了一条最大似然路径，其对应的符号序列可以作为译码输出送到用户。但当接收序列很长时，维特比算法对存储器要求很高。可以发现，当译码进行到一定的时刻(如第 P 个符号周期时)，幸存路径一般是指正确符号出现的概率趋于 1，这样就可以对第一个支路做出判决，把相应的比特送给用户。但这样的译码判决已不是真正意义上的最大似然估计。实验和分析证明，只要 P 大于 5～6 个符号周期，就可以获得令人满意的结果。

5. 卷积码的自由距离

根据分组码理论，码字最多可以纠正错误的个数 t 由最小距离 $d_{\min}$ 确定：

$$t = \left\lfloor \frac{d_{\min} - 1}{2} \right\rfloor \tag{4.49}$$

式中，$\lfloor x \rfloor$ 为不大于 x 的最大整数。在卷积码中，式(4.49)中的 $d_{\min}$ 用自由最小距离 d_f 取代。根据前面的编码方法(在信息序列后加拖尾比特)，卷积码编码器任意输出码字(编码输出序列)都对应于网格图上从全零状态出发并回到全零状态的一条路径。这样的路径有许多条，其中有一条重量是最轻的，该最小重量就是码的自由距离 d_f。当且仅当 $d_f \geqslant 2t$ 时，卷积码能纠正 t 个误码。

对给定的 n, k, m，编码器可以有不同的结构(连接方式)，但卷积码应被设计成具有最大自由距离的“好”的卷积码。这种意义下的最优卷积码可以通过计算机的搜索得到，这样的列表可以从参考文献里找到，表 4.1 和表 4.2 仅列出一部分。

表 4.1　编码效率 $r = 1/2$ 的编码表

约束长度 K	生成多项式（八进制数表示）		d_f
3	5	7	5
4	15	17	6
5	23	35	7
6	53	75	8
7	133	171	10
8	247	371	10
9	561	753	12
10	1167	1545	12

表 4.2　编码效率 $r = 1/3$ 的编码表

约束长度 K	生成多项式（八进制数表示）			d_f
3	5	7	7	8
4	13	15	17	10
5	25	33	37	12
6	47	53	75	13
7	133	145	175	15
8	225	331	367	16
9	557	663	711	18
10	1117	1365	1633	20

为了简单起见，表 4.1 和表 4.2 中把多项式系数矢量(称连接矢量)用八进制数表示。例如，r=1/2，K=9，连接矢量为(101110001)→(561), (111101011)→(753)。

4.3.4　Turbo 码

传统的编码(分组、卷积码)在实际应用中都存在一个困难，即为了尽量接近香农信道容量的理论极限，对分组码需要增加码字的长度 n，这会导致译码设备复杂度的增加，且复杂程度随 n 的增长呈指数增加；对卷积码需要增加卷积码的自由距离，同时就需要增加卷积码的约束长度，这实际上会使最大似然估计译码器的计算复杂度也以指数增加，以至于最终复杂到无法实现。为了克服这一困难，人们曾提出各种编码方法。基本思想都是将一些简单的编码合成为复杂的编码，译码过程也可以分为许多较为容易实现的步骤来完成。这就是复合编码的方法，例如，乘积码、级联码和 Turbo 码等。在这些方法中 Turbo 码是最常用的编码。

图 4.23 是一个简化了的 Turbo 码编码器的原理框图。它由两个编码器经过一个交织器并联而成，每个编码器称作成员(或分量)编码器。编码器通常采用卷积码编码。输入的数据比特流直接输入到编码器 1，同时将该数据流经过交织器重新排列次序后输入到编码器 2。由这两组编码器产生的奇偶校验比特，连同输入的信息比特组成 Turbo 码编码器的输出，由于输入信息直接输出，编码为系统码形式，其编码率为 1/3。通常卷积码可以对连续的数据流编码，但这里可以认为数据是有限长的分组，对应于交织器的大小。由于交织器通常有上千个比特，所以 Turbo 码可以看作一个很长的分组码。输入端在完成一帧数据的编码后，两个编码器被强迫回到零状态，此后循环往复。

Turbo 码编码器也可以采用串联结构，或串并联结合。成员编码器也可以有多个，由多个成员编码器和交织器构成多维 Turbo 码。分量码可以是卷积码或分组码，但为了有效迭代译码，应当采用卷积码。

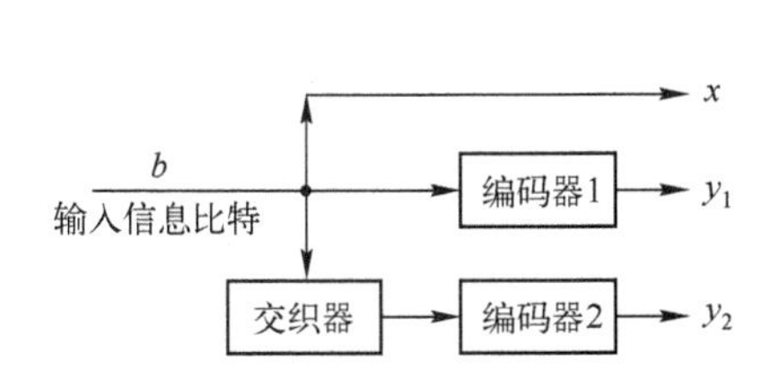

图 4.23　Turbo 码编码器原理框图

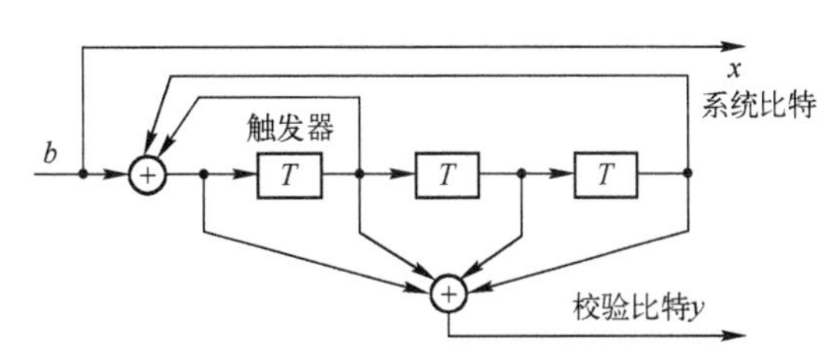

图 4.24　8 状态递归卷积码编码器原理框图

一般编码器 1 和编码器 2 采用递归卷积码编码器，它们有相同的生成多项式，其原理框图如图 4.24 所示。和前面介绍的卷积码编码器不同，由于反馈的存在，递归卷积码编码器的冲激响应是一个无限序列。它的传输函数可以表示为

$$\frac{Y(D)}{B(D)}=\frac{1+D+D^2+D^3}{1+D+D^3} \tag{4.50}$$

式中，D 为时延，$B(D)$为输入信息序列的多项式，$Y(D)$为编码器输出序列多项式。式(4.50)表示信息序列和校验序列的约束关系：

$$(1+D+D^2+D^3)B(D)=(1+D+D^3)Y(D)$$

在时域，信息比特和校验比特的关系为

$$b_i \oplus b_{i-1} \oplus b_{i-2} \oplus b_{i-3} \oplus y_i \oplus y_{i-1} \oplus y_{i-3}=0$$

这就是奇偶校验式，对所有的 i 成立。图 4.24 的编码器可以表示为生成多项式

$$g(D)=\left[\ 1,\quad \frac{1+D+D^2+D^3}{1+D+D^3}\ \right] \tag{4.51}$$

由于递归性质，将上述编码器称作递归系统卷积(RSC，Recursive Systematic Convolutional)编码器。由于 RSC 比一般的非递归卷积码有更大的自由距离，因此有更强的抗干扰能力，误比

特率更低。

对 Turbo 码来说，交织器是至关重要的。Turbo 码的新颖之处就在于除采用卷积码外，还在编码器 2 前加入一个交织器。和一般的按行写入按列读出不同，这是一个伪随机交织器。信息比特的重新排列使得编码码字拉开距离，改善码距的分布。用 Berrou 的话来说就是“这一重新排列在编码器中引入某些随机特性”。换言之，交织器在要发射的信息中加入了随机特性，作用类似于香农的随机码。它使得两个编码器的输入互不相关，编码近于独立。由于译码需要交织后信息比特位置信息，所以交织是伪随机的。

从上述可以看出，Turbo 码实际上等效于一个很长的随机码，这是它比以往的编码更能接近香农极限的原因。

Turbo 码是由两个分量编码器构成的，有两个编码序列，在接收端有两个对应的译码器。Turbo 码译码器如图 4.25 所示，图中 b 为带噪声的系统比特，z_1、z_2 是两个带噪声的奇偶校验比特。可以通过对这两个分量码迭代译码来完成整个信号的译码。Turbo 码采用后验概率译码（APP，A Posteriori Probabilities decoding）。两个译码器均采用 BCJR 算法（该算法由 Bahl, Cocke, Jelinek 和 Raviv 发明）。

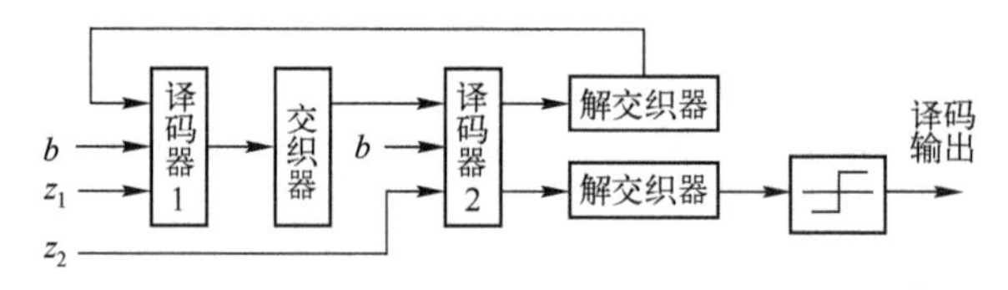

图 4.25　Turbo 码的译码器

译码的功能就是要对接收到的每一比特做出是 0 还是 1 的判决。由于接收到的模拟信号幅度总是有起伏的，Turbo 码利用这些信息连同对奇偶校验码的检查，从而获得接收数据正确与否的大致情况。这些分析结果对每个比特的猜测是非常有用的。Turbo 码就是利用这些可靠性信息对每个比特做出判决的。这种可靠性用数字表示就是对数似然比（log-likelihood ratio）。根据 BCJR 算法，第一个译码器根据接收到的均受噪声干扰的系统比特 b 和奇偶校验比特 z_1 以及由编码器 2 提供的有关信息，对系统比特 x_j 产生软估计，用对数似然比表示

$$l_1(x_i) = \lg \frac{P(x_i = 1 | b, z_1, \tilde{l}_2(\boldsymbol{x}))}{P(x_i = 0 | b, z_1, \tilde{l}_2(\boldsymbol{x}))}, \quad i = 1, 2, \cdots, K \tag{4.52}$$

式中，$\tilde{l}_2(\boldsymbol{x})$ 是译码器 2 为编码器 1 提供的参考信息（称外部信息）。设 K 个信息比特是统计独立的，则译码器 1 输出的总的对数似然比为

$$l_1(\boldsymbol{x}) = \sum_{i=1}^{K} l_1(x_i) \tag{4.53}$$

因此，生成的系统比特所对应的外部信息为

$$\tilde{l}_1(\boldsymbol{x}) = l_1(\boldsymbol{x}) - \tilde{l}_2(\boldsymbol{x}) \tag{4.54}$$

注意，$\tilde{l}_1(\boldsymbol{x})$ 在送到译码器 2 之前，应对其重新排序，以补偿在编码器 2 引入的随机交织。另外，译码器 2 的输入还有被噪声干扰的奇偶校验比特 z_2。这样，根据 BCJR 算法，译码器 2 就可以对信息比特 $\boldsymbol{x}$ 做出更精确的软估计。将此估计值重新交织，得到总的对数似然比。因此反馈到译码器 1 的外部信息为

$$\tilde{l}_2(\boldsymbol{x}) = l_2(\boldsymbol{x}) - \tilde{l}_1(\boldsymbol{x}) \tag{4.55}$$

式中，$l_2(\boldsymbol{x})$ 是译码器 2 计算得到的对数似然比。对第 i 个比特有

$$l_2(x_i) = \lg \frac{P(x_i = 1 | b, z_2, \tilde{l}_1(\boldsymbol{x}))}{P(x_i = 0 | b, z_2, \tilde{l}_1(\boldsymbol{x}))}, \quad i = 1, 2, \cdots, K \tag{4.56}$$

这样，译码器 1 计算出每一个比特的对数似然比，并输入到译码器 2，译码器 2 计算似然比后对结果进行修正，又返回到译码器 1，再进行迭代。这样，两个译码器就可以用迭代的方式交换可靠性信息来改进各自的译码结果。经过多次迭代两个译码器的结果就会互相接近(收敛)。这一过程直到正确的译码概率很高时，才停止迭代，从译码器 2 输出，经过解交织后进行判决：

$$\hat{\boldsymbol{x}} = \operatorname{sgn}(l_2(\boldsymbol{x})) \tag{4.57}$$

式中的符号函数判决是对每个比特 x_i 进行的。

Turbo 码通过迭代就绕过了长码计算复杂的问题。但这样做也付出了代价，因为迭代译码必然会产生时延。所以在对实时性要求很高的场合，Turbo 码的应用受到限制。

编译码利用译码器的输出来改进译码的过程，和涡轮增压器(turbocharger)用排出的气体把空气压入引擎以提高内燃机效率的原理很相似，于是为这一编码方案起名 Turbo 码。

由于 Turbo 码有着优异的性能，因而被广泛用在第三代移动通信系统中。但由于存在明显的时延，Turbo 码主要用在各种非实时业务的高速数据纠错编码中。除了 CDMA2000 系统，其他的第三代移动通信系统也都把 Turbo 码作为高速数据传输所使用的信道编码。

4.4 均衡技术

4.4.1 基本原理

1. 码间干扰和横向滤波器

对一个无码间干扰的理想数字传输系统，在没有噪声干扰的情况下，其信道冲激响应 $h(t)$应当具有如图 4.26 所示的波形。它除在指定的时刻对接收码元的抽样不为零外，在其余的抽样时刻抽样值应当为零。由于实际信道(这里指包括一些收发设备在内的广义信道)的传输特性并非理想的，冲激响应的波形失真不可避免，如图 4.27 的 $h_{\mathrm{d}}(t)$，信号的抽样值在多个抽样时刻不为零。这就造成样值信号之间的干扰，即码间干扰(ISI)。严重的码间干扰会对信息比特判决造成错误。为了提高信息传输的可靠性，必须采取适当的措施来克服这种不良的影响——信道均衡技术。从时间响应来考虑这种设计的时候，这种技术就称作时域均衡。

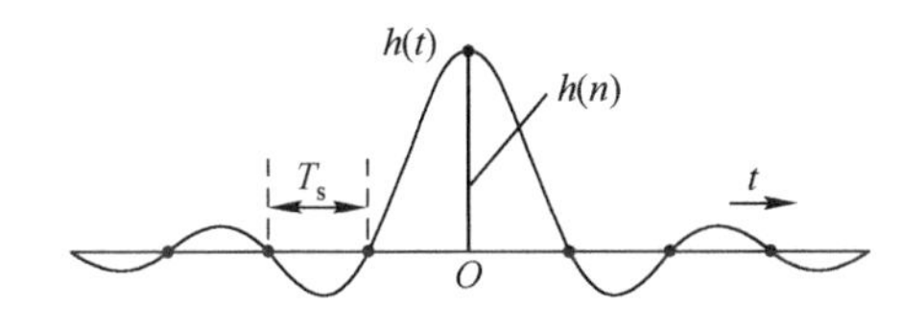

图 4.26　无码间干扰的样值序列

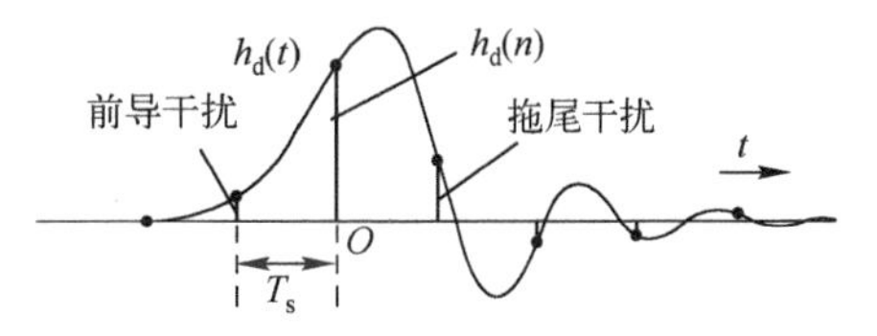

图 4.27　有码间干扰的样值序列

在数字通信中，我们感兴趣的是离散时间的发送数据序列$\{a_n\}$和接收机最终输出序列$\{\hat{a}_n\}$的关系。均衡器的作用是希望最终能够使$\{\hat{a}_n\}=\{a_n\}$，如图 4.28 所示。为了突出均衡器的作用，这里暂时不考虑信道噪声的影响。

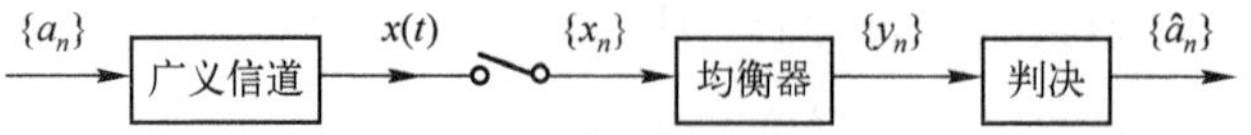

图 4.28　信道均衡的原理框图

均衡器的作用是把有码间干扰的接收序列$\{x_n\}$变换为无码间干扰的序列$\{y_n\}$。若信道输入一个单位冲激

$$a_n = \delta(n) = \begin{cases} 1, & n = 0 \\ 0, & n \neq 0 \end{cases} \tag{4.58}$$

有码间干扰的信道输出一个类似图 4.27 中 $h_{\mathrm{d}}(n)$的接收序列$\{x_n\}$，它就是信道的冲激响应

$$x(n) = \sum_k h_k \delta(n-k) \tag{4.59}$$

式中，h_k 为信道引入的失真。考虑到实际的失真响应 $h_{\mathrm{d}}(t)$随时间的衰减，系数 h_k 的数值为有限值。而理想均衡器输出的序列应当具有如图 4.30 所示的形式，即 $y(n)=\delta(n)$ 。现考虑用一个线性滤波器来实现均衡器。我们采用 z 变换分析一个线性离散系统。设均衡器输入序列的 z 变换为 $X(z)$，它是一个有限长的 z^{-1} 的多项式，且等于信道冲激响应的 z 变换，即 $H(z) = X(z)$。而理想均衡器输出序列的 z 变换则为 $Y(z) = 1$。设均衡器的传输函数为 $E(z)$，则有

$$Y(z) = X(z)E(z) = H(z)E(z) \tag{4.60}$$

因此在信道特性给定的情况下，对均衡器传输函数的要求是

$$E(z) = 1/H(z) \tag{4.61}$$

由此可见，均衡器是信道的逆滤波。根据 $E(z)$就可以设计所需要的均衡器。

最基本的均衡器为横向滤波器，它的结构如图 4.29 所示。它由 $2N$ 个延迟单元(z^{-1})，$2N+1$ 个加权支路和 1 个加法器组成。c_k 为各支路的加权系数，即均衡器的系数。由于输入的离散信号从串行的延迟单元之间抽出，经过横向路径集中叠加后输出，故称为横向均衡器。这是一个有限冲激响应(FIR)滤波器。

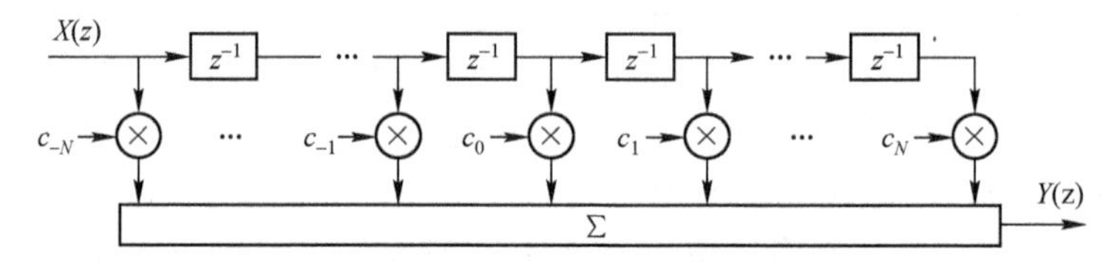

图 4.29　横向滤波器结构

对给定的输入 $X(z)$，适当设计均衡器的系数，就可以对输入序列均衡。例如，输入序列$\{x_n\}=(1/4,1,1/2)$，如图 4.30(a)所示。现设计一个有两个抽头(即二阶)的均衡器，系数为$(c_{-1},c_0,c_1)=(-1/3,4/3,-2/3)$。对应输入序列的 z 变换和均衡器的传输函数分别为

$$X(z) = \frac{1}{4}z + 1 + \frac{1}{2}z^{-1}, \quad H(z) = \frac{-1}{3}z + \frac{3}{4} + \frac{-2}{3}z^{-1}$$

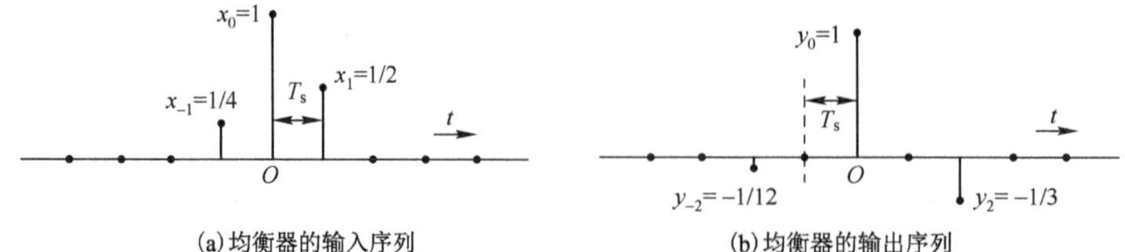

(a) 均衡器的输入序列　　(b) 均衡器的输出序列

图 4.30　二阶均衡器的输入、输出序列

于是均衡器输出为 $$Y(z)=H(z)E(z)=\frac{-1}{12}z^{2}+1+\frac{-1}{3}z^{-2}$$

对应的抽样序列 $y_n=(-1/12,0,1,0,-1/3)$，如图 4.30(b)所示。由图 4.30 可以看出，输出序列的码间干扰情况有了改善，但还不能完全消除码间干扰，如 y_{-2},y_2 均不为零，这是残留的码间干扰。可以预期若增加均衡器的抽头数，均衡的效果会更好。事实上，当 $H(z)=X(z)$为一个有限长的多项式时，用长除法展开式(4.61)，$E(z)$将是一个无穷多项式，对应横向滤波器的无数个抽头。不同的设计结果所得到的残留的码间干扰是不同的。我们总是希望残留的码间干扰越小越好。

2. 评价均衡器的性能的准则

评价一个均衡器的性能通常有两个准则：峰值畸变准则和均方畸变准则。设均衡前后的抽样值序列分别为$\{x_n\}$和$\{y_n\}$。

（1）峰值畸变准则

峰值畸变定义为
$$D=\frac{1}{|y_0|}\sum_{\substack{n=-\infty\\n\neq 0}}^{\infty}|y_n| \tag{4.62}$$

对支路数为有限值 $2N+1$ 的横向均衡器，式(4.62)中
$$y_n=\sum_{k=-N}^{N}c_k x_{n-k}\text{，}\quad y_0=\sum_{k=-N}^{N}c_k x_{-k} \tag{4.63}$$

所谓峰值畸变准则就是在已知$\{x_n\}$的情况下，调整均衡器系数 c_k 使 D 有最小值，同时使 $y_0=1$。

（2）均方畸变准则

均方畸变定义为
$$e^2=\frac{1}{y_0^2}\sum_{\substack{n=-\infty\\n\neq 0}}^{\infty}y_n^2 \tag{4.64}$$

对支路数为有限值 $2N+1$ 的横向均衡器，式(4.64)中
$$y_n=\sum_{k=-N}^{N}c_k x_{n-k}\text{，}\quad y_0=\sum_{k=-N}^{N}c_k x_{-k} \tag{4.65}$$

所谓均方畸变准则就是，在已知$\{x_n\}$的情况下，调整均衡器系数 c_k 使 e^2 有最小值，同时使 $y_0=1$。这个准则也可以表述为对下面的函数 L 求最小值。
$$L=\sum_{\substack{n=-\infty\\n\neq 0}}^{\infty}y_n^2+(y_0-1)^2 \tag{4.66}$$

3. 均衡器系数的计算

式(4.62)的 D 和式(4.66)的 L 都是均衡器系数 c_k 的多元函数，求它们的最小值就是多元函数求极值的问题。

（1）使 D 最小的均衡器系数 c_k 的求解

勒基(Lucky)对这类函数做了充分的研究，指出 $D(c_k)$是一个凸函数，它的最小值就是全局最小值。采用数值方法可以求得此最小值，例如，最优算法中的最速下降法，通过迭代就可以求得一组 $2N+1$ 个系数，使 D 有最小值。他同时指出有一种特殊但很重要的情况：若在均衡前

系统峰值畸变（称初始畸变）D_0满足

$$D_0 = \frac{1}{|x_0|} \sum_{\substack{n=-\infty \\ n \neq 0}}^{\infty} |x_n| < 1 \tag{4.67}$$

则 $D(c_k)$的最小值必定发生在使 y_0 前后的 $y_n=0$（$|n| \leqslant N$，$n \neq 0$）的情况。所以我们可以根据已知的$\{x_n\}$，令

$$y_n = \begin{cases} 1, & n = 0 \\ 0, & n = \pm 1, \pm 2, \cdots, \pm N \end{cases} \tag{4.68}$$

利用式（4.63）建立 $2N+1$ 个方程求解这 $2N+1$ 个系数。这种算法便称作迫零算法。根据勒基的证明，这是最优的解。

（2）使 L 最小的均衡器系数 c_k 的求解

L 的最小值必定发生在偏导数为零处

$$\frac{\partial L}{\partial c_k} = \sum_{\substack{n=-\infty \\ n \neq 0}}^{\infty} 2 y_n x_{n-k} + 2(y_0 - 1)x_{-k} = 0\text{，}\quad k = 0, \pm 1, \pm 2, \cdots, \pm N$$

或
$$\sum_{\substack{n=-\infty \\ n \neq 0}}^{\infty} y_n x_{n-k} + (y_0 - 1)x_{-k} = 0\text{，}\quad k = 0, \pm 1, \pm 2, \cdots, \pm N \tag{4.69}$$

根据式（4.65）
$$y_n = \sum_{i=-N}^{N} c_i x_{n-i}$$

代入式（4.69）整理后得
$$\sum_{i=-N}^{N} c_i r_{k-i} = x_{-k}\text{，}\quad k = 0, \pm 1, \pm 2, \cdots, \pm N \tag{4.70}$$

式中
$$r_{k-i} = \sum_{n=-\infty}^{\infty} x_{n-i} x_{k-i} \tag{4.71}$$

为均衡器输入序列$\{x_n\}$相隔 $k-i$ 个样值序列间的相关系数。这样，对给定的输入序列$\{x_n\}$，求解式（4.70）的 $2N+1$ 个联立方程，便可以求得均衡器的各系数。

实际上，由于信道参数经常是随时间变化的，均衡器的系数也必须随时调整。系数的确定不是采用一般解线性方程组［见式（4.63）或式（4.70）］的方法，而是采用迭代的方法。它比直接解方程的方法使均衡器收敛到最佳状态的速度更快。由此根据对均衡器实际要求不同而产生许多不同的迭代算法。由于篇幅关系这里不再讨论。

4.4.2 非线性均衡器

线性均衡器除横向均衡器外，还有线性反馈均衡器，它是一种无限冲激响应（IIR）滤波器。在要求有相同的残留码间干扰的情况下，线性反馈均衡器所需元件较少。但由于有反馈回路，因此存在稳定性问题。实际使用的线性均衡器多是横向均衡器。当信道的频率特性在信号带宽内存在较大的衰减时，均衡器在这些频率上以较高的增益来补偿，这又加大了均衡器输出的噪声。因此线性均衡器一般用在信道失真不大的场合。要使均衡器在失真严重的信道上有比较好的抗噪声性能，可以采用非线性均衡器，例如，判决反馈均衡器，最大似然估计均衡器。

1．判决反馈均衡器（DFE，Decision Feedback Equalization）

判决反馈均衡器的原理框图如图 4.31 所示。它由两个横向滤波器［前馈滤波器（FFF），反

馈滤波器(FBF)]和一个判决器构成。

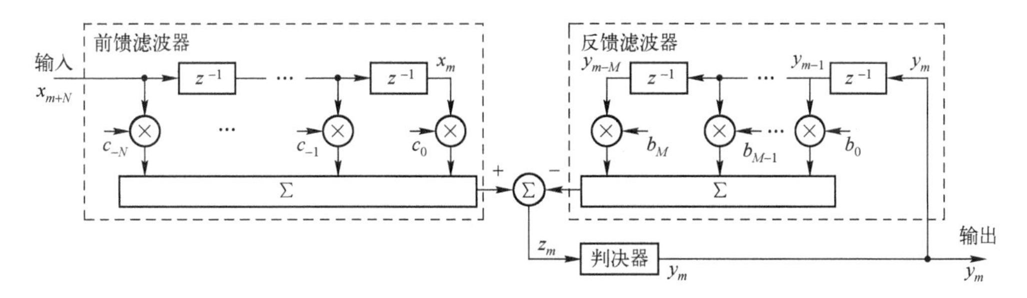

图 4.31　判决反馈均衡器原理框图

判决反馈均衡器的输入序列也是前馈滤波器的输入序列$\{x_n\}$。反馈滤波器的输入则是均衡器已检测到并经过判决输出的序列$\{y_n\}$。这些经过判决输出的数据，若是正确的，它们经反馈滤波器的不同延时和适当的系数相乘，就可以正确计算对其后面待判决的码元的干扰(拖尾干扰)。从前馈滤波器的输出(当前码元的估值)中减去该拖尾干扰，就是判决器的输入，即

$$z_m = \sum_{n=-N}^{0} c_n x_{m-n} - \sum_{i=1}^{M} b_i y_{m-i} \tag{4.72}$$

式中，c_n是前馈滤波器的 N+1 个支路的加权系数；b_i是后向滤波器的 M 个支路的加权系数；z_m是当前判决器的输入；y_m是输出，y_{m-1}，y_{m-2},…,y_{m-M}则是均衡器前 M 个判决输出。式(4.72)第一项是前馈滤波器的输出，是对当前码元的估值；第二项则表示y_{m-1}，y_{m-2},…，y_{m-M}对该估值的拖尾干扰。

应当指出，由于均衡器的反馈环路包含了判决器，因此均衡器的输入、输出不再是简单的线性关系，而是非线性关系。判决反馈均衡器是一种非线性均衡器，对它的分析要比线性均衡器复杂得多，这里不再进一步讨论。

和横向均衡器比较，判决反馈均衡器的优点是在相同的抽头数情况下，残留的码间干扰比较小，误码也比较低。特别是对信道特性失真十分严重的信道，其优点更为突出。所以，这种均衡器在高速数据传输系统中得到了广泛的应用。

2. 最大似然估计均衡器(MLSE，Maximum Likelihood Sequence Estimation Equalizer)

Forney(1973)首先把最大似然估计用于均衡器。它的基本思想是把多径信道等效为一个FIR 滤波器，利用维特比算法在信号路径网格图上搜索最可能发送的序列，而不是对接收到的符号逐个进行判决。MLSE 可以看作对一个离散有限状态机状态的估计。实际 ISI 的响应只发生在有限的几个码元，因此在接收滤波器输出端观察到的 ISI 可以看作数据序列$\{a_n\}$通过系数为$\{g_n\}$的 FIR 滤波器的结果，如图 4.32 所示。

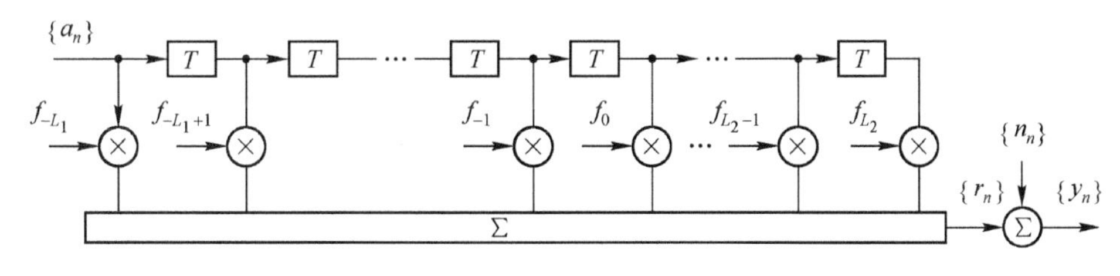

图 4.32　信道模型

图 4.32 中 T 表示一个码元长度的延时，延时单元可以看作一个寄存器，共有 L 个。由于

它的输入$\{a_n\}$是一个离散信息序列(二进制或 M 进制)，滤波器的输出可以表示为叠加高斯噪声的有限状态机的输出$\{y_n\}$。在没有噪声的情况下，滤波器的输出$\{r_n\}$可以由有 $M^L(L=L_1+L_2)$ 个状态的网格图来描述。滤波器各系数应当是已知的，或者通过某种算法预先测量得到。

设发送端连续输出 N 个码 a_n，这就有 M^N 种可能的序列。接收端收到 N 个 y_n 后，要以最小的错误概率判断发送的是哪一个序列。这就要计算每一种序列可能发送的条件概率 $P(a_1, a_2,\cdots, a_N | y_1, y_2,\cdots, y_N)$，即后验概率，共有 M^N 个。然后进行比较，看哪一个概率最大。相应概率最大的序列就被判为发送端输出的码序列。这样做，错误估计的可能性最小。根据概率论定理

$$P(a_1,a_2,\cdots,a_N\,|\,y_1,y_2,\cdots,y_N)=\frac{P(a_1,a_2,\cdots,a_N)P(y_1,y_2,\cdots,y_N\,|\,a_1,a_2,\cdots,a_N)}{P(y_1,y_2,\cdots,y_N)} \tag{4.73}$$

式中，$P(a_1, a_2,\cdots, a_N)$是发送序列 $a_1, a_2,\cdots, a_N$ 的概率，$P(y_1, y_2,\cdots, y_N| a_1, a_2,\cdots, a_N)$是在发送 $a_1, a_2,\cdots, a_N$ 的条件下，接收序列为 $y_1, y_2,\cdots, y_N$ 的概率。若各种序列以等概率发送，接收端可改为计算条件概率 $P(y_1, y_2,\cdots, y_N | a_1, a_2,\cdots, a_N)$，对应概率最大的序列就作为发送的码序列的估计。因为条件概率 $P(y_1, y_2,\cdots, y_N| a_1, a_2,\cdots, a_N)$表示 y_n 序列和 a_n 序列间的相似性(似然性)，因此，将这样的检测方法称作最大似然序列检测。

滤波器共有 L 个寄存器，随着时间的推移寄存器的状态将随发送的序列而变化。整个滤波器的状态共有 M^L 种。状态随时间变化的序列可以表示为 $u_1, u_2,\cdots, u_n, u_{n+1},\cdots$其中 u_n 表示在 nT 时刻的状态。当 a_n 独立地以等概率取 M 种值时，滤波器的 M^L 种状态也以等概率出现。当状态 u_n, u_{n+1} 给定后，根据输入的码元 a_n，便可以确定一个输出 r_n。

接收机事先并不知道发送端状态序列变化的情况，因此要根据接收到的 y_n 序列，从可能路径中搜索出最佳路径，使其 $P(y_1, y_2,\cdots, y_N| u_1,u_2,\cdots, u_N, u_{N+1})$最大。因为 r_n 只与 u_n, u_{n+1} 有关，在白噪声情况下，y_n 也只与 u_n, u_{n+1} 有关，而与以前情况无关，所以

$$P(y_1,y_2,\cdots,y_N\,|\,u_1,u_2,\cdots,u_{N+1})=\prod_{n=1}^{N}P(y_n\,|\,u_n,u_{n+1}) \tag{4.74}$$

两边取自然对数

$$\ln P(y_1,y_2,\cdots,y_N\,|\,u_1,u_2,\cdots,u_{N+1})=\sum_{n=1}^{N}\ln P(y_n\,|\,u_n,u_{n+1}) \tag{4.75}$$

在白色高斯噪声下，y_n 服从高斯分布，所以

$$\ln P(y_n\,|\,u_n,u_{n+1})=A-B(y_n-r_n)^2 \tag{4.76}$$

式中，A 和 B 是常数，r_n 是与 $u_n\rightarrow u_{n+1}$ 对应的值。这样，求式(4.75)的最大概率值便归结为在网格图中，搜索最小平方欧氏距离的路径，即

$$\min\left\{\sum_{n=1}^{N}(y_n-r_n)^2\right\} \tag{4.77}$$

下面以三抽头的 ISI 信道模型为例说明这一方法。设传输信号为二进制序列，即 $a_n=\pm1$。信道系数 $f=(1,1,1)$，即滤波器有两个延时单元，可以画出它的状态图如图 4.33 所示。经过信道后无噪声输出序列为

$$r_n=a_0f_0+a_{-1}f_1+f_2a_{-2}$$

设信道模型初始状态为$(a_{-1}, a_{-2})=(-1, -1)$，当信道输入信息序列为

$$\{a_n\}=(-1,+1,+1,-1,+1,+1,-1,-1,\cdots)$$

时，则无噪声接收序列为

$$\{r_n\}=(-3,-1,+1,+1,+1,+1,+1,-1,\cdots)$$

假设有噪声的接收序列为 $\{y_n\}=(-3.2,-1.1,+0.9,+0.1,+1.2,+1.5,+0.7,-1.3,\cdots)$
根据图 4.33 可以画出相应的网格图。根据 y_n，在网格图中计算每一支路的平方欧氏距离 $(y_n-r_n)^2$，并在每一状态上累加，然后根据累加的结果的最小值确定幸存路径。最终得到的路径如图 4.34 所示，图中还给出了每一状态累加的平方欧氏距离。这一路径在网格图上对应的序列即为$\{r_n\}$。

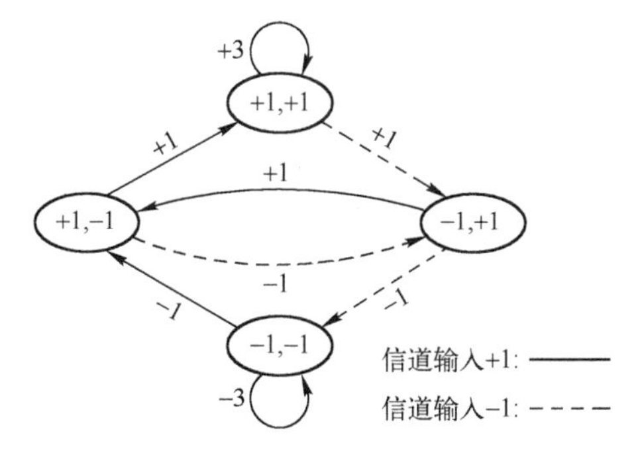

图 4.33 三抽头 ISI 信道的二进制信号状态图

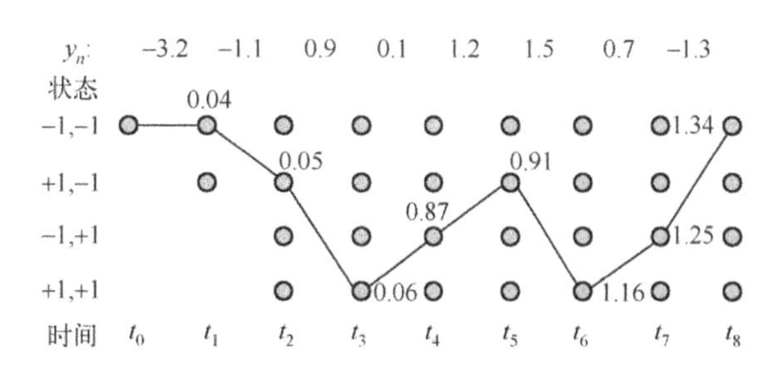

图 4.34 维特比算法的最后幸存路径

在上述的计算中，当 N 比较大时计算工作量是很大的。但在蜂窝移动电话系统中，一般 $M=2\sim4$ 和 $L\leqslant5$。采用维特比算法一般可以提高计算效率。MLSE 算法的关键是，要知道信道的模型参数即滤波器的系数。这属于信道估计问题，这里不再介绍。

4.4.3 自适应均衡器

从原理上讲，在信道特性为已知的情况下，均衡器的设计就是要确定它的一组系数，使基带信号在抽样时刻能消除码间干扰。若信道的传输特性不随时间变化，这种设计通过解一组线性方程或用最优化求极值方法求得均衡器的系数就可以了。实际信道的特性往往是不确定的或随时间变化的。例如，每次电话呼叫所建立的信道，在整个呼叫期间，一般可以认为传输特性保持不变，但每次呼叫建立的信道其传输特性则不会完全一样。而对于移动电话，特别是在移动状态下进行的通信，所使用信道的传输特性每时每刻都在发生变化，而且传输特性十分不理想。因此，实际的传输系统要求均衡器能够基于对信道特性的测量随时调整自己的系数，以适应信道特性的变化。自适应均衡器就具有这样的能力。

为了获得信道参数的信息，接收端需要对信道特性进行测量。为此，自适应均衡器工作在两种模式：训练模式和跟踪模式，如图 4.35 所示。在发送数据之前，发送端发送一个已知的序列(称作训练序列)，接收端的均衡器开关置“1”位置，也产生同样的训练序列。由于传输过程的失真，接收到的训练序列和本地产生的训练序列必然存在误差 $e(n)=a(n)-y(n)$。利用 $e(n)$和 $x(n)$作为某种算法的参数，可以把均衡器的系数 c_k 调整到最佳，使均衡器满足峰值畸变准则或均方畸变准则。此阶段均衡器采用训练模式工作。在训练模式结束后，发送端发送数据，均衡器转入跟踪模式，开关置“2”位置。由于此时均衡器达到一个最佳状态(均衡器收敛)，判决器以很小的误差概率进行判决。均衡器系数的调整实际上多是按均方畸变最小来调节的。与按峰值畸变最小的迫零算法比较，它的收敛速度快，同时在初始畸变比较大的情况下仍然能够收敛。

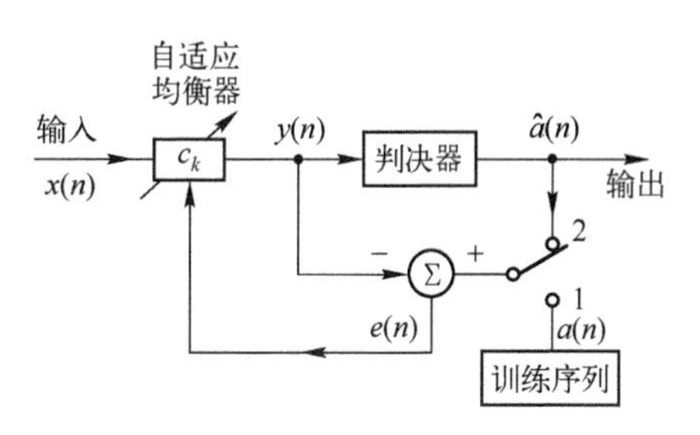

图 4.35 自适应均衡器

时分多址的无线系统常以固定时隙长度定时发送数据，特别适合使用自适应均衡技术。它的每一个时隙都包含有一个训练序列，它可以安排在时隙的开始处，如图 4.36 所示。此时，均衡器可以按顺序从第一个数据抽样到最后一个数据来进行均衡；也可以利用下一时隙的训练序列对当前的数据抽样进行反向均衡；或者在采用正向均衡后再采用反向均衡，比较误差信号大小，输出误差小的正向或反向均衡的结果。训练序列也可以安排在数据的中间，如图 4.37 所示。此时训练序列对数据做正向和反向均衡。

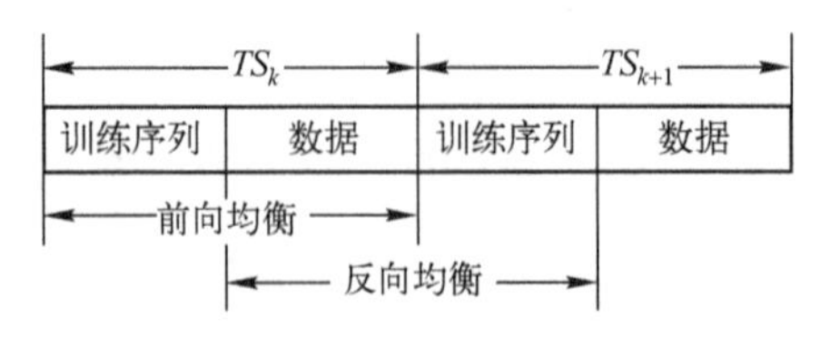

图 4.36　训练序列置于时隙的开始位置

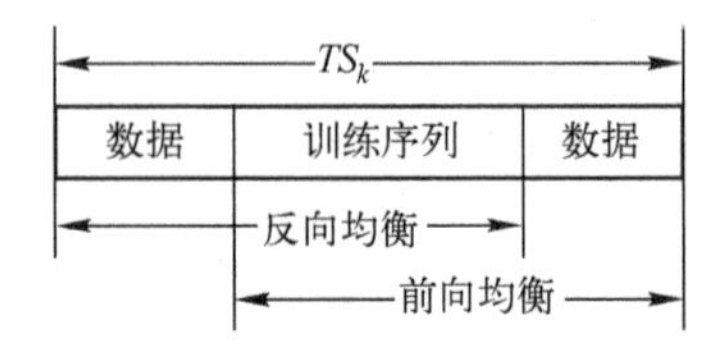

图 4.37　训练序列置于时隙的中间

GSM 移动通信系统设计了不同的训练序列分别用于不同的逻辑信道的时隙。其中用于业务信道、专用控制信道时隙的训练序列长度为 26 比特，共有 8 个，如表 4.3 所示。这些序列都被安排在时隙中间，使得接收机能正确确定接收时隙内数据的位置。

应当指出，若取一个训练序列中间的 16 比特和它的整个 26 比特序列进行自相关运算，所有这 8 个序列都有相同的良好的自相关特性，相关峰值的两边是连续的 5 个零相关值(见图 4.38)。另外，8 个训练序列有较低的自相关系数，这样在相距比较近的小区中可能产生互相干扰的同频信道上将使用不同的训练序列，便可以比较容易地把同频信道区分开来。

表 4.3　GSM 系统的训练序列

序号	二 进 制 数	十六进制数
1	00　1001　0111　0000　1000　1001　0111	0970897
2	00　1011　0111　0111　1000　1011　0111	0B778B7
3	01　0000　1110　1110　1001　0000　1110	10EE90E
4	01　0001　1110　1101　0001　0001　1110	11ED11E
5	00　0110　1011　1001　0000　0110　1011	06B906B
6	01　0011　1010　1100　0001　0011　1010	13AC13A
7	10　1001　1111　0110　0010　1001　1111	29F629F
8	11　1011　1100　0100　1011　1011　1100	3BC4BBC

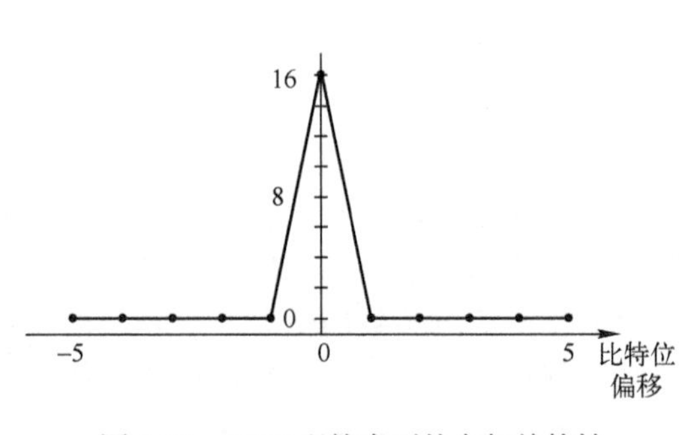

图 4.38　GSM 训练序列的自相关特性

GSM 系统用于同步信道的训练序列长度为 64 比特：1011 1001 0110 0010 0000 0100 0000 1111 0010 1101 0100 0101 0111 0110 0001 1011。由于同步信道是移动台第一个需要解调的信道，所以它的长度大于其他的训练序列并有良好的自相关特性。它是 GSM 系统唯一的同步信道的训练序列，也置于时隙的中间。

此外，GSM 系统的接入信道也有一个唯一的、长度为 41 的训练序列：0100 1011 0111 1111 1001 1001 1010 1010 0011 1100 0，置于时隙的开始位置。它也有良好的自相关特性。

4.5　扩 频 通 信

本节介绍一种称为扩频通信的调制技术。它和前面介绍的调制技术有根本的差别。扩频通信最突出的优点是它的抗干扰能力和通信的隐蔽性，它最初用于军事通信，后来由于其高的频谱效率所带来的高的经济效益而被应用到民用通信上来。移动通信的码分多址方式(CDMA)就是建立在扩频通信基础上的。

扩展信号频谱的方式有多种，如直接序列(DS)扩频、跳频(FH)、跳时(TH)、线性调频和它们的混合方式。在通信中最常用的是直接序列扩频和跳频，以及它们的混合方式(DS/FH)扩频。本节主要介绍直接序列扩频和跳频扩频通信的基本原理，其抗干扰抗衰落的能力和它们的实际应用。

4.5.1 伪噪声序列

1. *m* 序列的产生

在直接序列扩频和跳频扩频技术中，都要用到一类称之为伪噪声序列(PN 序列，也称 *m* 序列)的扩频码序列。这类序列具有类似随机噪声的一些统计特性，但和真正的随机信号不同，它可以重复产生和处理，故称作伪随机噪声序列。PN 序列有多种，其中最基本、最常用的一种是最长线性反馈移位寄存器序列，也称作 *m* 序列，通常由反馈移位寄存器产生。

由 *m* 级寄存器构成的线性移位寄存器如图 4.39 所示，通常把 *m* 称作该移位寄存器的长度。每个寄存器的反馈支路都乘以 C_i。当 $C_i=0$ 时，表示该支路断开；当 $C_i=1$ 时表示该支路接通。显然，长度为 *m* 的移位寄存器有 2^m 种状态，除了全零序列，能够输出的最长序列长度为 $N=2^m-1$。此序列便称作最长移位寄存器序列，简称 *m* 序列。

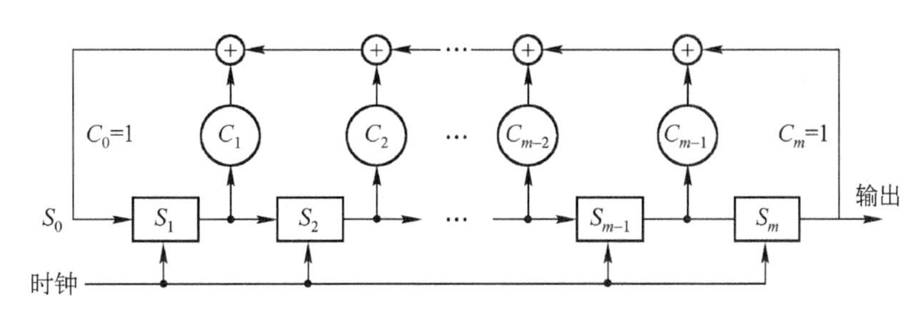

图 4.39　*m* 序列发生器的结构

为了获得一个 *m* 序列，反馈抽头不能是任意的。对给定的 *m*，寻找能够产生 *m* 序列的抽头位置或者系数 C_i 是一个复杂的数学问题，这里不做讨论，仅给出一些结果，如表 4.4 所示。

在研究长度为 *m* 的序列生成及其性质时，常用一个 *m* 阶多项式 $f(x)$ 描述它的反馈结构：

$$f(x)=C_0+C_1x+C_2x^2+\cdots+C_mx^m \tag{4.78}$$

表 4.4　*m* 序列抽头位置

m	抽 头 位 置
3	[1,3]
4	[1,4]
5	[2,5]　[2,3,4,5]　[1,2,4,5]
6	[1,6]　[1,2,5,6]　[2,3,5,6]
7	[3,7]　[1,2,3,7]　[1,2,4,5,6,7]　[2,3,4,7]　[1,2,3,4,5,7]　[2,4,6,7]　[1,7]　[1,3,6,7]　[2,5,6,7]
8	[2,3,4,8]　[3,5,6,8]　[1,2,5,6,7,8]　[1,3,5,8]　[2,5,6,8]　[1,5,6,8]　[1,2,3,4,6,8]　[1,6,7,8]

式中，$C_0 \equiv 1$，$C_m \equiv 1$。例如，对 m=4，抽头[1 ,4]可以表示为

$$f(x) = C_0 + C_1 x + C_4 x^4 = 1 + x + x^4 \tag{4.79}$$

这些多项式称作移位寄存器的特征多项式。

2. *m* 序列的随机性质

m 序列具有随机二进制序列的许多性质，其中下面的 3 个性质描述了它的随机特性(证明略)。

（1）平衡特性

在 *m* 序列的一个完整周期 $N=2^m-1$ 内，0 的个数和 1 的个数总是相差为 1。

（2）游程特性

在每个周期内，符号 1 或 0 连续相同的一段子序列称作一个游程。连续相同符号的个数称作游程的长度。*m* 序列游程总数为$(N+1)/2$。其中长度为 1 的游程数等于游程总数的 1/2，长度为 2 的游程数等于游程总数的 1/4，长度为 3 的游程数等于游程总数的 1/8……最长的游程是 *m* 个连 1(只有 1 个)，最长连 0 的游程长度为 $m-1$(也只有 1 个)。

（3）自相关特性

两个序列 *a*，*b* 的对应位进行模 2 加，设 *A* 为所得结果序列 0 比特的数目，*D* 为 1 比特的数目，则序列 *a*，*b* 的互相关系数为

$$R_{a,b} = A - D / A + D \tag{4.80}$$

当序列循环移动 *n* 位时，随着 *n* 的取值的不同，互相关系数也在变化，这时式(4.80)就是 *n* 的函数，称作序列 *a*，*b* 的互相关函数。若两个序列相等 $a=b$，则将 $R_{a,b}(n) = R_{a,a}(n)$称作自相关函数。

m 序列的自相关函数是周期的二值函数。可以证明，对长度为 *N* 的 *m* 序列都有以下结果

$$R_{a,a}(n) = \begin{cases} 1, & n = lN, \quad l = 0, \pm 1, \pm 2, \cdots \\ -1/N, & \text{其余}n \end{cases} \tag{4.81}$$

n 和 $R_{a,a}(n)$都取离散值，用直线段把这些点连接起来，可以得到关于 *n* 的自相关函数曲线。N=7 的自相关函数曲线如图 4.40 所示。显然它是以 N=7 为周期的周期函数。若把该序列表示为一个双极性 NRZ 信号，用−1 脉冲表示逻辑“1”，用+1 脉冲表示“0”，得到一个周期性脉冲信号。每个周期有 *N* 个脉冲，每个脉冲称作码片(chip)，码片的长度为 T_c，周期 $T=NT_c$。此时，*m* 序列就是连续时间 *t* 的函数 $m(t)$，这是移位寄存器实际输出的波形，如图 4.40 所示。它的自相关函数就定义为

$$R_{a,a}(\tau) = \frac{1}{T}\int_{-T/2}^{T/2} m(t)m(t+\tau)\mathrm{d}t \tag{4.82}$$

式中，τ 为连续时间的偏移量；$R_{a,a}(\tau)$为 τ 的周期函数，在一个周期$[-T/2, T/2]$内，它可以表示为

$$R_{a,a}(\tau) = \begin{cases} 1 - \dfrac{N+1}{NT_c}|\tau|, & |\tau| \leqslant T_c \\ -1/N, & \text{其他}\tau \end{cases} \tag{4.83}$$

其波形如图 4.40 所示。它在 nT_c 时刻的抽样就是 $R_{a,a}(n)$，只有两种数值。由式(4.83)可知，当序列的周期很大时，*m* 序列的自相关函数波形变得十分尖锐而接近冲激函数 $\delta(t)$，而这正是高

斯白噪声的自相关函数。

以上 3 个性质体现了 m 序列的随机性。显然随着 N 的增加，m 序列越是呈现随机信号的性质。

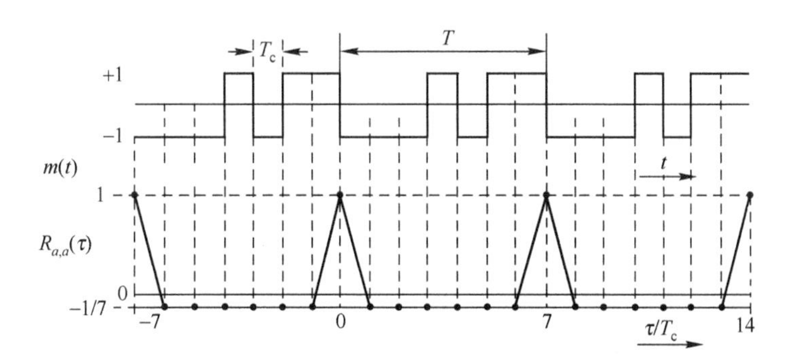

图 4.40　m 序列的自相关特性

（4）互相关特性

m 序列的互相关性是指相同周期 $P=2^n-1$ 两个不同的 m 序列 $\{a_n\}$、$\{b_n\}$ 一致的程度。其互相关值越接近于零，说明这两个 m 序列差别越大，即互相关性越弱；反之，说明这两个 m 序列差别较小，即互相关性较强。当 m 序列用作码分多址系统的地址码时，必须选择互相关值很小的 m 序列组，以避免用户之间的相互干扰，减小多址干扰(MAI)。

对于两个周期 $P=2^n-1$ 的 m 序列 $\{a_n\}$ 和 $\{b_{n+\tau}\}$（a_n,b_n 取值为 1 或 0)，其互相关函数(也称互相关系数)描述如下：

设 m 序列 $\{a_n\}$ 与其后移 τ 位的序列 $\{b_{n+\tau}\}$ 逐位模 2 加所得的序列 $\{a_n+b_{n+\tau}\}$，“0”的位数为 A(序列 $\{a_n\}$ 和 $\{b_{n+\tau}\}$ 有相同的位数)，“1”的位数为 D(序列 $\{a_n\}$ 和 $\{b_{n+\tau}\}$ 不相同的位数)，则互相关函数可由下式计算：

$$R_c(\tau)=A-D/A+D \tag{4.84}$$

显然 $P=A+D$。

如果伪随机码的码元用 1 和−1 表示，与 0 和 1 表示的对应关系是 0 变成 1，1 变成−1，即 m 序列 $\{a_n\}$ 和 $\{b_{n+\tau}\}$ 的取值是−1 或 1，此时这两个 m 序列的互相关函数可由下式计算：

$$R_c(\tau)=\frac{1}{P}\sum_{n=1}^{P}a_n b_{n+\tau} \tag{4.85}$$

同一周期的 $P=2^n-1$ 的 m 序列组，其两两 m 序列对的互相关特性差别很大，有的 m 序列对的互相关特性好，有的则较差，不能实际使用。但是一般来说，随着周期的增加，其归一化的互相关值的最大值会递减。通常在实际应用中，我们只关心互相关特性好的 m 序列对的特性。

对于周期 $P=2^n-1$ 的 m 序列组，其最好的 m 序列对的互相关函数值只取以下 3 个

$$R_c(\tau)=\begin{cases}t(n)-2/P\\-1/P\\-t(n)/P\end{cases} \tag{4.86}$$

式中，$t(n)=1+2^{\lfloor (n+2)/2\rfloor}$，$\lfloor\ \rfloor$ 为取实数的整数部分。这 3 个值被称为理想三值，能够满足这一特性的 m 序列对称为 m 序列优选对，它们可以用于实际工程。

3. m序列的功率谱

从移位寄存器输出的 m 序列信号是一个周期信号，所以其功率谱是一个离散谱。理论分析(过程略)给出 m 序列的功率谱为

$$P(f)=\frac{1}{N^2}\delta(f)+\frac{1+N}{N^2}\sum_{\substack{n=-\infty\\n\neq 0}}^{\infty}\left[\frac{\sin \pi f T_c}{\pi f T_c}\right]^2\left(\frac{n}{N}\right)\delta\left(f-\frac{n}{NT_c}\right) \tag{4.87}$$

图 4.41(a)示出了 N=7 的 $m(t)$的功率谱特性曲线。图 4.41(b)示出了功率谱包络随 N 变化的情况。可以看出在序列周期 T 保持不变的情况下，随着 N 的增加，$m(t)$的码片 $T_c=T/N$ 变短，脉冲变窄，频谱变宽，谱线变短。上述情况表明，随着 N 的增加，$m(t)$的频谱变宽变平且功率谱密度也在下降，从而接近高斯白噪声的频谱。这从频域说明了 $m(t)$具有随机信号的特征。

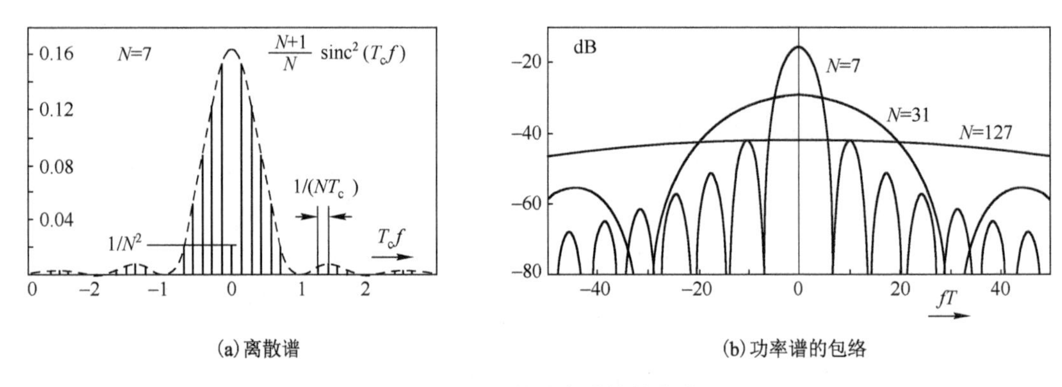

(a)离散谱　　(b)功率谱的包络

图 4.41　$m(t)$的功率谱特性曲线

4.5.2　扩频通信原理

直接序列扩频通信系统中，扩展数据信号带宽的一个方法是，用一个 PN 序列和它相乘。所得到的宽带信号可以在基带传输系统中传输，也可以进行各种载波数字调制，如 2PSK，QPSK 等。下面以 2PSK 为例，说明直接序列扩频通信系统的原理和系统的抗干扰能力。

1. 扩频和解扩

采用 2PSK 调制的直接扩频通信系统如图 4.42 所示。为了突出扩频系统的原理，在讨论过程中认为信道是理想的，也不考虑高斯白噪声的影响。

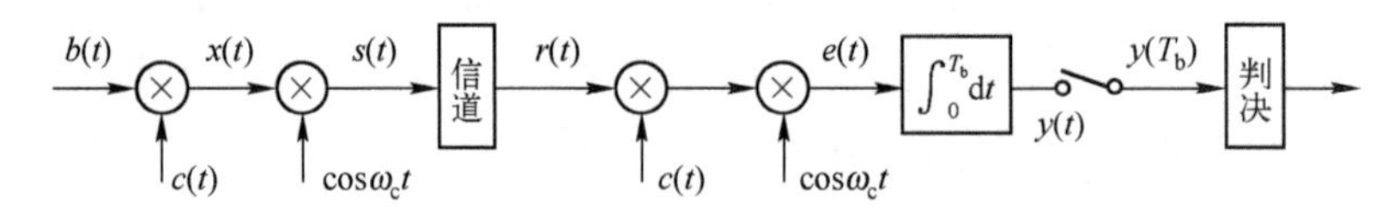

图 4.42　直接序列扩频通信系统

图 4.42 中 $b(t)$为二进制数字基带信号，$c(t)$为 m 序列发生器输出的 PN 码序列信号。它们的波形都是取值为±1 的双极性 NRZ 码，这里逻辑“0”表示为+1，逻辑“1”表示为−1。通常，$b(t)$的 1 个比特的长度 T_b 等于 PN 序列 $c(t)$的 1 个周期，即 $T_b=NT_c$。由于均为双极性 NRZ 码，可设 $b(t)$信号带宽 $B_b=R_b=1/T_b$，$c(t)$的带宽 $B_c=R_c=1/T_c$。

发射机对发送信息信号 $b(t)$进行处理的第一步是扩频，具体操作是用 $c(t)$和 $b(t)$相乘。得到信号

$$x(t)=b(t)c(t) \tag{4.88}$$

其波形如图 4.43 所示。由于 $x(t)=b(t)c(t)$，所以 $x(t)$的频谱等于 $b(t)$的频谱与 $c(t)$的频谱的卷积。为了表示方便，这里简单地用一个矩形的谱来表示 $b(t)$和 $c(t)$的频谱，如图 4.44 所示。$b(t)$和 $c(t)$相乘的结果使携带信息的基带信号的带宽被扩展到近似为 $c(t)$的带宽 B_c。扩展的倍数就等于 PN 序列在 1 个周期的码片数：

$$N=B_c/B_b=T_b/T_c \tag{4.89}$$

而信号的功率谱密度下降到原来的 $1/N$。

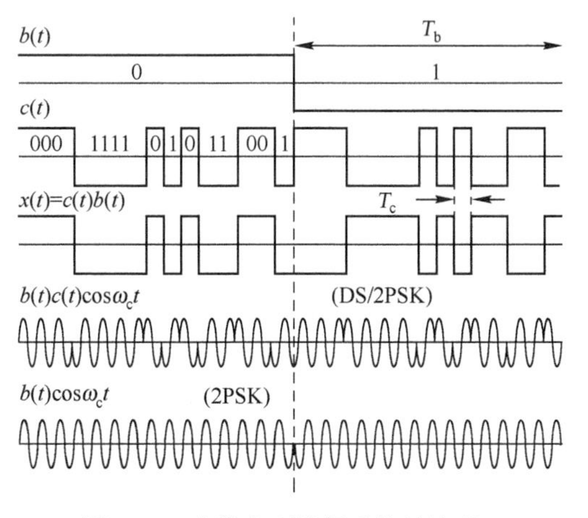

图 4.43　直接序列扩频系统的波形

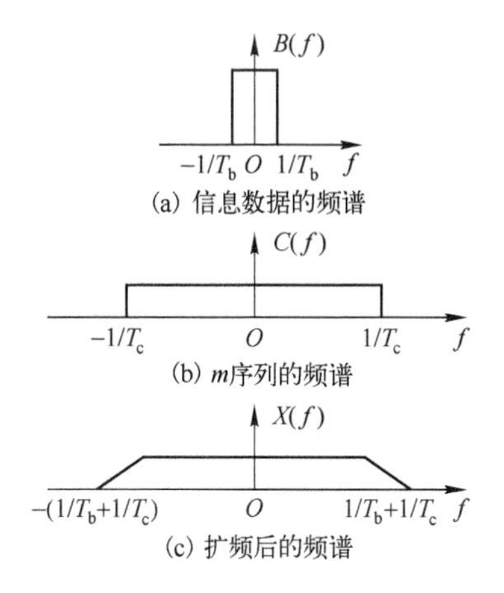

图 4.44　直接序列扩频信号

以上信号的处理过程就是扩频。$c(t)$在这里起着扩频的作用，称作扩频码。这种扩频方式就是直接序列扩频(DSSS，Direct Sequence Spread Spectrum)。将扩频后的基带信号进行 2PSK 调制，得到信号

$$s(t)=x(t)\cos\omega_c t=b(t)c(t)\cos\omega_c t \tag{4.90}$$

为了和一般的 2PSK 信号区别，下面把 $s(t)$称作 DS/2PSK。其波形见图 4.45。为了便于比较，图中还画出了 $b(t)$的窄带 2PSK 信号波形。调制后的信号 $s(t)$的带宽为 $2B_c$。由于扩频和 2PSK 调制这两步操作都是信号的相乘，从原理上，也可以把上述信号处理次序进行调换，此时基带信号首先调制成为窄带的 2PSK 信号，信号带宽为 $2R_b$，然后与 $c(t)$相乘被扩频到 $2B_c$。

在接收端，接收机接收到的信号 $r(t)$一般是有用信号和噪声及各种干扰信号的混合。为了突出解扩的概念，这里暂时不考虑它们的影响，即 $r(t)=s(t)$。接收机将收到的信号首先和本地产生的 PN 码 $c(t)$相乘。由于 $c^2(t)=(\pm 1)^2=1$，所以

$$\begin{aligned}r(t)c(t)&=s(t)c(t)\\&=b(t)c(t)\cos\omega_c t\cdot c(t)=b(t)\cos\omega_c t\end{aligned} \tag{4.91}$$

相乘所得信号显然是一个窄带的 2PSK 信号，它的带宽等于 $2R_b=2/T_b$。这样信号就恢复为一个窄带信号，这一操作过程就是解扩。解扩后所得到的窄带 2PSK 信号可以采用一般 2PSK 解调方法解调。本例采用相关解调的方法。2PSK 信号和相干载波相乘后进行积分，在 T_b 时刻抽样并清零。对抽样值 $y(T_b)$进行判决：若 $y(T_b)>0$ 判为“0”，若 $y(T_b)<0$，判为“1”。解扩和相关解调的波形如图 4.45 所示。最后要注意的是，为了实现信号的解扩，要求本地的 PN 码序列和发射机的 PN 码序列严

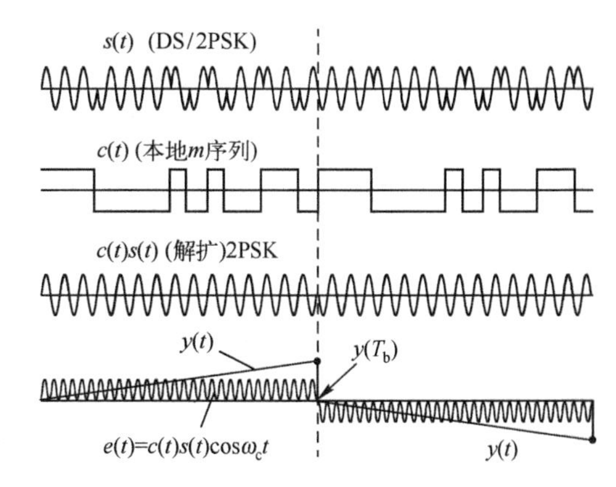

图 4.45　DS/BPSK 信号的解扩解调

格同步，否则所接收到的就是一片噪声。

综上所述，直接序列扩频系统在发送端直接用高码率的扩频码去展宽数据信号的频谱，而在接收端则用同样的扩频序列进行解扩，把扩频信号还原为原始的窄带信号。扩频后的信号带宽扩展为原来的 N 倍，功率谱密度则下降到 $1/N$，这是扩频信号的特点。扩频码与所传输的信息数据无关，和一般的正弦载波信号一样，不影响信息传输的透明性。扩频码序列仅起扩展信号频谱带宽的作用。

2．直扩系统抗窄带干扰的能力

在扩频信号传输的信道中，总会存在各种干扰和噪声。相对于携带信息的扩频信号带宽，干扰可以分为窄带干扰和宽带干扰。干扰信号对扩频信号传输的影响是比较复杂的问题，这里不做详细的讨论。与一般的窄带传输系统比较，扩频信号的一个重要特点就是抗窄带干扰的能力。下面做一简单的介绍。

扩频信号接收原理框图如图 4.46 所示。

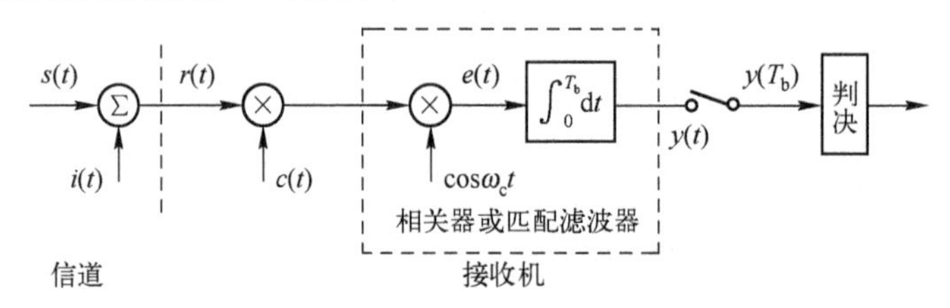

图 4.46　扩频信号接收原理框图

图 4.46 中设 $i(t)$为窄带干扰信号，其频率接近信号的载波频率。接收机输入的信号为

$$r(t)=s(t)+i(t) \tag{4.92}$$

它和本地 PN 序列相乘后，除了所希望的信号外，乘法器的输出中还存在干扰 $i(t)c(t)$：

$$\begin{aligned} r(t)c(t)&=s(t)c(t)+i(t)c(t)=c^2(t)b(t)\cos\omega_c t+i(t)c(t) \\ &=b(t)\cos\omega_c t+i(t)c(t) \end{aligned}$$

窄带干扰信号 $i(t)$和 $c(t)$相乘后，其带宽被扩展到 $W=2B_c=2/T_c$。设输入干扰信号的功率为 P_i，则 $i(t)c(t)$就是一个带宽为 W，功率谱密度为 $P_i/W=T_cP_i/2$ 的干扰信号。于是落入信号带宽的干扰功率

$$P_o=2/T_b\frac{P_i}{2/T_c}=\frac{P_i}{T_b/T_c}=\frac{P_i}{N}$$

最终扩频系统的输出干扰功率是输入干扰功率的 $1/N$，即

$$G_p=P_i/P_o=T_b/T_c=N \tag{4.93}$$

式中，G_p 为扩频系统的处理增益，它等于扩频系统带宽的扩展因子 N，这是描述扩频系统特性的重要参数。信号的解扩和解调以及对窄带干扰的扩频如图 4.47 所示。

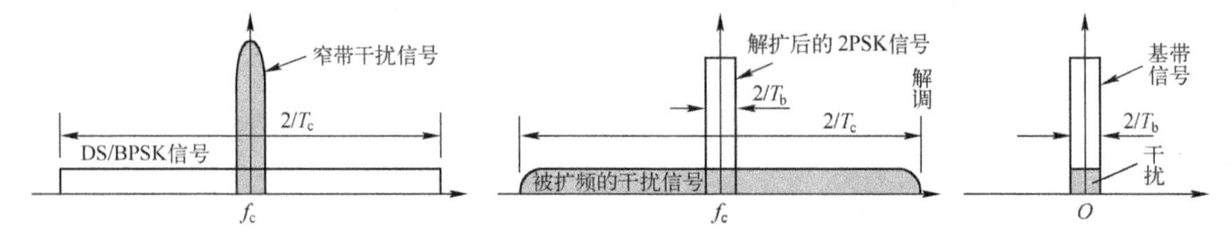

图 4.47　解调前后信号和干扰频谱的变化

扩频通信对窄带干扰的抑制作用在于接收机对信号解扩的同时，干扰信号也被扩频，这降低了干扰信号的功率谱密度。扩频后的干扰信号和载波相乘、积分（相当于低通滤波）大大地削弱了它对有用信号的干扰，因此在抽样器的输出信号受干扰的影响大为减小，输出的抽样值比较稳定，如图 4.48 所示。为了比较，图中还给出了 2PSK 解调的情况。在信号功率和干扰相同的情况下，扩频信号可以正常解调，而 2PSK 信号出现了误码。

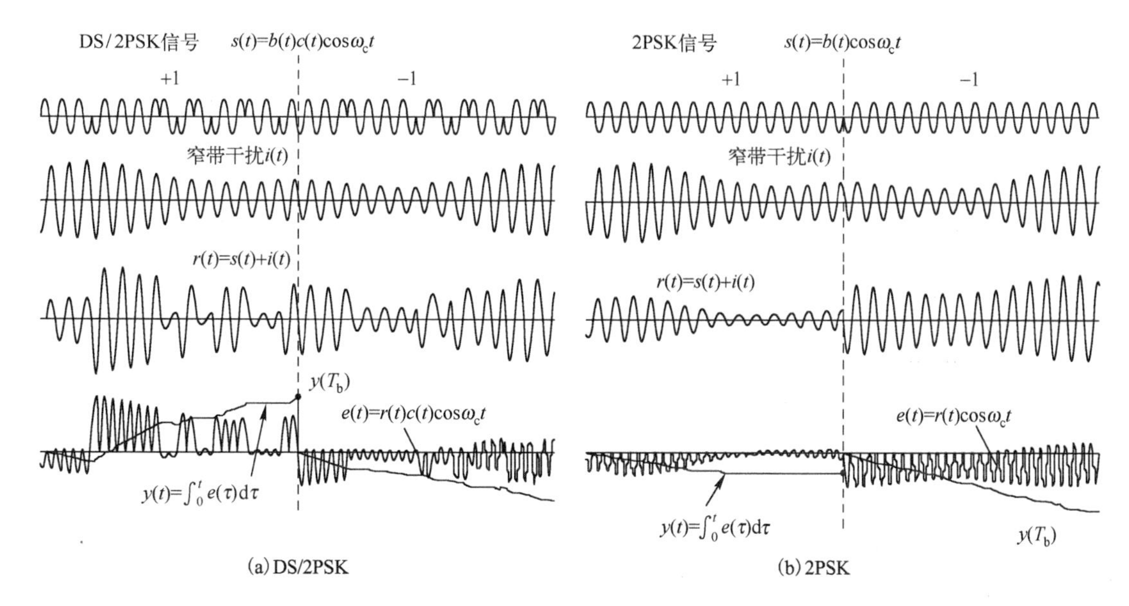

图 4.48　窄带干扰对信号解调的影响

实际上，信道还存在各种干扰和噪声，分析它们对扩频信号的影响比较复杂。分析表明，系统的处理增益越大，一般对各种干扰的抑制能力就越强，但对频谱无限宽的噪声如热噪声，扩频通信系统则不起什么作用。

4.5.3　抗多径干扰和 RAKE 接收机

1. 抗多径干扰

在扩频通信系统中，利用 PN 序列尖锐的自相关特性和很高的码片速率（T_c 很小）可以克服多径传播造成的干扰。由于多径传播所引起的干扰只和它们到达接收机的相对时间有关，和它们传播的时间无关，因此，可以略去信道的传播时间，以第一个到达接收机的信号时间为参考，其后信号到达时间就为 $T_d(i)$，$i=1,2,\cdots$。为了讨论简单，设电波的传播只有二径。具有二径传输信道的扩频通信系统如图 4.49 所示。

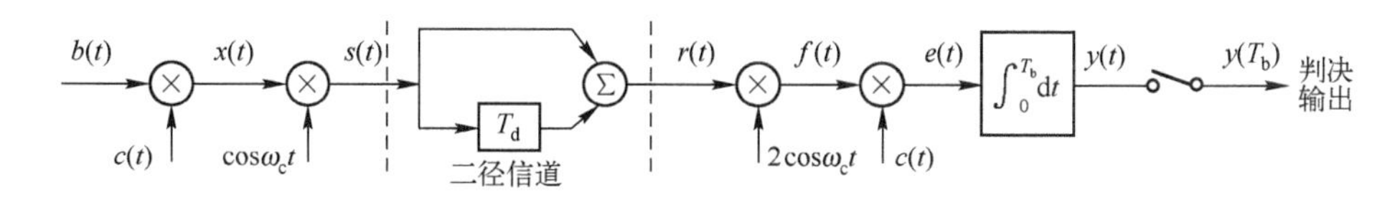

图 4.49　二径传输信道的扩频通信系统

图 4.49 中 $b(t)$为数据信号，$c(t)$为扩频码，扩频后的信号为

$$x(t)=b(t)c(t) \tag{4.94}$$

经载波调制后的发射信号为

$$s(t)=x(t)\cos\omega_c t \tag{4.95}$$

发射信号经过二径信道的传播，到达接收机的信号为

$$r(t)=a_0 s(t)+a_1 s(t-T_d) \tag{4.96}$$

式中，T_d 为第二径信号相对于第一径信号的时延；a_0、a_1 分别为第一、第二路径的衰减，为讨论方便起见，设它们为常数且 $a_0=1$，$a_1<1$。于是

$$r(t)=x(t)\cos\omega_c t+a_1 x(t-T_d)\cos\omega_c(t-T_d) \tag{4.97}$$

它和本地相干载波相乘

$$\begin{aligned}f(t)&=r(t)\cdot 2\cos\omega_c t\\&=x(t)\left(1+\cos 2\omega_c t\right)+a_1 x(t-T_d)\left[\cos\omega_c T_d+\cos\left(2\omega_c t-\omega_c T_d\right)\right]\end{aligned}$$

设本地扩频码 $c(t)$和第一径信号同步对齐，$f(t)$与 $c(t)$相乘得积分器的输入为

$$e(t)=f(t)c(t)=x(t)(1+\cos 2\omega_c t)c(t)+a_1 x(t-T_d)\left[\cos\omega_c T_d+\cos(2\omega_c t+\omega_c T_d)\right]c(t)$$

$e(t)$包含了低频分量和高频分量。积分器相当于低通滤波器，滤除 $e(t)$的高频分量。在 $t=T_b$ 时刻，积分器的输出为

$$\begin{aligned}y(T_b)&=\frac{1}{T_b}\int_0^{T_b}x(t)c(t)\mathrm{d}t+k_d\frac{1}{T_b}\int_0^{T_b}x(t-T_d)c(t)\mathrm{d}t\\&=\frac{1}{T_b}\int_0^{T_b}b(t)c^2(t)\mathrm{d}t+k_d\frac{1}{T_b}\int_0^{T_b}b(t-T_d)c(t-T_d)c(t)\mathrm{d}t\end{aligned}$$

式中，$k_d=a_1\cos\omega_c T_d<1$。设发送的二进制码元为$\cdots b_{-1}b_0\,b_1\,b_2\cdots$。$x(t)$, $x(t-T_d)$和 $c(t)$的时序如图 4.50 所示。要了解多径干扰对信号检测的影响，只需分析其中一个比特的检测就可以了。现在来考察 b_1 的检测。

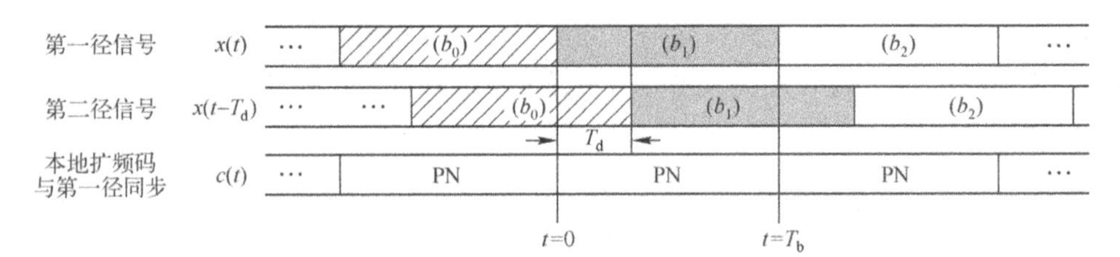

图 4.50　二径信号的接收时序

在 $t=T_b$ 时刻，抽样输出

$$\begin{aligned}y(T_b)&=\frac{1}{T_b}\int_0^{T_b}b_1 c^2(t)\mathrm{d}t+k_d\frac{1}{T_b}\int_0^{T_b}b(t-T_d)c(t-T_d)c(t)\mathrm{d}t\\&=b_1+k_d b_0\frac{1}{T_b}\int_0^{T_d}c(t-T_d)c(t)\mathrm{d}t+k_d b_1\frac{1}{T_b}\int_{T_d}^{T_b}c(t-T_d)c(t)\mathrm{d}t\\&=b_1+k_d b_0 R_c(-T_d)+k_d b_1 R_c(T_b-T_d)\end{aligned} \tag{4.98}$$

式中，$R_c(\tau)$ 为 $c(t)$的局部自相关函数：

$$R_c(\tau)=\frac{1}{T_b}\int_0^{\tau}c(t)c(t+\tau)\mathrm{d}t \tag{4.99}$$

式(4.98)的后两项就是第二径信号对第一径信号的干扰。当这一干扰比较大时，就会引起判决的错误。但对一个 m 序列来说，当$|\tau|>T_c$ 时其局部自相关系数的幅度都比较小，例如，$N=7$，63 和 255 的局部自相关特性曲线如图 4.51 所示。正是 PN 序列这种自相关特性，有效地抑制了与它不同步的其他多径信号分量。各点波形如图 4.52 所示。

以上仅分析了两径信号的传输情况，不难推广到多径情况。总之，只有与本地相关器扩频码同步的这一多径信号分量才可以被解调，而抑制了其他的不同步的多径分量的干扰。也就是

在混叠的多径信号中，单独分离出与本地扩频码同步的多径分量。

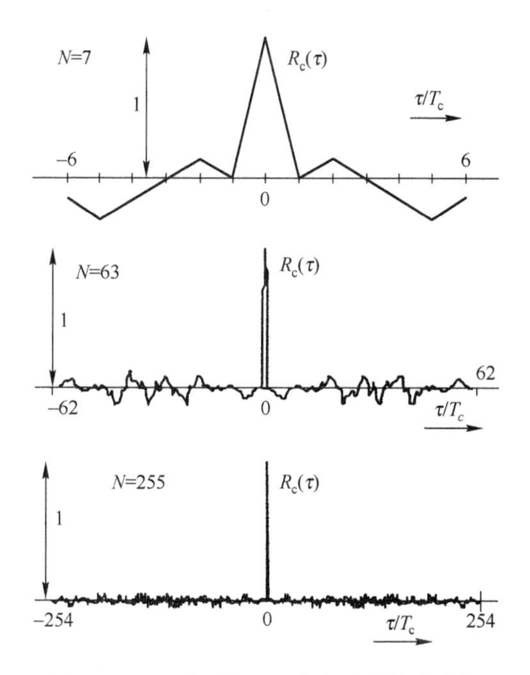

图 4.51 PN 序列的局部自相关特性曲线

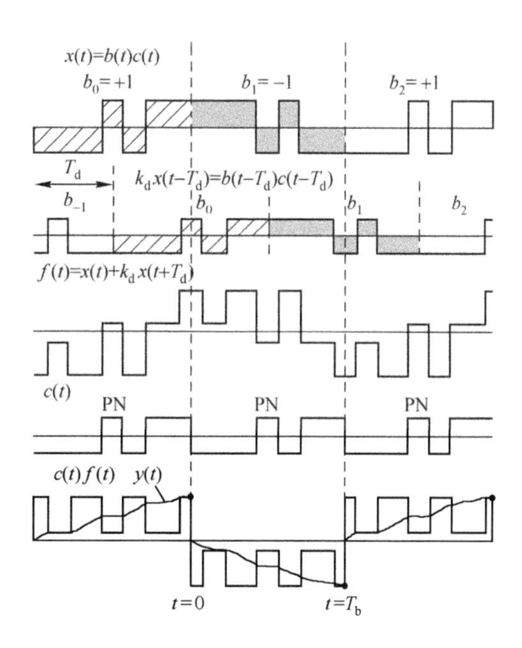

图 4.52 多径信号接收中各点波形

2. 多径分离接收机(RAKE receiver)

多径传输会给信号的接收造成干扰，利用扩频码的良好自相关特性，可以很好地抑制这种干扰，特别是多径时延大于扩频码的码片的时候。但是这些先后到达接收机的信号，都携带相同的信息，都具有能量，若能够利用这些能量，则可以变害为利，改善接收信号的质量。基于这种指导思想，Price 和 Green 于 1958 年提出了多径分离接收技术，这就是 RAKE 接收机。

RAKE 接收机主要由一组相关器构成，其原理框图如图 4.53 所示。每个相关器和多径信号中的一个不同延时的分量同步，如图 4.54 所示，输出就是携带相同信息但延时不同的信号。把这些输出信号进行适当的延时对齐，然后按某种方法合并，就可以增加信号的能量，改善信噪比。所以，RAKE 接收机具有搜集多径信号能量的能力。如 Price 和 Green 所说，它的作用就有点像花园里用的耙子(rake)，故取名 RAKE 接收机。在 CDMA/IS-95 移动通信系统中，基站接收机有 3 个相关器，移动台有 3 个相关器。这都保证了对多径信号的分离和接收，提高了接收信号的质量。

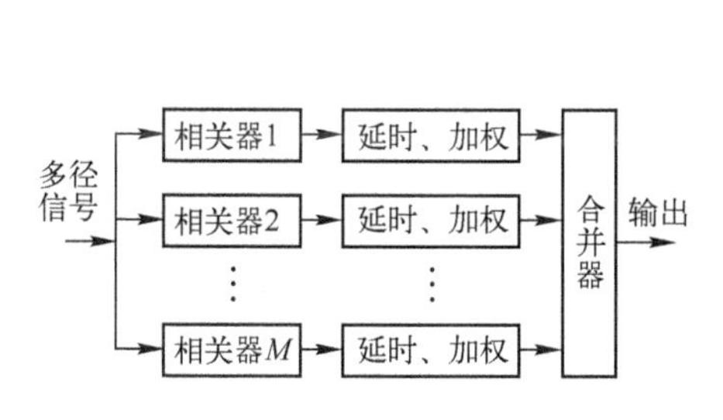

图 4.53 RAKE 接收机原理框图

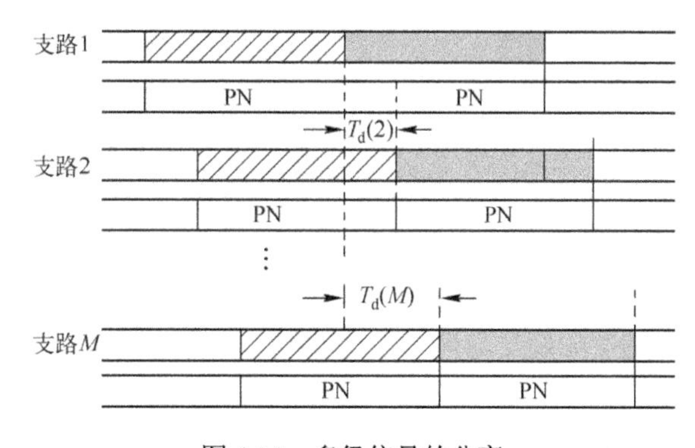

图 4.54 多径信号的分离

扩频信号的带宽远大于信道的相关带宽，信号频谱的衰落仅是一小部分，因此也可以说信号的频谱扩展使信号获得了频率分集的好处。另外多径信号的分离接收，就是把先后到达接收机的携带同一信息的衰落独立的多个信号的能量充分加以利用，以改善接收信号的质量，这也是一种时间分集。

4.5.4 跳频扩频通信系统

直扩系统的处理增益 G_p 越大，扩频系统从中获得抗干扰的能力就越强，系统的性能就越好。但是直扩系统要求严格的同步，系统的定时和同步要求在几分之一的码片内建立。因此，$G_p = N$ 越大，码片 T_c 的长度就越短，实现这一要求的硬件设备就越难实现，因为移位寄存器状态的转移和反馈逻辑的计算都需要一定的时间，这实际上限制了 G_p 的增加。一种代替的方法就是采用跳频技术来产生扩频信号。

1. 基本概念

一般的数字调制信号在整个通信的过程中，其载波是固定的。所谓跳频扩频就是使窄带数字已调信号的载波频率在一个很宽的频率范围内随时间跳变，跳变的规律称作跳频图案，如图 4.55 所示。图中横轴为时间，纵轴为频率，这个时间与频率的平面称作时间-频率域。它说明载波频率随时间跳变的规律。只要接收机也按照这一规律同步跳变调谐，收发双方就可以建立起通信连接。出于对通信保密(防窃听)或抗干扰抗衰落的需要，跳频规律应当有很大的随机性。但为了保证双方的正常通信，跳频的规律实际上是可以重复的伪随机序列。例如，在图 4.55 中，有 3 个跳频序列，其中一个序列为 $f_5 \to f_4 \to f_7 \to f_0 \to f_6 \to f_3 \to f_1$。

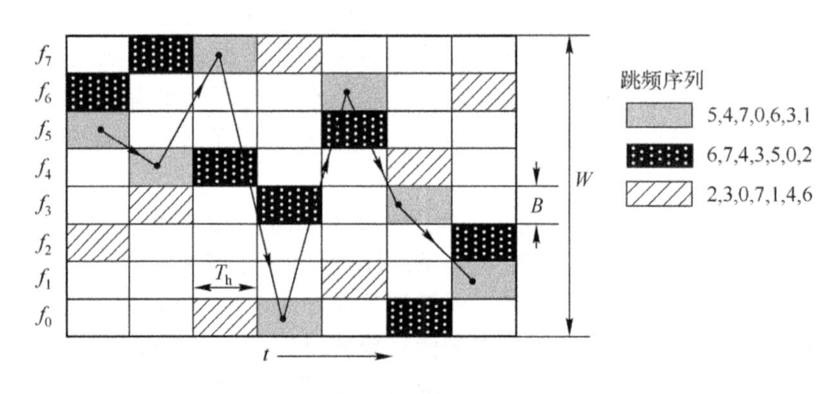

图 4.55 慢跳频图案

跳频信号在每一个瞬间，都是窄带的已调信号，信号的带宽为 B，称作瞬时带宽。由于快速的频率跳变形成了宏观的宽带信号，因此，将跳频信号所覆盖的整个频谱范围称作跳频信号的总带宽 W(或称跳频带宽)。在跳频系统中，跳频处理增益定义为

$$G_H = W / B \tag{4.100}$$

实际上 $W/B = N$ 就是跳频点数。跳频信号在每一瞬间系统只占用可用频谱资源的极小的一部分，因此可以在其余的频谱安排另外的跳频系统，只要这些系统的跳频序列不发生重叠，即在每个频点上不发生碰撞，就可以共享同一跳频带宽进行通信而互不干扰。图 4.55 就是具有 3 个跳频序列的跳频图案，它们没有频点的重叠，因此不会引起系统间的干扰。通常把没有频点碰撞的两个跳频序列称为正交的。利用多个正交的跳频序列可以组成正交跳频网。该网中的每个用户利用所分配到的跳频码序列，建立自己的信道，这是另一种形式的码分多址连接方式。

所以跳频系统具有码分多址和频带共享的组网能力。

跳频信号的数字调制方式，一般采用 FSK 方式。这是因为在一个很宽的频率范围内，载波信号的产生和在信道的传输过程中，要保持各离散频率载波相位相干是比较困难的。所以，在跳频系统中，一般不用 PSK，而采用 FSK 调制和非相干解调。这种跳频信号表示为 FH/MFSK。其原理框图如图 4.56 所示。

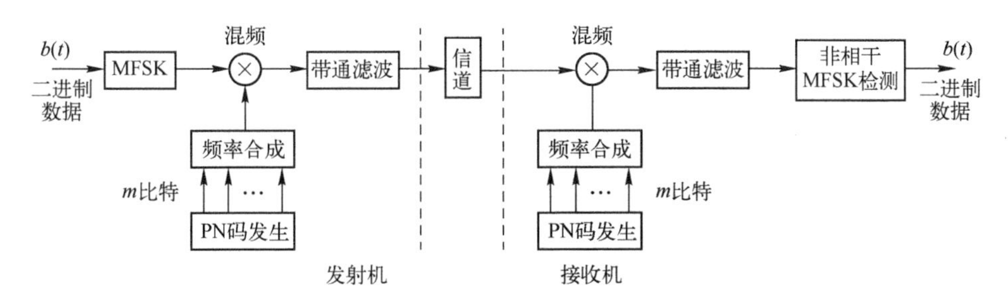

图 4.56　FH/MFSK 跳频通信系统原理框图

图 4.56 的跳频系统中，要发送的二进制数据首先经过 MFSK 调制，然后经过混频产生在信道中传输的发射信号。混频器的振荡信号由一个频率合成器提供，其振荡频率受 PN 码发生器输出的 m 比特控制，一般可以在 $N=2^m$ 个离散频率中选择。混频器的带通滤波器选择乘法器输出的和频信号(上变频)，作为发射信号送入信道。PN 码发生器按指定的节拍不断更新输出 m 比特，形成一个 2^m 进制的跳频指令序列。混频器按照这一指令，把 MFSK 信号搬移到相应的各跳频载波频率点上，实现信号的跳频扩频。通常把 PN 码发生器和频率合成器组合起来称为跳频器，其中 PN 码发生器起着跳频指令发生器的作用。

在接收端，接收机把接收到的信号和本地频率合成器产生的信号进行混频(下变频)，由于本地频率合成器的跳频图案是和发送端相同的(同步跳变)，混频器输出的是原来的 MFSK 信号，完成了跳频扩频信号的解扩(解跳)。解扩后的信号可以用前面所介绍的 MFSK 非相干解调方法进行解调。

和一般的窄带系统比较，跳频系统多了一个关键的部件——跳频器。而跳频同步是跳频系统的核心技术。跳频信号每一跳持续的时间 T_h 称作跳频周期。$R_\text{h}=1/T_\text{h}$ 称作跳频速率。根据调制符号速率 R_s 和 R_h 的关系，有两种基本的跳频技术：慢跳频和快跳频。当 $R_\text{s}=KR_\text{h}$（K 为正整数)时，称作慢跳频(SFH，Slow Frequency Hopping)，此时在每个载波频率点上发送多个符号；当 $R_\text{h}=KR_\text{s}$ 时，称作快跳频(FFH，Fast Frequency Hopping)，即在发送一个符号的时间内，载波频率发生多次跳变。对 FH/MFSK 信号，码片速率 R_c 定义为

$$R_\text{c}=\max\left(R_\text{h}, R_\text{s}\right) \tag{4.101}$$

即一个码片的长度 $T_\text{c}=\min(T_\text{h}, T_\text{s})$，也就是信号频率保持不变的最短持续时间。

在扩频信号带宽比较宽的情况下，跳频扩频比直接序列扩频更容易实现。在直扩系统中，要求码片的建立和同步必须在码片长度 $T_\text{c}=T_\text{b}/G_\text{p}$ 的几分之一内完成。而对跳频系统 T_c 则是跳频点频率持续不变的最短时间，例如，$T_\text{h}=T_\text{s}$ 的 SFH/2FSK 信号就是 $T_\text{c}=T_\text{b}$。后者的码片比前者的长得多，所以 FH 系统对定时的要求比直扩系统要宽松得多。而所需的扩频带宽可以通过调整跳频增益来获得。

2．跳频系统的抗干扰性能和在 GSM 系统中的应用

跳频系统在抗单频或窄带干扰方面是很有特色的。和直扩系统不同，跳频系统没有分散窄带干扰信号功率谱密度的能力，而是利用跳频序列的随机性和为数众多的频率点，使

得它和干扰信号的频率发生冲突的概率大为减小，即跳频是靠躲避干扰来获得抗干扰能力的。因此跳频系统抗窄带干扰的能力实际上是指它碰到干扰的概率。在通信的过程中，众多的跳频点中偶尔有个别的频点受到干扰并不会给整个通信造成多大的影响。特别是在快跳频系统中，所传输的码元分布在多个频率点上，这种影响会更小。跳频系统的抗干扰性能用其跳频处理增益表示。

GSM 系统在业务量大、干扰大的情况下常常采用跳频。如前所述跳频起着频率分集的作用。另外它还可以分散来自其他小区的强干扰。因为在同一地区附近，往往有相同频率的系统在工作而产生同频干扰，使用跳频系统可以减小这种干扰。或者说使用户受到干扰的机会是相等的，即平均了所有载波的总的干扰电平。减小瑞利衰落的影响和同频干扰，这是 GSM 蜂窝移动通信系统有时采用跳频技术的原因。GSM 系统是一个时分系统，每帧有 8 个时隙，提供 8 个信道。跳频采用每帧改变频率的方法，即 8×15/26 = 4.615ms 改变载波频率一次。这里 8×15/26=4.615ms 的计算是由于在 GSM 协议中规定：一个 26 个突发序列的复帧周期为 120ms，用于业务信道及其随路控制信道，其中 24 个突发序列用于业务，2 个突发序列用于信令。业务复帧由 26 个 TDMA 帧组成，每个 TDMA 帧有 8 个时隙，每时隙时长为 120/26/8=0.557ms，那么 GSM 系统一帧的时长为(120/26/8)×8=4.615m，通常将这种调频称为慢跳频。GSM 系统允许使用 64 种不同的跳频序列。采用跳频要增加设备，是否采用跳频由运营商来决定。

4.6 无线通信中的多天线技术

利用多天线进行无线通信的历史可以回溯到无线通信的发展初期，马可尼就曾利用多天线对抗无线通信中的衰落因素。多天线技术大体分为如下两类：①利用接收多天线估计无线电信号的来波方位角，这种由于二战期间战争需要而刺激发展的技术直接发展成为现代雷达技术；②利用多天线技术提高无线通信中的链路性能，如多天线接收具有空间分集效果，可以很好地对抗信道中的衰落因素。然而，利用发送多天线和接收多天线来提高无线通信容量和链路性能却是 20 世纪 90 年代由美国贝尔实验室的科学家提出的崭新概念。

根据发送天线和接收天线的数目，多天线系统分为如下几类：多发单收(MISO)、单发多收(SIMO)、多发多收(MIMO)，如图 4.57 所示。

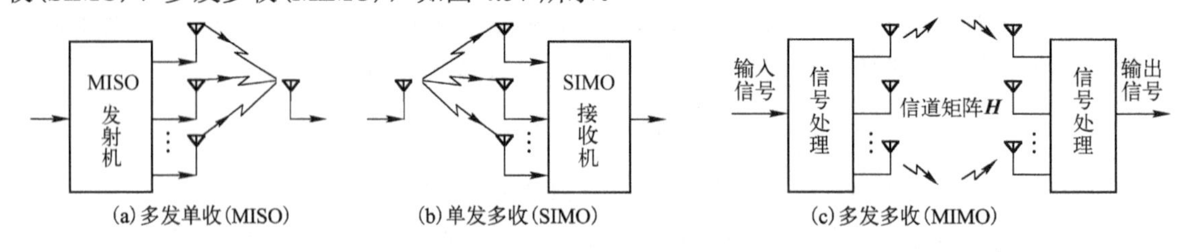

图 4.57　多天线系统

MISO 系统中，多个发送天线可以发送相同信号也可以发送不同信号。如果发送端发送同一信号，且已知各天线到达接收天线的信道信息，则发送端可以通过对发送信号进行相应的延时、衰落补偿，使接收天线接收到的信号增强，从而提高无线传输链路的质量。MISO 系统可以通过调整发射信号的相位和权重来获得接收增益，此时可以将发送端视为一个发送天线阵，形成具有方向性的发射波束，从而获得天线阵的增益(array gain)。

SIMO 系统中，发送信号被多个接收天线所接收，当发送天线与各接收天线之间的无线传输信道独立时，接收端各天线所接收到的信号之间的衰落是独立的，通过本章前述的分集合并技术可以减小信道衰落对信号传输的影响，从而获得接收分集增益(diversity gain)。当接收端已知信道信息时，还可以通过补偿相应的接收信号时延、权重使接收信号能量增强，即获得天线阵增益。此外，通过多接收天线组成接收天线阵列，可以对输入电波的来波方向进行估计。

MIMO 系统实际上具有 MISO 和 SIMO 的共同特性，下面将重点讨论 MIMO 系统，使得分析更具一般性。

4.6.1 多天线系统模型

多天线收发系统如图 4.57(c)所示，二进制数据流在发送处理模块中进行编码、星座映射，可能还要进行一定的加权，然后送到各副发送天线上，经过向上变频、滤波和放大后发送出去；在接收端，多副接收天线将接收信号进行向下转换、匹配滤波、接收处理和译码，以恢复原始数据。可见，多天线技术的出发点是将发送天线与接收天线相结合以改善每个用户的通信质量(如差错率)或者通信效率(如数据速率)。

如果多天线系统是在收发两端采用多天线的，每个收发天线对之间将形成一个 MIMO 子信道，假定发送端有 N_t 个发送天线，有 N_r 个接收天线，在收发天线之间将形成 $N_r \times N_t$ 复信道矩阵 $\boldsymbol{H}$。在某一时刻 t，描述信道的复信道矩阵为

$$\boldsymbol{H}(t)=\begin{bmatrix} h_{1,1}^t & h_{1,2}^t & \cdots & h_{1,N_t}^t \\ h_{2,1}^t & h_{2,2}^t & \cdots & h_{2,N_t}^t \\ \vdots & \vdots & \ddots & \vdots \\ h_{N_r,1}^t & h_{N_r,2}^t & \cdots & h_{N_r,N_t}^t \end{bmatrix} \tag{4.102}$$

在下面的论述中，为了简化，将省略式(4.102)中的上角标 t。在式(4.102)中，$h_{i,j}$ $(1 \leqslant i \leqslant N_r, 1 \leqslant j \leqslant N_t)$ 表示矩阵 $\boldsymbol{H}$ 的第(i,j)个元素，它代表从第 j 根发射天线到第 i 根接收天线之间的信道衰落系数。假定 N_r 根接收天线中每一根天线的接收功率都等于总的发射功率，这种假定，实际上忽略了信号传播过程中的信号衰减和放大，包括阴影、天线增益等。于是得到有确定系数的信道矩阵 $\boldsymbol{H}$ 的元素的规范限定：

$$\sum_{j=1}^{Nt}\left|h_{i,j}\right|^2 = N_t,\ \ i=1,2,\cdots,N_r \tag{4.103}$$

当信道矩阵元素为随机元素时，就是对式(4.103)取期望值。

在我们所研究的无线信道中，在大多数情况下，假定矩阵 $\boldsymbol{H}$ 的元素 $h_{i,j}$ 服从瑞利分布，因为对于非视距无线传播来说，它是最具有代表性的。

在接收端，噪声可以用 $N_r \times 1$ 的列矩阵 $\boldsymbol{N}$ 来描述：

$$\boldsymbol{N}=\begin{bmatrix} n_1 & n_2 & \dots & n_{N_r} \end{bmatrix}^{\mathrm{T}} \tag{4.104}$$

式中，上角标 T 表示矩阵的转置。矩阵 $\boldsymbol{N}$ 中的元素 $n_i(1 \leqslant i \leqslant N_r)$ 是统计独立的零均值复高斯变量，它具有独立的、方差相等的实部和虚部。接收噪声的协方差矩阵为

$$\boldsymbol{R}_{n,n}=E\left\{\boldsymbol{n}\boldsymbol{n}^{\mathrm{H}}\right\} \tag{4.105}$$

如果 $\boldsymbol{N}$ 的元素之间统计独立，则接收噪声的协方差矩阵为

$$\boldsymbol{R}_{n,n}=\sigma^2\boldsymbol{I}_{N_r} \tag{4.106}$$

N_r个接收分支中每一个都有相同的噪声功率σ^2，$\boldsymbol{I}_{N_r}$是秩为N_r的单位矩阵。

接收矢量$\boldsymbol{y}$可以表示为

$$\boldsymbol{y} = \boldsymbol{Hx} + \boldsymbol{n} \tag{4.107}$$

式中，$\boldsymbol{y}$是$N_r \times 1$的复矩阵，其中每一个复元素代表一根接收天线：

$$\boldsymbol{y} = [y_1 \quad y_2 \quad \dots \quad y_{N_r}]^{\mathrm{T}} \tag{4.108}$$

$\boldsymbol{x}$是发射矢量，其中每一个元素代表一根发射天线：

$$\boldsymbol{x} = [x_1 \quad x_2 \quad \dots \quad x_{N_t}]^{\mathrm{T}} \tag{4.109}$$

令P_{r}表示每根接收天线输出端的平均功率，则每根接收天线处的平均信噪比(Signal to noise power ratio，SNR)定义为$\gamma = P_r / \sigma^2$。

假定每根接收天线的总接收功率都等于总的发射功率，则 SNR 等于总的发射功率和每根接收天线的噪声功率的比值，而且它独立于发射天线数，可写为

$$\gamma = P / \sigma^2 \tag{4.110}$$

式中，P表示总的发射功率。

4.6.2 多天线系统容量分析

利用多天线信道可以在不增加带宽和天线发送功率的情况下成倍地提高无线信道容量。系统容量定义为在保证误码率任意小的条件下的最大数据发送速率。首先，假设信道矩阵在发射端为未知，在接收端为已知。考虑发送端有N_t根发送天线、接收端有N_r根接收天线的系统，其信号模型如式(4.107)所示。为了计算系统容量方便，令$\boldsymbol{x} = \sqrt{E_{\mathrm{s}} / N_t}\boldsymbol{s}$，那么式(4.107)可以变换为

$$\boldsymbol{y} = \boldsymbol{Hx} + \boldsymbol{n} = \sqrt{\frac{E_{\mathrm{s}}}{N_t}}\boldsymbol{Hs} + \boldsymbol{n} \tag{4.111}$$

式中，E_{s}是发射信号在每一个符号时间内的平均能量。

$\boldsymbol{s}$是一个$N_t \times 1$的复矩阵，可以表示为

$$\boldsymbol{s} = [s_1 \quad s_2 \quad \cdots \quad s_{N_t}]^{\mathrm{T}} \tag{4.112}$$

并且$\boldsymbol{s}$满足以下两个条件

$$E(\boldsymbol{s}) = 0 \tag{4.113}$$

$$\mathrm{Tr}(\boldsymbol{R}_{\mathrm{s,s}}) = N_t \tag{4.114}$$

式中，$\boldsymbol{R}_{\mathrm{s,s}} = E(\boldsymbol{ss}^{\mathrm{H}})$，$\mathrm{Tr}(\boldsymbol{A})$表示求矩阵$\boldsymbol{A}$的迹。

由奇异值分解理论(参见附录 A：矩阵分解)，任何一个$N_r \times N_t$矩阵$\boldsymbol{H}$可以写成

$$\boldsymbol{H} = \boldsymbol{U\Sigma V}^{\mathrm{H}} \tag{4.115}$$

式中，$\boldsymbol{U}^{\mathrm{H}}\boldsymbol{U} = \boldsymbol{V}^{\mathrm{H}}\boldsymbol{V} = \boldsymbol{I}_r$，$\boldsymbol{\Sigma} = \mathrm{diag}\{\sigma_i\}_{i=1}^{r}$，$\sigma_i > 0$，$r$是矩阵$\boldsymbol{H}$的秩。

更进一步地，对$\boldsymbol{HH}^{\mathrm{H}}$进行特征值分解，得

$$\boldsymbol{HH}^{\mathrm{H}} = \boldsymbol{Q\Lambda Q}^{\mathrm{H}} \tag{4.116}$$

式中，$\boldsymbol{QQ}^{\mathrm{H}} = \boldsymbol{Q}^{\mathrm{H}}\boldsymbol{Q} = \boldsymbol{I}_{N_t}$，$\boldsymbol{\Lambda} = \mathrm{diag}\{\lambda_i\}_{i=1}^{N_t}$，$\lambda_i \geqslant \lambda_{i+1}$；当$i > r$时，$\lambda_i = 0$。

根据信息论的知识，可知信道容量表达式为

$$\boldsymbol{C} = \max_{f(\boldsymbol{s})} \boldsymbol{I}(\boldsymbol{s}; \boldsymbol{y}) \tag{4.117}$$

式中，$f(\boldsymbol{s})$是矢量$\boldsymbol{s}$的概率密度函数；$I(\boldsymbol{s}; \boldsymbol{y})$是矢量$\boldsymbol{s}$和$\boldsymbol{y}$的互信息，可以表示为

$$I(\boldsymbol{s};\boldsymbol{y})=h(\boldsymbol{y})-h(\boldsymbol{y}\mid\boldsymbol{s}) \tag{4.118}$$

式中，$h(\boldsymbol{y})$ 是矢量 $\boldsymbol{y}$ 的平均信息量，也称为熵；$h(\boldsymbol{y}\mid\boldsymbol{s})$ 是条件信息量(条件熵)。

当发送信号 $\boldsymbol{s}$ 和噪声 $\boldsymbol{n}$ 均统计独立时，可得 $h(\boldsymbol{y}\mid\boldsymbol{s})=h(\boldsymbol{n})$。由此

$$I(\boldsymbol{s};\boldsymbol{y})=h(\boldsymbol{y})-h(\boldsymbol{n}) \tag{4.119}$$

式中

$$h(\boldsymbol{y})=\log_2\left[\det\left(\pi e R_{y,y}\right)\right]\quad \text{b/s/Hz} \tag{4.120}$$

$$h(\boldsymbol{n})=\log_2[\det(\pi e N_0 I_{N_t})]\quad \text{b/s/Hz} \tag{4.121}$$

式中，$N_0=\sigma^2$，$R_{\mathrm{y,y}}=E\left\{\boldsymbol{y}\boldsymbol{y}^{\mathrm{H}}\right\}=\dfrac{E_{\mathrm{s}}}{N_t}\boldsymbol{H}\boldsymbol{R}_{\mathrm{s,s}}\boldsymbol{H}^{\mathrm{H}}+N_0 I_{N_t}$。

把式(4.120)、式(4.121)代入式(4.119)，可得

$$I(\boldsymbol{s};\boldsymbol{y})=\lg\det\left(\boldsymbol{I}_{N_t}+\frac{\rho}{N_t}\boldsymbol{H}\boldsymbol{R}_{\mathrm{s,s}}\boldsymbol{H}^{\mathrm{H}}\right)\quad \text{b/ s/ Hz} \tag{4.122}$$

式中，$\rho=E_{\mathrm{s}}/N_0$。于是可得信道容量为

$$C=\max_{\mathrm{Tr}(R_{\mathrm{s,s}})=M}\log_2\det\left(\boldsymbol{I}_{N_t}+\frac{\rho}{N_t}\boldsymbol{H}\boldsymbol{R}_{\mathrm{s,s}}\boldsymbol{H}^{\mathrm{H}}\right)\quad \text{b/s/Hz} \tag{4.123}$$

当 $\boldsymbol{R}_{\mathrm{s,s}}=\boldsymbol{I}_{N_t}$ 时，则相应的互信息可写为

$$I=\log_2\det\left(\boldsymbol{I}_{N_t}+\frac{\rho}{N_t}\boldsymbol{H}\boldsymbol{H}^{\mathrm{H}}\right) \tag{4.124}$$

由式(4.116)的奇异值分解可知 r 和 $\lambda_i(i=1,2,\cdots,r)$ 分别为矩阵 $\boldsymbol{H}\boldsymbol{H}^{\mathrm{H}}$ 的秩和正特征值，则式(4.124)可以变换为

$$I=\sum_{i=1}^{r}\log_2\left(1+\frac{\rho}{N_t}\lambda_i\right) \tag{4.125}$$

把式(4.125)代入式(4.123)可得信道容量

$$C=\sum_{i=1}^{r}\log_2\left(1+\frac{\rho}{N_t}\lambda_i\right) \tag{4.126}$$

当已知发射端信道参数时，分配发送功率的最佳策略是所谓的注水原理(water-filling)。分配到信道 i 的功率由下式给出

$$P_i=\left(\mu-\sigma^2/\lambda_i\right) \tag{4.127}$$

式中，μ 的确定应满足

$$\sum_{i=1}^{r}P_i=P \tag{4.128}$$

考虑信道矩阵 $\boldsymbol{H}$ 的奇异值分解，则在等效信道模型中，第 i 个子信道的接收功率为

$$P_i=\left(\lambda_i\mu-\sigma^2\right) \tag{4.129}$$

于是多天线信道容量为

$$C=\sum_{i=1}^{r}\log_2\left(1+\frac{P_i}{N_0}\right) \tag{4.130}$$

4.6.3 空间复用技术

根据各天线上发送信息的差别，MIMO 可以分为发射分集技术和空间复用技术。发射分集技术是指在不同的天线上发射包含同样信息的信号(信号的具体形式不一定完全相同)，达到空间分

集的效果，从而跟分集接收一样能够起到抗衰落的作用。例如，采用 STBC 编码形式，就可以得到空间分集增益。通常空时编码技术大部分都是针对空间分集来说的，具体内容将在 4.6.4 节中介绍。空间复用技术与发射分集不同，它在不同的天线上发射不同的信息，获得空间复用增益，从而大大提高系统的容量和频谱利用率，增强了链路性能。例如，采用 V-BLAST[8]编码形式就可以增加系统容量。下面介绍这种基于空间复用的分层空时码。

从概念上讲，空间复用相当于按照发送天线将无线信道划分成若干并行的信道，每个信道传输的都是完全不同的数据。在接收端通过信号处理技术消除各信道之间的干扰，恢复出各信道发送的数据。这里将以 BLAST 的一种实现方式——V-BLAST(Vertical Bell Labs Layered Space-Time Architecture)[9]为例简要说明空间复用的基本原理。如图 4.58 所示，在发射端，调制符号被分为 N_t 路独立子数据流，从 N_t 个天线同时发射出去。在接收端，解空间复用模块能区分并检测出这 N_r 路不同信号，得到原来的 N_t 路子数据流，恢复出原始的比特流。

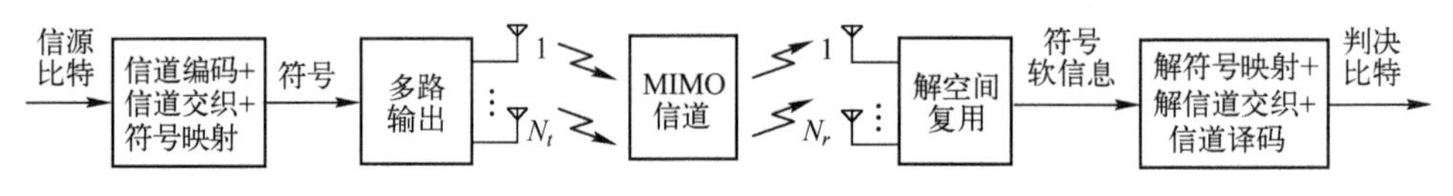

图 4.58　V-BLAST 基带系统框图

BLAST 结构可最大程度上发掘频谱效率，但是一般需要接收天线数目大于或等于传输天线数目，而这一点在下行链路中难以实现；另外，因为不同的链路传输不同的信号，如果一条链路被损坏，就将面对不可挽回的错误。

鉴于 BLAST 结构和空时编码各有侧重点和优缺点，在 3G LTE 讨论的初期提出了分集和复用折中的 MIMO 方案，但是由于这类方案对接收机的要求较高，现在已经不属于讨论的主流。

一般来说，MIMO 系统中具有 N_t 根发射天线和 N_r 根接收天线，称为 $N_t \times N_r$ 的 MIMO 系统。在平坦衰落信道环境下，设 $\boldsymbol{x}=\left[x_1\ \ x_2\ \ \cdots\ \ x_{N_t}\right]^{\mathrm{T}}$ 为 t 时刻从发射端发送的信号，通过信道后在接收端收到 $\boldsymbol{y}=\left[y_1\ \ y_2\ \ \cdots\ \ y_{N_r}\right]^{\mathrm{T}}$，则有

$$\boldsymbol{y}=\boldsymbol{H}\boldsymbol{x}+\boldsymbol{n} \tag{4.131}$$

式中

$$\boldsymbol{H}=\begin{bmatrix} h_{11} & h_{12} & \cdots & h_{1N_t} \\ h_{21} & h_{22} & \cdots & h_{2N_t} \\ \vdots & \vdots & \ddots & \vdots \\ h_{N_r1} & h_{N_r2} & \cdots & h_{N_rN_t} \end{bmatrix}$$

为信道矩阵，h_{ij} 为从发射天线 j 到接收天线 i 之间的信道衰落 $(i=1,2,\cdots,N_r, j=1,2,\cdots, N_t)$，$\boldsymbol{n}=\left[n_1\ \ n_2\ \ \cdots\ \ n_{N_r}\right]^{\mathrm{T}}$ 为相互独立的零均值加性白高斯噪声 $n_i \sim N(0,\sigma_n^2)$。

MIMO 检测有多种方式，如性能最优的最大似然(ML，Maximum Likelihood)检测，复杂度较低的线性检测，基于球形译码的检测等。一般系统中都采用对接收机要求不高的线性检测，主要有两种：追零(ZF，Zero Forcing)和最小均方误差(MMSE，Minimum Mean Square Error)。

相应地，ZF 检测矩阵可以表示为

$$\boldsymbol{G}=\boldsymbol{H}^{+} \tag{4.132}$$

MMSE 检测矩阵可以表示为

$$\boldsymbol{G}=\left(\boldsymbol{H}^{\mathrm{H}}\boldsymbol{H}+N_0/E_{\mathrm{s}}\cdot\boldsymbol{I}_{N_r}\right)^{+}\boldsymbol{H}^{\mathrm{H}} \tag{4.133}$$

式中，上角标 H 表示共轭转置，上角标+表示求矩阵伪逆，$\boldsymbol{I}_{N_r}$ 表示单位矩阵，E_s 表示发射信号能量，N_0 表示噪声功率。详细检测推导过程读者可参考多天线检测相应资料。

4.6.4 发射分集与空时编码

空时编码(Space-Time Coding)是无线通信的一种新的编码和信号处理技术，它使用多个发射和接收天线进行信息的发射与接收，可以大大改善无线通信系统的可靠性或提高信息速率。空时编码在不同天线发射的信号之间引入时域和空域相关性，使得在接收端可以进行分集接收。与不使用空时编码的编码系统相比，空时编码可以在不牺牲带宽的情况下获得很高的编码增益，在接收机结构相对简单的情况下，空时编码的空时结构可以有效提高无线系统的容量。Tarokh 等人的研究[10]也表明，如果无线信道中有足够的散射，使用适当的编码方法和调制方法可以获得相当大的容量。由于空时编码具有高的频谱利用率，它必将在未来的移动通信中得到广泛的应用。

1. 空时分组码(STBC)

空时分组码是由 AT&T 公司 Tarokh 等人在 Alamouti 的研究基础上提出的。Alamouti 提出了采用两个发射天线和一个接收天线的系统，可以得到与采用一个发射天线和两个接收天线的系统同样的分集增益。空时分组码是将每 k 个输入字符映射为一个 $n_T \times p$ 矩阵，矩阵的每行对应在 p 个不同的时间间隔里不同天线上所发送的符号。这种码的速率可以定义为 $r = k/p$。下面是 $k=2, p=2$ 的一个简单的空时分组码的例子，它的编码矩阵为

$$\boldsymbol{c}_2 = \begin{bmatrix} x_1 & -x_2^* \\ x_2 & x_1^* \end{bmatrix} \tag{4.134}$$

式中，$\boldsymbol{c}_2$ 为编码码字，其中 x_1, x_2 是输入比特映射的两个符号。在某时刻符号 x_1, x_2 分别在天线 1,2 上发送，在下一个时刻两个天线上发送的符号分别为 $-x_2^*, x_1^*$。假设接收端有两个接收天线，并假设信道在相邻两个发射符号间隔内保持不变，而且不同发射天线到接收天线的信道增益是独立的瑞利分布随机变量。用 r_1, r_2 表示第 1,2 个发射符号间隔内接收天线的接收信号：

$$r_1 = h_1 x_1 + h_2 x_2 + n_1 \tag{4.135}$$

$$r_2 = -h_1 x_2^* + h_2 x_1^* + n_2 \tag{4.136}$$

式中，h_i 表示从发射天线 i 到接收天线的信道冲激响应 $(i=1,2)$。令 $\boldsymbol{r} = \begin{bmatrix} r_1 & r_2^* \end{bmatrix}$，$\boldsymbol{x} = \begin{bmatrix} x_1 & x_2 \end{bmatrix}$，则式(4.135)、式(4.136)可以表示为

$$\boldsymbol{r} = \boldsymbol{H}\boldsymbol{x} + \boldsymbol{n} \tag{4.137}$$

式中，信道矩阵

$$\boldsymbol{H} = \begin{bmatrix} h_1 & h_2 \\ h_2^* & -h_1^* \end{bmatrix} \tag{4.138}$$

$\boldsymbol{n}$ 是均值为 0、协方差矩阵为 $N_0\boldsymbol{I}$ 的复高斯随机噪声向量。由此最优极大似然译码可表示为

$$\boldsymbol{x} = \arg(\min_{\hat{\boldsymbol{x}} \in \boldsymbol{C}} \|\boldsymbol{r} - \boldsymbol{H}\hat{\boldsymbol{x}}\|^2) \tag{4.139}$$

式中，$\boldsymbol{C}$ 表示所有可能的调制符号对 $\begin{bmatrix} x_1 & x_2 \end{bmatrix}$ 的集合。由于空时分组码的编码正交性，式(4.139)的联合最大似然译码可以分解为对两个符号 x_1 和 x_1 分别最大似然译码，从而大大降低了接收端译码复杂度。

对于 STBC，为了使各天线上发送的数据正交，它的编码矩阵满足如下条件

$$\boldsymbol{c}_{n_T} \cdot \boldsymbol{c}_{n_T}^H = \left(|x_1|^2 + |x_2|^2 + \cdots + |x_k|^2\right)\boldsymbol{I}_{n_T} \tag{4.140}$$

虽然空时分组码提供了发射分集增益，但是它并没有提供相关的编码增益。一般情况下，使用空时分组码提供分集增益，而使用外信道编码提供编码增益。现在对空时分组码的研究集中在码字的设计，即如何设计一种性能更佳的构造码字以及分析其带来的分集增益和信道容量的增加。另外，现在还有一个很活跃的研究领域，即空时分组码与正交频分复用(OFDM)技术的结合使用，目前国内外的许多学者正致力于这方面的研究。最初的空时分组码是针对平坦衰落信道提出的，后来有学者将其扩展到频率选择性衰落信道中的分组数据传输，大大提高了空时分组码的应用范围。

2．空时格码(STTC)

（1）编码器

空时格码的编码过程将调制、编码及收发分集联合优化，采用格形图编码，其某个时刻天线上所发射的符号是由当前输入符号和编码器的状态决定的。空时格码比空时分组码有更好的性能，当然其编译码的复杂度也要高一些。相对于空时分组码来说，空时格码本身不但提供了分集增益，而且还提供了编码增益。在某一个时刻 t，采用 MPSK（$M=2^m$）符号映射的 STTC 编码器结构如图 4.59 所示。

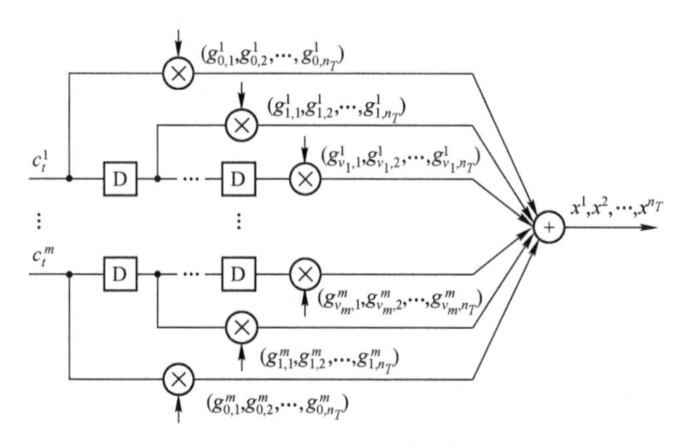

图 4.59　STTC 编码器结构

图 4.59 中的 D 表示延迟一个比特，假设发射天线数为 n_T，t 时刻输入的比特流为 $\boldsymbol{c}_t$，连续输入的比特流为 $\boldsymbol{c}$，即

$$\begin{aligned}\boldsymbol{c}_t&=\left[c_t^1,c_t^2,\cdots,c_t^m\right]\\ \boldsymbol{c}&=\left[\boldsymbol{c}_1,\boldsymbol{c}_2,\cdots,\boldsymbol{c}_t,\cdots\right]\end{aligned}\tag{4.141}$$

经过编码调制后，t 时刻输出的 MPSK 空时符号为 $\boldsymbol{x}_t$，调制符号序列为 $\boldsymbol{x}$，有

$$\begin{aligned}\boldsymbol{x}_t&=\left[x_t^1,x_t^2,\cdots,x_t^{n_T}\right]\\ \boldsymbol{x}&=\left[\boldsymbol{x}_1,\boldsymbol{x}_2,\cdots,\boldsymbol{x}_t,\cdots\right]\end{aligned}\tag{4.142}$$

调制符号 $\boldsymbol{x}_t$ 通过 n_T 根天线发送出去。移位寄存器单元和模 M 加法器之间的关系可由以下 m 个乘法器系数表示

$$\begin{cases}\boldsymbol{g}^1=\left[\left(g_{0,1}^1,g_{0,2}^1,\cdots,g_{0,n_T}^1\right),\left(g_{1,1}^1,g_{1,2}^1,\cdots,g_{1,n_T}^1\right),\cdots,\left(g_{v_1,1}^1,g_{v_1,2}^1,\cdots,g_{v_1,n_T}^1\right)\right]\\ \boldsymbol{g}^2=\left[\left(g_{0,1}^2,g_{0,2}^2,\cdots,g_{0,n_T}^2\right),\left(g_{1,1}^2,g_{1,2}^2,\cdots,g_{1,n_T}^2\right),\cdots,\left(g_{v_2,1}^2,g_{v_2,2}^2,\cdots,g_{v_2,n_T}^2\right)\right]\\ \qquad\vdots\\ \boldsymbol{g}^m=\left[\left(g_{0,1}^m,g_{0,2}^m,\cdots,g_{0,n_T}^m\right),\left(g_{1,1}^m,g_{1,2}^m,\cdots,g_{1,n_T}^m\right),\cdots,\left(g_{v_m,1}^m,g_{v_m,2}^m,\cdots,g_{v_m,n_T}^m\right)\right]\end{cases}\tag{4.143}$$

式中，$g_{j,i}^k \in \{0,1,\cdots,M-1\}(k=1,2,\cdots,m; j=1,2,\cdots,v_k; i=1,2,\cdots,n_T)$，$v_k$ 是第 k 个移位寄存器的记忆长度，v 编码器全部记忆长度

$$v_k = \left|\frac{v+k-1}{\lg_2 M}\right| \tag{4.144}$$

那么在 t 时刻第 i 根发射天线的输出 x_t^i 为

$$x_t^i = \sum_{k=1}^{m}\sum_{j=0}^{v_k} g_{j,i}^k c_{t-j}^k \bmod M \text{，} \quad i=1,2,\cdots,n_T \tag{4.145}$$

（2）网格图

STTC 的编码还可以用网格图的形式表示，把每输入的 m 个比特的数据流映射为 1 个 MPSK 符号，然后根据网格图对符号进行 STTC 编码。当发射天线数为 2，输入 QPSK 符号时的网格图如图 4.60 所示。

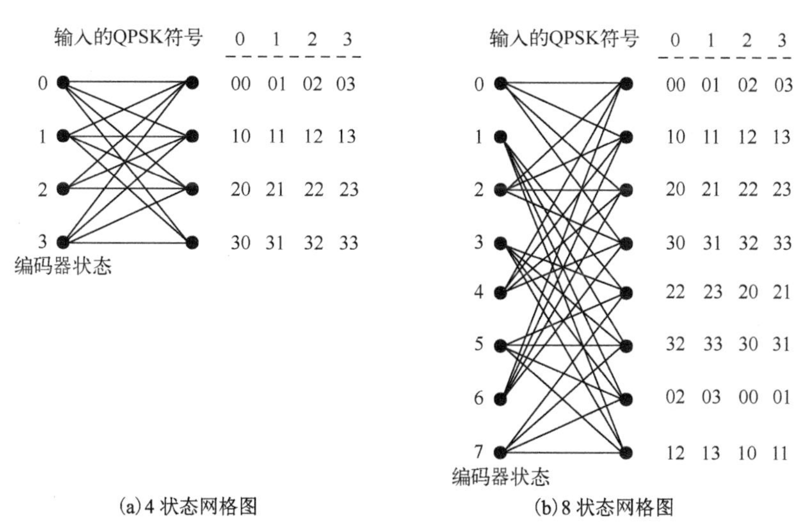

图 4.60 STTC 网格图

网格图右边每一行中的每个元素由两个符号组成，每根发射天线相应地发射一个符号。斜线表示由于输入的符号，编码器的状态相应地由斜线的始端转换到末端。对于 QPSK 调制包含了 4 个可能的符号，那么当编码器处于某一个状态时，它的状态就可以根据输入的符号转换为斜线所对应的 4 个可能状态中的 1 个。

由于空时格码的最优化设计还没有理论方法，目前最优码的获得还是依靠计算机搜索。另外，对于空时格码，译码器采用维特比算法来实现最大似然译码，简单的译码算法一直是国内外学者的研究目标。再有空时码与其他技术的结合，如智能天线技术、阵列处理技术、多用户检测、多重格码调制，也是学者研究的热点。

习题与思考题

4.1 分集接收技术的指导思想是什么？

4.2 什么是宏观分集和微观分集?在移动通信中常用哪些微观分集？

4.3 工作频段为 900MHz 的模拟移动电话系统 TACS 的信令采用数字信号方式。其前向控制信道的信息字 A 和字 B 重复交替发送 5 次，如图 4.61 所示。每字(40b)长度 5ms。为使字 A(或 B)获得独立的衰落，移动台的速度最低是多少？

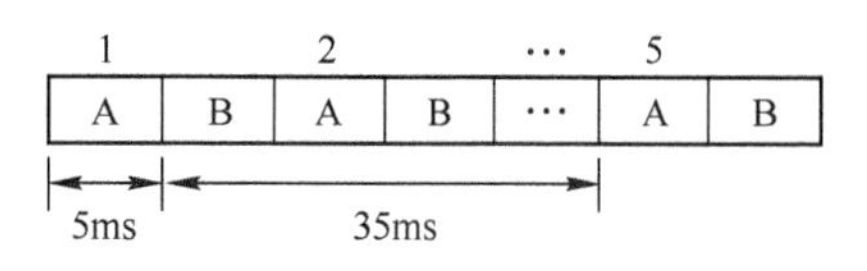

图 4.61 题 4.3 的图

4.4 合并方式有哪几种？哪一种可以获得最大的输出信噪比？为什么？

4.5 要求 DPSK 信号的误比特率为 10^{-3} 时，若采用 M=2 的选择合并，要求信号平均信噪比是多少 dB？没有分集时又是多少？采用最大合并时重复上述工作。

4.6 什么是码字的汉明距离？码字 1101001 和 0111011 的汉明距等于多少？一个分组码的汉明码距为 32 时能纠正多少个错误？

4.7 已知一个卷积码编码器由 2 个串联的寄存器(约束长度 3)、3 个模 2 加法器和 1 个转换开关构成。编码器生成序列为 $g^{(1)}=(1,0,1)$, $g^{(2)}=(1,1,0)$, $g^{(3)}=(1,1,1)$。画出它的结构方框图。

4.8 图 4.62 是一个(2, 1, 1)卷积码编码器。

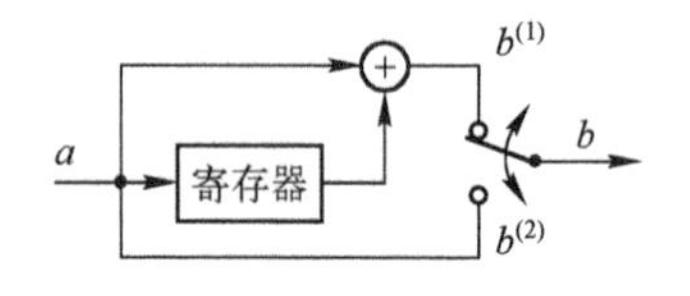

图 4.62 题 4.8 的图

(1) 画出状态图；

(2) 设输入信息序列为 10111，画出编码网格图；

(3) 求编码输出并在图中找出一条编码输出的路径；

(4) 设接收编码序列为 11, 01, 11, 11, 01，用维特比译码搜索最可能发送的信息序列。

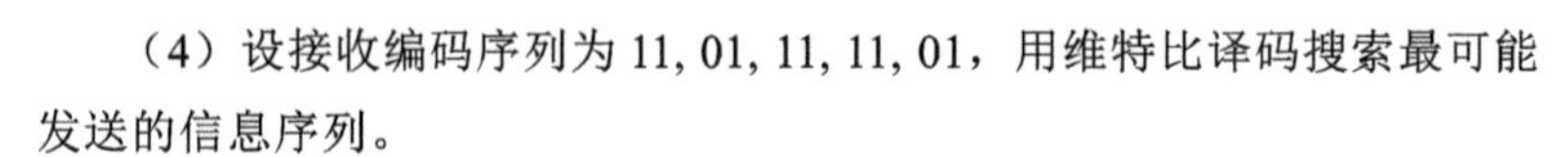

4.9 Turbo 码与一般的分组码和卷积码相比，有哪些特点使得它有更好的抗噪声性能？它有什么缺点使得它在实际应用受到什么限制？

4.10 Turbo 码的码率为 1/2，其生成矩阵 $\boldsymbol{g}(D)=\left[1,\dfrac{1+D+D^2}{1+D^2}\right]$。

(1) 画出编码器的原理框图；

(2) 设信息序列是 $\{m_k\}$，奇偶校验序列是 $\{b_k\}$，写出它的奇偶校验等式。

4.11 信道均衡器的作用是什么？为什么支路数为有限的线性横向均衡器不能完全消除码间干扰?

4.12 线性均衡器与非线性均衡器相比主要缺点是什么？在移动通信中一般使用哪一种均衡器？

4.13 试说明判决反馈均衡器中的反馈滤波器是如何消除信号的拖尾干扰的？

4.14 PN 序列有哪些特征使得它具有类似噪声的性质？

4.15 计算序列的相关性：

(1) 计算序列 a=1110010 的周期自相关特性并绘图(取 10 个码元长度)；

(2) 计算序列 b=01101001 和 c=00110011 的互相关系数，计算各自的周期自相关特性并绘图(取 10 个码元长度)；

(3) 比较上述序列，哪一个最适合用作扩频码？

4.16 简要说明直接序列扩频和解扩的原理。

4.17 为什么扩频信号能够有效地抑制窄带干扰？

4.18 RAKE 接收机的工作原理是什么？

4.19 简述多天线传输技术中分集和复用的基本原理。

本章参考文献

1 Theodore S. Rappapaort. Wireless communications principles & practice. 北京：电子工业出版社，1998

2 John G . Proakis. Digital communications. MicGraw-Hill, Inc 1995. 北京：电子工业出版社，1998

3 Vijav K.Garg. 于鹏，等译. 第三代移动通信系统原理与工程设计——IS-95 CDMA 和 CDMA2000. 北京：电子工业出版社，2001

4 Gordon L.Stüber. 裴昌幸，等译. 移动通信原理(第二版). 北京：电子工业出版社，2004

5 Jhong Sam Lee Leonard E.Miller. 许希斌，等译. CDMA 系统工程手册. 北京：人民邮电出版社，2001

6 Michel MOULY & Marie-Bernadette PAUTET. 骆健霞，等译. GSM 数字移动通信系统. 北京：电子工业出版社，1996

7 西蒙・赫金. 宋铁成，等译. 通信系统(第四版). 北京：电子工业出版社，2003

8 DRIESSEN P F, FOSCHINI G J. On the capacity formula for multiple input-multiple output wireless channels: a geometric interpretation [J]. IEEE Trans Commun, 1999, 47(2): 173～176

9 WOLNIANSKY P W, FOSCHINI G J, GOLDEN G D, et al. V-BLAST: an architecture for realizing very high data rates over the rich-scattering wireless channel [A]. Proc IEEE ISSSE'98 [C]. Pisa, Italy, 1998. 295-300

10 Tarokh VSeshadri NCalderbank A R.Sapce-time Codes for High Data Rate Wireless Communications: Performance Criteria and Code Construction 1998(03)

第5章　蜂窝组网技术

本章重点介绍移动通信蜂窝组网的原理和移动通信网络结构，包括频率复用和蜂窝小区、多址接入技术，以及网络结构等。

- 掌握移动通信网的概念和特点；
- 掌握蜂窝小区的原理及相关技术；
- 掌握多址接入和系统容量的概念和原理；
- 理解移动通信网络的组成。

5.1　移动通信网的基本概念

移动通信在追求最大容量的同时，还要追求最好的覆盖，也就是无论移动用户移动到什么地方，移动通信系统都应覆盖到。当然在现今的移动通信系统中还无法做到上述所提到的最好覆盖，但是系统应能够在其覆盖的区域内为用户提供良好的语音和数据通信。要实现系统在其覆盖区内良好的通信，就必须有一个通信网支撑。这个通信网就是移动通信网。

一般来说，移动通信网由两部分组成：一部分为空中网络，另一部分为地面网络。

1. 空中网络

空中网络是移动通信网的主要部分，主要包括：

（1）多址接入

在给定的频率资源下，如何提高系统的容量是蜂窝移动通信系统的重要问题。由于采用何种多址接入方式将直接影响到系统的容量，所以这一直是人们研究的热点。

（2）频率复用和蜂窝小区

蜂窝小区和频率复用是一种独特的概念和想法。它主要解决频率资源受限的问题，并大大增加系统的容量。蜂窝小区和频率复用实际上是一种蜂窝组网的概念，是由美国贝尔实验室最早提出的。

蜂窝式组网理论的内容如下：

① 无线蜂窝式小区覆盖和小功率发射。蜂窝式组网放弃了点对点传输和广播覆盖模式，将一个移动通信服务区划分成许多以正六边形为基本几何图形的覆盖区域，称为蜂窝小区。一个较低功率的发射机服务一个蜂窝小区，在较小的区域内服务相当数量的用户。

② 频率复用。蜂窝系统的基站工作频率，由传播损耗提供足够的隔离度，在相隔一定距离的另一个基站可以重复使用同一组工作频率，称为频率复用。例如，用户超过100万的大城市，若每个用户都有自己的信道频率，则需要极大的频谱资源，且在话务繁忙时也许还可能饱和。采用频率复用大大地缓解了频率资源紧缺的矛盾，增加了用户数目或系统容量。频率复用能够从有限的原始频率分配中产生几乎无限的可用频率，这是使系统容量趋于无限的极好方法。频率复用所带来的问题是同频干扰，同频干扰的影响并不与蜂窝之间的绝对距离有关，而是与蜂窝间距离和小区半径的比值有关。

③ 多信道共用和越区切换。由若干无线信道组成的移动通信系统，为大量的用户共同使

用并且仍能满足服务质量的信道利用技术，称为多信道共用技术。多信道共用技术利用信道占用的间断性，使多个用户能够任意地、合理地选择信道，以提高信道的使用效率，这与市话用户共同享有中继线相类似。事实上，不是所有的呼叫都能在一个蜂窝小区内完成全部接续业务的，为了保证通话的连续性，当正在通话的移动台进入相邻无线小区时，移动通信系统必须具备将业务信道自动切换到相邻小区基站的越区切换功能，即切换到新的信道上，从而不中断通信过程。

（3）切换和位置更新

采用蜂窝式组网后，切换技术就是一个重要的问题。不同的多址接入，切换技术也有所不同。位置更新是移动通信所特有的，由于移动用户要在移动网络中任意移动，网络需要在任何时刻联系到用户，以有效地管理移动用户。完成这种功能的技术称为移动性管理。

2. 地面网络部分

地面网络部分主要包括：

① 服务区内各个基站的相互连接。

② 基站与固定网络(PTSN，ISDN，数据网等)的相互连接。

5.2 频率复用和蜂窝小区

频率复用和蜂窝小区的设计是与移动网的区域覆盖和容量需求紧密相连的。早期的移动通信系统采用的是大区覆盖，但随着移动通信的发展，这种网络设计已远远不能满足需求了。因而以蜂窝小区、频率复用为代表的新型移动网的设计孕育而生了，它是解决频率资源有限和用户容量问题的一个重大突破。

一般来说，移动通信网的区域覆盖方式可分为两类：一类是小容量的大区制，另一类是大容量的小区制。

1. 小容量的大区制

大区制是指一个基站覆盖整个服务区。为了增大单基站的服务区域，天线架设要高，发射功率要大。但是这只能保证移动台可以接收到基站的信号。反过来，当移动台发射时，由于受到移动台发射功率的限制，就无法保障通信了。为解决这个问题，可以在服务区内设若干分集接收点与基站相连，利用分集接收来保证上行链路的通信质量；也可以在基站端采用全向辐射天线和定向接收天线，从而改善上行链路的通信条件。大区制只能适用于小容量的通信网，例如，用户数在 1000 以下。这种制式的控制方式简单，设备成本低，适用于中小城市、工矿区及专业部门，是发展专用移动通信网可选用的制式。

2. 大容量的小区制

大容量的小区制移动通信系统，根据频率复用和覆盖方式可分为两种：带状服务覆盖区和面状服务覆盖区。

（1）带状服务覆盖区

双频组频率配置：f_1 f_2 f_1 f_2 f_1 f_2 f_1

三频组频率配置：f_1 f_2 f_3 f_1 f_2 f_3 f_1

（2）面状服务覆盖区

图 5.1 所示为标有相同数字的小区使用相同的信道组，如 $N=4$ 的示意图中画出了两个完整的含有相同信道编号 1～4 的小区，一般称为簇或区群。在一个小区簇内，要使用不同的频率，而在不同的小区簇间可使用对应的相同频率。小区的频率复用的设计指明了在哪里使用什么信道。另外，图 5.1 所示的六边形小区是概念上的，是每个基站的简化覆盖模型。用六边形作为覆盖模型，则用最小的小区数就能覆盖整个地理区域；而且，六边形最接近于全向的基站天线和自由空间传播的全向辐射模式。无线移动通信系统广泛使用六边形小区来研究系统覆盖和业务需求。

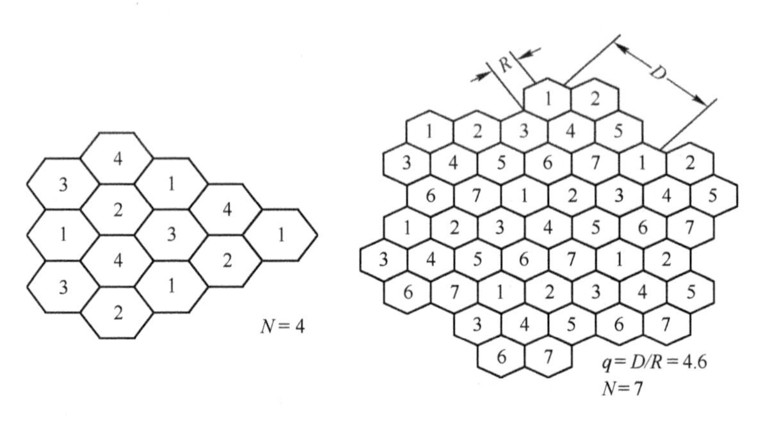

图 5.1　蜂窝系统的频率复用和小区面状覆盖示意图

实际上，由于无线系统覆盖区的地形地貌不同，无线电波传播环境不同，产生的电波的长期衰落和短期衰落不同，一个小区的实际无线覆盖是一个不规则的形状。

当用六边形来模拟覆盖范围时，基站发射机或者安置在小区的中心(中心激励小区)，或者安置在六边形的顶点之中的 3 个上(顶点激励小区)。

考虑一个共有 S 个可用双向信道的蜂窝系统，如果每个小区都分配 K 个信道($K<S$)，并且 S 个信道在 N 个小区中分为各不相同的、各自独立的信道组，每个信道组有相同的信道数，那么可用无线信道的总数为

$$S=KN \tag{5.1}$$

共同使用全部可用频率的 N 个小区叫作簇。如果簇在系统中共同复制了 M 次，则信道的总数 C，可以作为容量的一个度量

$$C=MKN=MS \tag{5.2}$$

式中，N 叫作簇的大小，典型值为 4、7 或 12。如果簇 N 减小而小区的数量保持不变，则需要更多的簇来覆盖给定的范围，从而获得更大的容量。N 的值表征了移动台或基站可以承受的干扰，同时保持令人满意的通信质量。移动台或基站可以承受的干扰主要体现在由于频率复用所带来的同频干扰。考虑同频干扰首先自然想到的是同频距离，因为电磁波的传输损耗是随着距离的增加而增大的，所以干扰也必然减小。

频率复用距离 D 是指最近的两个同频小区中心之间的距离，如图 5.2 所示。

在一个小区中心或相邻小区中心作两条与小区的边界垂直的直线，其夹角为120°。此两条直线分别连接到最近的两个同频点小区中心，其长度分别为I和J，如图 5.2 所示。于是同频距离为

$$D^2=I^2+J^2-2IJ\cos120^\circ=I^2+IJ+J^2 \tag{5.3}$$

令 $$I = 2iH \text{，} \quad J = 2jH \tag{5.4}$$

式中，H 为小区中心到边的距离：

$$H = \frac{\sqrt{3}}{2}R \tag{5.5}$$

式中，R 为小区的半径。则

$$I = \sqrt{3}iR \text{，} \quad J = \sqrt{3}jR \tag{5.6}$$

将式(5.6)代入式(5.3)得 $$D = \sqrt{3N}R \tag{5.7}$$

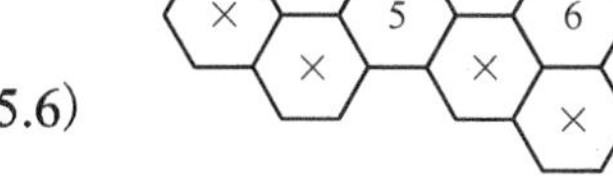

图 5.2 $N=7$ 频率复用设计示例

式中 $$N = i^2 + ij + j^2 \tag{5.8}$$

N 称为频率复用因子，也等于小区簇中包含小区的个数。因此 N 值大时，频率复用距离 D 就大，但频率利用率就降低，因为它需要 N 个不同的频点组。反之，N 小则 D 小，频率利用率高，但可能会造成较大的同频干扰。所以这是一对矛盾。

下面讨论同频干扰的问题。假定小区的大小相同，移动台的接收功率门限按小区的大小调节。若设 L 为同频干扰小区数，则移动台的接收载波干扰比可表示为

$$C/I = C\Big/\sum_{l=1}^{L} I_l \tag{5.9}$$

式中，C 为最小载波强度；I_l 为第 l 个同频干扰小区所在基站引起的干扰功率。

移动无线信道的传播特性表明，小区中移动台接收到的最小载波强度 C 与小区半径的 R^{-n} 成正比。再设 D_l 是第 l 个干扰源与移动台间的距离，则移动台接收到的来自第 l 个干扰小区的载波功率与 $(D_l)^{-n}$ 成正比。n 为衰落指数，一般取 4。

如果每个基站的发射功率相等，整个覆盖区域内的路径衰落指数也相同，则移动台的载干比可近似表示为

$$C/I = R^{-n}\Big/\sum_{l=1}^{L}(D_l)^{-n} \tag{5.10}$$

通常在被干扰小区的周围，干扰小区有多层，一般第一层起主要作用。现仅考虑第一层干扰小区，且假定所有干扰基站与预设被干扰基站间的距离相等，即 $D = D_l$，则载干比可简化为

$$C/I = \left(D/R\right)^n\Big/L = \left(\sqrt{3N}\right)^n\Big/L \tag{5.11}$$

式(5.11)表明了载干比和小区簇的关系。式中，$D/R = \sqrt{3N}$ 为同频复用比例，有时也称其为同频干扰因子，一般用 Q 表示，即

$$Q = D/R = \sqrt{3N} \tag{5.12}$$

模拟移动通信系统一般要求 $C/I > 18\text{dB}$，假设 $n=4$，根据式(5.11)可得簇 N 最小为 6.49，故一般取簇 N 的最小值为 7。在数字移动通信系统中，$C/I = 7\sim10\text{dB}$，所以可以采用较小的 N 值。

为了找到与某一特定小区相距的同频相邻小区，可以按以下步骤进行：①沿着任何一条六边形链移动 i 个小区；②逆时针旋转 60° 再移动 j 个小区。图 5.3 中 $i=3$，$j=2$（$N=19$）。

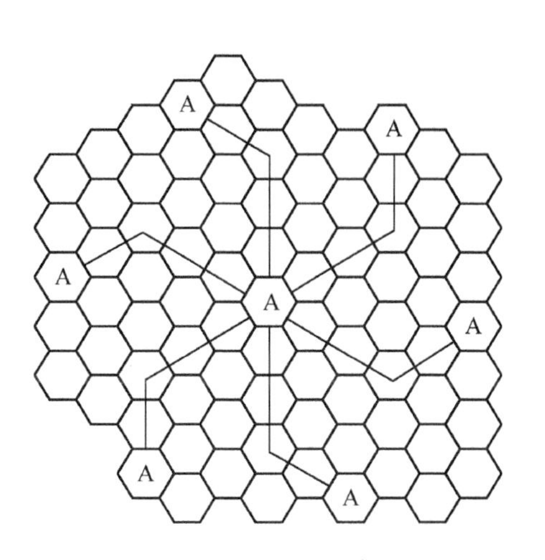

图 5.3 在蜂窝小区中定位同频小区的方法

另外，当小区扇区化后，由于采用了定向天线，所以产生同频干扰的小区将比采用全向天线时产生同频干扰的小区少，由此可以降低受干扰小区的载干比要求，例如，当采用 3 个扇区并采用定向天线时，C/I 的值比采用全向天线时，改善了 3.16dB[7]，同时相应的小区簇也会减小。

5.3 多址接入技术

当以传输信号的载波频率不同来区分信道建立多址接入时，称为频分多址(FDMA)方式；当以传输信号存在的时间不同来区分信道建立多址接入时，称为时分多址(TDMA)方式；当以传输信号的用户地址码型不同来区分信道建立多址接入时，称为码分多址(CDMA)方式。

图 5.4 所示为 N 个信道的 FDMA、TDMA 和 CDMA 的示意图。

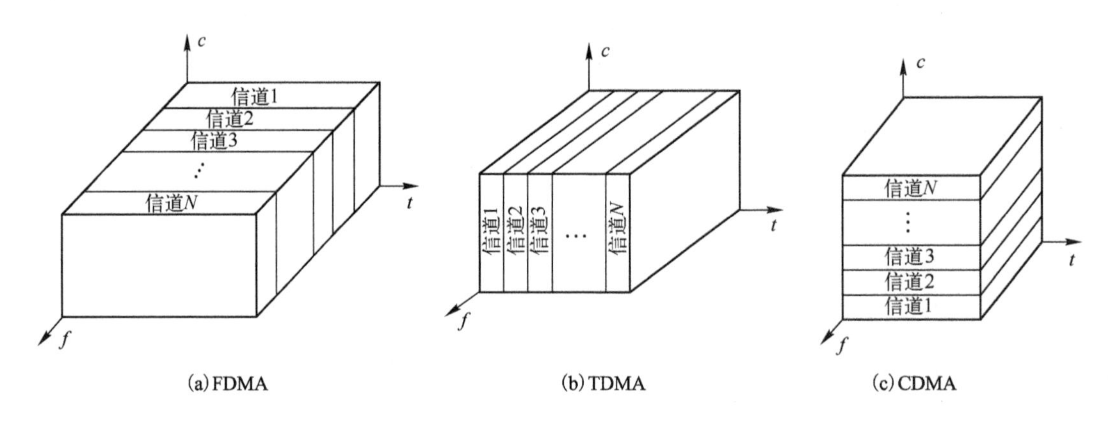

图 5.4 FDMA、TDMA、CDMA 的示意图

在移动通信中，常见的多址方式有：频分多址(FDMA)、时分多址(TDMA)、码分多址(CDMA)，以及它们的混合应用方式等。

1. 频分多址方式

在 FDMA 系统中，分配给用户一对信道，即一对频谱；一个频谱用作前向信道即基站向移动台方向的信道，另一个则用作反向信道即移动台向基站方向的信道。这种通信系统的基站必须同时发射和接收多个不同频率的信号；任意两个移动用户之间进行通信都必须经过基站的中转，因而必须同时占用 2 个信道(2 对频谱)才能实现双工通信。

它们的频谱分割如图 5.5 所示。在频率轴上，前向信道占有较高的频带，反向信道占有较低的频带，中间为保护频带。在用户频道之间，设有保护频隙 F_g，以免因系统的频率漂移而造成频道间的重叠。

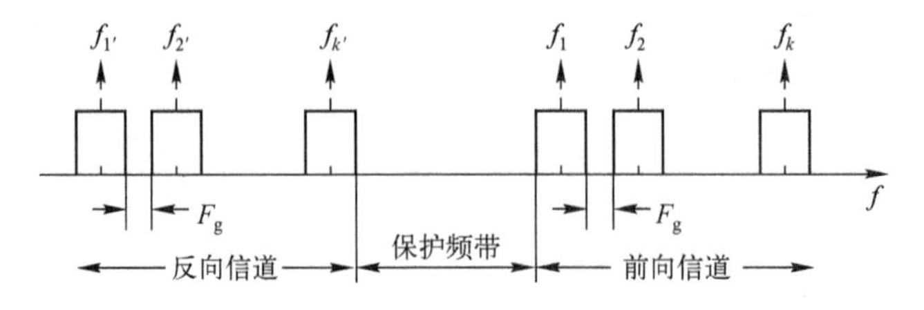

图 5.5 FDMA 系统频谱分割示意图

前向信道与反向信道的频带分割，是实现频分双工通信的要求；频道间隔(例如为 25kHz)是保证频道之间不重叠的条件。

在 FDMA 系统中的主要干扰有：互调干扰、邻道干扰和同频道干扰。

互调干扰是指系统内由于非线性器件产生的各种组合频率成分落入本频道接收机通带内而造成的对有用信号的干扰。当干扰的强度(功率)足够大时，将对有用信号造成损害。克服互调干扰，除减少产生互调干扰的条件，即尽可能提高系统的线性程度，减少发射机互调和接收机互调外，主要选用无互调的频率集。

邻道干扰是指相邻频道信号中存在的寄生辐射落入本频道接收机带内而造成的对有用信号的干扰。当邻道干扰功率足够大时，将对有用信号造成损害。克服邻道干扰，除严格规定收发信机的技术指标，即规定发射机寄生辐射和接收机中频率选择性外，主要采用加大频道间的隔离度。

同频道干扰是指相邻区群中同信道小区的信号造成的干扰。它与蜂窝结构和频率规划密切相关。为了减少同频道干扰，需要合理地选定蜂窝结构与频率规划，表现为系统设计中对同频道干扰因子 Q 的选择。

FDMA 的特点如下。

① 每信道占用一个载频，相邻载频之间的间隔应满足传输信号带宽的要求。为了在有限的频谱中增加信道数量，系统均希望间隔越窄越好。FDMA 信道的相对带宽较窄(25kHz 或 30kHz)，每个信道的每一载波仅支持一个连接，也就是说 FDMA 通常在窄带系统中实现。

② 符号时间与平均延迟扩展相比较是很大的。这说明符号间干扰较低，因此在窄带 FDMA 系统中无须自适应均衡。

③ 基站复杂庞大，重复设置收发信设备。基站有多少信道，就需要多少部收发信机，同时需用天线共用器，功率损耗大，易产生信道间的互调干扰。

④ FDMA 系统每载波单个信道的设计，使得在接收设备中必须使用带通滤波器，以允许指定信道中的信号通过，滤除其他频率的信号，从而限制邻近信道间的相互干扰。

⑤ 越区切换较为复杂和困难。因为在 FDMA 系统中，分配好语音信道后，基站和移动台都是连续传输的，所以在越区切换时，必须瞬时中断传输数十至数百毫秒，以把通信从某一频率切换到另一个频率。对于语音，瞬时中断问题不大，对于数据传输则将带来数据的丢失。

2. 时分多址方式

时分多址(TDMA)是在一个宽带的无线载波上，把时间分成周期性的帧，每一帧再分割成若干时隙(无论帧或时隙都是互不重叠的)，每个时隙就是一个通信信道，分配给某一个用户。如图 5.6 所示，系统根据一定的时隙分配原则，使各个移动台在每帧内只能按指定的时隙向基站发射信号(突发信号)，在满足定时和同步的条件下，基站可以在各时隙中接收到各移动台的信号而互不干扰。同时，基站发向各个移动台的信号都按顺序安排在预定的时隙中传输，各移动台只要在指定的时隙内接收，就能在合路的信号(TDM 信号)中把发给它的信号区分出来。

TDMA 的帧结构如图 5.7 所示。

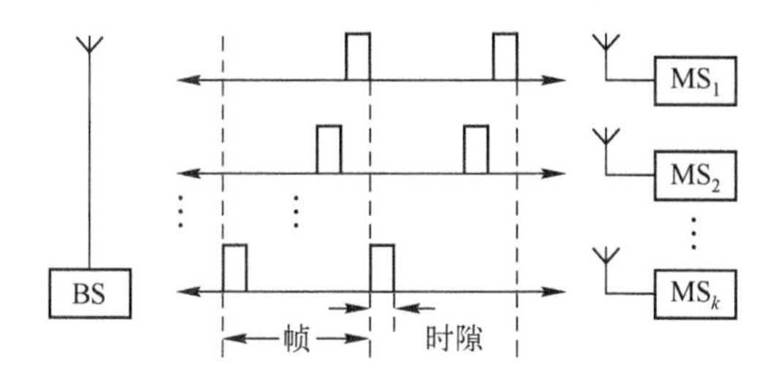

图 5.6 TDMA 系统工作示意图

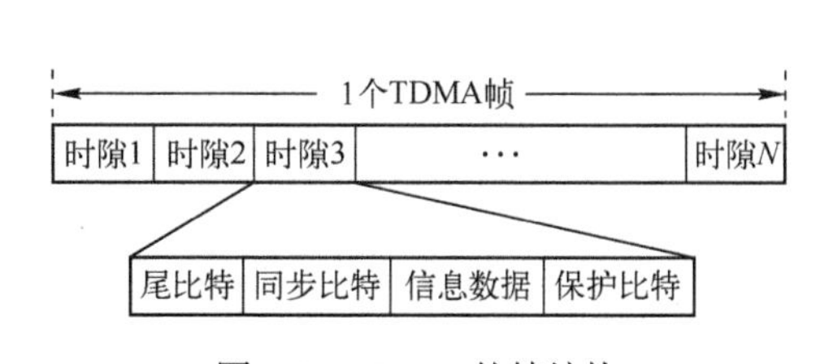

图 5.7 TDMA 的帧结构

TDMA 的特点如下。

① 突发传输的速率高，远大于语音编码速率。设每路编码速率为 R，共 N 个时隙，则在这个载波上传输的速率将大于 $N \cdot R$。这是因为 TDMA 系统中需要较高的同步开销。同步技术是 TDMA 系统正常工作的重要保证。

② 发射信号速率随 N 的增大而提高，如果达到 100kb/s 以上，码间串扰就加大，必须采用自适应均衡，用以补偿传输失真。

③ TDMA 用不同的时隙来发射和接收，因此不需双工器。即使采用 FDD 技术，在用户单元内部的切换器，就能满足 TDMA 在接收机和发射机间的切换，而不使用双工器。

④ 基站复杂性减小。N 个时分信道共用一个载波，占据相同带宽，只需一部收发信机。互调干扰小。

⑤ 抗干扰能力强，频率利用率高，系统容量大。

⑥ 越区切换简单。由于在 TDMA 中移动台采用不连续的突发式传输，所以切换处理对一个用户单元来说是很简单的，因为它可以利用空闲时隙监测其他基站，这样越区切换可在无信息传输时进行。因而没有必要中断信息的传输，即使传输数据也不会因越区切换而丢失。

3. 码分多址方式

码分多址(CDMA)系统为每个用户分配了各自特定的地址码，利用公共信道来传输信息。CDMA 系统的地址码相互具有准正交性，以区别地址，而在频率、时间和空间上都可能重叠。系统的接收端必须有完全一致的本地地址码，用来对接收的信号进行相关检测。其他使用不同码型的信号因为和接收机本地产生的码型不同而不能被解调。它们的存在类似于在信道中引入了噪声或干扰，通常称为多址干扰。CDMA 系统工作示意图如图 5.8 所示。

CDMA 系统的特点如下。

① CDMA 系统的许多用户共享同一频率。不管使用的是 TDD 还是 FDD 技术。

② 通信容量大。理论上讲，信道容量完全由信道特性决定，但实际的系统很难达到理想的情况，因而不同的多址方式可能有不同的通信容量。CDMA 是干扰限制性系统，任何干扰的减小都直接转化为系统容量的提高。因此一些能降低干扰功率的技术，如语音激活(Voice Activity)技术等，可以自然地用于提高系统容量。

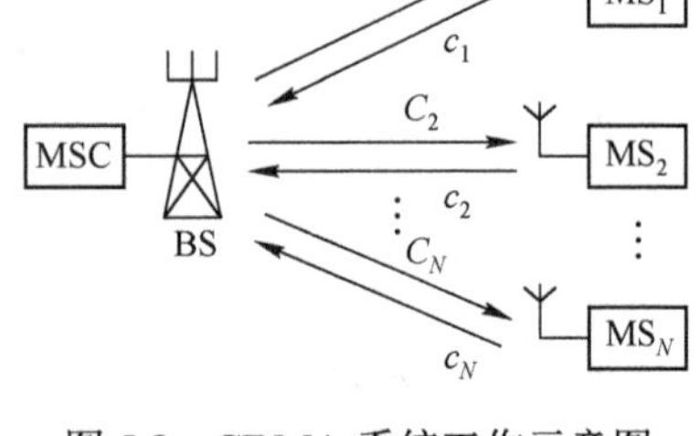

图 5.8　CDMA 系统工作示意图

③ 容量的软特性。TDMA 系统中同时可接入的用户数是固定的，无法再多接入任何一个用户；而 DS-CDMA 系统中，多增加一个用户只会使通信质量略有下降，不会出现硬阻塞现象。

④ 由于信号被扩展在较宽频谱上而可以减小多径衰落。如果频谱带宽比信道的相关带宽宽，那么固有的频率分集将具有减弱小尺度衰落的作用。

⑤ 在 CDMA 系统中，信道数据速率很高。因此码片(chip)时长很短，通常比信道的时延扩展要小得多。因为 PN 序列有较好的自相关性，所以大于一个码片宽度的时延扩展部分，可受到接收机的自然抑制。另一方面，如采用分集接收最大比合并技术，可获得最佳的抗多径衰落效果。而在 TDMA 系统中，为克服多径造成的码间干扰，需要用复杂的自适应均衡，均衡器的使用增加了接收机的复杂度，同时将影响到越区切换的平滑性。

⑥ 平滑的软切换和有效的宏分集。DS-CDMA 系统中所有小区使用相同的频率，这不仅简化了频率规划，也使越区切换得以完成。每当移动台处于小区边缘时，同时有两个或两个以

上的基站向该移动台发送相同的信号，移动台的分集接收机能同时接收合并这些信号，此时处于宏分集状态。只有当某一基站的信号持续一定时间强于当前基站信号时，移动台才切换到对该基站的控制上去，这种切换可以在通信的过程中平滑完成，称为软切换。

⑦ 低信号功率谱密度。在 DS-CDMA 系统中，信号功率被扩展到比自身频带宽度宽百倍以上的频带范围内，因而其功率谱密度大大降低。由此可得到两方面的好处：其一，具有较强的抗窄带干扰能力；其二，对窄带系统的干扰很小，有可能与其他系统公用频段，使有限的频谱资源得到更充分的利用。

CDMA 系统存在着两个重要的问题：

一是来自非同步 CDMA 网中不同用户的扩频序列不完全是正交的，这一点与 FDMA 和 TDMA 是不同的，FDMA 和 TDMA 具有合理的频率保护带或保护时间，接收信号近似保持正交性，而 CDMA 对这种正交性是不能保证的。这种扩频码集的非零互相关系数会引起各用户间的相互干扰，即多址干扰，在异步传输信道，以及多径传播环境中多址干扰将更为严重。

另一个问题是远近效应。许多移动用户共享同一信道就会发生远近效应问题。由于移动用户所在的位置处于动态的变化中，基站接收到的各用户信号功率可能相差很大，即使各用户到基站的距离相等，深衰落的存在也会使到达基站的信号各不相同，强信号对弱信号有着明显的抑制作用，会使弱信号的接收性能很差甚至无法通信。这种现象被称为远近效应。为了解决远近效应问题，在大多数实际 CDMA 系统中使用功率控制技术。蜂窝系统中由基站来指示用户进行功率控制，以保证在基站覆盖区内的每一个用户给基站提供相同功率的信号。这就解决了由于一个邻近用户的信号过大而覆盖了远处用户信号的问题。基站的功率控制是通过快速抽样每一个移动终端的无线信号强度指示(Radio Signal Strength Indication，RSSI)来实现的。尽管在每一个小区内使用了功率控制，但是不属于本小区的移动终端还会产生对本小区的干扰。

4. 空分多址方式

空分多址(SDMA)方式就是通过空间的分割来区别不同的用户。在移动通信中，能实现空间分割的基本技术就是采用自适应阵列天线，在不同用户方向上形成不同的波束。如图 5.9 所示 SDMA 使用定向波束天线来服务于不同的用户。相同的频率(在 TDMA 或 CDMA 系统中)或不同的频率(在 FDMA 系统中)服务于被天线波束覆盖的这些不同区域。扇形天线可被看作 SDMA 的一个基本方式。在极限情况下，自适应阵列天线具有极小的波束和无限快的跟踪速度，它可以实现最佳的 SDMA。将来有可能使用自适应天线，迅速地引导能量沿用户方向发送，这种天线是最适合于 TDMA 和 CDMA 的。

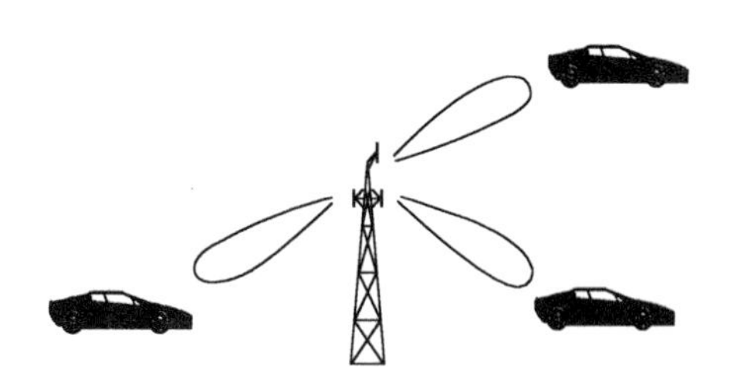

图 5.9　SDMA 系统工作示意图

在蜂窝系统中，由于一些原因使反向链路传输情况更复杂。第一，基站完全控制了在前向链路上所有发射信号的功率。但是，由于每一个用户和基站间无线传播路径的不同，必须对从每一个用户单元出来的信号发射功率进行动态控制，以防止任何用户功率太高而影响其他用户。第二，发射端受到用户单元电池能量的限制，因此也限制了反向链路上对功率的控制程度。为了使每个用户接收到更多能量，通过空间过滤用户信号的方法，即通过空分多址方式反向控制用户的空间辐射能量，那么每一个用户的反向链路将得到改善，并且需要更少的功率。

用在基站的自适应天线，可以解决反向链路的一些问题。若不考虑无穷小波束宽度和无穷大快速搜索能力的限制，自适应式天线提供了最理想的 SDMA，以及在本小区内不受其他用户干扰的唯一信道。在 SDMA 系统中的所有用户，能够用同一信道在同一时间双向通信。而且一个完善的自适应式天线系统能够为每一个用户搜索其多个多径分量，以最理想方式组合它们，来收集从每一个用户发来的所有有效信号能量，有效地克服了多径干扰和同信道干扰。尽管上述理想情况是不可实现的，因为它需要无限多个阵元，但采用适当数目的天线阵元，也可以获得较大的系统增益。

5.4 码分多址关键技术

在移动通信中，IS-95 系统及 3G 移动通信系统的 3 个标准中采用的都是码分多址，因此码分多址技术已成为移动通信系统中最主要的多址方式之一。由于码分多址一般是通过扩频通信来实现的，本书 4.5.2 节中已经对扩频通信的基本原理进行了介绍，本节将在此基础上介绍扩频技术的理论容量与实现方法，并重点介绍码分多址的一些关键技术。

5.4.1 扩频技术

1. 概述

扩频通信技术是一种信息传输方式，用来传输信息的信号带宽远远大于信息本身的带宽；频带的扩展由独立于信息的扩频码来实现，并与所传输的信息数据无关；在接收端则用相同的扩频码进行相关解调，实现解扩和恢复所传的信息数据。该项技术称为扩频调制，而传输扩频信号的系统称为扩频系统。扩频通信技术的理论基础是香农定理。

长期以来，所有的调制和解调技术都争取在静态加性高斯白噪声信道中达到更好的功率效率和(或)带宽效率。因此目前所有调制方案的一个主要设计思想就是最小化传输带宽，其目的是提高频带利用率。由于带宽是一个有限的资源，随着窄带化调制已接近极限，最后只有压缩信息本身的带宽了。于是调制技术又向着相反的方向发展——采用宽带调制技术，即以信道带宽来换取信噪比的改善。那么，以香农公式为理论基础，寻找展宽信号带宽的方法是否可以大大提高系统的抗干扰性能呢？回答是肯定的。

由高通公司开发并已投入商业运营的 IS-95 系统，成为扩频系统商业化的光辉典范，并且开辟了扩频非军事应用的新纪元。

2. 理论基础

香农信息论中的香农定理描述了信道容量、信号带宽、持续时间，与信噪比的关系：

$$C = WT\lg\left(1+\frac{S}{N}\right) \tag{5.13}$$

式中，C 为信道容量；W 为信道带宽；T 为信号持续时间；S/N 为信噪比。

香农公式表明一个信道无误差地传输信息的能力与信道中的信噪比，以及用于传输信息的信道带宽之间的关系。决定信道容量 C 的参数有 3 个：信号带宽 W，持续时间 T，以及信噪比 S/N。这 3 个参数组成一个很形象的具有可塑性的三维立方体，如图 5.10 所示。

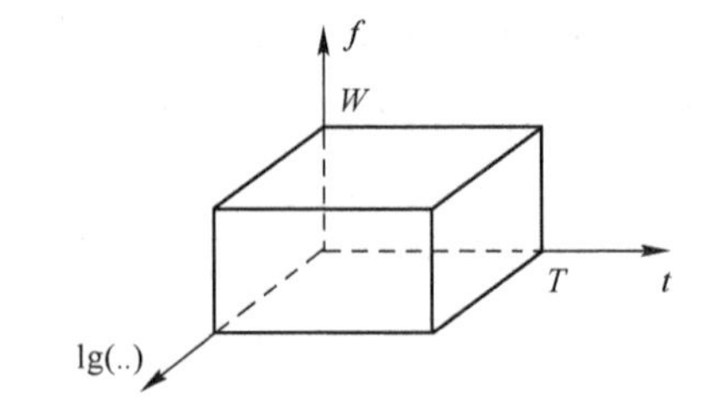

图 5.10 信道容量与信号带宽、持续时间以及信噪比之间的关系

由信号带宽 W、持续时间 T 与信噪比 S/N 组成的立方体的体积就是信道容量 C。这个信道容量所决定的三维信号体积最大的特点就是具有可塑性。即在总体积不变的条件下，3 个坐标

轴上的自变量间可以互换，可以互相取长补短。

用频带换取信噪比，是现代扩频通信的基本原理，其目的是提高通信系统的可靠性。如果通信中信噪比为主要矛盾(如无线通信)，而信号带宽有富裕，往往就可以采用这种用带宽换取信噪比的方法来提高通信的可靠性，即使带宽没有富裕，为了保证可靠性也要牺牲带宽，以确保信噪比。

那么，是否可以一味地以牺牲带宽来换取信噪比的提高呢？

将式(5.13)转换为以 e 为底的对数，那么单位时间内($T=1$)信道容量为

$$C = 1.44W \ln\left(1+\frac{S}{N}\right) \tag{5.14}$$

对于干扰环境的典型情况，$S/N \ll 1$，那么式(5.14)可以简化为

$$C \approx 1.44W\frac{S}{N} \tag{5.15}$$

一般而言，信号功率总是受限的，这里假定S不变，同时有

$$N = N_0W \tag{5.16}$$

式中，N为噪声功率，N_0为噪声功率谱，W为信道带宽。则可得

$$C = 1.44W\frac{S}{N_0W} = 1.44\frac{S}{N_0} \tag{5.17}$$

这就是由香农公式得出的、用频带换取信噪比的极限容量。

3. 扩频方法

扩展频谱的方法有：直接序列扩频(Direct Sequence Spread Spectrum)，简称直接扩频或直扩(DSSS)；跳变频率扩频(Frequency Hopping Spread Spectrum)，简称跳频(FHSS)；跳变时间扩频(Time Hopping)，简称跳时(TH)；宽带线性调频(Chirp Modulation)，简称 Chirp。其中，最基本的展宽频谱的方法为前 3 种。

(1) 直接序列扩频。这种方法就是直接用具有高码率的扩频码序列在发端扩展信号的频谱。而在接收端，用相同的扩频码序列进行解扩，把展宽的扩频信号还原成原始的信息。

(2) 跳变频率扩频。这种方法则是用较低速率编码序列的指令去控制载波的中心频率，使其离散地在一个给定频带内跳变，形成一个宽带的离散频率谱。

(3) 跳变时间扩频。与跳频相似，跳时是使发射信号在时间轴上跳变。首先把时间轴分成许多时片，在一帧内这些时片的发射信号由扩频码序列去控制。可以把跳时理解为用一定码序列进行选择的多时片的时移键控。由于简单跳时的抗干扰性不强，因此很少单独使用。

上述基本调制方法可以进行组合，形成各种混合系统，如跳频/直扩系统，跳时/直扩系统等。

目前，扩展频谱的带宽常在 1～100MHz 范围内，因此，系统的抗干扰性能非常好。扩频调制技术日益受到广泛的重视，应用领域不断扩大。扩频技术所具有的抗衰落能力和频道共享能力对移动通信具有很大的吸引力。

扩频系统有以下特点。

- 能实现码分多址(CDMA)。

- 信号的功率谱密度低，因此信号具有隐蔽性且功率污染小。
- 有利于数字加密、防止窃听。
- 抗干扰性强，可在较低的信噪比条件下，保证系统传输质量。
- 抗衰落能力强。

上述特点的性能指标将取决于具体的扩展频谱方法、编码形式及扩展带宽。下面简要介绍直扩系统和跳频系统的工作原理和性能。

4．直扩系统

直接序列调制系统也称直接扩频系统，或称伪噪声系统，记为DS系统。

图5.11示出了直接扩频系统的原理框图。基带信号的信码是欲传输的信号，它通过速率很高的编码程序(通常用伪随机序列)进行调制，将其频谱展宽，这个过程称作扩频。频谱展宽后的序列再进行射频调制(通常采用 PSK 调制)，其输出则是扩展频谱的射频信号，经天线辐射出去。

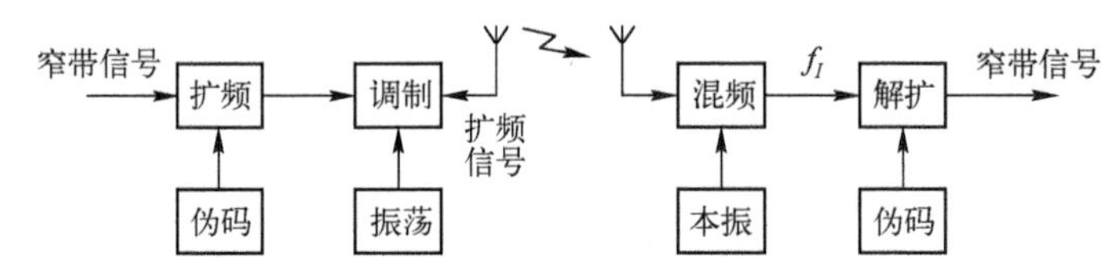

图5.11　直接扩频系统原理框图

在接收端，射频信号经混频后变为中频信号，它与本地产生的和发端相同的编码序列进行反扩展，将宽带信号恢复成窄带信号，这个过程称为解扩。解扩后的中频窄带信号经普通信息解调器进行解调，恢复成原始的信码。

如果将扩频和解扩这两部分去掉，该系统就变成普通的数字调制系统。因此，扩频和解扩是扩展频谱调制的关键过程。

从以上的介绍中可以看到，扩频的作用仅仅是扩展了信号的带宽，虽然也常常被称作扩频调制，但它本身并不具有实现信号频谱搬移的功能。

扩展频谱的特性取决于所采用的编码序列的码型和速率。为了获得具有近似噪声的频谱，均采用伪噪声序列作为扩频系统的编码序列。在接收端，将同样的编码序列与所接收的信号进行相关运算，完成解扩过程。

下面具体分析一下扩频和解扩的过程。为简化分析，假定同步单径BPSK信道中有K个用户，并假定所有的载波相位为零，则接收的等效基带信号表示为

$$s(t)=\sum_{k=1}^{K}\sqrt{P_k}a_k(t)c_k(t)+n(t) \tag{5.18}$$

式中，$a_k\in\{-1,1\}$为第k个用户信息比特值；P_k为发送功率；$s_k(t)$为第k个用户归一化扩频信号，$\int_0^{T_\mathrm{b}}s_k^2(t)\mathrm{d}t=1$；$T_\mathrm{b}$为信息比特的时间宽度；$n(t)$表示加性高斯白噪声，其双边功率谱密度为$N_0/2$，单位为W/Hz。

相关系数的定义为

$$\rho_{i,k}=\frac{1}{T_\mathrm{b}}\int_0^{T_\mathrm{b}}c_i(t)c_k(t)\mathrm{d}t \tag{5.19}$$

这里，如果$i=k$；则$\rho_{k,k}=1$为自相关系数；如果$i\neq k$，则$0\leqslant\rho_{i,k}<1$为互相关系数。

对于某一特定比特，相关器(解扩)的输出为

$$
\begin{aligned}
y_k &= \frac{1}{T_{\rm b}}\int_0^{T_{\rm b}} s(t)c_k(t)\mathrm{d}t \\
&= \sqrt{P_k}b_k + \sum_{\substack{i=1\\ i\neq k}}^{K}\rho_{i,k}\sqrt{P_i}b_i + \frac{1}{T_{\rm b}}\int_0^{T_{\rm b}} n(t)c_k(t)\mathrm{d}t \\
&= \sqrt{P_k}b_k + MAI_k + z_k
\end{aligned}
\tag{5.20}
$$

式(5.20)表明：与第 k 个用户本身的自相关给出了希望接收的数据项，与其他用户的互相关产生出多址干扰项(Multiple Access Interference，MAI)，与热噪声的相关产生了噪声项 z_k。由此可知互相关系数 $\rho_{i,k}$ 越小越好。若 $\rho_{i,k}$=0，则 MAI=0，即本小区其他用户对被检测用户不产生干扰。由此可以看出扩频码相关性的重要，为此 7.2 节将详细讨论伪随机码的特性。

由频谱扩展对抗干扰性带来的好处，称为扩频增益 G_P，可表示为

$$
G_P = B_{\rm W} / B_{\rm S} \tag{5.21}
$$

式中，$B_{\rm W}$ 为发射扩频信号的带宽；$B_{\rm S}$ 为信码的速率。其中 $B_{\rm W}$ 与所采用的伪码(伪随机序列或伪噪声序列的简称)速率有关。为获得高的扩频增益，通常希望增加射频带宽 $B_{\rm W}$，即提高伪码的速率。例如，当信息带宽 $B_{\rm S}=10\text{kHz}$、射频带宽 $B_{\rm W}=2\text{MHz}$ 时，则 $G_P=200$，可近似获得 23dB 扩频增益，这是很可观的。

扩频系统利用扩频-解扩处理过程为什么能获得信噪比的好处呢？如图 5.12 所示，在发端，有用信号经扩频处理后，频谱被展宽，如图 5.12(a)所示，其中 $B_{\rm W}$ 为射频带宽，$B_{\rm S}$ 为信息带宽；在收端，利用伪码的相关性做解扩处理后，有用信号频谱被恢复成窄带谱，如图 5.12(b)所示。宽带无用信号与本地伪码不相关，因此不能解扩，仍为宽带谱；窄带无用信号则被本地伪码扩展为宽带谱。由于无用的干扰信号为宽带谱而有用信号为窄带谱，我们可以用一个窄带滤波器排除带外的干扰电平，这样，窄带内的信噪比就大大提高了。为了提高抗干扰性，希望扩展带宽对信息带宽的比值越大越好。

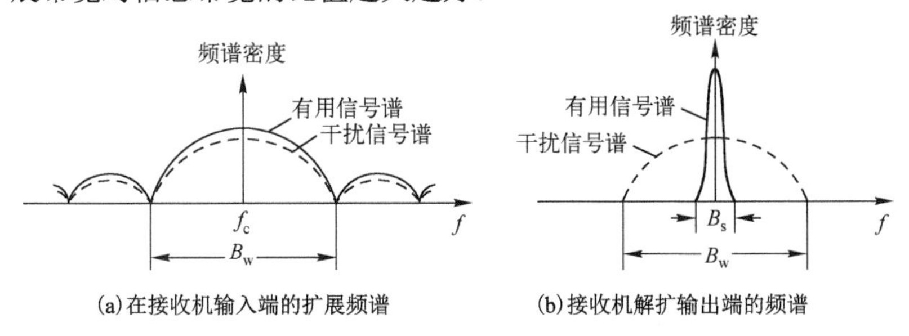

图 5.12 扩频、解扩处理过程

直扩系统的优点在于它可以在很低的甚至负信噪比环境中使系统正常工作。例如，数据带宽为 9.6kHz，扩展带宽为 1.2288MHz，则扩频增益 $G_P=21.07\text{dB}$。若信息解调器要求输入信噪比为 6dB 时，则有 $21.07-6\approx 15\text{dB}$，即允许系统接收机输入端的信噪比为−15dB。图 5.13 所示为基于 IS-95 标准的码分多址通信系统示意图。

但是，考虑到网内用户移动的情况对直扩系统将产生远近效应，即近距离、大功率无用信号将抑制远端小功率有用信号的现象。因此，移动通信采用直扩系统时，需要解决远近效应带来的影响，办法之一是采用功率控制。

5. 跳频系统

图 5.14 所示为跳频系统的原理方框图。如果图中的频率合成器被置定在某一固定的频率

上，这就是普通的数字调制系统，其射频为一个窄带谱。当利用伪码随机置定频率合成器时，发射机的振荡频率将在很宽的频率范围内不断地改变，从而使射频载波也在一个很宽的范围内变化，于是形成了一个宽带离散谱，如图 5.15 所示。接收端必须以同样的伪码置定本地频率合成器，使其与发射机的频率做相同的改变，即收发跳频必须同步，这样才能保证通信的建立。解决同步及定时是实际跳频系统的一个关键问题。

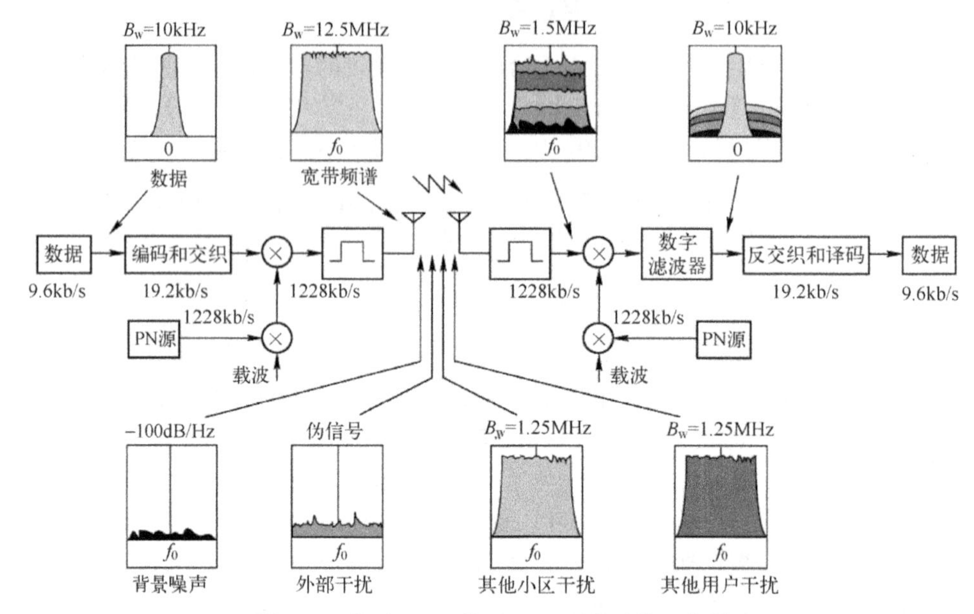

图 5.13　基于 IS-95 的 CDMA 通信系统示意图

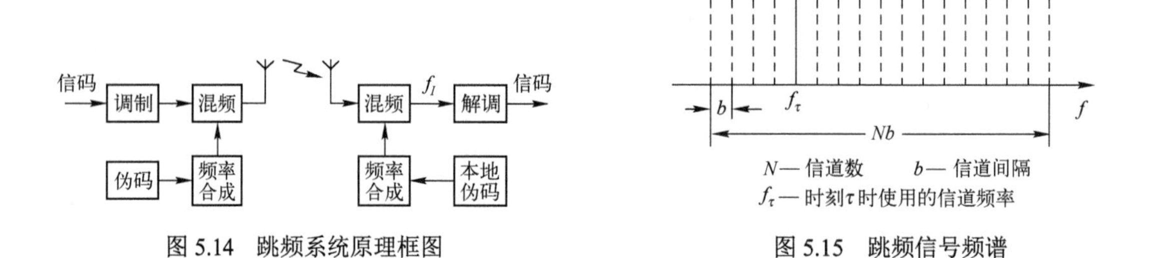

图 5.14　跳频系统原理框图

图 5.15　跳频信号频谱

跳频系统处理增益的定义与直扩系统的扩频增益是相同的，即

$$G_P = B_W / B_S \tag{5.22}$$

更直观的表达式为

$$G_P = N \text{（可供选用的频率数目）} \tag{5.23}$$

例如，某跳频系统具有 1000 个可供跳变的频率，则处理增益为 30dB。

跳频系统的抗干扰原理与直扩系统的不同：直扩是靠频谱的扩展和解扩处理来提高信噪比的，跳频是靠躲避干扰来提高信噪比的。对跳频系统来说，另一个重要的指标是频率跳变的速率，可以分为快跳频、慢跳频两类。慢跳频比较容易实现，但抗干扰性能也较差，频率跳变的速率远比信号速率低，可能几秒至数十秒才跳变一次。快跳频的速率接近信号的最低频率，可达每秒几十跳、上百跳或上千跳(毫秒级)。快跳频的抗干扰和隐蔽性能较好，但实现能快速跳变而又有高稳定度的频率合成器比较困难。这一点是实现快速跳频系统的关键问题。

由于跳频系统对载波的调制方式并无限制，且能与现有的模拟调制兼容，故在军用短波和超短波电台中得到了广泛的应用。

移动通信中采用跳频调制系统虽然不能完全避免远近效应带来的干扰，但是能大大减小它的影响，这是因为跳频系统的载波频率是随机改变的。例如，跳频带宽为 10MHz，若每个信道占 30kHz 带宽，则有 333 个信道。当采用跳频调制系统时，333 个信道同时可供 333 个用户使用。若用户的跳变规律相互正交，则可减小网内用户载波频率重叠在一起的概率，从而减弱远近效应干扰的影响。

当给定跳频带宽及信道带宽时，该跳频系统的用户同时工作的数量就被唯一确定了。网内同时工作的用户数与业务覆盖区的大小无关。当按蜂窝式构成频段重复使用时，除本区外，应考虑邻区移动用户的远近效应引起的干扰。

5.4.2 地址码技术

在扩频通信系统中，伪随机序列和正交编码是十分重要的技术。伪随机序列常以 PN(Pseudo-Noise)表示，称为伪码。伪码的码型将影响码序列的相关性，序列的码元(称为码片，chip)长度将决定扩展频谱的宽度。所以，伪码的设计将直接影响扩频系统的性能，同样正交编码(Walsh 码)的性能也将直接影响扩频系统的性能。对于 CDMA2000 系统下行链路，短的伪随机码用以区分基站，Walsh 码用以区分用户，它们统一构成地址码。地址码的选择直接影响 CDMA 系统的容量、抗干扰能力、接入和切换速度等，所选地址码应能提供足够数量的相关函数特性尖锐的码系列，经解扩后具有较高的信噪比。因此在直接扩频的通信系统中，对地址码有如下 3 个要求。

① 伪码的比特率满足扩展带宽的需要。

② 伪码具有尖锐的自相关特性，正交编码具有尖锐的互相关特性。

③ 伪码具有近似噪声的频谱性质，即近似连续谱，且均匀分布。

通常采用的伪码有 *m* 序列、Gold 序列等多种伪随机序列。在移动通信的数字信令格式中，伪码常被用作帧同步编码序列，利用相关峰来启动帧同步脉冲以实现帧同步。而正交编码通常采用 Walsh 码。目前 CDMA2000 系统中用伪随机序列(PN 码)中的 *m* 序列(长码)来区分用户，WCDMA 系统中用 Gold 码来区分用户，并且都采用正交 Walsh 函数来区分信道等。下面将详细介绍 Gold 码、Walsh 码的产生和性质等。有关 *m* 序列的基本概念和性质等，已在本书的第 4 章介绍过了，这里不再重复。

1. Gold 码

m 序列，尤其是 *m* 序列优选对，是特性很好的伪随机序列。但是，它们能彼此构成优选对的数目很少，不便于在码分多址系统中应用。R.Gold 于 1967 年提出了一种基于 *m* 序列优选对的码序列，称为 Gold 序列。它是 *m* 序列的组合码，由优选对的两个 *m* 序列逐位模 2 加得到，当改变其中一个 *m* 序列的相位(向后移位)时，可得到一个新的 Gold 序列。Gold 序列虽然是由 *m* 序列模 2 加得到的，但它已不是 *m* 序列，不过它具有与 *m* 序列优选对类似的自相关和互相关特性，而且构造简单，产生的序列数多，因而获得广泛的应用。

(1) Gold 序列的生成

一对周期 $P=2^n-1$ 的 *m* 序列优选对 $\{a_n\}$ 和 $\{b_n\}$，$\{a_n\}$ 与其后移 τ 位的 $\{b_{n+\tau}\}$（$\tau=0,1,\cdots,P-1$）逐位模 2 加所得的序列 $\{a_n+b_{n+\tau}\}$ 都是不同的 Gold 序列。

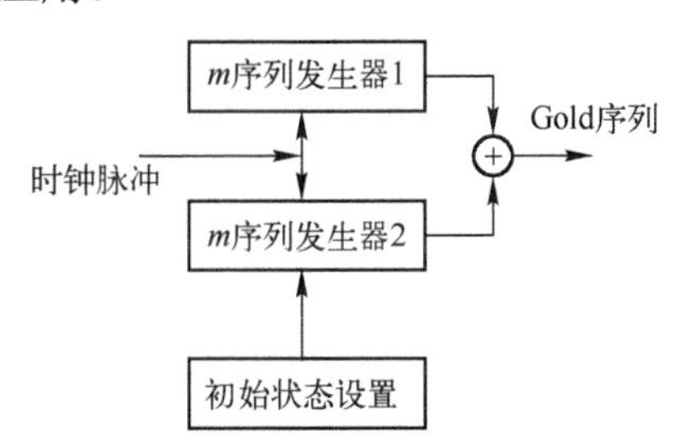

图 5.16 Gold 序列产生电路

Gold 序列产生电路如图 5.16 所示。图中 *m* 序列发生器 1 和 2 产生的 *m* 序列是一个 *m* 序列优选对，*m* 序列发生器 1 的初始状态固定不变，调整 *m* 序列发生器 2 的初始状态，在同一时钟脉冲控制下，产生的两个 *m* 序列经过模 2 加后可得到 Gold 序列，通过设

置 m 序列发生器 2 的不同初始状态，可以得到不同的 Gold 序列。

（2）Gold 序列的特性

在实际工程中，我们所关心的 Gold 序列的特性主要有如下 3 点。

① 相关特性。对于周期 $P=2^n-1$ 的 m 序列优选对生成的 Gold 序列，具有与 m 序列优选对相类同的自相关和互相关特性。Gold 序列的自相关函数 $R_a(\tau)$ 在 $\tau=0$ 时与 m 序列相同，具有尖锐的自相关峰；当 $1\leqslant\tau\leqslant P-1$ 时，与 m 序列有所差别，相关函数值不再是 $-1/P$，而是取式(5.24)互相关函数优选对的 3 个值，即

$$R_c(\tau)=\begin{cases}[t(n)-2]/P \\ -1/P \\ -t(n)/P\end{cases} \tag{5.24}$$

② Gold 序列的数量。周期 $P=2^n-1$ 的 m 序列优选对生成的 Gold 序列，由于其中任何一个 m 序列不同的移位都产生新的 Gold 序列，共有 $P=2^n-1$ 个不同的相对移位，加上原来两个 m 序列本身，总共有 2^n+1 个 Gold 序列。随着 n 的增加，Gold 序列数以 2 的 n 次幂增长，因此 Gold 序列数比 m 序列数要多得多，并且它们具有优良的自相关和互相关特性，完全可以满足实际工程的需要。

③ 平衡的 Gold 序列。平衡的 Gold 序列是指在一个周期内"1"码元数比"0"码元数仅多 1 个。平衡的 Gold 序列在实际工程中用作平衡调制时有较高的载波抑制度。对于周期 $P=2^n-1$ 的 m 序列优选对生成的 Gold 序列，当 n 为奇数时，2^n+1 个 Gold 序列中有 $2^{n-1}+1$ 个 Gold 序列是平衡的，约占 50%；其余的或者"1"码元数太多，或者"0"码元数太多，这些都不是平衡的 Gold 序列。当 n 为偶数(不是 4 的倍数)时，有 $2^{n-1}+2^{n-2}+1$ 个 Gold 序列是平衡的，约占 75%，其余的都是不平衡的 Gold 序列。

因此，只有约 50%(n 是奇数)或 75%(n 不为 4 的倍数的偶数)的 Gold 序列可以用到码分多址通信系统中。

在 WCDMA 系统中，下行链路采用 Gold 码区分小区和用户，上行链路采用 Gold 码区分用户。

2．Walsh 码

Walsh 码(又称为 Walsh 函数)有着良好的互相关和较好的自相关特性。

（1）Walsh 函数波形

连续 Walsh 函数的波形如图 5.17 所示，利用 Walsh 函数的正交性，可作为码分多址的地址码。若对图中的 Walsh 函数波形在 8 个等间隔上取样，所得到的离散 Walsh 函数可用 8×8 的 Walsh 函数矩阵表示。

图 5.17 所示 Walsh 函数对应的矩阵为

$$\begin{bmatrix}00 & 00 & 00 & 00 \\ 00 & 00 & 11 & 11 \\ 00 & 11 & 11 & 00 \\ 00 & 11 & 00 & 11 \\ 01 & 10 & 01 & 10 \\ 01 & 10 & 10 & 01 \\ 01 & 01 & 10 & 10 \\ 01 & 01 & 01 & 01\end{bmatrix}$$

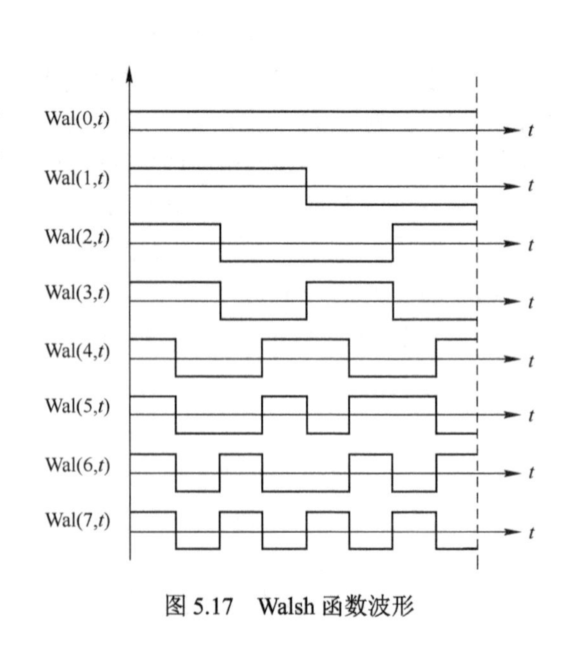

图 5.17　Walsh 函数波形

（2）Walsh 函数矩阵的递推关系

下面给出 Walsh 函数矩阵 $\boldsymbol{H}_0$、$\boldsymbol{H}_2$、$\boldsymbol{H}_4$、$\boldsymbol{H}_8$ 的关系，从而引出 $\boldsymbol{H}_{2N}$ 的递推关系。

$$\boldsymbol{H}_0=(0)\,,\quad \boldsymbol{H}_2=\begin{pmatrix}0 & 0\\ 0 & 1\end{pmatrix},\quad \boldsymbol{H}_4=\boldsymbol{H}_{2\times 2}=\begin{pmatrix}\boldsymbol{H}_2 & \boldsymbol{H}_2\\ \boldsymbol{H}_2 & \overline{\boldsymbol{H}_2}\end{pmatrix}=\begin{bmatrix}00 & 00\\ 01 & 01\\ 00 & 11\\ 01 & 10\end{bmatrix}$$

$$\boldsymbol{H}_8=\boldsymbol{H}_{4\times 4}=\begin{pmatrix}\boldsymbol{H}_4 & \boldsymbol{H}_4\\ \boldsymbol{H}_4 & \overline{\boldsymbol{H}_4}\end{pmatrix}=\begin{bmatrix}00 & 00 & 00 & 00\\ 01 & 01 & 01 & 01\\ 00 & 11 & 00 & 11\\ 01 & 10 & 01 & 10\\ 00 & 00 & 11 & 11\\ 01 & 01 & 10 & 10\\ 00 & 11 & 11 & 00\\ 01 & 10 & 10 & 01\end{bmatrix},\quad \boldsymbol{H}_{2N}=\begin{bmatrix}\boldsymbol{H}_N & \boldsymbol{H}_N\\ \boldsymbol{H}_N & \overline{\boldsymbol{H}}_N\end{bmatrix} \tag{5.25}$$

式中，N 取 2 的幂，$\overline{\boldsymbol{H}}_N$ 为 $\boldsymbol{H}_N$ 的补。

利用 Walsh 函数矩阵的递推关系，可得到 64×64 阵列的 Walsh 序列。这些序列在 Qualcomm-CDMA 数字蜂窝移动通信系统中被作为前向码分信道，因为是正交码，可供码分的信道数等于正交码长，即 64 个。另外，采用 64 位的正交 Walsh 函数来做反向信道的编码调制，这是利用了 Walsh 序列的良好的互相关特性。有兴趣的读者可以分析一下 Walsh 序列的自相关特性。

5.4.3 扩频码的同步

在码分多址系统中相关接收要求本地地址码(伪码)与收到的(发送来的)地址码同步。地址码的同步是码分多址系统的重要组成部分，其性能好坏直接影响系统的性能。所谓两个扩频码同步，就是保持其时差(相位差)为零状态。

令 $a_1(t-\tau_1)$、$a_2(t-\tau_2)$ 为两个长度相等的伪码，保持其同步就是使 $\tau_1=\tau_2$，也就是 $\Delta\tau=\tau_2-\tau_1=0$。

通常在码分多址系统中，所采用的地址码都是周期性重复的序列，即

$$c_i(t)=\sum_{n=-\infty}^{\infty}a_i(t-nT)\,,\quad -\infty<t<\infty \tag{5.26}$$

式中，T 为 $a_i(t)$ 的长度。显然，$c_i(t)$ 是 $a_i(t)$ 的周期性重复(延拓)，其周期为 T。扩频码的同步主要指 $c_i(t)$ 的同步。

令 $c_i(t-\tau)$ 为接收到的伪码，$c_i(t-\hat{\tau})$ 为本地伪码，分别如图 5.18、图 5.19 所示。其周期为 $T=NT_\text{c}$，N 为码位数(码长)，T_c 为码片宽度。

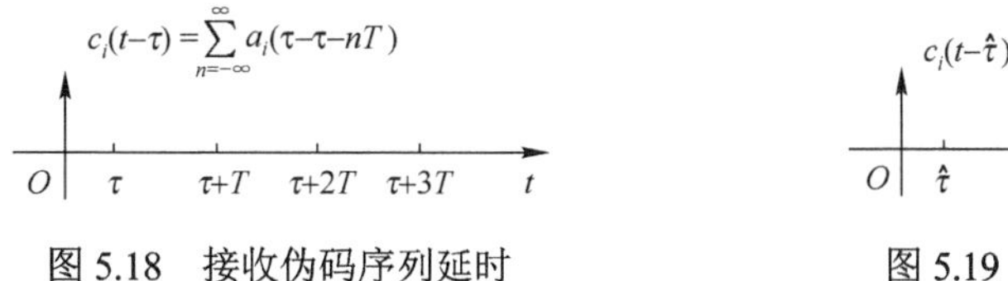

图 5.18　接收伪码序列延时

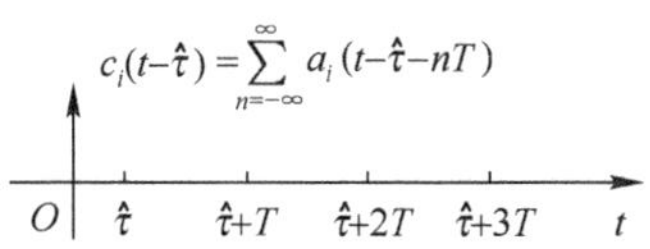

$c_i(t-\hat{\tau})=\sum_{n=-\infty}^{\infty}a_i(t-\hat{\tau}-nT)$

O　$\hat{\tau}$　$\hat{\tau}+T$　$\hat{\tau}+2T$　$\hat{\tau}+3T$　t

图 5.19　本地伪码序列延时

同步过程就是使 $\hat{\tau}=\tau$ 。扩频码的同步可以分为粗同步与细同步。粗同步又称捕获，细同步又称跟踪。粗同步使两个信号彼此粗略的对准，即 $|\hat{\tau}-\tau|=|\Delta\tau|<T_c$；一旦接收的扩频信号被捕获，则接着进行细同步，使两个信号的波形尽可能精确地持续保持对准，即 $|\hat{\tau}-\tau|=|\Delta\tau|\to 0$ 。

下面将简要介绍扩频码基带信号的捕获与跟踪方法，对于扩频码频带信号的捕获与跟踪，这里不做介绍。

1．粗同步

粗同步的方法包括并行相关检测、串行相关检测及匹配滤波捕获。所有的同步检测方法都是先求 $c_i(t-\tau)$ 与 $c_i(t-\hat{\tau})$ 的相关函数，即

$$R_i(\Delta\tau)=R_i(\hat{\tau}-\tau)=\int_0^T c_i(t-\tau)c_i(t-\hat{\tau})\mathrm{d}t \tag{5.27}$$

将相关的结果与门限值 u_0 比较，如果 $R_i(\Delta\tau)>u_0$，则粗同步完成，进入跟踪过程；反之则仍然进行捕获过程，改变本地扩频序列的相位或频率，再与接收信号做相关。粗同步的过程如图 5.20 所示，$\Delta\tau=\hat{\tau}-\tau$ 。

（1）并行相关检测

图 5.21 所示为并行相关检测捕获系统的原理框图。本地码序列 $c_i(t)$ 依次延迟一个码片（T_c），T 为搜索的周期。经过相关运算后，通过比较相关器的输出 $y_1,y_2,\cdots,y_N$，选择最大者对应的 $\hat{\tau}$ 作为时延的估计值，即认为最大者对应的本地扩频序列与接收信号实现了粗同步（误差 $|\Delta\tau|<T_c$）。随着 T 的增大，同步差错的概率将降低，但是捕获所需的时间将变长。

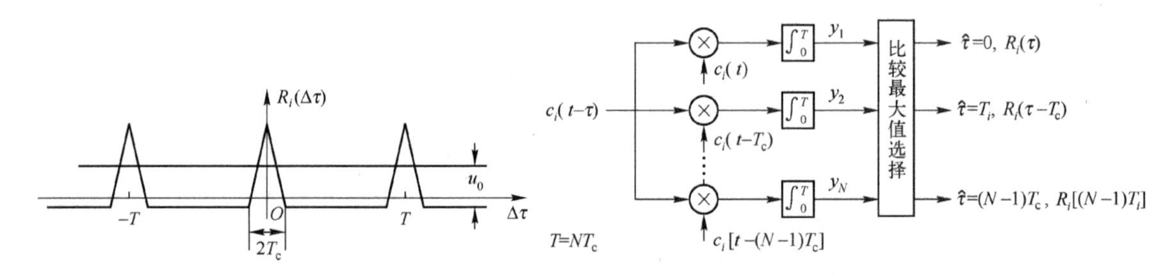

图 5.20　粗同步过程

图 5.21　并行相关检测原理框图

在无干扰及相关特性理想的条件下，并行相关检测法理论上只需要一个周期 T 即可完成捕获。但是需要 N 个相关器，当 $N\gg 1$时，将导致设备庞大。

（2）串行相关检测

图 5.22 所示为串行相关检测捕获系统的原理图。串行相关检测使用单个相关器，通过对每个可能的序列移位进行重复相关过程来搜索。由于只需要一个相关器，因此其电路比较简单。

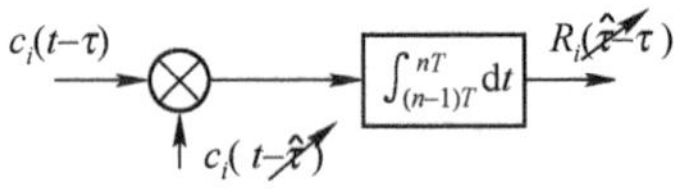

图 5.22　串行相关检测原理图

在串行搜索过程中，将本地的扩频码 $c_i(t-\hat{\tau})$ 与接收信号 $c_i(t-\tau)$ 进行相关处理，并将输出信号 $R_i(\hat{\tau}-\tau)$ 与门限值 u_0 比较。如果超出门限值，则此时对应的 $\hat{\tau}$ 即为时延估计值，捕获完成，有 $|\Delta\tau|<T_c$ 。如果输出信号低于门限值，则将本地信号的相位增加一个增量，通常为 T_c 或者 $T_c/2$（即每隔 T，增加 $\hat{\tau}$ 的值），再进行相关、比较，直至捕获完成，转入跟踪过程。

串行相关检测虽然比较简单，但是其代价是捕获时间比较长。最长的捕获时间是

$(N-1)T$；当$N \gg 1$时，将导致搜索时间很长。

（3）匹配滤波器捕获法

令$a_i(t) \equiv 0(t<0, t>T)$，即其持续时间为$T$。$a_i(t)$的匹配滤波器的冲激响应$h(t)=a_i(T-t)$，显然，$h(t)$的持续时间也为$T$。

令$c_i(t)=\sum\limits_{n=-\infty}^{\infty} a_i(t-nT)$，则对应的匹配滤波器捕获原理图如图5.23所示。

当输入为$c_i(t)$时，输出为

$$\begin{aligned} y(t)=c_i(t) \times h(t) &= \int_0^T c_i(t-\tau)h(\tau)\mathrm{d}\tau \\ &= \int_0^T c_i(t-\tau)a_i(T-\tau)\mathrm{d}\tau \\ &= R_i(t-\tau-T+\tau)=R_i(t-T) \end{aligned} \tag{5.28}$$

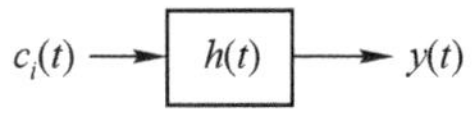

$c_i(t)$ → $h(t)$ → $y(t)$

图5.23　匹配滤波器捕获原理图

即输出$y(t)$为$a_i(t)$的周期性自相关函数。

如果为双极性的m序列，则输出波形如图5.24所示。可以看出

$$y(kT)=R_i(0) \to |R_i(t)|_{\max},\quad k=0,\pm 1,\pm 2,\cdots \tag{5.29}$$

匹配滤波法的优点在于实时性。其输出最大的时刻输入伪码一个周期的结束时刻，也就是下一个周期的起始时刻，因此它的最短捕获时间也是T。这种方法的主要限制是，对于长码（$N \gg 1$）的匹配滤波器，硬件实现比较困难。

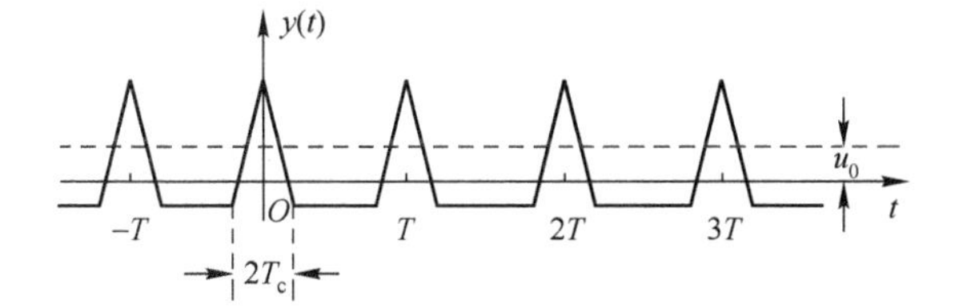

图5.24　匹配滤波器捕获输出波形

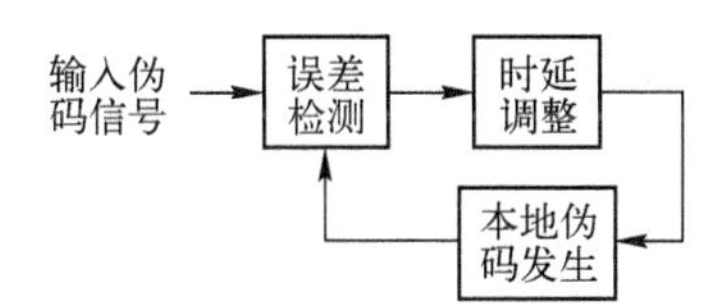

图5.25　同步跟踪电路

2．细同步

细同步又称跟踪，它需要连续检测同步误差，根据检测结果不断调整本地伪码的时延(相位)，使$\hat{\tau}-\tau=\Delta\tau \to 0$并保持此状态。

同步跟踪电路一般由三部分组成：同步误差检测电路、本地伪码发生器和本地伪码时延(相位)调整电路，如图5.25所示。

其中误差检测一般采用相关检测；本地伪码时延(相位)调整电路可用压控振荡器(VCO)或时钟倍频加减脉冲法。

图5.26与图5.27所示分别为细同步的误差检测电路及检测误差特性曲线。

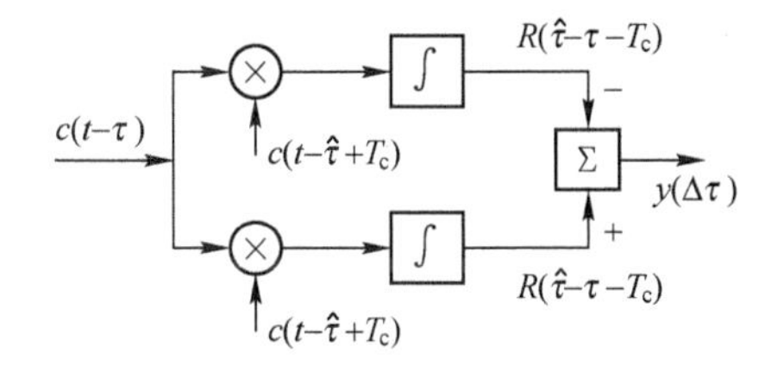

图5.26　细同步误差检测电路

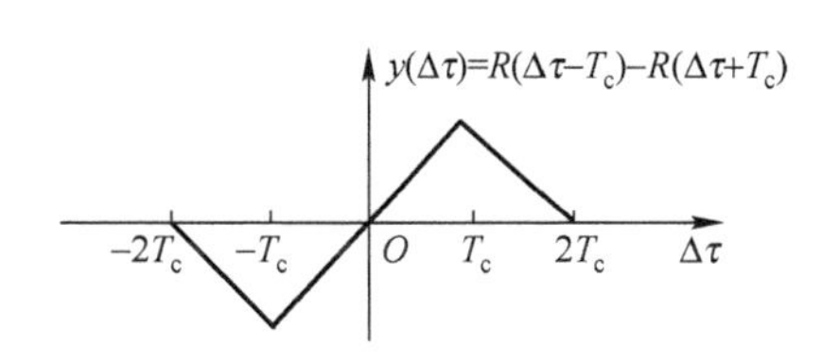

图5.27　检测误差特性曲线

图5.28所示为伪码时延锁定电路，可以用于伪码的细同步跟踪。图中，$f_2=f_1+y(\Delta\tau)$。从图中可以看出，在区间$(-T_c, T_c)$内，有

$$y(\Delta\tau) = K\Delta\tau \tag{5.30}$$

式中，K 为大于零的常数。因此有

$$f_2 = f_1 + K\Delta\tau \tag{5.31}$$

若 $\Delta\tau \in (0,T_c)$，则 $K\Delta\tau > 0$，$f_2 > f_1$，此时本地伪码超前滑动；若 $\Delta\tau \in (-T_c,0)$，则 $K\Delta\tau < 0$，$f_2 < f_1$，此时本地伪码滞后滑动。最终锁定在 $\Delta\tau = 0$，跟踪范围为 $(-T_c,T_c)$，即两个码片长度。

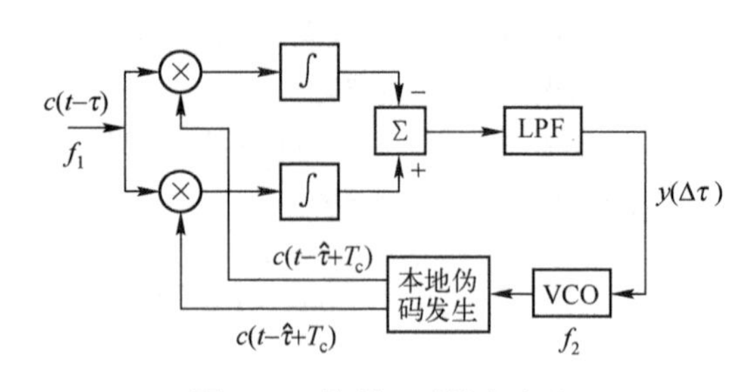

图 5.28　伪码延时锁定电路

一般来讲，检测电路中两路本地伪码的时延差可以是码片的若干分之一。时延差越小，跟踪范围越小，但跟踪精度越高。

5.5　蜂窝移动通信系统的容量分析

蜂窝移动通信系统的容量可定义为

$$m = \frac{B_t}{B_c N} \quad （信道/小区） \tag{5.32}$$

式中，m 为无线容量，B_t 为分配给系统的总的带宽，B_c 为是信道带宽，N 为频率重用的小区数。

理论上讲各种多址接入方式都有相同的容量。下面分析 3 种多址方式在理想情况下的容量。

假设 3 种多址系统均有 W MHz 的带宽；每个用户未编码比特率都为 $R_b = 1/T_b$，T_b 代表一个比特的时间周期；每种多址系统均使用正交信号波形，则最大用户数为

$$M(容量) \leqslant W / R_b = WT_b \tag{5.33}$$

再假定任何多址系统每个用户接收到的能量是 S_r，则接收到的总能量为

$$P_r = MS_r \tag{5.34}$$

假设所需的信噪比(SNR)或 E_b / N_0 (单位比特能量与噪声谱密度之比)与实际值相等，即

$$\left(\frac{E_b}{N_0}\right)_{req} = \left(\frac{E_b}{N_0}\right)_{actual} = \frac{S_r / R_b}{N_0} = \frac{P_r / M}{N_0 R_b} \tag{5.35}$$

由此得出

$$M = \frac{P_r / N_0}{R_b (E_b / N_0)_{req}} \tag{5.36}$$

所以从理论上说，各种多址技术具有相同的容量：

$$M_{FDMA} = M_{TDMA} = M_{CDMA} = \frac{P_r / N_0}{R_b (E_b / N_0)_{req}} \tag{5.37}$$

然而，在实际情况下移动通信的 3 种多址系统并不具有相同的容量。

1. FDMA 和 TDMA 蜂窝系统的容量

对于模拟 FDMA 系统来说，如果采用频率重用的小区数为 N，根据对同频干扰和系统容量的讨论可知，对于小区制蜂窝网

$$N = \sqrt{\frac{2}{3}\frac{C}{I}} \tag{5.38}$$

即频率重用的小区数 N 由所需的载干比来决定。则可求得 FDMA 的无线容量为

$$m=\frac{B_t}{B_c\sqrt{\frac{2}{3}\frac{C}{I}}}\quad（信道/小区）\tag{5.39}$$

对于数字 TDMA 系统来说，由于数字信道所要求的载干比可以比模拟制的小 4～5dB(因数字系统有纠错措施)，因而频率复用距离可以再近一些。所以可以采用比 7 小的方案，例如，N=3 的方案，则可求得 TDMA 的无线容量：

$$m=\frac{B_t}{B_c'\sqrt{\frac{2}{3}\frac{C}{I}}}\quad（信道/小区）\tag{5.40}$$

式中，B_c'为 TDMA 的等效带宽，等效带宽与 TDMA 系统的每个载频时分的时隙数有关，即

$$B_c'=B/m\tag{5.41}$$

式中，B 为 TDMA 的频道带宽，m 是每个频道包含的时隙数。

2. CDMA 蜂窝系统的容量

决定 CDMA 数字蜂窝系统容量的主要参数是：处理增益、E_b/N_0、业务负载周期、频率再用效率，以及基站天线扇区数。

若不考虑蜂窝系统的特点，只考虑一般扩频通信系统，则接收信号的载干比

$$\frac{C}{I}=\frac{R_bE_b}{N_0W}=\left(\frac{E_b}{N_0}\right)\Big/\left(\frac{W}{R_b}\right)\tag{5.42}$$

式中，E_b为信息的比特能量；R_b为信息的比特速率；N_0为干扰的功率谱密度；W为总频带宽度(即 CDMA 信号所占的频谱宽度)；E_b/N_0类似于通常所说的归一化信噪比，其取值决定于系统对误比特率或语音质量的要求，并与系统的调制方式和编码方案有关；W/R_b为系统的处理增益。

若 m 个用户公用一个无线频道，显然每一个用户的信号都受到其他 $m-1$ 个用户信号的干扰。假设到达一个接收机的信号强度和各干扰强度都相等，则载干比为

$$C/I=1/m-1\tag{5.43}$$

或

$$m-1=\left(\frac{W}{R_b}\right)\Big/\left(\frac{E_b}{N_0}\right)\tag{5.44}$$

即

$$m=1+\left(\frac{W}{R_b}\right)\Big/\left(\frac{E_b}{N_0}\right)\quad（信道/小区）\tag{5.45}$$

如果把背景热噪声η考虑进去，则能够接入此系统的用户数可表示为

$$m=1+\left(\frac{W}{R_b}\right)\Big/\left(\frac{E_b}{N_0}\right)-\frac{\eta}{C}\quad（信道/小区）\tag{5.46}$$

结果表明，在误比特率一定的条件下，降低热噪声功率，减小归一化信噪比，增大系统的处理增益都将有利于提高系统的容量。

应该注意这里的假定条件，所谓到达接收机的信号强度和各个干扰强度都一样，对单一小区(没有邻近小区的干扰)而言，在前向传输时，不加功率控制即可满足；但在反向传输时，各个移动台向基站发送的信号必须进行理想的功率控制才能满足。其次，应根据 CDMA 蜂窝通信系统的特点对这里得到的公式进行修正。

（1）采用语音激活技术提高系统容量

在典型的全双工通话中，每次通话中语音存在时间小于 35%，即语音的激活期（占空比）d 通常小于 35%。如果在语音停顿时停止信号发射，对 CDMA 系统而言，则直接减少对其他用户的干扰，即其他用户受到的干扰会相应地平均减少 65%，从而使系统容量提高到原来的 $1/d=2.86$ 倍。为此，CDMA 系统的容量公式被修正为

$$m=1+\left[\left(\frac{W}{R_{\mathrm{b}}}\right)\Big/\left(\frac{E_{\mathrm{b}}}{N_0}\right)-\frac{\eta}{C}\right]\cdot\frac{1}{d}\quad（信道/小区）\tag{5.47}$$

当用户数目庞大并且系统是干扰受限而不是噪声受限时，用户数可表示为

$$m=1+\left[\left(\frac{W}{R_{\mathrm{b}}}\right)\Big/\left(\frac{E_{\mathrm{b}}}{N_0}\right)\right]\cdot\frac{1}{d}\quad（信道/小区）\tag{5.48}$$

（2）利用扇区划分提高系统容量

CDMA 小区扇区化有很好的容量扩充作用。当利用 120° 扇形覆盖的定向天线把一个蜂窝小区划分成 3 个扇区时，处于每个扇区中的移动用户是该蜂窝的三分之一，相应的各用户之间的多址干扰分量也就减小为原来的三分之一，从而使系统的容量增加约 3 倍（实际上，由于相邻天线覆盖区之间有重叠，一般能提高到 $G\approx2.55$ 倍）。为此 CDMA 系统的容量公式又被修正为

$$m=\left\{1+\left[\left(\frac{W}{R_{\mathrm{b}}}\right)\Big/\left(\frac{E_{\mathrm{b}}}{N_0}\right)\right]\cdot\frac{1}{d}\right\}\cdot G\quad（信道/小区）\tag{5.49}$$

式中，G 为扇区分区系数。

（3）频率再用

在 CDMA 系统中，所有用户共享一个无线频率，即若干小区内的基站和移动台都工作在相同的频率上。因此任一小区的移动台都会受到相邻小区基站的干扰，任一小区的基站也会受到相邻小区移动台的干扰。这些干扰的存在必然会影响系统的容量。其中任一小区的移动台对相邻小区基站（反向信道）的总干扰量和任一小区的基站对相邻小区移动台（前向信道）的总干扰量是不同的，对系统容量的影响也有差别。对于反向信道，因为相邻小区基站中的移动台功率受控而不断调整，对被干扰小区基站的干扰不易计算，只能从概率上计算出平均值的下限。然而理论分析表明，假设各小区的用户数为 M，M 个用户同时发射信号，前向信道和反向信道的干扰总量对容量的影响大致相等，因而在考虑邻近蜂窝小区的干扰对系统容量的影响时，一般按前向信道计算。

对于前向信道，在一个蜂窝小区内，基站不断地向移动台发送信号，移动台在接收它自己所需的信号时，也接收到基站发给其他移动台的信号，而这些信号对它所需的信号将形成干扰。当系统采用前向功率控制技术时，由于路径传播损耗的原因，对于靠近基站的移动台，受到的本小区基站发射的信号干扰比距离远的移动台要大，但受到相邻小区基站的干扰较小；位于小区边缘的移动台，受到本小区基站发射的信号干扰比距离近的移动台要小，但受到相邻小区基站的干扰较大。移动台最不利的位置是处于 3 个小区交界的地方，图 5.29 所示为 MS 所在点。

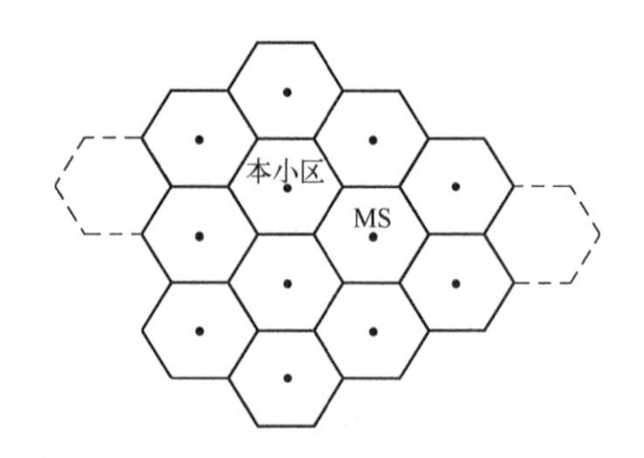

图 5.29　CDMA 系统移动台受干扰示意图

假设各小区中同时通信的用户数是 M，即各小

区的基站同时向 M 个用户发送信号，理论分析表明，在采用功率控制时，每小区同时通信的用户数将下降到原来的 60%，即信道复用效率 F=0.6，也就是系统容量下降到没有考虑邻区干扰时的 60%。此时，CDMA 系统的容量公式再次被修正为

$$m=\left\{1+\left[\left(\frac{W}{R_b}\right)\Big/\left(\frac{E_b}{N_0}\right)\right]\cdot\frac{1}{d}\right\}\cdot G\cdot F \quad （信道/小区） \tag{5.50}$$

3．3 种体制系统容量的比较

在一个给定的窄带码分多址系统的频谱带宽（1.25MHz）内，将 CDMA 系统容量与 FDMA、TDMA 系统容量进行比较，结果如下。

（1）模拟 TACS 系统，采用 FDMA 方式

设分配给系统的总频宽 $B_t=1.25\text{MHz}$，信道带宽 $B_c=25\text{kHz}$，频率重用的小区数 $N=7$，则系统容量为

$$m=\frac{1.25\times10^3}{25\times7}=\frac{50}{7}\approx7.1 \quad （信道/小区）$$

（2）数字 GSM 系统，采用 TDMA 方式

设分配给系统的总频宽 $B_t=1.25\text{MHz}$，载频间隔 $B_c=200\text{kHz}$，每载频时隙数为 8，频率重用的小区数 $N=4$，则系统容量为

$$m=\frac{1.25\times10^3\times8}{200\times4}=\frac{10\times10^3}{800}\approx12.5 \quad （信道/小区）$$

（3）数字 CDMA 系统

设分配给系统的总频宽 $B_t=1.25\text{MHz}$，语音编码速率 $R_b=9.6\text{kb/s}$，语音占空比 $d=0.35$，扇形分区系数 $G=2.55$，信道复用效率 $F=0.6$，归一化信噪比 $E_b/N_0=7\text{dB}$，则系统容量为

$$m=\left\{1+\left[\left(\frac{1.25\times10^3}{9.6}\right)\Big/\left(10^{0.7}\right)\right]\times\frac{1}{0.35}\right\}\times2.55\times0.6=115 \quad （信道/小区）$$

3 种体制的系统容量的比较结果为

$$m_{\text{CDMA}}\approx16m_{\text{TACS}}\approx9m_{\text{GSM}}$$

由此可以看出，在总频带宽度为 1.25MHz 时，CDMA 数字蜂窝移动通信系统的容量约为模拟 FDMA 系统容量的 16 倍，约为数字时分 GSM 系统容量的 9 倍。需要说明的是，以上的比较中，CDMA 系统容量是理论值，是在假设 CDMA 系统的功率控制为理想的条件下得出的，这在实际当中显然是做不到的。为此实际的 CDMA 系统的容量比理论值有所下降，其下降多少将随着其功率控制精度的高低而变化。另外，CDMA 系统容量的计算与某些参数的选取有关，对于不同的参数值得出的系统容量也有所不同。当前比较普遍的看法是 CDMA 数字蜂窝移动通信系统的容量是模拟 FDMA 系统的 8～10 倍。

5.6 切换和位置更新

5.6.1 切换技术

1．信道切换原理

当移动用户处于通话状态时，如果出现用户从一个小区移动到另一个小区的情况，为

了保证通话的连续，系统对该 MS 的连接控制也从一个小区转移到另一个小区。这种将正在处于通话状态的 MS 转移到新的业务信道上（新的小区）的过程称为“切换”(Handover)。因此，从本质上说，切换的目的是实现蜂窝移动通信的“无缝隙”覆盖，即当移动台从一个小区进入另一个小区时，保证通信的连续性。切换操作不仅包括识别新的小区，而且需要分配给移动台在新小区的语音信道和控制信道。通常，有以下两个原因可触发一个切换。

（1）信号的强度或质量下降到由系统规定的一定参数值以下，此时移动台被切换到信号强度较强的相邻小区。

（2）由于某小区业务信道容量全被占用或几乎全被占用，这时移动台被切换到业务信道容量较空闲的相邻小区。

由第一种原因引起的切换一般由移动台发起，由第二种原因引起的切换一般由上级实体发起。

切换必须顺利完成，并且尽可能少地出现，同时要使用户觉察不到。为了适应这些要求，系统设计者必须指定一个启动切换的最恰当的信号强度。一旦将某个特定的信号强度 P_{rmin} 指定为基站接收机中可接收的语音质量的最小可用信号（一般在−90～−100dBm 之间），那么比此信号强度稍微强一点的信号强度 P_{r} 就可作为启动切换的门限。其差值表示为$\Delta = P_{\mathrm{r}} - P_{\mathrm{rmin}}$ 可用，其值不能太小也不能太大。如果Δ太大，就有可能会有不需要的切换来增加系统的负担；如果Δ太小就有可能会因信号太弱而掉话，而在此之前又没有足够的时间来完成切换。

在决定何时切换的时候，要保证所检测到的信号电平的下降不是因为瞬间的衰减，而是由于移动台正在离开当前服务的基站。为了保证这一点，基站在准备切换之前先对信号监视一段时间。

在一个小区内呼叫而没有经过切换的通话时间，叫作驻留时间。某一特定用户的驻留时间受到一系列参数的影响，包括传播、干扰、用户与基站之间的距离，以及其他随时间而变化的因素。

在第一代模拟蜂窝系统中，信号能量的检测是由基站来完成，由 MSC 来管理的；在使用数字 TDMA 技术的第二代系统中，是否切换的决定是由移动台来辅助完成的，在移动台辅助切换(MAHO)中，每个移动台检测从周围基站中接收的信号能量，并且将这些检测数据连续地回送给当前为它服务的基站。MAHO 的方法使得基站间的切换比第一代模拟系统要快得多，因为切换的检测是由每个移动台来完成的，这样 MSC 就不再需要连续不断地监视信号能量。MAHO 的切换频率在蜂窝环境中特别适用。

不同的系统用不同的策略和方法来处理切换请求。一些系统处理切换请求的方式与处理初始呼叫是一样的。在这样的系统中，切换请求在新基站中失败的概率和来话的阻塞是一样的。然而，从用户的角度来看，正在进行的通话中断比偶尔的新呼叫阻塞更令人讨厌。为了提高用户所觉察到的服务质量，人们已经想出了各种各样的办法来实现在分配语音信道的时候，切换请求优先于初始呼叫请求。

使切换具有优先权的一种方法叫作信道监视方法，即保留小区中所有可用信道的一小部分，专门为那些可能要切换到该小区的通话所发出的切换请求服务。监视信道在使用动态分配策略时能使频谱得到充分利用，因为动态分配策略可通过有效的、根据需求的分配方案使所需的监视信道减小到最小。

对切换请求进行排队，是减小由于缺少可用信道而强迫中断的发生概率的另一种方法。由于接收到的信号强度下降到切换门限以下和因信号太弱而通话中断之间的时间间隔是有限的，因此可以对切换请求进行排队。

2．切换分类

根据切换发生时，移动台与原基站及目标基站连接方式的不同，可以将切换分为硬切换与软切换两大类。

（1）硬切换

硬切换(Hard Hand Off，HHO)是指在新的通信链路建立之前，先中断旧的通信链路的切换方式，即先断后通。在整个切换过程中移动台只能使用一个无线信道。在从旧的服务链路过渡到新的服务链路时，硬切换存在通话中断，但是时间非常短，用户一般感觉不到。在这种切换过程中，可能存在原有的链路已经断开，而新的链路没有成功建立的情况，这样移动台就会失去与网络的连接，即产生掉话。

采用不同频率的小区之间只能采用硬切换，所以模拟系统和TDMA系统(如GSM系统)都采用硬切换方式。

硬切换方式的失败率比较高。如果目标基站没有空闲的信道或者切换信令的传输出现错误，都会导致切换失败。此外，当移动台处于两个小区的交界处，需要进行切换时，由于两个基站在该处的信号都较弱并且会起伏变化，这就容易导致移动台在两个基站之间反复要求切换，即出现“乒乓效应”，使系统控制器的负载加重，并增加通信中断的可能性。根据以往对模拟系统、TDMA 系统的测试统计，无线信道上 90%的掉话是在切换过程中发生的。

（2）软切换

软切换(Soft Hand Off，SHO)是指需要切换时，移动台先与目标基站建立通信链路，再切断与原基站之间的通信链路的切换方式，即先通后断。

软切换只有在使用相同频率的小区之间才能进行，因此模拟系统、TDMA系统不具有这种功能。它是CDMA移动通信系统所独有的切换方式。

在CDMA移动通信系统中，采用软切换可以带来以下好处。

① 提高切换成功率。在软切换过程中，移动台同时与多个基站进行通信。只有当移动台与新的基站建立起稳定的通信之后，原有的基站才会中断其通信控制。因此，与硬切换相比，软切换的失败率相对比较小，有效地提高了切换的可靠性，大大降低了切换造成的掉话。

② 增加系统容量。当移动台与多个基站进行通信时，有的基站命令移动台增加发射功率，有的基站命令移动台降低发射功率，这时移动台优先考虑降低发射功率的命令。这样，从统计的角度来看，降低了移动台整体的发射功率，从而降低了对其他用户的干扰。CDMA 系统是自干扰系统，降低了发射功率，实际上就降低了背景噪声，从而增加了系统容量。

③ 提高通信质量。软切换过程中，在前向链路，多个基站向移动台发送相同的信号，移动台解调这些信号，就可以进行分集合并，从而提高前向链路的抗衰落能力。在反向链路，多个基站接收到一个移动台的信号，通常这些基站将该信号进行解调后送至 BSC，在 BSC 用选择器选择质量最好的一路作为输出，从而实现反向链路的分集接收。因此，采用软切换可以提高接收信号的质量。

但是软切换也有一些缺点，如导致硬件设备的增加、占用更多的资源，当切换的触发机制设定不合理导致过于频繁的控制消息交互时，也会影响用户正在进行的呼叫质量，等等，但对 CDMA 系统来说，系统容量的瓶颈主要不在于硬件设备资源，而是系统自身的干扰。

软切换中还包括更软切换(Softer Handoff)。所谓更软切换是指在同一个小区的不同扇区之间进行的软切换。与此相对应，软切换通常指不同小区之间进行的软切换。

在软切换过程中，会同时占用两个基站的信道单元和 Walsh 码资源，通常在基站控制器(BSC)完成前向链路帧的复制和反向链路帧的选择。更软切换则不占用新的信道单元，只需要在新扇区分配 Walsh 码，从基站送到 BSC 的只是一路语音信号。

软切换是 CDMA 系统特有的关键技术之一，也是网络优化的重点，软切换算法和相关参数的设置对系统容量和服务质量有重要影响。

CDMA 系统中独特的 RAKE 接收机可以同时接收两个或两个以上基站发来的信号，从而保证了 CDMA 系统能够实现软切换，如图 5.30 所示。

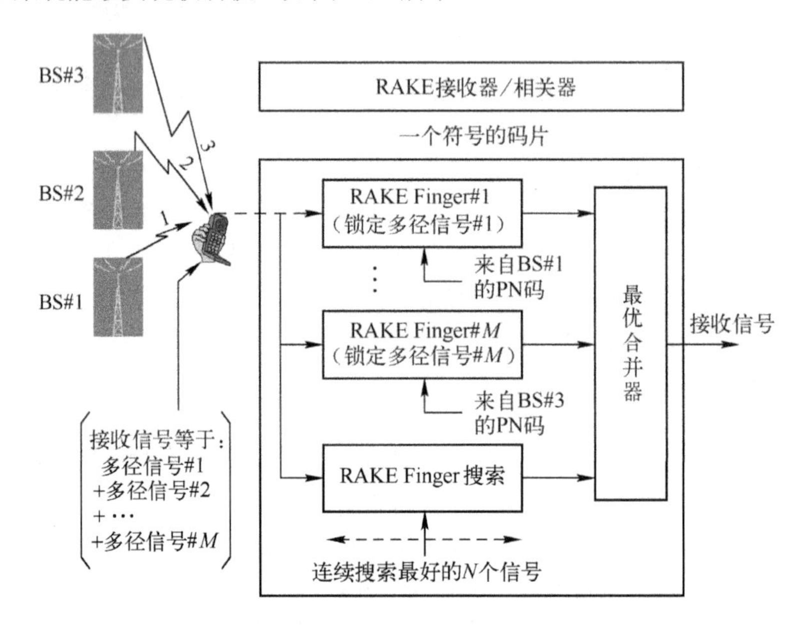

图 5.30　软切换时 RAKE 接收说明

5.6.2　位置更新

在移动通信系统中，用户可以在系统覆盖范围内任意移动，为了能把一个呼叫传送到随机移动的用户，就必须有一个高效的位置管理系统来跟踪用户的位置变化。

位置管理包括两个主要任务：位置登记和呼叫传递。位置登记的步骤是在移动台的实时位置信息已知的情况下，更新位置数据库和认证移动台。呼叫传递的步骤是在有呼叫给移动台的情况下，根据 HLR(Home Location Register，归属寄存器)和 VLR(Visitor Location Register，访问寄存器)中可用的位置信息来定位移动台。

与上述两个问题紧密相关的两个问题是：位置更新(Location Update)和寻呼(Paging)。位置更新解决的问题是移动台如何发现位置变化及何时报告它的当前位置。寻呼解决的问题是如何有效地确定移动台当前处于哪一个小区。

具体位置管理过程，结合具体系统进行介绍。

5.7　无线资源管理技术原理

5.7.1　概述

所谓无线资源管理(Radio Resource Management，RRM)，也称作无线资源控制(Radio

Resource Control，RRC）或者无线资源分配（Radio Resource Allocation，RRA），是指通过一定的策略和手段进行管理、控制和调度，尽可能充分利用有限的无线网络各种资源，保障各类业务满足服务质量（Quality of Service，QoS）的要求，确保达到规划的覆盖区域，尽可能地提高系统容量和资源利用率。无线资源管理的功能是以无线资源的分配和调整为基础展开的，包括控制业务连接的建立、维持、释放和管理涉及的相关资源等。

具体而言无线资源管理主要负责空中接口资源的利用，这些资源包括：频率资源，一般指信道所占用的频段（载频）；时间资源，一般指用户业务所占用的时隙；码资源，用于区分小区信道和用户；功率资源，一般指码分多址系统中利用功率控制来动态分配功率；地理资源，一般指覆盖区及小区的划分与接入；空间资源，一般指采用智能天线技术后，对用户及用户群的位置跟踪；存储资源，一般指空中接口或网络节点与交换机的存储处理能力。不同的系统所采用的空中接口技术不同，因此所利用的资源种类也不完全相同。如 GSM 系统，因为没有采用 CDMA 方式，所以就没有利用码资源。

无线资源管理的目的一方面是为了提高系统资源的有效利用，扩大通信系统容量；另一方面是为了提高系统可靠性，保证通信 QoS 性能等。但可靠性和有效性本来就互为矛盾：要有高的可靠性（时延、丢包率等满足业务要求），就很难保证传输的有效性（高的数据速率）；反之亦然。无线资源管理等技术就是为了满足各种业务不同的 QoS 需求，最大程度地提高无线频谱利用率，实现可靠性和有效性矛盾的统一。

一般来说，无线资源管理包括以下内容：接纳控制（Admission Control）、负载控制（Load Control）、功率控制（Power Control）、切换控制（Handoff Control）、速率控制（Rate Control）信道分配（Channel Allocation）及分组调度（Packet Scheduling）等。

图 5.31 示出了移动通信中无线资源管理原理框图[10]。

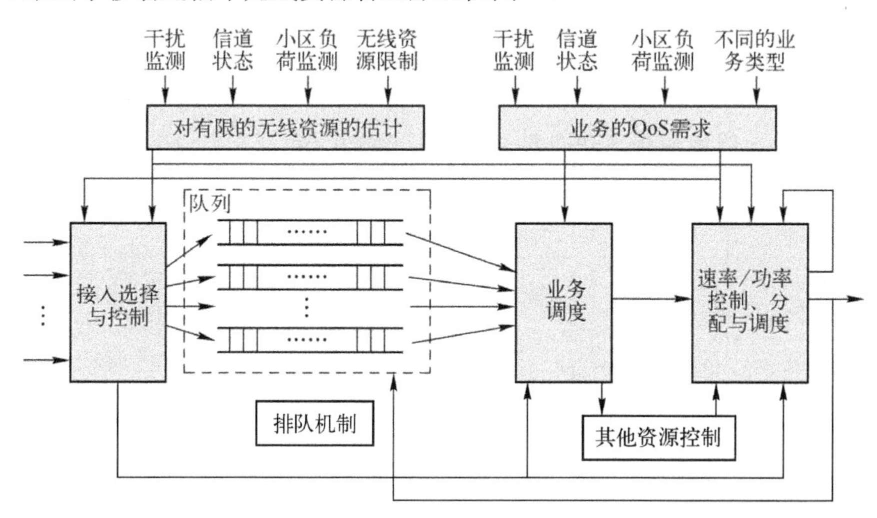

图 5.31　移动通信中无线资源管理原理框图

对于第二代移动通信系统来说，由于其业务是以语音和低速数据业务为主，因此第二代移动通信的无线资源管理主要集中在信道分配、接纳控制、负载控制、功率控制及切换控制等。对于第三代及后 3G 的移动通信系统来说，除了能够提供传统的语音、短消息和低速数据业务外，一个关键特性是能够支持宽带移动多媒体数据业务。多媒体数据业务可以分为不同的 QoS（Quality of Service）等级，如果不对空中接口资源进行有效的无线资源管理，多媒体数据业务所要达到的 QoS 就无法得到保证。由于第三代移动通信技术正面临用户数量急剧增加，移动业务逐步走向多元化，用户对 QoS 的要求不断提高等问题，这对无线资源管理技术提出了新的挑战。如何保证足够的小区容量同时又要满足不同业务的时延和速率要求，而且尽可能充分结合和利用新的无线传输技术的特性，这些都是在新的业务、传播环境下无线资源管理技术需要考虑的问题。第三代移动通信的无线资源管理除了信道分配、接纳控制、负载控制、功率控制、切换控制等外，还应考虑分组业务的调度、自适应链路调度和速率控制等。由此可知第三代及 B3G 移动通信的无线资源管理是非常复杂的，还面临着诸多的挑战。

由于篇幅有限下面只给出无线资源管理一些基本概念，有关细节请参考有关文献。

5.7.2 接纳控制

接纳控制是无线资源管理的重要组成部分，其目的是维持网络的稳定性，保证已建立链路的 QoS。当发生下面 3 种情况时就需要进行接纳控制：① UE 的初始建立、无线承载建立；② UE 发生越区切换；③ 处于连接模式的 UE 需要增加业务。

接纳控制通过建立一个无线接入承载来接受或拒绝一个呼叫请求，当无线承载建立或发生变化时接纳控制模块就需要执行接纳控制算法。接纳控制模块位于无线网络控制器实体中，利用接纳控制算法，通过评估无线网络中建立某个承载将会引起负载的增加量来判断是否接入某个用户。接入控制对上下行链路同时进行负载增加评估，只有上下行都允许接入的情况下才允许用户接入系统，否则该用户会因为给网络带来过量干扰而被阻塞。

对不同制式的移动通信系统，存在不同制式的接纳控制，见表 5.2。

表 5.2 不同制式的接纳控制比较

TDMA	FDMA	CDMA	TD-SCDMA
基于时隙资源硬判决	基于频点资源硬判决	基于负荷资源软判决	基于频点资源硬判决基于负荷资源软判决

接纳控制与其他无线资源管理功能的关系如图 5.32 所示。

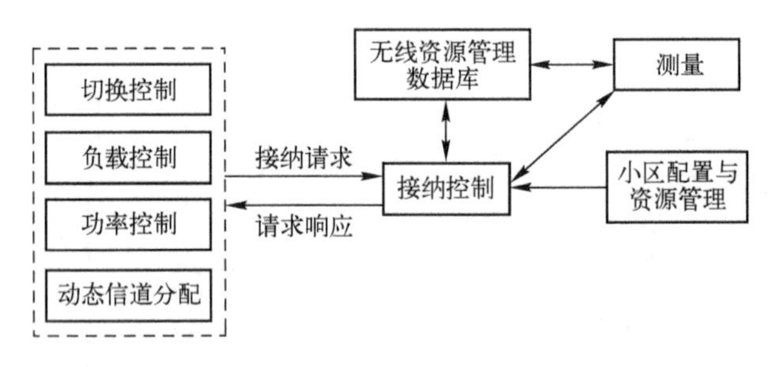

图 5.32 接纳控制与其他无线资源管理功能的关系

从图 5.32 中可以看出，接纳控制在整个无线资源管理功能中占有非常重要的地位，它联系着其余的各个功能模块。当一个无线接入承载需要建立时，首先通过负载控制模块查询当前链路的负载；在确定最佳接入时隙后，需要向动态信道分配模块申请所需资源，动态信道分配模块根据算法决定是否给用户分配资源；当用户获得信道资源后，接纳控制模块需要和功率控制模块进行通信，以确定初始发射功率；无线承载建立后，切换控制模块会更新切换集信息，这时接纳控制模块在接入用户的过程中，会根据业务承载情况向切换控制模块发送切换请求。

接纳控制算法如下。

（1）基于预留信道的 CAC 算法。信道预留的 CAC 机制的关键在于确定最优的预留信道供切换使用。信道预留少了，强制中止概率增大，切换的性能降低；信道预留多了，新呼叫请求的阻塞概率增大，带宽的利用率降低。当网络业务量负荷变化时，如何根据当前系统的负荷对预留信道进行动态、自适应地调节接纳控制算法的研究已成为当前的一个研究热点。

（2）基于信干比的 CAC 算法。基于信干比的呼叫接纳算法的思想是，根据小区内用户当前的信干比和信干比门限值来估计系统的剩余容量。对于新呼叫或切换呼叫，只有在系统剩余容量大于零的前提下才允许接入。

（3）基于码道的 CAC 算法。例如，在 TD-SCDMA 系统中，1 个子帧包含 7 个时隙，这 7 个时隙可以用来对上行(UL)和下行(DL)业务进行传送，上下行时隙的分配由上下行切换点决定，Slot0 和 Slot1 固定地分配给下行 DL 和上行 UL，其他时隙可以通过切换点灵活地调整。在 1 个时隙中，根据协议，最高可以同时支持 16 个用户码道，这样，一个载频/时隙/码道即构成了一个资源单元(RU)。基于码道的 CAC 算法的原理是：当一个新呼叫到达时，该呼叫的归属基站判断本小区的空闲 RU 是否能够满足呼叫用户的需求：能够满足则接入新呼叫，否则阻塞该新呼叫。

（4）基于码道和功率的 CAC 算法。在进行接纳判别时，除了要进行码道资源的判断外，还要进行功率资源的判断。

5.7.3 动态信道分配

对于无线通信系统来说，无线信道数量有限，是极为珍贵的资源。要提高系统的容量，就要对信道资源进行合理的分配。由此产生了信道分配技术。如何确保业务 QoS，如何充分有效地利用有限的信道资源，以提供尽可能多的用户接入，是动态信道分配技术要解决的问题。

按照信道分割的不同方式，信道分配技术可分为固定信道分配(FCA)、动态信道分配(DCA)和混合信道分配(HCA)。FCA 指根据预先估计的覆盖区域内的业务负荷，将信道资源分给若干个小区，相同的信道集合在间隔一定距离的小区内可以再次得到利用。FCA 的主要优点是实现简单，缺点是频带利用率低，不能很好地根据网络中负载的变化及时改变网络中的信道规划。在以语音业务为主的 2G 系统中，信道分配大多采用固定分配的方式。

为了克服 FCA 的缺点，人们提出了 DCA 技术。在 DCA 技术中，信道资源不固定属于某一个小区，所有的信道被集中起来一起分配。DCA 将根据小区的业务负荷，候选信道的通信质量、使用率及信道的再用距离等诸多因素，选择最佳的信道，动态分配给接入的业务。只要能提供足够的链路质量，任何小区都可以将该信道分给呼叫。DCA 具有频带利用率高、无须信道预规划、可以自动适应网络中负载和干扰的变化等优点。其缺点在于，DCA 算法相对于 FCA 来说较为复杂，系统开销也比较大。HCA 是固定信道分配和动态信道分配的结合，在 HCA 中全部信道被分为固定和动态两个集合。

动态信道分配包括两个方面的内容：干扰信息收集及通过智能地进行资源分配来极大地提高系统的容量，所谓的智能就是根据小区负载大小来动态调节资源。DCA 必须收集有关小区的信息，如小区的负载情况、干扰信息等。同时，为了减小用户的功率损耗及测量的复杂性，在 DCA 中必须减少不必要的下行链路监测。总的来说，DCA 分为两步：收集小区的干扰信息(即监测小区的无线环境)及根据收集到的信息来分配资源。

基于 CDMA 技术的移动通信系统内一般存在两种系统干扰：其一是小区内干扰，也称为多用户接入干扰(MAI)，它是由一个小区内的多用户接入产生的；其二是小区间干扰，是在小区复用的过程中由周围小区和本小区间的相互作用所产生的，这种干扰使得系统的数据吞吐量减小，从而导致低频谱效率和低经济效益。因此，尽可能地最小化它们相互间所产生的影响是非常必要的，而这正是动态信道分配技术要解决的问题。

动态信道分配技术一般分为慢速动态信道分配(SDCA)和快速动态信道分配(FDCA)。SDCA 将无线信道分配至小区，用于上下行业务比例不对称时，调整各小区上下行时隙的比例；而 FDCA 将信道分至业务，为申请接入的用户分配满足要求的无线资源，并根据系统状态对已分配的资源进行调整。3G 中，无线网络控制器(RNC)用来管理小区的可用资源，并将其动态分配给用户，具体的分配方式取决于系统的负荷、业务 QoS 要求等参数。

5.7.4 负载控制

无线资源管理功能的一个重要任务是确保系统不发生过载。一旦系统过载必然会使干扰增加、QoS 下降，系统的不稳定会使某些特殊用户的服务得不到保证，所以负载控制同样非常重要。如果遇到过载，则无线网络规划定义的负载控制功能体将迅速对系统进行控制，使其回到无线网络规划所定义的目标负载值。

CDMA 蜂窝系统容量是自干扰和干扰受限的，接纳控制算法从保证系统中业已存在连接的 QoS 要求出发，要求能够尽可能多地接纳用户，以提高无线资源的利用率。如果接纳控制算法不够理想，就会造成过多的用户接入系统，导致系统发生过载；同时，如果大量的非实时业务占用了过多的系统资源，同样可能导致系统发生过载。负载控制就是通过一定的方法或准则，对系统承载能力进行监控和处理，确保系统能够在具有高性能、高容量的目标下稳定可靠工作的一种无线资源管理方法。负载控制的一般流程如图 5.33 所示。

从图 5.33 中可以看出，负载控制的功能主要有 3 个。

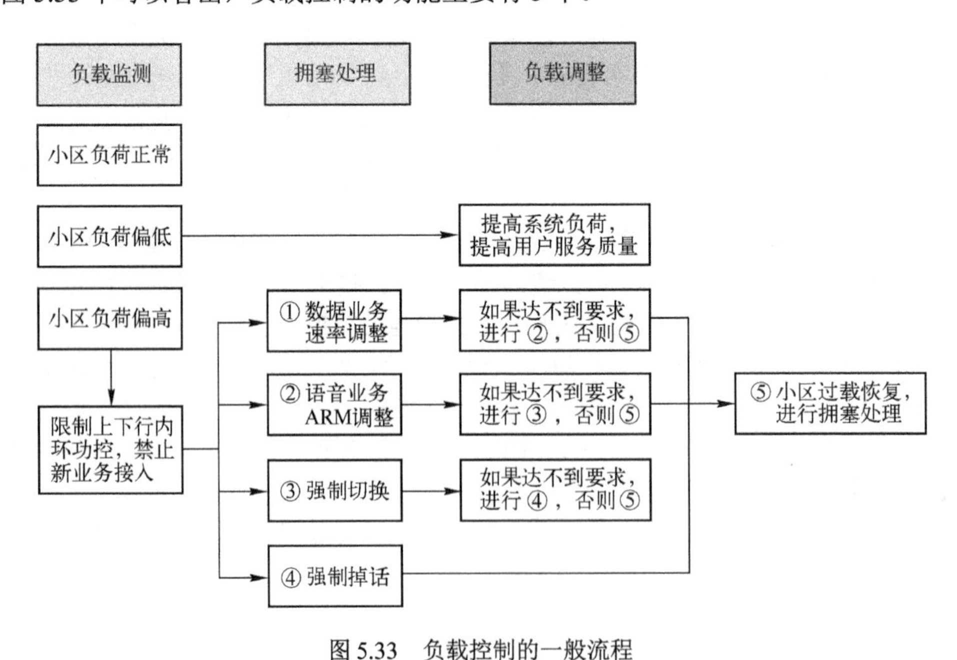

图 5.33　负载控制的一般流程

① 负载监测和评估：进行公共测量处理。

② 拥塞处理：决定使用何种方式来处理当前的拥塞情况。若系统受到的干扰急剧增加

导致系统过载，此时负载控制的功能是较快地降低系统负载，使网络返回到稳定的工作状态。

③ 负荷调整：根据用户 QoS 调整用户所占用的资源。

在 CDMA 蜂窝系统中，上行链路容量主要受限于基站处的总干扰，下行链路容量受限于基站的发射功率。因此，负载控制要达到的目标是将上行干扰与下行发射功率限制在一个合理的水平。负荷估计可以是基于功率的，也可以是基于吞吐量的。负荷估计一旦发现上行干扰或下行发射功率超出合理水平，系统就被认定为过载。为降低负荷，消除过载，可能采用的负荷控制措施如下。

① 下行链路快速负载控制，拒绝执行来自移动台的下行链路功率增加命令。

② 上行链路快速负载控制，降低上行链路快速功率控制目标的值 SIR_{target}。

③ 切换到另一个载波。

④ 切换到如 2G 等其他通信系统。

⑤ 减小实时业务(如语音、视频会议)的发送速率。

⑥ 减小分组数据业务吞吐量。

⑦ 通过减小基站的发射功率，缩小小区覆盖范围，使部分用户切换到其他小区。

⑧ 强制部分用户掉话。

5.7.5 分组调度

按照 QoS 需求的不同，3GPP 规定了 3G 中的 4 种主要业务：对话类业务(conversational service)，流类业务(streaming service)，交互类业务(interactive service)，背景类业务(background service)。这 4 类业务最大的区别在于对时延的敏感程度不同，从前到后依次降低。对话类业务和流类业务对时延的要求比较严格，被称为实时业务；而交互类业务和背景类业务作为非实时业务，对时延不敏感，但具有更低的 BER 要求。

和实时业务相比，非实时业务有如下特点：

① 突发性。非实时业务的数据传输速率可以由零迅速变为数千比特每秒，反之亦然。而实时业务一旦开始传输，将保持该传输速率直至业务结束，除非发生掉话，否则不会发生速率突变的情况。

② 对时延不敏感。非实时业务对时延的容忍度可以达到秒甚至分钟级，而实时业务对时延十分敏感，容忍度基本在毫秒级。

③ 允许重传。RLC 层支持分组重传，因此与实时业务不同，即使无线链路质量很差时，允许重传方法也仍然可以基本保证服务质量，但误帧率会相应增加。

④ 要求数据完整性。分组业务对数据完整性要求很高，因此一般采用确认模式传输；而实时业务时延要求高，但对数据错误率要求相对较低，通常采用透明模式传输。

根据上述特点，非实时数据业务可以通过分组调度的方式来传输。分组调度(Packet Scheduling)是无线资源管理的重要组成部分，从协议上看它位于 L2 和 L3 层，即 RLC/MAC 层和 RRM 层。分组调度的任务是根据系统资源和业务 QoS 要求，对数据业务实施高效可靠的传输和调度控制的过程，其主要功能如下。

① 在非实时业务的用户间分配可用空中接口资源，确保用户申请业务的 QoS 要求，如传输时延、时延抖动、分组丢失率、系统吞吐量及用户间公平性等。

② 为每个用户的分组数据传输分配传输信道。

③ 监视分组分配及网络负载，通过对数据速率的调解来对网络负载进行匹配。

通常分组调度器位于 RNC 中，这样不仅可以进行多个小区的有效调度，同时还可以考虑到小区切换的情况。移动台或基站给调度器提供了空中接口负载的测量值，如果负载超过目标门限值，调度器可通过减小分组用户的比特速率来降低空中接口负载；如果负载低于目标门限值，可以通过增加比特速率来更为有效地利用无线资源。这样，由于分组调度器可以增加或减少网络负载，所以它又被认为是网络流量控制的一部分。

分组用户的调度方法可分为：码分调度法和时分调度法。码分调度法对于不同的分组用户，根据各自的 QoS 要求(包括数据包的大小、优先级、时延等)，分配不同的传输速率，从而占用不同数量的码资源。所有的分组用户能同时按所分配的传输速率进行传输(传输速率为零，则表示暂时不为该用户传递数据)。时分调度法对于不同的分组用户，分别在不同时段进行传输。当用户在其调度的时间段内时，采用最大传输速率进行传输；当用户不在其调度的时间段内时，则不进行传输(即速率为零)。对于单个用户，时分调度法具有非常高的传输速率，但只能占用很短的时间；当用户数量很大时，使用时分调度法将使用户等待的时间很长。

分组调度的一般流程如图 5.34 所示。当调度周期到来时，首先统计分组业务可以使用的总的码道和功率资源，同时对新到来的分组呼叫按照优先级从高到低的顺序进行排队；然后按照可用资源情况选择优先级最高的一个或几个用户进行调度，如果可用资源够用则按照用户申请的最大速率配置资源，否则要求用户降低业务速率；按照协商后的速率对用户进行资源分配后，再进行资源判断，直到能够满足要求为止。

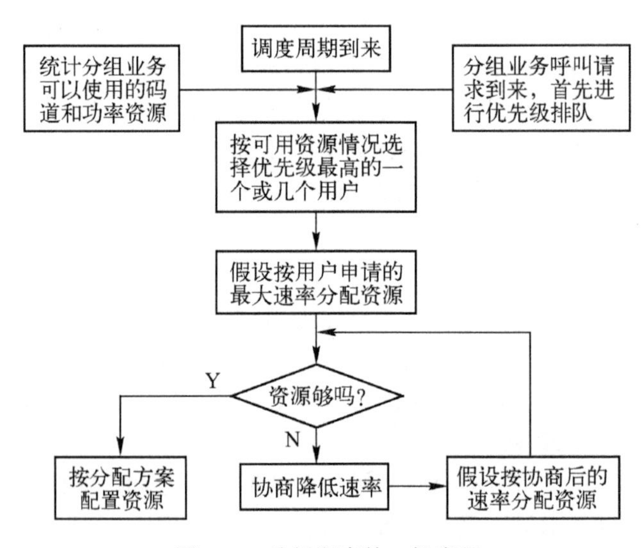

图 5.34　分组调度的一般流程

传统的分组调度算法有：

① 正比公平算法(Proportional Fair)，在该算法中，每个用户都有一个相应的优先级，在任意时刻，小区中优先级最大的用户接受服务。

② 轮询算法(Round Robin)，其基本思想是用户以一定的时间间隔循环地占用等时间的无线资源。假设有 K 个用户，则每个用户被调度的概率都是 $1/K$。也就是说，每个用户以相同的概率占用可分配的时隙、功率等无线资源。

③ 最大载干比算法(MAX C/I)，其基本思想是对所有移动台按照其接收信号的 C/I 预测值从大到小的顺序进行服务。

随着研究的不断深入，目前新的调度算法层出不穷，这里不再介绍了。

要说明的是有关功率控制和切换控制等资源管理策略，在讨论具体移动通信系统时再介绍。

5.8　移动通信网络结构

移动通信网络从 2G 仅仅支持语音业务和低速数据的网络构架已经发展到了支持高速数据业务、多媒体业务等 3G 的网络构架，同时正在向全 IP 的系统网络演进。与 2G 移动网络相比较，3G、4G 网络在无线网络部分有了本质的变化，例如，3G 系统无一例外地采用了 CDMA 接入技术，采用了各种高性能的调制技术和链路控制技术等，在地面电路部分，主要核心网络等也有了巨大的变化。这些改变的主要原因是适应高速数据的要求。这里主要介绍移动通信网络结构的一些基本概念和演进。

1．2G 移动网络的基本组成

2G 移动通信网的基本组成如图 5.35 所示。

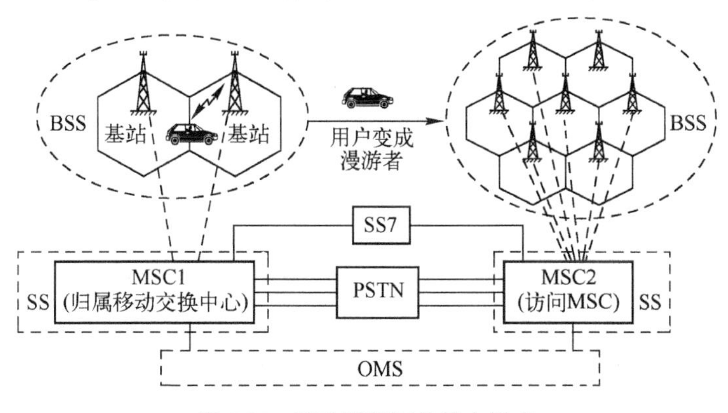

图 5.35　移动通信网的基本组成

移动通信无线服务区由许多正六边形小区覆盖而成，呈蜂窝状，通过接口与公众通信网(PSTN、PSDN)互连。移动通信系统包括移动交换子系统(SS)、操作维护管理子系统(OMS)和基站子系统(BSS)(通常包括移动台)，是一个完整的信息传输实体。

移动通信中建立一个呼叫是由 BSS 和 SS 共同完成的；BSS 提供并管理移动台和 SS 之间的无线传输通道，SS 负责呼叫控制功能，所有的呼叫都是经由 SS 建立连接的；OMS 负责管理控制整个移动网。

移动台(MS)也是一个子系统。移动台实际上是由移动终端设备和用户数据两部分组成的，移动终端设备称为移动设备，用户数据存放在一个与移动设备可分离的数据模块中，此数据模块称为用户识别卡(SIM)。

这里所说的 2G 网络构架包括 GSM 系统和 IS-95 系统。

2．2.5G 移动网络的基本组成

2.5G 网络系统是指由 GSM 网络发展而来的 GPRS 网络，以及由 IS-95 发展而来的 CDMA20001X 网络。正如前面所介绍的那样，2.5G 的演进是为了适应高速数据业务的需求。

GPRS 与 GSM 在网络结构上的最大不同是，在核心网增加了传输分组业务的分组域，即在保持原有 GSM 的电路交换域的 MSC 域外，从 BSC 通过 Gb 接口连接了为传输分组业务的 SGSN-GPRS 业务支持节点和 GGSN-GPRS 网关支持节点。通过 GGSN 网络单元 GPRS 网络与

IP 网络或 X.25 分组网络连接来传输数据。图 5.36 示出了 GPRS 网络的结构。

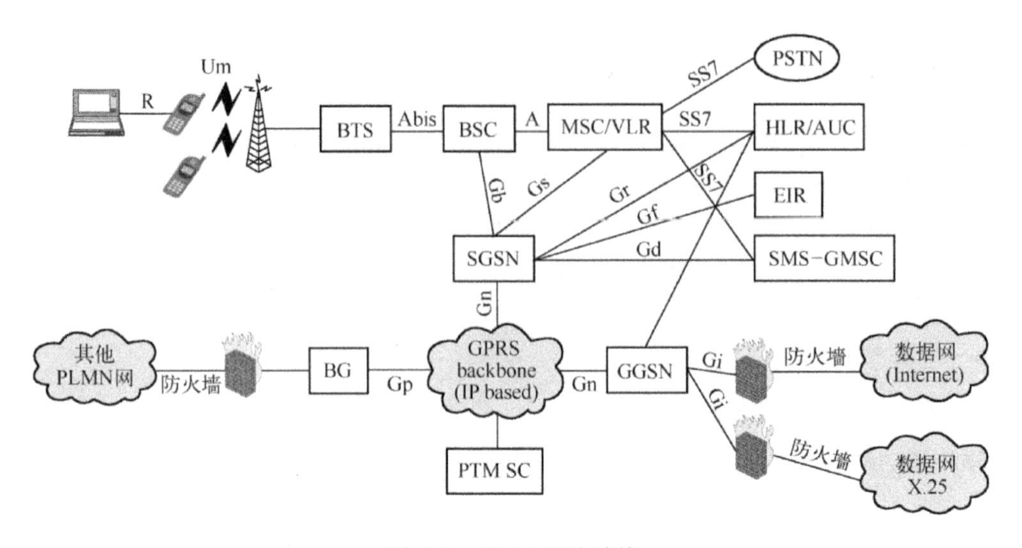

图 5.36　GPRS 网络结构

GPRS 的 SGSN 的功能类似于 GSM 系统中的 MSC/VLR，主要是对移动台进行鉴权、移动性管理和路由选择，建立移动台与 GGSN 的传输通道，接收基站子系统透明传来的数据，进行协议转换后经 GPRS 的 IP 骨干网(IP Backbone)传给 GGSN(或 SGSN)，或者反向进行，另外还进行计费和业务统计。GGSN 实际上是 GPRS 网对外部数据网络的网关或路由器，它提供 GPRS 和外部分组数据网的互连。GGSN 接收移动台发送的数据，选择到相应的外部网络，或接收外部网络的数据，根据其地址选择 GPRS 网内的传输通道，传输给相应的 SGSN。此外，GGSN 还有地址分配和计费等功能。

有关 GPRS 网络其他网元和各个网元之间的接口将在第 6 章具体介绍。

CDMA20001X 的网络结构与 GPRS 一样也是将电路域和分组域分开，如图 5.37 所示。

可以明显看到这个结构与 GPRS 网络结构在总体上是一样的，只不过由于采用的协议不同，所以网络单元和接口定义是不相同的。另外，CDMA20001X 电路域核心网继承了 IS-95 网络的核心网，而增加的分组域核心网包括以下功能单元，以提供分组数据业务所必需的路由选择、用户数据管理、移动性管理等功能。

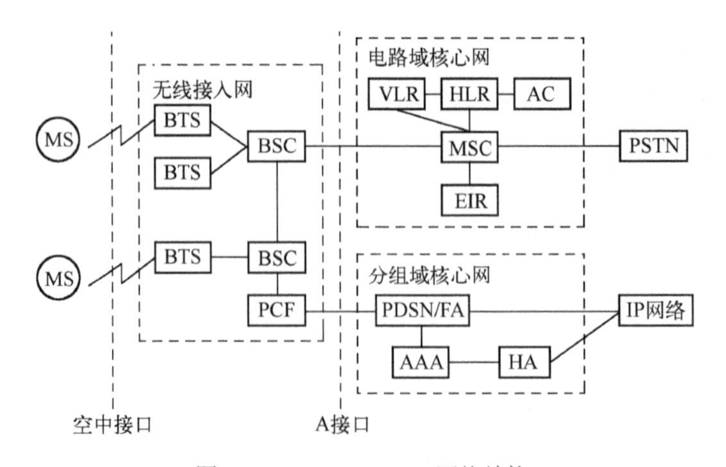

图 5.37　CDMA20001x 网络结构

（1）分组数据服务节点

分组数据服务节点（PDSN）为移动用户提供分组数据业务的管理与控制功能，它至少要连接到一个基站系统，同时连接到外部公共数据网络。PDSN 主要功能如下。

- 建立、维护与终止与移动台的 PPP 连接。
- 为简单 IP 用户指定 IP 地址。
- 为移动 IP 业务提供外地代理（FA）的功能。
- 与鉴权、授权、计费（AAA）服务器通信，为移动用户提供不同等级的服务，并将服务信息通知 AAA 服务器。
- 与靠近基站侧的分组控制功能（PCF）共同建立、维护及终止第二层的连接。

（2）归属代理

归属代理（HA）主要为移动用户提供分组数据业务的移动性管理和安全认证，包括以下功能。

- 对移动台发出的移动 IP 的注册信息进行认证。
- 在外部公共数据网与外地代理（FA）之间转发分组数据包。
- 建立、维护和终止与 PDSN 的通信并提供加密服务。
- 从 AAA 服务器获取用户身份信息。
- 为移动用户指定动态归属 IP 地址。

（3）AAA 服务器

AAA 服务器是鉴权、授权与计费服务器的简称，它负责管理用户，包括用户的权限、开通的业务等信息，并提供用户身份与服务资格的认证和授权，以及计费等服务。目前，AAA 采用的主要协议为 RADIUS，所以在某些文件中，AAA 也可以直接叫作 RADIUS 服务器。根据在网络中所处位置的不同，它的功能如下。

- 业务提供网络的 AAA 服务器负责在 PDSN 和归属网络之间传递认证和计费信息。
- 归属网络的 AAA 服务器对移动用户进行鉴权、授权与计费。
- 中介网络（Broke Network）的 AAA 服务器在归属网络与业务提供网络之间进行消息的传递与转发。

3. 3G 移动网络的基本组成

为了与 2G/2.5G 网络兼容，在网络构架上 3G 网络是向下兼容的，特别是早期的 3G 协议版本核心网部分在结构上没有大的变化。例如，协议版本 R99 的 WCDMA 和 TD-SCDMA 的核心网都是以 GSM MAP 核心网为基础的。图 5.38 所示为 R99 的 3G 网络结构。

由图 5.38 可以看出，3G 网络结构总体上继承了 2G/2.5G 的网络构架，只是在无线接入和核心网控制上进行了较大的改变和演进。

4. 4G 移动网络的基本组成

为了达到简化信令流程，缩短延迟和降低成本的目的，4G LTE 舍弃了 UTRAN 的无线网络控制器-基站（RNC-NodeB）结构，完全由演进型 NodeB（eNodeB）组成。图 5.39 示出了 4G 系统的网络拓扑结构。

由图 5.39 可以看出，与 3G 系统相比，4G 最突出的变化是将原来的三层结构演化为两层结构，使得用户面的数据传送和无线资源的控制变得更加迅捷。新的网络结构舍弃了 RNC、SGSN 和 GGSN 节点，引入了一个新的节点——接入网关（AGW），原先由 GGSN、SGSN 提供的功能并入了 AGW，由 RNC 承担的功能则分散到了 eNodeB 和 AGW 上。

5. 5G 移动网络的基本组成

5G 移动网络包括 UE，无线接入网（Next generation-Radio Access Network, Ng-RAN）和

5G 核心网（5G Core Network, 5GC）三部分，如图 5.40 所示。Ng-RAN 和 5GC 一起为 UE 提供接入移动通信网络的通信和管理功能，提供通向数据网络的连接。

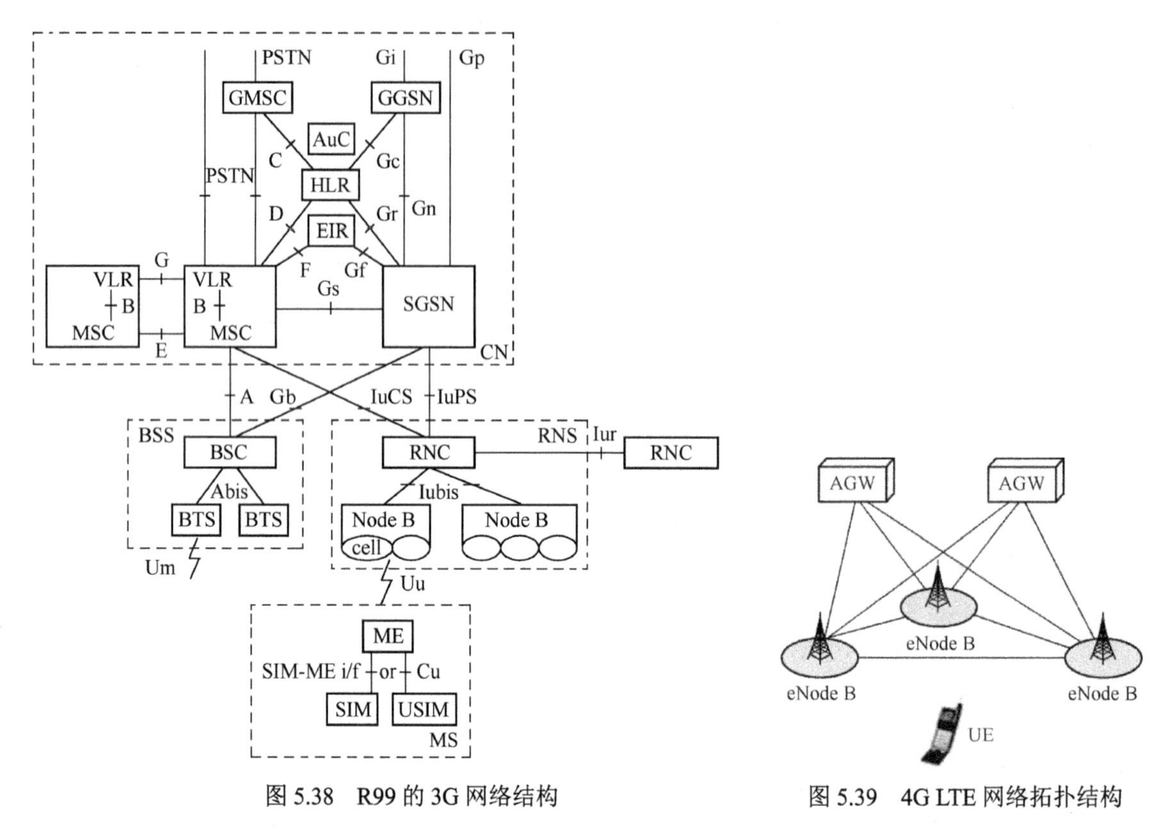

图 5.38　R99 的 3G 网络结构　　　　图 5.39　4G LTE 网络拓扑结构

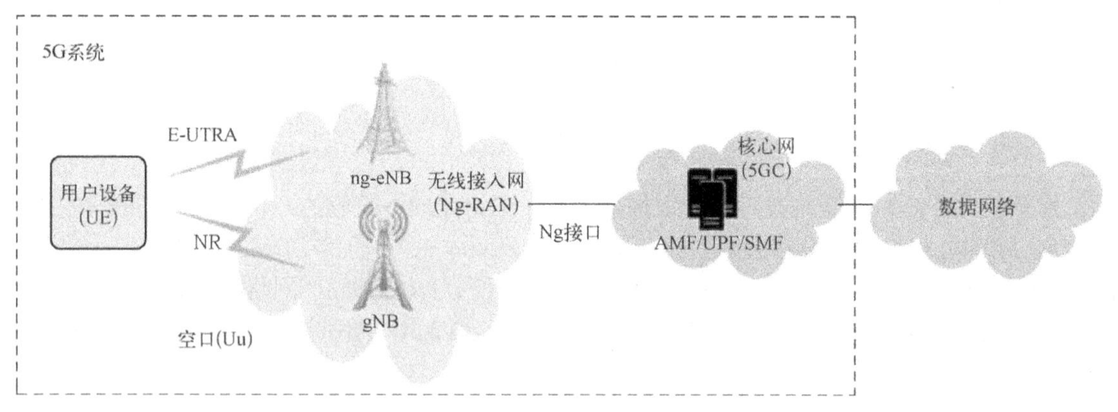

图 5.40　5G 系统架构示意图

UE 与 Ng-RAN 之间的接口称为空口（Uu），5G 的空口技术包括新空口（New radio, NR）和演进的通用陆基无线接入（Evolved Universal Terrestrial Radio Access, E-UTRA）。相应地，Ng-RAN 的节点包括 5G NR 基站（gNB）和增强型 4G LTE 基站（ng-eNB），其中 gNB 向 UE 提供 NR 空口，ng-eNB 向 UE 提供 E-UTRA 空口。5GC 包括多个功能实体，包括接入和移动性管理功能（Access and mobility management function, AMF），用户面功能（User Plane Function, UPF）和会话管理功能（Session Management Function, SMF）。其中 AMF 和 UPF 与 Ng-RAN 之间分别通过 Ng 控制面接口和 Ng 用户面接口连接，Ng-C 和 Ng-U 统称为 Ng 接口。

习题与思考题

5.1 说明大区制和小区制的概念，指出小区制的主要优点。

5.2 简单叙述切换的基本概念。

5.3 什么是同频干扰？它是如何产生的？如何减少？

5.4 试绘出当单位无线区群的小区个数 $N=4$ 时，3 个单位区群彼此邻接时的结构图形？假定小区的半径为 r，邻接无线区群的同频小区的中心间距如何确定？

5.5 面状服务区的区群是如何组成的？模拟蜂窝系统同频无线小区的距离是如何确定的？

5.6 N-CDMA 系统的有效频带宽度为 1.2288MHz，语音编码速率为 9.6kb/s，比特能量与噪声密度比为 6dB，则系统容量为多少？

5.7 简述无线资源管理的基本概念和主要内容。

5.8 说明移动通信网的基本组成。

5.9 简述移动通信网络结构由 2G 到 5G 的变化。

本章参考文献

1 [美] Theodore S.Rappaport. Wireless communications principles and practice. 影印版. 北京：电子工业出版社，1998

2 啜钢，王文博，常永宇，等. 移动通信原理与系统. 北京：北京邮电大学出版社，2005

3 啜钢，王文博，常永宇，等. 移动通信原理与应用. 北京：北京邮电大学出版社，2002

4 胡健栋，等. 码分多址与个人通信. 北京：人民邮电出版社，1995

5 李建东，杨家玮. 个人通信. 北京：人民邮电出版社，1998

6 [美]William C.Y. Lee(李建业) 著. 伊浩，等译. 移动蜂窝通信——模拟和数字系统(第二版). 北京：电子工业出版社，1996

7 Jhong Sam Lee，Leonard E. Miller. 许希斌，周世东，等译. CDMA 系统工程手册. 北京：人民邮电出版社，2000

8 TIA/EIA/IS-95 Interrim Standard, Mobile station-base Station Compatibility for Dual-mode Wideband Spread Spectrum Cellular System. Telecommunication Industry Association. July 1993

9 郭梯云等. 移动通信. 西安：西安电子科技大学出版社，2000

10 吴伟陵，牛凯. 移动通信原理. 北京：电子工业出版社，2005

第6章　GSM及其增强移动通信系统

本章首先介绍GSM系统所提供的业务及其业务特征，包括业务的分类，具体的电信业务、承载业务的特征，以及附加业务；然后重点讲述了GSM系统的网络结构、功能和特性，包括GSM系统的结构、GSM的信道(物理信道、逻辑信道，以及它们的对应关系)、GSM的信令协议、GSM系统的无线传播环境和抗干扰的方法、GSM的接续及移动性管理；最后介绍GPRS分组业务系统和EDGE技术。

- 掌握GSM业务的分类和电信业务、承载业务及附加业务的概念，了解电信业务和附加业务的基本类别和应用；
- 掌握GSM网络的总体结构和各个子系统的基本功能；
- 熟悉GSM物理信道、逻辑信道和突发脉冲的概念，掌握逻辑信道的分类和GSM逻辑信道到物理信道的映射关系，掌握GSM帧结构的5个层次，了解突发脉冲的结构；
- 熟悉GSM网的信令系统，GSM的空中接口(LAPD$_m$)、Abis接口(LAPD)及A接口(七号信令)的概念、结构；
- 了解GSM系统的无线传播环境，各种抗干扰技术；
- 掌握GSM系统的接续过程、切换过程和移动性管理过程；
- 掌握GPRS业务的基本概念；
- 掌握GPRS网络的基本结构和各种接口；
- 了解GPRS的移动性管理和会话管理的概念；
- 掌握EDGE技术的基本原理和关键技术。

6.1　GSM系统的业务及其特征

广义上说，GSM的业务是指用户使用GSM系统所提供的设施进行的活动。换句话说，一项GSM业务就是GSM系统为了满足一个特殊用户的通信要求而向用户提供的服务。

GSM按照ISDN对业务的分类方法对其业务进行了分类，分为基本业务和补充业务。基本业务按功能又可分为电信业务(Teleservices)(又称用户终端业务)和承载业务(Bearer Services)。这两种业务是独立的通信业务。GSM系统的业务分类如图6.1所示。

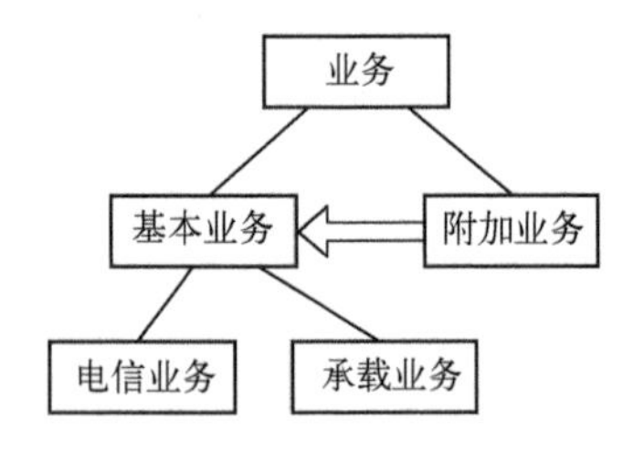

图6.1　GSM系统的业务分类

电信业务是指为用户通信提供的包括终端设备功能在内完整能力的通信业务。承载业务提供用户接入点(也称“用户/网络”接口)间信号传输的能力。

GSM支持的基本业务，如图6.2所示。

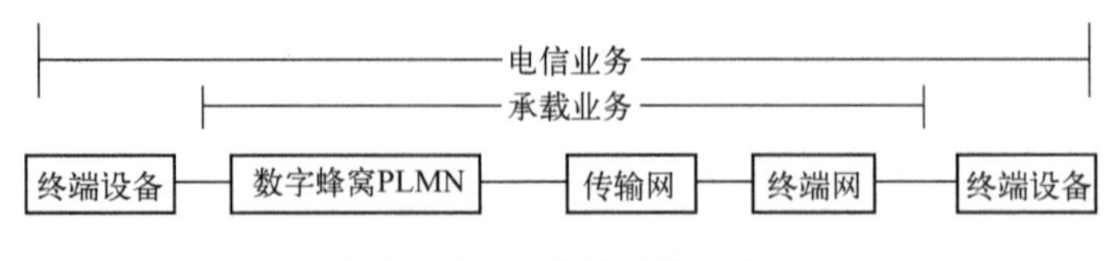

图6.2　GSM支持的基本业务

1. 电信业务

GSM 系统提供的主要电信业务如表 6.1 所示。

表 6.1 GSM 提供的主要电信业务

用户信息类型	电信业务码	电信业务名称
话音传输	11	电话
短消息	21 22 23	MS 终端的点对点短消息业务 MS 起始的点对点短消息业务 小区广播短消息业务
传真	61 62	交替语音和三类传真 自动三类传真
紧急呼叫	12	

（1）电话业务

在 GSM 系统所提供的业务中，最重要的业务是电话业务，它为数字移动通信系统的用户和其他所有与其连网的用户之间提供双向电话通信。

（2）紧急呼叫业务

按照 GSM 技术规范，紧急呼叫是由电话业务引申出来的一种特殊业务。此业务可使移动用户通过一种简单而统一的手续接到就近的紧急业务中心。使用紧急业务可以不收费，也不需要鉴别使用者的识别号码。我国暂不提供紧急呼叫业务。

（3）短消息业务

短消息业务分为三类，包括 MS 发起、MS 接收的点对点短消息业务，以及小区广播短消息业务。

点对点的短消息业务由短消息业务中心完成存储和前转功能。短消息业务中心是与 GSM 系统在功能上完全分离的实体。

图 6.3 和图 6.4 分别示意了 MS 发送、MS 接收的点对点短消息业务，以及小区广播短消息业务的传送过程。

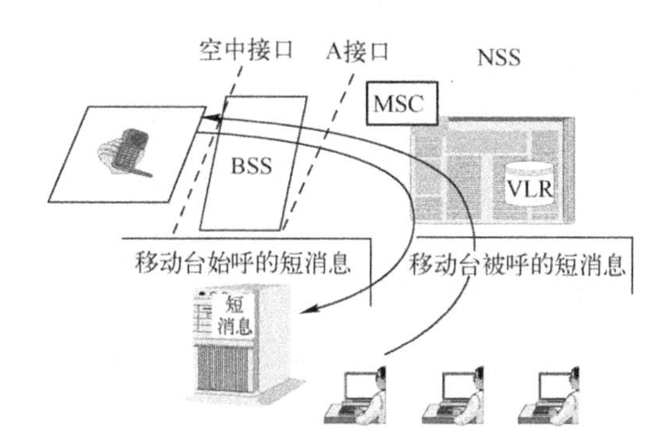

图 6.3 短消息服务(MS 发送到 MS 接收)过程

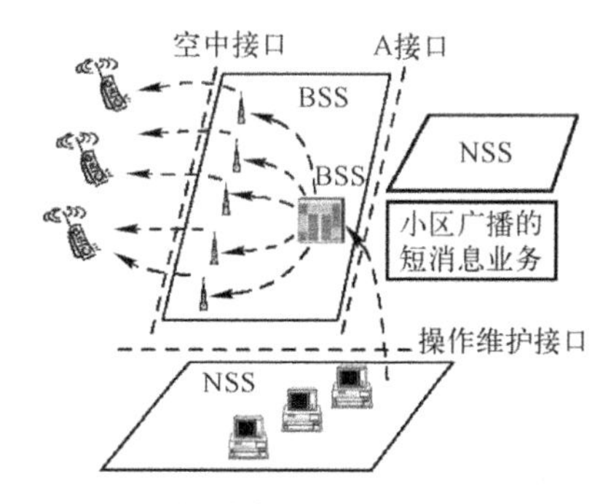

图 6.4 短消息服务(小区广播)过程

（4）传真业务

传真业务有两类：交替语音和三类传真是指语音与三类传真交替传送的业务；自动三类传真是指能使用户经 GSM 网以传真编码信息文件的形式自动交换各种函件的业务。

2. 承载业务

GSM 系统提供的主要承载业务见表 6.2。

表 6.2 GSM 系统提供的主要承载业务(T 表示透明；NT 表示不透明)

承载业务码	承载业务名称	透明属性	承载业务码	承载业务名称	透明属性
21	异步 300b/s 双工电路型	T 或 NT[①]	26	异步 9.6 kb/s 双工电路型	T 或 NT
22	异步 1.2 kb/s 双工电路型	T 或 NT	31	同步 1.2 kb/s 双工电路型	T
24	异步 2.4 kb/s 双工电路型	T 或 NT	32	同步 2.4 kb/s 双工电路型	T 或 NT
25	异步 4.8 kb/s 双工电路型	T 或 NT	33	同步 4.8 kb/s 双工电路型	T 或 NT

续表

承载业务码	承载业务名称	透明属性	承载业务码	承载业务名称	透明属性
34	同步 9.6 kb/s 双工电路型	T 或 NT	45	异步 PAD 接入 4.8 kb/s 电路型	T 或 NT
41	异步 PAD 接入 300 b/s 电路型	NT	46	异步 PAD 接入 9.6 kb/s 电路型	T 或 NT
42	异步 PAD 接入 1.2 kb/s 电路型	T 或 NT	61	交替话音/数据	注 1
44	异步 PAD 接入 2.4 kb/s 电路型	T 或 NT	81	话音后接数据	注 1

注 1．承载业务 61 和 81 中的数据为 3.1kHz 信息传送能力的承载业务 21~34。

3．附加业务

附加业务是基本电信业务的增强或补充。以下列出了大部分附加业务。

- 计费提示（AOC）
- 交替线业务（ALS）——个人或商业
- 来话限制（BAIC）
- 当漫游在 HPLMN 之外时，限制所有来话
- 在国外时限制来话
- 呼出限制（BOC）
- 限制所有打出去的国际电话（BOIC）
- 限制所有打出去的国际电话，除了那些打到 HPLMN 国家的电话
- 遇忙呼叫前转（CFB）
- 无应答呼叫前转（CFNA）
- 无条件呼叫前转（CFU）
- 呼叫保持
- 呼叫等待（CW）
- 主叫线识别显示（CLIP）
- 主叫线识别限制（CLIR）
- 中央交换业务
- 闭合用户群（CUG）
- 会议呼叫（CONF）
- 显式呼叫转接
- 运营者确定的呼叫限制（ODB）

6.2 GSM 系统的结构

图 6.5 所示为 GSM 系统的总体结构。它由以下功能单元组成。

- MS（移动台）：包括 ME（移动设备）和 SIM（用户识别模块）。根据业务的状况，移动设备可包括 MT（移动终端），TAF（终端适配功能）和 TE（终端设备）等功能部件。
- BTS（基站）：为一个小区服务的无线收发设备。
- BSC（基站控制器）：具有对一个或多个 BTS 进行控制，以及相应呼叫控制的功能，BSC 及相应的 BTS 组成了 BSS（基站子系统）。BSS 是在一定的无线覆盖区中，由 MSC（移动业务交换中心）控制，与 MS 进行通信的系统设备。
- MSC（移动业务交换中心）：对位于它所管辖区域中的移动台进行控制、交换的功能实体。

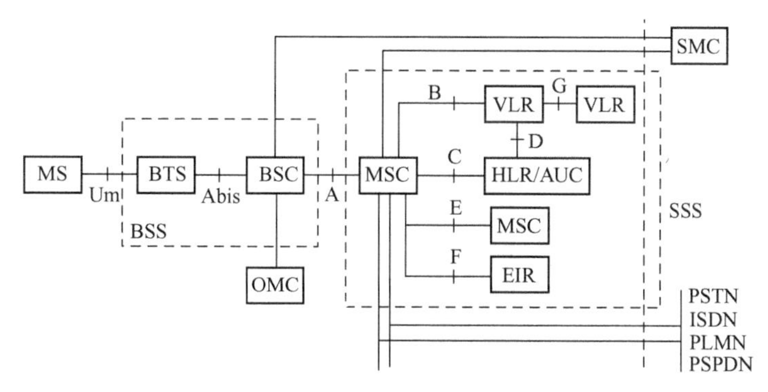

图 6.5　GSM 系统的总体结构

- VLR(拜访位置寄存器)：VLR 存储与呼叫处理有关的一些数据，例如，用户的号码，所处位置区的识别，向用户提供的服务等参数。
- HLR(归属位置寄存器)：管理部门用于移动用户管理的数据库。每个移动用户都应在其归属位置寄存器中注册登记。HLR 主要存储两类信息，即有关用户的参数和有关用户目前所处位置的信息。
- EIR(设备识别寄存器)：存储有关移动台设备参数的数据库。主要完成对移动设备的识别、监视、闭锁等功能。
- AUC(鉴权中心)：为认证移动用户的身份和产生相应鉴权参数(随机数 RAND，符号响应 SRES，密钥 Kc)的功能实体。通常，HLR、AUC 合设在一个物理实体中，VLR、MSC 合设于一个物理实体中，MSC、VLR、HLR、AUC、EIR 也可合设于一个物理实体中。MSC、VLR、HLR、AUC、EIR 功能实体组成交换子系统(SSS)。短消息业务中心(SC)功能实体可通过与 SSS 的连接实现点对点短消息业务，可通过与 BSS 的连接完成小区广播短消息业务。
- OMC(操作维护中心)：操作维护系统中的各功能实体。依据设备厂家不同的实现方式可分为 OMC-R(无线子系统的操作维护中心)和 OMC-S(交换子系统的操作维护中心)。

GSM 系统可通过 MSC 实现与多种网络的互通，包括 PSTN、ISDN、PLMN 和 PSPDN。

6.3　GSM 系统的信道

6.3.1　物理信道与逻辑信道

1．物理信道

由前面的讨论已经知道 GSM 系统采用的是频分多址接入(FDMA)和时分多址接入(TDMA)混合技术，具有较高的频率利用率。FDMA 是说在 GSM900 频段的上行(MS 到 BTS)890~915MHz 或下行(BTS 到 MS)935~960MHz 频率范围内分配了 124 个载波频率，简称载频，各个载频之间的间隔为 200kHz。上行与下行载频是成对的，即所谓的双工通信方式。双工收发载频对的间隔为 45MHz。TDMA 是说在 GSM900 的每个载频上按时间分为 8 个时间段，每一个时间段称为一个时间(slot)，这样的时隙称为信道，或称为物理信道。一个载频上连续的 8 个时隙组成一个称之为“TDMA Frame”的 TDMA 帧。也就是说 GSM 的一个载频上可提供 8 个物理信道。图 6.6 示出了时分多址接入的原理示意图。

为了使大家更好地理解目前我国正在广泛使用的 GSM900 和 GSM1800 的频率配置情况，下面给出我国 GSM 技术体制对频率配置所做的规定。

（1）工作频段

GSM 网络采用 900MHz/1800MHz 频段，如表 6. 3 所示。

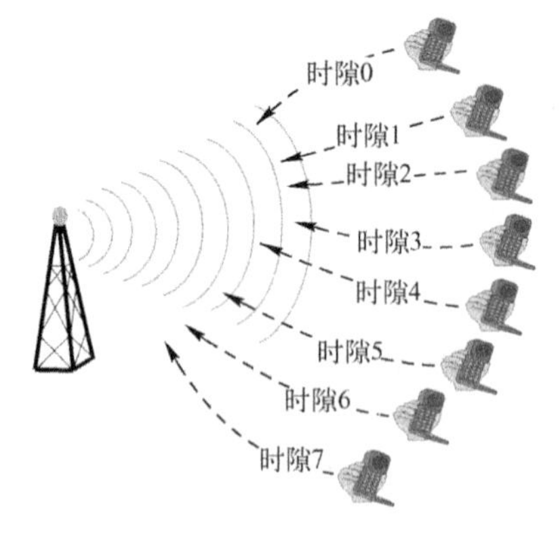

图 6.6　时分多址接入原理示意图

表 6. 3　GSM 网络的频段分配

GSM900/1800 频段		移动台发、基站收	基站发、移动台收
	900MHz 频段	890~915MHz	935~960MHz
	1800MHz 频段	1710~1785MHz	1805~1880MHz
国家无委分配给中国移动的频段	900MHz 频段①	886~909MHz	931~954MHz
	1800MHz 频段	1710~1720MHz	1805~1815MHz

① 国家无委分配的 900MHz 频段包括原来分配的 TACS 频段和新分配的 ETACS 频段。

GSM 网络总的可用频带为 100MHz。中国移动应使用原国家无线电管理委员会(简称国家无委)分配的频率建设网络。随着业务的不断发展，在频谱资源不能满足用户容量需求时，可通过如下方式扩展频段：

① 充分利用 900MHz 的频率资源，尽量挖掘 900MHz 频段的潜力，根据不同地区的具体情况，可视需要向下扩展 900MHz 频段，相应地向 ETACS 频段压缩模拟公用移动电话网的频段；

② 在 900MHz 频率无法满足用户容量需求时，可启用 1800MHz 频段；

③ 考虑远期需要，向频率管理单位申请新的 1800MHz 频率。

（2）频道间隔

相邻频道间隔为 200kHz。每个频道采用时分多址接入(TDMA)方式，分为 8 个时隙，即为 8 个信道。

（3）双工收发间隔

在 900MHz 频段，双工收发间隔为 45MHz。在 1800MHz 频段，双工收发间隔为 95MHz。

（4）频道配置

采用等间隔频道配置方法。

- 在 900MHz 频段，频道序号为 1～124，共 124 个频道。频道序号和频道标称中心频率的关系为

$$f_1(n)=890.200\text{MHz}+(n-1)\times 0.200\text{MHz} \qquad \text{（移动台发，基站收）}$$
$$f_h(n)=f_1(n)+45\text{MHz} \qquad \text{（基站发，移动台收）}$$

式中，$n=1\sim124$。

- 在 1800MHz 频段，频道序号为 512~885，共 374 个频道。频道序号与频道标称中心频率的关系为

$$f_1(n)=1710.200\text{MHz}+(n-512)\times 0.200\text{MHz} \qquad \text{（移动台发，基站收）}$$
$$f_h(n)=f_1(n)+95\text{MHz} \qquad \text{（基站发，移动台收）}$$

式中，n=512,513,⋯,885。

（5）频率复用方式

一般建议在建网初期使用 4×3 的复用方式，即 N=4，采用定向天线，每个基站用 3 个120°

或 60° 方向性天线构成 3 个扇形小区，如图 6.7 所示。业务量较大的地区，根据设备的能力可采用其他的复用方式，如 3×3，2×6，1×3 复用方式等。邻省之间的协调时应采用 4×3 复用方式。全向天线建议采用 N=7 的复用方式，为便于频率协调，其 7 组频率可从 4×3 复用方式所分的 12 组中任选 7 组，频道不够用的小区可以从剩余频率组中借用频道，但相邻频率组尽量不在相邻小区使用，如图 6.8 所示。

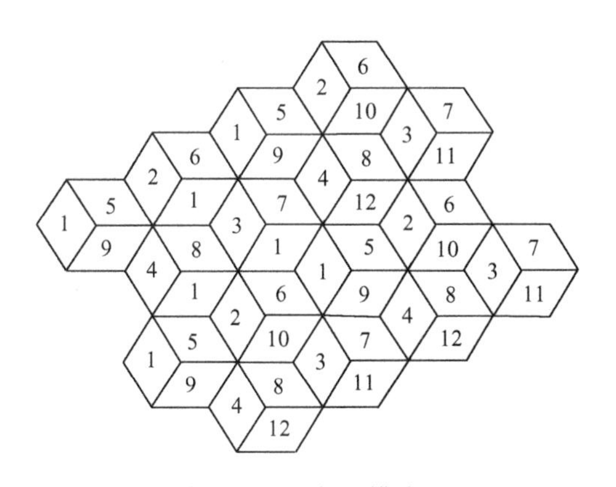

图 6.7 4×3 复用模式

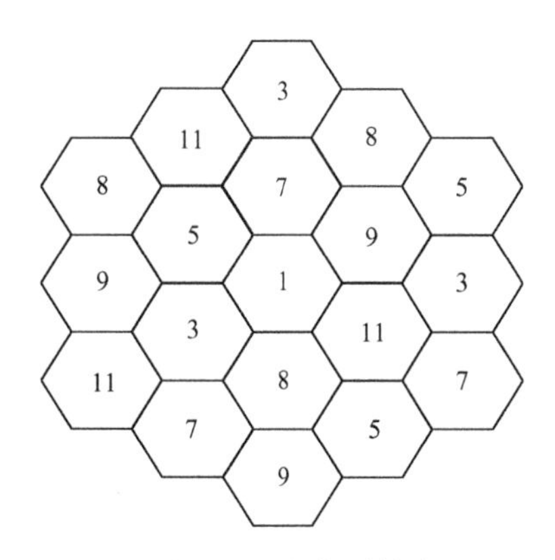

图 6.8 7 组复用模式

在话务密度高的地区，应根据需要适当采用新技术来提高频谱利用率。可采用的技术主要有：同心圆小区覆盖技术；智能双层网技术；微蜂窝技术等。

考虑到微蜂窝的频率复用方式与正常的频率复用方式不同，在频率配置时，可根据需要留出一些频率专门用于微蜂窝。

（6）干扰保护比

无论采用无方向性天线或方向性天线，以及采用哪种复用方式，基本原则是考虑不同的传播条件、不同的复用方式及多个干扰等因素后还必须满足如表 6.4 所示的干扰保护比要求。

表 6.4 干扰保护比

干　扰	参考载干比
同道干扰 C/I_c	9dB
200kHz 邻道干扰 C/I_{a1}	−9dB
400kHz 邻道干扰 C/I_{a2}	−41dB
600kHz 邻道干扰 C/I_{a3}	−49dB

（7）保护频带

保护频带设置的原则是确保数字蜂窝移动通信系统能满足上面所述的干扰保护比要求。

当一个地方的 GSM900 系统与模拟蜂窝移动电话系统共存时，两系统之间(频道中心频率之间)应有约 400kHz 的保护带宽。

当一个地方的 GSM1800 系统与其他无线电系统的频率相邻时，应考虑系统间的相互干扰情况，留出足够的保护频带。

2. 逻辑信道

如果把 TDMA 帧的每个时隙看作物理信道，那么在物理信道中所传输的内容就是逻辑信道。依据移动网通信的需要，为所传送的各种控制信令和语音或数据业务在 TDMA 的 8 个时隙分配相应的控制逻辑信道或语音、数据逻辑信道。

GSM 数字系统在物理信道上传输的信息是由约 100 多个调制比特组成的脉冲串，称为突发脉冲序列(Burst)。以不同的 Burst 信息格式来携带不同的逻辑信道。

逻辑信道分为专用信道和公共信道两大类。专用信道指用于传送用户语音或数据的业务信道，另外还包括一些用于控制的专用控制信道；公共信道指用于传送基站向移动台广播消息的广播控制信道，和用于传送 MSC 与 MS 间建立连接所需的双向公共控制信道。

图 6.9 所示为 GSM 所定义的各种逻辑信道。

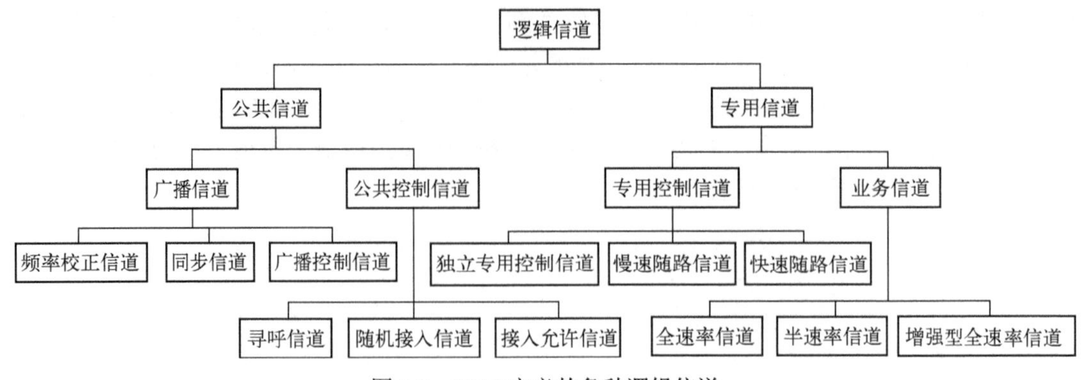

图 6.9　GSM 定义的各种逻辑信道

（1）广播信道

广播信道(BCH)是从基站到移动台的单向信道。包括：

- 频率校正信道(FCCH)：用于给用户传送校正 MS 频率的信息。MS 在该信道接收频率校正信息，并校正 MS 的时基频率。
- 同步信道(SYCH)：用于传送帧同步(TDMA 帧号)信息和 BTS 识别码(BSIC)信息给 MS。
- 广播控制信道(BCCH)：用于向每个 BTS 广播通用的信息。例如，在该信道上广播本小区和相邻小区的信息及同步信息(频率和时间信息)。移动台则周期性地监听 BCCH，以获取 BCCH 上的如下信息：本地区识别(Local Area Identity)；相邻小区列表(List of Neighbouring Cell)；本小区使用的频率表；小区识别(Cell Identity)；功率控制指示(Power Control Indicator)；间断传输允许(DTX permitted)；接入控制(Access Control)，如紧急呼叫等；CBCH(Cell Broadcast Control Channel)的说明。

BCCH 载波是由基站以固定功率发射的，其信号强度被所有移动台测量。

（2）公共控制信道

公共控制信道(CCCH)是基站与移动台间的一点对多点的双向信道。包括：

- 寻呼信道(PCH)：用于广播基站寻呼移动台的寻呼消息，是下行信道。
- 随机接入信道(RACH)：MS 随机接入网络时用此信道向基站发送信息。发送的信息包括：对基站寻呼消息的应答；MS 始呼时的接入，并且 MS 在此信道还向基站申请指配一个独立专用控制信道 SDCCH。此信道为上行信道。
- 允许接入信道(AGCH)：用于基站向随机接入成功的移动台发送指配了的独立专用控制信道 SDCCH。此信道为下行信道。

（3）专用控制信道

专用控制信道(DCCH)是基站与移动台间的点对点的双向信道。包括：

- 独立专用控制信道(SDCCH)：用于传送基站和移动台间的指令与信道指配信息，如鉴权、登记信令消息等。此信道在呼叫建立期间支持双向数据传输，支持短消息业务信息的传送。
- 随路信道(ACCH)：该信道能与独立专用控制信道(SDCCH)或者业务信道公用在一个物理信道上传送信令消息。随路信道(ACCH)又分为两种：慢速随路信道(SACCH)，基站用此信道向移动台传送功率控制信息、帧调整信息；另一方面，基站用此信道接收移动台发来的移动台接收的信号强度报告和链路质量报告。快速随路信道(FACCH)，用于传送基站与移动台间的越区切换的信令消息。

（4）业务信道

业务信道(TCH)指用于传送用户的话音和数据业务的信道。根据交换方式的不同，业务信道可分为电路交换信道和数据交换信道；依据传输速率的不同，可分为全速率信道和半速率信道。GSM 系统全速率信道的速率为 13kb/s；半速率信道的速率为 6.5kb/s。另外，增强全速率业务信道是指，它的速率与全速率信道的速率一样(为 13kb/s)，只是其压缩编码方案比全速率信道的压缩编码方案优越，所以它有较好的话音质量。

6.3.2 物理信道与逻辑信道的配置

1．逻辑信道与物理信道的映射

由前面的讨论可知 GSM 系统的逻辑信道数已经超过了 GSM 一个载频所提供的 8 个物理信道，因此要想给每一个逻辑信道都配置一个物理信道，一个载频所提供的 8 个物理信道是不够的，需要再增加载频。可以看出，这样的逻辑信道和物理信道的指配方法是无法进行高效率的通信的。我们知道尽管控制信道在通信中起着至关重要的作用，但通信的根本任务是利用业务信道传送语音或数据。而按照上面的信道配置方法，在一个载频上已经没有业务信道的时隙了。解决上述问题的基本方法是，将公共控制信道复用，即在一个或两个物理信道上复用公共控制信道。

GSM 系统是按以下方法来建立物理信道和逻辑信道间的映射关系的。

一个基站有 N 个载频，每个载频有 8 个时隙。将载波定义为 $f_0, f_1, f_2, \cdots$ 对于下行链路，从 f_0 的第 0 时隙(TS0)起始。f_0 的第 0 时隙(TS0)只用于映射控制信道，f_0 也称为广播控制信道。图 6.10 所示为广播控制信道(BCCH)和公共控制信道(CCCH)在 TS0 上的复用关系。

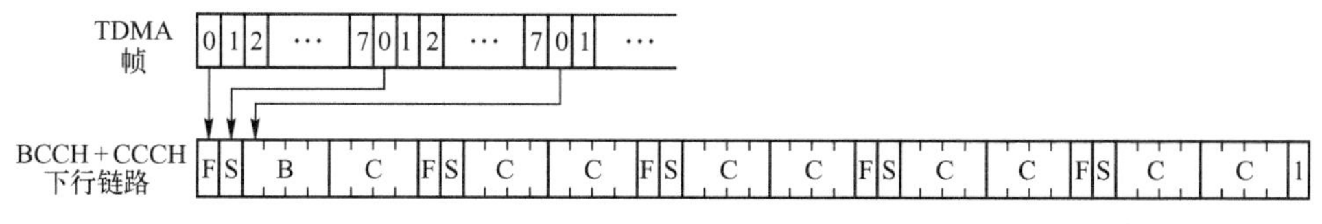

C(CCCH)：公共控制信道

F(FCCH)：移动台据此同步频率

S(SCH)：移动台据此读 TDMA 帧号和基站识别码(BSIC)

B(BCCH)：移动台据此读有关小区的通用信息

I(IDEL)：空闲帧，不包括任何信息，仅作为复帧的结束标志

图 6.10　BCCH 与 CCCH 在 TS0 上的复用

广播控制信道(BCCH)和公共控制信道(CCCH)共占用 51 个 TS0 时隙。尽管它们只占用了每一帧的 TS0 时隙，但从时间上讲长度为 51 个 TDMA 帧。作为一种复帧，以每出现一个空闲帧作为此复帧的结束，在空闲帧之后，复帧再从 F、S 开始进行新的复帧。以此方法进行重复，即时分复用构成 TDMA 的复帧结构。

在没有寻呼或呼叫接入时，基站也总在 f_0 上发射。这使移动台能够测试基站的信号强度，以决定使用哪个小区更为合适。

对上行链路，f_0 上的 TS0 不包括上述信道。它只用于移动台的接入，即上行链路作为 RACH 信道。图 6.11 所示为 51 个连续的 TDMA 帧的 TS0。

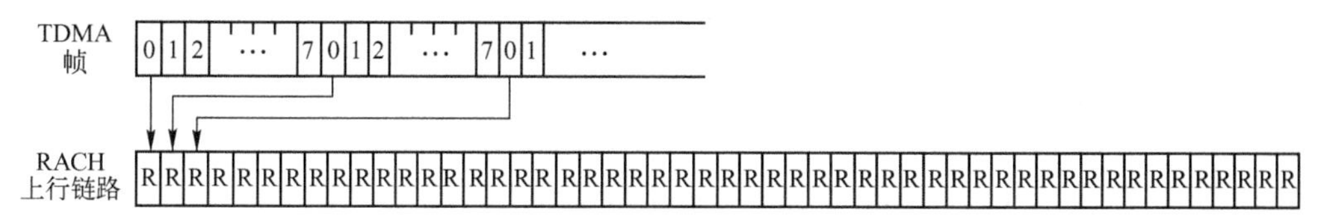

图 6.11　TS0 上 RACH 的复用

BCCH、FCCH、SCH、PCH、AGCH 和 RACH 均映射到 TS0。RACH 映射到上行链路，其余映射到下行链路。

下行链路 f_0 上的 TS1 时隙用来将专用控制信道映射到物理信道上，其映射关系如图 6.12 所示。

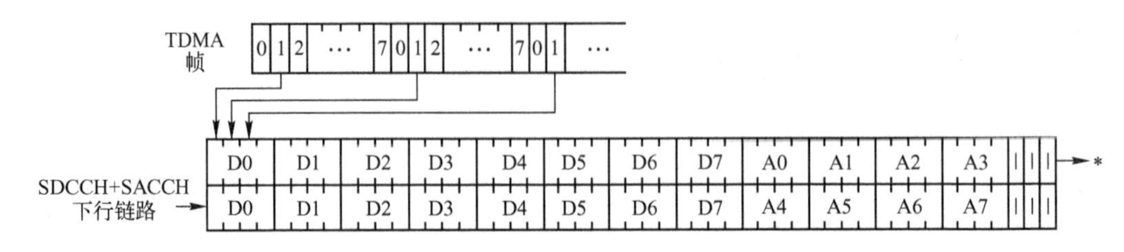

图 6.12　SDCCH 和 SACCH 在 TS1 上的复用(下行)

由于呼叫建立和登记时的比特率相当低，所以可在一个时隙上放 8 个专用控制信道，以提高时隙的利用率。

SDCCH 和 SACCH 共有 102 个时隙，即 102 个时分复用帧。

SDCCH 的 DX(D0,D1, …)只在移动台建立呼叫的开始时使用，当移动台转移到业务信道 TCH 上，用户开始通话或登记完释放后，DX 就用于其他的移动台。

SACCH 的 AX(A0, A1, …)主要用于传送那些不紧要的控制信息，如无线测量数据等。

上行链路 f_0 上的 TS1 与下行链路 f_0 上的 TS1 有相同的结构，只是它们在时间上有一个偏移，即意味着对于一个移动台同时可双向接续。图 6.13 示出了 SDCCH 和 SACCH 在上行链路 f_0 的 TS1 上的复用。

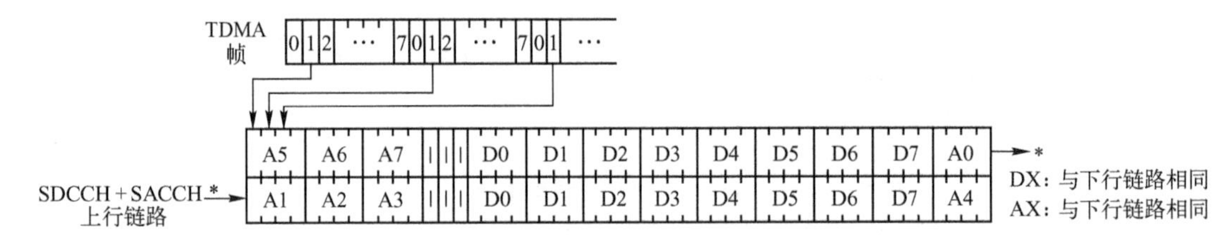

图 6.13　SDCCH 与 SACCH 在 TS1 上的复用(上行)

载频 f_0 上的上行、下行的 TS0 和 TS1 供逻辑控制信道使用，而其余 6 个物理信道 TS2～TS7 由 TCH 使用。

图 6.14 示出了 TS2 时隙的时分复用关系，其中 T 表示 TCH 业务信道，用于传送编码语音或数据；A 表示 SACCH 慢速随路信道，用于传送控制命令，如命令改变输出功率等；I 为 IDEL 空闲，它不含任何信息，主要用于配合测量。时隙 TS2 是以 26 个时隙为周期进行时分复用的，以空闲时隙 I 作为重复序列的开头或结尾。

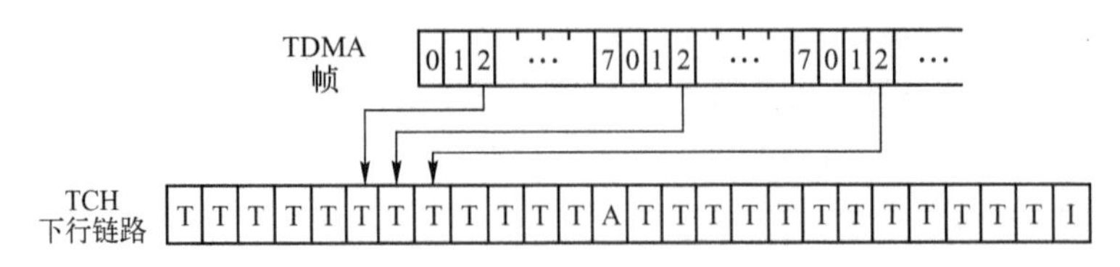

图 6.14　TCH 的复用

上行链路的 TCH 与下行链路的 TCH 结构完全一样，只是有一个时间的偏移。时间偏移为 3 个时隙，也就是说上行的 TS2 与下行的 TS2 不同时出现，表明移动台的收发不必同时进行。

图 6.15 示出了 TCH 上行与下行偏移的情况。

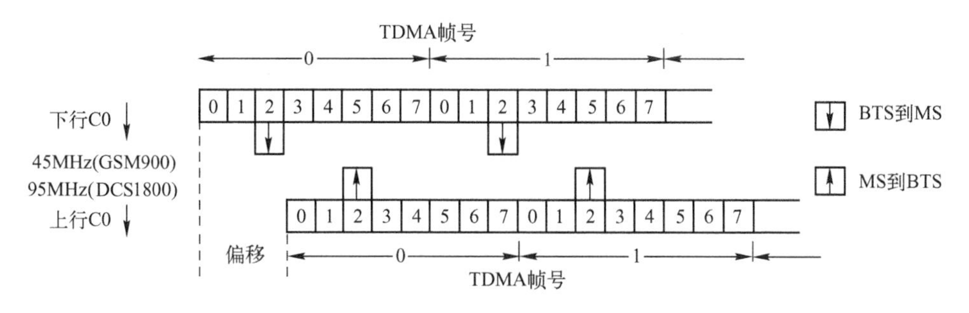

图 6.15　TCH 上下行偏移

通过以上论述可以得出在载频 f_0 上：

TS0——逻辑控制信道，重复周期为 51 个 TS；

TS1——逻辑控制信道，重复周期为 102 个 TS；

TS2——逻辑业务信道，重复周期为 26 个 TS；

TS3～TS7——逻辑业务信道，重复周期为 26 个 TS。

其他 f_1～f_N 载频的 TS0～TS7 时隙全部是业务信道。

2. GSM 的时隙帧结构

前面论述了 GSM 的逻辑信道和物理信道的映射，在此基础上给出 GSM 的帧结构。

GSM 的时隙帧结构有 5 个层次，即时隙、TDMA 帧、复帧(multiframe)、超帧(superframe)和超高帧。

- 时隙是物理信道的基本单元。
- TDMA 帧是由 8 个时隙组成的，是占据载频带宽的基本单元，即每个载频有 8 个时隙。
- 复帧有两种类型：由 26 个 TDMA 帧组成的复帧，这种复帧用于 TCH、SACCH 和 FACCH；由 51 个 TDMA 帧组成的复帧，这种复帧用于 BCCH 和 CCCH。
- 超帧是由 51 个 26 帧的复帧或由 26 个 51 帧的复帧所构成的。
- 超高帧等于 2048 个超帧。

图 6.16 示出了 GSM 系统分级帧结构示意图。

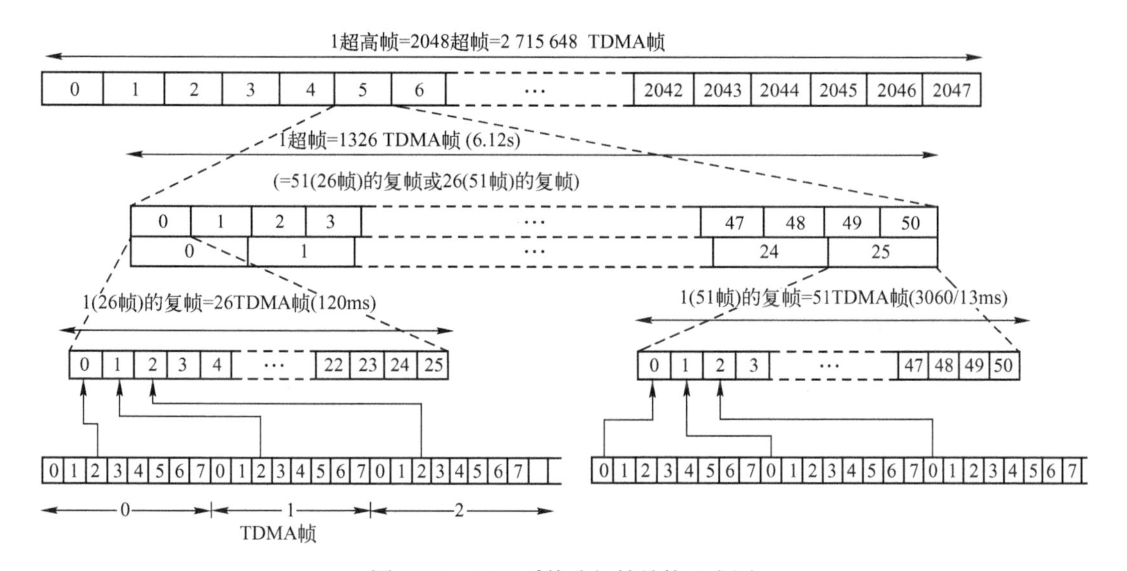

图 6.16　GSM 系统分级帧结构示意图

在 GSM 系统中超高帧的周期是与加密和跳频有关的。每经过一个超高帧的周期，循环长度为 2 715 648，相当于 3 小时 28 分 53 秒 760 毫秒，系统将重新启动密码和跳频算法。

6.3.3 突发脉冲

突发脉冲是以不同的信息格式携带不同逻辑信道，在 1 个时隙内传输的，由 100 多个调制比特组成的脉冲序列。因此可以将突发脉冲看作逻辑信道在物理信道传输的载体。逻辑信道不同突发脉冲也不尽相同。通常突发脉冲有以下 5 种类型。

1．普通突发脉冲

普通突发脉冲(NB，Normal Burst)用于构成 TCH，以及除 FCCH，SYCH，RACH 和空闲突发脉冲以外的所有控制信息信道，携带它们的业务信息和控制信息。普通突发脉冲序列的结构如图 6.17 所示。

由图 6.17 可看出：普通突发脉冲(NB)由加密信息(2×57b)、训练序列(26b)、尾位 TB (2×3b)、借用标志 F(Stealing Flag，2×1b)和保护时间 GP(Guard Period，8.25b)构成，总计 156.25b。每个比特的持续时间为 3.6923μs，一个普通突发脉冲所占用的时间为 0.577ms。

在普通突发脉冲中，加密比特是 57b 的加密语音、数据或控制信息，另外有 1b 的“借用标志”，当业务信道被 FACCH 借用时，以此标志表明借用一半业务信道资源；训练序列是一串已知比特，是供信道均衡用的；尾位 TB 总是 000，是突发脉冲开始与结尾的标志；保护时间 GP 用来防止由于定时误差而造成突发脉冲间的重叠。

2．频率校正突发脉冲

频率校正突发脉冲(FB，Frequency correction Burst)用于构成频率校正信道(FCCH)，携带频率校正信息。其结构如图 6.18 所示。

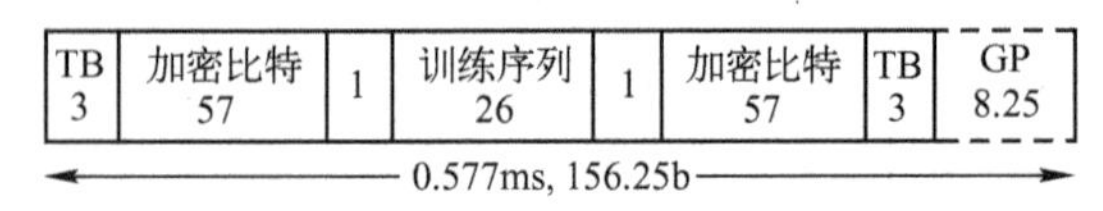

TB 3	加密比特 57	1	训练序列 26	1	加密比特 57	TB 3	GP 8.25

0.577ms, 156.25b

图 6.17　普通突发脉冲序列的结构

TB 3	固定比特 142	TB 3	GP 8.25

0.577ms, 156.25b

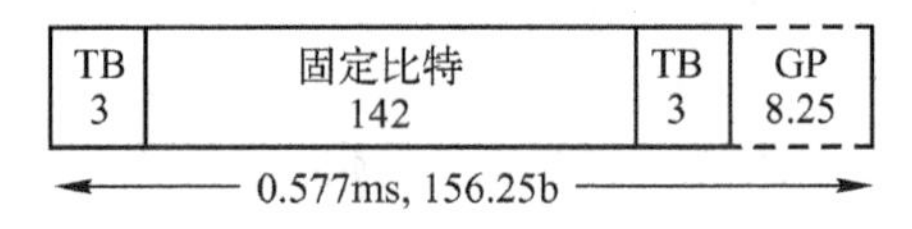

图 6.18　频率校正突发脉冲序列的结构

频率校正突发脉冲除了含有尾位和保护时间外，主要传送固定的频率校正信息，即 142 个全零比特。

3．同步突发脉冲

同步突发脉冲(SB，Synchronization Burst)用于构成同步信道(SYCH)，携带有系统的同步信息。其结构如图 6.19 所示。

同步突发脉冲(SB)由加密信息(2×39b)和一个易被检测的长同步序列(64b)构成。加密信息位携带有 TDMA 帧号(TN)及基站识别码(BSIC)信息。

4．接入突发脉冲

接入突发脉冲(AB，Access Burst)用于构成移动台的随机接入信道(RACH)，携带随机接入信息。接入突发脉冲的结构如图 6.20 所示。

TB 3	加密比特 39	同步序列 64	加密比特 39	TB 3	GP 8.25

0.577ms, 156.25b

图 6.19　同步突发脉冲序列的结构

TB 8	同步序列 41	加密比特 36	TB 3	GP 8.25

图 6.20　接入突发脉冲序列的结构

接入突发脉冲(AB)由同步序列(41b)、加密信息(36b)、尾位((8+3)b)和保护时间构成。其中保护时间间隔较长，这是为了使移动台首次接入或切换到一个新的基站时不知道定时提前量而设置的。当保护时间长达 252μs 时，允许小区半径为 35 公里，在此范围内可保证移动台随机接入移动网。

5. 空闲突发脉冲

空闲突发脉冲(DB，Dummy Burst)的结构与普通突发脉冲的结构相同，只是将普通突发脉冲中的加密信息比特换成了固定比特。其结构如图 6.21 所示。

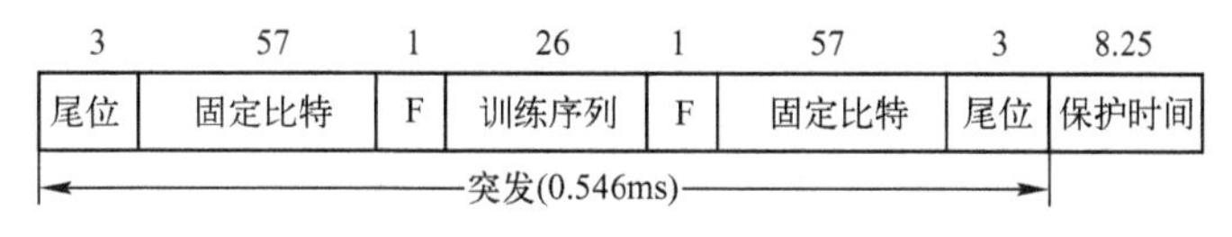

图 6.21 空闲突发脉冲序列的结构

空闲突发脉冲的作用是当无用户信息传输时，用空闲突发脉冲替代普通突发脉冲在 TDMA 时隙中传送。

6.3.4 帧偏离、定时提前量与半速率信道

1. 帧偏离

帧偏离是指前向信道的 TDMA 帧定时与反向信道的 TDMA 帧定时的固定偏差。GSM 系统中规定帧偏差为 3 个时隙，如图 6.22 所示。这样做的目的是简化设计，避免移动台在同一时隙收发，从而保证收发的时隙号不变。

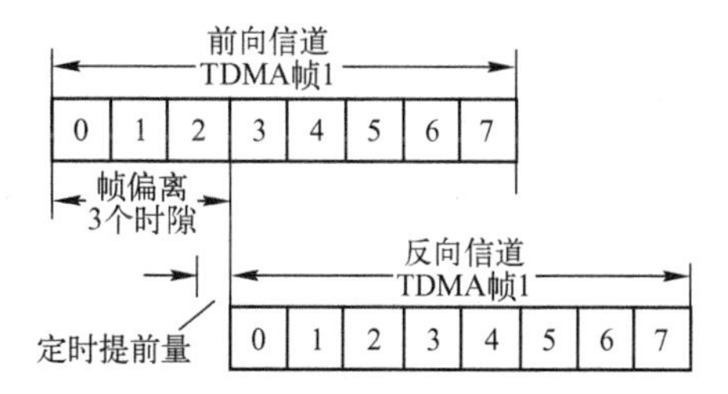

图 6.22 帧偏离与定时提前量示意图

2. 定时提前量

在 GSM 系统中，突发脉冲的发送与接收必须严格地在相应的时隙中进行，所以系统必须保证严格的同步。然而，移动用户是随机移动的，当移动台与基站距离远近不同时，它的突发脉冲的传输延时就不同。为了克服由突发脉冲的传输延时所带来的定时的不确定性，基站要指示移动台以一定的提前量发送突发脉冲，以补偿所增加的延时，如图 6. 22 所示。

3. 半速率信道

全速率是指 GSM 中用于无线传输的 13kb/s 的语音信号，即 GSM 系统中的语音编码器将 64kb/s 的语音变换成 13kb/s 的语音信号。前面所介绍的业务信道都是以 13kb/s 的速率传输语音数据的，通常称为全速率信道；半速率信道是指语音速率从原来的 13kb/s 下降到 6.5kb/s，这样两个移动台可使用一个物理信道进行呼叫，系统容量可增加一倍。图 6.23 为全速率信道和半速率信道的示意图。

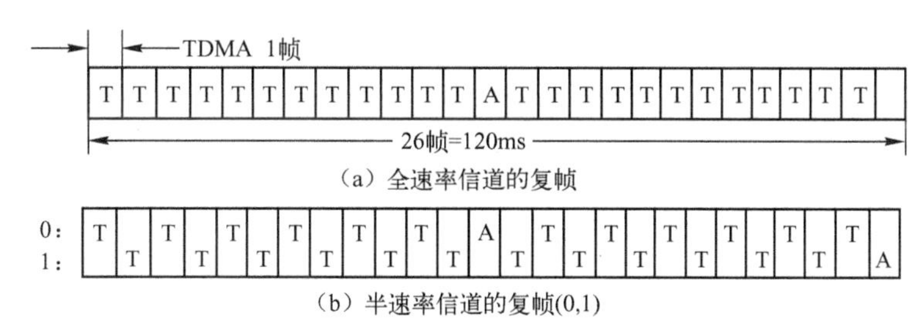

图 6.23 全速率信道和半速率信道

6.4 GSM 的无线数字传输

前面已经详细讨论了无线传播环境，以及无线信道和各种抗衰落技术。因此这里只是结合 GSM 系统讨论无线信道衰落特性和一些相应的抗衰落技术。

6.4.1 GSM 系统无线信道的衰落特性

1. 多径衰落

多径衰落信道的特性可由信号在自由空间的传输损耗、信号衰落深度、信号衰落次数等参数来表征。这些参数决定了电波传输的覆盖范围和场强分布。对数字信号的传输来说，仅这些参数还不够。在数字通信中，通信系统的好坏由输出的误码率来判断。有时尽管接收信号电平很高，但多径效应却会引起很高的误码率，使通信无法正常进行。事实上，多径传输带来了额外的路径损耗；多径衰落会导致数字信号传输的突发性错误；多径延时扩展将导致数字信号传输的码间干扰。图 6.24 示出了移动通信中的多径传播环境。

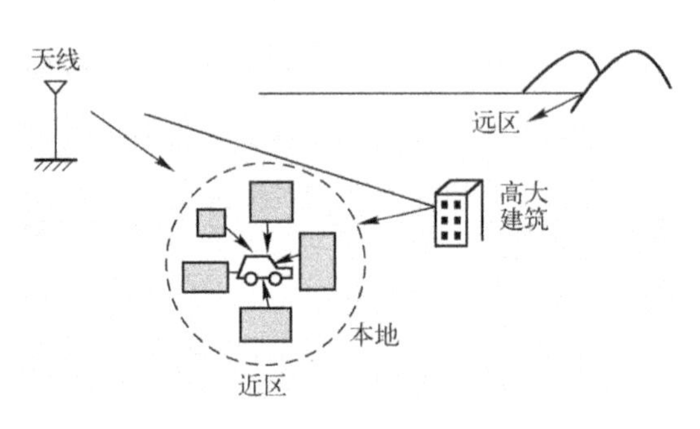

图 6.24 多径传播环境

图 6.25 为由于多径传输所带来的符号间的干扰及信号衰落。

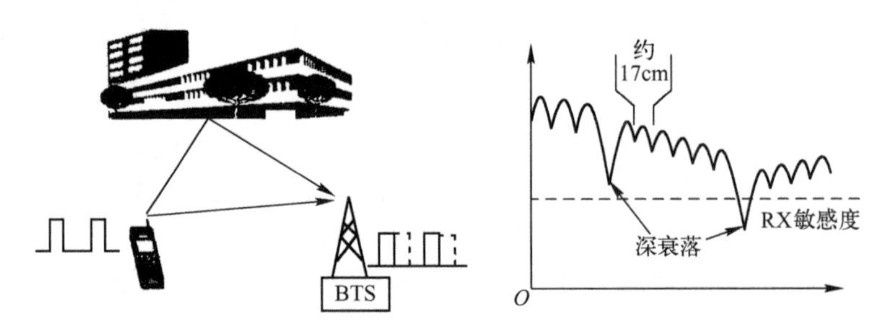

图 6.25 多径传播造成的符号间干扰及信号衰落

2. 阴影衰落

阴影衰落是由于传播环境中的地形起伏、建筑物及其他障碍物对电波遮蔽所引起的衰落。阴影衰落又称慢衰落，它一般表示为电波传播距离的 m 次幂和表示阴影损耗的正态对数分量的乘积。

3. 时延扩展

可以从不同的角度研究无线电波的多径传播。一方面可以从接收信号的包络变化所反映的多径衰落特性，如瑞利衰落特性、电平通过率和平均衰落持续时间等来考察多径传播；另一方面，在时间域，研究数字脉冲信号经过多径传播的时延特性，即在多径传播条件下接收信号会产生时延扩展或称时延散布。

时延扩展所带来的直接后果是接收信号中一个码元的波形会扩展到其他码元周期中，引起码间串扰。

6.4.2 GSM 系统中的抗衰落技术

1. 信道编码与交织

（1）信道编码

信道编码用于改善传输质量，克服各种干扰因素对信号产生的不良影响。但是信道编码是以增加数据长度，降低信息量为代价的。信道编码的基本方法是在原始数据的基础上附加一些冗余信息。增加的数据比特是通过某种约定从原始数据经计算产生的，发送端则将原始数据和增加的数据比特一起发送，这就是所谓的信道编码。接收端的解码过程是利用这个冗余信息检测误码并尽可能地纠正错误。如果收到的数据经过同样的计算所得到的冗余比特与收到的不一致时，就可以确定传输有误。根据传输模式不同，在无线传输中使用不同的码型。实际上，大多数情况下是把几种编码方式组合在一起应用，最终的冗余码是多种编码的混合结果。

GSM 系统中使用的编码方式如下。

- 块卷积码：主要用于纠错。当解码器采用最大似然估计方法时，可以产生十分有效的纠错结果。
- 纠错循环码：主要用于检测和纠正成组出现的误码。通常与块卷积码混合使用，用于捕捉和纠正遗漏的组误差。
- 奇偶码：这是一种普遍使用的、最简单的检测误码的方法。

（2）交织编码

交织编码的目的是把一个较长的突发误码离散成随机误码，再用纠正随机误码的编码技术，如卷积编码技术，消除随机误码。

在移动通信中多径衰落会导致数字信号传输的突发性错误。利用交织编码技术可以改善数字通信的传输能力。在 GSM 系统中采用了较为复杂的交织编码技术。

交织就是把码字顺序相关的比特流非相关化。GSM 交织编码器的输入码流是 20ms 的帧，每帧含 456b。每两帧(40ms)共 912b，按每行 8 位写入，共写入 114 行，计 8 × 114 = 912b。输出按列输出，每次读出 114b，恰好对应 GSM 的一个 TDMA 时隙。也就是说，将 912b 字符交织后分散到 8 个 TDMA 帧的时隙中来传输。按照这种方法就会使传输中受到突发性干扰的信息码流，经交织译码后，由突发错误变成了随机差错。图 6.26 示出了 GSM 系统采用的交织编码矩阵。

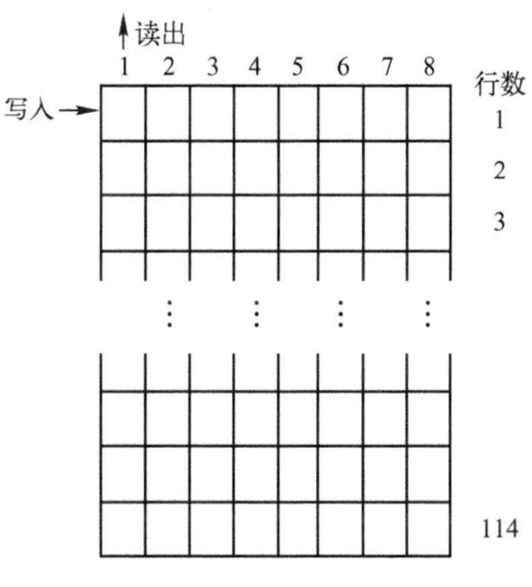

图 6.26 交织编码矩阵

GSM 系统的交织编码过程如图 6.27 所示。

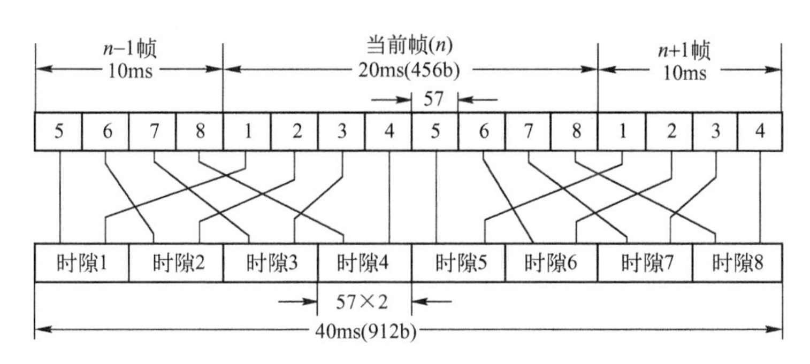

图 6.27 交织编码过程

将输入码流长为20ms帧中的456b分成8段，每段含有57b。交织是在40ms共912b间进行的。当前帧的456b分别与第n-1帧的后半帧的228b和第n+1帧的前半帧228b交织，即当前帧的1、2、3、4段与n-1帧的5、6、7、8段组成时隙1、2、3、4；当前帧的5、6、7、8段与n+1帧的1、2、3、4段组成时隙5、6、7、8。这就实现了将912b的码流交织，分散到TDMA帧的8个时隙传输的目的。

2. Viterbi均衡与天线分集

（1）Viterbi均衡

均衡用于解决符号间干扰问题，适用于信号不可分离多径，且时延扩展远大于符号宽度的情况下。如第2章所述，均衡分为频域均衡和时域均衡。在数字通信中多采用时域均衡。

实现均衡的算法有很多种，目前在GSM的标准中没有对采用哪种均衡算法做出规定。但有一个重要的限制，就是采用的算法必须能够处理在16μs之内收到的两个等功率的多径信号。因此在GSM系统中多采用Viterbi均衡算法。

（2）天线分集

实现天线分集的一种方法是使用两个接收信道，它们受到的衰落影响是不相关的，两者在某一时刻同时经受某一深衰落点影响的可能性很小。因此我们可以利用两副接收天线独立地接收同一信号，当合成来自两副天线的信号时，衰落的程度能被减小。图6.28为天线分集接收的示意图。

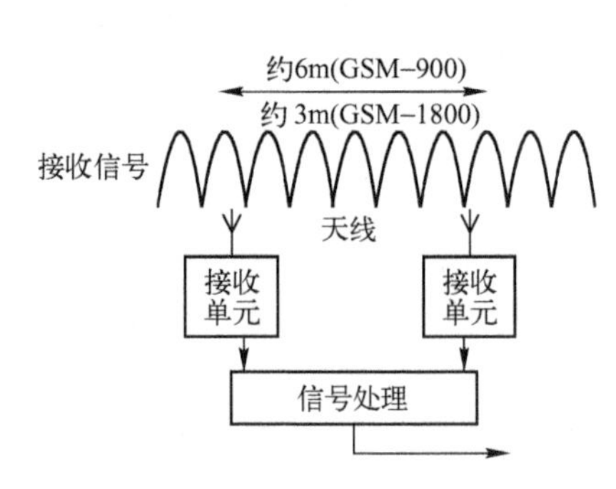

图6.28 天线分集接收示意图

3. 跳频技术

所谓跳频就是有规则地改变一个信道的频隙(载频频带)。跳频分为快跳频和慢跳频，在GSM的无线接口上采用的是慢跳频技术。这是因为在GSM中要求在整个突发脉冲期间传输的频隙保持不变。

GSM系统引入跳频有两个主要原因：一是频率分集；二是干扰分集。

频率分集是为了抗拒移动通信系统中瑞利衰落的影响而采用的抗干扰分集技术。研究表明，瑞利衰落将因频率的不同而产生不同的影响，换句话说同一信号在不同频隙上有不同的瑞利衰落的影响。频率相差越大这种衰落的相关性越小，频率相差1MHz时，几乎是完全不相关的。因此由频率分集分散到不同频隙上的突发脉冲不会受到同一瑞利衰落的影响，从而改善了传输质量。当MS高速移动时，同一信道接收的两个突发脉冲之间的位置变化也要承受其他衰落的影响，此时GSM中所采用的慢跳频技术就无能为力了。然而，就MS静止或慢速移动时，慢跳频技术可以使传输质量提高约6.5dB。

干扰分集源于码分多址(CDMA)的应用。在高业务量区域，系统所能提供的容量要受到频率复用条件的限制，也就是受到制约系统质量的载干比(C/I)的限制。我们知道一个呼叫所承受的干扰电平是由其他呼叫的同时存在引起的。在所允许的干扰总和下，可以存在的干扰源越多，系统的容量越大，这就是干扰分集的目的。在GSM系统中为了保证在相邻小区之间不发生干扰，每个小区应分配不同的频率组，即采用频分小区的方法。但有时为了提高频谱的利用率，不同的小区中可以包含相同的频率，如图6.29所示。

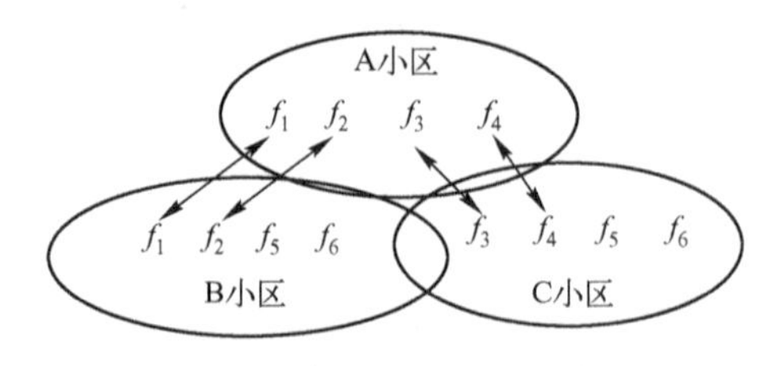

图6.29 GSM蜂房结构与跳频组网

这时应用跳频和不应用跳频对 A 小区的干扰是大不相同的。表 6.5 给出了 A 小区受干扰的情况。

表 6.5 A 小区受干扰的情况

	f_1	f_2	f_3	f_4
移动台→基站干扰电平(无跳频)	0.1(C/I=10dB)	0.14(C/I=8.5dB)	0.25(C/I=6dB)	0.28(C/I=5.5dB)
移动台→基站平均干扰电平(有跳频)	0.19(C/I=7.2dB)			
移动台→移动台干扰电平(无跳频)	0.10(C/I=10dB)		0.14(C/I=5.5dB)	
移动台→移动台平均干扰电平(有跳频)	0.19(C/I=7.2dB)			

通常当干扰总和 $C/I<7$dB 时，呼叫将受到严重干扰。如果没有跳频，则只有分配在 f_1 或 f_2 上的用户可以得到正确接收。然而有了跳频，就可以在所有情况下保证接收质量。这是因为虽然小区间具有相同的频率，但是由于采用了不相关的跳频序列，产生了干扰分集效果，也就得到了表 6.5 中平均干扰电平的水平。

GSM 系统的跳频是在 TDMA 帧中的时隙上进行的。蜂窝结构的每个区群分配 n 组频率，每个区群又分成若干小区，每个小区分配一组频率(跳频频率集)，其中每一个频率为 GSM 的一个频道(频隙)。时隙和频隙构成了跳频信道，用时隙号(TN，Time slot Number)表示。跳频是在时隙和频隙上进行的，换句话说，是在一定的时间间隔不断地在不同的频隙上跳频，如图 6.30 所示。

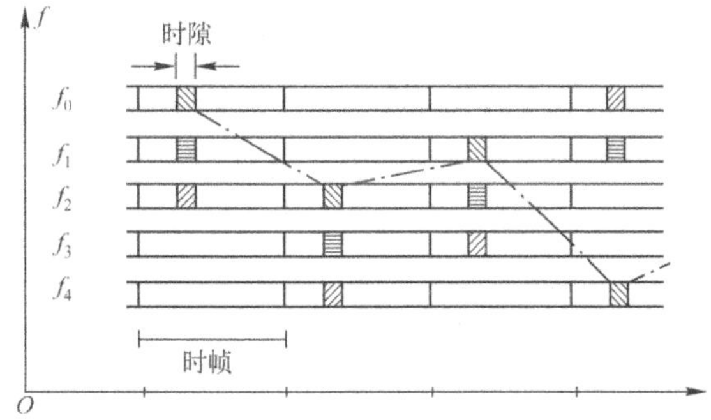

图 6.30 GSM 跳频示意图

GSM 中规定最多可用的跳频序列个数为 64 个。对于 n 个指定的频率集合，可以建立 $64\times n$ 个不同的跳频序列。它们由两个参数描述，一个是跳频序列号(HSN，Hopping Sequence Number)，有 64 种不同的值；另一个是移动指配偏置度(MAIO，Mobile Allocation Index Offset)，可包括全部 n 个频率。通常在一个小区内的所有信道采用相同的 HSN 和不同的 MAIO 进行跳频，这样可以避免小区内信道之间的干扰；而在邻近小区之间由于使用不相关的频率集合，可认为彼此之间没有干扰。

跳频系统的抗干扰性能与跳频的频率集的大小关系密切，通常要求跳频频率集很大。但在蜂窝移动通信系统中，考虑到频率资源和系统容量，每组频率的数目最少应大于 4 个，否则将起不到跳频抗干扰的目的。

使用跳频的一个限制是公共信道必须使用固定频率，所以把公共信道选在不参加跳频的频隙上(NT0)，同时集中在一个频率上。也就是说，支持广播控制信道(BCCH)的物理时隙 NT0 是不跳频的。这是因为在任何小区中的 BCCH 必须在一个专用载波上传输，否则，移动台将不能找到 BCCH，解不出 BCCH 中的信息。

4. 话音激活与功率控制

在 GSM 系统中，采用话音激活与功率控制可以有效地减少同信道干扰。

(1) 话音激活控制

话音激活控制就是采用非连续发射(DTX)，图 6.31 是其原理框图。

在发端有一个话音激活检测器(VAD)，其功能是检测是否有话音或仅仅是噪声。图 6.32 为话音激活检测器(VAD)的示意图。

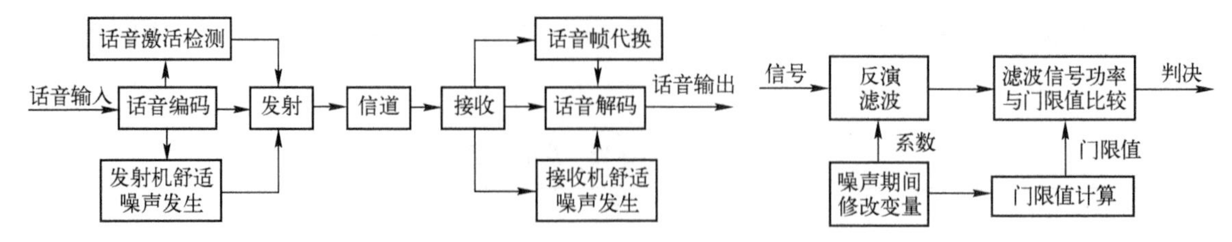

图 6.31　非连续发射原理框图　　　　图 6.32　话音激活检测器原理框图

在图 6.31 中还有一个发射机舒适噪声发生器，用于产生与发射机背景噪声相似的信号参数，并发送给接收端。在接收端，同样有一个接收机舒适噪声发生器，可根据收到的背景噪声信号参数产生一个与发射机背景噪声相似的背景噪声信号。其目的在于使收听者觉察不到谈话过程中话音激活控制开关的动作。另外，在接收端还有一个话音帧代换器(SFS)，其作用是当话音编码数据中的某些重要码位受到干扰而译码器又无法纠正时，用前面未受到干扰的话音帧取代受到干扰的话音帧，从而保证接收的话音质量。

（2）功率自适应控制

功率自适应控制的目的是，在保证通信服务质量的条件下，使发射机的发射功率最小。平均功率的减小就相应地降低了系统内的同信道干扰的平均电平。GSM 支持基站和移动台各自独立地进行发射功率控制。GSM 规定总的控制范围是 30dB，每步调节范围是 20dB，从 20mW 到 20W 之间的 16 个功率电平，每步精度为±3dB，最大功率电平的精度为±1.5dB。

功率自适应控制的过程是：移动台测量信号强度和信号质量，并定期向基站报告，基站按预置的门限参数与之相比较，然后确定发射功率的增减量。同理，移动台按预置的门限参数与之相比较，然后确定发射功率的增减量。通常在实际应用中，对基站不采用发射功率控制，主要是对移动台的发射功率进行控制。其发射功率以满足覆盖区内移动用户能正常接收为准。

6.4.3　GSM 系统中的语音编码与处理

目前 GSM 采用的语音方案是 13kb/s RPE-LTP 码(规则脉冲激励长期预测)。它的目的是在不增加误码的情况下，以较小的速率优化频谱占有，同时达到与固定电话网尽量接近的语音质量。

GSM 系统首先把语音分成 20ms 为单位的段，每个段编成 260b 的数据块，然后对每个小段分别编码；块与块之间依靠外同步，块内部不含同步信息。这样在无线接口上 20ms 一帧的数据流中不包含任何帮助收端定位帧标志的信息。收端将收到的信息块(激励信号)经 LPT 和 LPC 滤波重组，最后经过一个预先设计好的去加重网络加以复原，恢复语音信号。

6.4.4　GSM 系统中的语音处理的一般过程

前面讨论了 GSM 无线数字传输的诸多问题，其本质是在保证语音或数据传输质量的条件下，提高系统的无线资源利用率，增加系统的容量。总结前面讨论的各种语音处理技术，可给出如图 6.33 所示的 GSM 系统语音处理的原理框图。

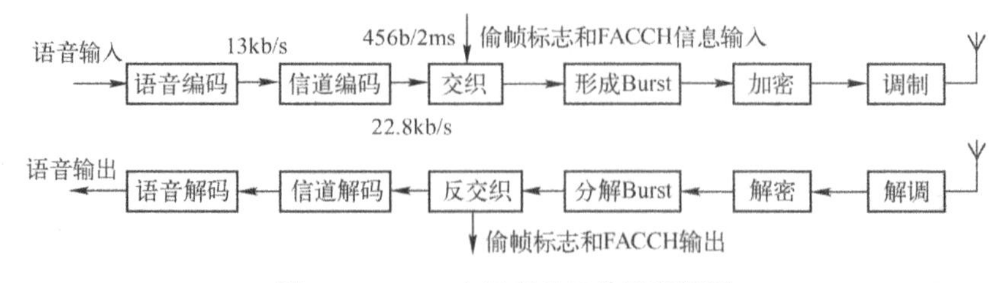

图 6.33　GSM 中语音处理的原理框图

6.5 GSM 的信令协议

GSM 系统的信令系统是以七号信令(CCS#7)的主体再加上 GSM 的专用协议构成的，如图 6.34 所示。

从图 6.34 中可知，在 GSM 网络单元间的信令主要有 MAP、BSSAP(BSS 应用部分)、数据通道链路接入协议 LAPD，以及 GSM 专用的 LAPDm 协议(专门用于空中接口的信令协议)。

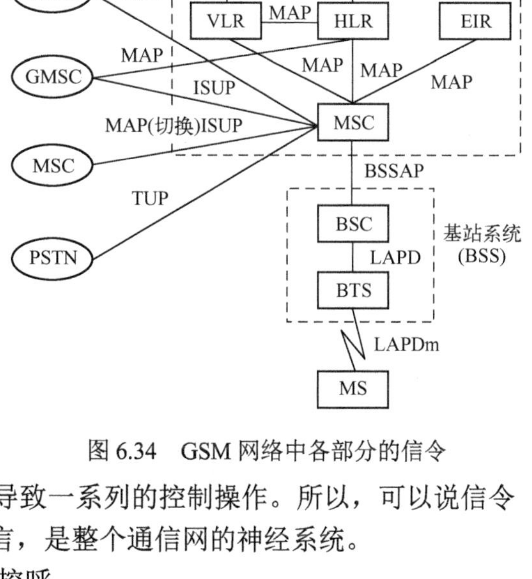

图 6.34 GSM 网络中各部分的信令

6.5.1 GSM 信令系统概述

这里首先介绍信令系统的作用和任务，然后简单介绍 GSM 的网间信令系统和用户到网络的信令构成。

1. 信令的任务和作用

信令是与通信有关的一系列控制信号。在通信网中，信令在网络的每一个节点被分析处理，并导致一系列的控制操作。所以，可以说信令是用户及通信网中各个节点相互交换信息的共同语言，是整个通信网的神经系统。

在电信网中信令的基本功能是：建立呼叫，监控呼叫，清除呼叫。

信令的操作过程如图 6.35 所示。

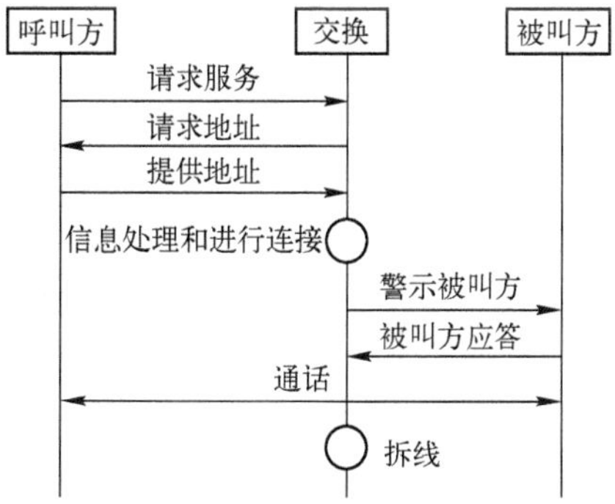

由此可看出信令是由一系列信令消息集组成的。一个信令消息包括“消息类型”单元，用以指示它在接收端触发何种事件；另外信令消息还包括一些强制或可选择的消息单元。

呼叫方　交换　被叫方
请求服务
请求地址
提供地址
信息处理和进行连接
警示被叫方
被叫方应答
通话
拆线

图 6.35 信令的操作过程

2. GSM 的信令系统

目前 GSM 的信令系统主要是由以 ISDN 的信令协议为基础加之与移动通信有关的高层协议标准构成的。按照 ISDN 的定义，在电话网中交换机之间的信令和交换机到用户之间的信令在特性上差异很大，两者自成系统互不兼容。公共信道信令系统(NO.7)指的是交换机间的信令系统，而在 GSM 中用户到网络间所采用的信令系统是 ISDN 中的 D 信道协议。

GSM 系统的接口信令如图 6.36 所示。

3. NO.7 公共信道信令系统

NO.7 信令网是独立于通信网专门用于传送信令的网络，由信令点(SP，Signaling Point)和供传输信令的数据链路(link)构成。信令点是信令网络中的节点，它提供公共信道信令。信令点可以是交换中心，也可以是操作维护中心。信令点又分为产生消息的信令点(源点)、接收消息的信令点(宿点)，以及转发消息的信令转接点(STP，Signaling Transfer Point)。NO.7 信令网通常采用分级结构。在分级结构的信令网中，信令转接点依所处的地位又分为高级信令转接点(HSTP)和低级信令转接点(LSTP)。信令转接点不对信令进行处理，只是将控制信令从一条信令链路转送到另一条信令链路上去。信令链路是指信令点(含信令转接点)之间的信令通路，多条信令链路构成一个信令链路组。图 6.37 示出了信令网及其分级结构的示意图。

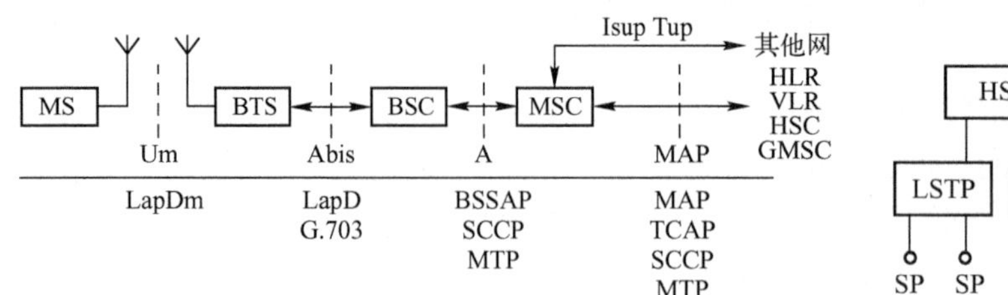

图 6.36　GSM 系统的接口信令示意图

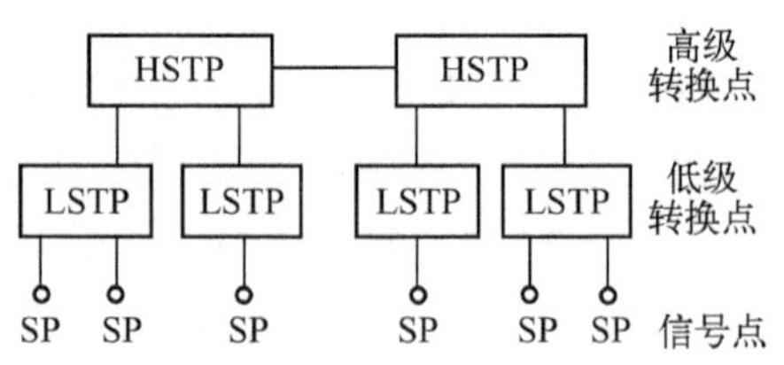

图 6.37　信令网及其分级结构的示意图

HSTP 通常采用网状结构。为了可靠，一般在一个地区设置两个 HSTP，相距一定距离，平时分担业务，一旦故障则由一个承担起来。通常设在电信网的 C1、C2 级，即大区、省一级。

LSTP 可以是星状也可以是网状网，为了可靠每个 LSTP 都要与两个 HSTP 相连，通常设置在电信网 C3 级，即地区、地级市。

SP 是信令消息的发起点和目的点。每个网元中至少有一个信令点：MSC、HLR、BSC、SSP 等都有。为了可靠任意 SP 总是要与两个 LSTP 相连，通常采用星状网。

总之，由 SP、LSTP、HSTP 构成在逻辑上独立的信令网。

（1）信令网编码

要想把信令消息从一个 SP 准确地传到另一个 SP，就必须给每一个信令点编码，且在同一个信令网中是唯一的。国际上规定 SPC 为 14 位编码，而我国地域辽阔，SP 超过 10 万个，因此 14 位编码不够用。中国 NO.7 采用 24 位编码，这就需要一个转换。

目前信令网有如下 4 个。

国际 ｛ IN0：14位编码。
　　　 IN0：备用。

国内 ｛ NA0：24位编码。PSTN、MSC、HLR（中国电信、移动、联通）。
　　　 NA1：14位编码。BSC、MSC。

（2）NO.7 信令系统的分层结构

NO.7 信令系统被划分为一个公共的消息传递部分(MTP，Message Transfer Part)和若干用户部分(UP，User Part)，如图 6.38 所示。

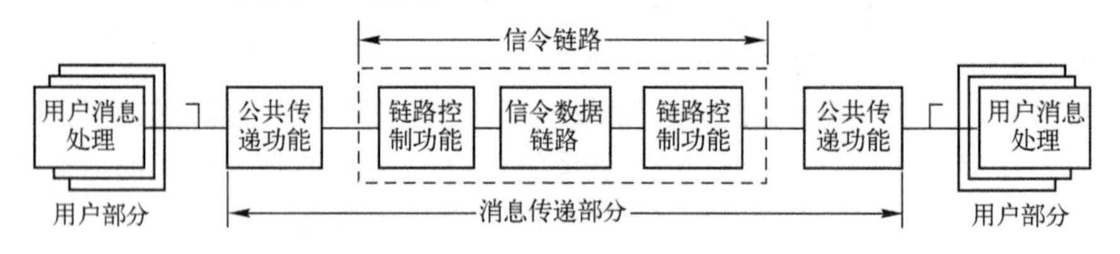

图 6.38　7 号信令系统功能划分原理

（3）消息传递部分(MTP)

MTP 只负责消息的传递，不负责消息内容的分析。用户部分则是为各种不同电信业务应用设计的功能摸块，它负责信令消息的生成、语法检查、语义分析和信令过程控制。

MTP 又分为 3 个功能层，如图 6.39 所示。

MTP 层 1 是在一种传输速率下传送信令的双向数据通道，即双工链路。它定义了链路的物理和电气特性。

MTP 层 2 的功能是规定了在一条信号链路上的消息传递，以及与消息传递有关的功能和程序。

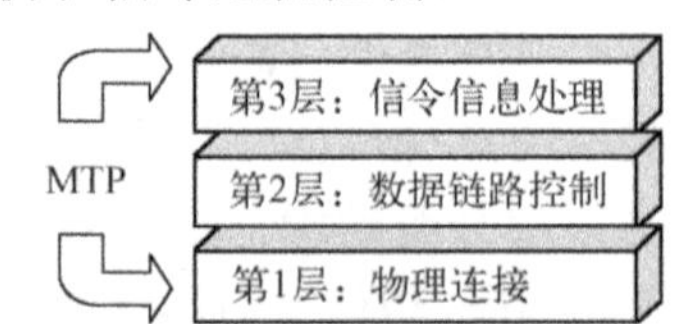

图 6.39　消息传递部分分层示意图

MTP 层 3(网络层)的功能是保证网络中网络单元间信令消息的正确传送。具体地说就是当信令链路和信令转接点发生故障时仍能保证可靠传递消息。网络层的内部又分为信令消息处理和信令网管理两部分。信令消息处理的作用是当本节点为消息的目的地时，将消息送往指定的用户部分；当本节点为消息转接点时，将消息转送至预先确定的信令链路。信令网管理的功能是在信令网发生故障时，根据预定数据和信令网状态信息调整消息路由和信令网设备配置，以保证消息传递不中断。

（4）信令连接控制部分(SCCP)

随着通信网和通信新业务的不断发展，越来越多的网络业务需要和远端网络节点直接传送控制消息，这些消息和呼叫连接电路无关，甚至根本与呼叫无关。例如，移动通信中移动台和位置登记(HLR、VLR)之间的信令消息。另外有些信令消息(如用户至用户信令)虽然和呼叫直接相关，但是消息传递路径不一定要和呼叫链路路径相同，也不要求有某种确定的关系。要传送这样的信令消息，MTP 是不能完成的，为此需在 MTP 层上建立一个新的结构层，即信令连接控制部分(SCCP，Signaling Connection Control Part)。

SCCP 的主要功能有：

- 既可传送与电路有关的信令，也可传送与电路无关的信令。使用 SCCP 的 GT(全局名)寻址。
- 不但支持无连接传送方式，也支持虚连接(面向连接)传送方式。因为在 MS 与 MSC 之间就有虚连接存在。
- 为了增加跨网寻址能力，SCCP 中设置了全局名(GT)。它是一种国际统一的拨号号码。在 GSM 中由 MSISDN 与 IMSI 混合的号码，即用 MSISDN 的前两部分国家代码及目的地码“跨网”，用 IMSI 的最后一部分用户识别码(MSIN)找到 HLR 地址，翻译成 HLR 信令点编码，再由 MTP 选路到 HLR 信令点查询。
- 为了实现为更多新用户提供服务，在 SCCP 中设置了子系统号(SSN)，为 8b，即 $2^8=256$ 个。

此外，INAP、MAP 等经常要访问远端数据库，希望能采用计算机对话方式，而不是互控方式。为此 SCCP 上又加了一层事务处理部分(TC)。现在应用的是 TCAP，是用户应用部分。

（5）用户部分(UP)

UP 是 MTP 的用户，其功能是处理信令消息。对于不同的通信业务类型用户，UP 控制处理信令消息的功能是不同的。NO.7 信令系统对不同的通信业务类型用户有详细的规定。

以下是主要的用户类型：

- 电话用户部分(TUP，Telephone User Part)
- 综合业务数字网用户部分(ISUP，ISND User Part)
- 移动应用部分(MAP，Mobile Application Part)
- 数据用户部分(DUP，Data User Part)
- 操作维护用户部分(OMUP，Operation and Maintenance User Part)

4．用户-网络接口协议

为了定义 ISDN 用户-网络接口的配置并建立响应的接口标准，CCITT(现为ITU-T)采用了功能群和参考点两个概念。

功能群：用户接入 ISDN 所需的一组功能，这些功能可以由一个或多个物理设备来完成。

参考点：不同功能群的分界点。在不同的实现方案中，一个参考点可以对应也可以不对应一个物理实体。图 6.40 示出了 ISDN 用户–网络接口参考配置。

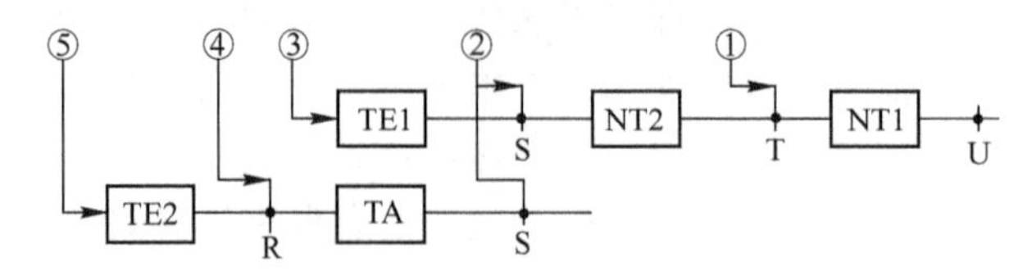

图 6.40　ISDN 用户–网络接口参考配置

图 6.40 中参考点 T 为 ISDN 的基本传输业务接入点，参考点 S 为 ISDN 的辅助接入点，参考点 R 是使不符合 ISDN 标准的终端设备能够经过适配器的转换后接到 ISDN 的承载业务的接入点。参考点 U 对应用户线。

下面讨论 ISDN 的信道结构与用户接口协议。

ISDN 的用户-网络接口有两种接口信道结构：

基本接口信道结构(2B+D)：包括两条 64kb/s 双工的 B 信道和一条 16kb/s 双工的 D 信道，总的速率是 144kb/s。B 信道是业务信道，用于传送用户数据；D 信道是信令信道，用于传送信令和低速率的分组业务。在移动通信系统中，为了有效地利用频率资源多采用 D 信道。

一次群速率接口信道结构：主要有 23B+D 和 32B+D 两种速率的信道结构。

ISDN 的用户接口协议有 3 层，第 1 层为物理层，第 2 层为数据链路层，第 3 层为网络层，如图 6.41 所示。

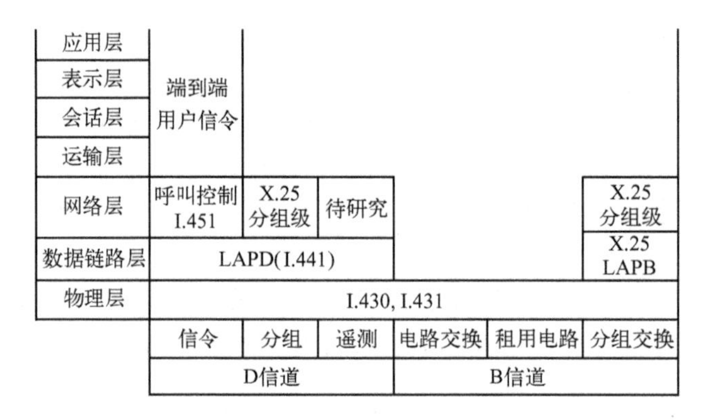

图 6.41　用户–网络接口协议结构

第 1 层定义了用户终端设备到网络终端设备间的物理接口；第 2 层用于建立数据链路，从第 2 层开始 B 信道与 D 信道使用不同的协议。LAPB(Link Access Protocol Balanced，平衡型链路访问协议)适用于点对点的链路；LAPD(Link Access Protocol-D channel，D 信道的链路接入协议)可实现点对多点的连接。第 3 层用于建立电路交换和分组交换的连接。

5. GSM 网络的接口

GSM 网络的实体结构与接口如图 6.42 所示。

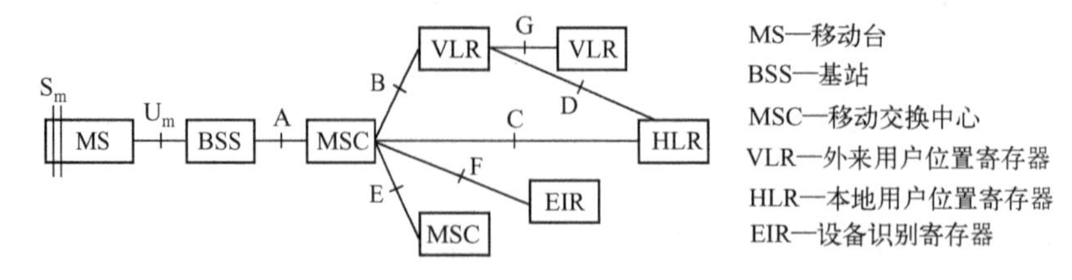

图 6.42　GSM 网络的实体结构与接口

图 6.42 中所涉及的各种接口说明如下：

① A 接口——MSC 与 BSS 间的接口。A 接口主要传输呼叫处理、移动性管理、基站管理和移动台管理的消息。

② B 接口——MSC 与 VLR 间的接口。当 MSC 需要其管辖区内的某个移动台的当前位置和管理数据时，则通过此接口向 VLR 查询。

③ C 接口——MSC 与 HLR 间的接口。当呼叫建立时，MSC 通过此接口从 HLR 取得选择路由信息。呼叫结束后，MSC 向 HLR 发送计费信息。C 接口用于管理和路由选择的信令交换。

④ D 接口——HLR 与 VLR 间的接口。此接口用于两个位置登记寄存器间交换有关移动台的位置信息，以及用户数据信息。

⑤ E 接口——MSC 间的接口。主要用于移动用户在 MSC 之间进行越区切换时交换有关信道切换的信息。

⑥ F 接口——MSC 与 EIR 间的接口。用于 MSC 和 EIR 之间的信令交换。EIR 是存储国内和国际移动设备识别号码的寄存器，MSC 通过 F 接口有关信息，以核对移动设备的识别码。

⑦ G 接口——VLR 间的接口。当一个移动用户在一个新的 VLR 登记时，新辖区 VLR 需要与旧辖区 VLR 传递有关数据时要用到此接口。

⑧ Um 接口——基站子系统 BSS 与 MS 间的接口。此接口为空中接口，是移动通信网的主要接口。

⑨ Sm 接口——用户与网络间的接口。此接口包括键盘、显示器和用户识别卡等。

6.5.2 GSM 系统的协议模型

所谓接口代表两个相邻实体之间的连接点，而协议是说明连接点上交换信息需要遵守的规则。按照电信网开放系统互连参考模型的概念，把协议按其功能分成不同的层次：底层称为传输层，或称为物理层；第 2 层称为链路层，或称为网络层；第 3 层以上统称为应用层。每一层都有各自的协议约定。

两个实体要通过接口传送特定的信息流，这种信息流必须按照一定的规定，也就是双方应遵守某种协议，这样信息才能为双方所理解。不同的实体所传送的信息流不同，其中可能有一些具有共性，因此某些协议可以用在不同的接口上，同一个接口会用到多种协议。

图 6.43 示出了 GSM 网络的协议模型。

在 Um 接口上的信令协议模型为三层结构的，如图 6.44 所示。

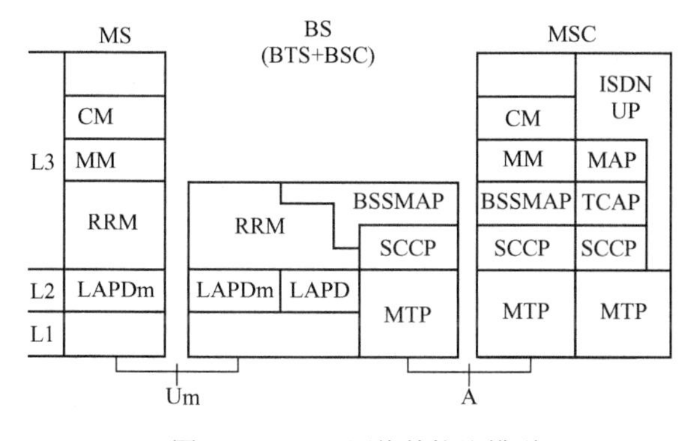

图 6.43 GSM 网络的协议模型

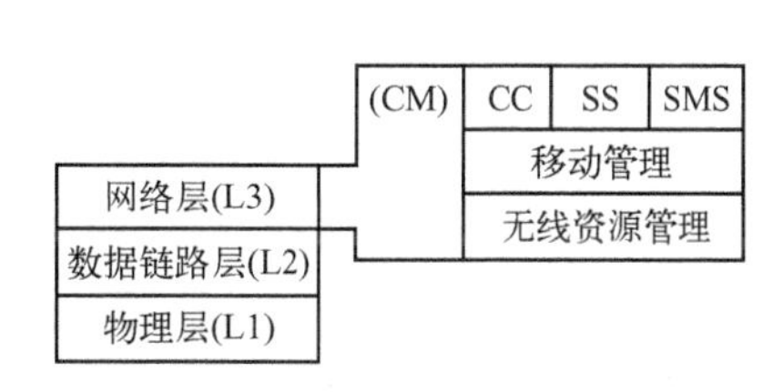

图 6.44 GSM 网络协议的三层结构

GSM 的无线信令接口协议是指 GSM 的 Um 接口上信令及其传输所应遵守的规定。由于 GSM 的 Um 接口是开放式接口，所以它的接口信令协议是公开的。只要生产移动台和基站的不同厂家遵守 Um 接口的协议，它们的设备就可以成功地互通，而其设备本身可以采用不同技术和结构。

GSM 无线信令接口协议采用的是 OSI 模型建议的分层协议结构。按功能通信过程分为 3 个层次。第 1 层是物理层，为底层，包括各类信道，为高层的信息传送提供基本的无线信道。第 2 层是数据链路层，为中间层(LAPDm)，包括各种数据传输结构，对数据传输进行控制。第 3 层为最高层，包括各类消息和程序，对业务进行控制，并有无线资源管理(RM)、移动性管理(MM)和呼叫管理 3 个子层。

在 OSI 分层的概念中，分层结构中的每层都存在实体单元。在不同系统中为了实现共同目标而必须交换信息的同一层实体，称为对等层。相邻层次中的实体通过共同层面相互作用。低层向高层提供服务，也就是第 N+1 层被提供的服务是第 N 层及以下所有各层所提供的服务和功能的组合。当层与层之间相互作用时，是采用原语来描述的。原语表示的是相邻层之间信息与控制的逻辑交换，并不规定这种交换是如何实现的。

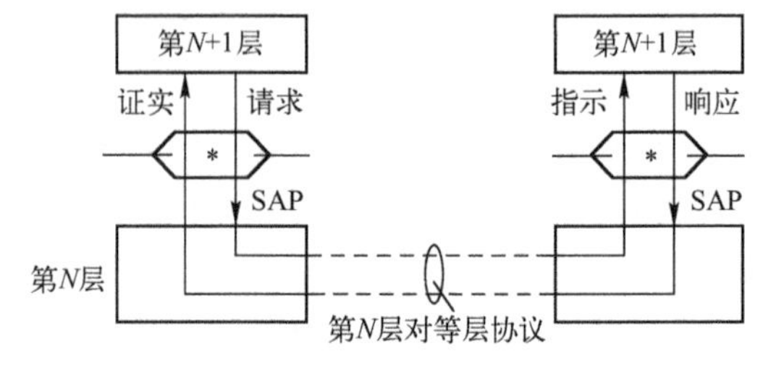

图 6.45　对等层通信的原语

一般地说，第 N+1 层与第 N 层之间交换的原语有 4 种，如图 6.45 所示。说明如下。

请求原语：高层向相邻低层请求一种业务时使用的原语。

指示原语：提供某种业务的层次通知其相邻高层与请求类原语有关的活动时使用的原语。

响应原语：某层确认收到某个低层的指示类原语时使用的原语。

证实原语：提供请求业务的层为证实操作活动已经完成时使用的原语。

另外，在各相邻功能层(实体)间的接口为业务接入点(SAP)。SAP 既用于对提供业务的实体的控制，又用于数据传送。以物理层为例，SAP 用于对提供业务的实体的控制是有关信道的建立和释放命令；用于数据传输时为比特传输。但是在 GSM 中对物理层 SAP 的控制并不是由数据链路层，而是由第 3 层中的无线资源管理子层进行的。对每种控制逻辑信道都在物理层和数据层之间确定了一个 SAP，如图 6.46 所示。

图 6.43 所示的 A 接口是 BSS 和 MSC 间的地面接口，对应的接口协议为 NO.7 信令分层协议，如图 6.47 所示。

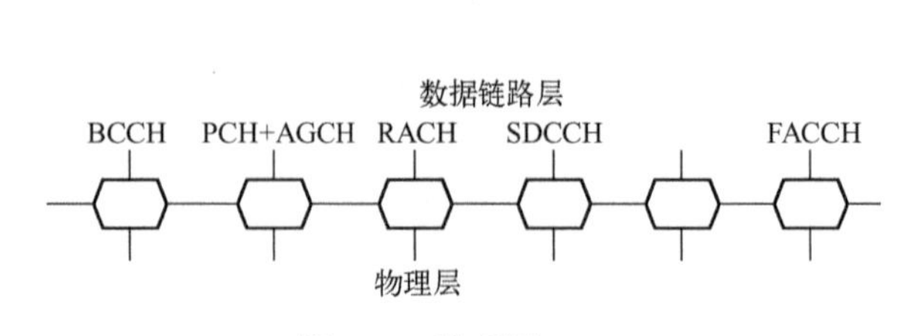

图 6.46　物理层 SAP

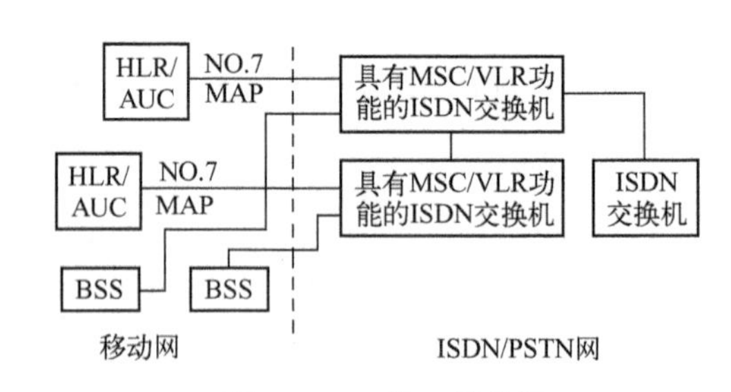

图 6.47　A 接口示意图

在这个分层协议中用户部分是移动应用部分(MAP)，在 BSS 基站子系统侧 MAP 称为基站子系统应用部分(BSSAP)，它包括 BSS 管理应用部分和直接传递应用部分(DTAP)。BSSMAP 的作用是，支持 MSC 和 BSC 间有关 MS 的规程，如建立业务(呼叫、登记)连接，信道指配，切换控制等。DTAP 的作用是，传送来自或发往 MS 的呼叫控制和移动性管理(鉴权、SSD 参数)消息、补充业务消息(用以在 MS 和 MSC 之间建立系统定义的蜂窝业务)和短消息业务消息。

6.5.3 GSM 无线信令接口的三层协议

1. 物理层

物理层(L1)为上层提供不同的逻辑信道，每个逻辑信道都有自己的业务接入点(SAP)。由前面对 GSM 信道的讨论可知，逻辑信道是复用在物理信道上的，即各种逻辑信道是复用在 TDMA 物理信道的 TS0 或 TS1 时隙上的。

另外，由于移动台采用的是时分多址方式，可以在其空闲时监测周围的无线环境，监测结果通过慢速随路控制信道(SACCH)定时地传送给基站，以确定是否进行切换。

2. 数据链路层

数据链路层(L2)采用的是移动 D 信道链路接入协议 LAPDm，它实际上是 ISDN“D”信道协议 LAPD 的变形。LAPDm 的作用是为移动台和基站之间提供可靠的无线链路。为此它的主要信令协议包括：

- 信令层两个连接的建立和释放；
- 根据不同的业务接入点(SAP)说明连接的复用和去复用；
- 业务数据单元到协议数据单元的映射。完成如下操作：数据单元的拆装，重组；误码的检测和恢复；流量控制。

LAPDm 的用途是在 L3 实体之间通过 Dm 通路经空中接口 Um 传递信息。LAPDm 支持：

- 多个第三层实体；
- 多个物理实体；
- BCCH 信令；
- PCH 信令；
- AGCH 信令；
- DCCH 信令(包括 SDCCH，FACCH 和 SACCH 信令)。

LAPDm 的信令帧与 LAPD 的信令帧是有区别的。图 6.48 为 LAPDm 与 LAPD 的帧结构。

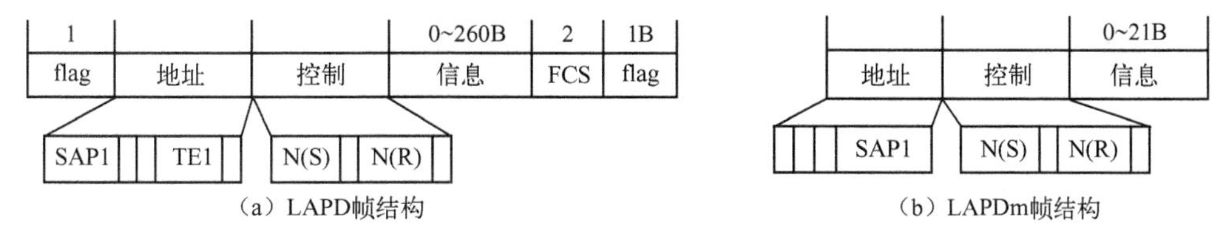

图 6.48　LAPD 和 LAPDm 的帧结构

LAPDm 帧中不含有帧校验(FSC)，标志、地址和控制段也比较短。LAPDm 与 LAPD 两种协议中帧的类型和作用如表 6.6 所示。

表 6.6　LAPD 和 LAPDm 两种协议中帧的类型和作用

帧名	意　义	作　用
SABM	建立异步平衡模式	建立证实模式时的第一个帧
DISC	拆线	释放证实模式时的第一个帧
UA	无序号证实	对上述两种帧的证实
DM	非连接模式	指示非连接模式的信息帧
UI	无信号信息	非证实模式下的信息帧
I	信息	证实模式下的信息帧
RR	接收器准备好	流量控制，也可以用于证实
RNR	接收器未准备好	流量控制
REJ	拒绝	否定证实
FRMR	帧拒绝	错误返回报告

3. 应用层

应用层(L3)主要完成以下功能：

① 专用无线信道连接的建立、操作和释放(无线资源管理(RM))；

② 位置更新、鉴权和 TMSI 的再分配(移动性管理(MM))；

③ 电路交换呼叫的建立、维持和结束(呼叫控制(CC))；

④ 补充业务支持(SS)；

⑤ 短消息业务支持(SMS)。

第三层的这些功能分别由构成第三层的3个子层完成。下面分别讨论各个子层的功能和作用。

（1）无线资源管理(RM)

RM 子层的作用是：在呼叫期间移动台与 MSC 间连接的建立和释放，在越区或漫游期间的信道切换，实现动态地共享有限的无线资源(包括地面网的有线资源)。RM 的具体功能，包括呼叫建立的信道配置，加密和非连续传输模式管理，信道切换操作，功率控制和定时提前等。这些功能主要由 MS 和 BSC 来完成。

（2）移动性管理(MM)

MM 主要支持用户的移动性。如跟踪漫游移动台的位置、对位置信息登记、处理移动用户通信过程中的连接切换等。其功能是在 MS 和 MSC 间建立、保持及释放一个 MM 连接，由移动台启动的位置更新(数据库更新)，以及保密识别和用户鉴权。

（3）连接管理(CM)

CM 支持以交换信息为目的的通信。它由以下功能组成。

呼叫控制(CC)：具有移动台主呼(或被呼)的呼叫建立(或拆除)电路交换连接所必需的功能。

补充业务(SS)：支持呼叫的管理功能，如呼叫转移、记费等。

短消息业务(SMS)：是 GSM 定义的一种业务，提供快速分组消息的传输。

6.6 接续和移动性管理

6.6.1 概述

在所有电话网络中建立两个用户——始呼和被呼之间的连接是通信的最基本的任务。为了完成这一任务网络必须完成一系列的操作，诸如识别被呼用户、定位用户所在的位置、建立网络到用户的路由连接，并维持所建立的连接，直至两用户通话结束。当用户通话结束时，网络要拆除所建立的连接。

由于固定网的用户所在的位置是固定的，所以在固定网中建立和管理两用户间的呼叫连接是相对容易的。由于移动网的用户是移动的，所以建立一个呼叫连接是较为复杂的。通常在移动网中，为了建立一个呼叫连接需要解决 3 个问题：用户所在的位置，用户识别，用户所需要提供的业务。

下面将要介绍的接续和移动性管理过程就是以解决上述 3 个问题为出发点的。

当一个移动用户在随机接入信道上发起呼叫另一个移动用户或固定用户时，或者每个固定用户呼叫移动用户时，移动网络就开始了一系列的操作。这些操作涉及网络的各个功能单元，包括基站、移动台、移动交换中心、各种数据库，以及网络的各个接口。这些操作将建立或释放控制信道和业务信道，进行设备和用户的识别，完成无线链路、地面链路的交换和连接，最终在主叫和被叫之间建立点到点的通信链路，并提供通信服务。这个过程就是呼叫接续过程。

当移动用户从一个位置区漫游到另一个位置区时，同样会引起网络各个功能单元的一系列操作。这些操作将引起各种位置寄存器中移动台位置信息的登记、修改或删除。若移动台正在通话则将引起越区转接过程。这些就是支持蜂窝系统的移动性管理过程。

6.6.2 位置更新

GSM 系统的位置更新包括 3 个方面的内容：第一，移动台的位置登记；第二，当移动台从一个位置区域进入一个新的位置区域时，移动系统所进行的通常意义下的位置更新；第三，在特定时间内，网络与移动台没有发生联系时，移动台自动地、周期地(以网络在广播信道发给移动台的特定时间为周期)与网络取得联系，核对数据。

移动系统中位置更新的目的是使移动台总与网络保持联系，以便移动台在网络覆盖范围内的任何一个地方都能接入到网络内；或者网络能随时知道 MS 所在的位置，以使网络可随时寻呼到移动台。在 GSM 系统中是用各类数据库来维系移动台与网络的联系的。

1．移动用户的登记及相关数据库

在用户侧一个最重要的数据库就是 SIM(Subscriber Identity Module)卡。SIM 卡中存有用户身份认证所需的信息，并能执行一些与安全保密有关的信息，以防止非法用户入网。另外，SIM 卡还存储与网络和用户有关的管理数据。SIM 卡是一个独立于用户移动设备的用户识别和数据存储设备，移动用户移动设备只有插入 SIM 卡后，才能进网使用。在网络侧，从网络运营商的角度看，SIM 卡就代表了用户，就好像移动用户的“身份证”，每次通话网络对用户的鉴权实际上是对 SIM 卡的鉴权。

SIM 卡的内部是由 CPU、ROM、RAM 和 EEPROM 等部件组成的完整的单片计算机。生产 SIM 的厂商已经在每个卡内存入了生产厂商代码、生产串号、卡的资源配置数据等基本参数，并为卡的正常工作提供了适当的软、硬件环境。

网络运营部门向用户提供 SIM 卡时需要注入用户管理的有关信息，其中包括：用户的国际移动用户识别号(IMSI)、鉴权密钥(Ki)、用户接入等级控制，以及用户注册的业务种类和相关的网络信息等内容。这些内容同时也存入网络端的有关数据库中，如 HLR 和 AUC 中。尽管在通常情况下 SIM 卡中及网络端的相关必要的数据是预先注入好的，但是在业务经营部门没有与用户签署契约之前，SIM 卡是不能使用的。只有业务提供者把已注有用户数据的 SIM 卡发放给来注册的用户以后，通知网络运营部门对 HLR 中的那些用户给以初始化，这时用户拿到的 SIM 卡才开始生效。

当一个新的移动用户在网络服务区开机登记时，它的登记信息通过空中接口送到网络端的 VLR 寄存器中，并在此进行鉴权登记。通常情况下 VLR 是与移动交换中心(MSC)集成在一起的。另外，网络端的归属寄存器也要随时知道 MS 所在的位置，因此在网络内部 VLR 和 HLR 要随时交换信息，更新它们的数据。所以在 VLR 中存放的是用户的临时位置信息，而在 HLR 中要存放两类信息，一类是移动用户的基本信息，是用户的永久数据；另一类是从 VLR 得到的移动用户的当前位置信息，是临时数据。

当网络端允许一个新的用户接入网络时，网络要对新的移动用户的国际移动用户识别码(IMSI)的数据做“附着”标记，表明此用户是一个被激活的用户可以入网通信了。移动用户关机时，移动用户要向网络发送最后一次消息，其中包括分离处理请求，MSC/VLR 收到“分离”消息后，就在该用户对应的 IMSI 上做“分离”标记，即叫作“去附着”。

2．移动用户位置更新

移动系统通常意义下的位置更新是指移动用户从一个网络服务区到达另外一个网络服务区

时，系统所进行的位置更新操作。这种位置更新涉及两个 VLR，图 6.49 示出了位置更新所涉及的网络单元。

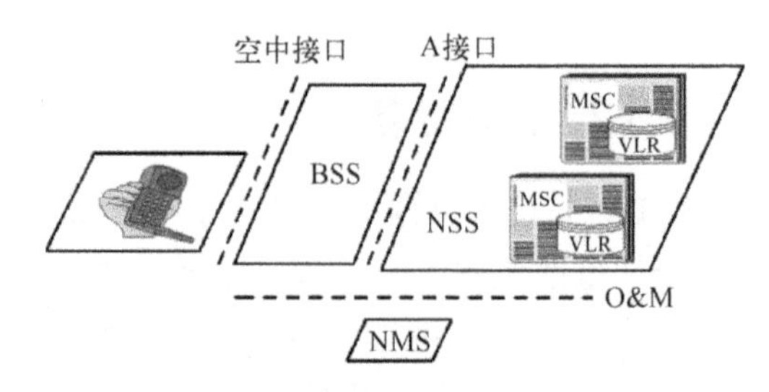

图 6.49　位置更新所涉及的网络单元

通常移动用户处于开机空闲状态时，它被锁定在所在小区的广播信道(BCCH)载频上，随时接收网络端发来的信息。在这个信息中包含了移动用户当前所在小区的位置识别信息。为了确定自己的所在位置，移动台要将这个位置识别信息(ID，Identification)存储到它的数据单元中。当移动台再次接收到网络端发来的 ID 时，它要将接收到的 ID 与原来存储的 ID 进行比较。若两个 ID 相同则表示移动台还在原来的位置区域内，若两个 ID 不同则表示移动台发生了位置移动，此时移动台要向网络发出位置更新请求信息。网络端接收到请求信息后便将移动台注册到一个新的位置区域，或者新的 VLR 区域。同时用户的归属寄存器(HLR)要与新的 VLR 交换数据，得到移动用户新的位置信息，并通知移动台所属的原先的 VLR 删除用户的有关信息。这一位置更新过程如图 6.50 所示。

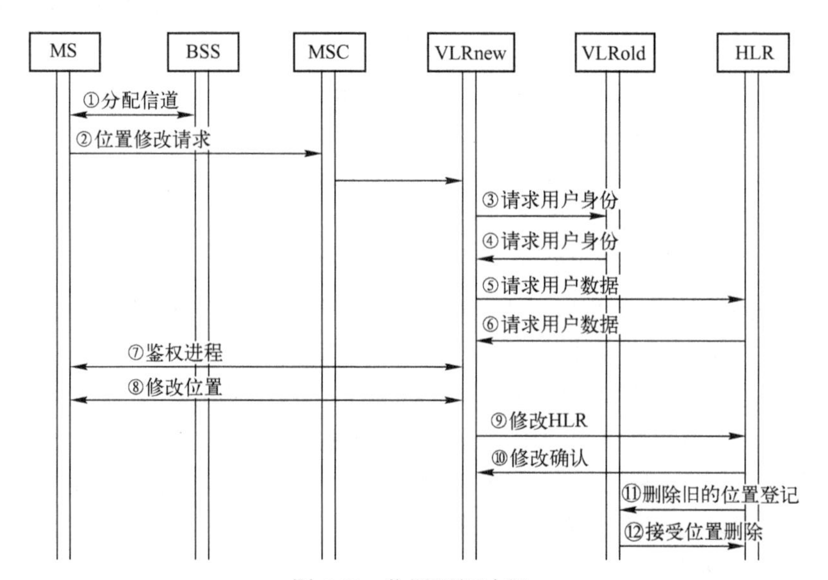

图 6.50　位置更新过程

上述位置更新过程只是移动位置管理的一部分，实际上移动用户的移动性管理的内容是很复杂的。另外，当移动用户在通话状态时发生的位置变化，在移动通信系统中称这种位置更新为切换，此问题后面再讨论。

3．移动用户的周期位置更新

周期位置更新发生在当网络在特定的时间内没有收到来自移动台任何信息时。例如，在某些特定条件下由于无线链路质量很差，网络无法接收移动台的正确消息，而此时移动台还处于开机状态并接收网络发来的消息，在这种情况下网络无法知道移动台所处的状态。为了解决这一问题，系统采取了强制登记措施。如系统要求移动用户在一特定时间内(如 1 小时)，登记一次。这种位置登记过程就叫作周期位置更新。

周期位置更新是由一个在移动台内的定时器控制的，定时器的定时值由网络在 BCCH 上通知移动用户。当定时值到时，移动台便向网络发送位置更新请求消息，启动周期位置更新过程。如果在这个特定时间内网络还接收不到某移动用户的周期位置更新消息，则网络认为移动台已不在服务区内或移动台电池耗尽，这时网络对该用户做“去附着”处理。周期位置更新过程只有证实消息，移动台只有接收到证实消息才会停止向网络发送周期位置更新请求消息。

6.6.3 呼叫建立过程

呼叫建立过程分为两个过程：移动台的被呼过程和移动台的始呼过程。

1．移动台的被呼过程

这里以固定网 PSTN 呼叫移动用户为例，来说明移动台的被呼过程。呼叫处理过程实际上是一个复杂的信令接续过程，包括交换中心间信令的操作处理、识别定位呼叫的用户、选择路由和建立业务信道的连接等。下面将详细地介绍这一处理过程。

（1）固定网的用户拨打移动用户的电话号码 MSISDN

移动用户的 MSISDN 号码相当于固定网的用户电话号码，是供用户拨打的公开号码。由于 GSM 系统中移动用户的电话号码结构是基于 ISDN 的编号方式，所以称为 MSISDN，即为移动用户的国际 ISDN 号码。按照 CCITT 的建议，MSISDN 编码方法的号码结构如图 6.51 所示。图中，CC 为国家代码，我国为 86。

国内有效 ISDN 号码为一个 11 位数字的等长号码，如图 6.52 所示，由以下三部分组成。

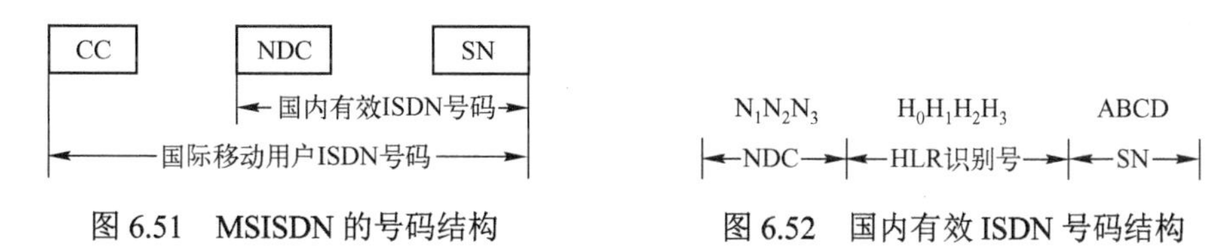

图 6.51　MSISDN 的号码结构　　　图 6.52　国内有效 ISDN 号码结构

① 数字蜂窝移动业务接入号 NDC：13S（S=9、8、7、6、5，这些为中国移动的接入网号；中国联通目前的接入网号为 130，131）。

② HLR 识别号：$H_0 H_1 H_2 H_3$。我国的 $H_0 H_1 H_2 H_3$ 分配分为 $H_0=0$ 和 $H_0 \neq 0$ 两种情况。

当 $H_0=0$ 时，H_1H_2 由全国统一分配，H_3 由各省自行分配，一个 HLR 可以包含一个或多个 H_3 数值。例如，网号为 139 时，H_1H_2 的分配情况如表 6. 7 所示。

表 6. 7　网号为 139 时，H_1H_2 的分配情况

H_1 H_2	0	1	2	3	4	5	6	7	8	9
0										
1	北京	北京	北京	北京	江苏	江苏	上海	上海	上海	上海
2	天津	天津	广东	广东	广东	广东	广东	广东	广东	广东
3	广东	河北	河北	河北	山西	山西	黑龙江	河南	河南	河南
4	辽宁	辽宁	辽宁	吉林	吉林	黑龙江	黑龙江	内蒙古	黑龙江	辽宁
5	福建	江苏	江苏	山东	山东	安徽	安徽	浙江	浙江	福建
6	福建	江苏	江苏	山东	山东	浙江	浙江	浙江	浙江	福建
7	江西	湖北	湖北	湖南	湖南	海南	海南	广西	广西	广西
8	四川	四川	四川	四川	湖南	贵州	湖北	云南	云南	西藏
9	四川	陕西	广东	甘肃	甘肃	宁夏	安徽	青海	辽宁	新疆

当 $H_0 \neq 0$ 时，$SH_0H_1H_2$ 由全国统一分配。分配方案如表 6. 8 所示。一个 HLR 可包含一个

或若干 $SH_0H_1H_2$ 数值。

表 6.8　当 $H_0 \neq 0$ 时，$SH_0H_1H_2$ 的分配情况

	1	2	3	4	5	6	7	8	9
139	北京（00～49）上海（59～99）	天津（00～29）重庆（30～99）	河北（00～99）	河北（00～99）	山西（00～99）	辽宁（00～99）	辽宁（00～19）吉林（20～99）	内蒙（00～59）预留（60～99）	黑龙江（00～99）
138	山东（00～99）	山东（00～99）	山东（00～99）河南（50～99）	河南（00～99）	河南（00～99）	四川（00～99）	四川（00～94）西藏（95～99）	贵州（00～79）预留（80～99）	云南（00～99）
137	江苏（00～99）	江苏（00～99）	安徽（00～99）	安徽（00～49）浙江（50～99）	浙江（00～99）	湖北（00～99）	湖北（00～49）湖南（50～99）	湖南（00～99）	江西（00～99）
136	广东（00～99）	广东（00～99）	广东（00～69）海南（70～99）	预留（00～29）福建（30～99）	福建（00～39）预留（40～89）广西（90～99）	广西（00～99）	陕西（00～79）预留（80～99）	宁夏（00～09）预留（10～49）青海（50～59）新疆（60～99）	甘肃（00～59）预留（60～99）
135									

③ SN（移动用户号）：ABCD。由各 HLR 自行分配。

（2）PSTN 交换机分析 MSISDN 号码

PSTN 接到用户的呼叫后，根据 MSISDN 号码中的 NDC 分析得出此用户要接入移动用户网，这样就将接续转接到移动网的关口移动交换中心（GMSC，Gateway Mobile Services switching Center）。

（3）GMSC 分析 MSISDN 号码

GMSC 分析 MSISDN 号码，得到被呼用户所在的归属寄存器（HLR）的地址。这是因为 GMSC 不含有被呼用户的位置信息，而用户的位置信息只存放在用户登记的 HLR 和 VLR 中，所以网络应在 HLR 中取得被呼用户的位置信息。所以得到 HLR 地址的 GMSC 发送一个携带 MSISDN 的消息给 HLR，以便得到用户呼叫的路由信息。这个过程称为 HLR 查询。

（4）HLR 分析由 GMSC 发来的信息

HLR 根据 GMSC 发来的消息，在其数据库中找到用户的位置信息。如前面所述，只有 HLR 知道当前被呼用户所在的位置信息，即被呼用户是在哪一个 VLR 区登记的。要说明的是 HLR 不负责建立业务信道的连接，它只起到用户信息的查询的作用；业务信道的连接是由 MSC 负责的。

现在介绍 HLR 中的内容，以示被叫用户是如何定位的。

HLR 包含如下内容：MSISDN，IMSI，VLR 的地址，用户的数据。

MSISDN 已介绍过了。这里出现了一个新的号码，IMSI（International Mobile Subscriber Identity），叫作国际移动用户识别，它是移动用户的唯一识别号码，为一个 15 位数字的号码。其号码结构如图 6.53 所示，由以下三部分组成。

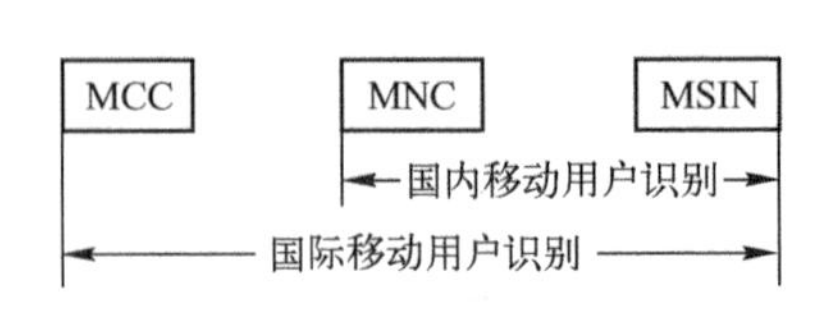

图 6.53　IMSI 的号码结构

① 移动国家号码 MCC：由 3 位数字组成，唯一地识别移动用户所属的国家。中国为 460。

② 移动网号 MNC：识别移动用户所归属的移动网。中国移动 TDMA 数字公用蜂窝移动通信网为 00，中国联通 TDMA 数字公用蜂窝移动通信网为 01。

③ 移动用户识别码：MSIN 由 10 位数字组成。

这里存在一个要说明的问题，即为什么不用用户的 MSISDN 号码进行网络登记和建立呼叫，而要引出一个 IMSI 号码呢？原因是：首先不同国家移动用户的 MSISDN 号码的长度是不相同的，这主要是国家码 CC 的长度不同。中国的 CC 为 86，美国的 CC 为 1，而芬兰的 CC 为 358。因此如果用 MSISDN 进行用户登记，为了防止来自不同国家的 MSISDN 号码的不同部分(CC、NDC、SN)混淆，则在网络处理时需为每个部分加一个长度指示，这将使处理变得复杂。其次为了使一个移动用户可以识别话音、数据、传真等不同的业务，一个移动用户则要有不同的 MSISDN 号码与相应的业务对应。所以移动用户的 MSISDN 号码不是唯一的，而移动用户的 IMSI 号码却是全球唯一的。

HLR 中另外一个数据字段，即 VLR 地址字段是用于保存被呼用户当前登记的 VLR 地址的，这是网络建立与被呼用户的连接所需要的。

（5）HLR 查询当前为被呼移动用户服务的 MSC/VLR

HLR 查询当前为被呼移动用户服务的 MSC/VLR 的目的是，在 VLR 中得到被呼用户的状态信息，以及呼叫建立的路由信息。

（6）由正在服务于被呼用户的 MSC/VLR 得到呼叫的路由信息

正在服务于被呼用户的 MSC/VLR 是由其产生的一个移动台漫游号码(MSRN)来给出呼叫路由信息的。这里由 VLR 分配的 MSRN 是一个临时移动用户号码，该号码在接续完成后即可以释放，供其他用户使用。它的结构如下。

结构 1：13S 00 $M_1M_2M_3$ ABC。其中，$M_1M_2M_3$ 为 MSC/VLR 号码，分配方案参见我国 GSM 技术体制。S 为 9、7、6、5 或 1 和 0。

结构 2：1354 S $M_0M_1M_2$ ABC。其中，S $M_0M_1M_2$ 为 MSC/VLR 号码，分配方案参见我国 GSM 技术体制。

要注意的是，MSRN 主要是通过给出正在为被呼用户服务的 MSC/VLR 号码来应答 HLR 所请求的路由信息的。

（7）MSC/VLR 将呼叫的路由信息传送给 HLR

在此传送过程中 HLR 对路由信息不做任何处理，而是直接将其传送给 GMSC。

（8）GMSC 接收包含 MSRN 的路由信息

GMSC 接收包含 MSRN 的路由信息，并分析 MSRN，得到被叫的路由信息。最后将向正在为被呼用户服务的 MSC/VLR 发送携带有 MSRN 的呼叫建立请求消息；正在为被呼用户服务的 MSC/VLR 接到此消息，通过检查 VLR 识别出被叫号码，找到被叫用户。

上述的过程只完成了 GMSC 和 MSC/VLR 的连接，但还没有连接到最终的被叫用户。下面的过程是 MSC/VLR 定位被叫用户。

当在一个 MSC/VLR 的业务区域内搜寻被叫用户时，在这样大的区域内搜寻一个用户，会使 MSC/VLR 的工作量很大。因此，有必要将 MSC/VLR 的业务区域划分成若干较小的区域，这些小的区域称为位置区(LA，Location Area)，并由 MSC/VLR 管理，如图 6.54 所示。

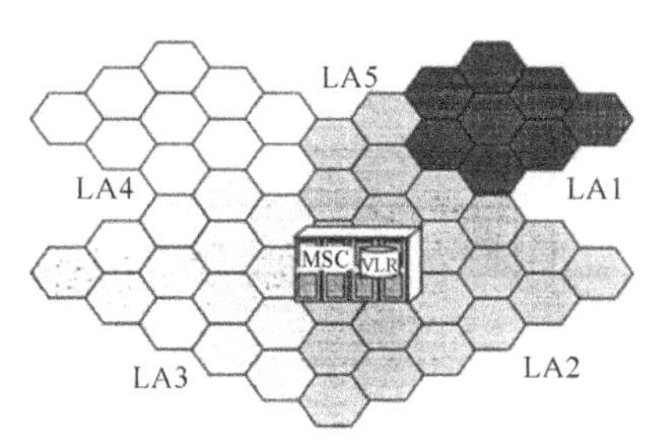

图 6.54　LA 划分示意图

每一个 MSC/VLR 包含若干位置区(LA)，这样我们就可以将寻呼被呼用户位置区域由原来的 MSC/VLR 业务区缩小到 LA 区域，以减小 MSC/VLR 搜索被叫用户的工作量。这里要说明的是，当位置区为 LA 时，通常的位置更新就要在 LA 之间进行了，具体过程与前面介绍的大同小异，这里不再论述了。

现在 VLR 中所存的内容为：IMSI，LAC(位置区代码)，MSRN，用户数据。

为了标志一个位置区，我们给每个 LA 分配一个位置区识别 ID(LAI)，它由三部分组成：

$$LAI = MCC + MNC + LAC$$

其中，MCC 和 MNC 为移动国家号码和移动网号；LAC 为一个 2 字节的十六进制编码，表示为 $X_1X_2X_3X_4$ (范围为 0000～FFFF)。全部为 0 的编码不用。

我国的 X_1X_2 的分配如表 6.9 所示，X_3X_4 的分配由各省市自行分配。

表 6.9　我国 X_1X_2 的分配

X_1X_2	0	1	2	3	4	5	6	7	8	9	A	B	C	D	E	F
0																
1	北京								上海							
2		天津				广东	广东									
3		河北				山西		河南								
4		辽宁		吉林		黑龙江		内蒙								
5		江苏		山东		安徽		浙江		福建						
6																
7		湖北		湖南		海南		广西		江西						
8		四川				贵州		云南		西藏						
9		陕西		甘肃		宁夏		青海		新疆						
A																
B																
C																
D																
E																
F																

另外，为了区分全球每一个 GSM 系统的小区(cell)，GSM 系统还定义了一个全球小区识别码(GCI)。GCI 是在 LAI 的基础上再加小区识别(CI)构成的。其结构为

$$MCC + MNC + LAC + CI$$

其中，MCC, MNC, LAC 同上。CI 为一个 2 字节的 BCD 编码，由各 MSC 自定。

GSM 系统还定义了一个基站识别码(BSIC)，用于识别各个网络运营商之间的相邻基站。BSIC 为 6 比特编码，其结构为

$$BSIC = NCC(3b) + BCC(3b)$$

其中，NCC（网络色码）用于识别不同国家（国内区别不同的省）及不同运营者，结构为 XY_1Y_2，这里 X 可扩展使用。我国的 Y_1Y_2 分配如表 6.10 所示。

表 6.10　我国 Y_1Y_2 的分配

Y_1　Y_2	0	1
0	吉林、甘肃、西藏、广西、福建、北京、湖北、江苏	黑龙江、辽宁、四川、宁夏、山西、山东、海南、江西、天津
1	新疆、广东、安徽、上海、贵州、陕西、河北	内蒙古、青海、云南、河南、浙江、湖南

当网络知道了被叫用户所在的位置区后，便在此位置区内启动一个寻呼过程。图 6.55 给出了网络呼叫建立的简单步骤。

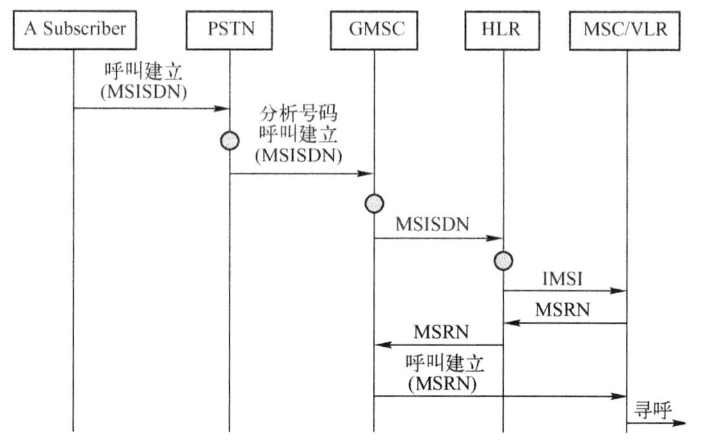

图 6.55　呼叫建立的简单步骤

当寻呼消息经基站通过寻呼信道 PCH 发送出去后，在位置区内某小区 PCH 上空闲的移动用户接到寻呼信息，识别出 IMSI 码，便发出寻呼响应消息给网络。网络接到寻呼响应后，为用户分配一个业务信道，建立始呼和被呼的连接，完成一次呼叫建立。

以上介绍了固定网用户呼叫移动用户的呼叫建立过程，下面介绍移动台始呼的过程。

2．移动台的始呼过程

当一个移动用户要建立一个呼叫时，只需拨被呼用户的号码，再按“发送”键，移动用户则开始启动程序。首先，移动用户通过随机接入信道(RACH)向系统发送接入请求消息，MSC/VLR 便分配给它一个专用信道，查看主呼用户的类别并标记此主叫用户示忙。若系统允许该主呼用户接入网络，则 MSC/VLR 发证实接入请求消息，主叫用户发起呼叫；如果被呼叫用户是固定用户，则系统直接将被呼用户号码送入固定网(PSTN)，固定网将号码路由至目的地。如果被呼号码是同一网中的另一个移动台，则 MSC 以类似于从固定网发起呼叫处理方式，进行 HLR 的请求过程，转接被呼用户的移动交换机。一旦接通被呼用户的链路准备好，网络便向主呼用户发出呼叫建立证实，并给它分配专用业务信道 TCH。主呼用户等候被呼用户响应证实信号，这时就完成了移动用户主呼。图 6.56 为移动台发起呼叫的简单过程。

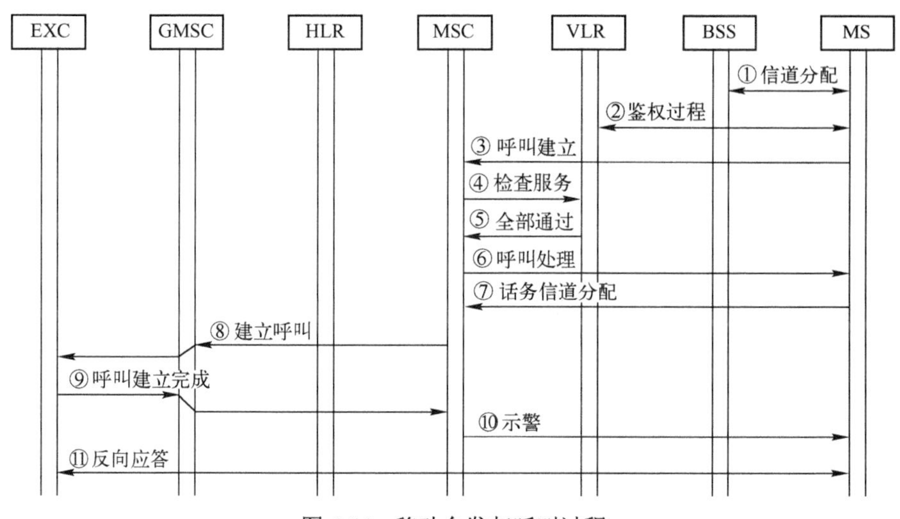

图 6.56　移动台发起呼叫过程

6.6.4 越区切换与漫游

1．越区切换的定义

当移动用户处于通话状态时，如果出现用户从一个小区移动到另一个小区的情况，为了保证通话的连续，系统需要将对该 MS 的连接控制也从一个小区转移到另一个小区。这种将正在处于通话状态的 MS 转移到新的业务信道上(新的小区)的过程称为“切换”(Handover)。因此，从本质上说，切换的目的是实现蜂窝移动通信的“无缝隙”覆盖，即当移动台从一个小区进入另一个小区时，保证通信的连续性。切换操作不仅包括识别新的小区，而且还包括分配给移动台在新小区的话音信道和控制信道。

通常，有以下两个原因引起一个切换：

① 信号的强度或质量下降到由系统规定的一定参数以下，此时移动台被切换到信号强度较强的相邻小区。

② 由于某小区业务信道容量全被占用或几乎全被占用，此时移动台被切换到业务信道容量较空闲的相邻小区。

由第一种原因引起的切换一般由移动台发起，由第二种原因引起的切换一般由上级实体发起。以下主要讨论由第一种原因引起的切换。

2．切换的策略

在 GSM 数字移动系统中，对切换的控制是分布式的。移动台与基站均参与测量接收信号的强度(RSSI)和质量(BER)。对不同的基站 RSSI 的测量在移动台处进行，并以每秒两次的频率，将测量结果报告给基站。同时，基站对移动台所占用的业务信道 TCH 也要进行测量，并报告给 BSC，最后由 BSC 决定是否需要切换。由于 GSM 系统采用的是时分多址接入(TDMA)的方式，它的切换主要是在不同时隙之间进行的，这样在切换的瞬间切换过程会使通信发生瞬间的中断，即首先断掉移动台与旧的链路的连接，然后再接入新的链路。人们称这种切换为“硬切换”。

下面简单介绍一下 GSM 系统的切换指标。通常有 3 个反映信道链路的指标：

- WEI (Word Error Indicator)是一个表明在 MS 侧当前的突发脉冲(burst)是否得到正确解调的指标；
- RSSI (Received Signal Strength Indicator)是一个反映信道间干扰和噪声的指标；
- QI (Quality Indicator)是一个对无线信号质量估计的指标，它是在一个有效窗口内用载干比(S/I)加上信噪比来估计信号质量的指标。

一般在决定是否进行切换时，主要根据两个指标：WEI 和 RSSI。可以依据这两个指标来设计切换的算法。另外，在实施切换时还要正确选择滞后门限，以克服切换时所产生的“乒乓效应”。但同时还要保证不因此滞后门限设置的过大而发生掉话现象。

3．越区切换的种类

通常将切换分为三大类。

(1) 同一 BSC 内不同小区间的切换

在 BSC 控制范围内的切换，要求 BSC 建立与新的基站之间的链路，并在新的小区基站分配一个业务信道 TCH，而 MSC 对这种切换不做控制。图 6.57 是这种切换的示意图。

(2) 同一 MSC/VLR 内不同 BSC 控制的小区间的切换

在这种情况下，网络参与切换过程，如图 6.58 所示。当原 BSC 决定切换时，需要向 MSC 请求切换，再建立 MSC 与新的 BSC、新的 BTS 的链路，选择并保留新小区空闲 TCH 供 MS

切换后使用，然后命令 MS 切换到新频率的新的 TCH 上。切换成功后 MS 同样需要了解周围小区的信息，若位置区域发生了变化，呼叫完成后必须进行位置更新。

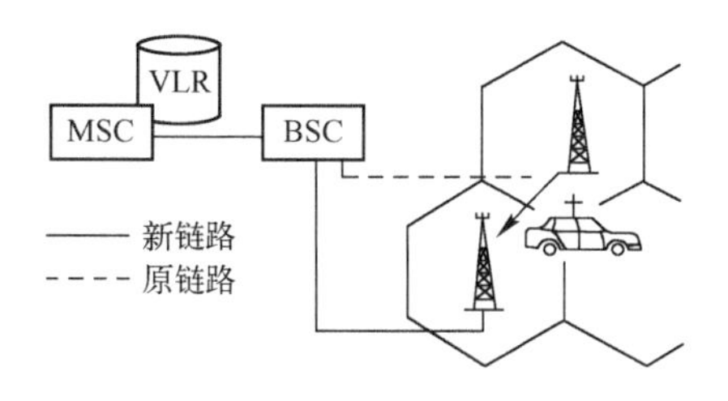

图 6.57　同一 BSC 内的 BTS 间的切换

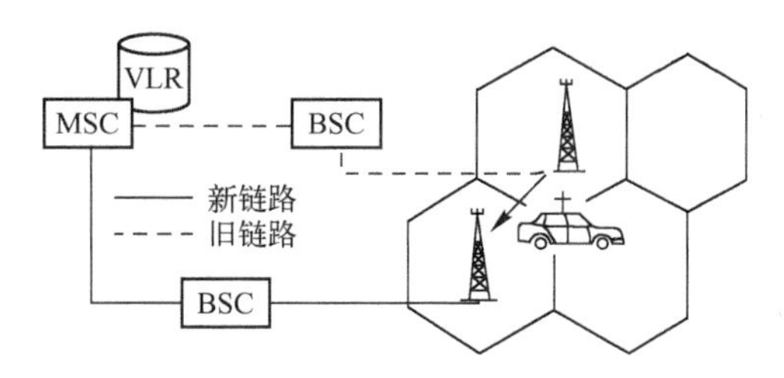

图 6.58　同 MSC/VLR 区不同 BSC 切换

（3）不同 MSC/VLR 控制的小区间的切换

这种不同 MSC 间的切换比较复杂，原因在于当 MS 从正在为其服务的原 MSC 的区域移动到另一个 MSC 管辖的区域时(称此时的 MSC 为目标 MSC)，目标 MSC 要向原 MSC 提供一个路由信息以建立两个移动交换机的连接，这个路由信息是由切换号码(HON，HandOver Number)提供的。HON 的结构如下：

$$HON = CC + NDC + SN$$

其中，CC 为国家码，NDC 为数字蜂窝移动业务接入号，SN 为移动用户号。

不同 MSC/VLR 控制的小区间切换的具体过程见图 6.59。

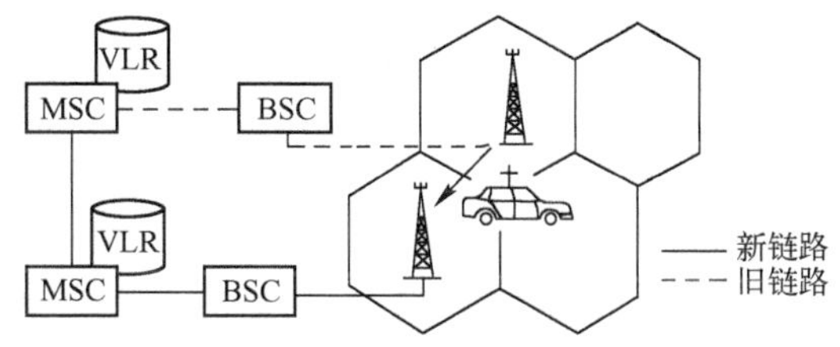

图 6.59　不同 MSC/VLR 交换机之间的切换

6.6.5　GSM 安全措施

在 GSM 系统中，主要采取了以下安全措施：对用户接入的鉴权，在无线链路上对有权用户通信信息的加密，移动设备的识别，移动用户的安全保密。

1．对用户接入的鉴权

（1）鉴权原理

鉴权的作用是保护网络，防止非法盗用，同时通过拒绝假冒合法用户的“入侵”从而保护 GSM 网络的用户。GSM 系统的鉴权原理是基于 GSM 系统定义的鉴权键 Ki。当一个客户与 GSM 网络运营商签约，进行注册登记时，其要被分配一个移动用户号码(MSISDN)和一个移动用户识别号码(IMSI)，与此同时还要产生一个与 IMSI 对应的移动用户鉴权键 Ki。Ki 被分别存放在网络端的鉴权中心 AC 中和移动用户的 SIM 卡中。鉴权的过程就是验证网络端和用户端的 Ki 是否相同，验证是在网络的 VLR 中进行的。不过这样进行鉴权存在一个问题，就是鉴权时需要用户将 Ki 在空中传输给网络，这就存在 Ki 可能被人截获的问题。为了安全的需要，GSM 用鉴权算法 A3 产生加密的数据，叫作符号响应(SRES，Signed Response)。具体方法是，用 Ki 和一个由 AC 中伪随机码发生器产生的伪随机数(RAND，Random number)，作为鉴权算法 A3 的输入，经 A3 算法后，其输出便是 SRES。这样在鉴权时移动用户在空中向网络端传送的是 SRES，并在网络的 VLR 中比较。

（2）安全算法及鉴权三参数的产生

在 GSM 系统中，为了鉴权和加密的目的应用了三种算法，即 A3、A5 和 A8 算法。其中 A3 算法用作鉴权，A8 算法用于产生一个供用户数据加密使用的密钥 Kc，而 A5 算法用于用户数据的加密。图 6.60 为安全算法在 GSM 系统的位置。

在进行鉴权和加密时，GSM 系统要在其鉴权中心(AC)产生鉴权三参数，即 RAND、

SRES 和 Kc。三参数的产生过程如图 6.61 所示。

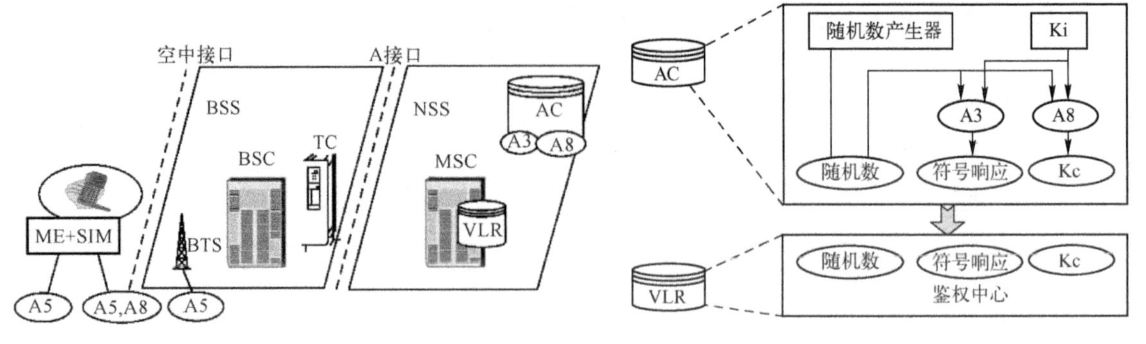

图 6.60　安全算法　　　　图 6.61　鉴权三参数产生过程

（3）鉴权的过程

首先，AC 产生鉴权三参数后将其传送给 VLR，鉴权开始时 VLR 通过 BSS 将 RAND 送至移动台的 SIM 卡。由于 SIM 卡中具有与网络端相同的 Ki 和 A3、A8 算法，所以可产生与网络端相同的 SRES 和 Kc。为了在 VLR 中进行鉴权验证，MS 要将 SIM 卡产生的 SRES 发给 VLR，以便在 VLR 中将其与网络端的 SRES 比较，达到鉴权加密的目的。另外，因为 SRES 是随机的，所以在空中传输时是加密的。具体鉴权过程见图 6.62。

2．无线链路上有权用户通信信息的加密

有权用户通信信息加密的目的是在空中口对用户数据和信令的保密。加密过程如图 6.63 所示。

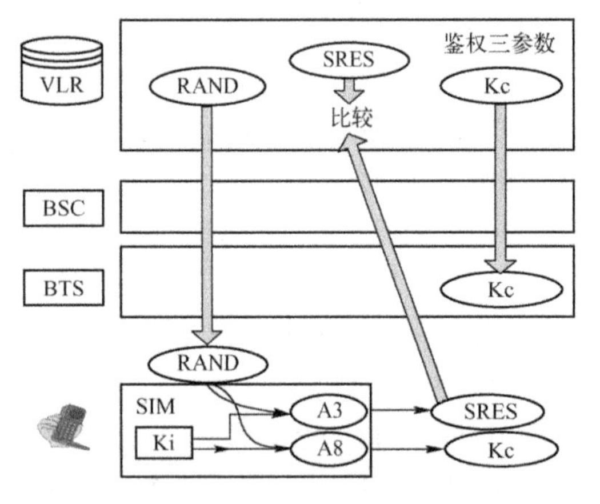

图 6.62　鉴权过程

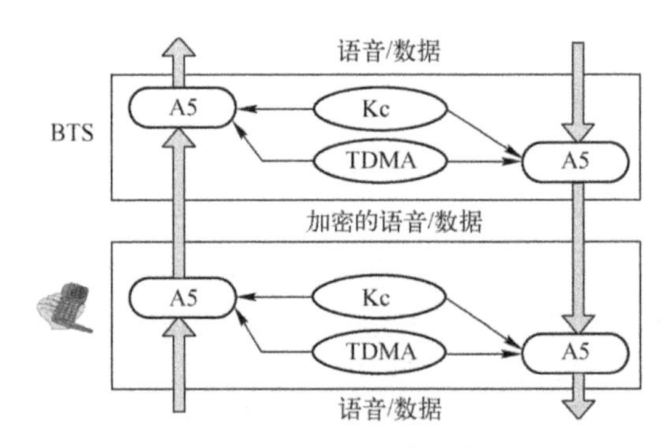

图 6.63　通信信息加密过程

由图 6.63 可知，加密开始时根据 MSC/ VLR 发出的加密指令，BTS 侧和 MS 侧均开始使用 Kc。在 MS 侧，Kc、TDMA 帧号一起经 A5 算法，对用户信息数据流进行加密，在无线路径上传输。在 BTS 侧，把从无线信道上收到的加密信息流、TDMA 帧号和 Kc 经 A5 算法解密后，传送给 BSC 和 MSC。上述过程反之亦然。

3．移动设备的识别

移动设备识别的目的是，确保系统中使用的移动设备不是盗用或非法的设备。

移动设备识别的过程是，首先 MSC/VLR 向移动用户请求 IMEI(国际移动台设备识别码)并将 IMEI 发送给 EIR(设备识别寄存器)；收到 IMEI 后，EIR 使用所定义的 3 个清单。

白名单：包括已分配给参加运营者的所有设备识别序列号码。

黑名单：包括所有被禁止使用的设备。

灰名单：由运营者决定，例如包括有故障的及未经型号认证的移动设备。

最后，将设备鉴定结果送给 MSC/VLR，以决定是否允许入网。

4. 移动用户的安全保密

移动用户的安全保密包括两个方面。

（1）用户的临时识别码(TMSI)

TMSI 的设置是为了防止非法个人和团体通过监听无线路径上的信令交换而窃得移动用户的真实 IMSI 或跟踪移动用户的位置。

TMSI 由 MSC/VLR 分配，并不断进行更换，更换周期由网络运营者决定。每当 MS 用 IMSI 向系统请求位置更新、呼叫建立或业务激活时，MSC/VLR 对它进行鉴权。允许接入网络后，MSC/VLR 产生一个新的 TMSI，通过给 IMSI 分配 TMSI 的信令将其传送给移动台，写入用户的 SIM 卡。此后，MSC/VLR 和 MS 之间的信令交换就使用 TMSI，而用户的 IMSI 不在无线路径上传送。

（2）用户的个人身份号(PIN)

PIN 是一个 4~8 位的个人身份号，用于控制对 SIM 卡的使用，只有 PIN 码认证通过，移动设备才能对 SIM 卡进行存取，读出相关数据，并可以入网。每次呼叫结束或移动设备正常关机时，所有的临时数据都会从移动设备传送到 SIM 卡中，再打开移动设备时要重新进行 PIN 码校验。

如果输入不正确的 PIN 码，用户可以再连续输入两次，超过 3 次不正确，SIM 卡就被阻塞。此时须到网络运营商处消除阻塞。当连续 10 次不正确输入时，SIM 卡会被永久阻塞，此 SIM 卡作废。

6.6.6 计费

移动通信的计费较之公共固定网要复杂得多，原因在于移动用户的移动和漫游。一般来说，计费的原则是由网络运营商之间相互协商拟定的。我国也根据国情制定了移动网的具体计费原则和要求，参见我国的 GSM 技术体制。

6.7 通用分组无线业务

通用分组无线业务，即 GPRS，它是 GSM 网络向第三代移动通信系统(3G)WCDMA 和 TD-SCDMA 演进的重要一步，所以人们称其为 2.5G。目前 GPRS 发展十分迅速，我国在 2002 年已经全面开通了 GPRS 网，而且各种数据业务也相继开通。随着人们对高速数据业务的需求日益增大，在 3G 网络还没有正式推出之前，比 GPRS 速率更高的技术已经相继问世了，其中 EDGE 是基于 GSM/GPRS 网的升级技术，因此相对于 GPRS 来说业界称 EDGE 为 2.75G。

在技术上 GSM 所采用的电路方式也可以传送 9.6kb/s 或高至 14.4kb/s 的数据业务，但目前只能为每个用户分配一个信道。尽管高速电路数据(HSCSD)可为一个用户同时分配多个信道，能提供与有线网 64kb/s 相比的高速数据，然而当所传送的数据业务是突发性强的少量数据时，GSM 的电路交换方式对有限的无线资源是一种浪费，其利用效率极低。基于 GSM 网络所开发的分组数据技术 GPRS 是按需动态占用资源的，其频谱利用率较高，数据传输速率最高可达 171.2kb/s，适合各种突发性强的数据传输。而且 GPRS 只在有数据传输时才分配无线资源，所以它采取的计费方式与电路交换的计时收费不同，GPRS 是按传输的数据量或数据量和计时两者结合的计费方式。

本书的宗旨是全面介绍移动通信的理论和应用，因此这里只能简单介绍 GPRS 的基本原理，有关更详细的内容请读者参考其他 GPRS 的专著。下面将介绍 GPRS 的基本业务、网络结构和移动性管理等。

6.7.1 GPRS 业务概述

GPRS 网络可以提供两类业务：点对点(PTP，Point To Point)业务；点对多点(PTM，Point To Multipoint)业务。这两类业务也被称为 GPRS 网所提供的承载业务。在 GPRS 承载业务支持的标准化网络协议基础上，GPRS 可支持或为用户提供一系列的交互式电信业务，包括承载业务、用户终端业务、补充业务，以及短消息业务、匿名接入等其他业务。以下只对承载业务和用户终端业务做一介绍。

1. GPRS 网络业务

（1）点对点业务

点对点业务是 GPRS 网络在业务请求者和业务接收者之间提供的分组传送业务。点对点业务又分为以下两种。

① 点对点面向无连接的网络业务(PTP-CLNS)：属于数据报业务类型，即数据用户之间的信息传递没有端到端的呼叫建立过程，分组的传送没有逻辑连接，且没有交付确认保证。它主要支持突发非交互式应用业务，如基于 IP 的网络应用。

② 点对点面向连接的网络业务(PTP-CONS)：属于虚电路型业务，它要为两个用户之间传送多路数据分组建立逻辑电路(PVC 或 SVC)。它要求有建立连接、数据传送和连接释放的过程。它是面向连接的网络协议 CONP 支持的业务，即 X.25 协议支持的业务。

（2）点对多点业务

GPRS 提供的点对多点业务可以根据某个业务请求者的请求，把信息传送给多个用户或一组用户，由 PTM 业务请求者定义用户组成员。GPRS 使用国际移动组识别(IMGI)成员，其成员主要由移动用户组成。业务请求者可定义所传送信息的地理区域，地理区域可以是一个或几个，即所有成员可能分布在不同的地理区域内。

2. 用户终端业务

（1）基于 PTP 的用户终端业务

- 信息点播业务。例如，Internet 浏览业务(WWW)；各种类型的信息查询业务，如娱乐类(影视、餐馆等)、商业类(股票等)、交通类(路况、时刻表等)、新闻类、天气预报等。
- E-mail 业务。
- 会话业务。在两个用户的实时终端到实时终端之间提供双向信息交换。
- 远程操作业务。如电子银行、电子商务、远程监控、定位业务等。

（2）基于 PTM 的用户终端业务

点对多点应用业务包括点对多点单向广播业务和集团内部点对多点双向数据量事务处理业务。例如，新闻广播、天气预报、本地广告、旅游信息等。

3. GPRS 的业务质量

GPRS 为用户提供了 5 种可协商的业务质量(QoS)的基本属性，如图 6.64 所示。

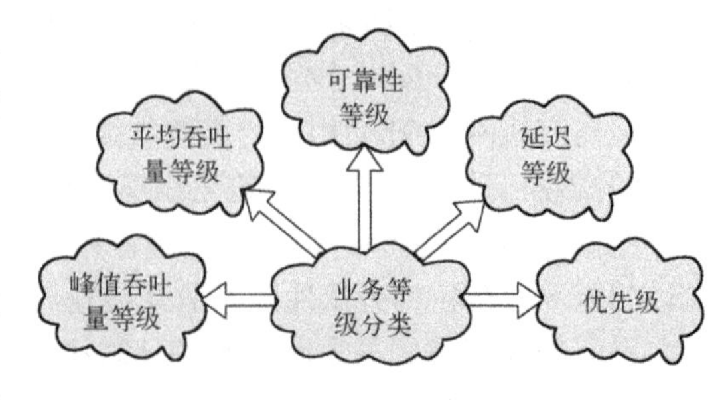

图 6.64 业务等级的分类

上述的每一种属性都有多个级别的属性值可

供选用，不同级别属性值的组合构成了对 QoS 的各种应用的支持。GPRS 标准中定义的这种 QoS 组合有许多种，但目前 GPRS 只支持其中的一部分 QoS 配置。

GPRS 业务质量(QoS)定义文件(Profile)，是与每一个 PDP(Packet Data Protocol，包数据协议)关联相联系的。QoS 定义文件被当作一个单一的参数，该参数具有多个数据传递属性。

在 QoS 定义文件协商过程中，移动台可以为每一个 QoS 属性申请一个值，包括存储在 HLR 中用户开户的默认值。网络也要为每一个属性协商一个等级，能够与有效的 GPRS 资源相一致，以便提供适当的资源支持已经协商的 QoS 定义文件。

6.7.2 GPRS 的网络结构及其功能描述

GPRS 网络是在 GSM 网的基础上发展的移动数据分组网。GPRS 网络分为两个部分：无线接入网，核心网。无线接入网在移动台和基站子系统(BSS)之间传递数据；核心网在基站子系统和标准数据网边缘路由器之间中继传递数据。GPRS 的基本功能就是在移动终端和标准数据通信网的路由器之间传递分组业务。

1. GPRS 的网络结构

图 6.65 示出了 GPRS 网络结构及其接口。

由图 6.65 可以看出 GPRS 网是在原有 GSM 网的基础上增加了 SGSN(GPRS 业务支持节点)、GGSN(GPRS 网关支持节点)和 PTM SC(点对多点业务中心)等功能实体。尽管 GPRS 网与 GSM 使用同样的基站但需要对基站的软件进行更新，使之可以支持 GPRS 系统。并且要采用新的 GPRS 移动台。另外，GPRS 还要增加新的移动性管理(MM)程序，而且原有的 GSM 网络子系统也要进行软件更新并增加新的 MAP 信令及 GPRS 信令等。

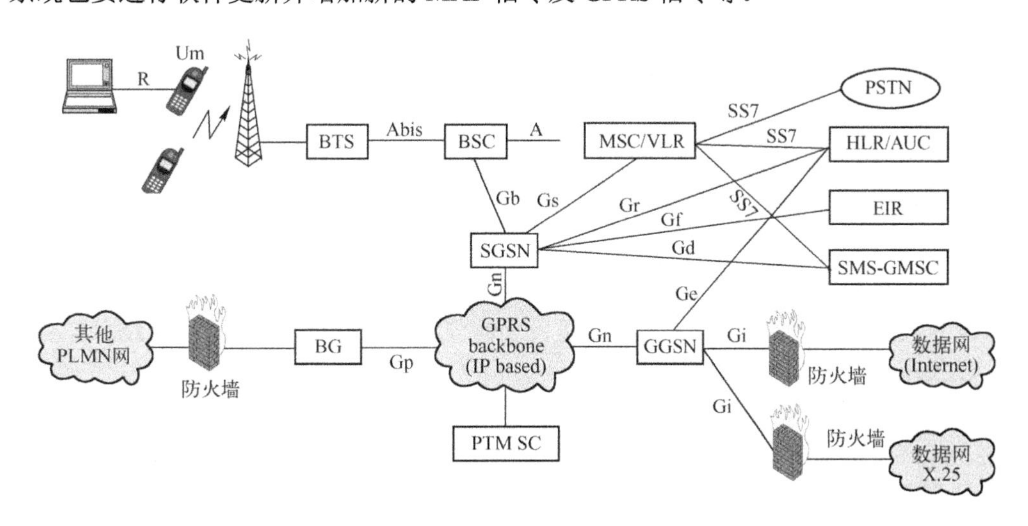

图 6.65 GPRS 网络结构及其接口

下面对 GPRS 网的相关功能实体和相应接口做一介绍。

（1）SGSN 及其对外的接口

在一个归属 PLMN 内，可以有多个 SGSN，如图 6.66 所示。

SGSN 的功能类似于 GSM 系统中的 MSC/VLR，主要是对移动台进行鉴权、移动性管理和路由选择，建立移动台 GGSN 的传输通道，接收基站子系统透明传来的数据，进行协议转换后经过 GPRS 的 IP 骨干网(IP Backbone)传给 GGSN(或 SGSN)，或者反向进行，另外还进行计费和业务统计。

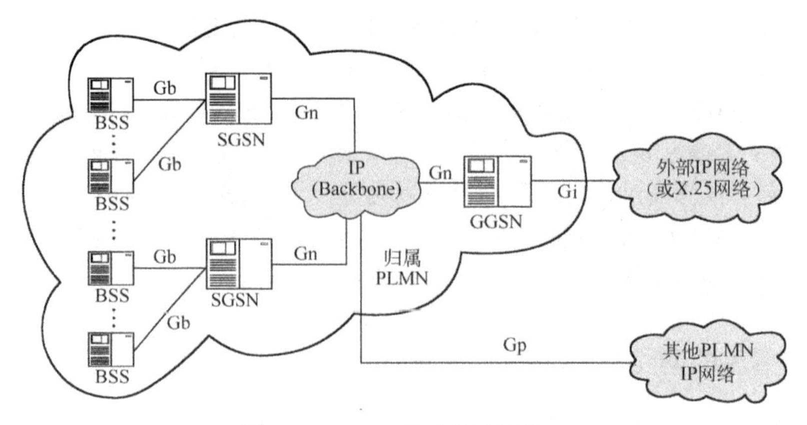

图 6.66　SGSN 及对外部的接口

- SGSN 与 BBS 间的接口为 Gb 接口，该接口协议可用来传输信令和话务信息。通过基于帧中继的网络业务提供流量控制，支持移动性管理功能和会话功能，如 GPRS 附着/分离、安全、路由选择、数据连接信息的激活/去活等，同时支持 MS 经 BSS 到 SGSN 间分组数据的传输。
- 同一 PLMN 中 SGSN 与 SGSN 间及 SGSN 与 GGSN 间的接口为 Gn 接口，该接口采用 TCP/IP 协议。该接口协议支持用户数据和有关信令的传输，支持移动性管理(MM)。
- 不同 PLMN 间、SGSN 与 SGSN 间，以及 SGSN 与 GGSN 间的接口为 Gp 接口。该接口与 Gn 接口的功能相似。另外它还提供边缘网关(BG)、防火墙，以及不同 PLMN 间的互连功能。
- SGSN 与 MSC/VLR 的接口为 Gs 接口，该接口协议支持 SGSN 和 MSC/VLR 之间的配合工作，使 SGSN 可以向 MSC/VLR 发送 MS 的位置信息，或接收来自 MSC/VLR 的寻呼信息。该接口采用 7 号信令 MAP 方式，使用 BSSAP+协议，是一个可选接口，但对于 GPRS 的 A 类终端必须使用此接口。
- SGSN 与 HLR 的接口为 Gr 接口，其接口协议支持 SGSN 接入 HLR 并获得用户管理数据和位置信息。该接口采用 7 号信令 MAP 方式。
- SGSN 与 EIR 的接口为 Gf 接口，其接口协议支持 SGSN 与 EIR 交换有关数据，认证 MS 的 IMEI 信息。
- SGSN 与 SMS-GMSC 的接口为 Gd 接口，通过此接口可以提高 SMS 的使用效率。

（2）GGSN 及其对外的接口

GGSN 实际上是 GPRS 网对外部数据网络的网关或路由器，它提供 GPRS 和外部分组数据网的互连。GGSN 接收移动台发送的数据，选择到相应的外部网络，或接收外部网络的数据，根据其地址选择 GPRS 网内的传输通道，传输给相应的 SGSN。此外，GGSN 还有地址分配和计费等功能。

GGSN 与其他功能实体的接口除了上面所介绍的 Gn、Gp 接口外，还有与外部分组数据网的接口 Gi。GPRS 通过该接口与外部分组数据网互连(IP、X.25 等)。由于 GPRS 可以支持各种各样的数据网络，所以 Gi 不是标准接口，只是一个接口参考点。

GGSN 与 HLR 之间的接口为 Gc 接口。通过此可选接口可以完成网络发起的进程激活，此时支持 GGSN 到 HLR 获得 MS 的位置信息，从而实现网络发起的数据业务。

以上重点介绍了 GPRS 网的 SGSN、GGSN 及其接口，图 6.66 中的其他功能实体和网络接口与 GSM 系统基本相同，但为了支持分组数据的新协议必须升级软件，增加新的协议功能。比如 Um 接口，其射频部分与 GSM 相同，但逻辑信道增加了分组数据信道(PDCH)，采用了 4

种新的信道编码方式：CS-1(9.05kb/s)、CS-2(13.4kb/s)、CS-3(15.6kb/s)、CS-4(21.4kb/s)，并能支持多时隙的传输方式，最多可达到 8 个时隙。

图 6. 66 中的 GPRS 骨干网(IP Backbone)是用于将(S/G)GSNs 等互连起来的 IP 专用网或分组数据网，也可以为一条专用线路。PLMN 内部骨干网是专用 IP 网，只用于 GPRS 数据和 GPRS 信令。PLMN 内部骨干网通过 Gp 接口，采用边缘网关(BG)和多个 PLMN 互连骨干网连接起来。多个 PLMN 骨干网通过漫游协议进行选择，该协议包括 BG 安全功能。多个 PLMN 骨干网互连可以通过分组数据网，也可以用一条专用线路。

2. GPRS 协议栈

图 6.67 示出了 GPRS 的协议栈。

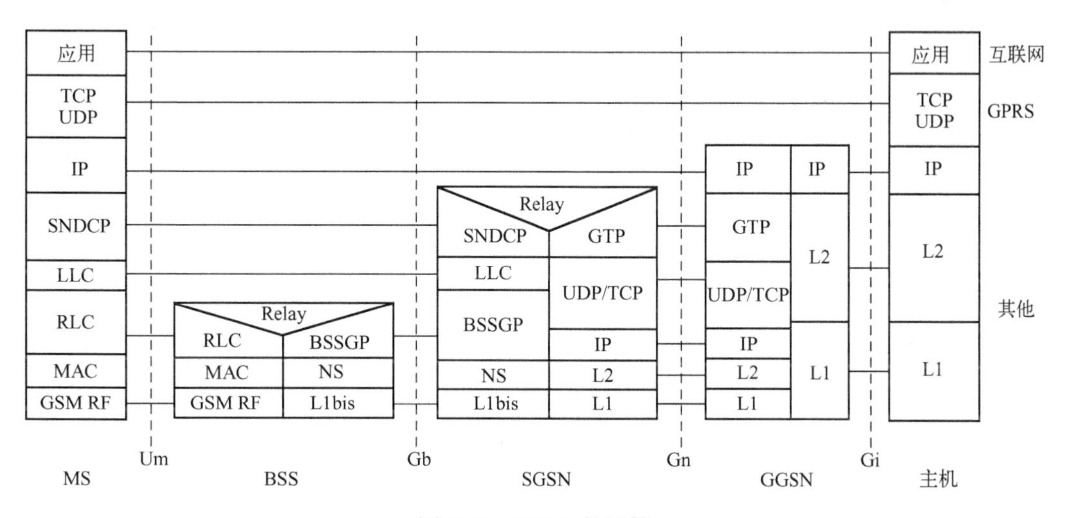

图 6.67　GPRS 协议栈

在上述 GPRS 协议栈中：

- RLC/MAC 为无线链路控制/媒体接入层。该层有两个功能：无线链路控制功能，提供与无线解决方案有关的可靠的链路；媒体接入控制功能，控制无线信道的接入信令过程(请求和允许)，以及将 LLC(链路控制)帧映射为 GSM 的物理信道。
- LLC 为逻辑链路控制层。该层可以在 MS 与 SGSN 之间提供安全可靠的逻辑链路，并且独立于低层无线接口协议，以便允许引入其他 GPRS 无线解决方案，而对 NSS 只做最少的改动。

从 LLC PDU 到 RLC 数据块的分解如图 6.68 所示。

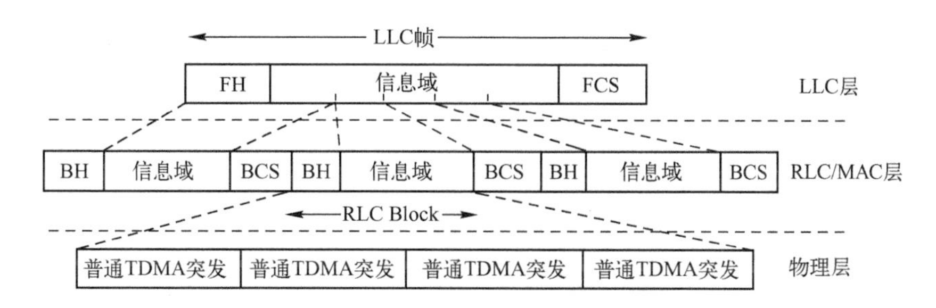

图 6.68　LLC PDU 到 RLC 数据块的分解

SNDCP 为子网汇聚协议，它的主要功能是将若干分组数据协议合路；压缩和解压缩用户数据或协议控制信息，这样可以提高信道的利用率；将网络协议单元(N-PDU)分解成逻辑链路控制协议数据单元(LL-PDU)，或反之；将 LL-PDU 组装成 N-PDU。

SNDCP 用于不同分组数据协议合路如图 6.69 所示。

- 在 Gb 接口：
  - ✓ NS（网络业务）层是基于帧中继连接基础上的传输 BSSGP 协议数据单元。
  - ✓ BSSGP 为基站系统 GPRS 协议层，它的主要功能是在 BSS 和 SGSN 之间传输与路由及 QoS 相关的信息。
- 在 Gn 接口：
  - ✓ L1、L2 是基于 OSI 第一、二层协议为 GPRS 骨干网传输 IP 数据的协议层。
  - ✓ IP：GPRS 骨干网协议，用于用户数据和控制信令的路由选择。
  - ✓ TCP 或 UDP 用于传送 GPRS 骨干网内部的 GTP 分组数据单元。TCP 适用于需要可靠数据链路的协议，如 X.25。UDP 适用于不需要可靠数据的链路，如 IP。
  - ✓ GTP 为隧道协议。该协议用于在 GPRS 骨干网内部的支持点间传输用户数据和信令。所有点对点的、采用 PDP 的分组数据单元都通过 GPRS 隧道协议进行封装打包，如图 6.70 所示。

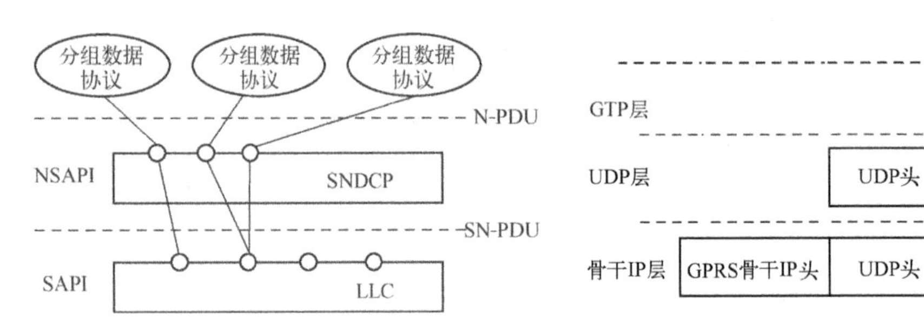

图 6.69 不同分组数据协议的合路

图 6.70 GTP 协议头封装到用户数据

以上介绍的是由分层协议构成的 GPRS 的传输平面，下面介绍 GPRS 的信令平面。

6.7.3 GPRS 的移动性管理和会话管理

像 GSM 手机一样，第一次使用的 GPRS 手机必须注册到 PLMN 网上，所不同的是 GPRS 手机要将位置更新信息存储到 SGSN 中。

分布在 GPRS 不同网络单元的用户信息分为四类：认证信息、位置信息、业务信息和鉴权数据。表 6. 11 给出了用户信息类型、信息元素及所存储的位置。

表 6. 11 用户信息类型、信息元素及所存储的位置

信息类型	信息元素	存储位置
认证	IMSI	SIM，HLR，VLR，SGSN，GGSN
	TMSI	VLR，SGSN
	IP address	MS，SGSN，GGSN
存储位置	VLR-address	HLR
	Location Area	SGSN
	Serving SGSN	HLR,VLR
	Routing Area	SGSN
业务	Basic services，Supplementary services，Circuit switched bearer, Services, GPRS service information	HLR
	Basic services，Supplementary services，CS bearer services	VLR
	GPRS service information	SGSN
鉴权数据	Ki，algorithms	SIM，AC
	Triplets	VLR，SGSN

一般说来，GPRS 手机类似于一台 PC，它不仅要有一个识别码，而且还要有一个连接到数据网的地址。当前最常用的、大多数 GPRS 网络运营商所支持的地址为 IP 地址。

一个新的 GPRS 手机用户首先要注册到网络，网络则要为这一用户分配一个 IP 地址。其注册过程类似于 GSM 的位置更新，这一过程称为 GPRS 附着过程。网络为移动台分配 IP 地址，使其成为外部 IP 网络的一部分，这一过程称为 PDP 移动关联激活。

GPRS 手机连接到网络需要两个阶段：① 连接到 GPRS 网络(GPRS 附着)。GPRS 手机开机后，要向网络发送附着消息。SGSN 从 HLR 收集用户数据，对用户进行鉴权，然后与 GPRS 手机附着。② 连接到 IP 网络(PDP 关联)。GPRS 手机与网络附着后，向网络请求一个 IP 地址(比如：155.133.33.55)。

一个用户可能有的 IP 地址为：静态 IP 地址，分配用户固定的 IP 地址；动态 IP 地址，每次会话都分配给用户一个新的 IP 地址。

从业务管理角度来说，GPRS 网络有两个管理过程：① GPRS 的移动性管理过程，它支持 GPRS 用户的移动性，如将用户的当前位置通知网络等。② GPRS 的会话管理过程(SM)，它支持移动用户对 PDP 关联的处理，也就是说，GPRS 移动台连接到外部数据网络的处理过程。

下面分别对这两个管理过程做一简单描述。

1. GPRS 的移动性管理

(1) 路由区

路由区由一个或多个小区组成，最大的路由区为一个 GSM 网定义的位置区 LA，一个路由区不能跨越多个位置区。定义路由区 RA 的目的是更有效地寻呼 GPRS 用户。一个路由区只能由一个 SGSN 提供服务。路由区是由 RAI 路由区识别来标志的，RAI 的结构如下：

$$\mathrm{RAI} = \mathrm{MCC} + \mathrm{LAC} + \mathrm{RAC}$$

其中，MCC 为移动国家号码，LAC 为位置区代码，RAC 为路由区代码。

RAI 是由运营商确定的。RAI 作为系统信息进行广播，移动台监视 RAI，以确定是否穿越了路由区边界。如果确实穿越了边界，移动台将启动路由区域更新过程。

(2) 移动性管理状态

与 GSM 一样 GPRS 移动性管理的主要作用是，确定 GPRS 移动台的位置，为此 GPRS 定义了 3 种移动性管理(MM)状态：

① 空闲状态。在此状态下，移动用户没有附着 GPRS 网，即没有附着 GPRS 移动性管理。移动台和 SGSN 均未保留有效的用户位置或路由信息，并且不执行与用户有关的移动性管理过程。

② 守候状态。在守候状态下，用户与 GPRS 移动性管理建立连接，移动台和 SGSN 已经为用户的 IMSI 建立了移动性管理关联。移动台可以接收点对多点的业务数据，并且可以接收点对点或点对多点群呼业务数据的寻呼或信令消息传递的寻呼。通过 SGSN 也可以接收电路交换业务的寻呼，但在此状态下不能进行 PTP 数据接收和传送。另外，移动台可以激活或清除 PDP 移动关联。

③ 就绪状态。处于就绪状态，移动台与 GPRS 移动性管理建立关联，移动台可以接收数据，也可以激活或清除 PDP 移动关联，向外部 IP 网发送数据。另外，网络不会发起对就绪状态的移动台寻呼，而其他业务的寻呼可以通过 SGSN 进行。在任何时候，只要没有寻呼 SGSN 就可以向移动台发送数据，移动台也可以向 SGSN 发送数据。就绪状态由一个定时器控制，如果定时器超时，MM 关联就会从就绪状态变为守候状态。

另外，从在 SGSN 存储的位置区域来说，在守候状态 SGSN 存储的位置信息是路由区

(RA)，在就绪状态 SGSN 存储的位置信息是小区(cell)。

上述 3 种移动性管理状态可在一定条件下进行状态转换，图 6.71 给出了状态转换关系。

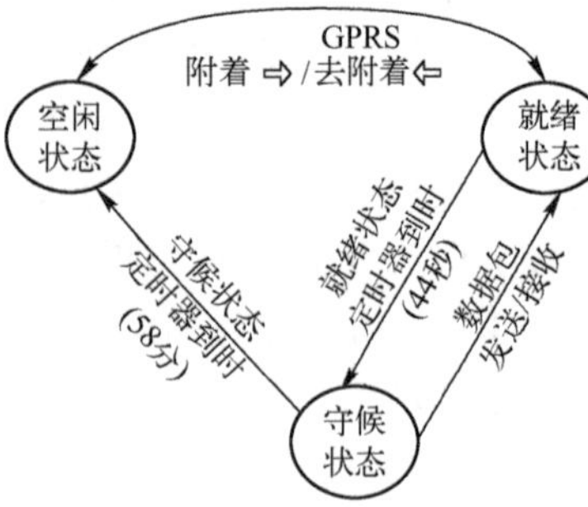

图 6.71 状态转换关系

（3）GPRS 附着和去附着

附着就是 GPRS 手机建立与 GPRS 网络的连接，MS 请求接入，并发起与 SGSN 的连接，在移动台和 SGSN 间建立 MM 移动关联。

去附着就是 GPRS 手机结束与 GPRS 网络的连接，MS 将从就绪状态变为空闲状态，结束与 SGSN 建立的 MM 移动关联的连接。

（4）GPRS 的位置区域管理

所谓 GPRS 的位置区域管理是指对移动台位置移动的管理，例如，当移动台从一个位置小区或一个路由区移动到另外的位置小区或路由区时网络是如何进行管理的。

大致有这样几种位置更新过程：

- 当 MS 处于就绪状态在路由区内从一个小区移动到另一个小区时，MS 要进行小区的位置更新(cell update)。
- 当 MS 从一个路由区移动到另一个路由区时，MS 要执行路由区的位置更新(Routing Area Update)。这种更新还分两种：一种是在 SGSN 内的路由区的位置更新(Intra-SGSN Routing Area Update)；另一种是 SGSN 之间的路由区的位置更新(Inter-SGSN Routing Area Update)。
- 当 SGSN 与 MSC/VLR 建立关联后，还有一种叫作 SGSN 间的 RA/LA 联合更新过程(Combined Inter SGSN RA/LA Update)。

以上这些位置更新过程比较复杂，这里不做进一步的论述了。

2．GPRS 的会话管理

GPRS 的会话管理(session management)是指 GPRS 移动台连接到外部数据网络的处理过程，其主要功能是支持用户终端对 PDP 移动关联的处理。

所谓 PDP 移动关联是指 GPRS 系统提供一组将移动台与一个 PDP 地址(通常是 IP 地址)相关联和释放相关联的功能。通常移动台附着到网络后，应激活所有需要与外部网络进行数据传输的地址，当数据传输结束后，再解除这些地址。移动台只有在守候或就绪状态下，才能使用 PDP 移动关联的功能。

PDP 地址一般是指 IP 地址，移动台通常被分配 3 种 PDP 地址。

- 静态 PDP 地址：归属 PLMN(HPLMN)运营商为移动台永久分配的 PDP 地址。
- 动态 HPLMN PDP 地址：激活 PDP 移动关联时，HPLMN 为移动台分配的 PDP 地址。
- 动态 VPLMN PDP 地址：激活 PDP 移动关联时，VPLMN 为移动台分配的 PDP 地址。

VPLMN 是指访问 PLMN。使用动态 HPLMN PDP 还是使用动态 VPLMN PDP 地址，由 HPLMN 运营商在与用户签约中规定。使用动态地址时，由 GGSN 分配和释放动态 PDP 地址。若 PDP 移动关联的激活是网络请求的，则只能使用静态 PDP 地址。

6.7.4 GPRS 的空中接口

与 GSM 一样，GPRS 的空中接口是整个 GPRS 系统的关键技术之一，内容十分丰富。这里只能简单用图的形式介绍一下 GPRS 的信道，其他概念，如信道编码、吞吐量、信道分配，以及物理层、媒体接入/无线链路层等相关概念就不做介绍了，读者可参阅有关 GPRS 更详细的文献和参考书。

图 6.72 示出了 GPRS 所包含的逻辑信道。

在 GPRS 系统中，将分组逻辑信道分为以下几种类型。

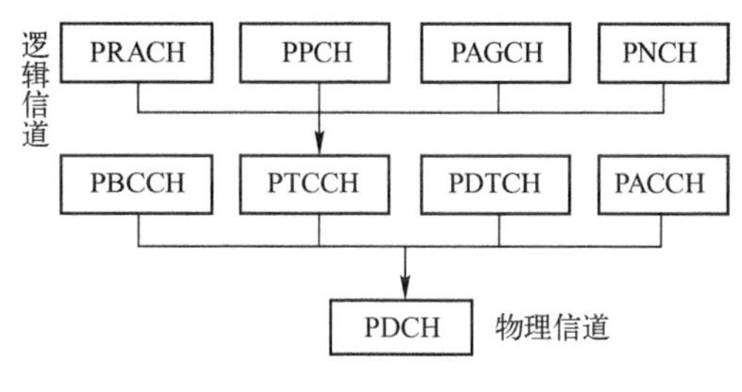

图 6.72　GPRS 的逻辑信道

（1）分组广播控制信道(PBCCH)

分组广播控制信道负责承载与分组数据相关的系统信息。如果 PLMN 中没有分配 PBCCH，则与分组相关的系统信息在 BCCH 上广播。它属于下行链路。

（2）分组公共控制信道(PCCCH)

分组公共控制信道由以下逻辑信道组成。

- 分组寻呼信道(PPCH)(下行链路)：用于寻呼分组或电路交换业务。
- 分组随机接入信道(PRACH)(上行链路)：MS 使用此信道发起上行链路传送，发送数据或信令信息。
- 分组接入允许信道(PAGCH)(下行链路)：用于在分组建立阶段，向 MS 发送无线资源分配信息。
- 分组通知信道(PNCH)：用于向一组 MS 发送 PTM-M 通知信息，它发生在 PTM-M 分组传送之前。

（3）分组专用控制信道(PACCH)

分组专用控制信道由以下逻辑信道组成。

- 分组随路控制信道(PACCH)：用于传送某个已知移动台的信令信息，包括确认、功率控制等信息。
- 分组数据业务信道(PDTCH)：用于传送用户的分组数据。
- 分组定时提前量控制信道(PTCCH)：分为两种：上行 PTCCH/U 用于传送随机接入突发(bursts)；下行 PTCCH/D 用于向多个 MS 传送定时提前量信息。

GPRS 的物理信道称为分组数据信道(PDCH)，在 GPRS 的 PDCH 中逻辑信道也采用复用方式，图 6.73 示出了 GPRS 分组数据信道的复帧结构。

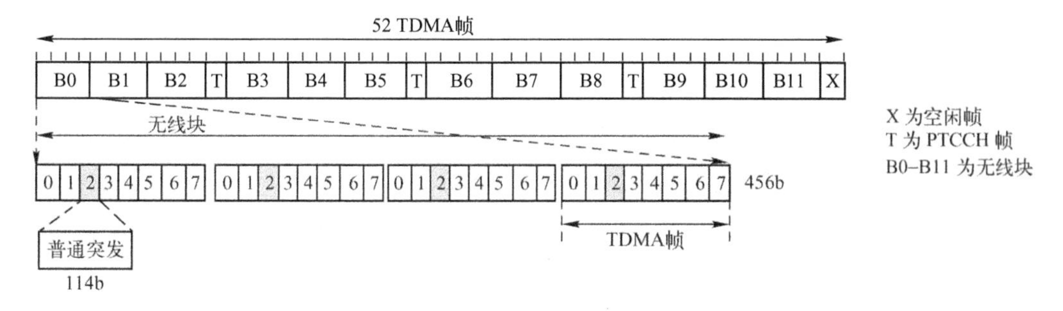

图 6.73　GPRS 分组数据信道的复帧结构

6.8　增强型数据速率 GSM 演进技术

EDGE 是英文 Enhanced Data Rate for GSM Evolution 的缩写，即增强型数据速率 GSM 演进技术。一般认为 EDGE 是 2G 通往 3G 的一个过渡技术方案，它的主要特点是：充分利用现有的 GSM 资源，特别是不需要大量改动或增加硬件，而只需对网络软件及硬件做一些较小的改动，就能够使运营商向移动用户提供高速率的数据业务，诸如互联网浏览、视频电话会议和高速电子邮件传输等无线多媒体服务。相对于 GPRS 来说业界称 EDGE 为 2.75G。

EDGE 对 GSM/GPRS 系统的提升体现在两个方面：一是高速电路交换数据业务(HSCSD, High-Speed Circuit Switched Data)的增强，即 ECSD(Enhanced Circuit-Switched Data)；另一个是 GPRS 的分组业务的增强，即 EGPRS(Enhanced GPRS)。鉴于我国目前的 EDGE 网络主要是 EGPRS，所以这里只对 EGPRS 做一介绍。

如前所述 GPRS 使用 8 个时隙时，最高瞬时速率可以达到 171.2kb/s(当编码速率为 1 时，一个时隙的传输能力可达到 21.4kb/s)，而 EGPRS 可以达到 384kb/s[4]。之所以 EGPRS 可以一个时隙提高两倍多的速率，主要是 EGPRS 采用了 8PSK 调制技术、递增冗余传输技术以及相适应的链路自适应机制等。采用这些技术对现有 GSM/GPRS 的网络所产生的影响主要在无线接入部分，即 EDGE 主要影响网络的无线访问部分收发基站(BTS)、GSM 中的基站控制器(BSC)，但是对基于电路交换和分组交换访问的应用和接口并没有不良影响。地面电路的移动交换中心(MSC)和服务 GPRS 支持节点(SGSN)可以保留使用现有的网络接口。事实上，EDGE 改进了一些现有的 GSM 应用的性能和效率，为将来的宽带服务提供了可能。

为了更好地比较 EGPRS 和 GPRS 技术上的区别，表 6.12 列出了它们的技术参数。

表 6.12 中 CS4 表示编码方案 4，MCS9 表示调制编码方案 9。

从表 6.12 中看出，虽然 GPRS 和 EGPRS 的符号速率是一样的，但是比特速率 EGPRS 几乎是 GPRS 的两倍。另外，无线数据速率和用户速率的不同在于无线速率包括了分组包的头信息比特。

下面分别介绍 EDGE 的关键技术。

1. EDGE 的调制技术

在 GSM/GPRS 系统中采用的调制技术是 GMSK，而 EDGE 采用 8PSK，图 6.74 示出了两种调制方式相位路径图或称星座图，从中可以看到 8PSK 带来的速率提高。

表 6.12　GPRS 与 EGPRS 技术参数比较

	GPRS	EGPRS
调制	GMSK	8PSK/GMSK
符号速率	270ksym/s	270ksym/s
调制比特速率	270kb/s	810kb/s
每时隙的无线数据速率	22.8kb/s	69.2kb/s
1 个时隙的用户速率	20kb/s(CS4)	59.2kb/s(MCS9)
用户速率(8 个时隙)	160kb/s	473.6kb/s

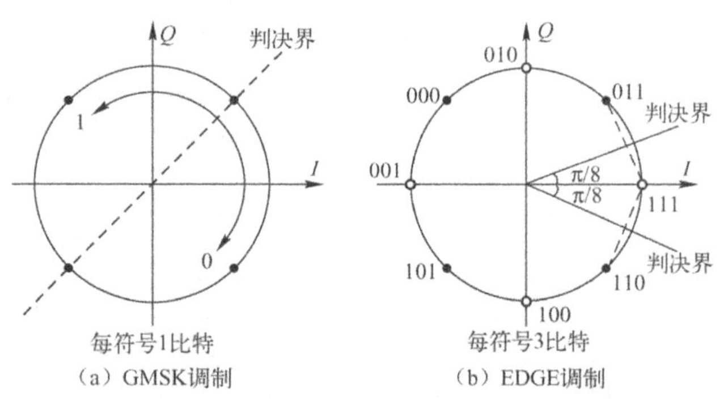

图 6.74　GMSK 和 EDGE 信号相位变换路径

8PSK 带来速率的提高是以降低了抗干扰能力为代价的。比较 GMSK 和 8PSK 的星座图可知，8PSK 符号间的欧氏距离远小于 GMSK 的，因此接收端解调时 8PSK 要比 GMSK 困难得多，即 8PSK 的抗干扰能力差，具体理论分析见第 3 章。为了减小干扰的影响，在 EDGE 中采用了链路自适应及逐步增加冗余等技术来适应不同的无线环境，以保证链路的可靠性。

2. 链路自适应技术

链路自适应技术的实质就是对时变的无线信道进行自适应跟踪，以使无线资源达到最优的配置，大大提高系统的性能。自适应技术包括物理层自适应技术、链路层自适应技术及网络层自适应技术。物理层自适应技术包括自适应编码、调制、功率控制、速率控制等。链路层自适应技术包括 ARQ 技术、拥塞控制技术等。网络层自适应技术包括跨层优化、协作等[7]。EDGE

的链路自适应技术主要采用了自适应选择调制、编码技术及混合 ARQ 技术。

（1）EDGE 中的调制编码方案

EGPRS 定义了 9 种调制编码方案，共分 A、B、C 三类，如表 6.13 所示。

表 6.13 EGPRS 的调制编码方案

方案	编码速率	调制方式	一个无线分组包括的负荷单元数	头部编码速率	数据速率(kb/s)	类别
MCS-1	0.53	GMSK	1	0.51	8.8	C
MCS-2	0.66	GMSK	1	0.51	11.2	B
MCS-3	0.85	GMSK	1	0.51	14.8	A
MSC-4	1.0	GMSK	1	0.51	17.6	C
MCS-5	0.37	8PSK	1	1/3	22.4	B
MCS-6	0.49	8PSK	1	1/3	29.6	A
MCS-7	0.76	8PSK	2	0.36	44.8	B
MCS-8	0.96	8PSK	2	0.36	56.4	A
MCS-9	1.0	8PSK	2	0.36	59.2	A

每一类各有一个基本的有效负荷单元，分别为 37、28 和 22 字节；每一类中又通过在每个无线分组上传送不同数目的有效负荷单元来获得不同的编码速率。对于 A 和 B 类，每个无线分组可传送 1、2 或 4 个有效负荷单元；对于 C 类，每个无线分组仅可传送 1 或 2 个有效负荷单元。当一次传送 4 个有效负荷单元(MCS-7、MCS-8、MCS-9)时，这 4 个有效负荷单元被分成 2 个 RLC(无线链路控制协议)分组。

对于负荷单元 MCS-7，在 4 个突发上进行交织；而对于负荷单元 MCS-8 和 MCS-9，则在两个突发上进行交织；对于其他携带一个 RLC 分组(但可能由 1 或 2 个有效负荷单元组成)的 MCS 都是在 4 个突发上进行交织的。

为了增强无线分组头部的纠错能力，编码时无线分组的头部与数据部分是分开进行的。头部计算出的 8 比特 CRC 用于错误检测，接下来的比特要进行 1/3 速率的卷积编码(并进行收缩)以错误纠正。其头部共有 3 种格式：一种是 MCS-7、MCS-8 和 MCS-9 使用的，一种是 MCS-5 和 MCS-6 使用的，还有一种是 MCS-1 到 MCS-4 使用的。前两种采用 8PSK，第三种采用 GMSK 调制。引入新的调制方式和编码序列，可在很大程度上提高数据业务的吞吐速率。

（2）链路自适应原理

图 6.75 示出了链路(速率)自适应实现原理框图[7]。

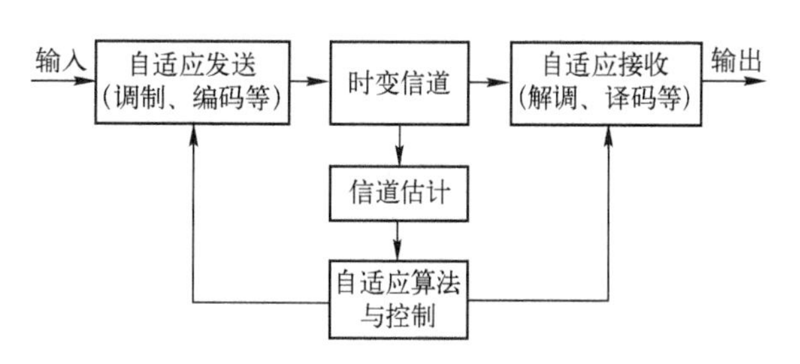

图 6.75 链路(速率)自适应实现原理框图

在这一过程中关键是对时变信道的估计，只有比较准确地对信道特性进行了估计，才能按照自适应的算法来控制在发送端和接收端自适应发送和接收。对于 EGPRS 来说就是系统周期性地对下行链路进行测量并及时反馈给基站，根据链路状况选择最适应链路质量要求的调制编码方案 MCS-9~MCS-1 来传输下一个数据包。链路自适应意味着实现调制和编码的完全自动化，不需要网络运营者额外管理。但在现实情况下，各种调制和编码方案之间进行动态切换并不容易，它需要在接收端进行精确的 SNR 测量并做出迅速反馈。另外，理想的交换点是移动速率的函数，这样当干扰特性、信道特性和延迟等发生改变时，就会造成收发端来不及进行响应而引起理想交换点的偏移。为了避免这种危险性，引出了逐步增加冗余传输的概念。

需要说明的是 EGPRS 的 MCS-1~MCS-4 尽管也采用了 GMSK 调制，但与 GSM/GPRS 有所不同，因 EGPRS 采用了逐步增加冗余传输的方式。

3. 逐步增加冗余和 EDGE 的 HARQ

逐步增加冗余即 EDGE 在重发信息中加入更多的冗余信息，从而提高接收端正确解调的概率。当接收端接收到故障帧时，与 GPRS 简单的混合自动重发请求(HARQ)机制不同，EGPRS

采用的是全增量混合重发请求机制，就是其在前后相继的若干数据块中加入的冗余纠错比特具有部分相关性，因此 EDGE 会在接收端存储故障数据块而不是删除，发送端重发一个使用同组内不同 MCS 的数据块，接收端综合前次故障数据块中的信息比特、冗余信息，以及本次信息比特、冗余信息等多方信息进行综合纠、检错分析后作相关解调接收，用“冗余”的信息量提高接收成功率。对于逐步增加编码冗余度的方式，初始编码速率的选取取决于链路质量的测量结果。刚开始传输的信息，采用纠错能力较低的编码方式，若接收端解码正确，则可得到比较高的信息码率；反之如果解码失败，则需要增加编码冗余量，直到解码正确为止。显然，编码冗余度的增加会导致有效数据速率的降低和延时的增加。如果链路质量较差，需引入较多的编码冗余度；反之需引入较少的编码冗余度，以免资源浪费。

从表 6.13 可以看出保证可靠传输是以牺牲传输速率为代价的，表中编码速率一栏说明了信号中增加的保护程度或纠错数量。可以通过减小纠错能力来提高传输速率，反之就会降低传输速率。

另外，数据传输的信息窗口大小也是影响数据重发效率的一个重要因素。GPRS 仅能提供最大值为 64 的 RLC 窗口大小，当传播环境急剧恶化时，例如，快速移动环境下，对于多时隙能力的 MS 便会出现窗口迟后效应，导致大量的重发出现。EDGE 可以根据不同时隙支持能力的 MS 所分配的时隙数而定义相应的数据重传窗口大小，变化范围从对应于一个业务时隙的最大 64 个 RLC 块到对应于 8 个业务时隙的 1024 个 RLC 块，弱化了快速移动时对数据吞吐速率的影响。

以上介绍了 EDGE 的一些基本概念和关键技术。需要说明的是，EDGE 物理层许多参数与 GSM 相同，即载波间隔为 200kHz，时隙结构也与 GSM 相同，突发格式也与 GSM 相似。读者若希望进一步了解 EDGE 的相关细节，请见参考文献[8~10]。

习题与思考题

6.1 说明 GSM 系统的业务分类。

6.2 画出 GSM 系统的总体结构图。

6.3 说明 GSM 系统专用和公共逻辑信道的作用，画出逻辑信道示意图。

6.4 简述移动用户主呼(移动用户呼叫固定用户)的主要过程。

6.5 GSM 系统中，突发脉冲序列共有哪几种？普通突发脉冲序列携带哪些信息？

6.6 简述 GSM 系统的鉴权中心(AUC)产生鉴权三参数的原理及鉴权原理。

6.7 画出 GSM 系统第一物理信道的示意图。

6.8 画出 GSM 系统语音处理的一般框图。

6.9 GSM 系统的越区切换有几种类型？简述越区切换的主要过程。

6.10 画出 GSM 系统的协议模型图。

6.11 SIM 卡由哪几部分组成？其主要功能是什么？

6.12 简述 GSM 系统中的第一次位置登记过程。

6.13 简述 GPRS 网络所提供的两种业务。

6.14 说明 GPRS 的业务质量种类。

6.15 描述 SGSN、GGSN 的功能和作用。

6.16 画出 GPRS 的协议栈。

6.17 简述 EDGE 提高数据速率的关键技术。

本章参考文献

1 啜钢，王文博，常永宇，等. 移动通信原理与应用. 北京：北京邮电大学出版社，2002

2 [美]William C .Y . Lee（李建业）著. 伊浩，等译. 移动蜂窝通信——模拟和数字系统(第二版). 北

京：电子工业出版社， 1996

3 孙儒石，等. GSM 数字移动通信工程. 北京：人民邮电出版社，1996

4 The GSM System for Mobile Communications. Michel Mouly and Marie-Bernadette Pauter, 1992

5 钟章队，等. GPRS 通用分组无线业务. 北京：人民邮电出版社，2001

6 [美] Theodore S.Rappaport. Wireless communications principles and practice. 影印版. 北京：电子工业出版社，1998

7 吴伟陵，牛凯. 移动通信原理. 北京：电子工业出版社，2005

8 Ericsson. EDGE Introduction of high-speed data in GSM/GPRS network , EDGE white paper, 2002

9 李瑞，刘志权. 从调制编码技术看 EDGE 与 GSM/GPRS 及 WCDMA/HSDPA. 邮电设计技术，2006 年第 07 期

10 3GPP TS43.051 GSM/EDGE Radio Access Network ; over all deseription-stage2; (Release5). 2001/11

第7章　第三代移动通信系统及其增强技术

本章介绍IS-95A、CDMA2000 1X、WCDMA和TD-SCDMA移动通信系统，包括各系统的特点及其上、下行链路物理层信道结构。

- 掌握IS-95系统上、下行链路的信道结构、扩频调制方法；
- 掌握CDMA2000 1X系统上、下行链路的信道结构、扩频调制方法；
- 掌握WCDMA系统上、下行链路的信道结构、扩频调制方法；
- 了解WCDMA系统的HSDPA/HSUPA增强技术；
- 掌握TD-SCDMA系统上、下行链路的信道结构、扩频调制方法；
- 了解CDMA2000 1X EV-DO。

7.1　3G概述

为了统一移动通信系统的标准和制式，以实现真正意义上的全球覆盖和全球漫游，并提供更宽带宽、更为灵活的业务，国际电信联盟(International Telecommunication Union，ITU)提出了IMT-2000的概念，即指工作在2000MHz频段并在2000年左右投入商用的国际移动通信系统(International Mobile Telecom System)，它既包括地面通信系统也包括卫星通信系统。基于IMT-2000的宽带移动通信系统称为第三代移动通信系统，简称3G，它将支持速率高达2Mb/s的业务，而且业务种类将涉及话音、数据、图像及多媒体等。

国际电信联盟最初的设想是，IMT-2000不但要满足多速率、多环境、多业务的要求，而且还能通过一个统一的系统来实现。IMT-2000的目标主要有以下几个方面：

① 全球漫游。用户不再限制于一个地区和一个网络，而能在整个系统和全球漫游。这意味着真正实现随时随地的个人通信。在设计上要具有高度的通用性，拥有足够的系统容量和强大的多用户管理能力，能提供全球漫游。它是一个覆盖全球的、具有高度智能和个人服务特色的移动通信系统。

② 适应多种环境。采用多层小区结构，即微微蜂窝、微蜂窝、宏蜂窝，将地面移动通信系统和卫星移动通信系统结合在一起，与不同网络互通，提供无缝漫游和一致性的业务。

③ 能提供高质量的多媒体业务，包括高质量的话音、可变速率的数据、高分辨率的图像等多种业务，实现多种信息一体化。

④ 足够的系统容量和强大的用户管理能力。

为了达到以上目标，IMT-2000对无线传输技术(RTT)提出了以下几项基本要求：

① 全球性标准。全球范围内使用公共频带，能够提供全球性使用的小型终端，以提供全球漫游能力。

② 在多种环境下支持高速分组数据传输速率。

③ 便于系统的升级、演进，易于向下一代系统灵活发展。由于第三代移动通信引入时，第二代网络已具有相当规模，所以第三代的网络一定要能在第二代网络的基础上逐渐灵活演进而成，并应与固定网兼容。

④ 传输速率能够按需分配。

⑤ 上下行链路能适应不对称业务的需求。

⑥ 具有简单的小区结构和易于管理的信道结构。

⑦ 无线资源的管理、系统配置和服务设施要灵活方便。

⑧ 业务与其他固定网络业务兼容。

⑨ 频率利用率高。

⑩ 高保密性。

第三代移动通信系统有着更好的抗干扰能力。这是由于其宽带特性，可分辨更多多径信号，因此信号较窄带系统更稳定，起伏衰落小，使系统对信号功率的动态范围和最大功率要求降低。

第三代移动通信系统提供多速率的业务，这意味着在高灵活性和高频谱效率的情况下可提供不同服务质量的连接。3G 系统支持频间无缝切换，从而支持层次小区结构。同时，3G 系统保持对新技术的开放性，使系统得到许多改进。

也就是说，第三代移动通信系统以全球通用、系统综合为基本出发点，试图建立一个全球的移动综合业务数字网，提供与固定电信网业务兼容、质量相当的话音和数据业务，从而实现"任何人，在任何地点、任何时间与任何其他人"进行通信的梦想。

1992 年世界无线电行政大会(World Administrative Radio Conference，WARC)根据 ITU-R 对于 IMT-2000 的业务量和所需频谱的估计，划分出了 230MHz 带宽给 IMT-2000，1885~2025MHz（上行链路）以及 2110~2200MHz（下行链路）频带为全球基础上可用于 IMT-2000 的业务频段。1980~2010MHz 和 2170~2200MHz 为卫星移动业务频段(共 60MHz)，其余 170MHz 为陆地移动业务频段，其中对称频段是 2×60MHz，不对称频段是 50MHz。上下行频带不对称主要是考虑到可以使用双频 FDD 方式和单频 TDD 方式。IMT-2000 的频段划分如图 7.1 所示。

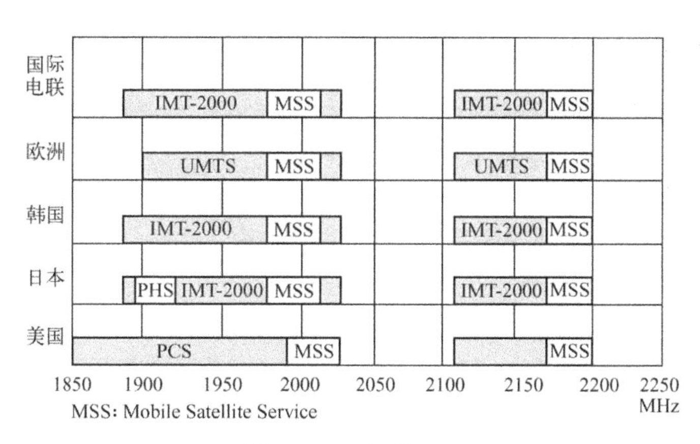

图 7.1　3G 频谱分配

除了上述频谱划分外，ITU 在 2000 年的 WRC2000 大会上，在 WRC-92 基础上又批准了新的附加频段：806~960 MHz，1710~1885 MHz，2500~2690 MHz。

2002 年 10 月，信息产业部颁布了关于我国第三代移动通信的频率规划，如表 7.1 所示。

2000 年 5 月，国际电信联盟-无线标准部(ITU-R)最终通过 IMT-2000 无线接口规范(M.1457)，包括：美国电信工业协会(TIA)提交的 CDMA2000，欧洲电信标准化协会(ETSI)提交的 WCDMA，信息产业部电信科学技术研究院(CATT)提交的 TD-SCDMA。

M.1457 的通过标志着第三代移动通信系统标准的基本定型。这 3 个规范也就成为了 IMT-2000 中的 3 种主流技术标准，都采用 CDMA 方式。

表 7.1 我国第三代移动通信系统的频率规划

频率范围(MHz)	工作模式	业务类型	备注
1920~1980/2110~2170	FDD(频分双工)	陆地移动业务	主要工作频段
1755~1785/1850~1880	FDD	陆地移动业务	补充工作频段
1880~1920/2010~2025	TDD(时分双工)	陆地移动业务	主要工作频段
2300~2400	TDD	陆地移动业务	补充工作频段，无线电定位业务公用
825~835/870~880 885~915/930~960 1710~1755/1805~1850	FDD	陆地移动业务	之前规划给中国移动和中国联通的频段，上下行频率不变
1980~2010/2170~2200	卫星移动业务		

7.2 IS-95A 与 CDMA2000 1X 标准介绍

7.2.1 CDMA2000 1X 标准特色

在蜂窝移动通信的各种标准体制中，CDMA 技术占有非常重要的地位。基于 CDMA 的 IS-95 标准是第二代移动通信系统中的两大技术标准体制之一，而在第三代移动通信系统的主流标准中，则全部基于 CDMA 技术。

CDMA 蜂窝系统最早由美国的 Qualcomm(高通)公司成功开发，并且很快由美国电信工业协会于 1993 年形成标准，即为 IS-95 标准，这也是最早的 CDMA 系统的空中接口标准。它采用 1.25MHz 的系统带宽，提供话音业务和简单的数据业务。随着技术的不断发展，在随后几年中，该标准经过不断的修改，又逐渐形成了 IS-95A、IS-95B 等一系列标准。

CDMA2000 是在 IS-95 基础上进一步发展的，它对 IS-95 系统具有后向兼容性，即 CDMA2000 系统能够支持 IS-95 的移动台，同时 CDMA2000 的移动台也能够在 IS-95 系统中工作。当然，这种情况下，用户无法使用 CDMA2000 系统提供的新的分组数据业务。CDMA2000 系统与 IS-95 系统具有无缝的互操作性和切换能力，可以从 IS-95 系统平滑演进升级。

CDMA2000 的空中接口保持了许多 IS-95 空中接口设计的特征，当然，为了支持高速数据业务，它又采用了很多新技术和性能更优异的信号处理方式。

CDMA2000 系统中，仅支持信道带宽为 1.25MHz 和 3.75MHz 这两种情况，分别称为 CDMA2000 1X 和 CDMA2000 3X，其中 CDMA2000 1X 是研究和开发的重点。本章主要介绍 CDMA2000 1X 系统。

为了支持高速数据业务，CDMA2000 1X 物理层引入了许多新的技术，主要特点如下：

① 支持新的无线配置。CDMA2000 1X 下行链路中支持新的无线配置 RC3~RC5，上行链路中支持新的无线配置 RC3 和 RC4。RC1 和 RC2 用于兼容 IS-95 系统。

② 下行链路引入辅助导频。在下行链路上，CDMA2000 1X 允许采用辅助导频来支持波束赋形应用，以增加系统容量。

③ 采用变长的 Walsh 码。在 IS-95 A 和 IS-95 B 系统中，采用的 Walsh 码的周期长度为 64 个码片，其长度是固定的；而 CDMA2000 1X 中，不同的数据速率要求业务信道采用周期长度不同的 Walsh 码，因此所采用的 Walsh 码的长度是可变的，其周期长度为 4~128 个码片。这样数据速率高的用户占用较短的 Walsh 码，也就是较多的码信道资源；而数据速率低的用户占用较长的 Walsh 码，即较少的码信道资源。这使得无线资源的利用可以比 IS-95 系统更为灵活，尽管它要

求有较为复杂的控制机制，但带来的最大好处就是无线资源的利用效率比较高。

④ 引入准正交函数。当 Walsh 码的使用受到限制时(数量不够时)，可以通过掩码函数生成准正交码，用于下行链路的正交扩频。

⑤ 支持 Turbo 编码。CDMA20001X 中所有卷积码的约束长度都为 9。高速数据业务信道还可以采用 Turbo 编码，以利用其优异的纠错性能，而卷积码一般用在公用信道和较低速率的信道中。相比较而言，采用 Turbo 码能够使解码时所需的 E_b/N_t 降低约 1~2 个 dB，其纠错能力更强，解码质量更好，但是译码时延大。因此一般用于对时延要求比较宽松的数据业务。

⑥ 下行链路的发射分集。CDMA2000 1X 的下行链路还可以采用传输发射分集，包括正交发射分集 OTD 和空时扩展 STS，以降低下行信道的发射功率，提高信道的抗衰落能力，改善下行信道的信号质量，增加系统容量。对于 OTD 方式，可以通过分离数据流，采用正交序列扩展两个数据流来完成。对于 STS 方式，则是通过对数据流进行空时编码，采用两个不同的 Walsh 码进行扩展，并发送到两个天线来实现的。

⑦ 下行链路采用快速功率控制。由于上行引入了功率控制子信道，它复用在上行导频信道上，从而可以实现下行链路快速闭环功率控制，功控频率为 800Hz。这样就大大降低了下行链路的干扰，提高了下行信道的容量。

⑧ 增加了上行导频信道(R-PICH)。为了提高上行链路的性能，CDMA2000 1X 中在上行链路增加了导频信道 R-PICH，它是未经调制的扩频信号，使得上行信道可以进行相干解调。它比 IS-95 系统上行链路所采用的非相干解调技术提高约 3dB 增益。上行导频信道上还复用了上行功率控制子信道，用于支持下行链路的开环和闭环功率控制。

⑨ 上行链路连续的波形。CDMA2000 1X 上行链路上采用连续的波形，进行连续传输。这样可以降低对其他设备的电磁干扰，也有利于保证上行信道闭环功率控制的性能。

⑩ 引入下行快速寻呼信道(F-QPCH)。在 CDMA2000 1X 中引入了快速寻呼信道，使得移动台不必长时间连续监听下行寻呼信道，可减少移动台激活时间。采用快速寻呼信道极大地减小了移动台的电源消耗，提高了移动台的待机时间，提高了寻呼的成功率。

⑪ 增加了上行增强接入信道(R-EACH)。CDMA2000 1X 兼容 IS-95 的接入方式，同时引入了新的接入方式，增加了增强接入信道 R-EACH，用于提高系统的接入性能，支持高速数据业务的接入。

⑫ 采用新的扩频调制方式。CDMA2000 1X 下行链路中，采用 QPSK 调制。扩频方式为复扩频，可以有效降低峰均比，提高功率放大器的效率。在 CDMA2000 1X 上行链路中，采用了混合相移键控(HPSK)。通过限制信号的相位跳变，可以有效降低信号功率的峰均比，并限制信号频谱的旁瓣。这就降低了对功率放大器动态范围的需求，提高功率放大器的效率。

⑬ 支持可变的帧长。CDMA2000 支持长度为 5ms、20ms、40ms 和 80ms 的帧，用于信令、用户信息及控制信息。较短的帧长可以减少端到端的时延，而对较长的帧而言，帧头的开销所占的比重小，信道编码的时间分集作用更明显，解调时所需的 E_b/N_t 也将减小。

7.2.2 CDMA 系统中的功率控制

1. 功率控制的分类

如前所述，CDMA 系统是一个自干扰系统，主要体现为 CDMA 技术的多址干扰(MAI)。干扰增加会导致系统容量降低，通信质量下降。克服多址干扰的方法之一就是功率控制，即根据无线信道的变化状况和链路质量按照一定的规则调节发射信号的电平。因此功率控制的总体目标就是，在保证链路质量目标的前提下使发射信号的功率最小，以减小多址干扰。从通信链路的角度，功率控制可分为前向功率控制和反向功率控制；从功率控制方法的角度，功率控制可分为开环（Open Loop）功率控制和闭环（Closed Loop）功率控制。

（1）前向功率控制

前向功率控制用来调整基站对每个移动台的发射功率，对信道衰落小和解调信噪比较高的移动台分配相对较小的前向发射功率，而对那些衰落较大和解调信噪比低的移动台分配较大的前向发射功率，使信号到达移动台接收机时，信号电平刚刚达到保证通信质量的最小信噪比门限。前向功率控制可以降低基站的平均发射功率，减小相邻小区之间的干扰。

在前向链路中，前向链路所有信道同步发射，而且对于某个移动台来说，前向链路的所有信道所经历的无线环境是相同的。在理想情况下，移动台解调时，本小区内其他用户的干扰可以通过 Walsh 码的正交性完全去除。但是由于多径的影响，使得 Walsh 码的正交性受到影响。因此，在前向链路的解调中，干扰主要指相邻小区的干扰和多径引入的干扰。此外，移动台可以利用基站的导频信道进行相干解调。因此，前向链路的质量要远好于反向链路。与反向链路相比，前向链路对功率控制的要求相对比较低。

（2）反向功率控制

反向功率控制就是在反向链路进行的功率控制，用于调整移动台的发射功率，使信号到达基站接收机时，信号电平刚刚达到保证通信质量的最小信噪比门限，从而克服远近效应，降低干扰，保证系统容量。反向功率控制可以将移动台的发射功率调整至最合理的电平，从而延长电池的寿命；用于用户的移动性，不同的移动台到基站的距离不同，这导致不同用户之间的路径损耗差别很大，甚至可能相差 80dB，而且不同用户的信号所经历的无线信道环境也有很大的不同。因此反向链路必须采用大动态范围的功率控制方法，快速补偿迅速变化的信道条件。

（3）开环功率控制

开环功率控制指移动台（或基站）根据接收到的前向（或反向）链路信号功率大小来调整自己的发射功率。开环功率控制用于补偿信道中的平均路径损耗及慢衰落，所以它有一个很大的动态范围。

开环功率控制的前提条件是假设前向和反向链路的衰落情况是一致的。以反向链路为例，移动台接收并测量前向链路的信号强度，并估计前向链路的传播损耗，然后根据这种估计，调整其发射功率。即接收信号较强时，表明信道环境较好，将降低发射功率；接收信号较弱时，表明信道环境较差，将增加发射功率。

反向开环功率控制是在移动台主动发起呼叫或响应基站的呼叫时开始工作的，要先于反向闭环功率控制。它的目标是所有移动台发出的信号到达基站时可以有相同的功率。因为基站是一直在发射导频信号的，且功率保持不变，如果移动台检测接收到的基站导频信号功率小，说明此时前向链路的衰耗大，并由此认为反向链路的衰耗也大，因此移动台应该增大发射功率，以补偿所预测到的衰落。反之，认为信道环境较差，降低发射功率。

开环功率控制的优点是简单易行，不需要在基站和移动台之间交互信息，可调范围大，控制速度快。开环功率控制对于降低慢衰落的影响是比较有效的。但是，在频分双工的 CDMA 系统中，前、反向链路所占用的频段相差 45MHz 以上，远远大于信号的相关带宽，因此前、反向链路的快衰落是完全独立和不相关的，这会导致在某些时刻出现较大误差。这使得开环功率控制的精度受到影响，只能起到粗控的作用。对于慢衰落，它受信道不对称的影响相对小一些，因此开环功率控制仍在系统中采用。由于无线信道的快衰落特性，开环功率控制还需要更快速更精确的校正，这由闭环功率控制来完成。

（4）闭环功率控制

闭环功率控制建立在开环功率控制的基础之上，对开环功率控制进行校正。

以反向链路为例，基站根据反向链路上移动台的信号强弱，产生功率控制指令，并通过前向链路将功控指令发送给移动台，移动台根据此命令，在开环功率控制所选择发射功率的基础上，快速校正自己的发射功率。可以看出，在这个过程中，形成了控制环路，因此称这种方式为闭环功率控制。闭环功率控制可以部分降低信道快衰落的影响。

闭环功率控制的主要优点是控制精度高，用于通信过程中发射功率的精细调整。但是从功率控制指令的发出到执行，存在一定的时延，当时延上升时，功率控制的性能将严重下降。

闭环功率控制又可分为两部分：内环(Inner Loop)功率控制和外环(Outer Loop)功率控制。

以反向链路为例，内环功率控制指基站测量接收到的移动台信号(通常是信噪比)，将其与某个门限值(下面称为“内环门限”)相比较。如果高于该门限，就向移动台发送“降低发射功率”的功率控制指令；否则发送“增加发射功率”的功率控制指令，以使接收到的信号强度接近于门限值。

外环功率控制的作用是对内环门限进行调整，这种调整是根据接收信号质量指标(如误帧率 FER)的变化来进行的。通过测量误帧率，并定时地根据目标误帧率来调节内环门限，将其调大或调小以维持恒定的目标误帧率。当实际接收的 FER 高于目标值时，则提高内环门限；反之，当实际接收的 FER 低于目标值时，则适当降低内环门限。

可以看出外环功率控制是为了适应无线信道的变化，动态调整内环功率控制中的信噪比门限。这就使得功率控制直接与通信质量相联系，而不仅仅体现在对信噪比的改善上。

在这几种机制的共同作用下，使基站能够在保证一定接收质量的前提下，让移动台以尽可能低的功率发射，减小对其他用户的干扰，提高容量。

鉴于功率控制技术在以 CDMA 为无线接入的移动通信系统中其基本思想大同小异，也就是说，在 CDMA2000、WCDMA 及 TD-SCDMA 这些 CDMA 系列的 3G 系统中，功率控制技术与 2G 的 IS-95 系统的功率控制技术没有本质的区别，所以这里主要以 IS-95 为例介绍功率控制的基本原理。

2. 反向链路功率控制

反向功率控制包括反向开环功率控制和反向闭环功率控制。

(1) 反向开环功率控制

反向开环功率控制有两个主要功能：一是调整移动台初始接入时的发射功率；二是弥补由于路径损耗而造成的衰减的变化。

移动台在接入状态时，还没有分配到前向业务信道(该信道中包含功率控制比特)，移动台只能独自进行开环功率控制来估计移动台初始接入时的发射功率，整个过程中移动台不需要进行任何前向链路的解调。

在开环功率控制中，移动台根据整个频段内接收到的前向链路总功率，并结合已知的一些接入参数，采用一定算法计算得出接入时的发射功率大小。其基本原则是如果接收功率高，则移动台降低发射功率；反之，则提高发射功率。关键是要使移动台的发射功率与接收功率成反比。

由于开环功率控制是为了补偿平均路径损耗及慢衰落的，所以它必须有一个很大的动态范围。根据空中接口的标准，它至少应该达到±32dB 的动态范围。

对于 IS-95，移动台通过开环功率控制计算发射功率的方法如下：

刚进入接入状态时，移动台将按照下式定义的平均输出功率来发射第一个接入探测：

平均输出功率(dBm) =－ 平均输入功率(dBm)+ K+ NOM_PWR + INIT_PWR

式中，K 为常数[①]，取值为 –73dBm；NOM_PWR 用于告知移动台基站标称功率的变化信息。

---

① 对于蜂窝系统，K 的取值为 –73dBm；对于 PCS 系统，取值为 –76dBm。

INIT_PWR 用于调整第一个接入探测的功率。

其后的接入探测不断增加发射功率，直至收到确认或者序列结束，发射功率为

平均输出功率(dBm)=－ 平均输入功率(dBm) + K + NOM_PWR + INIT_PWR + 接入探测校正

式中，接入探测校正 = PWR_LVL×PWR_STEP，PWR_LVL 是接入探测功率电平调整，单位为 PWR_STEP；PWR_STEP 是连续的两个接入探测之间功率的增加量。

移动台接收到确认之后，开始在反向业务信道上发送信号，其平均输出功率为

平均输出功率(dBm)=－ 平均输入功率(dBm) + K + NOM_PWR + INIT_PWR + 接入探测校正

在此之后，移动台一旦从前向链路接收到功率控制比特，将开始进行闭环功率控制，其平均输出功率变为

平均输出功率(dBm) =－ 平均输入功率(dBm)+ K + NOM_PWR + INIT_PWR + 接入探测校正之和 + 所有闭环功率控制校正之和

（2）反向闭环功率控制

反向闭环功率控制是指基站根据测量到的反向信道的质量，来调整移动台的发射功率。其基本原则是，如果测量到的反向信道质量低于一定的门限，则命令移动台增加发射功率；反之命令移动台降低发射功率。反向闭环功率控制是对反向开环功率控制的不准确性进行弥补的一种有效手段，需要基站和移动台的共同参与。反向闭环功率控制在开环功率控制的基础上，能够提供±24dB 的动态范围。

反向闭环功率控制包括两部分：内环功率控制和外环功率控制，如图 7.2 所示。

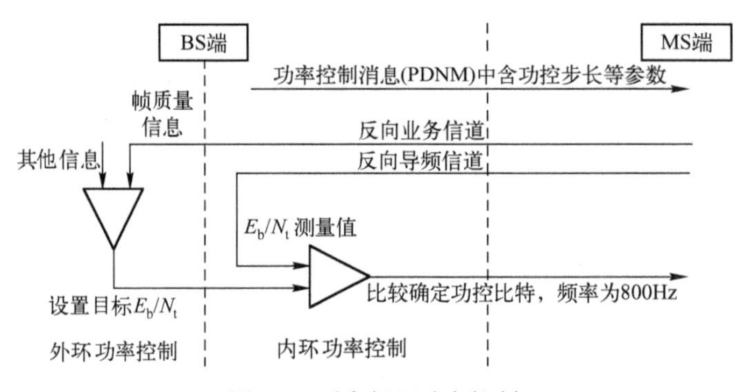

图 7.2 反向闭环功率控制

内环功率控制的目的是使移动台业务信道的信噪比 E_b/N_t（E_b 是每个比特的能量，N_t 是噪声的功率谱密度）能够尽可能的接近目标值，而外环功率控制则对指定的移动台调整其 E_b/N_t 的目标值。

内环功率控制测量反向业务信道的 E_b/N_t，将测量结果与目标 E_b/N_t 相比较。如果实测的 E_b/N_t 小于目标值，则说明反向信道质量不好，因此将命令移动台增加功率；如果实测的 E_b/N_t 大于目标值，则说明反向信道质量较好，因此将命令移动台降低功率，以减小干扰。

外环功率控制测量反向信道的误帧率(FER)，将测量的结果与目标 FER 相比较。如果实测的 FER 超过目标值，说明反向信道质量不好，将提高内环功率控制的 E_b/N_t 目标值；否则降低内环功率控制的 E_b/N_t 目标值。

外环功率控制通过动态调整内环功率控制中信噪比的目标值来维持恒定的目标误帧率，以适应无线环境的变化，保证一定的通信质量。

同时使用外环功率控制和内环功率控制，可以保证有足够的信号能量，使接收机能在容许的错误概率下解调信号，又可以对其他用户的干扰降至最低。

在对反向业务信道进行闭环功率控制时，移动台将根据在前向业务信道上收到的有效功率控制比特(在功率控制子信道上)来调整其平均输出功率。功率控制子信道不断在前向业务信道上发送，其速率为 800b/s，即每 1.25ms 发送一个功率控制比特。“0”指示移动台增加平均输出功率，“1”指示移动台减小平均输出功率。CDMA 系统中，每个功率控制比特使移动台增加或减小功率的大小，即功控步长，为 1dB。

IS-95 系统中，业务信道的帧长为 20ms。每帧被分为 16 个时隙，每个时隙也称为一个功率控制组(PCG，Power Control Group)。

基站测量所有移动台反向业务信道的 E_b/N_t，测量周期为 1.25ms，即在一个 PCG 内进行。基站将测量结果与 E_b/N_t 目标值相比较，分别确定对各个移动台的功率控制比特的取值，然后基站在相应的前向业务信道上将功率控制比特发送出去。基站发送的功率控制比特比反向业务信道延迟 2×1.25ms。举例来说，基站收到反向业务信道中第 5 个功率控制组的信号，则其对应的功率控制比特将在前向业务信道的第 7 个功率控制组中发送。一个功率控制比特的长度正好等于前向业务信道两个调制符号的长度。在发送时，每个功率控制比特将替代两个连续的前向业务信道调制符号。

移动台接收前向业务信道后，将从中抽取功率控制比特，进而对反向业务信道的发射功率进行调整。

图 7.3 给出了反向闭环功率控制的具体流程。图中给出了内环功率控制和外环功率控制的过程。此外，还显示了将移动台禁用的情况。其目的是为了检测那些无法对功率控制做出响应并可能对其他用户造成严重干扰的移动台，这种检测是由内环功率控制完成的。基站会计算连续发送降低功率指令的次数，如果指令次数超过了规定的门限值，则基站会给移动台发送一个重新开机之前进行锁定的指令消息(Lock Until Power Cycled Order)，该消息使移动台处于禁用状态，直到用户关机并重新开机为止。

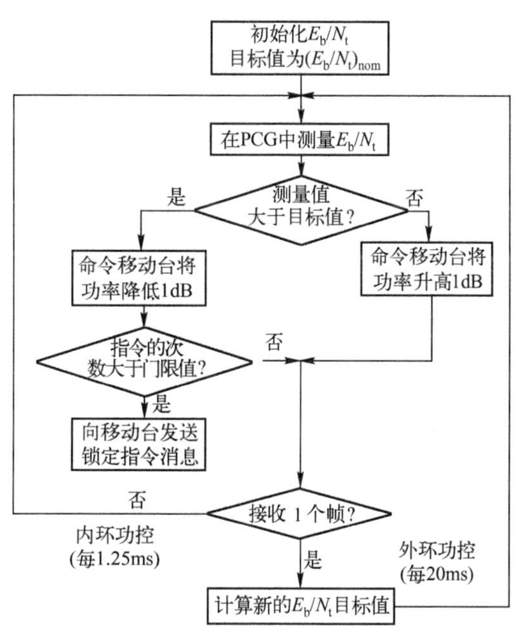

图 7.3　反向闭环功率控制流程

3．前向链路功率控制

IS-95 CDMA 系统中，前向功率控制是指基站根据移动台提供的测量结果，调整对每个移动台的发射功率。其目的是对衰落小的移动台分配相对较小的前向发射功率，而对衰落比较大的移动台分配较大的前向发射功率，在保证一定通信质量的前提下，尽量减少业务信道的发射功率，从而降低干扰。基站根据移动台提供的前向链路误帧率的反馈报告，来决定是增加还是减少对该移动台的前向发射功率。从这个意义上说，前向功率控制采用的也是闭环的形式。

在前向链路中，由于小区内各个信道之间是同步的，并且移动台可以根据前向导频信道进行相干解调，这使得前向链路的质量远好于反向链路。前向链路对功率控制动态范围的要求也比较低。在 IS-95 前向链路中，采用一种基于信令消息的慢速功率控制，就可以很好地控制每个信道的发送功率。

相对于 IS-95 系统，在 CDMA20001x 系统中，对前向链路的功率控制做了很大的改进。改进后的前向功率控制和反向功率控制一样，最高可达 800Hz 的控制速率，能够跟踪补偿更快的衰落。CDMA20001x 系统的话音容量理论上是 IS-95 CDMA 系统的两倍，其中前向功率控制的改进提供了很大的贡献。

7.2.3 CDMA 软切换

前面已经说明了软切换的基本原理，这里主要说明软切换的过程。由于 CDMA2000 和 WCDMA 系统所采用的软切换技术都是以 IS-95 系统为基础的，所以这里以 IS-95 为例来说明。

CDMA 的切换是移动台辅助切换，它以移动台向基站报告的导频强度测量消息作为切换的依据，基站分析导频强度测量消息并按一定的算法决定是否进行切换。

通常切换的过程可以分为以下 3 个阶段：

① 链路监视和测量。监测的参数通常是接收到的信号强度，也可以是信噪比、误比特率等参数。在监测阶段，由移动台完成对前向链路的测量，包括信号质量、本小区和相邻小区的信号强度；而反向链路的信号质量则由基站测量，测量结果发送给相邻的网络单元、移动台、BSC 及 MSC。

② 目标小区的确定和切换触发。这一阶段也称为切换决策，是指将测量结果与预先定义的门限值进行比较，确定切换的目标小区，决定是否启动切换过程。

切换策略必须指定合适的门限值，以保证切换的顺利完成，并减少不必要的越区切换，降低切换时延。

在决定是否启动切换时，很重要的一点是要保证检测到的信号强度下降不是因为瞬时的衰减，而是由于移动台正在离开当前服务的基站。为了保证这一点，通常的做法是在准备切换之前，先对信号监视一段时间。

③ 切换执行。在执行阶段，移动台增加一条新的无线链路或者释放一条旧的无线链路，完成切换过程。

1. 导频集合

在 CDMA 系统中，当基站的导频信道使用同一个频率时，则它们只能由 PN 序列的不同相位来区分，相位偏移是 64 个码片的整数倍。移动台将系统中的导频分为 4 个导频集合，在每个导频集合中，所有的导频都有相同的频率，但是其 PN 码的相位不同。这 4 个导频集合是：

① 激活集。它包括与分配给移动台的前向业务信道相对应的导频，激活集中的基站与移动台之间已经建立了通信链路。激活集也称为有效集。

② 候选集。候选集中包含的导频目前不在激活集中。但是，这些导频已经有足够的强度，表明与该导频相对应的前向业务信道可以被成功解调。

③ 相邻集。当前不在激活集和候选集中，但是有可能进入候选集的导频集合。

④ 剩余集。除了包含在激活集、候选集和相邻集中的所有导频之外，在当前系统中、当前的频率配置下，所有可能的导频组成的集合。

2. 导频的搜索与测量

切换的前提是能够识别新的基站并了解各基站发射信号到达移动台处的强度。因此，移动台需要对各个基站的导频信道不断地进行搜索和测量，并将结果报告给基站，以及时发现基站信号强度的变化。

由于移动台和基站之间的传播时延未知，这会使移动台接收到的信号的 PN 码相位有未知的偏差。同时，由于存在多径传播，信号的多径部分比直接到达部分要晚几个码片。为了克服这些因素的影响，基站对以上各种导频集合分别规定了相应的搜索窗口(PN 码相位偏移范围)，移动台在搜索窗口范围内搜索导频所有的可用多径分量(可用多径分量是指信号具有足够强的分量，可以被追踪，并且解调时不会引起很高的误帧率)。搜索窗口的尺寸应该足够大，使得移动台能够捕获基站所有的可用多径分量；同时又应该尽可能的小，以提高搜索速度，使搜索器的性能最佳。

搜索窗口有以下 3 种，用以跟踪导频信号：

① SRCH_WIN_A。该窗口用于跟踪激活集和候选集中的导频。对于激活集和候选集，移动台的搜索过程是一样的。移动台将这两个导频集中每个导频的搜索窗口的中心设在接收到的第一个多径分量的附近。其具体的尺寸应该根据预测的传播环境来设置。

② SRCH_WIN_N。该窗口是用来监测相邻集导频的搜索窗口。移动台将该窗口的中心设在导频 PN 序列的相位偏移处。其尺寸通常要比 SRCH_WIN_A 大。该窗口的大小要根据服务基站与相邻基站之间的距离来设置。

③ SRCH_WIN_R。该窗口是用于跟踪剩余集导频的搜索窗口。移动台将该窗口的中心设在导频 PN 序列的相位偏移处。此外，在剩余集中，移动台仅仅搜索那些 PN 序列偏置为 PILOT_INC 整数倍的导频。其尺寸至少应该与 SRCH_WIN_N 一样大。

以上这 3 个参数都在寻呼信道的系统参数消息中发送。这几个窗口大小的设置是网络优化的重要内容。

移动台在给定的搜索窗口内，合并计算导频所有可用多径分量的 E_c/I_o，E_c 指一个码片(chip)的能量，I_o 指接收信号总的功率谱密度(包括有用信号、噪声及干扰)，并以此值作为该导频的信号强度。对于每一个导频信号，移动台测量它的到达时间 T 并把结果报告给基站。导频的到达时间是指该导频最早可用多径分量到达移动台天线连接器的时间，其单位为 chip，并与移动台的时间参考有关。

对于不同的导频集，其所需要的测量频率是不同的。激活集中的基站与移动台正在通信之中，因此所需的测量最为频繁，而剩余集最不频繁。图 7.4 示出了导频搜索的顺序。

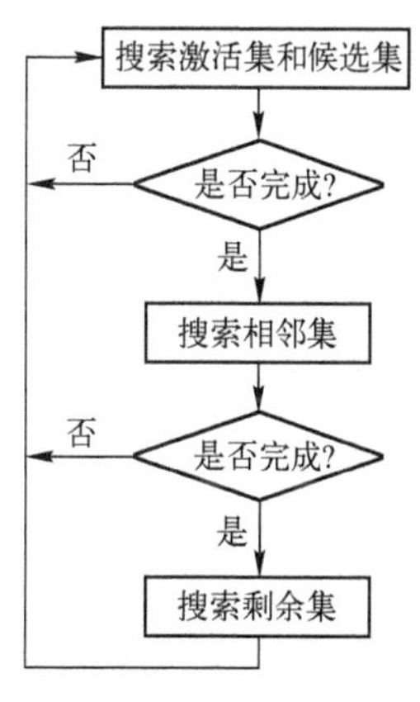

图 7.4　导频搜索顺序

3．切换参数与消息

（1）软切换的控制参数

软切换过程中主要用到以下控制参数。

① T_ADD[①]：导频检测门限。该参数是向候选集和激活集中加入导频的门限。T_ADD 的值不能设置得太低，否则会使软切换的比例过高，从而造成资源的浪费；T_ADD 的值也不能设置得太高，以避免建立切换之前话音质量太差。

② T_DROP：导频去掉门限。该参数是从候选集和激活集中删除导频的门限。设置 T_DROP 时要考虑既要及时去掉不可用的导频，又不能很快地删除有用的导频。此外，还需要注意的是，如果 T_ADD 和 T_DROP 值相差太近，而且 T_TDROP 的值太小会造成信令的频繁发送。

③ T_COMP：候选集导频与激活集导频的比较门限。当候选集导频与激活集导频相比，超过该门限时，会触发导频强度测量消息。设置 T_COMP 时要注意，如果该值设置得太小，激活集和候选集导频一系列的强度变化会引发移动台不断地发送导频强度测量消息。如果该值

① 在实际系统中，T_ADD、T_DROP、T_COMP 这 3 个参数的取值均为正整数，其单位分别是−0.5dB、−0.5dB 和 0.5dB。举例来说，如果 T_ADD=24，则表示导频检测门限为−12dB。

在本节中 T_ADD 和 T_DROP 代表的是实际的门限值。例如，某个导频强度超过 T_ADD，意即该导频的 E_c/I_o 大于−12dB。

T_COMP 代表的是实际系统参数的取值。例如，某两个导频相比，超过了比较门限，即表示这两个导频的强度之差大于 T_COMP × 0.5dB。

设置得太大，切换时会引入很大的时延。

④ T_TDROP：切换去掉计时器。移动台的激活集和候选导频集中的每一个导频都有一个对应的切换去掉计时器。当该导频的强度降至 T_DROP 以下时，对应的计时器启动；如果导频强度回至 T_DROP 以上，则计时器复位。T_TDROP 的下限值是建立软切换所需要的时间，以防止由信号的抖动所产生的频繁切换(乒乓效应)。

（2）切换消息

在软切换过程中，移动台和网络之间会有频繁的信令交互。这主要涉及以下切换消息：

① 导频强度测量消息(Pilot Strength Measurement Message，PSMM)。移动台通过导频强度测量消息向正在服务的基站报告它现在所检测到的导频。当移动台发现某一个导频足够强，但却并未解调与该导频相对应的前向业务信道，或者当移动台正在解调的某一个前向业务信道所对应的导频信号强度已经低于某一个门限的时候，移动台将向基站发送导频强度测量消息。

该消息中包含以下信息：导频信号的E_c/I_o、导频信号的到达时间、切换去掉计时器信息等。

② 切换指示消息(Handoff Direction Message，HDM)。当基站收到移动台的导频强度测量消息后，基站为移动台分配一个与该导频信道对应的前向业务信道，并且向移动台发送切换指示消息，指示移动台进行切换，让移动台解调指定的一组前向业务信道。对于软切换来说，在切换指示消息中列出多个前向业务信道，有一些是正在被移动台所解调的。对于硬切换，切换指示消息中所列出的一个或多个前向业务信道，没有一个是正在被移动台所解调的。

该消息中包含以下信息：激活集信息(旧的导频和新导频的 PN 偏置)、与激活集中每一个导频对应的 WALSH 码信息、发送导频强度测量消息的参数(T_ADD、T_DROP、T_TDROP、T_COMP)，以及有关 CDMA 到 CDMA 硬切换的参数等。

IS-95B 中，增加了扩展切换指示消息(EHDM)，其功能与 HDM 基本相同。

③ 切换完成消息(Handoff Completion Message，HCM)。在执行完切换指示消息之后，移动台在新的反向业务信道上发送切换完成消息给基站。这个消息实际上是确认消息，告诉基站移动台已经成功地获得了新的前向业务信道。该消息中包含激活集中每个导频的 PN 偏置信息。

4．IS-95 系统中的软切换流程

在进行软切换时，移动台首先搜索所有导频并测量它们的强度E_c/I_o。当某个导频的强度超过导频检测门限 T_ADD 时，移动台认为此导频的强度已经足够大，能够对其进行正确解调。此时如果移动台与该导频对应的基站之间没有业务信道连接，它就向原基站发送一条导频强度测量消息，报告这种情况；原基站再将移动台的报告送往移动交换中心(MSC)，MSC 则让新的基站安排一个前向业务信道给移动台，并且原基站向移动台发送切换指示消息，指示移动台开始切换。

收到来自基站的软切换指示消息后，移动台将新基站的导频转入激活集，开始对新基站和原基站的前向业务信道同时进行解调。之后，移动台会向基站发送一条切换完成消息，通知基站自己已经根据命令开始对两个基站同时解调了。

接下来，随着移动台的移动，当该导频的强度低于导频去掉门限 T_DROP 时，移动台启动切换去掉计时器 T_TDROP。当计时器期满时(在此期间，该导频的强度应该始终低于 T_DROP)，移动台发送导频强度测量信息。两个基站接收到导频强度测量信息后，将此信息送至 MSC；MSC 再返回相应的切换指示消息。然后基站将切换指示消息发送给移动台，移动台将切换去掉计时器到期相对应的导频从激活集中去掉，转移至相邻集。此时移动台只与目前激活集中导频所代表的基站保持通信，同时会发一条切换完成消息给基站，表示切换已经完成。如果在切换去掉计时器尚未期满时，该导频的强度又超过了 T_DROP，则移动台要对计时器进行复位操作并关掉计时器。整个软切换的过程如图 7.5 所示。

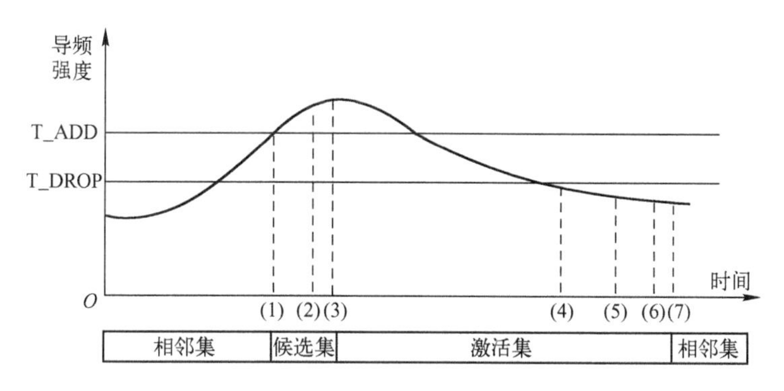

图 7.5　IS-95 软切换过程

图 7.5 中各个时刻所对应的消息交互如下：

- 相邻集中某个导频强度超过 T_ADD，移动台向基站发送导频强度测量消息 PSMM，并将该导频转入候选集。
- 基站向移动台发送切换指示消息 HDM，指示移动台将该导频加入激活集。
- 移动台接收到 HDM，将该导频加入激活集，建立新的业务信道，并向基站发送切换完成消息 HCM。
- 导频强度低于 T_DROP 时，移动台启动相对应的切换去掉计时器 T_TDROP。
- 切换去掉计时器到时，移动台向基站发送导频强度测量消息。
- 基站向移动台发送切换指示消息 HDM。
- 移动台将该导频从激活集移至相邻集，并且向基站发送切换完成消息 HCM。

除了上面所提及的控制参数 T_ADD、T_DROP 及 T_TDROP 之外，在切换过程中，还要用到比较门限参数 T_COMP，用以控制导频强度测量消息的发送。只有当候选集中某个导频的强度超过激活集中导频 T_COMP×0.5dB 时，移动台才会向基站发送导频强度测量消息。这样可以防止当激活集和候选集中导频强度的顺序发生小的变化时，移动台频繁发送导频强度测量消息。该参数触发导频强度测量消息的过程如图 7.6 所示。

图 7.6 中，导频 1 和导频 2 为激活集中的导频，导频 3 为候选集中的导频，导频 1、导频 2、导频 3 的强度分别用 P_1、P_2、P_3 (单位为 dB) 来表示。各个时刻发送的消息如下：

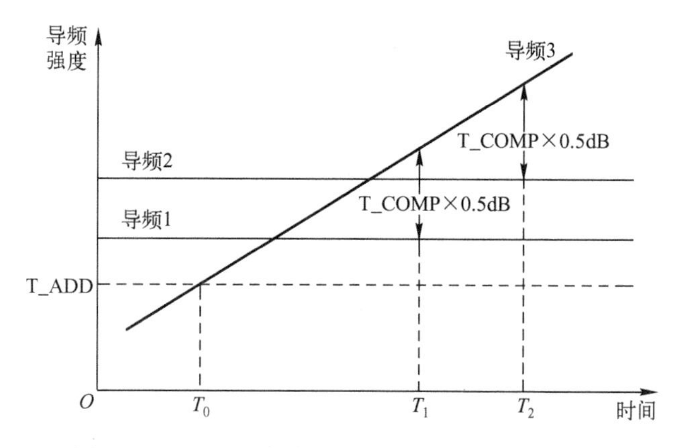

图 7.6　T_COMP 触发的导频强度测量消息(IS-95)

T_0： $P_3 > \text{T\_ADD}$，移动台发送 PSMM。

T_1： $P_3 > P_1 + \text{T\_COMP} \times 0.5(\text{dB})$，移动台发送 PSMM。

T_2： $P_3 > P_2 + \text{T\_COMP} \times 0.5(\text{dB})$，移动台发送 PSMM。

7.2.4 CDMA2000 1X 下行链路

1. CDMA2000 1X 下行链路信道组成

CDMA2000 1X 下行链路(FL)所包括的物理信道如图 7.7 所示。CDMA2000 1X 下行链路使用的无线配置为 RC1~RC5。下行链路物理信道由适当的 Walsh 函数或准正交函数(Quasi-Orthogonal Function，简称 QOF)进行扩频。Walsh 函数用于 RC1 或 RC2，Walsh 函数或 QOF 用于 RC3~RC5。

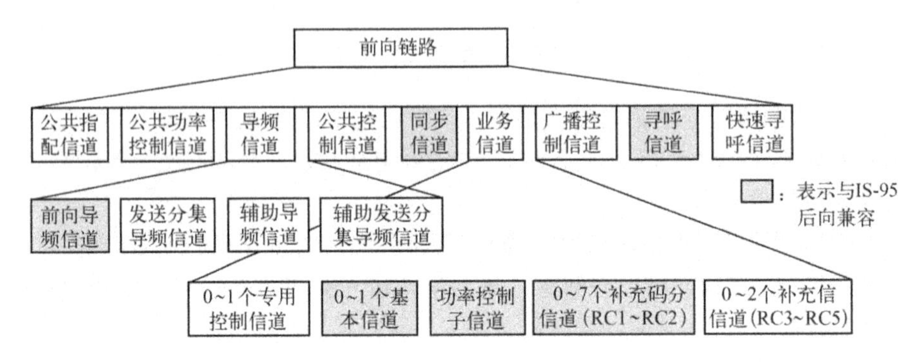

图 7.7 CDMA2000 1X 下行链路物理信道划分

各个物理信道的名称如表 7.2 所示，该表还给出了下行链路上基站能够发送的每种信道的最大数量。

表 7.2 CDMA2000 1X 下行链路物理信道

	信 道 名 称	物理信道类型	最 大 数 目
下行链路 公共物理信道 (F-CPHCH)	F-PICH	下行导频信道	1
	F-TDPICH	发送分集导频信道	1
	F-APICH	辅助导频信道	未指定
	F-ATDPICH	辅助发送分集导频信道	未指定
	F-SYNC	同步信道	1
	F-PCH	寻呼信道	7
	F-CCCH	下行公共控制信道	7
	F-BCCH	广播控制信道	8
	F-QPCH	快速寻呼信道	3
	F-CPCCH	公共功率控制信道	15
	F-CACH	公共指配信道	7
下行链路 专用物理信道 (F-DPHCH)	F-APICH	下行专用辅助导频信道	未指定
	F-DCCH	下行专用控制信道	1/每个下行业务信道
	F-FCH	下行基本信道	1/每个下行业务信道
	F-SCCH	下行补充码分信道 (仅 RC1 和 RC2)	7/每个下行业务信道
	F-SCH	下行补充信道 (仅 RC3-5)	2/每个下行业务信道

下行链路的物理信道可以划分为两大类：下行链路公共物理信道和下行链路专用物理信道。

（1）下行链路公共物理信道

下行链路公共物理信道包括导频信道、同步信道、寻呼信道、广播控制信道、快速寻呼信道、公共功率控制信道、公共指配信道和公共控制信道。其中，前 3 种与 IS-95 系统相兼容，后面的信道则是 CDMA2000 新定义的信道。

下行链路中的导频信道有多种，包括：F-PICH、F-TDPICH、F-APICH 和 F-ATDPICH。它们都是未经调制的扩频信号。BS 发射它们的目的是使在其覆盖范围内的 MS 能够获得基本的同步信息，也就是各 BS 的 PN 短码相位的信息，MS 可据此进行信道估计和相干解调。如果 BS 在 FL 上使用了发送分集方式，则它必须发送相应的 F-TDPICH。如果 BS 在 FL 上应用了智能天线或波束赋形，则可以在一个 CDMA 信道上产生一个或多个（专用）辅助导频（F-APICH），用来提高容量或满足覆盖上的特殊要求（如定向发射）。当使用了 F-APICH 的 CDMA 信道采用了分集发送方式时，BS 应发送相应的 F-ATDPICH。

同步信道 F-SYNCH 用于传送同步信息，在基站覆盖的范围内，各移动台可利用这种信息进行同步捕获。在基站的覆盖区中开机状态的移动台利用它来获得初始的时间同步。由于 F-SYNCH 上使用的导频 PN 序列偏置与同一下行信道的 F-PICH 上使用的相同，一旦移动台通过捕获 F-PICH 获得同步时，F-SYNCH 也就同步上了，这时就可以对 F-SYNCH 进行解调了。

当 MS 解调 F-SYNCH 之后，便可以根据需要解调寻呼信道（F-PCH）了，MS 可以通过它获得系统参数、接入参数、邻区列表等系统配置参数，这些属于公共开销信息。当业务信道尚未建立时，MS 还可以通过 F-PCH 收到诸如寻呼消息等针对特定 MS 的专用消息。F-PCH 是和 IS-95 兼容的信道，在 CDMA2000 中，它的功能可以被 F-BCCH、F-QPCH 和 F-CCCH 取代并得到增强。一般来说，F-BCCH 发送公共系统开销消息；F-QPCH 和 F-CCCH 联合起来发送针对 MS 的专用消息，提高了寻呼的成功率，同时降低了 MS 的功耗。

FL 公共功率控制信道 F-CPCCH 的目的是对多个 R-CCCH 和 R-EACH 进行功控。BS 可以支持一个或多个 F-CPCCH，每个 F-CPCCH 又分为多个功控子信道（每个子信道一个比特，相互间时分复用），每个功控子信道控制一个 R-CCCH 或 R-EACH。公共功控子信道用于控制 R-CCCH 还是 R-EACH 取决于工作模式。当工作在功率受控接入模式（Power Controlled Access Mode）时，MS 可以利用指定的 F-CPCCH 上的子信道控制 R-EACH 的发射功率。当工作在预留接入模式（Reservation Access Mode）时，MS 利用指定的 F-CPCCH 上的子信道控制 R-CCCH 的发射功率。

公共指配信道 F-CACH 专门用来发送对 RL 信道快速响应的指配信息，提供对 RL 上随机接入分组传输的支持。F-CACH 在预留接入模式中控制分配 R-CCCH 和相关的 F-CPCCH 子信道，并且在功率受控接入模式下提供快速的确认响应，此外还有拥塞控制的功能。BS 也可以不用 F-CACH，而是选择 F-BCCH 来通知 MS。F-CACH 可以在 BS 的控制下工作在非连续方式。

FL 公共控制信道 F-CCCH 用来发送消息给指定的 MS，例如，寻呼消息。它的功能虽然和 IS-95 中寻呼信道的功能有些重叠，但它的数据速率更高，也更可靠。

（2）下行链路专用物理信道

专用物理信道从功能上来说，等效于 IS-95 中的业务信道。由于 3G 要求支持多媒体业务，不同的业务类型（话音，分组数据和电路数据等）带来了不同的需求，这就需要业务信道可以灵活地适应这些不同的要求，甚至同时支持多个并发的业务。CDMA2000 中新定义的专用信道就是为了满足这样的要求。

FL 专用物理信道主要包括：专用控制信道、基本信道、补充信道和补充码分信道，它们用来在 BS 和某一特定的 MS 之间建立业务连接。其中，基本信道的 RC1 和 RC2，以及补充码分信道是和 IS-95 系统中的业务信道是兼容的，其他的信道则是 CDMA2000 新定义的 FL 专用信道。

FL 专用控制信道（F-DCCH）和 FL 基本信道（F-FCH）用来在通话过程中向特定的 MS 传送

用户信息和信令信息。F-FCH 是默认的业务信道，可以单独构成业务信道，用来传送默认的话音业务；一般只有在 F-FCH 的容量不够时，才会增加其他专用信道。

F-DCCH 基本上不会单独构成业务信道，与 F-FCH 相比，它虽然也可传送用户信息，但它主要的用途是传送信令信息；因为数据业务的引入使得信令流量增加(如动态分配信道的信令)，为了使信令在 F-FCH 繁忙时仍能可靠地传送，采用了 F-DCCH。在不影响信令传送的前提下，F-DCCH 上也可以传送突发的数据业务。

每个 FL 业务信道中，可以包括最多 1 个 F-DCCH 和最多 1 个 F-FCH。F-DCCH 必须支持非连续的发送方式。在 F-DCCH 上，允许附带一个 FL 功控子信道。在 F-FCH 上，允许附带一个 FL 功控子信道。

FL 补充信道(F-SCH)和补充码分信道(F-SCCH)都是用来在通话(可包括数据业务)过程中向特定的 MS 传送用户信息，进一步地讲，主要是支持(突发/电路)数据业务。F-SCH 只适用于 RC3~RC5，F-SCCH 只适用于 RC1~RC2。每个 FL 业务信道可以包括最多 2 个 F-SCH，或包括最多 7 个 F-SCCH；F-SCH 和 F-SCCH 都可以动态地灵活分配，并支持信道的捆绑以提供很高的数据速率。

CDMA2000 1X 系统中，对下行链路各个物理信道的数据速率都有具体的规定，如表 7.3 所示。

表 7.3　CDMA2000 1X 下行链路物理信道数据速率

信 道 类 型		数据速率 (b/s)
下行同步信道		1200
下行寻呼信道		9600 或 4800
下行广播控制信道		19 200(40ms 时隙长), 9600(80ms 时隙长)或 4800(160ms 时隙长)
下行快速寻呼信道		4800 或 2400
下行公共功率控制信道		19 200(9600 /每 I 和 Q 支路)
下行公共指配信道		9600
下行公共控制信道		38 400(5, 10 或 20ms 帧长), 19 200(10 或 20ms 帧长)或 9600(20ms 帧长)
下行专用控制信道	RC 3 或 RC4	9600
	RC 5	14 400(20ms 帧长)或 9600(5ms 帧长)
下行基本信道	RC 1	9600, 4800, 2400 或 1200
	RC 2	14 400, 7200, 3600 或 1800
	RC 3 或 RC4	9600, 4800, 2700 或 1500(20ms 帧长)；或 9600(5ms 帧长)
	RC 5	14 400, 7200, 3600 或 1800(20ms 帧长)；或 9600(5ms 帧长)
下行补充码分信道	RC 1	9600
	RC 2	14 400
下行补充信道	RC 3	153 600, 76 800, 38 400, 19 200, 9600, 4800, 2700, 1500(20 ms 帧长)；76 800, 38 400, 19 200, 9600, 4800, 2400, 1350(40ms 帧长)；38 400, 19 200, 9600, 4800, 2400, 1200(80 ms 帧长)
	RC 4	307 200, 153 600, 76 800, 38 400, 19 200, 9600, 4800, 2700, 1500(20ms 帧长)；153 600, 76 800, 38 400, 19 200, 9600, 4800, 2400, 1350(40ms 帧长)；76 800, 38 400, 19 200, 9600, 4800, 2400, 1200(80ms 帧长)
	RC 5	230 400, 115 200, 57 600, 28 800, 14 400, 7200, 3600, 1800(20ms 帧长)；115 200, 57 600, 28 800, 14 400, 7200, 3600, 1800(40ms 帧长)；57 600, 28 800, 14 400, 7200, 3600, 1800(80ms 帧长)

2．CDMA2000 1X 下行链路的差错控制技术

为了保证信息数据的可靠传输，CDMA2000 系统针对不同的数据速率的业务需求，采用了多种差错控制技术，主要包括循环冗余校验编码(Cyclic Redundancy Code, CRC)、前向纠错编码(Forward Error Correction, FEC)及交织编码。其中 FEC 包括卷积编码和 Turbo 编码。

循环冗余校验编码主要用于生成数据帧的帧质量指示符。帧质量指示符对于接收端来说，有两个作用：首先，通过检测帧质量指示符可以判决当前帧是否错误；其次，帧质量指示符可以辅助确定当前的数据速率。帧质量指示符由一帧的所有比特(除 CRC 自身、保留位和编码器尾比特外)计算得到。不同的信道及不同的数据速率一般采用不同的比特数目的帧质量指示符。

CDMA2000 1X 中，下行纠错编码采用卷积编码和 Turbo 编码。卷积编码用于低速率业务，当数据速率大于或等于 19.2kb/s 时，一般采用 Turbo 编码。CDMA2000 1X 下行链路各个信道对下行纠错编码的要求如表 7.4 所示。

表 7.4　CDMA2000 1X 下行链路对下行纠错编码的要求

信 道 类 型	FEC	编码速率 R
同步信道	卷积码	1/2
寻呼信道	卷积码	1/2
广播信道	卷积码	1/4 或 1/2
快速寻呼信道	无	—
公共功率控制信道	无	—
公共指配信道	卷积码	1/4 或 1/2
下行公共控制信道	卷积码	1/4 或 1/2
下行专用控制信道	卷积码	1/4 (RC3 或 RC5), 1/2 (RC4)
下行基本信道	卷积码	1/2 (RC1, RC2 或 RC4), 1/4 (RC3 或 RC5)
下行补充码分信道	卷积码	1/2 (RC1 或 RC2)
下行补充信道	卷积码或 Turbo 码 ($N \geqslant 360$)	1/2 (RC4), 1/4 (RC3 或 RC5)

注：N 是每帧的信息比特数。

3．CDMA2000 1X 下行链路中的扩频码

CDMA2000 1X 中采用的码字有 PN 短码、PN 长码、Walsh 码及准正交函数。其中 PN 短码、PN 长码的结构与 IS-95 相同，这里不再重复。以下着重介绍用来区分信道的 Walsh 码和准正交函数。

（1）Walsh 码

CDMA2000 1X 系统中，使用的 Walsh 码的最大长度为 128。为了提供高速数据业务，同时保持下行链路中恒定的码片速率，需要使用变长的 Walsh 码，即对较高数据速率的信道使用长度较短的 Walsh 码。但是，占用了某个长度较短的 Walsh 码后，就不能使用由这个 Walsh 码生成的任何长度的 Walsh 码了。因此，高速率业务信道减少了可用的业务信道的数量。此外，系统一些公共的控制信道还要占用一定数量的 Walsh 码。

在对 Walsh 码进行分配时，必须要保证与其他码分信道之间的正交关系。CDMA2000 1X 系统中：

F-PICH 占用 Walsh 函数W_0^{64}对应的码分信道。码分信道$W64_k^N$ (N>64，k 满足 $0 \leqslant 64k \leqslant N$，且 k 为整数)不能再被使用。

如果使用 F-TDPICH，它将占用码分信道W_{16}^{128}，并且发射功率小于或等于相应的 F-PICH。

如果使用了 F-APICH，它将占用码分信道W_n^N，其中 $N \leqslant 512$，且 $1 \leqslant n \leqslant N-1$，$N$ 和 n 的值由 BS 指定。

如果 F-APICH 和 F-ATDPICH 联合使用，则 F-APICH 占用码分信道W_n^N，F-ATDPICH 占用码分信道$W_{n+N/2}^N$，其中 $N \leqslant 512$，且 $1 \leqslant n \leqslant N/2-1$，$N$ 和 n 的值由 BS 指定。

对于 F-SYNCH，占用码分信道W_{32}^{64}；对于 F-PCH，使用W_1^{64}到W_7^{64}的码分信道。

如果在编码速率 R=1/2 的条件下使用 F-BCCH，它将占用码分信道W_n^{64}，其中 $1 \leqslant n \leqslant 63$，$n$ 的值由 BS 指定。如果在编码速率 R=1/4 的条件下使用 F-BCCH，它将占用码分信道 W_n^{32}，

其中 $1 \leqslant n \leqslant 31$，$n$ 的值由 BS 指定。

如果使用 F-QPCH，它将依次占用码分信道 W_{80}^{128} 、W_{48}^{128} 和 W_{112}^{128} 。

如果在非发送分集的条件下使用 F-CPCCH，它将占用码分信道 W_n^{128} ，其中 $1 \leqslant n \leqslant 127$，$n$ 的值由 BS 指定。如果在 OTD 或 STS 的方式下使用 F-CPCCH，它将占用码分信道 W_n^{64} ，其中 $1 \leqslant n \leqslant 63$，$n$ 的值由 BS 指定。

如果在编码速率 R=1/2 的条件下使用 F-CACH，它将占用码分信道 W_n^{128} ，其中 $1 \leqslant n \leqslant 127$，$n$ 的值由 BS 指定。如果在编码速率 R=1/4 的条件下使用 F-CACH，它将占用码分信道 W_n^{64} ，其中 $1 \leqslant n \leqslant 63$，$n$ 的值由 BS 指定。

如果在编码速率 R=1/2 的条件下使用 F-CCCH，它将占用码分信道 $W_n{}^N$，其中 N=32, 64 和 128(分别对应 38 400, 192 00 和 9600b/s 的数据速率)，$1 \leqslant n \leqslant N-1$，$n$ 的值由 BS 指定。如果在编码速率 R=1/4 的条件下使用 F-CCCH，它将占用码分信道 W_n^N ，其中 N=16, 32 和 64(分别对应 38 400, 19 200 和 9600b/s 的数据速率)，$1 \leqslant n \leqslant N-1$，$n$ 的值由 BS 指定。

对于配置为 RC3 或 RC5 的 F-DCCH，应占用码分信道 W_n^{64}，其中 $1 \leqslant n \leqslant 63$；配置为 RC4 的 F-DCCH，应占用码分信道 W_n^{128} ，其中 $1 \leqslant n \leqslant 127$，$n$ 的值均由 BS 指定。

对于配置为 RC1 或 RC2 的 F-FCH，应占用码分信道 W_n^{64}，其中 $1 \leqslant n \leqslant 63$；配置为 RC3 或 RC5 的 F-FCH，应占用码分信道 W_n^{64} ，其中 $1 \leqslant n \leqslant 63$；配置为 RC4 的 F-FCH，应占用码分信道 W_n^{128} ，其中 $1 \leqslant n \leqslant 127$。以上 n 的值由 BS 指定。

对于配置为 RC3、RC4 或 RC5 的 F-SCH，应占用码分信道 $W_n{}^N$，其中 N=4, 8, 16, 32, 64, 128, 128 和 128(分别对应于最大的所分配 QPSK 符号速率：307 200, 153 600, 76 800, 38 400, 19 200, 9600, 4800 和 2400sps)，$1 \leqslant n \leqslant N-1$，$n$ 的值由 BS 指定。对于 4800sps 和 2400sps 的 QPSK 符号速率，在每个 QPSK 符号 Walsh 函数分别发送 2 次和 4 次，Walsh 函数的有效长度分别为 256 和 512。

对于配置为 RC1 或 RC2 的 F-SCCH，应占用码分信道 W_n^{64}，其中 $1 \leqslant n \leqslant 63$，$n$ 的值由 BS 指定。

（2）准正交函数

CDMA2000 系统中，除利用 Walsh 码作为正交码外，还采用了准正交函数(QOF)，以弥补 Walsh 码数量不足的情况。应用准正交函数进行正交扩频原理框图如图 7.8 所示。当被使能时，旋转 90°，即输出为 $-Q+\mathrm{j}I$。

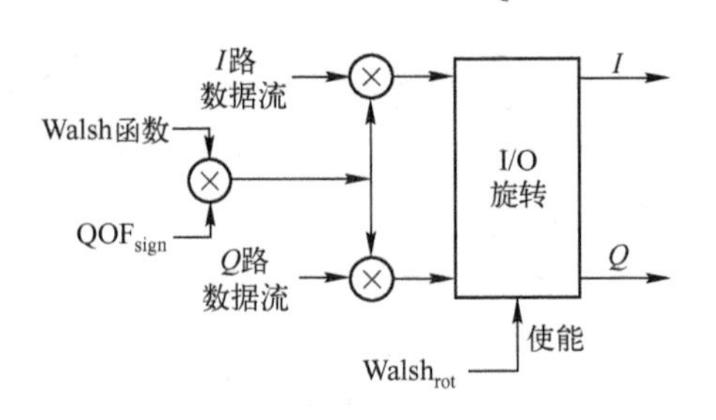

图 7.8 QOF 进行正交扩频原理框图

QOF 由一个非零 QOF 掩码(QOF_{sign})和一个非零旋转使能 Walsh 函数($Walsh_{rot}$)相乘而得。用 QOF 进行正交扩频的过程是：首先，由适当的 Walsh 函数与双极性符号的掩码相乘(该掩码由 QOF_{sign} 经 0→+1、1→−1 的符号映射后得到)，之后所得的序列分别与 I、Q 支路的数据流相乘；然后，两条支路的数据流再与 $Walsh_{rot}$ 经复映射后得到的序列相乘。复映射将 0 映射为 1，而把 1 映射为 j(j 是表示 90° 相移的一个复数)。

图 7.8 中，Walsh 函数是经过 0→+1、1→−1 符号映射的函数，而 $Walsh_{rot}$ 是 90° 旋转使能函数，$Walsh_{rot}$= 0 时不旋转，$Walsh_{rot}$= 1 时旋转 90°。

由以上可知，准正交函数的掩码有两个：一个是 QOF_{sign}，一个是与之相应的 $Walsh_{rot}$，CDMA2000 1X 中使用的这两个掩码函数如表 7.5 所示，生成的 QOF 长度为 256。

表 7.5 CDMA2000 1X 中 QOF 的掩码函数

函　数	掩码函数	
	QOF_{sign} 的十六进制数表示形式	$Walsh_{rot}$
0	0000000000000000000000000000000000000000000000000000000000000000	W_0^{256}
1	7d72141bd7d8beb1727de4eb2728b1be8d7de414d828b1417d8deb1bd72741b1	W_{10}^{256}
2	7d27e4be82d8e4bed87dbe1bd87d41e44eebd7724eeb288d144e7228ebb17228	W_{213}^{256}
3	7822dd8777d2d2774beeee4bbbe11e441e44bbe111b4b411d27777d2227887dd	W_{111}^{256}

4. CDMA2000 1X 下行链路发射分集

为了克服信道衰落，提高系统容量，CDMA2000 允许采用多种分集发送方式，包括：多载波发射分集、正交发射分集(OTD，Orthogonal Transmission Diversity)和空时扩展分集(STS，Space Time Spreading)3 种。对于 CDMA2000 1X，其下行链路上支持正交发送分集模式或空时扩展分集模式。

(1) 正交发送分集

正交发送分集的结构如图 7.9 所示，这是一种开环分集方式。采用 OTD 的发送分集方式，其中一个导频采用公共导频，另一个天线需要应用发送分集导频，并且两个天线的间距一般要大于 10 个波长的距离，以得到空间的不相关性。

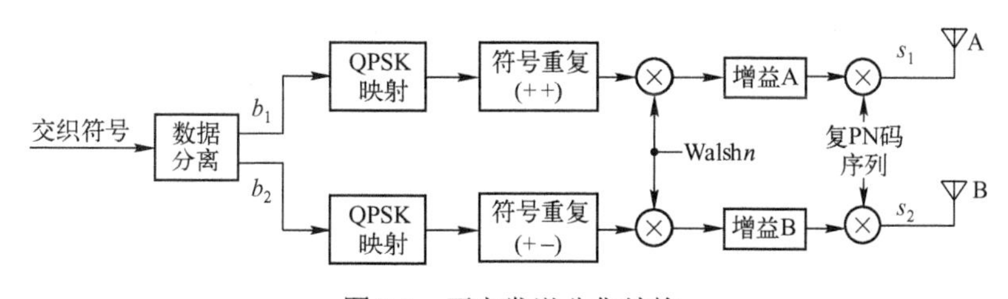

图 7.9 正交发送分集结构

OTD 方式中，经过编码、交织后的数据符号经过数据分离，按照奇偶顺序分离为两路，经过映射后，一路符号直接重复一次，另外一路符号先发送原符号再发送取反后的值；之后两路数据乘上 Walsh 码，再由 PN 码序列进行复扩频；然后经过增益放大，每一路用一根天线发送出去。这种发送方式与普通方式基本上是相同的，只是码重复不同。码重复的过程可以看作两路数据分别经过了一个构造高一阶的 Walsh 码的过程，这种重复方式保证了两路 Walsh 扩展的正交性。

原始数据经数据分离，再经符号重复和 Walsh 扩频后的输出为 $s_1 = x_e W_1, s_2 = x_o W_2$，式中，$W_1$ 和 W_2 分别表示两个 Walsh 码。

由于发送分集中，信号在时间域和频率域内没有冗余，这样发送分集不会降低频谱利用率，因而有利于高速数据传输。但是由于采用了多天线，在空间域引入了冗余，并且两个天线发送的信号到达移动台不相关，这样使得传输的性能得到了提高。

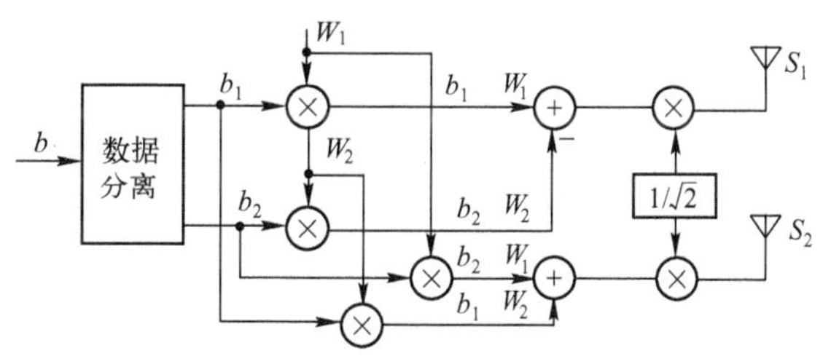

图 7.10 空时扩展分集结构

(2) 空时扩展分集(STS)

空时扩展发送分集是另外一种开环发送分集方式，其结构如图 7.10 所示。这种方式下，编码、交织符号采用多个 Walsh 码进行扩频，STS 方式是空时码中空时块码的一种实现方式。

图 7.10 中，发送的符号可以表示为

$$S_1 = \frac{b_1W_1 - b_2W_2}{\sqrt{2}},\quad S_2 = \frac{b_2W_1 + b_1W_2}{\sqrt{2}}$$

式中，W_1 和 W_2 为两个正交的 Walsh 码。

STS 发送分集方式在移动台接收端的解扩基于 Walsh 码的积分，空时块码的构造和译码比较简单，而且当一根天线失效时仍能工作。与 OTD 发送分集方式相比，由于 STS 扩展扩频比的加倍，每个符号的能量在总能量不变的条件下与普通的模式是相同的，而且每个符号经历的独立衰落信道数目是 OTD 方式的 2 倍，因此 STS 分集性能要高于 OTD 方式。

7.2.5 CDMA2000 1X 上行链路

1. CDMA2000 1X 上行链路信道组成

CDMA2000 1X 上行链路(RL)所包括的物理信道如图 7.11 所示。CDMA2000 1X 上行链路中采用的无线配置为 RC1~RC4。在上行链路上，不同的用户仍然用 PN 长码来区分，一个用户的不同信道则用 Walsh 码来区分。

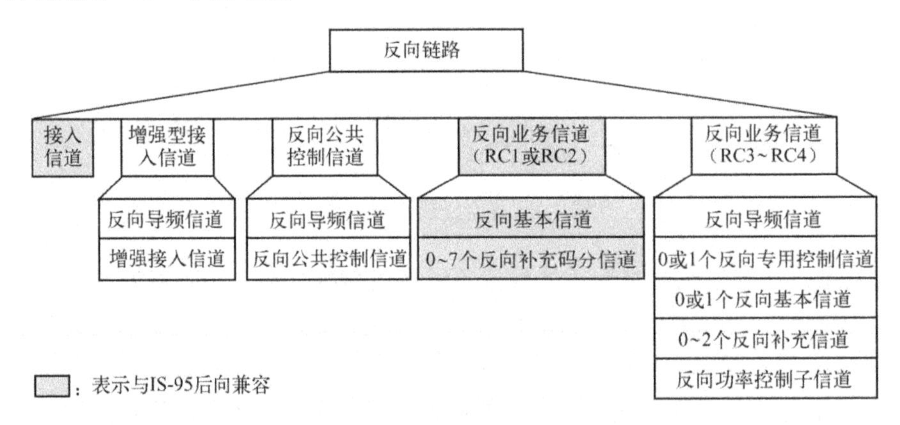

图 7.11 CDMA2000 1X 上行链路物理信道

上行链路上各个物理信道的名称如表 7.6 所示，该表还给出了移动台能够发送的每种信道的最大数量。

表 7.6 CDMA2000 1X 上行链路物理信道

	信道名称	物理信道类型	最大数目
上行链路公共物理信道(R-CPHCH)	R-ACH	上行接入信道	1
	R-CCCH	上行公共控制信道	1
	R-EACH	上行增强接入信道	1
上行链路专用物理信道(R-DPHCH)	R-PICH	上行导频信道	1
	R-FCH	上行基本信道	1
	R-DCCH	上行专用控制信道	1
	R-SCH	上行补充信道	2
	R-SCCH	上行补充码分信道	7

上行链路的物理信道也可以划分为公共物理信道和专用物理信道两大类。

（1）公共物理信道

公共物理信道包括：接入信道、增强接入信道和上行公共控制信道，这些信道是多个移动台共享使用的。CDMA2000 提供了相应的随机接入机制，以进行冲突控制。与下行不同，上行的导频信道在同一移动台的信道中是公用的，而各个移动台的导频信道之间是不同的，即在局部上可以说上行导频信道是公共信道。

CDMA2000 采用了 RL 导频信道 R-PICH，以提高 RL 的性能，它是未经调制的扩频信号。基站利用它来实现上行链路的相干解调；其功能和 FL 导频的功能类似。当使用 R-EACH、R-CCCH 或 RC3、RC4 的 RL 业务信道时，应该发送 R-PICH。当发送 R-EACH 前缀(preamble)、R-CCCH 前缀或 RL 业务信道前缀时，也应该发送 R-PICH。另外，当移动台的 RL 业务信道工作在 RC3、RC4 时，在 R-PICH 中还插入一个上行功率控制子信道，移动台用该功控子信道支持对 FL 业务信道的开环和闭环功率控制。和 F-PICH 不同，R-PICH 在某些情况下可以非连续发送，例如，当 F/R-FCH 和 F/R-SCH 等没有工作时，R-PICH 可以对特定的 PCG 进行门控(Gating)发送，即在特定的 PCG 上停止发送，以减小干扰并节约功耗，延长移动台的电池寿命。

R-ACH、R-EACH 和 R-CCCH 都是在尚未与基站建立起业务连接时，移动台向基站发送信息的信道，总的说来，它们的功能比较相似，但 R-ACH 和 R-EACH 用来发起最初的呼叫试探，其消息内容较短，消息传递的可靠性也较低。而移动台要使用 R-CCCH 则必须经过基站的许可，要么通过接入信道申请，要么是基站直接指配的，当然 R-CCCH 上发送的消息内容长度也较大，传递的可靠性也相当高，更适用于数据业务。

R-ACH 属于 CDMA2000 中的后向兼容信道，与 IS-95 兼容。它用来发起同基站的通信或响应寻呼信道消息。R-ACH 采用了随机接入协议，每个接入试探(probe)包括接入前缀和后面的接入信道数据帧。上行 CDMA 信道最多可包含 32 个 R-ACH，编号为 0~31。对于下行 CDMA 信道中的每个 F-PCH，在相应的上行 CDMA 信道上至少有 1 个 R-ACH。

R-EACH 用于移动台发起同基站的通信或响应专门发给移动台的消息。R-EACH 采用了随机接入协议。R-EACH 可用于 2 种接入模式中：基本接入模式和预留接入模式。由于通常接入时没有 FL 业务信道发送，因此与 R-EACH 相关联的 R-PICH 不包含上行功控子信道。

R-CCCH 用于在没有使用上行业务信道时向基站发送用户和信令信息。R-CCCH 可用于 2 种接入模式中：预留接入模式和指定接入模式，它们的发射功率受控于基站，并且可以进行软切换。

（2）专用物理信道

上行专用物理信道和下行专用物理信道种类基本相同，并相互对应，包括上行专用控制信道、基本信道、补充信道和补充码分信道，它们用来在某一特定的 MS 和 BS 之间建立业务连接。其中，R-FCH 中的 RC1 和 RC2 分别与 IS-95A 及 IS-95B 系统中的上行业务信道兼容，其他的信道则是新定义的上行专用信道。

R-DCCH 和 F-DCCH 的功能相似，用于在通话中向 BS 发送用户和信令信息。上行业务信道中可包括最多 1 个 R-DCCH，可非连续发送。

R-FCH 和 F-FCH 的功能相似，用于在通话中向 BS 发送用户和信令信息。上行业务信道中可包括最多 1 个 R-FCH。

R-SCH 的功能与 F-SCH 相似，用于在通话中向 BS 发送用户信息，它只适用于上行 RC3 和 RC4。上行业务信道中可包括最多 2 个 R-SCH。

R-SCCH 的功能与 F-SCCH 相似，用于在通话中向 BS 发送用户信息，它只适用于 RC1 和 RC2。上行业务信道中可包括最多 7 个 R-SCCH。

CDMA2000 1X 系统中，上行链路各个物理信道的数据速率如表 7.7 所示。

表 7.7　CDMA2000 1X 上行链路物理信道数据速率

信 道 类 别		数据速率(b/s)
上行接入信道		4800
上行增强型接入信道	报头	9600
	数据	38 400(5, 10 或 20ms 帧长), 19 200(10 或 20ms 帧长), 9600(20ms 帧长)
上行公共控制信道		38 400(5, 10 或 20ms 帧长), 19 200(10 或 20ms 帧长), 9600(20ms 帧长)
上行专用控制信道	RC3	9600
	RC4	14 400(20ms 帧长)，9600(5ms 帧长)
上行基本信道	RC1	9600, 4800, 2400 或 1200
	RC2	14 400, 7200, 3600 或 1800
	RC3	9600, 4800, 2700, 1500(20ms 帧长)，9600(5ms 帧长)
	RC4	14 400, 7200, 3600, 1800(20ms 帧长)，9600(5ms 帧长)
上行补充码分信道	RC1	9600
	RC2	14 400
上行补充信道	RC3	307 200, 153 600, 76 800, 38 400, 19 200, 9600, 4800, 2700, 1500(20ms 帧长) 153 600, 76 800, 38 400, 19 200, 9600, 4800, 2400, 1350(40ms 帧长) 76 800, 38 400, 19 200, 9600, 4800, 2400 或 1200(80ms 帧长)
	RC4	230 400, 115 200, 57 600, 28 800, 14 400, 7200, 3600, 1800(20ms 帧长) 115 200, 57 600, 28 800, 14 400, 7200, 3600, 1800(40ms 帧长) 57 600, 28 800, 14 400, 7200, 3600, 1800(80ms 帧长)

2. CDMA2000 1X 上行链路中的差错控制

上行链路中，所采用的循环冗余校验编码与下行链路相同。

上行链路各个信道对纠错编码的要求如表 7.8 所示。

3. CDMA2000 1X 上行链路中的扩频码

CDMA2000 1X 系统的上行链路中，在 RC1 和 RC2，接入信道和业务信道要使用 Walsh 码进行 64 阶正交调制。对于 RC3 和 RC4，移动台在上行导频信道、增强接入信道、上行公共控制信道及上行业务信道上，使用 Walsh 码进行正交扩频，以区分同一个移动台的不同信道。上行链路上 Walsh 码的使用如表 7.9 所示。

表 7.8　CDMA2000 1X 上行链路对纠错编码的要求

信 道 类 别	FEC	编码速率 R
接入信道	卷积码	1/3
增强型接入信道	卷积码	1/4
上行公共控制信道	卷积码	1/4
上行专用控制信道	卷积码	1/4
上行基本信道	卷积码	1/3(RC1) 1/2(RC2) 1/4(RC3 和 RC4)
上行补充码分信道	卷积码	1/3(RC1) 1/2(RC2)
上行补充信道	卷积码或 Turbo 码($N \geqslant 360$)	1/4(RC3, $N<6120$) 1/2(RC3, $N=6120$) 1/4(RC4)

注：N 是每帧的信息比特数。

表 7.9　上行链路 Walsh 码的使用(RC3 和 RC4)

信 道 类 型	Walsh 函数
R-PICH	W_0^{32}
R-EACH	W_2^8
R-CCCH	W_2^8
R-DCCH	W_8^{16}
R-FCH	W_4^{16}
R-SCH 1	W_1^2 或 W_2^4
R-SCH 2	W_2^4 或 W_6^8

7.2.6　CDMA2000 1X EV-DO 介绍

CDMA2000 1X 的增强型技术 1X EV 系统(EV 是 Evolution 的缩写)，是在 CDMA2000 1X 基

础上的演进系统。1X EV 系统分为两个阶段，即 CDMA2000 1X EV-DO(DO 是 Data Only 或 Data Optimized 的缩写)和 CDMA2000 1X EV-DV(DV 是 Data and Voice 的缩写)。1X EV-DO 通过引入一系列新技术，提高了数据业务的性能。1X EV-DV 同时改善了数据业务和语音业务的性能。

2000 年 9 月，3GPP2 通过了 CDMA2000 1X EV-DO 标准，协议编号为 C.S0024，对应的 TIA/EIA 标准为 IS-856。

1XEV-DO 的主要特点是提供高速数据服务，每个 CDMA 载波可以提供 2.4576 兆比特/秒/扇区的下行峰值吞吐量。下行链路的速率为 38.4kb/s~2.4576Mb/s，上行链路的速率为 9.6~153.7kb/s。上行链路数据速率与 CDMA2000 1X 基本一致，而下行链路的数据速率远远高于 CDMA2000 1X。为了能提供下行高速数据速率，1X EV-DO 主要采用了以下关键技术。

① 下行最大功率发送。1X EV-DO 下行始终以最大功率发射，确保下行始终有最好的信道环境。

② 动态速率控制。终端根据信道环境的好坏(C/I)，向网络发送 DRC 请求，快速反馈目前下行链路可以支持的最高数据速率，网络以此速率向终端发送数据。信道环境越好，速率越高；信道环境越差，速率越低。与功率控制相比，速率控制能够获得更高的小区数据业务吞吐量。

③ 自适应编码和调制。根据终端反馈的数据速率情况(即终端所处的无线环境的好坏)，网络侧自适应地采用不同的编码和调制方式(如 QPSK，8PSK，16PSK)向终端发送数据。

④ HARQ。根据数据速率的不同，一个数据包在一个或多个时隙中发送。HARQ 功能允许在成功解调一个数据包后提前终止发送该数据包的剩余时隙，从而提高系统吞吐量。HARQ 功能能够提高小区吞吐量 2.9~3.5 倍。

⑤ 多用户分集和调度。1X EV-DO 同一扇区内的用户间以时分复用的方式共享唯一的下行数据业务信道。1X EV-DO 系统默认采用比例公平调度算法，此种调度算法使小区下行链路吞吐量最大化。当有多个用户同时申请下行数据传输时，扇区优先分配时隙给 DRC/R 最大的用户，其中 DRC 为该用户申请的速率，R 为之前该用户的平均数据速率。这种算法可类似看作多用户分集，即当用户无线条件较好时，尽量多传送数据；当用户信道条件不好时，少传或不传数据，将资源让给信号条件好的用户，避免自身的数据经历多次重传，降低系统吞吐量，并同时保持多用户之间的公平性。即为无线环境相当的用户比较均匀地分配无线资源，维持可接受的包延迟率。可以看出，每个用户的实际吞吐量取决于总的用户数量和干扰水平。

7.3 WCDMA 标准介绍

7.3.1 WCDMA 标准特色

WCDMA 可以分为 UTRA(Universal Terrestrial Radio Access，通用陆地无线接入)FDD (Frequency Division Duplex，频分双工)和 URTA TDD(Time Division Duplex，时分双工)，WCDMA 涵盖了 FDD 和 TDD 两种操作模式。表 7.10 是 WCDMA 空中接口的主要参数。

表 7.10 WCDMA 空中接口的主要参数

多址接入方式	DC-CDMA
双工方式	FDD/TDD
基站同步	异步方式
码片速率	3.84Mchip/s
帧长	10ms
载波带宽	5Mchip/s
多速率	可变的扩频因子和多码
检测	使用导频符号或公共导频进行相关检测
多用户检测、智能天线	标准支持，应用时可选
业务复用	具有不同服务质量要求的业务复用到同一个连接中

WCDMA 是一个宽带直扩码分多址(DS-CDMA)系统，即通过用户数据与由 CDMA 扩频码得来的伪随机比特(称为码片)相乘，从而把用户信息比特

扩展到宽的带宽上去。为支持高的比特速率(最高可达 2Mb/s)，采用了可变的扩频因子和多码连接。

使用 3.84Mchip/s 的码片速率需要大约 5MHz 的载波带宽。带宽约为 1MHz 的 DS-CDMA 系统，如 IS-95，通常称为窄带 CDMA 系统。WCDMA 所固有的较宽的载波带宽使其能支持高的用户数据速率，而且也具有某些方面的性能优势，例如，增加了多径分集。网络运营商可以遵照其运营执照，以分等级的小区分层形式，使用多个这样的 5MHz 的载波来增加容量。实际的载波间距要根据载波间的干扰情况，以 200kHz 为一个基本单位在约 4.4MHz 和 5MHz 之间选择。

WCDMA 支持各种可变的用户数据速率，换句话说，就是它可以很好地支持带宽需求(BoD)的概念。给每个用户都分配一些 10ms 的帧，在每个 10ms 期间，用户数据速率是恒定的。然而在这些用户之间的数据容量从帧到帧是可变的，这种快速的无线容量分配一般由网络来控制，以达到分组数据业务的最佳吞吐量。

WCDMA 支持两种基本的工作方式：频分双工(FDD)和时分双工(TDD)。在 FDD 模式下，上行链路和下行链路分别使用两个独立的 5MHz 的载波；在 TDD 模式下，只用一个 5MHz 的载波，在上下链路之间分时共享。上行链路是移动台到基站的连接，下行链路是基站到移动台的连接。TDD 模式在很大程度上是基于 FDD 模式的概念和思想，加入它是为了弥补基本 WCDMA 系统的不足，也是为了能使用 ITU 为 IMT-2000 分配的那些不成对频谱。

7.3.2 WCDMA 下行链路

1. WCDMA 下行链路信道组成

WCDMA 物理信道分为公用物理信道(CPCH)和专用物理信道(DPCH)两大类。WCDMA 系统下行物理信道的发送框图如图 7.12 所示。

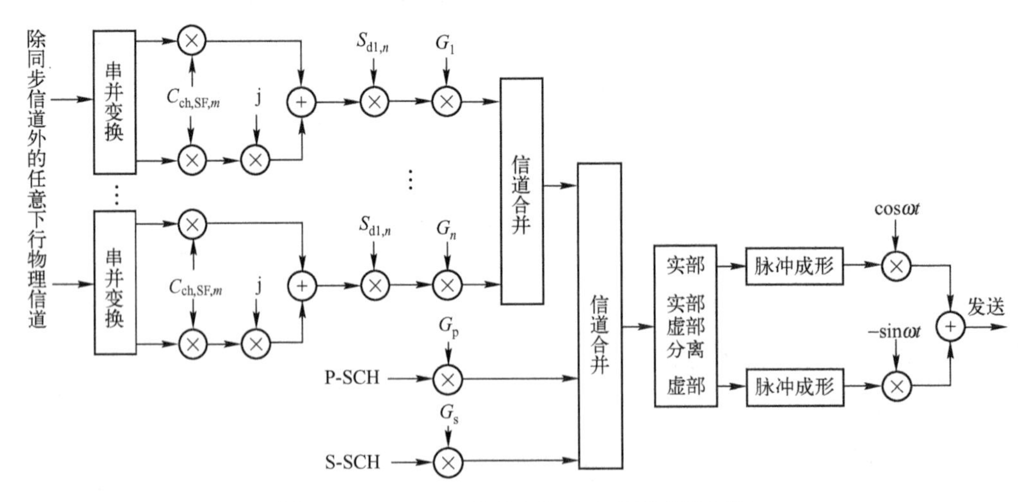

图 7.12 WCDMA 系统下行物理信道发送框图

由图 7.12 可以看出，下行链路中，除同步信道(SCH)外，其他信道均采取 QPSK 调制方式，即每一个物理信道都要先进行串并变换，把一路信号映射为 I、Q 两路。经过 I、Q 映射的两路数据，首先和同一个信道化码(此处使用的是 OVSF 码)相乘，进行扩频处理。扩频之后，两路数据以 $I+\mathrm{j}Q$ 的形式合并成一个复值序列，与复扰码相乘加扰。加扰之后的信道数据再乘以此物理信道的加权因子 G，和其他信道进行信道合并(复数合并)。SCH 是不经过扩频和加扰的，SCH 乘以加权因子 G 后，直接与其他信道合并。所有物理信道合并后，实部、虚部相分离，通过脉冲成型滤波器后，采用正交调制通过天线发送出去。

下行公用物理信道用于移动台的初始小区搜索、越区搜索和切换、向移动台传送广播消息或对某个移动台发送寻呼消息。主要包括如下信道。

（1）同步信道(SCH)

同步信道用于小区搜索，它包括主同步信道(P-SCH)和辅同步信道(S-SCH)，其帧结构如图 7.13 所示。一个 10ms 的同步信道帧分为 15 个时隙，每个时隙只在头 256 个码片中传输数据，其余不传。主同步信道在每个时隙的头 256 个码片中重复发送主同步码，主同步码在整个系统中是唯一的，用于移动台的时隙同步。辅同步信道传输辅同步码，辅同步码共有 16 种，每个时隙传输其中一种。辅同步码用来指示无线帧定时和小区使用的主扰码组号。总体而言，同步信道主要用来实现与小区同步。

主同步码和辅同步码都采用分级式的码构成，它们的特性在第 3 章已做了详细介绍。

（2）公共导频信道(CPICH)

公用导频信道上发送预先定义的比特/符号序列，固定传输速率为 30kb/s，扩频因子为 256，其帧结构如图 7.14 所示。

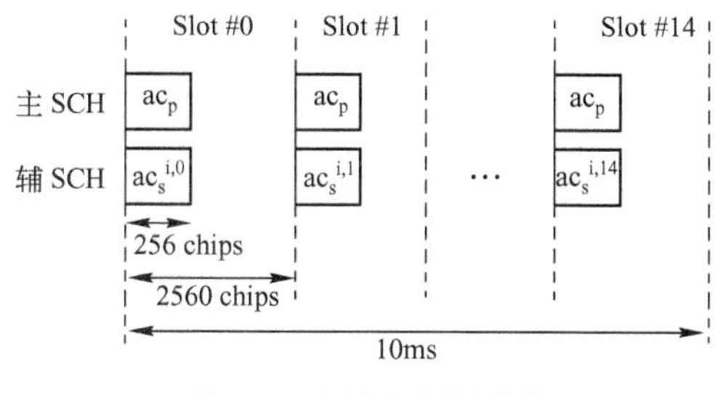

图 7.13　同步信道帧结构

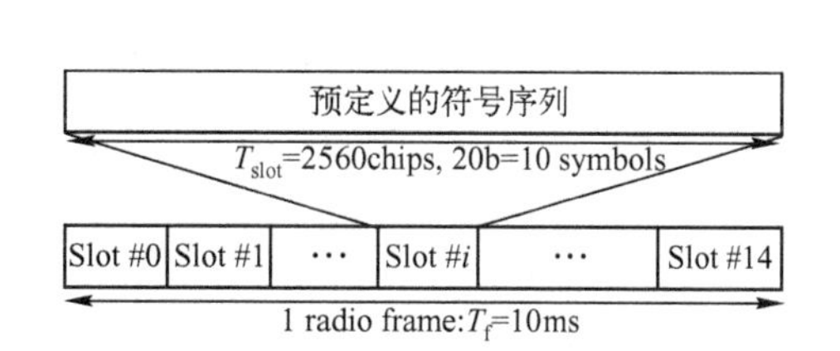

图 7.14　公共导频信道帧结构

公共导频信道分为主公共导频信道(P-CPICH)和辅公共导频信道(S-CPICH)。每个小区有且只有一个 P-CPICH，它由小区主扰码加扰，扩频码固定使用 $C_{ch,256,0}$，此信道在整个小区进行广播，作为其他下行物理信道的默认相位参考。S-CPICH 可以使用主扰码加扰，也可以使用主扰码对应的 15 个辅扰码中的任意一个加扰，扩频码取 SF=256 的任意一个。一个小区内 S-CPICH 的配置数目由基站决定。此信道可以对整个小区进行广播，也可以只对小区的一部分进行广播。S-CPICH 可以作为特定的下行专用信道的相位参考。

当系统在下行链路使用发送分集时，CPICH 在两个天线上使用相同的信道化码和扰码，预定义序列按图 7.15 发送，否则按第一个种预定义序列发送。

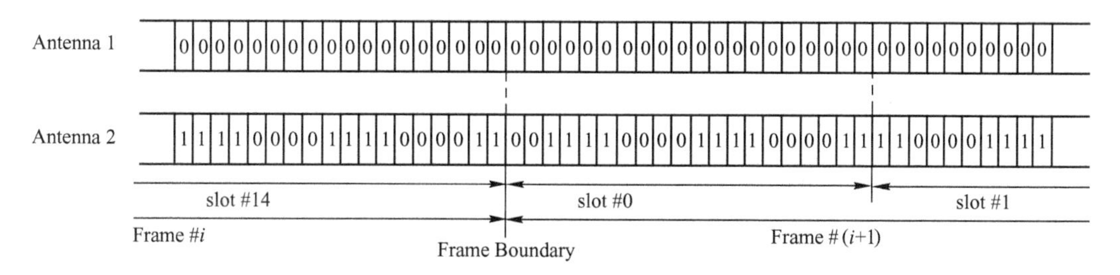

图 7.15　公共导频信道的调制模式

主公共导频信道除了为下行信道提供相位参考外，还在小区搜索过程中完成主扰码的确认。

（3）主公共控制物理信道（P-CCPCH）

主公共控制物理信道用来承载广播信道(BCH)的内容，固定传输速率为 30kb/s，扩频因子为 256。主公共控制物理信道每个时隙的前 256 个码片是不传信息的，它和同步信道复用传输。它的帧结构如图 7.16 所示。

（4）辅公共控制物理信道（S-CCPCH）

辅公共控制物理信道用来承载下行接入信道 FACH 和寻呼信道 PCH 的内容。此信道的速率与对应的下行专用物理信道 DPCH 相同。它的帧结构如图 7.17 所示。

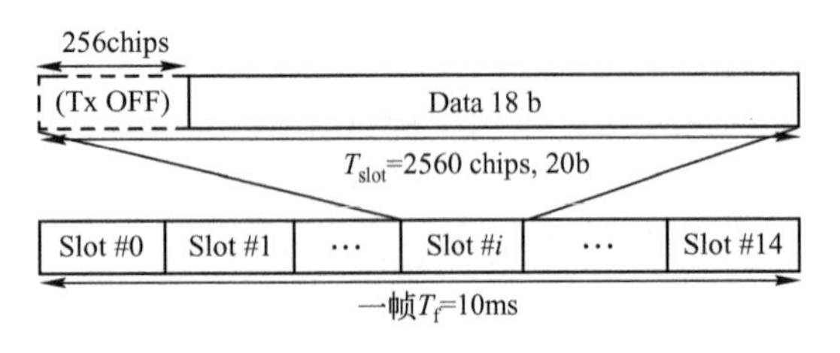

图 7.16　主公共控制物理信道帧结构

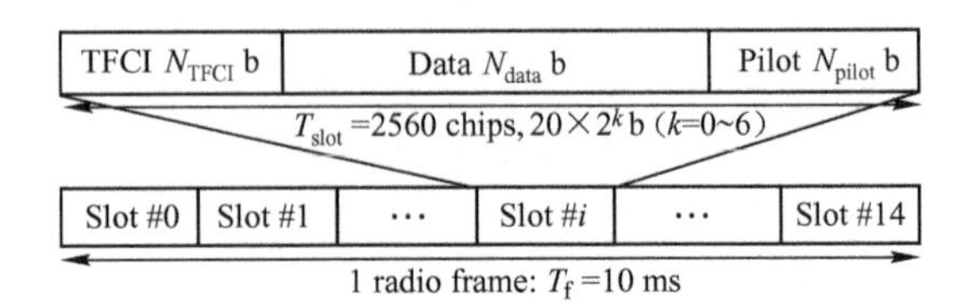

图 7.17　辅公共控制物理信道帧结构

（5）物理下行共享信道（PDSCH）

下行链路专用信道的扩频因子不能按帧变化，其速率的变化是通过速率匹配操作或者关闭某些时隙的信息位，通过不连续传输而实现的。如果下行物理信道承载峰值速率高、出现频率低的分组数据，那么很容易使基站单一扰码序列的码树资源枯竭。下行共享信道的出现就可以在一定程度上避免这个问题的发生。

下行共享信道可以按帧改变扩频因子，并且可以让多个手机共享 DSCH 的容量资源，它可以使用的扩频因子是 4~256，帧结构如图 7.18 所示。

下行共享信道需要和下行专用信道配合使用，以提供物理连接所必须的功率控制指令和信令。

（6）捕获指示信道（AICH）

AICH 用于手机的随机接入进程，作用是向终端指示，基站已经接收到随机接入信道签名序列。它的前缀部分和随机接入信道（RACH）的前缀部分相同，长度为 4096 个码片，采用的扩频因子为 256。AICH 的信道结构如图 7.19 所示。

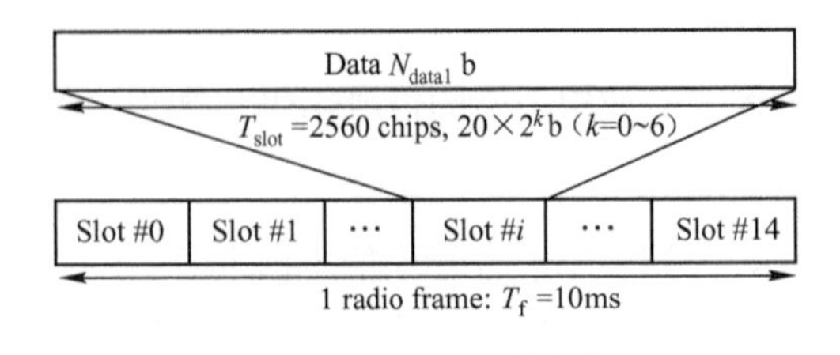

图 7.18　PDSCH　帧结构

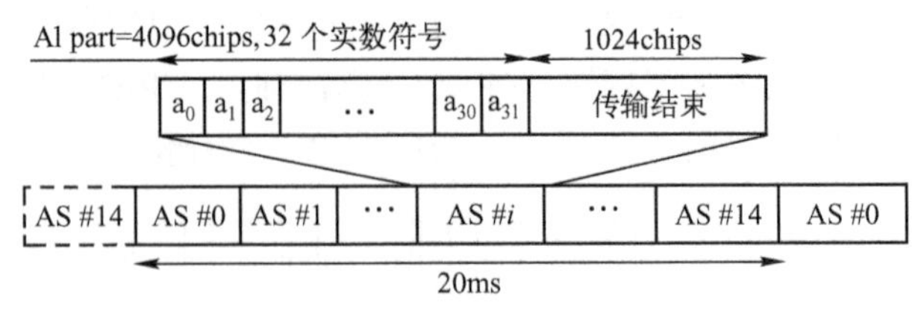

图 7.19　AICH 的信道格式

一个接入时隙（AS）由两个 10ms 的时隙组成，头 4096 个码片传输捕获指示消息，后 1024 个码片不传信息。AICH 对高层是透明的，直接由物理层产生和控制，以便缩短相应随机接入的时间。为了使小区内每个终端都可以收到此信号，AICH 在基站侧以高功率发射，无功率控制。

（7）寻呼指示信道（PICH）

PICH 用于指示特定终端，基站有下发给它的消息。终端一旦检测到 PICH 上有自己的寻呼标志，就自动从 S-CCPCH 的相应位置读取寻呼消息的内容。PICH 的帧格式如图 7.20 所示。

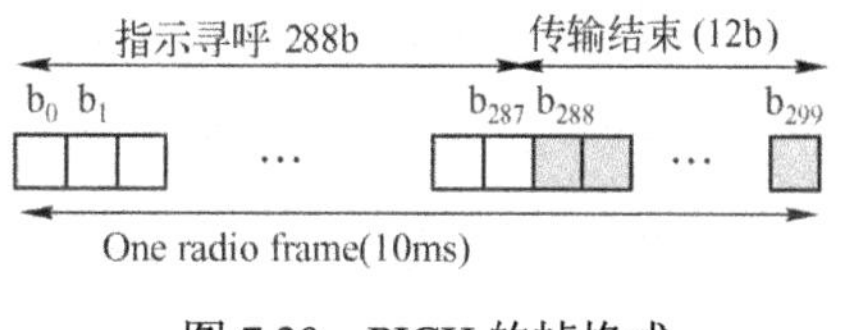

图 7.20　PICH 的帧格式

PICH 以 10ms 为一帧，按一定的重复率发送寻呼指示消息(PI)。每帧由 300 个比特组成，前 288 个用来发送 PI，后 12 个保留，用于以后扩展。PICH 采用 SF=256 的信道化序列。终端必须具备检测 PICH 的能力。与 AICH 类似，PICH 在基站以高功率发射，无功率控制。

（8）其他物理信道

除了以上介绍的下行物理信道之外，还有一些下行物理信道，如公用分组信道(CPCH)的状态指示信道(CSICH)、冲突检测和信道分配指示信道(CD\CA-ICH)、接入前导捕获指示信道(AP-AICH)。它们都是用于 CPCH 接入进程的物理信道，不承载任何传输信道，只用来承载 CPCH 进程所必须的物理层标志符。只有当系统配置了 CPCH 信道时，才会使用到这些信道。CSICH 采用 AICH 未定义的 1024 个码片传输数据，用来指示每个物理 CPCH 信道是否有效。CD\CA-ICH、AP-AICH 信道格式与 AICH 信道相同，也只在前 4096 个码片传输数据。

下行专用物理信道(DPCH)分为下行专用物理数据信道(DPDCH)和专用物理控制信道(DPCCH)，前者承载第二层及更高层产生的专用数据，后者传送第一层产生的控制信息(包括 Pilot、TPC 及可选的 TFI)，这两部分是时分复用在一个传输时隙内的。

每个下行 DPCH 帧长为 10ms，对应一个功率控制周期。下行 DPCH 的帧结构如图 7.21 所示。图中参数 k 决定了下行链路 DPCH 的一个时隙的比特数，它与扩频因子 SF 的关系是：$SF=512/2^k$。下行 DPCH 扩频因子的范围为 4~512。

2．WCDMA 下行链路中的扩频码

WCDMA 下行链路采用了正交可变扩频因子(OVFS)码和 Gold 码。OVFS 码作为信道化码；两个 Gold 码构成一个复扰码。信道化码用于区分来自同一信源的传输，即一个扇区内的下行链路连接。OVSF 码保证不同长度的不同扩频码之间的正交性。码字可以从图 7.22 所示的码树中选取。如果连接中使用了可变扩频因子，可以根据最小扩频因子正确地利用码树来解扩，方法是以最小扩频因子码指示的码树分支中选取信道化码。

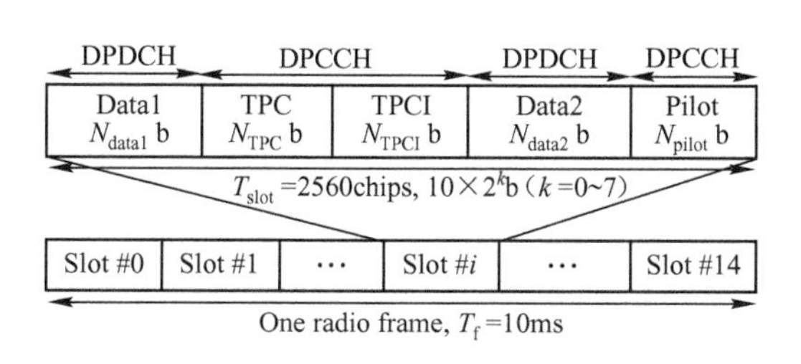

图 7.21　下行专用物理信道的帧结构

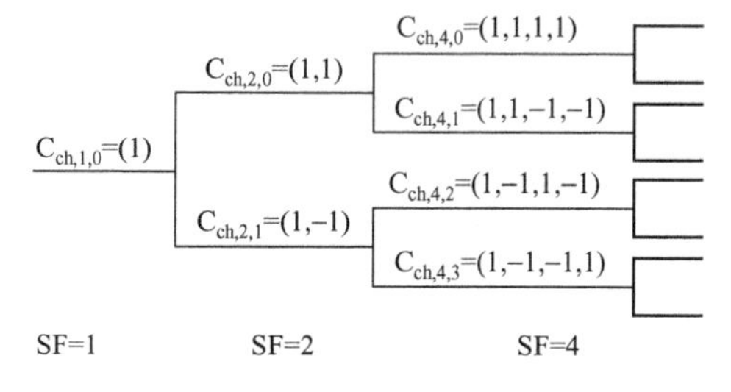

图 7.22　用于产生 OVSF 码的码树

同一信息源使用的信道化编码有一定的限制。物理信道要采用某个信道化编码必须满足：某码树中的下层分支的所有码都没有被使用，也就是说此码之后的所有高阶扩频因子码都不能被使用。同样，从该分支到树根之间的低阶扩频因子码也不能被使用。网络中通过无线网络控制器(RNC)来对每个基站内的下行链路正交码进行管理。

下行扰码的目的是为了将不同的基站区分开来。下行物理信道扰码产生方法如图 7.23 所示，通过将两个实数序列合并成一个复数序列来构成一个扰码序列。两个 18 阶的生成多项式，产生两个二进制数据的 m 序列，m 序列的 38 400 个码片模 2 加构成两个实数序列。两个

实数序列构成了一个 Gold 序列，扰码每 10ms 重复一次。

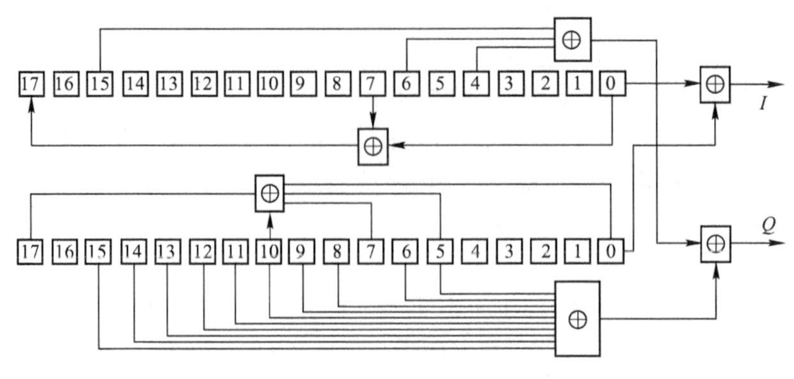

图 7.23　下行链路扰码产生器

7.3.3　WCDMA 上行链路

1. WCDMA 上行链路信道组成

WCDMA 物理信道分为公用物理信道(CPCH)和专用物理信道(DPCH)两大类。

上行专用物理信道分为上行专用物理数据信道(上行 DPDCH)和上行专用物理控制信道(上行 DPCCH)，DPDCH 和 DPCCH 在每个无线帧内是 *I*/*Q* 码复用的。上行 DPDCH 用于传输专用传输信道(DCH)，在每个无线链路中可以有 0 个、1 个或几个上行 DPDCH。上行 DPCCH 用于传输控制信息，包括支持信道估计以进行相干检测的已知导频比特、发射功率控制指令(TPC)、反馈信息(FBI)，以及一个可选的传输格式组合指示(TFCI)。TFCI 将复用在上行 DPDCH 上的不同传输信道的瞬时参数通知给接收机，并与同一帧中要发射的数据相对应。

图 7.24 为上行专用物理信道的帧结构。每个帧长为 10ms，分成 15 个时隙，每个时隙的长度为 T_{slot}=2560chips，对应于一个功率控制周期，一个功率控制周期为 10 或 15ms。

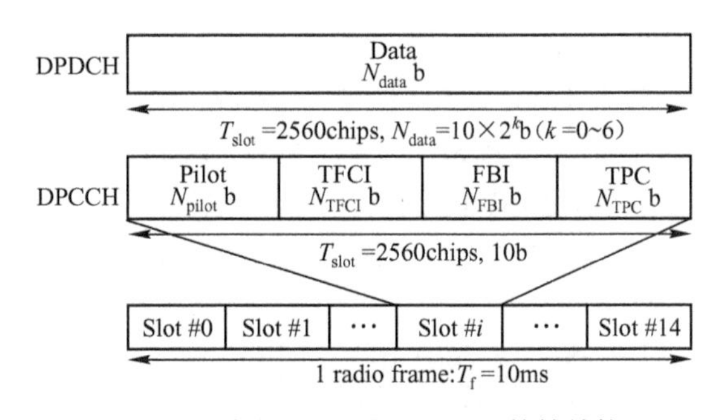

图 7.24　上行 DPDCH/DPCCH 的帧结构

上行公共物理信道有物理随机接入信道(PRACH)和上行公共分组信道。随机接入信道的传输基于带有快速捕获指示的时隙 ALOHA 方式。用户可以在一个预先定义的时间偏置开始传输，表示为接入时隙。每两帧有 15 个接入时隙，间隔为 5120 码片，当前小区中哪个接入时隙的信息可用，是由高层信息给出的。PRACH 分为前缀部分和消息部分。

2. WCDMA 上行链路中的扩频码

WCDMA 上行链路采用了正交可变扩频因子(OVFS)码和 Gold 码。OVFS 码作为信道化码；两个 Gold 码构成一个复扰码。信道化码用于区分信道。上行扰码的目的是为了将不同的终端区分开来。上行物理信道扰码产生方法如图 7.25 所示，通过将两个实数序列合并成一个复数序列来构成一个扰码序列。两个 25 阶的生成多项式，产生两个二进制数据的 *m* 序列，*m* 序列的 38 400 个码片模 2 加构成两个实数序列。两个实数序列构成了一个 Gold 序列，扰码每 10ms 重复一次。

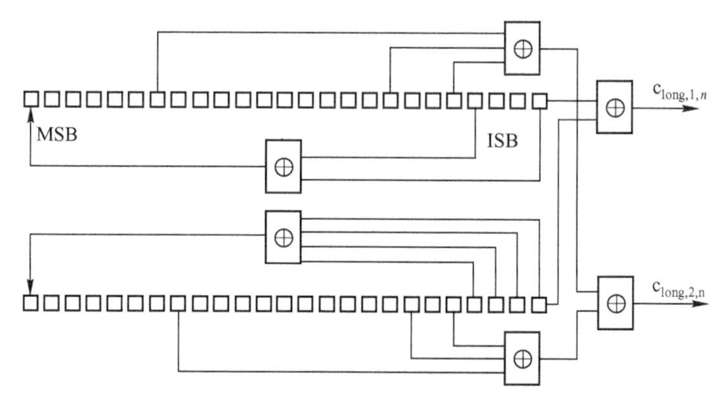

图 7.25　上行扰码序列产生器结构图

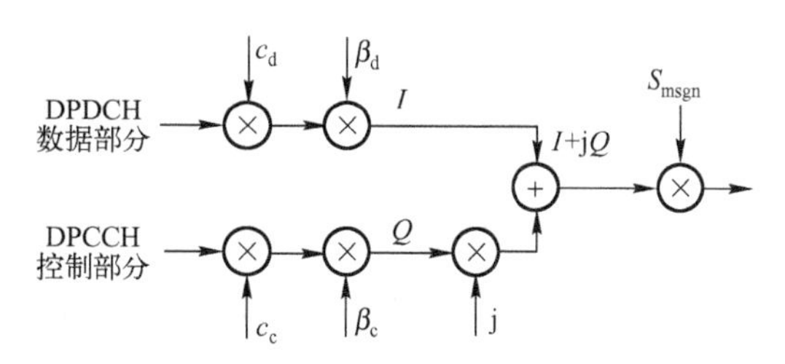

图 7.26　上行链路扩频原理

上行 DPDCH/DPCCH 的扩频原理如图 7.26 所示，用于扩频的二进制 DPCCH 和 DPDCH 信道用实数序列表示，也就是说二进制数的“0”映射为实数“+1”，二进制数的“1”映射为实数“-1”。DPCCH 信道通过信道编码到指定的码片速率，信道化之后，对实数值的扩频信号进行加权处理，对 DPCCH 信道用增益因子 β_c 进行加权处理，对 DPDCH 信道用增益因子 β_d 进行加权处理。加权处理后，I 路和 Q 路的实数值码流相加成为复数值的码流，复数值的信号再通过复数值的 S_{dpchn} 码进行扰码。扰码和无线帧对应，也就是说第一个扰码对应无线帧的开始。

PRACH 消息部分和 PCPCH 消息部分扩频及扰码原理与专用信道相同，包括数据和控制部分，对应专用信道的 DPDCH 和 DPCCH。对于专用信道，1 个 DPCCH 信道可以和 6 个并行的 DPDCH 信道同时发射，此时 I 路为 3 个 DPDCH 信道，Q 路为 1 个 DPCCH 加 3 个 DPDCH 信道。

7.3.4　HSDPA/HSUPA 概述

1．HSDPA

为了满足上下行数据业务的不对称的需求，3GPP 在 Release 5 版本的协议中提出了一种基于 WCDMA 的增强型技术，即高速下行分组接入(HSDPA)技术，以实现最高速率可达 10Mb/s 的下行数据传输。

HSDPA 新增加了用于承载下行链路的用户数据的物理信道：高速下行共享信道(HS-DSCH)，以及相应的控制信道。HSDPA 中没有采用 Release 99 版本中物理信道使用的可变扩频因子和快速功率控制，而是采用以下几项关键技术。

(1) 自适应调制和编码(AMC)

无线信道的一个重要特点就是有很强的时变性，对这种时变特性进行自适应跟踪能够给系统性能的改善带来很大好处。链路自适应技术有很多种，AMC 就是其中之一。HSDPA 在原有系统固定的调制和编码方案的基础之上，引入了更多的编码速率和 16QAM 调制，使系统能够通过改变调制编码方式对链路的变化进行自适应跟踪，以提高数据传输速率和频谱利用率。

采用 AMC 技术，可以使处于有利位置的用户得到更高的传输速率，提高小区的平均吞吐量。同时，它通过改变调制编码方案，取代了对发射功率的调整，以减小冲突。

AMC 技术对信道测量误差和时延十分敏感，这就对终端的性能提出了更高的要求。

（2）混合自动请求重传(HARQ)

ARQ 技术即为自动请求重传，用于对出错的帧进行重传控制，但是本身并没有纠错的功能。于是人们将 ARQ 与 FEC 相结合，实现了检错纠错的功能，这就是通常所说的 HARQ 技术。

HARQ 有 3 种方式：HARQ Type Ⅰ、HARQ Type Ⅱ和 HARQ Type Ⅲ。

HARQ Type Ⅰ就是单纯地将 ARQ 与 FEC 相结合，将收到的数据帧，先进行解码、纠错，若能纠正其中的错误，并正确解码，则接受该数据帧；若无法正确恢复该数据帧，则扔弃这个收到的数据帧，并要求发端进行重传。重传的数据帧与第一次传输的帧采用完全相同的调制编码方式。

HARQ Type Ⅱ也称增量冗余方案，对收到的数据帧采用了合并的方法。对于无法正确译码的数据帧，收端并不是像原来那样简单地抛弃；而是先保留下来，待重传的数据帧收到后，和刚刚保留的那个错误译码的数据帧合并在一起，然后再进行译码。为了纠错，重传时携带了附加的冗余信息，每一次重传的冗余量是不同的，而且通常是与先前传输的帧合并后才能被解码。

HARQ Type Ⅲ也是一种增量冗余编码方案，与 Type Ⅱ不同的是，Type Ⅲ每次重传的信息都具有自解码的能力。

HSDPA 中使用的是 Type Ⅱ与 Type Ⅲ方式，用于数据的检错与重传。HSDPA 中，在物理层也引入了 HARQ 技术，改变了以往的仅在物理层以上采用 ARQ 的处理办法，这就使需要进行重传的数据量减少，时延减小，数据接入效率提高，对信道衰落明显、信噪比低的情况，改善尤其突出。

（3）快速小区选择(FCS)

在 FCS 过程中，移动台根据不同小区的下行链路导频信道信号强度，以帧为单位快速选择能为它提供最佳服务质量的小区，从而达到降低干扰和提高系统容量的目的。对 HSDPA 高速数据传输系统来说，对通信系统小区快速选择的优点是，更有效地利用基站的发射功率，减小下行链路干扰，以及提高整个系统的吞吐量。

（4）多输入多输出天线技术(MIMO)

较之传统的单输入单输出(SISO)系统而言，多输入多输出(MIMO)系统通过引入多个发射天线，或多个接收天线，来提高传输速率，以及获得分集增益。

采用 MIMO 系统后，通过改进的天线发射和接收分集可以提高信道质量；而且不同天线可以对扩频序列进行再利用，从而提高数据传输速率。但是同时，MIMO 系统也会增加射频部分的复杂度。

由于在发射端采用了多个发射天线，则存在一个如何将要传输的数据流合理地映射到各个发射天线的问题。MIMO 系统的空时二维信道特性将对最终的映射准则起着决定性的作用，正如信噪比对选择自适应调制、编码系统最终的模式一样，合理的映射准则不应该是固定的，而应该根据信道的特性自适应地调整。将自适应技术和 MIMO 技术结合在一起可以突破传统 SISO 系统的信道容量的限制，获得更高的传输速率，在下一代高速无线传输系统中将有着广泛的应用前景。

2. HSUPA

高速上行链路分组接入(High Speed Uplink Packet Access，HSUPA)通过采用多码传输、HARQ、基于 Node B 的快速调度等关键技术，使得单小区最大上行数据吞吐率达到 5.76Mb/s，大大增强了 WCDMA 上行链路的数据业务承载能力和频谱利用率。

与 HSDPA 类似，HSUPA 引入了 5 条新的物理信道(E-DPDCH、E-DPCCH、E-AGCH、E-RGCH、E-HICH)和两个新的 MAC 实体(MAC-e 和 MAC-es)，并把分组调度功能从 RNC 下

移到 Node B，实现了基于 Node B 的快速分组调度，并通过混合自动重传(HARQ)、2ms 无线短帧及多码传输等关键技术，使得上行链路的数据吞吐率最高可达到 5.76Mb/s，大大提高了上行链路数据业务的承载能力。

WCDMA Rel5 中的 HSDPA 是 WCDMA 下行链路方向（从无线接入网络到移动终端的方向）针对分组业务的优化和演进。与 HSDPA 类似，HSUPA 是上行链路方向（从移动终端到无线接入网络的方向）针对分组业务的优化和演进。HSUPA 是继 HSDPA 后，WCDMA 标准的又一次重要演进。利用 HSUPA 技术，上行用户的峰值传输速率可以提高 2~5 倍，HSUPA 还可以使小区上行的吞吐量比 R99 的 WCDMA 多 20%~50%。

HSUPA 采用了 3 种主要的技术：物理层自动混合重传，基于 Node B 的快速调度，2ms TTI 短帧传输。其中物理层自动混合重传与前述 HARQ 技术基本一致，下面将介绍后两种技术。

在 WCDMA R99 中，移动终端传输速率的调度由 RNC 控制，移动终端可用的最高传输速率在 DCH 建立时由 RNC 确定，RNC 不能够根据小区负载和移动终端的信道状况变化灵活控制移动终端的传输速率。基于 Node B 的快速调度的核心思想是，由基站来控制移动终端的数据传输速率和传输时间。基站根据小区的负载情况、用户的信道质量和所需传输的数据状况来决定移动终端当前可用的最高传输速率。当移动终端希望用更高的速率发送数据时，移动终端向基站发送请求信号，基站根据小区的负载情况和调度策略决定是否同意移动终端的请求。如果基站同意移动终端的请求，基站将发送信令以指示提高移动终端的最高可用传输速率。当移动终端在一段时间内没有数据发送时，基站将自动降低移动终端的最高可用传输速率。由于这些调度信令是在基站和移动终端间直接传输的，所以基于 Node B 的快速调度机制可以使基站灵活快速地控制小区内各移动终端的传输速率，使无线网络资源更有效地服务于访问突发性数据的用户，从而达到增加小区吞吐量的效果。

WCDMA R99 上行 DCH 的传输时间间隔（TTI）为 10ms，20ms，40ms，80ms。在 HSUPA 中，采用了 10ms TTI 以降低传输延迟。虽然 HSUPA 也引入了 2ms TTI 的传输方式，来进一步降低传输延迟，但是基于 2ms TTI 的短帧传输不适合工作于小区的边缘。

HSUPA 和 HSDPA 都是 WCDMA 系统针对分组业务的优化，HSUPA 采用了一些与 HSDPA 类似的技术，但是 HSUPA 并不是 HSDPA 简单的上行翻版，HSUPA 中使用的技术考虑到了上行链路自身的特点，如上行软切换、功率控制和 UE 的峰均比（PAR）问题，HSDPA 中采用的 AMC 技术和高阶调制并没有被 HSUPA 采用。

7.4 TD-SCDMA 标准介绍

7.4.1 TD-SCDMA 标准特色

TD-SCDMA 系统全面满足 IMT-2000 的基本要求。它采用不需配对频率的 TDD（时分双工）工作方式，以及 FDMA/TDMA/CDMA 相结合的多址接入方式，同时使用 1.28Mcps 的低码片速率，扩频带宽为 1.6MHz。TD-SCDMA 的基本物理信道特性由频率、码和时隙决定。其帧结构将 10ms 的无线帧分成 2 个 5ms 子帧，每个子帧中有 7 个常规时隙和 3 个特殊时隙。信道的信息速率与符号速率有关，符号速率由 1.28Mcps 的码速率和扩频因子所决定，上下行的扩频因子在 1～16 之间，因此各自调制符号速率的变化范围为 80.0 千符号/秒~1.28 兆符号/秒。TD-SCDMA 系统还采用了智能天线、联合检测、同步 CDMA、接力切换及自适应功率控制等诸多先进技术，与其他 3G 系统相比具有较为明显的优势，主要体现在：

（1）频谱灵活性和支持蜂窝网的能力。TD-SCDMA 采用 TDD 方式，仅需要 1.6MHz(单载波)的最小带宽。因此频率安排灵活，不需要成对的频率，可以使用任何零碎的频段，能较好地解决当前频率资源紧张的矛盾；若带宽为 5MHz 则支持 3 个载波，在一个地区可组成蜂窝网，支持移动业务。

（2）高频谱利用率。TD-SCDMA 频谱利用率高，抗干扰能力强，系统容量大，适用于在人口密集的大、中城市传输对称与非对称业务。尤其适合于移动 Internet 业务(它是第三代移动通信的主要业务)。

（3）适用于多种使用环境。TD-CDMA 系统全面满足 ITU 的要求，适用于多种环境。

（4）设备成本低，系统性能价格比高。具有我国自主的知识产权，在网络规划、系统设计、工程建设，以及为国内运营商提供长期技术支持和技术服务等方面带来了方便，可大大节省系统建设投资和运营成本。

7.4.2 TD-SCDMA 物理信道

1. TD-SCDMA 物理信道的结构

TD-SCDMA 的物理信道采用四层结构：系统帧号、无线帧、子帧、时隙和信道码。时隙用于在时域上区分不同用户信号，具有 TDMA 的特性。图 7.27 给出了物理信道的信号格式。

TDD 模式下一个突发在所分配的无线帧的特定时隙发射。一个突发由数据部分、midamble 部分和保护间隔组成。几个突发同时发射，各个突发的数据部分必须使用不同 OVSF 的信道码和相同的扰码，而且 midamble 码部分必须使用同一个基本 midamble 码。突发的数据部分由信道码和扰码共同扩频。信道码是一个 OVSF 码，扩频因子可以取 1,2,4,8 或 16，物理信道的数据速率取决于 OVSF 码所采用的扩频因子。小区使用的扰码和基本 midamble 是广播的。

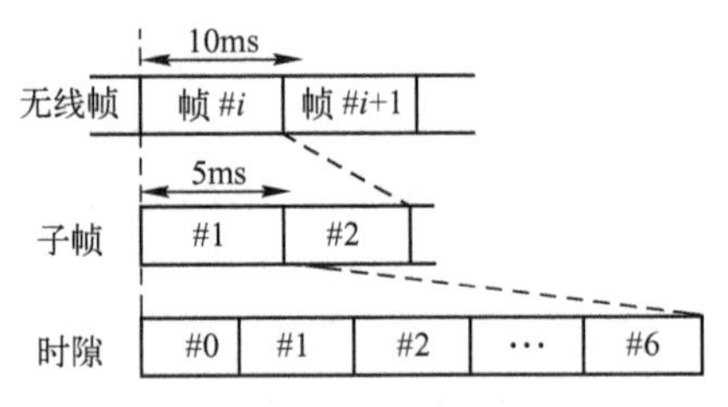

图 7.27 TD-SCDMA 物理信道信号格式

2. TD-SCDMA 系统的帧结构

TD-SCDMA 系统帧长为 10ms，分成两个 5ms 子帧，这两个子帧的结构完全相同。如图 7.28 所示，每一子帧又分成长度为 675μs 的 7 个常规时隙和 3 个特殊时隙。这 3 个特殊时隙分别为 DwPTS(下行导频时隙)、GP(保护时隙)和 UpPTS(上行导频时隙)。在 7 个常规时隙中，Ts0 总是分配给下行链路，而 Ts1 总是分配给上行链路。上行时隙和下行时隙之间由转换点分开。在 TD-SCDMA 系统中，每个 5ms 的子帧有两个转换点(UL 到 DL，和 DL 到 UL)。通过灵活的配置上下行时隙的个数，使 TD-SCDMA 适用于上下行对称及非对称的业务模式，如图 7.29 所示。

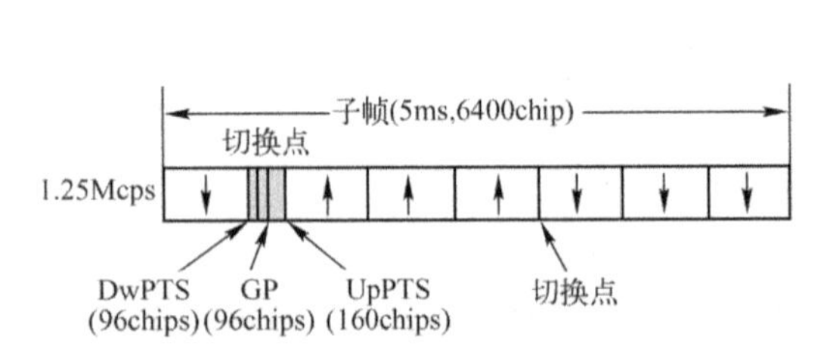

图 7.28 TD-SCDMA 子帧结构

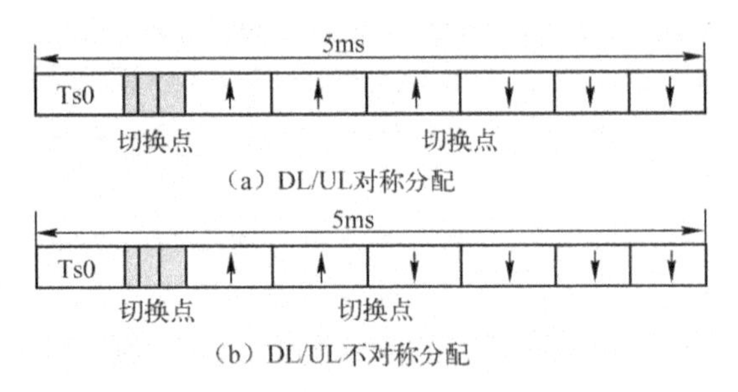

图 7.29 TD-SCDMA 中 DL/UL 对称与非对称子帧结构

每个子帧中的 DwPTS 是作为下行导频和同步而设计的。该时隙由长为 64chips 的 SYNC_DL 序列和 32chips 的保护间隔组成，其结构如图 7.30 所示。

SYNC_DL 是一组 PN 码，用于区分相邻小区，系统中定义了 32 个码组，每组对应 1 个 SYNC-DL 序列，SYNC-DL PN 码集在蜂窝网络中可以复用。有关码组的内容将在后面介绍。DwPTS 的发射，要满足覆盖整个区域的要求，因此不采用智能天线赋形。将 DwPTS 放在单独的时隙，便于下行同步的迅速获取，也可以减小对其他下行信号的干扰。

每个子帧中的 UpPTS 是为建立上行同步而设计的，当 UE 处于空中登记和随机接入状态时，它将首先发射 UpPTS，当得到网络的应答后，发送 RACH。这个时隙由长为 128chips 的 SYNC_UL 序列和 32chips 的保护间隔组成，其结构如图 7.31 所示。

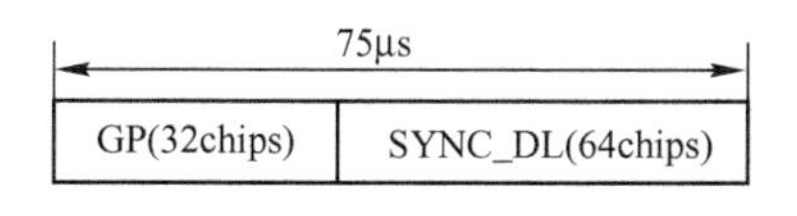

图 7.30 DwPCH(DwPTS)的突发结构

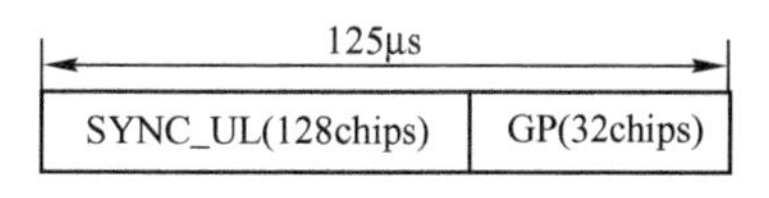

图 7.31 UpPCH(UpPTS)的突发结构

SYNC_UL 是一组 PN 码用于在接入过程中区分不同的 UE。保护时隙(GP)指在 Node B 侧由发射向接收转换的保护间隔，时长为 75μs(96chips)。

3. TD-SCDMA 系统的突发(burst)结构

TD-SCDMA 采用的突发结构如图 7.32 所示。突发由 2 个长度分别为 352chips 的数据块、1 个长为 144chips 的 midamble 和 1 个长为 16chips 的保护时隙组成。数据块的总长度为 704chips，所包含的符号数与扩频因子有关。突发的数据部分由信道码和扰码共同扩频。即将每一个数据符号转换成一些码片，因而增加了信号带宽。一个符号包含的码片数称为扩频因子(SF)。扩频因子可取 1, 2, 4, 8, 16。

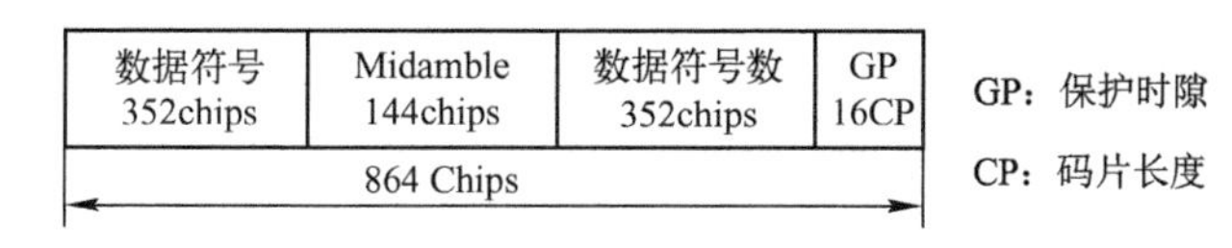

图 7.32 突发结构

4. 训练序列(midamble 码)

突发结构中的训练序列(midamble 码)用于信道估计、测量，如上行同步的保持，以及功率测量等。在同一小区内，同一时隙内的不同用户所采用的 midamble 码由一个基本的 midamble 码经循环移位后产生。TD-SCDMA 系统中，基本 midamble 码长度为 128chips，个数为 128 个，分成 32 组，每 5 组 4 个。

7.4.3 TD-SCDMA 系统支持的信道编码方式

TD-SCDMA 支持 3 种信道编码方式：卷积编码，约束长度为 9，编码速率为 1/2, 1/3；Turbo 编码；无编码。其详细参数如表 7.11 所示。

卷积编码器的配置如图 7.33 所示。

Turbo 编码器结构如图 7.34 所示。

表 7.11 纠错编码参数

传输信道类型	编 码 方 式	编 码 速 率
BCH	卷积编码	1/3
PCH, RACH	卷积编码	1/3，1/2
DCH, DSCH, FACH, USCH	卷积编码	1/2
DCH, DSCH, FACH, USCH	Turbo 编码	1/3
DCH, DSCH, FACH, USCH	无编码	

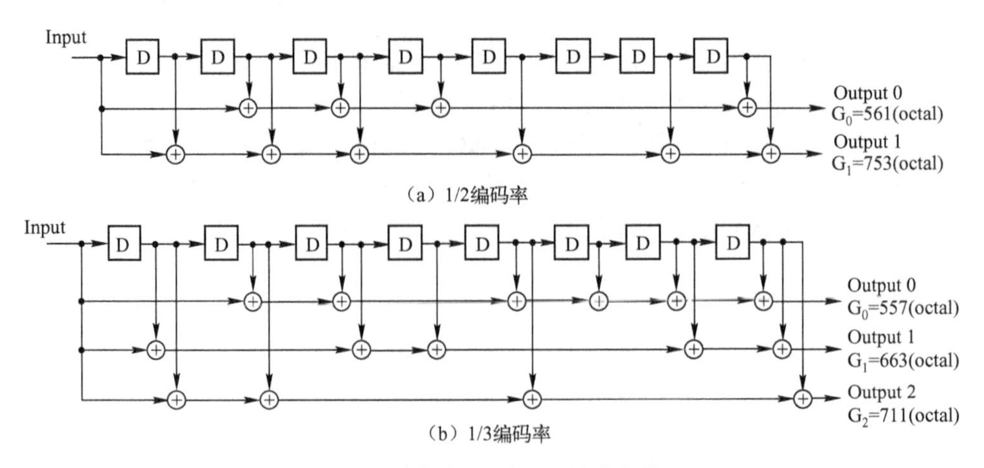

图 7.33　编码率为 1/2 和 1/3 的卷积编码器

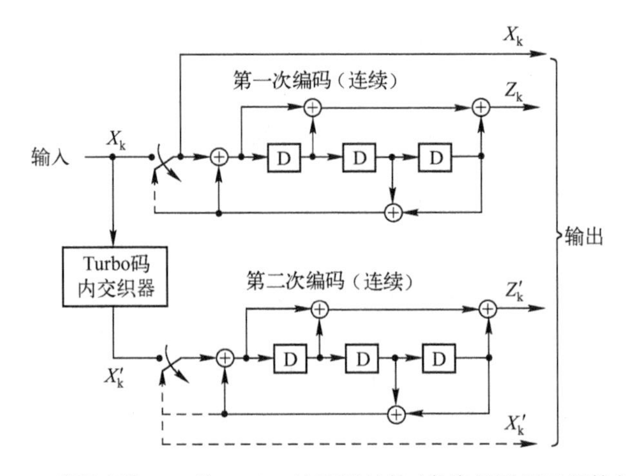

图 7.34　编码率为 1/3 的 Turbo 编码器结构(虚线仅适用于网格终止)

7.4.4　TD-SCDMA 的调制、扩频及加扰方式

TD-SCDMA 采用 QPSK 和 8PSK，对于 2Mb/s 的业务，使用 8PSK 调制方式。TD-SCDMA 与其他 3G 一样，均采用 CDMA 的多址接入技术，所以扩频是其物理层很重要的一个步骤。扩频操作位于调制之后和脉冲成型之前。首先用扩频码对数据信号扩频，其扩频系数在 1～16 之间；再将扰码加到扩频后的信号中。TD-SCDMA 所采用的扩频码是一种正交可变扩频因子(OVSF)码，这可以保证在同一个时隙上不同扩频因子的扩频码是正交的。扩频码用来区分同一时隙中的不同用户，而长度为 16 的扰码用来区分不同的小区。

习题与思考题

7.1　IS-95 中都使用了哪些码字？其码片速率为多少？这些码字在上、下行链路上都起什么作用？

7.2　IS-95 上、下行链路都包括哪些信道类型？各自的作用是什么？

7.3　IS-95 上、下行链路各使用什么调制方式？二者有什么区别？

7.4　什么是 64 阶正交调制？起什么作用？

7.5　简述 IS-95 上行业务信道的处理过程。

7.6　在不同的环境下，IMT-2000 对数据传输速率有什么样的要求？

7.7　3G 系统能够支持哪些业务？

7.8 第三代移动通信系统的主流标准有哪几种？

7.9 第三代移动通信系统中应用了哪些新技术？

7.10 与 IS-95 相比，CDMA2000 1X 有哪些改进？

7.11 与 CDMA2000 1X 相比，CDMA2000 1X EV-DO 主要有哪些不同？

7.12 什么是 HSDPA？它与以往的 WCDMA 系统有什么不同？

7.13 简述 TD-SCDMA 系统中采用的关键技术。

7.14 CDMA2000 1X 下行链路的发射分集有哪几种形式？

7.15 CDMA2000 1X 下行链路采用了什么样的扩频调制方式？

7.16 画出 CDMA2000 1X 上行链路物理信道的组成框图。其中哪些是新增的？

7.17 CDMA2000 1X 中上行导频信道的作用是什么？

7.18 CDMA2000 1X 上行链路中，Walsh 码的使用与 IS-95 有什么不同？

7.19 CDMA2000 1X 上行链路采用了什么样的扩频调制方式？

7.20 简述 WCDMA 系统中所使用的信道化码和扰码的特点。

7.21 简述 TD-SCDMA 系统中 midamble 的作用。

本章参考文献

1 啜钢，王文博，常永宇．移动通信原理与应用．北京：北京邮电大学出版社，2002

2 杨大成．CDMA2000 技术．北京：北京邮电大学出版社，2000

3 邬国扬．CDMA 数字蜂窝网．西安：西安电子科技大学出版社，2000

4 Kyoung Il Kim．CDMA 系统设计与优化．刘晓宇、杜志敏，等译．北京：人民邮电出版社，2001

5 啜钢．CDMA 无线网络规划与优化．北京：机械工业出版社，2004

6 Man Young Rhee．CDMA 蜂窝移动通信与网络安全．袁超伟，等译．北京：电子工业出版社，2002

7 吴伟陵．移动通信中的关键技术．北京：北京邮电大学出版社，2000

8 孙立新，邢宁霞．CDMA 移动通信技术．北京：人民邮电出版社，1996

9 Jhong Sam Lee，Leonard E.Miller．CDMA 系统工程手册．许希斌，周世东，赵明，等译．北京：人民邮电出版社，2001

10 Vijay K.Garg．第三代移动通信系统原理与工程设计——IS-95 CDMA 和 CDMA 2000．于鹏，等译．北京：电子工业出版社，2001

11 郭梯云．移动通信．西安：西安电子科技大学出版社，2000

12 Raymond Steele，Chin-Chun Lee，Peter Gould. GSM, CDMAOne and 3G Systems. John Wiley & Sons，2001

13 3GPP R4 TS 25.201 v4.3.0 Physical layer - general description

14 3GPP R4 TS 25.221 v4.7.0 Physical channels and mapping of transport channels onto physical channels (TDD)

15 3GPP R4 TS 25.222 v4.6.0 Multiplexing and channel coding (TDD)

16 3GPP R4 TS 25.223 v4.5.0 Spreading and modulation (TDD)

第 8 章　LTE 移动通信系统

本章首先介绍了第三代移动通信系统的长期演进系统(3GPP LTE)的结构和协议体系，然后介绍了 LTE 的通信过程，最后介绍了第四代移动通信系统(IMT-Advanced)及其增强技术。

- 掌握第三代移动通信长期演进系统的特点和网络架构；
- 掌握第三代移动通信长期演进系统的通信过程及原理；
- 熟悉第四代移动通信系统的增强技术。

8.1　LTE 系统

8.1.1　LTE 网络架构及网元

1. 网络架构

与 UMTS 系统相比，LTE 系统在无线传输技术、空中接口协议和系统结构等方面都发生了革命性的变化。LTE 系统采用扁平化、IP 化的网络架构，无线接入网中用 eNodeB 替代原有 UMTS 中的 RNC-NodeB 结构，各网络节点之间的接口使用 IP 传输。网络扁平化使得 LTE 系统延时减少，从而改善了用户体验，可开展更多业务。由于减少了网元数目，使得网络部署更为简单，网络的维护更加容易，同时能够避免集中控制导致的单点故障，有利于提高网络稳定性。

LTE 中将整个网络系统命名为演进的分组系统(Evolved Packet System，EPS)，EPS 由演进型分组核心网(Evolved Packet Core，EPC)和 eNodeB 组成，如图 8.1 所示。eNodeB 之间通过 X2 接口相互连接，这样的网络结构设计，可以有效地支持 UE 在整个网络内的移动性，保证用户的无缝切换。eNodeB 通过 S1 接口与 MME/S-GW 相连接，一个 eNodeB 可与多个 MME/S-GW 相连。eNodeB 与 UE 之间是 Uu 接口，实现 UE 和 EUTRAN 的通信，Uu 接口可支持 1.4MHz 至 20MHz 的可变带宽。

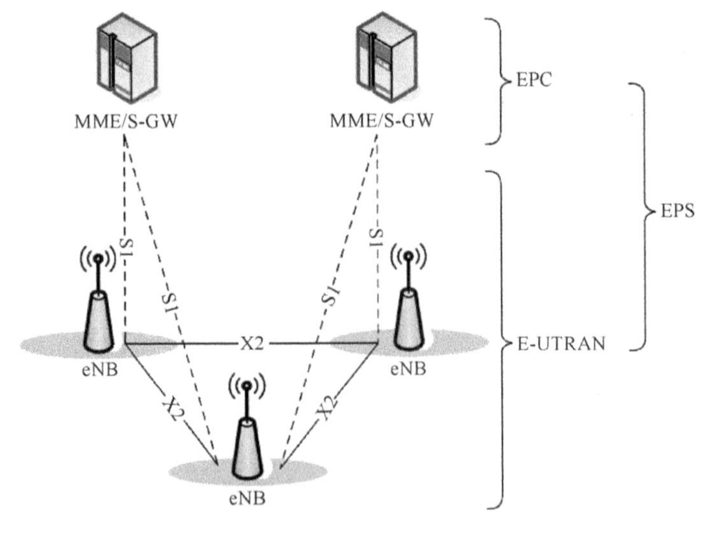

图 8.1　LTE 网络架构

2．网元实体

LTE 系统的网元实体主要包括：

- E-UTRAN（接入网）：由 eNodeB 组成；
- EPC（核心网）：由 MME、SGW、PGW 组成。

（1）eNodeB

eNodeB（简称为 eNB）是 LTE 网络中的无线基站，也是 LTE 无线接入网的唯一网元，负责空中接口相关的所有功能，包括：

- 无线链路维护功能：保持与终端间的无线链路，同时负责无线链路数据和 IP 数据之间的协议转换；
- 无线资源管理功能：无线链路的建立和释放、无线资源的调度和分配等；
- 移动性管理功能：配置终端进行测量、评估终端无线链路质量、决策终端在小区间的切换等。

（2）MME

MME 是移动性管理实体（Mobility Management Entity，MME）的简称，是 EPC 核心网控制面的网元，其功能类似于 2G/3G 核心网 SGSN 设备控制面功能，主要负责接入控制、移动性管理、会话管理和路由选择等功能。

（3）SGW

服务网关（Serving Gateway，SGW）主要负责用户面处理，例如数据包的路由和转发等功能；SGW 支持 UE 在不同 3GPP 接入网之间的切换，发生切换时作为用户面的锚点；对每一个与 EPS 相关的 UE，在任意时间点上，都有一个 SGW 为之服务。

（4）PGW

PDN 网关（PDN Gateway，PGW）是移动通信网络 EPC 中的重要网元。EPC 网络实际上是原 3G 核心网 PS 域的演进版本，而 PGW 也相当于是一个演进了的 GGSN 网元，其功能和作用与原 GGSN 网元相当。SGW 和 PGW 可以在同一个物理节点或在不同物理节点实现布置。

8.1.2 LTE 协议体系

1．LTE 协议体系

LTE 协议总体架构如图 8.2 所示，各网元之间的接口种类和主要协议见表 8.1。

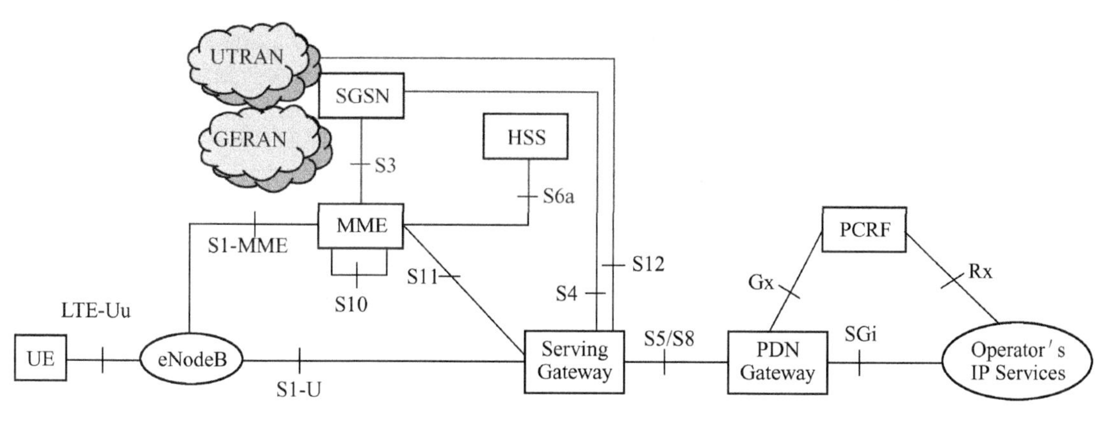

图 8.2　LTE 协议总体架构

表 8.1　LTE 网络接口和协议

接口名称	连接网元	接口功能	主要协议
Uu	UE - eNB	用于传送用户面数据和控制面数据	PHY，MAC，RRC
S1-MME	eNB - MME	用于传送会话管理(SM)和移动性管理(MM)信息，即信令面或控制面信息	S1-AP
S1-U	eNB - SGW	在 GW 与 eNodeB 设备间建立隧道，传送用户数据业务，即用户面数据	GTP-U
X2-C	eNB - eNB	基站间控制面信息	X2-AP
X2-U	eNB - eNB	基站间用户面信息	GTP-U
S3	SGSN - MME	在 MME 和 SGSN 设备间建立隧道，传送控制面信息	GTPV2-C
S4	SGSN - SGW	在 SGW 和 SGSN 设备间建立隧道，传送用户面数据和控制面信息	GTPV2-C GTP-U
S5	SGW - PGW	在 GW 设备间建立隧道，传送用户面数据和控制面信息(设备内部接口)	GTPV2-C GTP-U
S6a	MME - HSS	完成用户位置信息的交换和用户签约信息的管理，传送控制面信息	Diameter
S8	SGW - PGW	漫游时，归属网络 PGW 和拜访网络 SGW 之间的接口，传送控制面和用户面数据	GTPV2-C GTP-U
S10	MME - MME	在 MME 设备间建立隧道，传送信令，组成 MME Pool，传送控制面数据	GTPV2-C
S11	MME - SGW	在 MME 和 GW 设备间建立隧道，传送控制面数据	GTPV2-C
S12	RNC - SGW	传送用户面数据，类似 Gn/Gp SGSN 控制下的 UTRAN 与 GGSN 之间的 Iu-u/Gn-u 接口	GTP-U
SGi	PGW - 外部互联网	建立隧道，传送用户面数据	DHCP/Radius /IPSEC/L2TP/GRE
Gx	PCRF - PGW	提供 QoS 策略和计费准则的传递，属于控制面信息	Diameter
Rx	PCRF - IP 承载网	用于 AF 传递应用层会话信息给 PCRF，传送控制面数据	Diameter

2. LTE 主要协议

(1) Uu 接口协议

E-UTRAN 系统的空中接口协议栈按照用途可以分为用户平面协议栈和控制平面协议栈。用户平面协议栈主要包括物理(PHY)层、媒体访问控制(MAC)层、无线链路控制(RLC)层以及分组数据汇聚(PDCP)层四个子层，这些协议子层在网络侧均终止于 eNodeB 实体，如图 8.3 所示。

Uu 接口控制平面协议栈如图 8.4 所示，主要包括非接入层(NAS)、RRC、PDCP、RLC、MAC、PHY 层。其中，PDCP 层提供加密和完整性保护功能，控制平面中 RLC 及 MAC 层执行的功能与用户平面一致。RRC 层协议终止于 eNodeB，主要提供广播、寻呼、RRC 连接管理、无线承载(RB)控制、移动性管理、UE 测量上报和控制等功能。NAS 子层则终止于 MME，主要实现 EPS 承载管理、鉴权、空闲状态下的移动性处理、寻呼消息以及安全控制等功能。

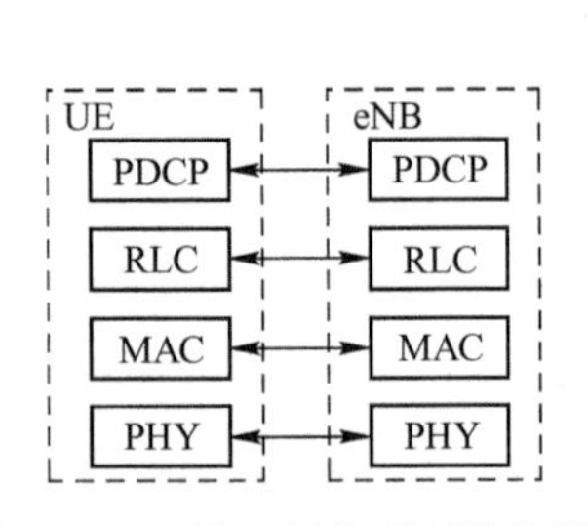

图 8.3　Uu 接口用户平面协议栈

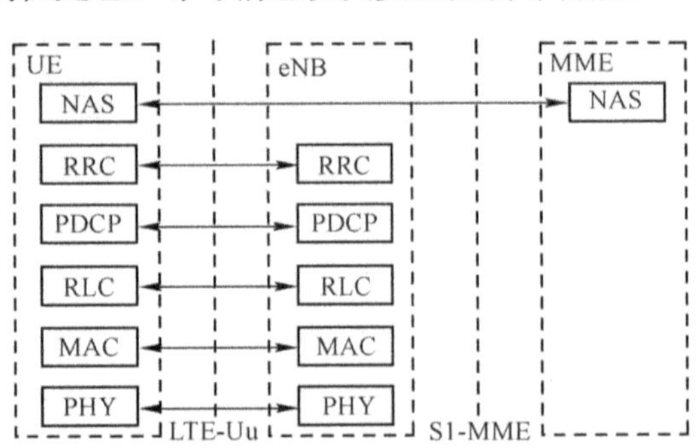

图 8.4　Uu 接口控制平面协议栈

图 8.5 给出了 eNodeB 侧 Uu 接口协议不同层次的结构、主要功能以及各层之间的交互流程，UE 侧的协议架构与之类似。数据以 IP 包的形式进行传送，在空中接口传送之前，IP 包将通过多个协议层实体进行处理，具体描述如下：

- PHY 层：负责处理编译码、调制解调、多天线映射以及其他电信物理层功能。物理层以传输信道的方式为 MAC 层提供服务。
- MAC 层：负责处理 HARQ 重传与上下行调度。MAC 层将以逻辑信道的方式为 RLC 层提供服务。
- RLC 层：负责分段与级联、重传处理，以及对高层数据的顺序传送。与 UMTS 系统不同，LTE 系统的 RLC 协议位于 eNodeB，这是因为 LTE 系统对无线接入网的架构进行了扁平化演进，仅仅只有一层节点 eNodeB。RLC 层以无线承载的方式为 PDCP 层提供服务，其中，每个终端的每个无线承载配置一个 RLC 实体。
- PDCP 层：负责执行头压缩以减少无线接口必须传送的比特流量。头压缩机制基于 ROHC，ROHC 是一个标准的头压缩算法，已被应用于 UMTS 及多个移动通信规范中。PDCP 层同时负责传输数据的加密和完整性保护功能；在接收端，PDCP 协议将负责执行解密及解压缩功能。对于一个终端每个无线承载有一个 PDCP 实体。

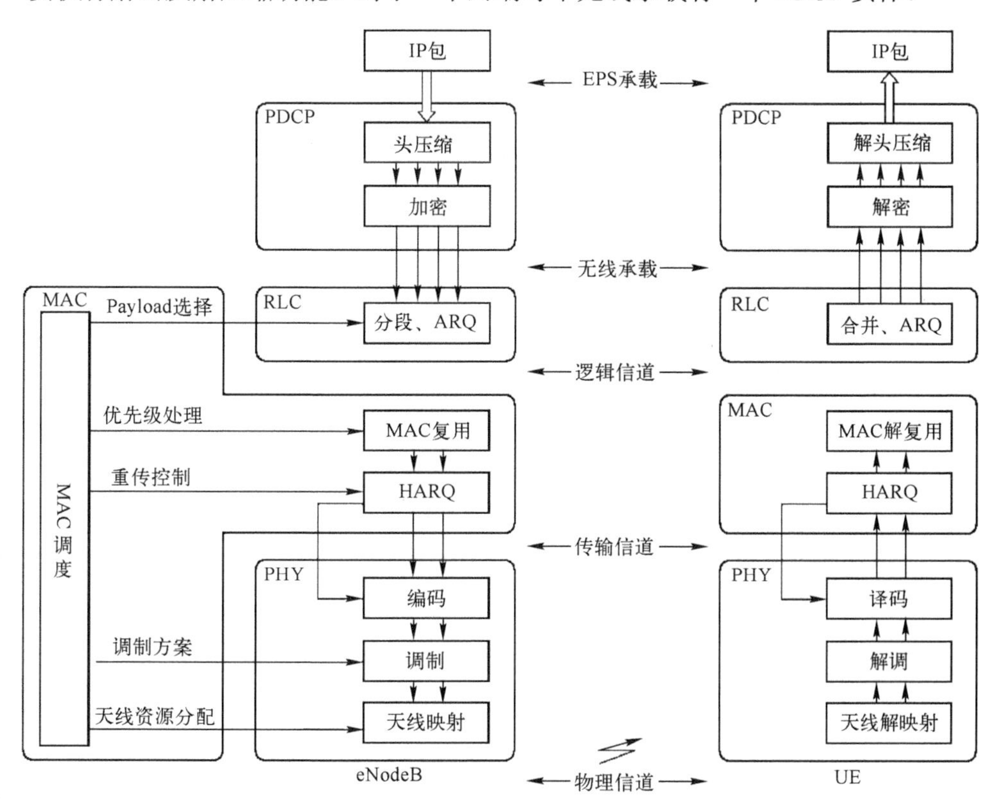

图 8.5 Uu 接口协议层之间交互流程示意图

（2）X2 接口协议

X2 接口协议功能：

- 移动性管理。此功能允许 eNodeB 将特定 UE 的承载转移到另一个 eNodeB 上。用户平面数据前向传输、状态传输以及 UE 上下文发布功能都是移动性管理的一部分。
- 负载管理。此功能允许 eNodeB 之间互相通知资源状态，过载信息以及传输负载。

- X2 复位。此功能用于重置 X2 接口。
- 配置 X2。此功能用于为 eNB 交换必要数据，以便于配置 X2 接口以及执行 X2 的复位。
- eNodeB 配置更新。此功能允许更新两个 eNodeB 需要的应用层数据，以保证 X2 接口上的正确交互。

（3）S1 接口协议

S1 接口是 MME/SGW 与 eNodeB 之间的接口，该接口是开放性的接口。作为 E-UTRAN 和 EPC 之间的接口，S1 接口主要负责无线接入网和核心网之间的连接管理功能，包括：

- UE 初始上下文管理。用于在 eNodeB 建立 UE 的上下文，建立缺省的 IP 连接。
- SAE 承载管理。所有的 RAB 承载均通过 S1 口传递管理功能。包含承载的建立、修改和释放。
- UE 移动性管理功能。包括 Intra-LTE 切换、Inter-RAT 切换、寻呼功能以及漫游和区域限制支持，如切换资源分配、切换通知、路径转换或取消等。
- S1 连接管理。包括 GTP-U 隧道管理和 S1 信令连接管理。
- S1 接口管理。协调功能，包括 NAS 节点选择功能和网络分享功能；安全功能，包括数据的机密性和数据的完整性；服务和网络接入功能，包括核心网信令数据转移功能、UE 跟踪和位置报告功能等。

8.2 LTE 通信过程

8.2.1 小区搜索

UE 开机或切换时首先需要进行小区搜索，小区搜索是 UE 接入系统的第一步，关系到 UE 能否快速、准确地接入系统。小区搜索的作用如下：

（1）与小区取得频率和符号同步；

（2）获取系统帧定时，即下行帧的起始位置；

（3）确定小区的物理小区 ID（Physical-layer Cell Identity，PCI）。

当 UE 刚开机时，由于还没有和小区建立频率和时间上的同步，因此不可能收到某个小区的 PBCH，所以先要与小区进行定时同步。UE 开机后会扫描可能存在小区的中心频点，在扫描到的中心频点上接收主同步信号（Primary Synchronization Signal，PSS）和辅同步信号（Secondary Synchronization Signal，SSS），获得时隙和帧同步、CP 类型、粗频率同步以及 PCI。获取 PCI 以后就能获知下行公共参考信号的传输结构，可通过解调参考信号获得时隙与频率精确同步。接下来就可以正常接收 MIB、SIB，从而完成小区搜索过程。小区搜索流程如图 8.6 所示。

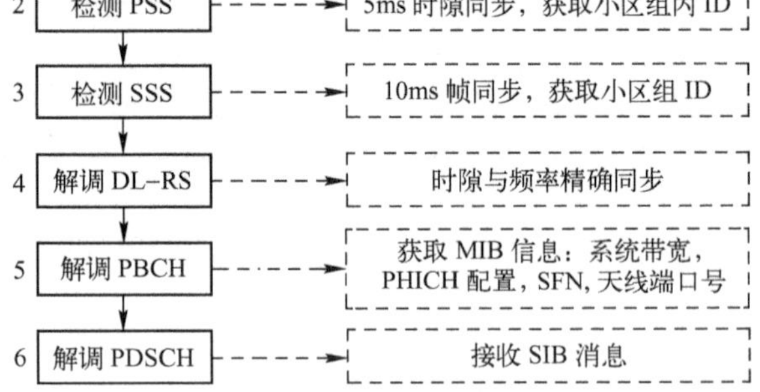

图 8.6　小区搜索流程

1. 扫描中心频点

UE 一开机，会在可能存在 LTE 小区的中心频点上接收数据并计算带宽 RSSI，根据接收信号强度来判断这个频点周围是否可能存在小区。如果 UE 保存了上次关机时的频点和运营商信息，则开机后会先在上次驻留过的小区上尝试进行驻留。如果没有这些先验信息，则可能要进行全频段搜索，发现信号较强的频点，再去尝试驻留。

需要指出的是，UE 刚开机时并不知道系统的带宽是多少，在进行全频段搜索的时候，在其支持的工作频段内以 100kHz 为间隔的频栅上进行扫描，并在每个频点上进行主同步信道检测。

2. 检测 PSS

（1）PSS 简介

PSS 序列 $d(n)$ 是频域 Zadoff-Chu 序列，由下式产生

$$d_u(n)=\begin{cases} e^{-j\frac{\pi u n(n+1)}{63}} & n=0,1,\cdots,30 \\ e^{-j\frac{\pi u(n+1)(n+2)}{63}} & n=31,32,\cdots,61 \end{cases} \tag{8.1}$$

其中，Zadoff-Chu 根序列索引 u 由表 8.2 给出。

表 8.2　产生 PSS 的根索引

$N_{\mathrm{ID}}^{(2)}$	根序列索引 u
0	25
1	29
2	34

PSS 在时域上的映射关系如下：

对于 FDD 系统：PSS 映射到#0 子帧和#5 子帧第一个时隙的最后一个 OFDM 符号。

对于 TDD 系统：PSS 映射到#1 子帧和#6 子帧第三个 OFDM 符号。

如图 8.7 所示，PSS 在频域上位于频率中心的 1.08M 的带宽上，包含 6 个 RB，即 72 个子载波。实际中只使用了频率中心周围的 62 个子载波，两边各预留 5 个子载波用作保护频带。

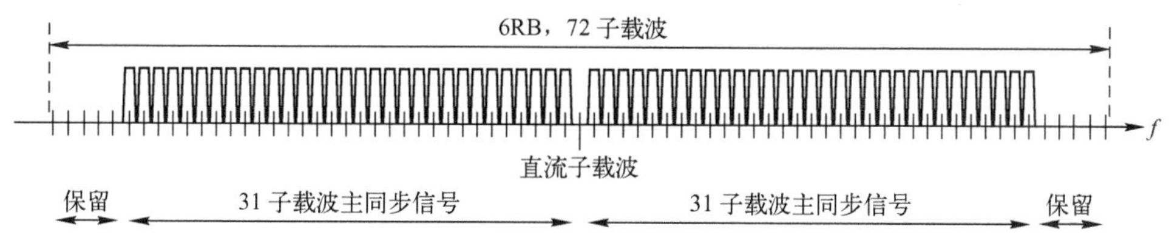

图 8.7　PSS 信号频域分布

（2）PSS 检测

PSS 检测的基本方法是使用本地序列和接收信号进行同步相关，获得期望的峰值，根据峰值判断出同步信号位置。检测出 PSS 可首先获得小区组内 ID，即 $N_{\mathrm{ID}}^{(2)}$。PSS 每 5ms 发送一次，因而可以获得 5ms 时隙定时。可进一步利用 PSS 获取粗频率同步。

通过 PSS 信号检测，UE 可以获得如下信息：小区组内 ID，$N_{\mathrm{ID}}^{(2)}$；5ms 定时。

3. SSS 检测

（1）SSS 简介

SSS 是一个长度为 62 的序列，由两个长度为 31 的 m 序列交叉级联得到，此级联序列用 PSS 提供的加扰序列加扰。前半帧的 SSS 交叉级联方式与后半帧的 SSS 交叉级联方式相反，如下式所示

$$\begin{aligned} d(2n) &= \begin{cases} s_0^{(m_0)}(n)c_0(n) & \text{in subframe 0} \\ s_1^{(m_1)}(n)c_0(n) & \text{in subframe 5} \end{cases} \\ d(2n+1) &= \begin{cases} s_1^{(m_1)}(n)c_1(n)z_1^{(m_0)}(n) & \text{in subframe 0} \\ s_0^{(m_0)}(n)c_1(n)z_1^{(m_1)}(n) & \text{in subframe 5} \end{cases} \end{aligned} \tag{8.2}$$

式中，$0 \leqslant n \leqslant 30$。$m_0$ 和 m_1 由物理层小区标识组 $N_{\mathrm{ID}}^{(1)}$ 依据下式产生：

$$
\begin{aligned}
&m_0 = m' \bmod 31 \\
&m_1 = \left(m_0 + \lfloor m'/31 \rfloor + 1\right) \bmod 31 \\
&m' = N_{\mathrm{ID}}^{(1)} + q(q+1)/2, \quad q = \left\lfloor \frac{N_{\mathrm{ID}}^{(1)} + q'(q'+1)/2}{30} \right\rfloor, \quad q' = \left\lfloor N_{\mathrm{ID}}^{(1)}/30 \right\rfloor
\end{aligned}
\tag{8.3}
$$

序列 $s_0^{(m_0)}(n)$ 和 $s_1^{(m_1)}(n)$ 由 m 序列 $\tilde{s}(n)$ 根据下式循环移位得到：

$$
\begin{aligned}
s_0^{(m_0)}(n) = \tilde{s}\left((n + m_0) \bmod 31\right) \\
s_1^{(m_1)}(n) = \tilde{s}\left((n + m_1) \bmod 31\right)
\end{aligned}
\tag{8.4}
$$

其中，$\tilde{s}(i) = 1 - 2x(i)$，$0 \leqslant i \leqslant 30$，$x(i)$ 定义如下：

$$
x(\bar{i} + 5) = \left(x(\bar{i} + 2) + x(\bar{i})\right) \bmod 2, \qquad 0 \leqslant \bar{i} \leqslant 25 \tag{8.5}
$$

$x(i)$ 初始值为 $x(0) = 0, \quad x(1) = 0, \quad x(2) = 0, \quad x(3) = 0, \quad x(4) = 1$。

两个加扰序列 $c_0(n)$ 和 $c_1(n)$ 依靠 PSS 产生，是 m 序列 $\tilde{c}(n)$ 的两种不同循环移位，具体定义如下：

$$
\begin{aligned}
c_0(n) = \tilde{c}((n + N_{\mathrm{ID}}^{(2)}) \bmod 31) \\
c_1(n) = \tilde{c}((n + N_{\mathrm{ID}}^{(2)} + 3) \bmod 31)
\end{aligned}
\tag{8.6}
$$

其中 $N_{\mathrm{ID}}^{(2)} \in \{0,1,2\}$，$\tilde{c}(i) = 1 - 2x(i)$，$0 \leqslant i \leqslant 30$，定义如下：

$$
x(\bar{i} + 5) = \left(x(\bar{i} + 3) + x(\bar{i})\right) \bmod 2, \qquad 0 \leqslant \bar{i} \leqslant 25 \tag{8.7}
$$

初始值为 $x(0) = 0, \quad x(1) = 0, \quad x(2) = 0, \quad x(3) = 0, \quad x(4) = 1$。

加扰序列 $z_1^{(m_0)}(n)$ 和 $z_1^{(m_1)}(n)$ 由 m 序列 $\tilde{z}(n)$ 循环移位得到：

$$
\begin{aligned}
z_1^{(m_0)}(n) = \tilde{z}((n + (m_0 \bmod 8)) \bmod 31) \\
z_1^{(m_1)}(n) = \tilde{z}((n + (m_1 \bmod 8)) \bmod 31)
\end{aligned}
\tag{8.8}
$$

其中，m_0 和 m_1 即为式(8.3)产生值。$\tilde{z}(i) = 1 - 2x(i)$，$0 \leqslant i \leqslant 30$，$x(i)$ 定义如下：

$$
x(\bar{i} + 5) = \left(x(\bar{i} + 4) + x(\bar{i} + 2) + x(\bar{i} + 1) + x(\bar{i})\right) \bmod 2, \ 0 \leqslant \bar{i} \leqslant 25 \tag{8.9}
$$

$x(i)$ 初始值为 $x(0) = 0, \quad x(1) = 0, \quad x(2) = 0, \quad x(3) = 0, \quad x(4) = 1$。

SSS 在时域上的映射关系如下：

对于 FDD 系统：SSS 映射到#0 子帧和#5 子帧第一个时隙的倒数第二个 OFDM 符号。

对于 TDD 系统：SSS 映射到#0 子帧和#5 子帧最后一个 OFDM 符号。

在频域上 SSS 与 PSS 一样，位于频率中心的 1.08M 的带宽上，包含 6 个 RB，即 72 个子载波。实际中只使用频率中心周围的 62 个子载波，两边各留 5 个子载波用作保护频带，如图 8.7 所示。

（2）检测 SSS

UE 在检测到 SSS 之前，还不知道该小区是工作在 FDD 还是 TDD 模式下。如果 UE 同时支持 FDD 和 TDD，则会在图 8.8 所示两个 SSS 可能的位置上去尝试解码 SSS。如果在 PSS 的前一个 symbol 上检测到 SSS，则小区工作在 FDD 模式下；如果在 PSS 的前 3 个 symbol 上检测到 SSS，则小区工作在 TDD 模式下；如果检测不到 SSS，则认为不能接入该小区。

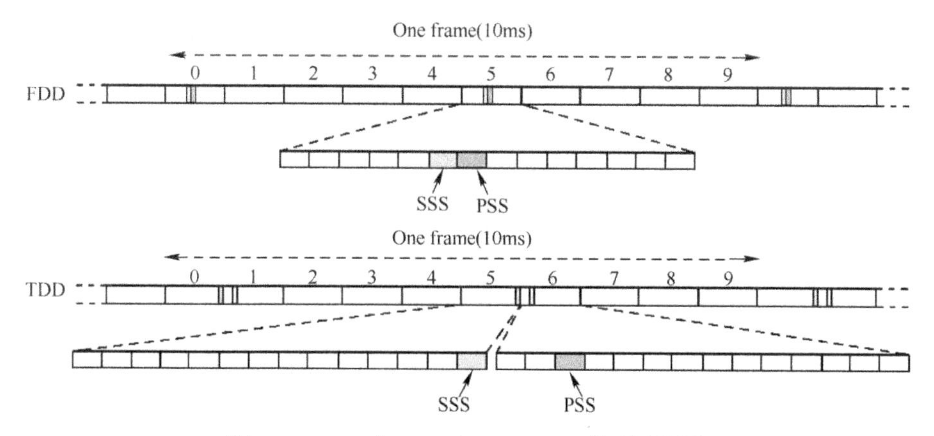

图 8.8　FDD 或 TDD 中，PSS/SSS 的时域位置

SSS 的确切位置还和循环前缀(Cyclic Prefix, CP)的长度有关(如图 8.9、图 8.10 所示)。在检测 SSS 之前，UE 不知道小区的 CP 配置是常规 CP 还是扩展 CP，因此会在这两个可能的位置都去盲检 SSS。通过检测 SSS，UE 获得小区的 CP 配置。

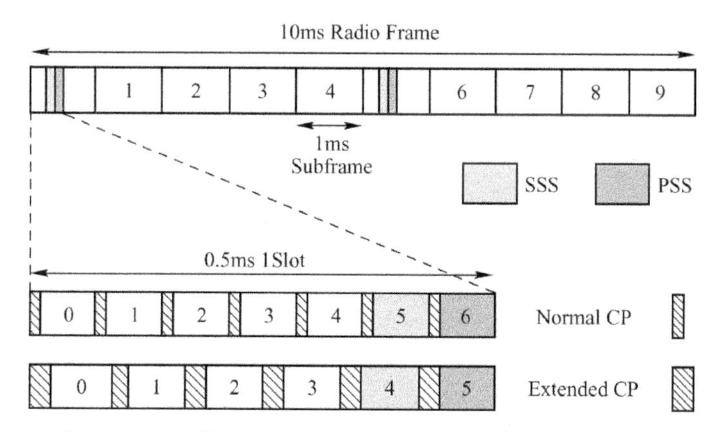

图 8.9　FDD 模式下，PSS/SSS 的帧和 slot 在时域上的结构

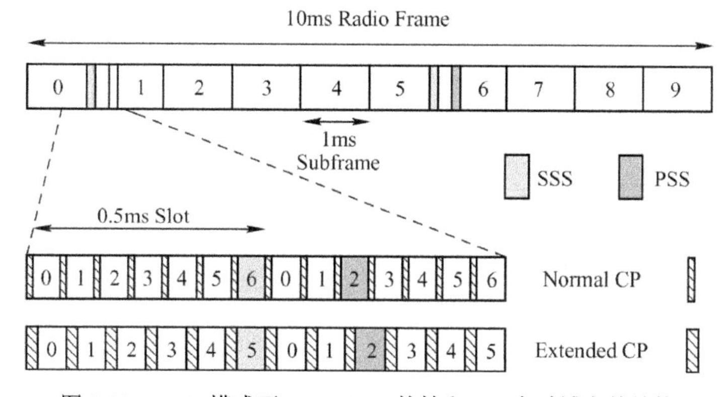

图 8.10　TDD 模式下，PSS/SSS 的帧和 slot 在时域上的结构

综上所述，UE 会在 SSS 可能出现的位置(如果 UE 同时支持 FDD 和 TDD，则至多有 4 个位置)盲检 SSS，如果成功解码出 SSS，UE 可以获得如下信息：

- $N_{ID}^{(1)}$，加上检测 PSS 时得到的 $N_{ID}^{(2)}$，根据 $N_{ID}^{cell}=3N_{ID}^{(1)}+N_{ID}^{(2)}$，得到了小区的 PCI；

- 10ms 定时，即系统帧中#0子帧所在的位置(此时还不知道系统帧号，需要进一步解码PBCH)；
- 小区是工作在FDD还是TDD模式下；
- CP配置：是常规CP还是扩展CP。

4．解调 DL-RS

通过检测到的物理小区ID，可以知道CRS的时频资源位置。通过解调参考信号可以进一步精确时隙与频率同步，同时为解调PBCH做信道估计。

5．解调 PBCH

经过以上四步处理以后，UE获得了PCI并获得与小区精确时频同步，但UE要接入系统还需要获知小区系统信息，包括系统带宽、系统帧号、天线端口号、小区选择和驻留以及重选等重要信息，这些信息由MIB和SIB承载，分别映射在物理广播信道(Physical Broadcast CHannel，PBCH)和物理下行共享信道(Physical Downlink Shared CHannel，PDSCH)上。

如果是初始同步(此时UE还没有驻留或连接到任何LTE小区)，在检测完同步信号之后，UE会解码PBCH，以获取包含在MIB中的最重要的系统信息：系统帧号(SFN)、系统带宽、PHICH配置信息和天线端口数信息。

如果是切换过程中搜索邻居小区，UE并不需要解码PBCH，只需基于最新检测到的小区参考信号来测量下行信号质量水平，以决定是进行小区重选(UE处于RRC_IDLE态)还是进行切换(UE处于RRC_CONNECTED态)。

6．解调 PDSCH

要完成小区搜索，仅仅接收MIB是不够的，还需要接收SIB，即UE接收承载在PDSCH上的BCCH信息。UE接收SIB的过程详见8.2.2节。

8.2.2 系统信息获取

系统信息(System Information, SI)包含当前小区或网络的一些特性及用户的一些公共特性，与特定用户无关。通过接收小区的系统信息，移动终端可以得到当前网络、小区的一些基本特性。系统通过在小区中进行相应的系统信息广播，可以标识出小区的覆盖范围，给出特定信道的信息。

1．系统信息的类型

LTE中的系统信息分为三种类型：

- 主信息块(MIB)：包含有限个最重要、最常用的传输参数(当从小区中获得其他的信息时需要这些传输参数)，如系统帧号(SFN)、系统带宽、物理控制格式指示信道(Physical Control Format Indicator Channel，PCFICH)配置信息和系统天线端口数。
- 系统信息块(SIB1)：包含评估一个UE是否被允许接入到一个小区相关的信息，SIB1还定义了其他SI的调度相关信息。
- 系统信息(SI)：用于传送一个或多个SIB信元(SIB2～SIB8)。

每种系统信息包含的具体内容如图8.11所示。除了SIB1，其他SIBs都是在SI消息中传送，SIB到SI消息的映射是根据SIB1中的参数而灵活配置的；映射需要受一些规则约束，包括：①每个SIB只能映射到一个SI消息中；②只有具有相同调度周期的SIB能映射到相同的SI消息；③SIB2总是可以映射到对应于SI消息列表第一个条目的SI消息。

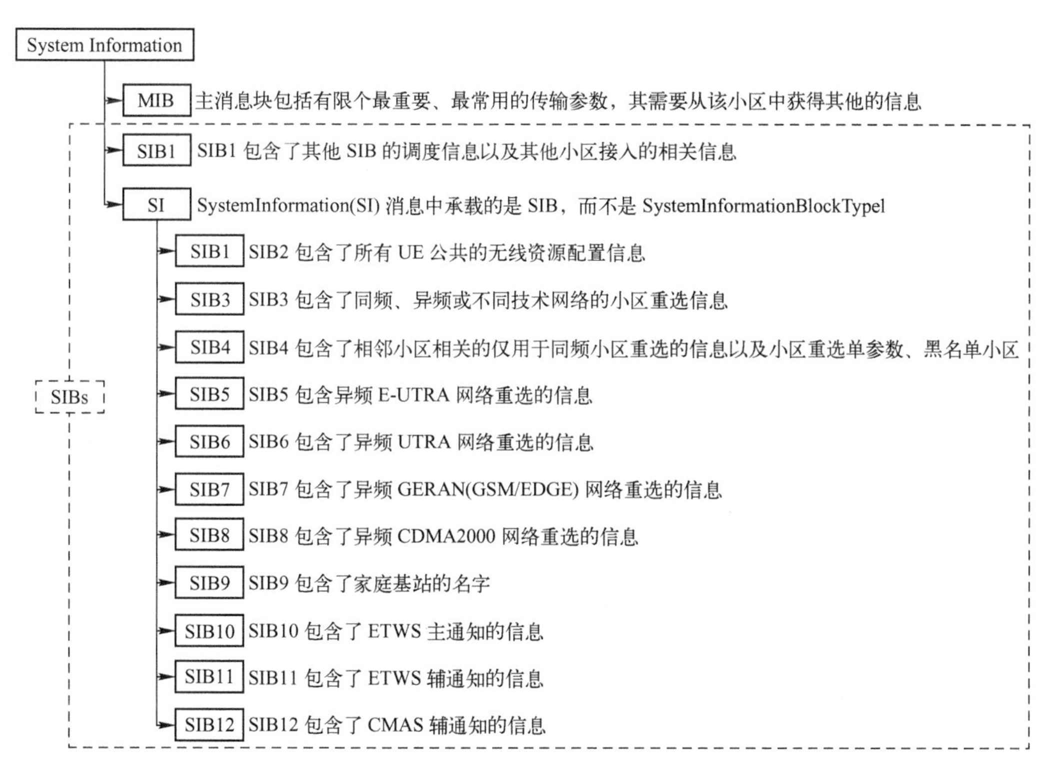

图 8.11　系统信息的内容

2．系统信息的调度

系统信息是在逻辑信道 BCCH 上传输的，其与传输信道和物理信道的映射关系如图 8.12 所示，其中：MIB 消息映射到传输信道 BCH，再由 BCH 映射到物理信道 PBCH 上进行传输；SIB1 和 SI 消息映射到传输信道 DL-SCH，再由 DL-SCH 映射到物理信道 PDSCH 上进行传输。

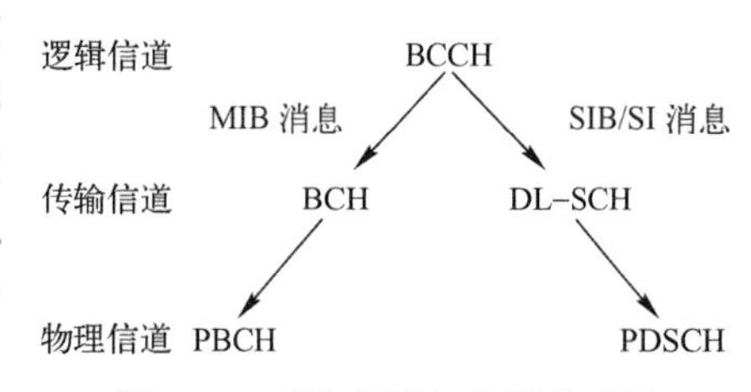

图 8.12　系统信息与信道的映射

系统信息的调度方式、调度周期以及发送时间如表 8.3 所示。

表 8.3　系统信息的调度

系统信息	调度方式	调度周期	重复方式	第一次传输位置	重复位置
MIB	固定调度	40ms	40ms 内重复	SFN mod 4=0、#0	其他 SFN、#0
SIB1	固定调度	80ms	80ms 内重复	SFN mod 8=0、#5	SFN mod 2=0、#5
SI	动态调度	-	-	-	-

（1）MIB 的调度

MIB 消息在 PBCH 上以 40ms 为周期进行传输，MIB 消息起始的无线帧号 n_f 满足 n_f mod 4=0。MIB 消息在物理层经过 CRC、信道编码和速率匹配之后生成 1920bit 的广播消息，然后再经过 QPSK 调制得到 960 个符号，将这些符号映射到连续的 4 个无线帧(每个无线帧 10ms，共 40ms)的#0 子帧的时隙 1 的前 4 个 OFDM 符号位置上，在频域上占用中间的 72 个子载波。MIB 消息调度如图 8.13 所示。

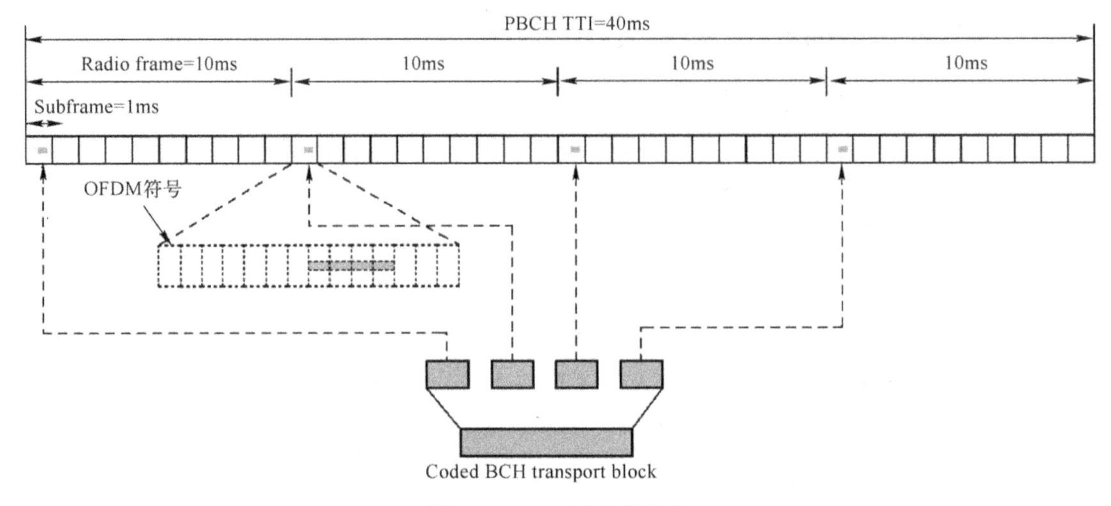

图 8.13 MIB 消息的调度

（2）SIB1 的调度

SIB1 采用固定周期的调度，调度周期为 80ms。第一次传输是在满足 SFN mod 8 = 0 的无线帧的#5 子帧上传输，并且在 SFN 满足 SFN mod 2 = 0 的无线帧的#5 子帧上传输。

（3）SI 的调度

SI 消息是动态调度的，周期性地在时域窗口中发送。每一个 SI 消息都和一个 SI-window 对应，不同 SI 消息的 SI-windows 不重叠。对所有的 SI 消息来说，SI-window 的长度是相同且位置可配置的。在 SI-window 窗口中，SI 消息可以在任何子帧中被发送多次(除了多播/组播单频网络(Multicast Broadcast Single Frequenay Network，MBSFN)子帧、TDD 中的上行子帧，和满足 SFN mod 2 = 0 且子帧号为#5 的子帧)。

3. 系统信息更新

当网络更改系统信息(或系统信息的一部分)时，首先会向 UE 发送系统信息变化通知，网络可能会在整个更改周期中多次发送这个变化通知。在下一个更改周期中，网络传输更新后的系统信息。系统信息更新的基本原理如图 8.14 所示，其中不同的颜色标记不同的系统信息。当收到一个更改通知后，UE 马上从下一个修改周期处获取新的系统信息。在获得新的系统信息之前，UE 使用旧的系统信息。

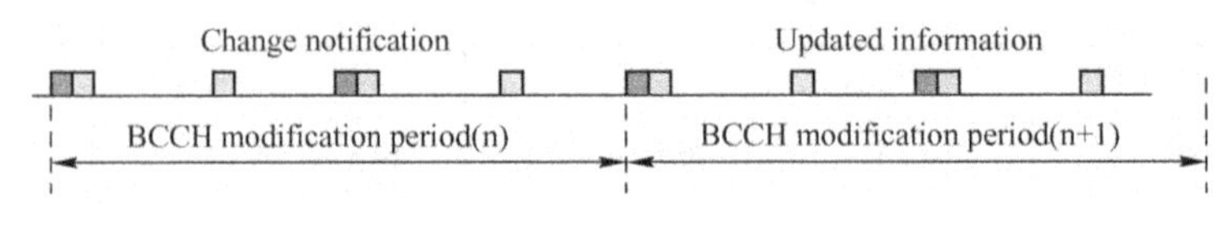

图 8.14 系统信息更新的基本原理

网络有两种通知系统信息改变的方式：

（1）通过 Paging 消息。用于通知 RRC_IDLE 和 RRC_CONNECTED 状态下的 UE 系统信息发生了改变。如果 UE 接收的 Paging 消息中包含 systemInfoModification 信元，则它知道在下一个修改周期边界系统信息会改变。Paging 消息仅仅通知 UE 系统信息的改变，但不提供改变的具体内容。

（2）通过 SIB1 消息。SIB1 包含一个标签(由信元 systemInformationValueTag 表示)，用于指示 SI 消息是否发生改变。例如，当从覆盖区域外返回时，UE 使用这些标签值验证之前获取的系统信息是否仍然有效。

4. 系统信息获取

UE 通过系统信息获取过程来获取 E-UTRAN 广播的接入层 AS 和非接入层 NAS 系统信息，流程如图 8.15 所示。

系统信息获取流程既适用于 RRC_IDLE 状态的 UE，也适用于 RRC_CONNECTED 状态的 UE。当满足如下条件中的至少一条时，UE 将执行系统信息获取流程：

- 完成小区选择(例如开机)或小区重选；
- 完成切换或从另一种 RAT 切换进入 E-UTRA；
- 重新返回覆盖区域；
- 系统信息发生改变；
- 出现接收 ETWS 或 CMAS 通知指示；
- 系统信息超出最大有效持续时间(3 小时)。

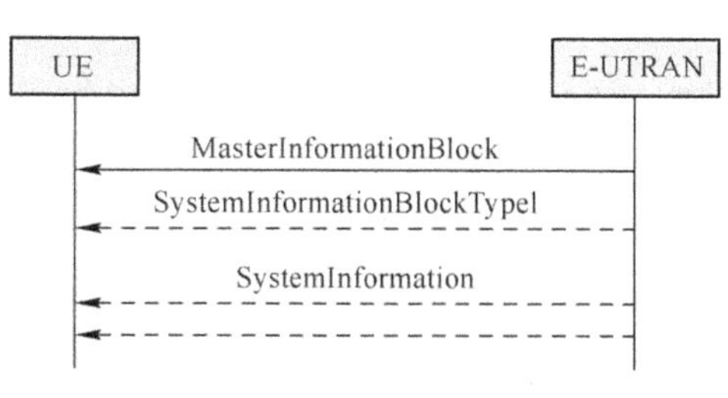

图 8.15　系统信息获取流程

8.2.3　随机接入

随机接入是 LTE 的一个基本功能，UE 只有通过随机接入过程与系统上行同步以后，才能够被系统调度来进行上行的传输。触发 UE 进行随机接入的场景包括：

场景 1：RRC_IDLE 状态下的 UE 初始接入网络；

场景 2：UE 发生无线链路断开并重新接入网络；

场景 3：UE 发生切换；

场景 4：UE 在 RRC_CONNECTED 状态下收到下行数据，且上行同步状态为“非同步”；

场景 5：UE 在 RRC_CONNECTED 状态下收到上行数据，且上行同步状态为“非同步”或者没有 PUCCH 资源可用于调度。

随机接入过程分为竞争随机接入和非竞争随机接入两种。在竞争随机接入中，接入前导序列由 UE 产生，不同 UE 产生的前导序列可能冲突，eNodeB 需要通过竞争决议解决不同 UE 的接入冲突，竞争随机接入适用于触发随机接入的所有五种场景。在非竞争随机接入中，接入前导序列由 eNodeB 分配给 UE，这些接入前导序列属于专用前导，UE 不会发生前导序列冲突，非竞争随机接入仅适用于触发随机接入的场景 3 和场景 4 两种情况。

1. 竞争随机接入

基于竞争的随机接入流程如图 8.16 所示，包括四个步骤：

（1）随机接入前导序列发送

LTE 中，每个小区有 64 个随机接入前导序列，分别被用于竞争的随机接入(如初始接入)和非竞争的随机接入(如切换时的接入)。其中，用于竞争的随机接入的前导序列的数目在 SIB2 系统消息中广播。

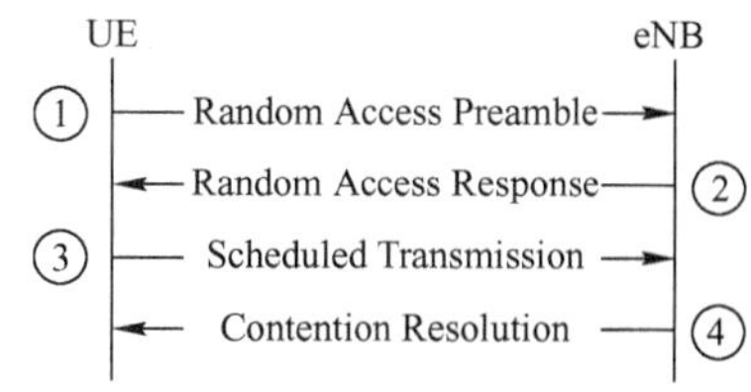

图 8.16　竞争随机接入流程

用于竞争的随机接入前导序列被分为 GroupA 和 GroupB 两组，其中 GroupA 的元素数目由参数 preamblesGroupA 决定，如果 GroupA 的元素数目和用于竞争的随机前导序列的总数相等，则意味着 GroupB 不存在。GroupA 和 GroupB 的主要区别在于步骤三中发送的 MSG3 消息的尺寸大小，该消息的尺寸由参数 messageSizeGroupA 表示。在 GroupB 存在的情况下，如果所要传输的信息的长度大于 messageSizeGroupA，UE 就会选择 GroupB 中的前导序列，否则选择 GroupA 中的前导序列。UE 通过选择 GroupA 或者 GroupB 里面的前导序列，可以隐式地通知 eNodeB 其将要传输的 MSG3 的大小。eNodeB 可以据此分配相应的上行资源，从而避免了资源浪费。

（2）随机接入响应(RAR)

当 eNodeB 检测到 UE 发送的前导序列时，会在 DL-SCH 上发送随机接入响应消息 RAR，RAR 包含的内容有：检测到的前导序列的索引号、用于上行同步的时间调整信息、初始的上行资源分配(用于发送随后的 MSG3)，以及一个临时 C-RNTI，此临时的 C-RNTI 将在步骤四(冲突解决)中决定是否转换为永久的 C-RNTI。

UE 需要在 PDCCH 上使用 RA-RNTI(Random Access RNTI)来监听 RAR 消息。

$$\text{RA-RNTI} = 1 + \text{t\_id} + 10 \times \text{f\_id} \tag{8.10}$$

其中，t_id 是发送前导的 PRACH 的第一个子帧索引号，满足$0 \leqslant \text{t_id} < 10$；f_id 是在这个子帧里的 PRACH 索引，也就是频域位置索引，满足$0 \leqslant \text{f_id} \leqslant 6$。对于 FDD 系统来说，只有一个频域位置，因此 f_id 永远为 0。

RA-RNTI 与 UE 发送前导序列的时频位置一一对应，UE 和 eNodeB 可以分别计算出前导序列对应的 RA-RNTI 值。UE 监听 PDCCH 信道上以 RA-RNTI 表征的 RAR 消息，并解码相应的 PDSCH 信道，如果 RAR 中前导序列索引与 UE 自己发送的前导序列相同，那么 UE 就采用 RAR 中的上行时间调整信息，并启动相应的冲突解决过程。在 RAR 消息中，还可能存在一个回退指示，指示 UE 重传前导的等待时间范围。如果 UE 在规定的时间范围内没有收到任何 RAR 消息，或者 RAR 消息中的前导序列索引与自己的不符，那么认为此次的前导接入失败。UE 需要推迟一段时间才能进行下一次的前导接入。具体的推迟时间范围由回退指示决定，在 0 到回退值之间随机取值，这样的设计可以减少 UE 在相同时刻再次同时发送前导序列的几率。

（3）MSG3 发送(RRC 连接请求)

UE 接收到 RAR 消息获得上行时间同步和上行资源，但此时并不能确定 RAR 消息是发送给 UE 自己还是发送给其他的 UE 的。由于 UE 的前导序列是从公共资源中随机选取的，因此存在不同 UE 在相同的时间-频率资源上发送相同的接入前导序列的可能性，这样，这些 UE 会通过相同的 RA-RNTI 接收到同样的 RAR。并且，UE 也无从知道是否有其他的 UE 正在使用相同的资源进行随机接入，因此 UE 需要通过随后的 MSG4 消息来解决这样的随机接入冲突。

MSG3 是第一条基于上行调度、通过 HARQ(Hybrid Automatic Repeat Request)在 PUSCH 上传输的消息，其最大重传次数由 maxHARQ-Msg3TX 定义。在初始的随机接入中，MSG3 中传输的是 RRC 连接请求消息。如果不同的 UE 接收到相同的 RAR 消息，它们就会获得相同的上行资源，同时发送 MSG3 消息。为了区分不同的 UE，在 MSG3 中会携带一个 UE 专属的 ID 用于区分不同的 UE。在初始接入的情况下，这个 ID 可以是 UE 的 S-TMSI 或者是随机生成的一个 40 位的值(可以认为，不同 UE 随机生成相同的 40 位值的可能性非常小)。

（4）冲突解决消息

UE 在发送完 MSG3 消息后就要立刻启动竞争消除定时器 mac-ContentionResolution Timer，随后每一次重传 MSG3 时都要重启这个定时器，UE 需要在此时间内监听 eNodeB 返回给自己的冲突解决消息。如果在 mac-ContentionResolutionTimer 时间内，UE 接收到 eNodeB 返回的 ContentionResolution 消息，并且其中携带的 UE ID 与自己在 MSG3 中上报给 eNodeB 的相符，那么 UE 就认为自己赢得了此次的随机接入冲突，随机接入成功，并将在 RAR 消息中得到的临时 C-RNTI 置为自己的 C-RNTI。否则，UE 认为此次接入失败，并按照上面所述的规则进行随机接入的重传过程。

值得注意的是，冲突解决消息 MSG4 也是基于 HARQ 的，只有赢得冲突的 UE 才发送 ACK 值，失去冲突或无法解码 MSG4 的 UE 不发送任何反馈消息。

2. 非竞争随机接入

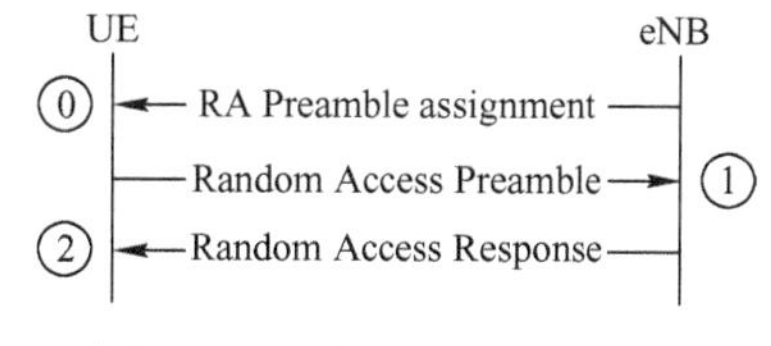

图 8.17　非竞争随机接入流程

非竞争随机接入流程如图 8.17 所示。首先，eNodeB 给 UE 分配专属的随机接入前导序列，此后的过程同竞争随机接入的步骤一和步骤二。

非竞争随机接入过程不会导致 UE 接入冲突，它是使用专用的前导序列进行随机接入的，目的是为了加快恢复业务的平均速度，缩短业务恢复时间。但当 eNodeB 的专用前导码全部用完时，非竞争的随机接入将转变成竞争的随机接入。

8.2.4　小区选择和重选

小区选择和小区重选是在空闲模式下的操作过程，此过程无需网络的控制，由 UE 自身决策和执行。

1. 小区选择

在 LTE 通信系统中，小区选择是指当 UE 没有驻留在任何小区时(开机或从无服务区域进入有服务区域)，UE 要在所有支持的所有载频上搜索合适的小区，并选择该小区去驻留的过程。

LTE 中小区选择遵循 S 准则，即满足 S 准则条件时，该小区被认为是一个合适的小区，否则忽略该小区。S 准则如下：

$$\text{Srxlev} > 0 \quad \text{AND} \quad \text{Squal} > 0$$

其中

$$\text{Srxlev} = \text{Qrxlevmeas} - (\text{Qrxlevmin} + \text{Qrxlevminoffset}) - \text{Pcompensation}$$

$$\text{Squal} = \text{Qqualmeas} - (\text{Qqualmin} + \text{Qqualminoffset})$$

表 8.4　对公式中的各参数进行了说明。

表 8.4　小区选择参数说明

参　数	含　义	来　源	取 值 范 围
Srxlev	小区选择接收功率值(dBm)	UE 计算	—
Squal	小区选择接收质量值(dB)	UE 计算	—
Qrxlevmeas	小区下行测量功率值(RSRP)	UE 测量	—
Qqualmeas	小区下行测量质量值(RSRQ)	UE 测量	—
Qrxlevmin	小区最小需要接收功率值(dBm)	SIB1 广播	INTEGER (-70, -22)
Qqualmin	小区最小需要接收质量值（dB）	SIB1 广播	INTEGER (-34, -3)，如果不存在，则为负无穷大
Qrxlevminoffset	相对 Qrxlevmin 的偏移值，当驻留在 VPLMN 中，周期性搜索更高优先级的 PLMN 时，用于计算 S 准则。实际 Qrxlevminoffset = IE value * 2 [dB]	SIB1 广播	INTEGER (1, 8)
Qqualminoffset	相对 Qqualmin 的偏移值，当驻留在 VPLMN 中，周期性搜索更高优先级的 PLMN 时，用于计算 Squal；不存在则默认为 0	SIB1 广播	INTEGER (1, 8)
Pcompensation	(P_{EMAX_H} −$P_{PowerClass}$)和 0 之间的最大值(dB)	UE 计算	—
P_{EMAX_H}	发送上行时的最大发送功率(dBm)，即 P_{Max}	SIB1 广播	INTEGER (-30, 33)
$P_{PowerClass}$	根据 UE 功率等级而规定的 RF 最大输出功率	UE 自身参数	23

S 准则可以理解为特定 UE 根据小区信号质量的好坏进行小区选择。当一个 PLMN 被选定后，UE 将启动小区选择过程，根据 UE 中是否保存有载频的相关信息，小区选择分为“初始小区选择”和“带有存储信息的小区选择”两种情况。

在“初始小区选择”情况下，UE 顺序搜索 E-UTRA 每个载频上的最强小区，判断其是否符合小区选择的 S 准则，一旦发现有满足条件的小区，该小区即被作为小区选择和驻留的对象上报给 UE 非接入层，小区搜索停止。

而在“带有存储信息的小区选择”情况下，UE 利用之前存储的载频信息及相关小区参数(如 PLMN、位置区标识 LAI、服务小区和邻近小区信息)，仅对特定频率或特定小区进行搜索。该方式能够降低小区选择过程的负荷，并加速小区选择的速度。

2. 小区重选

UE 完成小区选择过程后驻留于某个 E-UTRA 小区，停留适当的时间(1s)后，就可以进行小区重选的过程。通过小区重选，可以最大程度地保证空闲模式下的 UE 驻留在合适的小区。

在空闲状态下，通过对服务小区和相邻小区测量值的监控来触发小区重选。小区重选触发条件的核心内容是：存在有比服务小区更好的小区，且该小区在一段时间内都保持最好。这样，一方面 UE 尽量重选到更好的小区，另一方面又保证了稳定性，避免发生频繁的小区重选过程。

在 LTE 中，小区重选分为系统内的小区重选和系统间的小区重选两种，系统内的小区重选又进一步分为同频小区重选和异频小区重选。

（1）重选优先级

在 LTE 系统，网络可配置不同频点或频率组的重选优先级，并在广播系统消息中通知 UE，对应的参数为 cellreselectionPriority，取值为 0～7，其中 0 为最低优先级。重选优先级是基于载频的，即在相同载频的不同小区具有相同的优先级。通过配置各载频的优先级，网络便能方便地引导终端重选到高优先级的小区驻留，达到均衡网络负荷、提升系统资源利用率、保障 UE 信号质量的作用。

（2）小区重选准则

对于同频或者异频但具有同等优先级的小区，UE 采用 R 准则对小区进行重选判决。所谓 R 准则，是指服务小区的 Rs 和目标小区的 Rt 满足：在 Treselection 时间内，Rt 持续超过 Rs，并持续 Treselection 时间。其中

$$Rs = Qmeas,s + QHyst \qquad Rt = Qmeas,t - Qoffset$$

满足上述条件后，UE 就会重选到目标小区。小区重选相关参数见表 8.5。

表 8.5　同频或异频同等优先级小区重选参数说明

参 数 名	单　位	含　义
Qmeas,s	dBm	UE 测量到的服务小区 RSRP 实际值
Qmeas,t	dBm	UE 测量到的邻小区 RSRP 实际值
Qhyst	dB	服务小区的重选迟滞，常用值 2，使服务小区的信号强度被高估，延迟小区重选
Qoffsets	dB	被测邻小区的偏移值，常用值 0，使相邻小区的信号强度或质量被低估，延迟小区重选。还可根据不同小区、载频设置不同偏置，影响小区排序结果，控制小区重选
Treselection	s	指示同优先级小区重选的定时器时长，用于避免乒乓效应

对于异频或异系统小区重选判决，根据重选优先级的不同，分为两种不同情况：

① 低优先级小区重选到高优先级小区

如果 ThreshX-Q 参数存在，那么当满足如下条件时，小区重选到比服务小区频率优先级更高的 E-UTRAN 频率或异系统某个频率的小区上：在时间 $Treselection_{RAT}$ 内，高优先级 RAT 或者频率的小区满足 $Squal > Thresh_{X, HighQ}$；并且，UE 驻留到当前服务小区已超过 1 秒。

如果 ThreshX-Q 参数不存在，那么当满足如下条件时，小区重选到比服务小区频率优先级更高的 E-UTRAN 频率或异系统某个频率的小区上：在时间 $Treselection_{RAT}$ 内，高优先级 RAT 或者频率的小区满足 $Srxlev > Thresh_{X, HighP}$；并且，UE 驻留到当前服务小区已超过 1 秒。

② 高优先级小区重选到低优先级小区

如果 ThreshX-Q 存在，那么当满足如下条件时，小区重选到比服务小区频率优先级更低的

E-UTRAN 频率或异系统某个频率的小区上：服务小区满足 Squal < $Thresh_{Serving, LowQ}$，并且在时间 $Treselection_{RAT}$ 内，低优先级 RAT 或者频率的小区满足 Squal > $Thresh_{X, LowQ}$；并且，UE 驻留到当前服务小区已超过 1 秒。

如果 ThreshX-Q 不存在，那么当满足如下条件时，小区重选到比服务小区频率优先级更低的 E-UTRAN 频率或异系统某个频率的小区上：服务小区满足 Srxlev < $Thresh_{Serving, LowP}$，并且在时间 $Treselection_{RAT}$ 内，低优先级 RAT 或者频率的小区满足 Srxlev > $Thresh_{Serving, LowP}$；并且，UE 驻留到当前服务小区已超过 1 秒。

当多个小区满足小区重选准则时，高优先级小区的重选优先于低优先级小区。

上述过程中的参数说明见表 8.6。

表 8.6　异频或异系统小区重选参数说明

参　数	含　义	来　源	取值范围
cellReselectionPriority	指定 E-UTRAN 频率、或 UTRAN 频率、或一组 GERAN 频率、或 CDMA2000 HRPD 的频带、或 CDMA2000 1xRTT 的频带的绝对优先级	RRCConnectionRelease message 或者 SIB、SIB5、SIB6、SIB7、SIB8	INTEGER (0, 7)，0 为最低优先级
$Treselection_{RAT}$	该值表示小区重选定时器值。对于每个目标 E-ETRA 频率，以及对于每个 RAT(除 E-UTRAN 之外)，都对小区重选定时器定义了一个特定值，这个值应用于 E-UTRAN 中或到其他 RAT 的小区重选的评估中(即对于 E-UTRAN，$Treselection_{RAT}$是 $Treselection_{EUTRA}$，对于 UTRAN，是 $Treselection_{UTRA}$，对于 GERAN，是 $Treselection_{GERA}$，对于 CDMA HRPD，是 $Treselection_{CDMA\_HRPD}$，对于 CDMA 1xRTT，是 $Treselection_{CDMA\_1xRTT}$)。 注：TreselectionRAT 不在系统信息中发送，但是在每个 RAT 重选规则中都会使用		
$Thresh_{X, HighP}$	该值表示重选到比服务频率更高优先级频率/RAT(X)时，UE 对比 Srxlev 使用的门限。E-UTRAN 和 UTRAN 的每个频率，GERAN 的频率组，CDMA2000 HRPD 和 CDMA2000 1xRTT 的每个频带具有特定的门限。单位：dB	SIB5 或者 SIB6 或者 SIB7 或者 SIB8 中的 threshX-High	CDMA2000 为 INTEGER (0, 63)，其他为 INTEGER (0, 31)
$Thresh_{X, HighQ}$	该值表示重选到比服务频率更高优先级频率/RAT(X)时，UE 对比 Squal 使用的门限。E-UTRAN 和 UTRAN FDD 的每个频带具有特定的门限。单位：dB	SIB5 或者 SIB6 中的 threshX-HighQ-r9	INTEGER (0, 31)
$Thresh_{X, LowP}$	该值表示从高优先级频率重选到低优先级频率/RAT(X)时，UE 对比 Srxlev 使用的门限。E-UTRAN and UTRAN 的每个频率，GERAN 的频率组，CDMA2000 HRPD 和 CDMA2000 1xRTT 的每个频带具有特定的门限。单位：dB	SIB5 或者 SIB6 或者 SIB7 或者 SIB8 中的 threshX-Low	CDMA2000 为 INTEGER (0, 63)，其他为 INTEGER (0, 31)
$Thresh_{X, LowQ}$	该值表示 UE 从高优先级频率重选到低优先级频率/RAT(X)时，UE 对比 Squal 使用的门限。E-UTRAN 和 UTRAN FDD 的每个频带具有特定的门限。单位：dB	SIB5 或者 SIB6 中的 threshX-LowQ-r9	INTEGER (0, 31)
$Thresh_{Serving, LowP}$	当向一个更低优先级的 RAT/频率重选时，指定的服务小区的 Srxlev 的门限值	SIB3 中的 threshServingLow	INTEGER (0, 31)
$Thresh_{Serving, LowQ}$	当向一个更低优先级的 RAT/频率重选时，指定的服务小区的 Squal 的门限值	SIB3 中的 threshServingLowQ-r9	INTEGER (0, 31)

8.2.5　切换

切换是指 UE 在通信过程中从一个基站覆盖区移动到另一个基站覆盖区，或者环境的变化导致由衰落、障碍物和干扰造成通信质量下降，必须将通信信道转接到新的信道上，以继续保持正常的通信。切换过程需要快速和准确，同时还要尽量避免乒乓切换。切换是重要的移动性管理功能，切换成功率在服务质量测量统计中被认为是一个重要的指标。

1. 切换流程

LTE 中采用的是 UE 辅助、网络决策的切换。所谓 UE 辅助，是指 UE 上报服务小区和邻小区的测量结果，网络根据测量结果进行切换判决。LTE 中的切换流程如图 8.18 所示。

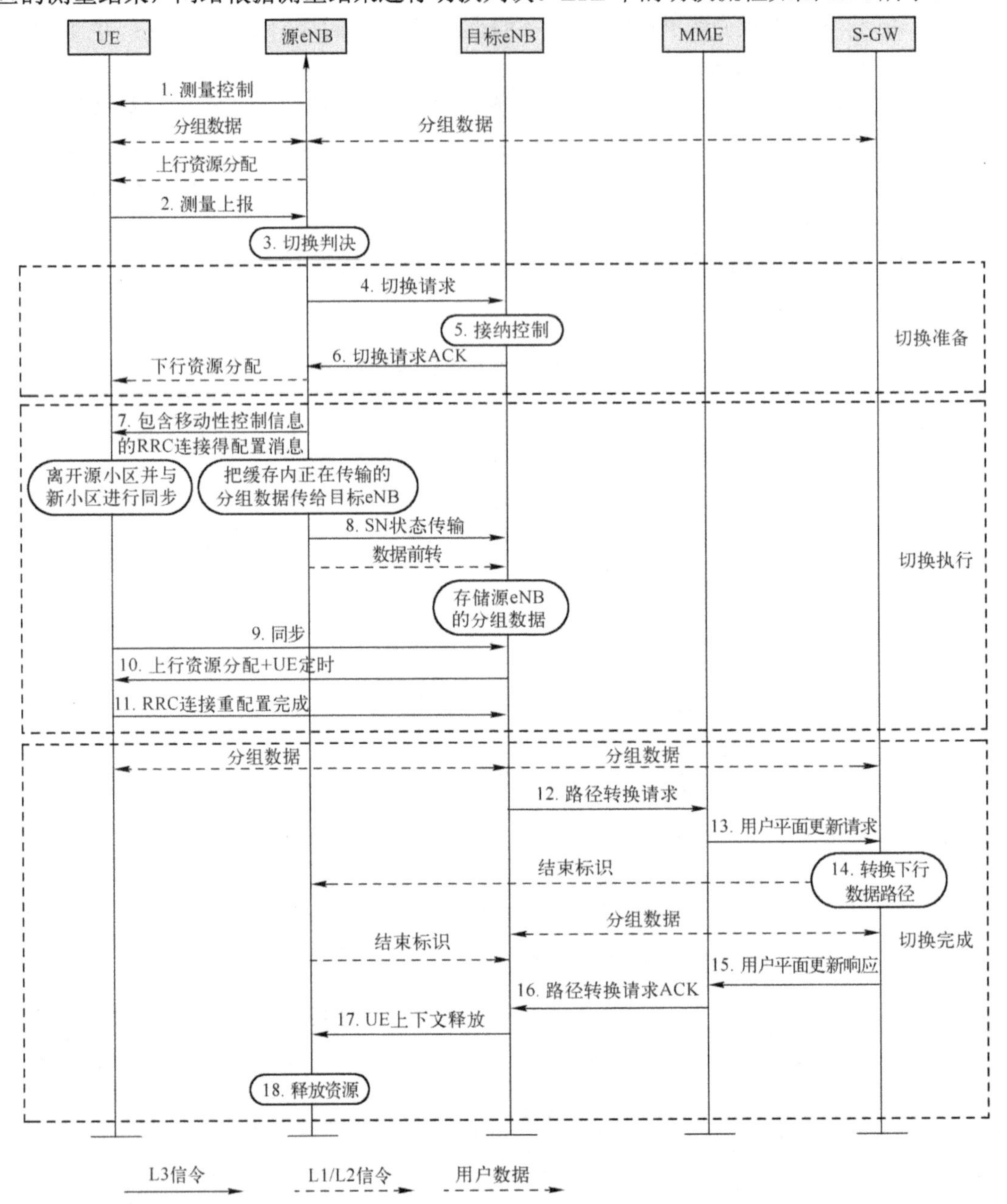

图 8.18　LTE 切换流程

下面对上图中的切换流程进行详细介绍。

① 源 eNB 对 UE 进行测量配置，UE 的测量结果将用于辅助源 eNB 进行切换判决。

② UE 根据测量配置，进行测量上报。

③ 源 eNB 参考 UE 的测量上报结果，根据自身的切换算法，进行切换判决。

④ 源 eNB 向目标 eNB 发送切换请求消息，该消息包含切换准备的相关信息，主要有 UE 的 X2 和 S1 信令上下文参考、目标小区标识、密钥 KeNB*、RRC 上下文、AS 配置、E-UTRAN 无线接入承载(E-UTRAN Radio Access Bearer, E-RAB)上下文等。同时也包含源小区物理层标识和消息鉴权验证码，用于可能的切换失败后的恢复过程。

⑤ 目标 eNB 根据收到的 E-RAB QoS 信息进行接纳控制，以提高切换的成功率。接纳控

制要考虑预留相应的资源、C-RNTI 以及分配专用随机接入前导序列等。

⑥ 目标 eNB 进行 L1/L2 的切换准备，同时向源 eNB 发送切换请求 ACK 消息，源 eNB 收到切换请求 ACK 消息或者是向 UE 转发了切换命令之后，就可以开始数据前转了。

⑦ 切换命令(携带了移动性控制信息的 RRC 连接重配置消息)是由目标 eNB 生成的，通过源 eNB 将其透传给 UE。当 UE 收到该消息之后，就会利用该消息中的相关参数发起切换过程。UE 不需要等待低层向源 eNB 发送的混合自动重传请求(HARQ，Hybrid Automatic Repeat reQuest)/自动重传请求(Automatic Repeat reQuest，ARQ)响应，就可以发起切换过程。

⑧ 源 eNB 发送序列号(Sequence Number，SN)状态传输消息到目标 eNB(仅那些需要保留 PDCP 状态的 E-RAB 需要执行 SN 状态的转发，对应于 RLC AM 模式)，包含 E-RAB 的上行 PDCP SN 接收状态和下行 PDCP SN 发送状态。上行 PDCP SN 接收状态至少包含了按序接收的最后一个上行 SDU 的 PDCP SN，也可能包含以比特映射的形式表示的那些造成接收乱序的丢失的上行 SDU 的 SN(如果有这样的 SDU，这些 SDU 需要 UE 在目标小区进行重传)。

⑨ UE 收到切换命令以后，执行与目标小区的同步。如果在切换命令中配置了随机接入专用前导序列，则使用非竞争随机接入流程接入目标小区；如果没有配置专用前导序列，则使用竞争随机接入流程接入目标小区。UE 计算在目标 eNB 所需使用的密钥并配置由网络选择的在目标 eNB 使用的安全算法，用于切换成功之后与目标 eNB 进行通信。

⑩ 网络回复上行资源分配指示和定时提前量。

⑪ 当 UE 成功接入目标小区后，UE 发送 RRC 连接重配置完成消息，向目标 eNB 确认切换过程完成。目标 eNB 通过接收 RRC 连接重配置完成消息，确认切换成功。至此，目标 eNB 可以开始向 UE 发送数据。

⑫ 目标 eNB 向 MME 发送一个路径转换请求消息来告知 UE 更换了小区，此时空口的切换已经成功完成。

⑬ MME 向 SGW 发送用户平面更新请求消息。

⑭ SGW 将下行数据路径切换到目标 eNB 侧。SGW 在旧路径上发送一个或多个“结束标识”到源 eNB，然后就可以释放源 eNB 的用户平面资源了。

⑮ SGW 向 MME 发送用户平面更新响应消息。

⑯ MME 向目标 eNB 发送路径转换请求 ACK 消息。

步骤⑫～⑯完成了路径转换过程，该过程的目的是将用户平面的数据路径从源 eNB 转到目标 eNB。在 SGW 转换了下行路径以后，前转路径和新路径的下行数据包在目标 eNB 可能会交替到达。目标 eNB 应该首先传递所有的前转数据包给 UE，然后再传递从新路径接收的数据包。目标 eNB 使用这一方法可以保证正确的传输顺序。为了辅助在目标 eNB 的重排功能，SGW 在 E-RAB 转换路径以后，立即在旧路径发送一个或者多个“结束标识”。“结束标识”内不含用户数据，由 GTP 头指示。在完成发送含有标识符的包以后，SGW 不应该在旧路径发送任何数据包。在收到“结束标识”以后，如果前转功能对这个承载是激活的，源 eNB 应该将此包发送给目标 eNB。在察觉了“结束标识”以后，目标 eNB 应该丢弃“结束标识”并发起任何必要的流程来维持用户的按序递交，这些数据是通过 X2 口前转的或者路径转换以后从 S-GW 通过 S1 口接收的。

⑰ 目标 eNB 向源 eNB 发送 UE 上下文释放消息，通知源 eNB 切换已成功并触发源 eNB 进行资源释放。目标 eNB 在收到从 MME 发回的路径转换 ACK 消息后发送这条消息。

⑱ 收到 UE 上下文释放消息之后，源 eNB 可以释放无线承载和与 UE 上下文相关的控制平面资源。任何正在进行的数据前转将继续进行。

2. 测量上报

切换测量过程主要是网络根据测量需求将测量配置下发 UE，UE 根据测量配置进行适当的测量，并按照测量上报准则(周期上报或事件触发上报)发送测量报告，将测量结果上报 eNB。对于 LTE 系统内切换，有 A1～A5 共五种测量上报触发事件，分别用于不同的场景。

（1）事件 A1(服务小区测量值高于门限值)

事件 A1 的作用是指示 UE 当前的服务小区信道质量较好，可以停止 UE 正在进行的异频测量和异系统测量，从而降低 UE 的功耗。事件 A1 的示意图如图 8.19 所示。

当不等式 A1-1 成立时，满足事件 A1 的进入条件；当不等式 A1-2 成立时，满足事件 A1 的离开条件。

- 不等式 A1-1：$\text{Ms} - \text{Hys} > \text{Thresh}$
- 不等式 A1-2：$\text{Ms} + \text{Hys} < \text{Thresh}$

不等式 A1-1 和 A1-2 中的变量定义如下：

- Ms 是服务小区的信道测量结果；
- Hys 是该事件的迟滞参数；
- Thresh 是该事件的门限值参数。

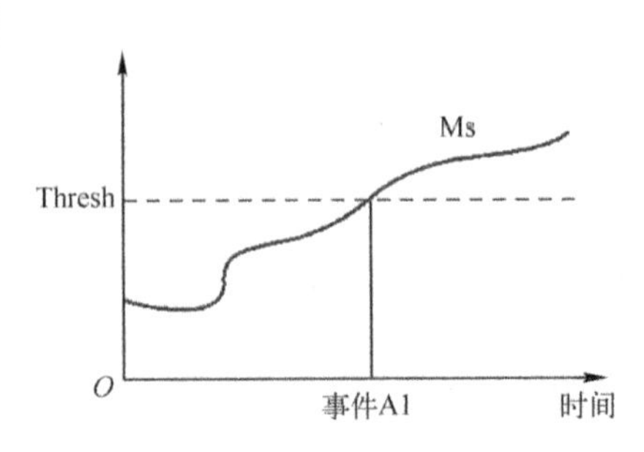

图 8.19　测量上报事件 A1 示意图

（2）事件 A2(服务小区测量值低于门限值)

事件 A2 的作用是指示 UE 当前的服务小区信道质量较差，可以开始异频/异系统测量。事件 A2 的示意图如图 8.20 所示。

当不等式 A2-1 成立时，满足事件 A2 的进入条件；当不等式 A2-2 成立时，满足事件 A2 的离开条件。

- 不等式 A2-1：$\text{Ms} + \text{Hys} < \text{Thresh}$
- 不等式 A2-2：$\text{Ms} - \text{Hys} > \text{Thresh}$

不等式 A2-1 和 A2-2 中的变量定义如下：

- Ms 是服务小区的信道测量结果；
- Hys 是该事件的迟滞参数；
- Thresh 是该事件的门限值参数。

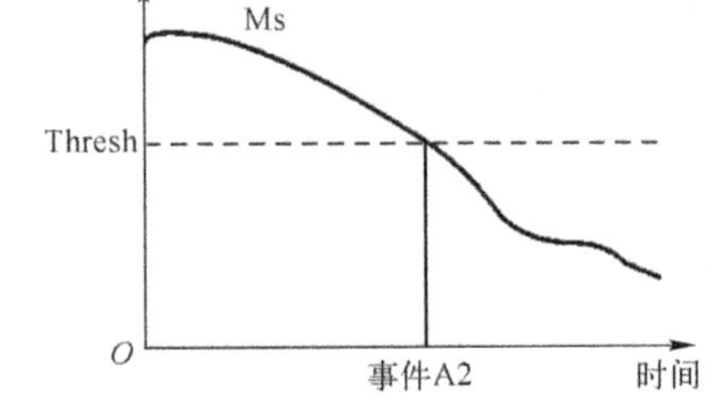

图 8.20　测量上报事件 A2 示意图

（3）事件 A3(邻小区测量值比服务小区更好)

事件 A3 的含义是邻小区的信道质量已经好于当前服务小区，并且达到一定程度，这时候有必要进行切换了。A3 事件的示意图如图 8.21 所示。

当不等式 A3-1 成立时，满足事件 A3 的进入条件；当不等式 A3-2 成立时，满足事件 A3 的离开条件。

- 不等式 A3-1：$\text{Mn} + \text{Ofn} + \text{Ocn} - \text{Hys} > \text{Ms} + \text{Ofs} + \text{Ocs} + \text{Off}$
- 不等式 A3-2：$\text{Mn} + \text{Ofn} + \text{Ocn} + \text{Hys} < \text{Ms} + \text{Ofs} + \text{Ocs} + \text{Off}$

不等式 A3-1 和 A3-2 中的变量定义如下：

- Mn 是邻小区的信道测量结果；
- Ofn 是该邻小区频率对应的偏置；
- Ocn 是该邻小区的小区特定偏置；
- Hys 是该事件的迟滞参数；
- Ms 是服务小区的信道测量结果；
- Ofs 是服务频率的频率特定偏置；
- Ocs 是服务小区的小区特定偏置；
- Off 是该事件的偏移参数。

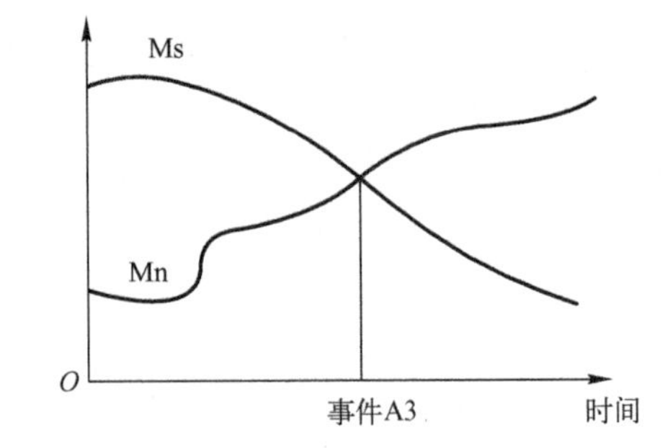

图 8.21　测量上报 A3 示意图

参数 Ofn、Ocn、Ofs 和 Ocs 根据频率优先级和小区优先级进行设定。

（4）事件 A4(邻小区测量值高于门限值)

事件 A4 的主要作用是负载均衡，或用于选择同频或异频邻小区作为服务小区。事件 A4

的示意图如图 8.22 所示。

当不等式 A4-1 成立时，满足事件 A4 的进入条件；当不等式 A4-2 成立时，满足事件 A4 的离开条件。

- 不等式 A4-1：$Mn + Ofn + Ocn - Hys > Thresh$
- 不等式 A4-2：$Mn + Ofn + Ocn + Hys < Thresh$

不等式 A4-1 和 A4-2 中的变量定义如下：

- Mn 是邻小区的信道测量结果；
- Ofn 是该邻小区频率对应的偏置；
- Ocn 是该邻小区的小区特定偏置；
- Hys 是该事件的迟滞参数；
- Thresh 是该事件的门限值参数。

图 8.22　测量上报事件 A4 示意图

（5）事件 A5（服务小区测量值低于门限值 1 并且邻小区测量值高于门限值 2）

事件 A5 的主要作用是负载均衡，与 RRC_Idle 状态下的 UE 重选到更高优先级的小区类似。事件 A5 的示意图如图 8.23 所示。

当不等式 A5-1 和 A5-2 同时成立时，满足事件 A5 的进入条件；当不等式 A5-3 和不等式 A5-4 至少之一成立时，满足事件 A5 的离开条件。

- 不等式 A5-1：$Ms + Hys < Thresh1$
- 不等式 A5-2：$Mn + Ofn + Ocn - Hys > Thresh2$
- 不等式 A5-3：$Ms - Hys > Thresh1$
- 不等式 A5-4：$Mn + Ofn + Ocn + Hys < Thresh2$

不等式 A5-1、A5-2、A5-3 和 A5-4 中的变量定义如下：

- Ms 是服务小区的信道测量结果；
- Mn 是邻小区的信道测量结果；
- Ofn 是该邻小区频率对应的偏置；
- Ocn 是该邻小区的小区特定偏置；
- Hys 是该事件的迟滞参数；
- Thresh1 和 Thresh2 是该事件的门限值参数。

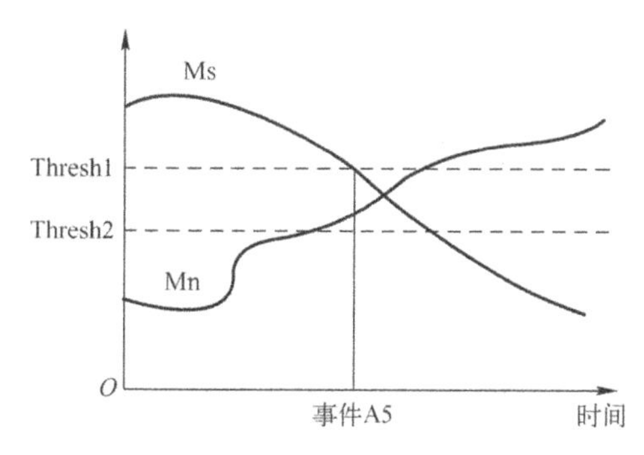

图 8.23　测量上报事件 A5 示意图

3．切换判决

切换判决过程包括：源 eNB 根据网络和业务等各方面要求配置相应的参数，并结合测量报告中的测量结果、无线资源信息以及相邻 eNB 的测量结果给出切换判决的结果，最终决定 UE 是否切换以及切换到的目标小区。一般来说，网络侧进行小区切换判决过程中应考虑的因素主要包括：UE 上报的测量结果；相邻小区的负载及干扰状况；UE 的业务类型；UE 的移动速度。

4．切换执行

从 UE 接收到来自源 eNB 的切换命令消息开始，到 UE 完成到目标 eNB 的随机接入，并成功向目标 eNB 发送切换完成消息为止，整个切换执行过程结束。

切换执行阶段主要进行：用户的随机接入，用户面数据前转。切换过程中的随机接入可以采用竞争模式或非竞争模式。

8.3　LTE-Advanced 增强技术

LTE-Advanced（LTE-A）是 LTE 的演进版本，其目的是满足无线通信市场的更高需求，满足和超过 IMT-Advanced 的技术指标需求，同时保持对 LTE 较好的后向兼容性。LTE-A 采用了载波聚合(Carrier Aggregation, CA)、中继(Relay)技术、上/下行多天线增强(Enhanced UL/DL MIMO)、多点协作传输(Coordinated Multi-point Tx&Rx, CoMP)、异构网干扰协调增强(Enhanced Inter-cell Interference Coordination, eICIC)等关键技术，能大大提高无线通信系统的峰值数据速率、峰值谱效率、小区平均谱效率以及小区边界用户性能，同时也能提高整个网络的组网效率，这使得 LTE 和 LTE-A 系统成为无线通信发展的主流，本节将对 LTE-A 主要关键技术进行介绍。

8.3.1 载波聚合技术

LTE-Advanced 要求在 100MHz 带宽内提供下行 1Gbit/s，上行 500Mbit/s 的峰值速率。一方面，LTE-Advanced 系统要在如此宽的频带内工作，另一方面在无线资源频谱日益紧张的今天，很难找到连续 100MHz 的频谱供 LTE-Advanced 系统使用，故将 LTE 系统现有的离散频带组合起来构成更大系统带宽成为一种必然选择。因此，3GPP 提出了载波聚合(Carrier Aggregation，CA)技术，通过联合调度和使用多个离散的频带，使得 LTE-Advanced 系统可以支持最大 100MHz 的带宽，从而能够实现更高的峰值速率，改善用户的业务体验。

根据聚合载波所处频段的不同，载波聚合分为频带内(intra-band)载波聚合和频带间(inter-band)载波聚合。频带内载波聚合是指聚合在一起的载波属于同一个频段，频带间载波聚合是指聚合在一起的载波属于不同的频段。一个上行载波和一个下行载波关联到一起就构成一个服务小区(Cell)，所以载波聚合又称为小区聚合。为了便于对服务小区的管理，3GPP 定义了主小区(Primary Cell，PCell)和辅小区(Secondary Cell，SCell)，规定每个 UE 有且仅有 1 个 PCell 和最多 4 个 SCell。PCell 的主要作用包括 RRC 连接管理、非接入层(Non-Access Stratum，NAS)移动性、作为安全性参数的输入和发送物理层控制信息；SCell 的主要作用是扩展带宽。图 8.24 是载波聚合示意图，其中阴影填充的上行载波和下行载波构成 PCell。

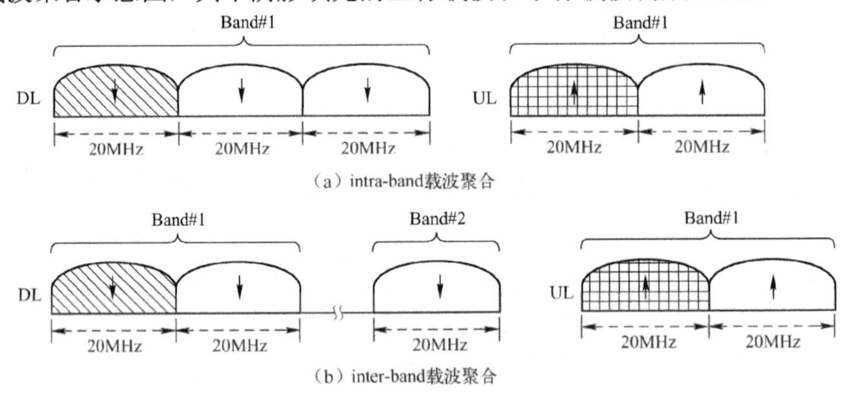

(a) intra-band载波聚合

(b) inter-band载波聚合

图 8.24 载波聚合示意图

1. 交叉载波调度

载波聚合中使用交叉载波调度机制，使得调度具有更高的灵活性。交叉载波调度主要是针对异构网络场景，使受干扰较大的小区的控制信息通过信道条件好的载波传输，以保证控制信息的可靠传输。如图 8.25 所示，本载波调度与 LTE 中的调度方式相同，其 PDSCH/PUSCH 由本载波的 PDCCH 调度。而对于交叉载波调度，其 PDSCH/PUSCH 由其他载波的 PDCCH 调度。当 UE 配置交叉载波调度时，通过载波指示域(Carrier Indication Field，CIF)区分不同的载波，CIF 位于下行控制信息(Downlink Control Information, DCI)格式中的起始位置，长度是 3bit，最多能够标识 8 个小区。

2. 聚合小区管理

引入载波聚合技术后，UE 可以在多个成员载波上传输数据，获得速率提升。但是，并不是所有 UE 都需要使用载波聚合，使用了载波聚合的 UE 也可能不需要一直在多个辅小区上收发数据。为了节省 UE 的功率消耗，定义了几种小区状态：配置/未配置，激活/去激活，几种小区状态的转化关系如图 8.26 所示。

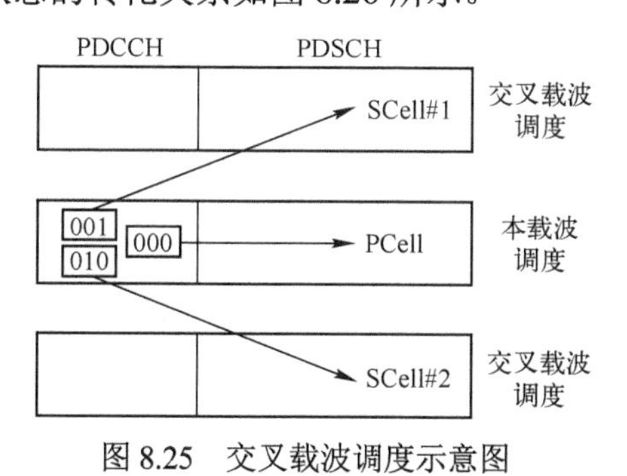

图 8.25　交叉载波调度示意图

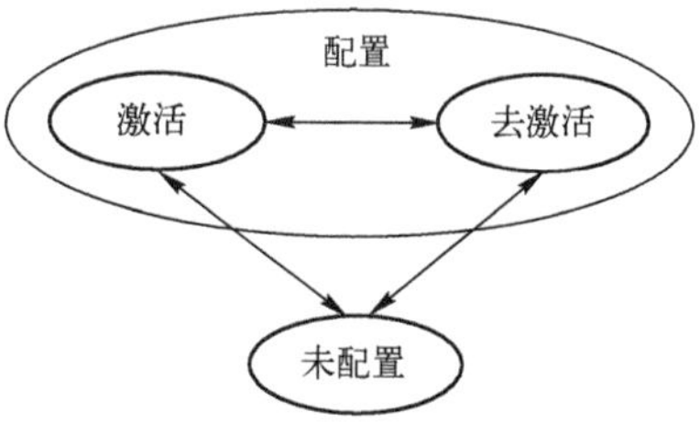

配置
激活
去激活
未配置

图 8.26　聚合小区状态分类

配置/未配置是针对辅小区而说的。被 UE 使用的辅小区称为配置小区，未被使用的辅小区称为未配置小区，配置/未配置是相对于 UE 来说的，即一个 UE 的未配置的辅小区可能是另一个 UE 的配置辅小区。eNB 通过 RRC 重配置信令为 UE 增加额外的配置辅小区，或者删除已配置的辅小区。

配置的辅小区进一步被划分为激活辅小区与去激活辅小区。在去激活的辅小区上，UE 不接收 PDCCH/PDSCH，不发送 SRS/CQI，不发送 PUSCH(包括重传)，不在 PDCCH 搜索空间上检测上行授权，故不会造成 UE 额外的功率开销。引入辅小区激活/去激活机制的好处是：

- 可以将暂时不用的辅小区置为非激活状态，这样可以更好地节省 UE 的功率；
- 去激活辅小区可以通过 MAC 信令快速地转换为激活状态，能够很好地适应突发数据业务的需要。

辅小区激活/去激活有两种方法：显性方法和隐性方法。显性激活/去激活通过专用 MAC 控制单元来实现，MAC 控制单元中每个比特代表对相应编号辅小区的激活/去激活操作，0 表示去激活，1 表示激活。隐性激活/去激活通过计时器来实现：当辅小区被激活的时候，eNB 和 UE 同时启动一个计时器，若计时器超时，则该辅小区隐性地被去激活；如果在计时器超时前该小区上又有新的传输(包括信令和数据)，那么重启该计时器，该辅小区继续保持激活状态。

3. 载波聚合中的切换

在传统 LTE 切换过程中，源 eNB 和目标 eNB 具有不同的功能划分，如表 8.7 所示。在 LTE-Advanced 系统中，如果 UE 在切换之前工作在 CA 模式，为了保证业务的连续性，当 UE 切换完成之后也应该尽快以 CA 模式工作。所以在切换过程中，源 eNB 除了选择 PCell 外，还在切换命令中携带候选 SCell 列表及每个候选 SCell 的信道测量结果(RSRP 和 RSRQ)，供目标 eNB 为 UE 配置 SCell 时作为参考。

表 8.7　切换中源 eNB 和目标 eNB 功能划分

	源 eNB	目标 eNB
LTE	（1）切换判决 （2）目标小区选择	（1）接纳控制 （2）资源预留 （3）生成切换命令
LTE-Advanced 载波聚合	（1）切换判决 （2）PCell 选择 （3）生成候选 SCell 列表	（1）接纳控制 （2）确定最终 SCell （3）资源预留 （4）生成切换命令

8.3.2　中继技术

中继(Relay)技术是 LTE-Advanced 的一个重要特性，其作用是提高系统覆盖、系统容量，提供灵活的网络部署和降低网络建设成本。中继主要的应用场景包括：热点覆盖、补盲、室内覆盖、农村覆盖、应急通信、无线回传和组移动。

1. 中继网络架构

支持中继节点(Relay Node, RN)的全球地面无线接入网(E-UTRAN)架构如图 8.27 所示。

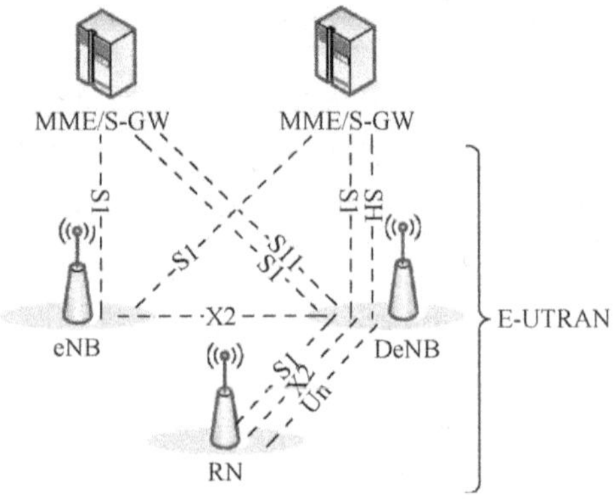

（1）中继节点

从 UE 的角度看，RN 就是一个 eNB，具备 eNB 的功能；从 eNB 的角度看，RN 是一个特殊的 UE。因此，RN 除了具有 eNB 的功能外，还具备 UE 的特性，需要支持 UE 的相关功能(如小区选择、attach/detach 过程、随机接入等)。

图 8.27　中继网络结构图

（2）宿主 eNB(Doner eNB, DeNB)

能够接入 RN 的 eNB 称为 DeNB，DeNB 既能够接入普通 UE，同时又能够接入 RN 这类特殊的 UE。因此，DeNB 除了具备 eNB 的功能外，还需要实现代理功能，从而能够支持 RN 和核心网的连接。中继网络协议栈架构采用代理的方式，DeNB 在 RN 与其他网元(如 MME、S-GW、P-GW 和其他 eNB)之间执行代理的功能，即将 S1 接口和 X2 接口的控制面与用户面数据代理给 RN。如图 8.28 所示，RN 的 SGW/PGW 是集成在 DeNB 内部的，因此 DeNB 还需要集成 RN 的 S/PGW 的功能。

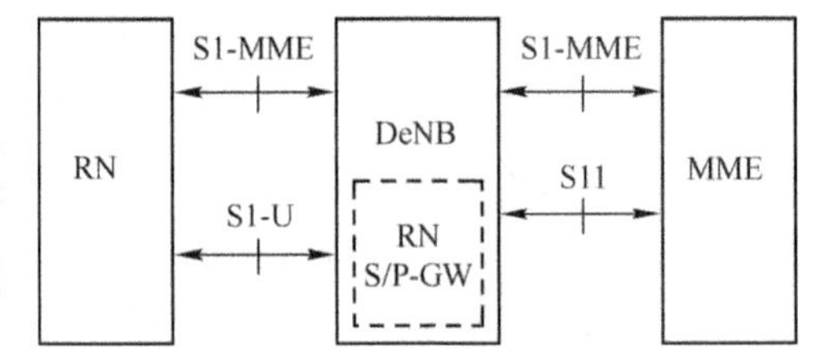

图 8.28　RN-GW 嵌入在 DeNB 的架构图

（3）Un 接口

RN 的引入使得网络中增加了两个接口：RN 和 UE 之间的 Uu 接口，以及 RN 和 eNB 之间的 Un 接口。由于 RN 具备 eNB 的功能，因此 RN 和 UE 之间的通信接口仍沿用 LTE 系统中的 Uu 接口。从 RN 的角度来看，DeNB 相当于一个 MME(针对 S1 接口的控制面)、一个 SGW(针对 S1 接口的用户面)、一个邻居 eNB(针对 X2 接口的控制面和用户面)。因此在 Un 接口上，还需要支持 S1 和 X2 协议，即在 Un 接口上，需要支持 PHY/MAC/RLC/PDCP 无线口协议栈，还需要支持 S1 或 X2 接口协议，协议栈结构如图 8.29 所示。

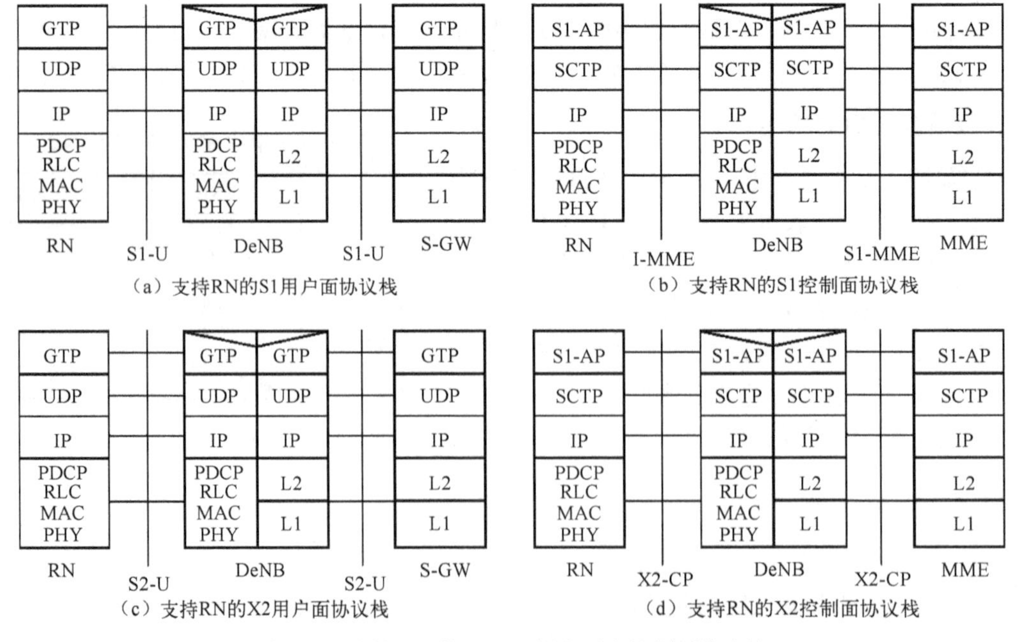

（a）支持RN的S1用户面协议栈　（b）支持RN的S1控制面协议栈

（c）支持RN的X2用户面协议栈　（d）支持RN的X2控制面协议栈

图 8.29　支持 RN 的 S1/X2 用户面和控制面协议栈

2. 中继分类

LTE-Advanced 支持两种中继节点类型：带外(Outband)中继和带内(Inband)中继，带内中继又进一步分为需要资源划分的中继和不需要资源划分的中继。这几类中继的差异主要体现在Un 接口的物理层特性(如帧结构和物理信道)是否与 Uu 接口的物理层特性相同。

RN-UE 之间的 Uu 接口与 Un 口使用的频率资源不同，这种类型的中继称为带外中继。由于带外中继在 Uu 和 Un 接口上使用不同的频率，因此不会造成在中继侧的收发干扰。因此在带外中继系统中，Un 接口和 RN-UE 之间的 Uu 接口通过频段资源进行划分，Un 接口的物理层特性与 Uu 接口是相同的。

对于需要资源划分的带内中继，RN-UE 之间的 Uu 接口和 Un 接口使用相同的资源，需要通过 TDM 的方式，避免中继节点的收发干扰。这类中继 Un 接口的物理层特性与 Uu 接口是不同的。

对于不需要资源划分的带内中继，RN-UE 之间的接口和 Un 接口使用相同的资源，但是通过提高中继节点双工器的性能或者是 RN 收发天线的隔离，来降低中继节点的收发干扰。这类中继 Un 接口的物理层特性与 Uu 接口是相同的。

8.3.3 CoMP 技术

多点协作传输技术(CoMP)是指在地理位置上分离的多个传输点，通过协作发射/接收，实现系统整体性能的提升和小区边缘用户的服务质量的改善。CoMP 技术的核心思想是通过处于不同地理位置的多个传输点之间的协作，避免相邻基站之间的干扰或将干扰转换为对用户有用信号，实现用户性能的改善，为终端用户提供高性能的数据服务。

按照数据处理方式的不同，CoMP 技术的实现方式可以分为两类：

1. 联合处理技术(Joint Process, JP)

JP 技术核心思想是 CoMP 协作集中的各个传输点在同一资源块上共享用于某个用户传输的数据，即用户的数据在多个传输点上同时可用。也就是说，一个用户的数据在不同的传输点共同传输，并且在这些传输点联合预处理。根据用户传输数据是否同时来自于不同的传输点，JP 技术又可以分为联合传输(Joint Transmission, JT)技术与动态传输点选择(Dynamic Point Select, DPS)技术。

如图 8.30 所示，在联合传输技术中，多个传输点在同一个物理资源块上(Physical Resource Block, PRB)同时为用户提供直接的数据传输服务，数据可以来自 CoMP 协作集中的某一部分传输点或者是全部的传输点。此时，UE 同时接收由多个传输点发送的数据信息，并对这多个信息进行相干或非相干合并，从而提高 UE 的接收信噪比和传输速率。

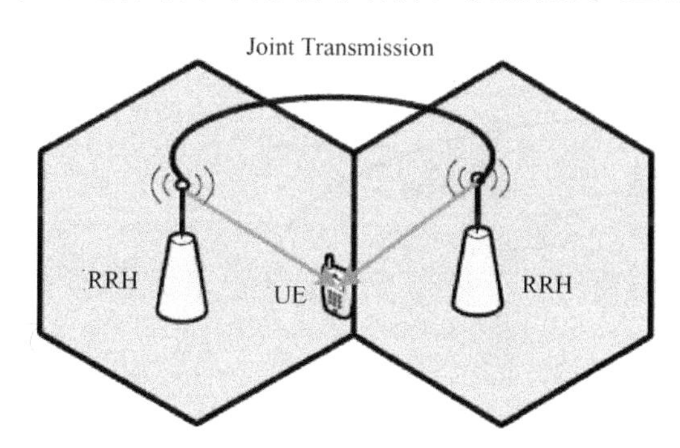

图 8.30 联合传输示意图

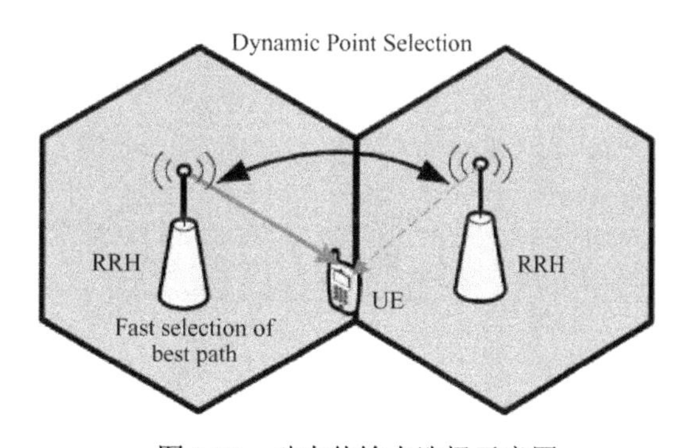

图 8.31 动态传输点选择示意图

如图 8.31 所示，动态传输点选择技术只允许单个传输点在同一个 PRB 上为用户提供数据传输服务，数据只能来自 CoMP 协作集中的一个传输点。此时，UE 不同时接收由多个传输点发送的数据信息，而是每次只接收一个传输点发送的数据信息，但可以根据信道质量、时延、小区负载等因素在 CoMP 协作集中自适应更换传输点。

2．协同调度/波束赋形技术(Coordinated scheduling/beamforming, CS/CB)

如图 8.32 所示，在协同调度中，CoMP 用户协作小区集合中的所有小区共同决定 CoMP 用户的 CS/CB，但只允许服务小区为 CoMP 用户提供直接的数据传输服务。它通过 X2 接口交互各传输点的调度或者波束赋形等信息来协调各传输节点资源分配或预编码矩阵，以降低小区边缘用户受到的同频干扰。

协同波束赋形的协调方式与协同调度基本相同，不同的是协同调度是在频域上进行协调，而协同波束赋形是在空域上进行协调，避免多个小区在同一方向上进行波束赋形以降低小区边缘用户之间的干扰。

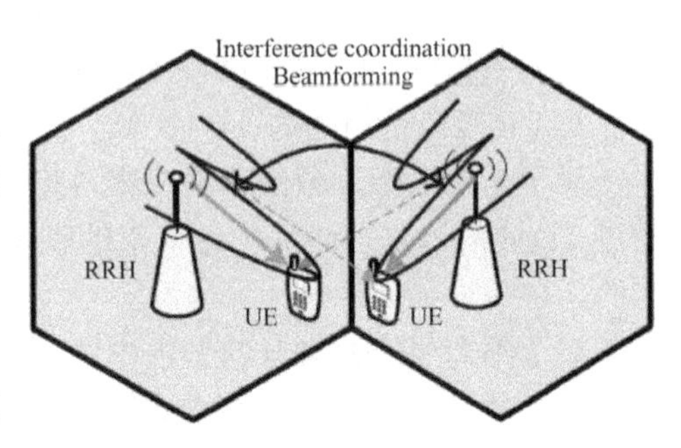

图 8.32　协同调度/波束赋型示意图

8.3.4　eICIC 技术

1．LTE-A 异构网

随着数据业务类型越来越广泛，用户对数据速率需求的日益增长，传统的 LTE 蜂窝网络架构已经不能满足业务特性需求，主要体现在以下两个方面：室内覆盖质量较差；不能满足热点地区业务量需求。

传统蜂窝网络对室内覆盖较差的原因是室内穿透损耗较大，再加上 LTE 通信系统的工作频率较高，因此室内的用户很难获得高吞吐量。统计数据表明，80%～90%的业务量发生在室内和热点地区。基于此，LTE-Advanced 引入了异构网络架构，旨在提高热点地区的吞吐量，改善室内覆盖。

在 LTE-Advanced 系统中，将具有不同发射功率、不同回程链路类型的站点构成的网络称为异构网。一个典型的异构网如图 8.33 所示。Macro 基站用于提供广域的覆盖；Pico 基站用于提高热点业务地区的容量，以及平衡 Macro 基站内的负载；Femto 基站用于为个人用户提供更好的服务质量(Quality of Service，QoS)；Relay 基站用于扩展小区边缘的覆盖，或者部署在不方便部署有线回程链路的地点。Femto、Relay 和 Pico 等节点的发射功率低于 Macro 基站，故被称为低功率节点(Low Power Node, LPN)。

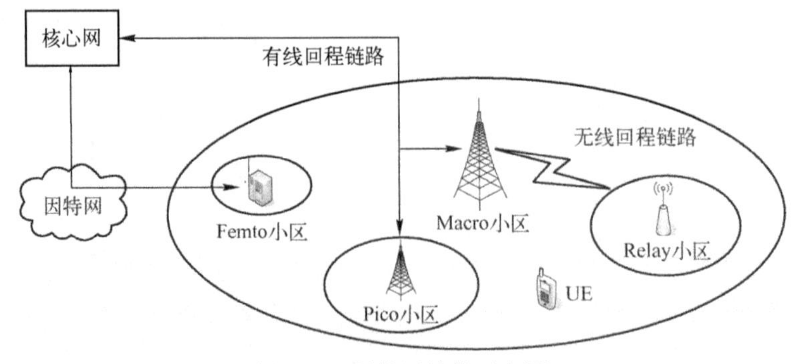

图 8.33　异构网结构示意图

2. 异构网干扰场景

LTE-A 异构网中存在的最大问题是在站点小区重叠覆盖情况下，各站点小区间的同频干扰问题。由于 LPN 基站和 Macro 基站使用相同的载波，且 Macro 基站的下行发射功率较 LPN 基站大得多，导致 Macro 基站对 LPN 边缘用户的下行接收造成很大干扰。此外，在家庭基站等封闭用户组(Closed Subscriber Group, CSG)场景中，家庭基站的下行发射也会对附近的 Macro 基站用户造成干扰。异构网中的干扰场景主要有以下几种。

（1）Macro eNB(MeNB)干扰 Pico UE(PUE)

LTE-A 采用了覆盖扩张(Range Expansion，RE)技术，即 UE 在宏小区和 Pico 小区进行小区选择或者切换时，会在 Pico 小区的 RSRP 值上增加一个偏移值 λ_{bias}，当 $\lambda_{\text{pico}}+\lambda_{\text{bias}}\geqslant\lambda_{\text{macro}}$ 时，UE 选择接入微小区，否则，选择接入宏小区，其中 λ_{bias} 是个正偏移值。采用覆盖扩张技术，相当于人为扩大了 PeNB 的覆盖范围，因此在 PeNB 扩大区域下的边缘用户(如图 8.34 所示的 PUE2)收到的 MeNB 的下行信号将强于 PeNB 的下行信号，如果不采取有效的干扰协调机制，处于 PeNB 扩张区域内的边缘用户将无法正常通信。

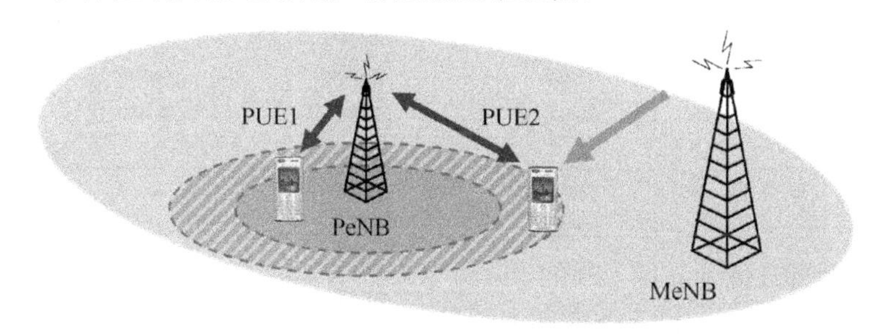

图 8.34　Macro+Pico 场景的下行干扰

（2）Home eNB 干扰 MUE

如图 8.35 所示，当 MUE 位于 Home eNB 附近时，会受到一定的干扰，这一干扰在 CSG 小区下尤为显著。

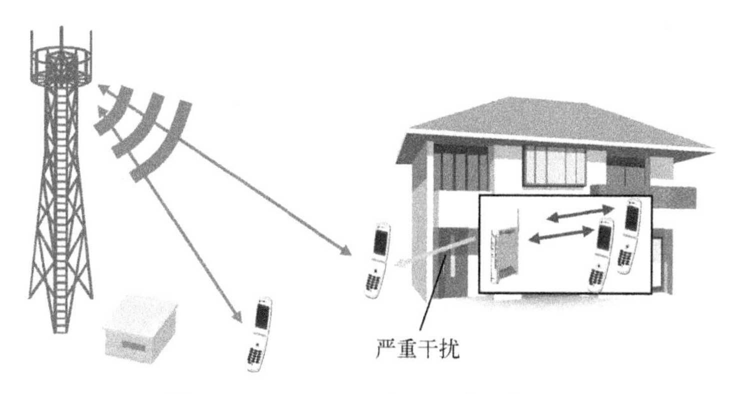

图 8.35　Home eNB 对 MUE 的下行干扰

（3）MUE 对 Home eNB 的上行干扰

位于 MeNB 边缘的 Macro UE(MUE)，由于功率控制的原因会以较大功率发射，如果此时 MUE 附近有 Home eNB，则 Home eNB 会受到强干扰。这一干扰在 CSG 小区下表现尤为突出。

（4）宏基站对 HUE 的下行干扰

由于宏基站的发射功率较高，当 Home eNB UE 位于宏基站附近时，会受到较大的干扰。

3. 干扰协调方法

- 完全异频的方式：宏基站和覆盖内的 LPN 完全异频，类似分层网的情况，此时基本无干扰。
- 基于载波聚合的方式：两种节点的控制信道可以位于不同的成员载波上，业务信道可以共道传输。
- 非载波聚合的方式：LTE-A 通过时域干扰协调的方法来正交化两种节点的控制信道。时域方法是指适用于 FDD 和 TDD 系统的几乎空子帧(Almost Blank Subframe, ABS)方法(见图 8.36)。具体地说，当受干扰严重的 Pico UE 在接收 Pico 基站的下行子帧时，宏基站将发送 ABS 子帧，以减少对边缘 Pico UE 的下行信道干扰。ABS 子帧只传输 CRS，CSI-RS，PBCH，PSS，SSS，Paging 和 SIB1 等信息，不传输数据业务。ABS 子帧也可被配置为 MBSFN 子帧，此时，ABS 子帧中仅在前几个 OFDM 符号中出现 CRS。

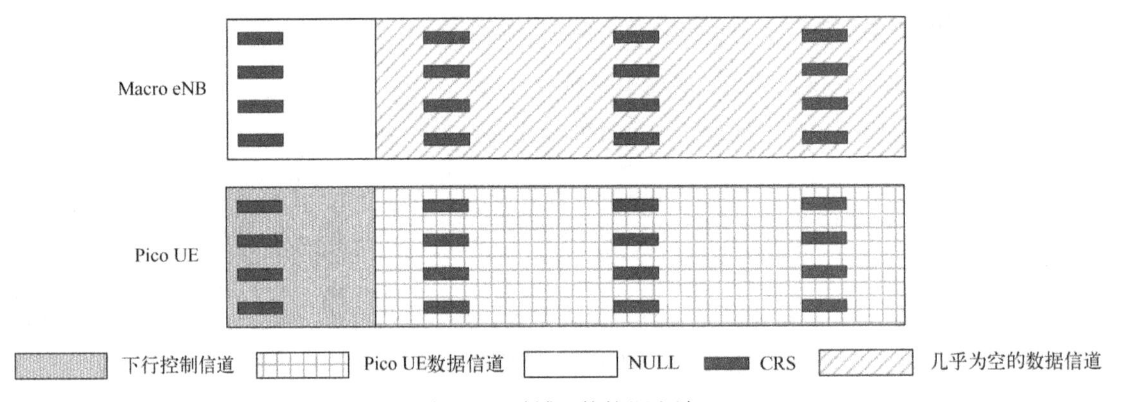

图 8.36　时域干扰协调方法

习题与思考题

8.1　简述 LTE 网络的特点；与 3G 相比有哪些改进之处？

8.2　LTE 系统由哪些网元组成？相应的功能是什么？

8.3　简述 LTE 的协议架构体系。

8.4　简述 LTE 系统中 UE 开机后的完整通信流程。

8.5　小区搜索的作用是什么？LTE 小区搜索包括哪几个步骤？

8.6　系统信息分为哪几类？包含哪些具体内容？系统信息是如何调度的？

8.7　简述竞争随机接入过程。

8.8　小区选择和重选的具体过程是怎样的？遵循什么准则？

8.9　简述 LTE 的切换过程；切换测量触发事件的形式。

8.10　LTE-Advanced 系统引入了哪些增强技术？基本原理分别是什么？

本章参考文献

1　3GPP TS 36.300（V10.0.0），“Evolved Universal Terrestrial Radio Access（E-UTRA）and Evolved Universal Terrestrial Radio Access Network（E-UTRAN）: Overall description Stage 2”, www.3gpp.org.

2　3GPP TS 36.331（V10.0.0），“Evolved universal terrestrial radio access（E-UTRA）: Radio Resource Control（RRC）Protocol specification”, www.3gpp.org.

3　3GPP TS 36.211（V10.0.0），“Evolved universal terrestrial radio access（E-UTRA）: Physical channels and modulation", www.3gpp.org.

4 3GPP TS 36.304（V10.0.0）, "Evolved universal terrestrial radio access（E-UTRA）: User Equipment（UE）procedures in idle mode", www.3gpp.org.

5 3GPP TS 36.413（V10.0.0）, "Evolved Universal Terrestrial Radio Access Network（E-UTRAN）: S1 Application Protocol（S1AP）", www.3gpp.org.

6 3GPP TS 36.423（V10.0.0）, "Evolved Universal Terrestrial Radio Access Network（E-UTRAN）: X2 application protocol（X2AP）", www.3gpp.org.

7 3GPP TS 36.213（V10.0.0）, "Evolved universal terrestrial radio access（E-UTRA）: Physical layer procedures", www.3gpp.org.

8 LTE: The UMTS Long Term Evolution: From Theory to Practice; Stefania Sesia, Issam Toufik, Matthew Baker, 2011 John Wiley & Sons, Ltd

9 4G LTE/LTE-Advanced for Mobile Broadband Erik Dahlman (Second Edition); Stefan Parkvall and Johan Skold, 2011 Elsevier Ltd.

第9章　第五代移动通信系统技术发展

本章主要介绍了第五代移动通信系统（5th Generation of Mobile networks，5G）的发展状况、研究成果和未来发展趋势。主要内容包括5G的发展现状、愿景、概念和主要关键技术，以及5G的应用与创新发展、5G+和未来移动通信系统的研究展望。

- 了解5G的发展状况和概念。
- 掌握5G的应用场景、能力指标和主要关键技术。
- 了解5G的应用与创新发展趋势。
- 了解5G+和未来移动通信系统的研究展望。

9.1　5G概述

9.1.1　5G的发展状况

移动通信自20世纪80年代诞生以来，从只能提供模拟语音业务的1G网络快速发展到可支持各种移动宽带数据业务的4G网络，深刻改变了人们的生活方式，成为人类社会沟通互联的基础信息网络，并不断推动着国民经济的发展和社会信息化水平的提升。当4G网络进入大规模商用阶段后，面向2020年及未来的第五代移动通信系统（5th Generation of Mobile networks，5G）就成为全球研发的热点[1]。

国际电信联盟（International Telecommunication Union，ITU）作为通信领域权威的国际化标准组织，从2012年起就开展了关于5G的前期研究工作，组织起草了《IMT愿景》《IMT未来技术趋势》《面向2020年及以后的IMT流量》等多个建议书。在2015无线电通信全会上，ITU无线电通信部门（ITU-R）正式命名5G为“IMT-2020”，并顺利完结了IMT-2020愿景、技术趋势等基本概念研究工作。2016年进入5G技术性能需求和评估方法研究阶段，2017年10月启动5G候选技术方案征集。2020年7月，ITU-R WP5D#35会议宣布了IMT-2020（5G）技术方案的诞生，我国基于3GPP技术的无线空口技术方案顺利成为ITU认可的5G方案。

第三代合作伙伴计划（3rd Generation Partnership Project，3GPP）作为国际主流移动通信标准化组织，也积极启动5G国际标准技术内容的制定工作。2015年9月召开第五代移动通信无线接入网络项目（Radio Access Network，RAN）研讨会，会议收集各成员单位关于下一代移动通信无线接入技术的意见，并讨论未来第五代移动通信RAN研究项目的具体工作。随后几年，3GPP相继制定了R15、R16、R17三个5G标准化版本，并与2021年4月决定从R18开始正式启动5G演进标准的制定，正式将5G演进标准定名为5G-Advanced。

世界范围内，欧盟于2012年启动了METIS（Mobile and Wireless Communication Euablers for the Twenty-Twenty In formation society）科研项目，该项目进行5G基本原理、概念和新架构的构建，以及系统化、标准化网络试运行等内容。美国最大的无线通信公司Verizon牵头开展的5G推进项目获得了爱立信公司的积极支持与参与，双方在美国共同推进5G技术的研究和应用。高通、英特尔等主流通信设备制造厂商和电信网络运营商以及科研机构等也都针对5G

开展了广泛的研究。韩国政府和三星公司也推出了以 5G 的总体发展规划为主要内容的“未来移动通信产业发展战略”。日本最大的移动通信运营商 NTT DoCoMo 也积极组织相关厂商进行 5G 技术的评估和验证，推动 5G 的全面商用。

我国于 2013 年由工业和信息化部、国家发展和改革委员会、科学技术部联合推动成立 IMT-2020(5G)推进组(以下简称为“推进组”)，成员包括中国主要的运营商、制造商、高校和研究机构，旨在聚合产学研用的优势力量推动中国 5G 发展。推进组陆续发布了《5G 愿景与需求白皮书》《5G 概念白皮书》《5G 无线技术架构白皮书》和《5G 网络技术架构白皮书》等，明确了 5G 未来发展的总体愿景、关键能力需求、概念以及关键技术的发展趋势，并持续将核心研究成果输入至 ITU，为 5G 系统的研究工作做出了卓越贡献。随着 5G 系统在我国的全面商用，截至 2021 年底，已建成 5G 基站超过 115 万个，占全球 70%以上，是全球规模最大、技术最先进的 5G 独立组网网络。我国 5G 基站建造数量增幅显著，从 2019 年仅有 13 万个到 2021 年 11 月超过 115 万个，全国所有地级市城区、超过 97%的县城城区和 40%的乡镇镇区实现了 5G 网络覆盖；5G 终端用户达到 4.5 亿户，占全球 80%以上[2]。

9.1.2 5G 的概念

为顺应未来爆炸性数据流量增长、海量设备接入和各类新业务与多样应用场景的发展趋势，5G 将为社会提供全方位的信息生态系统，实现人与万物智能互联的愿景。未来数据流量增长的主要驱动力为视频流量增长、用户设备增长和新型应用普及。全球数据流量迅速增长体现出两大发展趋势：一是大城市及热点区域的流量快速增长；二是上下行业务的不对称性将进一步深化，尤其体现在不同区域和每日各时间段。

综合业界针对 5G 系统需求的提案和意见，ITU-R 在 2015 年 6 月确认并统一了 5G 系统的主要应用场景和能力指标[3]。

9.1.3 5G 的应用场景

5G 的主要应用场景如图 9.1 所示，包括以下三个主要应用场景：

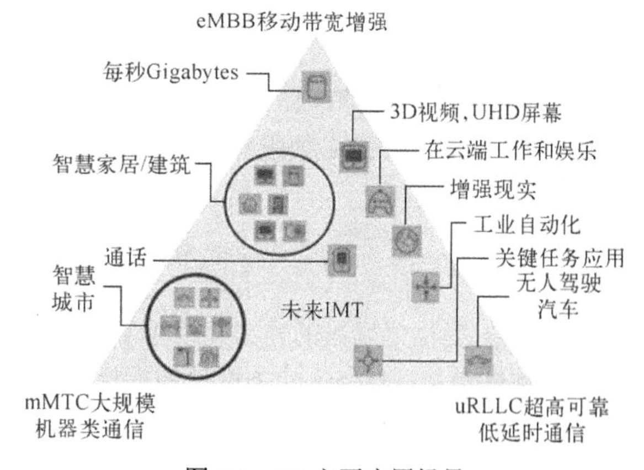

图 9.1 5G 主要应用场景

- 移动带宽增强(Enhanced Mobile Broadband，eMBB)：以保证用户移动性和业务连续性为目标，为用户提供无缝的高速业务体验。同时在局部热点区域，为用户提供极高的数据传输速率，满足网络极高的流量密度需求。
- 大规模机器类通信(Massive Machine Type Communications，eMTC)：主要面向智慧城市、环境监测、智能农业、森林防火等以传感和数据采集为目标的应用场景，具有小数据包、低功耗、海量连接等特点。这类终端分布范围广、数量众多，不仅要求网络具备超千亿连接的支持能力，满足每平方公里百万连接数密度的指标要求，而且还要保证终端的超低功耗和超低成本。
- 超高可靠低时延通信(Ultra-reliable and Low Latency Communications，uRLLC)：主要面向车联网、工业控制等垂直行业的特殊应用需求，对时延和可靠性具有极高的指标要求，需要为用户提供毫秒级的端到端时延和接近 100%的业务可靠性保证。

9.1.4 5G 的能力指标

5G 的主要能力指标不再单纯地强调峰值传输速率，而是综合考虑以下八个指标：峰值速率；用户体验速率；频谱效率；移动性；时延；连接数密度；网络能量效率；流量密度。

5G 系统与 4G 系统的主要能力指标对比如图 9.2 所示。5G 系统将支持 10～20Gbit/s 的峰值速率，100Mbit/s～1Gbit/s 的用户体验速率，相对 4G 系统提升 3 到 5 倍的频谱效率，500km/h 的移动性支持，1ms 的空口时延，每平方公里百万的连接数密度，相对 4G 系统百倍提升的网络能量效率，每平方米 10Mbit/s 的流量密度。其中，不同指标面向的应用场景重点不尽相同，例如对于移动宽带增强场景，对连接数密度和时延的要求相比于另外两个场景有所降低。

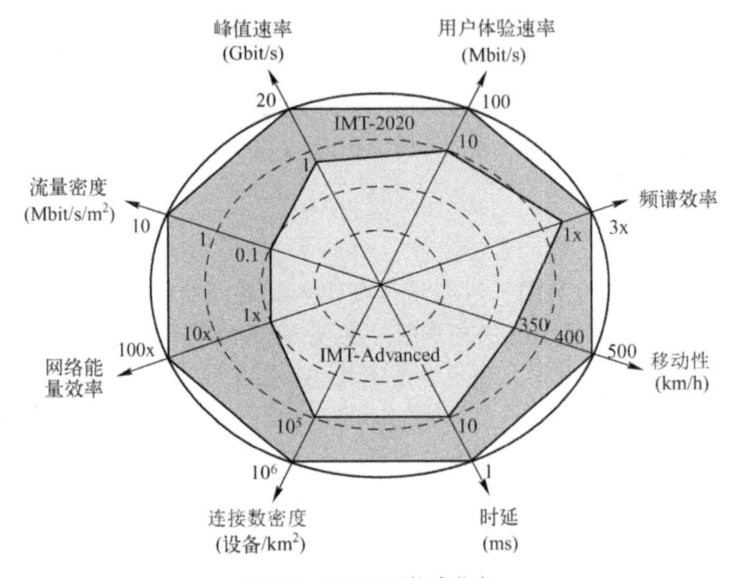

图 9.2 5G 主要能力指标

为达到以上的能力指标，5G 在研究中不仅需要在空口技术、网络技术等层面进行革新，也要探索 6～100GHz 的高频段频谱资源的应用。

9.2 5G 关键技术

面对 5G 多样化场景的差异化性能需求，用户体验速率、连接数密度、端到端时延、峰值速率和移动性等都成为 5G 的关键性能指标。因此，5G 技术创新呈现多元化发展的趋势，新型网络架构、新型多址技术、大规模天线阵列、超密集组网、全频谱接入等都被认为是 5G 的关键技术方向。在网络技术领域，基于软件定义网络（Soft Defined Network，SDN）和网络功能虚拟化（Network Function Virtualization，NFV）的新型网络架构已取得业界的广泛共识。此外，统一自适应的帧结构、灵活多址、灵活双工、终端直通（Device-to-Device，D2D）等也被认为是潜在的 5G 无线关键技术。

9.2.1 5G 新型网络架构

1．发展方向

数据业务爆发式的增长远远超出了原有网络设计者的想象，核心网网络架构已经不能满足未来网络发展的需求。同时，新业务的引进也为网络的建设、维护和升级带来了巨大的挑战，使得运营成本增加、设备生命周期缩短、网络日趋复杂。面向核心网网络架构创新的 SDN 和 NFV 技术为解决以上问题指明了方向。

除了核心网网络架构需要创新外，无线接入网作为网络的重要组成部分，也需要进行功能和架构的革新，以更好地满足 5G 网络的要求。5G 无线接入网将会是一个满足多场景的多层异构网络，能够有效地统一容纳传统的技术演进空口和 5G 新空口等多种接入技术，能够提升小区边缘协同处理效率和无线回传资源利用率。

综上所述，在业务需求和以 SDN/NFV 为代表的新型技术共同驱动下，5G 网络架构创新将与无线空口技术共同推进 5G 发展。未来的 5G 网络架构将向以下几个方向发展。

- 网络性能更优质：满足超高接入速率、超低时延、超高可靠性的用户体验，超高流量密度、超高连接数密度以及超高移动性的接入要求，同时带来百倍的能效提升和数倍的频谱效率提升。
- 网络功能更灵活：支持基站的即插即用和自组织网络，实现易部署、易维护的轻量化接入网拓扑。网络功能将进一步简化与重构，提供高效灵活的网络控制与转发功能。
- 网络运营更智能：全面提升智能感知和决策能力，通过对地理位置、用户偏好、终端状态和网络上下文等各种特性的实时感知和分析，制定决策方案，实现数据驱动的精细化网络功能部署和自动化运营。
- 网络生态更友好：网络的状态信息和功能信息可以开放给垂直行业和第三方的应用，改善用户的体验，拓展网络生态，提升网络服务价值。

2．总体设计

5G 新型网络架构的总体设计原则是通过基础设施平台和网络构架两个方面的技术创新和协同发展，实现网络变革。

新型基础设施平台将引入互联网和虚拟化技术，设计实现基于通用设施的新型基础设施平台，关键技术是 NFV 和 SDN。NFV 实现网络与硬件分离，SDN 实现控制功能和转发功能的分离，控制功能的抽离和聚合有利于通过网络控制平面，实现网络连接的可编程。NFV 和 SDN 在移动网络的引入与发展，将推动 5G 网络架构的革新。新型的 5G 网络架构包含接入、控制和转发三个功能平面。控制平面负责全局控制策略的生成，接入和转发平面负责策略的执行。5G 网络逻辑构架如图 9.3 所示。

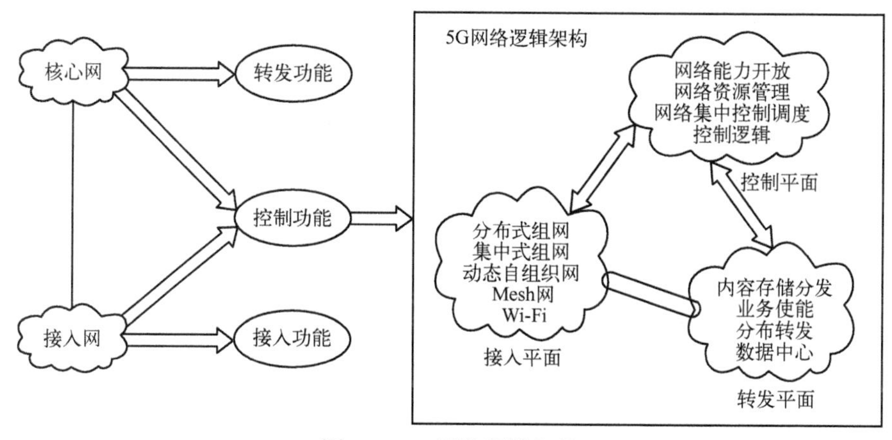

图 9.3　5G 网络逻辑架构

- 接入平面：包括各种类型基站和无线接入设备。基站间交互能力增强，组网拓扑形式丰富，实现快速灵活的无线接入协同控制和高的无线资源利用率。
- 控制平面：通过网络功能重构，实现集中的控制功能和简化的控制流程，以及接入和转发资源的全局调度。面向 5G 差异化的业务需求，通过按需编排的网络功能，提供可定制的网络资源和友好的能力开发平台。

- 转发平面：包含用户面下沉的分布式网关，集成边缘内容缓存和业务流加速等功能。在集中控制平面的统一控制下，数据转发效率和灵活性得到极大提升。

5G 的网络部署最终将呈现“一个逻辑架构、多种组网架构”的形态。5G 网络通过网络切片技术，从统一的基础架构出发，可按需构建不同的逻辑网络实例。不同的网络切片实现逻辑的隔离，不同切片中的网络功能在相同的位置共享相同的软硬件平台。

9.2.2 5G 关键网络技术

5G 网络架构具有如下特征：控制平面和转发平面分离、网络功能虚拟化、灵活的网络业务流程、网络开放性、多网多制式融合、本地化缓存/处理/转发、灵活组网。这需要依赖以下关键网络技术的实施。除此之外，统一的多 RAT 融合、新型连接管理和移动性管理、无线资源调度与共享、用户和业务的感知与处理等技术也是 5G 的重要潜在网络技术。

1. C-RAN

云无线接入网络(Cloud Radio Access Network，C-RAN)是由中国移动通信集团公司在 2009 年提出的一种基于集中化处理，协作式无线电和实时云计算的新型绿色无线接入网构架[4]，它通过射频单元(Remote Radio Unit，RRU)拉远的方式，将基带处理资源进行集中，形成一个基带资源池并对其进行统一管理和动态分配，在提升资源利用率和降低能耗的同时，还可以通过协作多点技术(Coordinated Multipoint Transmission/Reception，CoMP)来有效降低干扰，提升网络性能。C-RAN 通过基带处理单元(Building Baseband Unit，BBU)集中化处理实现了 BBU 层面的虚拟化，是无线接入网络侧虚拟化技术的体现之一。在 C-RAN 中，基站不再是一个独立的物理实体，而是基带池中某一段或几段抽象的处理资源，网络根据实际的业务负载，动态地将基带池中的某一部分资源分配给对应的小区。C-RAN 的网络架构如图 9.4 所示。

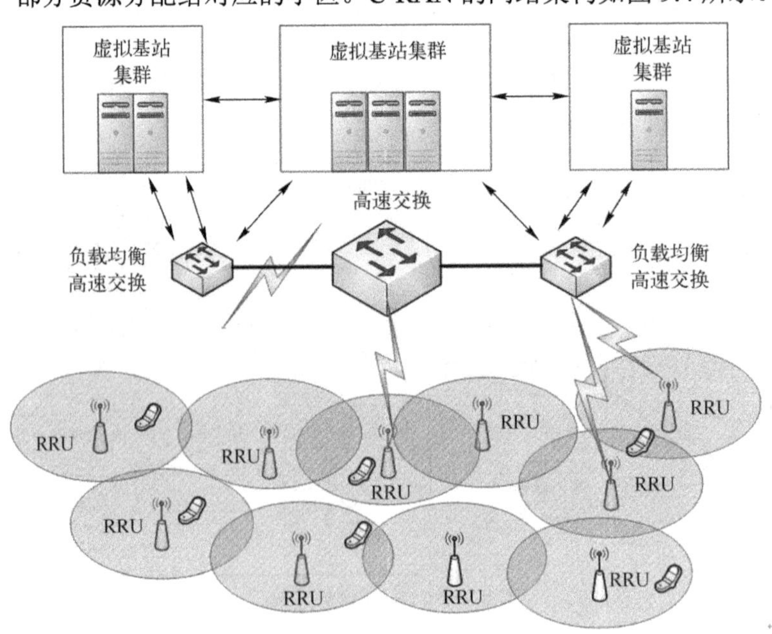

图 9.4 C-RAN 网络架构

C-RAN 架构主要包括三个部分：由远端无线射频单元和天线组成的分布式无线网络，由高带宽低延迟的光传输网络连接的远端无线射频单元，以及由高性能通用处理器和实时虚拟技术组成的集中式基带处理池。实现 C-RAN 的关键性技术如下：

- 集中化：集中化部署的主要目的是缓解选址困难和能耗问题，降低建网成本及提高建网速度，降低运维工作量和成本，解决大范围潮汐效应问题。
- 协作化：为进一步降低网络调度过程中的复杂度，协作式处理和调度机制应用于几个小区组成的“小区簇”中。如何选择最优的小区簇将会在系统高增益、回传链路的容量需求和调度复杂度中综合考虑。
- 云化：借鉴 IT 技术，实现处理资源的云计算，在 IT 平台上同时实现多标准多制式的基带池系统，提高资源利用率。

2. SDN/NFV

SDN[5]最早由美国斯坦福大学提出，其设计理念是在网络设备中只保留简单的数据转发功能，通过集中控制、软件编程的方式实现对网络设备的控制。SDN 并不是一个具体的技术，而是一种新型网络架构，是一种网络设计的理念。目前广泛认可的 SDN 定义可概括为“控制/转发分离，简化的数据(转发)面，集中的控制面，软/硬分离、网元虚拟化及可编程的网络架构”。根据开放网络基金会的规定，SDN 应具有以下三个特性：①控制面与转发面分离；②控制面集中化；③开放的可编程接口。SDN 的典型架构分为应用层、控制层、数据转发层(转发层)三个层面，如图 9.5 所示。应用层包括各种不同的业务和应用，以及对应用的编排和资源管理；控制层负责数据平面资源的处理，维护网络状态、网络拓扑等；数据转发层则处理和转发数据，以及收集设备状态。

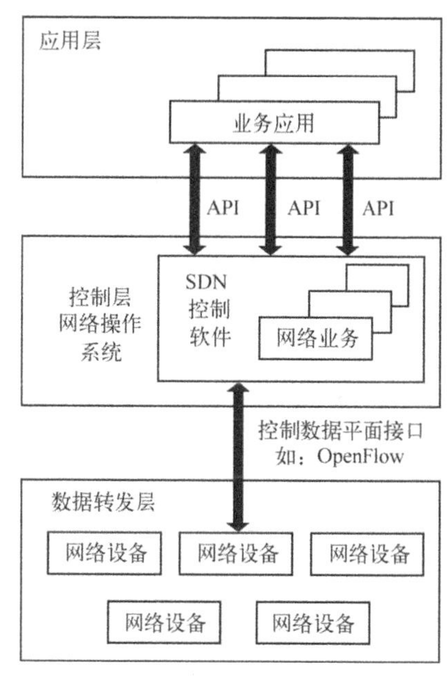

图 9.5　SDN 典型架构

基于 SDN 思想，核心网网关设备的控制功能和转发功能将进一步分离，网络向控制功能集中化和转发功能分布化的趋势演进。控制和转发功能分离后，转发面将专注于业务数据的路由转发，具有简单、稳定和高性能特性，以满足未来海量移动流量的转发需求。控制面实现统一的策略控制，保证灵活的移动流量调度和连接管理。控制面和转发面的分离，使网络架构更加扁平化，网关设备可采用分布式的部署方式，从而有效降低业务的传输时延。控制面功能和转发面功能能够分别独立演进，从而提升网络整体的灵活性和效率。

NFV 源于运营商在通用 IT 平台上通过软件实现网元功能从而替代专用平台的尝试，从而降低网络设备的成本。其实质是将网络功能从专用硬件设备中剥离出来，实现软件和硬件解耦后的各自独立，基于通用的计算、存储、网络设备并根据需要实现网络功能及其动态的灵活部署。2012 年由美国 AT&T、德国电信、英国电信、中国移动等 13 个主流运营商牵头，联合 52 家网络运营商、设备供应商，在欧洲电信标准协会发起成立了 NFV 标准工作组(NFV ISG)，以推动其产业化发展。在其发布的白皮书中对 NFV 给出了如下定义：“NFV 是一种通过硬件最小化来减少依赖硬件的更灵活和简单的网络发展模式”。NFV 的架构如图 9.6 所示[6]。

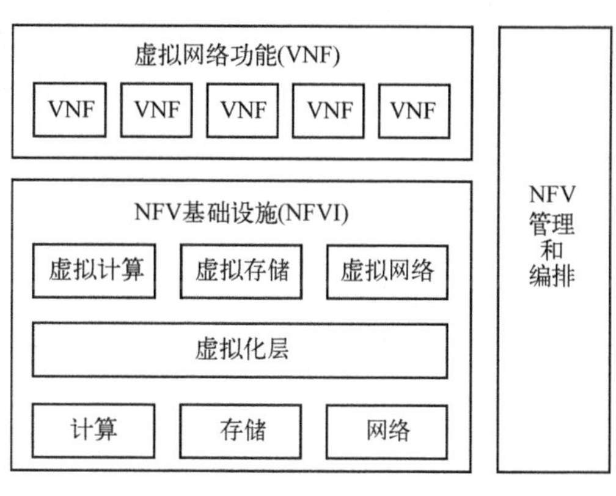

图 9.6　NFV 架构

NFV 是从运营商角度出发提出的一种软件和硬件分离的架构，将虚拟化技术引入电信领域，采用通用平台来完成专用平台的功能。NFV 能实现软件的灵活加载，从而可以在数据中心、网络节点和用户端等不同位置灵活地部署配置，加快网络部署和调整的速度，降低业务部署的复杂度，提高网络设备的统一化、通用化、适配性等。由此带来的好处主要有两个：①标准设备成本低廉，能够节省部署专属硬件带来的巨大投资成本；②使得网络更加灵活。

针对未来网络演进的需求，SDN/NFV 以其在灵活性、支持快速创新方面的优势成为 5G 关键技术之一，是网络架构演进的重要方向。

3．灵活的网络切片

为满足广泛的业务与应用需求，5G 将使用逻辑资源帮助运营商建立面向不同业务的基础网络架构，这样的网络服务将实现按需组网。灵活的网络切片技术是按需组网的一种实现方式，见图 9.7。

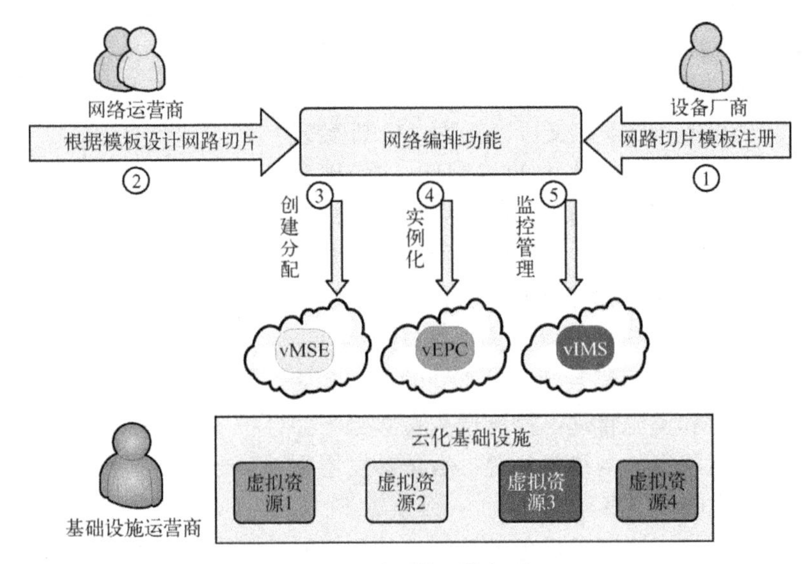

图 9.7　灵活的网络切片

网络切片是根据场景需求，利用虚拟化技术将 5G 网络物理基础设施资源虚拟化为多个相互独立、平行的虚拟网络切片。每个网络切片按照业务场景的需要和话务模型进行网络功能的定制裁剪和相应网络资源的编排管理。一个网络切片可以视为一个实例化的 5G 核心网架构，在一个网络切片内，运营商可以进一步对虚拟资源进行灵活的分割，按需创建子网络。

网络编排功能实现对网络切片的创建、管理和撤销。运营商首先根据业务场景需求生成网络切片模板，切片模板包括了该业务场景所需的网络功能模板、各网络功能模板之间的接口以及这些功能模板所需的网络资源。然后网络编排功能根据切片模板申请网络资源，并在申请到的资源上进行实例化创建虚拟网络功能模块和接口。网络切片划分和网络资源分配是否合理可以通过大数据驱动的网络优化来解决，从而实现自动化运维，及时响应业务和网络变化，保障用户体验和提高网络资源利用率。

网络切片的概念需要许多关键使能技术来提供。SDN、NFV 和云技术使网络与底层物理基础设施分开，使其可以通过编程来提供业务连接。

4．多连接

多连接是指对给定用户配置至少两个不同网络节点的无线资源操作。多连接的优势主要体现在以下几个方面：

● 速率增强；
● 鲁棒性连接以降低连接错误、保证业务的服务质量(Quality of Service，QoS)；
● 无缝移动性以保证零切换中断。

提供多连接服务的小区可以工作在相同频率下或不同频率下，可以使用相同或不同的无线接入技术。在相同频率下的多连接，用户被连接至工作在相同频率下的两个或多个小区并使用相同的无线接入技术，这些小区可以采用集中式的布局或通过回传相互连接。这种多连接可以通过多个广域小区的多连接保证无缝移动性，或通过多个高频段热点小区的多连接提升链路可靠性。对于不同频率下的多连接，互连的小区工作于不同载波频率下并使用相同的无线接入技术。在目前的系统中，多频多连接被认为是一种提升系统吞吐率的有效方式。3GPP 已经确定了集中式小区下的载波聚合技术和非集中式小区及非理想回传下的双连接技术。考虑到 5G 更多样的频谱操作，这些技术仍将用于 5G 系统中。

5. 移动边缘计算技术

移动边缘计算技术(Mobile Edge Computing，MEC)是指在靠近移动用户的位置上提供信息技术服务环境和云计算能力，并将内容分发推送到靠近用户侧的基站，使应用、服务和内容部署在高度分布的环境中，支持 5G 中低时延和高带宽业务的要求。如图 9.8 所示。

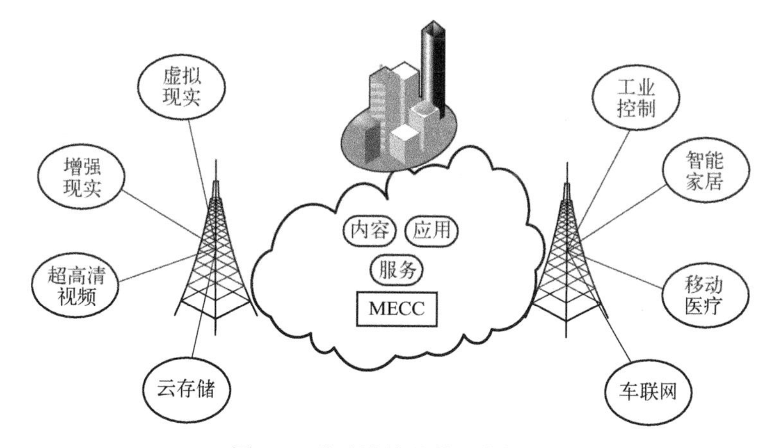

图 9.8 移动边缘计算网络架构

MEC 技术作为一项新兴技术仍面临许多挑战：

● 合作问题：MEC 需要运营商、设备商、内容提供商和应用开发商之间的合作，与 5G 网络进行整合；
● 安全问题：为新的业务提供安全机制；
● 移动性问题：终端在不同的 MEC 间移动时，为用户提供一致的业务体验；
● 计费问题：应用下移后，提供计费功能。

6. 动态自组织网络

动态自组织网络是一种分布式网络，在系统架构方面具有更高的灵活型、可扩展性和健壮性的特点。其主要应用场景为：在低时延高可靠性场景中降低端到端时延，提高传输可靠性；在低功耗大连接场景中延伸网络覆盖和接入能力。

在传统蜂窝网络架构下，终端必须通过基站和蜂窝网网关才能与目标端进行通信。在这种网络架构下，终端在获得数据传输服务前必须首先选择一个服务基站，与服务基站建立并保持连接。而在动态自组织网络中，任何接入节点(包括高能力终端，微型基站，宏基站)都具备数据存储与路由转发功能，动态自组织网络中的每个节点都具备无线信号收发能力，并且每个节点都可以与一个或者多个相邻节点通过无线方式直接通信，整个动态自组织网络呈现出网状网结构和特征。为网络添加任何新节点(例如终端或基站)，只需要接上电源，节点可以自动进行自我配置，并确定最佳的多跳传输路径。

动态自组织网络具有如下优点：

- 部署灵活：动态自组织网络节点被放置到目标区域，节点便可以自动进行自我配置，自动建立并维护网络拓扑关系，并确定最佳的多跳传输路径，从而大大降低了网络部署成本，加快网路部署速度；
- 支持多跳：动态自组织网络支持多跳传输，数据包能够自动选择最佳路径不断从一个用户跳转到另一个用户，并最终到达目标终端，此特性大大扩展了其应用领域和覆盖范围；
- 高可靠性：动态自组织网络在通过支持空口多路冗余传输，以提高空口单跳传输可靠性之外，还通过支持多路由数据传输来提高端到端传输可靠性。如果某个中继节点发生故障，数据包可动态切换到中继节点备用路径传送，比传统蜂窝网络更加健壮；
- 支持超高带宽：随着无线传输距离的增加，各种干扰和其他导致数据丢失的因素随之增加，因此选择经多个短跳来传输数据将是获得更高系统带宽的一种有效方法。因此动态自组织网络可以支持更高的系统带宽，能够实现更高的网络容量。

7. 网络能力开放

网络能力开放的目的在于实现向第三方提供所需网络的能力。网络能力的开放应结合具体业务场景，并综合考虑第三方应用平台在系统架构及业务逻辑方面的差异性，从而实现简单友好的开放。此外，网络能力开放必须具有足够的灵活性。随着网络功能的进一步丰富，网络能力可向第三方实现持续开放，而不必对第三方平台及网络系统自身进行复杂的改动。网络能力开放主要包括：

（1）网络及用户信息开放：单个蜂窝的负载信息、链路质量的实时统计信息、网络吞吐量的实时统计信息、移动用户的定位信息等；

（2）无线业务及网络资源开放：短消息业务能力、业务质量调整等；

（3）网络计算资源开放：无线网络可将自身的计算能力以基础设施的形式提供给第三方，以便在无线网络内部，尤其是网络边缘直接部署业务环境。

网络能力开放需要对第三方应用平台保持友好性从而使得开放变得简单直观。鉴于目前移动应用大部分基于 web 方式实现，可考虑将网络能力拆分为可通过 HTTP 操作的逻辑资源，并且嵌入特定的 HTTP 会话内随业务数据一起交付。这样，第三方应用平台，尤其是目前主流的移动应用提供商，可基于已有的生产环境方便调用运营商开放的网络能力，而无需修改自身的系统架构及业务逻辑。

9.2.3 5G 关键无线技术

传统的移动通信升级换代以多址技术为主线，而 5G 的无线技术创新来源更多。大规模天线、超密集组网、全频谱接入、新型多址技术都是 5G 的关键技术。此外，全双工、灵活双工、新型调制编码、统一自适应帧结构、终端直通等也是潜在的关键技术。

1. 大规模天线

（1）概述

大规模天线技术的基础是多输入多输出(Multiple-Input Multiple-Output，MIMO)技术[7]。

传统的 MIMO 技术在 4G 网络中已经得到了广泛的应用，成为 4G 系统的核心技术之一。3GPP Release10 已经能够支持 8 个天线端口进行传输，可在相同的时频资源上支持 8 个数据流同时传输，提升了系统频谱效率、用户体验、传输可靠性。

面对 5G 在传输速率和系统容量等方面的挑战，天线数目的进一步增加仍将是 MIMO 技术演进的重要方向。由于终端天线端口数目与基站天线端口数目相比较，受终端尺寸、功耗甚至外形的限制更为严重，因此终端天线数目不能显著增加。为进一步增加系统频谱效率，这就要求增加基站天线端口的数目，使其达到 16、64，甚至更高。当 MIMO 系统中的发送端天线端口数目增加到上百甚至更多时，就构成了大规模天线(Massive MIMO)系统。随着一系列关键技术的突破及器件、天线等技术的进一步发展，可以预见大规模天线技术将在 5G 系统中发挥更大作用，成为 5G 的关键技术之一[8]。

（2）挑战

当基站侧天线数远大于用户天线数目时，基站到各个用户的信道将趋于正交。这种情况下，用户干扰将趋于消失，巨大的阵列增益能够有效地提升每个用户的信噪比，从而能够在相同的时频资源上支持更多用户传输。利用大规模天线，基站可以在三维空间形成具有高空间分辨能力的高增益窄细波束，能够提供灵活的空间复用能力，改善接收信号强度并更好地抑制用户间干扰，从而实现更高的系统容量和频谱效率。这都使得大规模天线技术在 5G 技术研发中备受关注。但如何推动大规模天线的实用化，满足大规模天线在灵活部署、易于运维等实际需求方面，仍面临许多挑战：

- 天线的非理想特性。大规模天线应用的一个重要假设是信道具备互易性，这会为系统设计带来巨大的便利以及容量的广泛提升。信道互易性从广义上看，是要求满足互易的信道的幅频响应是相同的；从狭义上看是要求某些统计量相同，如参考信号接收功率(Reference Signal Receiving Power，RSRP)。否则，完全依赖反馈的开销将非常巨大，系统设计也变得异常复杂。信道互易性假设和其适用的范围，特别是针对大规模天线系统是否适用，需要再深入的研究。
- 信道信息的获取。大规模天线系统的频谱效率提升能力主要受制于空间无线信道信息获取的准确性。由于基站侧天线数目的大幅增加，且传输链路存在干扰，通过现有的导频设计及信道估计技术都难以获取准确的瞬时信道信息，该问题是大规模天线系统必须面临的主要挑战之一。
- 多用户传输的挑战。多用户 MIMO 系统中，所有的配对用户可以在相同的资源上传输数据。因此，与单用户 MIMO 系统相比，多用户 MIMO 可以利用多天线的分集增益提高系统性能，利用多天线的复用增益提高系统容量。多用户数目的提升可以使系统传输速率增加，但系统的计算复杂度也将大幅增加，主要体现在多用户配对和调度、多用户预编码方面。

（3）关键技术

大规模天线技术的理论研究及初步性能评估、验证结果，为我们描绘出了该技术在未来移动通信系统中的美好发展前景。在其从理论研究转向标准化、实用化的重要转折时期，存在若干关键技术问题有待进一步深入研究和验证：

- 应用场景与信道建模。大规模天线技术的主要应用场景为宏覆盖、高层建筑、异构网络、室内(外)热点以及无线回传链路等，还有以分布式天线的形式构建大规模天线系统。对于这些典型的应用场景，需要根据大规模天线信道的实测结果对一系列信道参数的分布特征及其相关性进行建模，从而反映出信号在三维空间中的传播特性。
- 信道状态信息的传输与检测技术。天线阵列规模的增大带来了可利用空间自由度的大幅度提高，为支持更大的用户数量与更高的频谱利用率创造了有利的条件。然而，MIMO 维度的大幅度扩展与用户数量的激增也为相应的物理层技术方案设计提出了前所未有的挑战。传输与检测算法的计算复杂度直接与天线阵列规模和用户数相关，而基于大规模阵列的预编码/波束赋形算法与阵列结构设计、设计成本、功率效率和系统性能都有直接的联系。除了传统的基于码本的隐式反馈和基于信道互易性的反馈机制之外，基于 Kronecher 乘积运算的反馈方法、基于 FDD 信道互易性的波束选择等方法，可以较为有效地降低大规模系统计算复杂度。

- 多用户调度与资源管理技术：基于大规模天线的多用户调度技术、业务负载均衡技术以及资源管理技术将获得可观的性能增益。
- 大规模有源阵列天线技术：5G 时代，大规模天线可能在跨度巨大的多个频段上使用，其天线阵列架构也会有所不同。基于有源天线阵列以及基带波束赋形技术，每个天线端口都由收发机驱动，多天线的操作主要在基带数字域进行。接收机复杂度将成为比较重要的问题。可采取近似线性接收机性能的低复杂度迭代算法和利用信道时间相关性的低复杂度解决方案，来降低接收机的复杂度。

2. 超密集组网

超密集组网(Ultra-Dense Network，UDN)将是满足 2020 年以及未来移动数据流量需求的主要技术手段[9]。此项技术通过更加“密集化”的无线网络基础设施部署获得更高的频率复用，从而在局部热点区域实现百倍量级的系统容量提升。典型的 UDN 场景包括：办公室、聚居区、闹市、校园、体育场和地铁等[10]。

UDN 的架构在概念上由接入点、接入网络服务中心和核心网络服务中心构成。持续的网络密度提升也带来了新的挑战，如：干扰、移动性、回传资源、装置成本等。为满足典型场景的要求，并克服这些挑战，接入和回传联合设计、干扰管理和抑制、小区虚拟化技术将是 UDN 的重要研究方向。

（1）接入和回传联合设计

此技术包括混合分层回传、多跳多路径回传、自回传和灵活回传技术。

混合分层回传：在架构中对不同基站进行层标号。第一层由宏小区和小小区组成，由有线链路进行连接。第二层的小小区通过单跳无线传输与第一层的基站相连。第三层及之后各层与第二层的情况类似。在此框架下，有线与无线回传相结合，实现即插即用的网络架构。

多跳多路径的回传：在回传小基站与相邻小基站之间进行多跳路径的优化选择、多路径建立和多路径承载管理、动态路径选择、回传和接入链路的联合干扰管理和资源协调，可给系统容量带来较明显的增益。

自回传：无线回传的主要形式。自回传技术的明显特征是接入和回传链路通过时分/频分复用共同使用相同的频率资源。同时，接入和回传链路的资源分配更加灵活，接入回传联合优化可大幅提升资源的有效利用率。

灵活回传：是提升超密集网络回传能力的高效、经济的解决方案，通过灵活地利用系统任意可用的网络资源，灵活地调整网络拓扑和回传策略来匹配网络资源和业务负载，灵活地分配回传和接入链路网络资源来提升端到端传输效率，从而能以较低的部署和运营成本来满足网络端到端业务质量要求。

（2）干扰管理和抑制技术

可分为两种：基于接收机的干扰抑制技术和基于发射机的干扰抑制技术。

对于下行链路，基于接收机的干扰抑制技术需要用户和基站之间的协作。在用户端，需要使用一些非线性算法。在基站端，各相邻小区间需交互干扰信息。对于上行链路，基于接收机的干扰抑制技术只需在基站端进行操作，与 CoMP 类似。在基站端，中控设备可实现小区间的信息/数据交互。基于发射机的干扰抑制，通常被传统的小区间干扰协调(Inter-Cell Interference Coordination，ICIC)技术所采用。更进一步，下行链路 CoMP 可被认为是 ICIC 的一种实现方式。相比于分布式协作，中心化协作的增益要更高，收敛速度更快。在 UDN 中，各小小区协作是一种典型场景，该场景更适于设置一个中心控制器。另一方面，NFV 是一种网络架构的演变趋势，其将提供一种中心化的协作方式。

（3）小区虚拟化技术

此项技术包括以用户为中心的虚拟化小区技术、虚拟层技术和软扇区技术。

以用户为中心的虚拟化小区技术：是指打破小区边界限制，提供无边界的无线接入，围绕用户建立覆盖、提供服务，虚拟小区随着用户的移动快速更新，并保证虚拟小区与终端之间始终有较好的链路质量，使得用户在超密集部署区域中无论如何移动，均可以获得一致的高 QoS。

虚拟层技术：由密集部署的小基站构建虚拟层和实体层网络，其中虚拟层承载广播、寻呼等控制信令，负责移动性管理；实体层承载数据传输，用户在统一虚拟层内移动的时候，不会发生小区重选或切换，从而实现用户的无缝切换体验。

软扇区技术：由集中式设备通过波束赋形等手段形成多个软扇区，可以降低大量站址、设备、传输带来的成本。同时可以提供虚拟软扇区和物理小区间统一的管理优化平台，降低运营商维护网络的复杂度，是一种易部署、易维护的解决方案。

3. 频谱共享

为满足 5G 需求，除了争取更多专用频谱，还应探索新的频谱使用方式，扩展可用频谱。在 5G 中，频谱共享技术通过解决多种重点场景的系统架构、接口、空口技术、干扰管理等多项技术问题，推进新型的频谱管理理念，促进现有网络能力提升，兼容载波聚合、无线资源管理等无线技术，使其具备横跨不同网络或系统的最优动态频谱配置和管理功能。此项技术具有智能自主接入网络和网络间切换的自适应功能，可实现高效、动态、灵活的频谱使用，以动态网络频谱管理支撑超密集网络覆盖，联合使用现有频段和高频段来满足 5G 大频谱需求，对提升 5G 在广域覆盖和热点覆盖场景的性能指标方面具有重大意义。

频谱共享技术中的关键问题及解决思路主要包括：

- 网络架构与接口：修改网络架构，以集中式架构为主，结合分布式架构，设计新增节点的接口和共享节点间的接口。在现有共享节点之上新增高级频谱管理节点，用于维护管理共享资源池、获取共享节点的需求申请、执行频谱分配策略。
- 高层技术：研究频谱共享的高层技术，解决频谱共享导致的频谱资源动态变化和多优先级网络共存问题。基于不同系统架构，研究对于所获取的大量零散频谱资源进行高效分析与管理、多共享节点间的频谱最优与公平协商、基于预测和代价分析等的频谱切换、接入控制、跨层设计等，并分析对现有的网络接入、业务流管理、移动性等流程的影响。
- 物理层技术：研究频谱共享的物理层技术，通过频谱检测等方式获得频谱使用状况，设计测量与反馈机制、信道和参考信号等，实现结果上报和频谱资源的配置与使用。研究基于主动干扰认知等方式的干扰管理，适应频谱共享带来的干扰环境变化。结合认知网络技术，分析可能的多址方式。

- 射频技术：在多模多频芯片成为市场主流的情况下，分析面向未来的支持频谱共享技术的新型射频，能够支持更广的频率范围，在多通道同时工作时能有效处理干扰，能支持灵活带宽的射频，支持在相同频谱中接入不同系统时的灵活调剂，以及通过多路检测或压缩感知等方式的宽频谱检测等功能，寻求射频参考结构与参数。

4．高频通信

未来的 5G 移动通信系统，无论从增强的移动宽带场景，还是海量的机器类型通信场景，以及低时延高可靠的通信场景，移动数据流量都将会暴增，用户业务和应用快速增长。面对 5G 数百亿级的设备连接数和更高速率及带宽的需求，现有无线通信频谱资源愈加紧张，拥有更多频谱资源的 6GHz 以上的高频段越来越受到重视，成为研究的热点[11]。

6～100GHz 的高频段具有更加丰富的空闲频谱资源，可利用的频谱范围宽，传播方向性强，抗干扰性好，安全性高，频率复用性高。但传播损耗较大，墙壁等障碍物的衰减很大，收发系统的频偏会较大。同时由于高频段波长较小，所以元器件的尺寸就小，器件加工精度要求高。

技术方面，ITU-R WP5D 已经完成了 IMT.ABOVE 6GHz 的研究报告，研究 6GHz 以上的频段用于 IMT 的技术可行性，以及相关的使能技术，如，有源和无源部件、天线技术、部署架构和仿真、特性测试。频率方面，目前部分地区和国家已积极展开相应的候选频段研究分析的工作。综上，5G 高频段上的通信主要解决信道测量与建模、低频和高频统一设计、高频接入回传一体化以及高频器件等挑战。

5．统一自适应帧结构

一方面，5G 面向更多的业务和更广泛的应用场景，需要有更为灵活的帧结构设计来适应这种需要。比如对于广覆盖大连接的物联网业务，需要满足其业务对低时延的要求。而空口时延总是受限于其采用的物理层帧结构，TD-LTE 在 10ms 帧中最多只有两个上下行切换点，这就给空口时延设置了硬性的限制。面向 5G 的 1ms 时延的需求，需要设计适应低时延的新的帧结构。

另一方面，5G 可能部署的频段也有很大的跨度。一些因素，如相位噪声等随着频率的升高，对于系统性能的影响会变得越来越大。除了传统的对接收机进行相位噪声估计和补偿的方法外，较大的子载波间隔也是对抗相位噪声影响的有效途径。因此，在频率范围从现有的 3GHz 以下往上一直扩展到毫米波频段，可用频谱存在极大差异的情况下，需要有与所用频段相匹配的系统带宽和子载波间隔。同时，5G 其他关键技术的使用也对 5G 帧结构的设置提出了要求和挑战。

作为 5G 关键技术之一的 Massive MIMO，其应用可以提供很大的波束赋形增益，显著增强覆盖。为实现高波束赋形增益，及时准确的信道信息是必须的。对于 TDD 系统而言，可很容易地利用信道互易性获取及时准确的信道信息。然而对于 FDD 系统，若想及时获取准确的信道信息，则将会带来大量的系统开销，比如下行导频开销和上行反馈开销。因此，大规模天线技术的广泛应用会对 5G FDD 系统的帧结构设计提出新的挑战及要求。

灵活双工技术也被认为是 5G 的关键技术之一，用于灵活匹配系统业务变化，提升网络容量。然而，相邻小区灵活的 DL-UL 配置会带来小区间或站点间的干扰，特别是控制信道的干扰，从而影响系统性能提升。因此，在 5G 帧结构设计时，需考虑灵活双工带来的干扰问题。

综上所述，5G 的帧结构可能是一个小的集合而非单一选项。一个统一的帧结构如图 9.9 所示，这里 5G 是统一的空口，就像一个容器，承载着多种无线空口技术（Wireless Air Interface Technology，

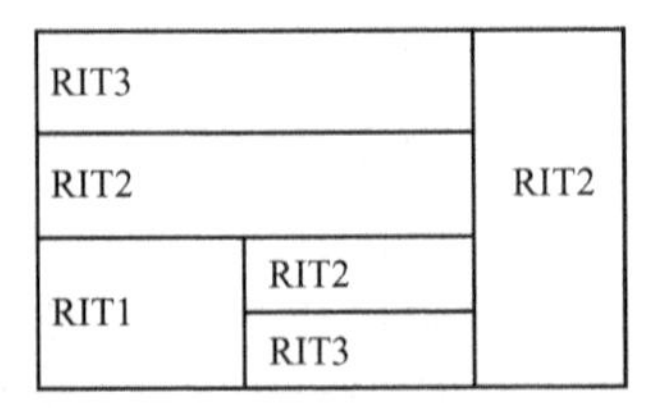

图 9.9　统一的帧结构

RIT)。

6．灵活多址接入

多址接入技术是移动通信系统中满足多用户同时通信的重要手段，以往每一代移动通信系统的升级换代都以多址接入技术的革新为主线。但 1G 到 4G 系统大都采用了正交多址接入技术：1G 系统为 FDMA、2G 系统为 TDMA/CDMA、3G 系统为 CDMA、4G 系统为 OFDMA。

面向未来，5G 系统不仅需要大幅度提升系统频谱效率，还要具备支持更大容量，更多连接，以及更低时延需求的能力。此外，在简化系统设计及信令流程方面也提出了很高的要求。然而 4G 系统的单链路性能已经接近理论容量上限，单链路频谱效率的提升空间有限。这些都将对现有的正交多址技术形成严峻挑战。以 SCMA、PDMA、MUSA[12]为代表的非正交的新型多址技术不仅能提升系统频谱效率，还可以增加有限资源下的用户连接数，增加系统接入容量、降低延时。

（1）稀疏码多址接入(Sparse Code Multiple Access，SCMA)

SCMA 是一种基于码本的、频谱效率接近最优化的新型非正交多址方案，由华为公司提出。其将低密度码和调制技术相结合，通过共轭、转换以及相应旋转等方式选择最优的码本集合。SCMA 编码器在预定义的码本集合中为每个用户选择一个码本，不同用户基于分配的码本进行信息传输。信道编码后的数据比特将直接映射到相应的码字中，然后将多个用户的码字进行非正交叠加。在码域非正交多址接入技术中，扩频码字设计直接影响多址技术的性能和串行干扰消除(SIC，Successive Interference Cancellation)接收机的复杂度。SCMA 采用的是低密扩频码，因为低密扩频码中有部分零元素，码字结构具有明显的稀疏性，这也是 SCMA 技术命名的由来。这种稀疏特性的优点是可以使接收端采用复杂度较低的消息传递算法和多用户联合迭代法，从而实现近似多用户最大似然解码。SCMA 更适合于小数据包、低功耗、低成本的物联网业务应用。

（2）图样分割多址接入(Pattern Division Multiple Access，PDMA)

PDMA 是一种可以在功率域、码域、空域、频域和时域同时或选择性应用的新型非正交多址接入方案，由大唐公司提出。PDMA 可以在时频资源单元的基础上叠加不同信号功率的用户信号，比如叠加分配在不同天线端口号和扩频码上的用户信号，并能将这些承载着不同用户信号或同一用户的不同信号的资源单元用特征图样统一表述，这样等效处理将是一个复杂的过程。由于基站是通过图样叠加方式将多用户信号叠加在一起，并通过天线发送到终端的，这些叠加在一起的图样，既有功率的、天线端口号的，也有扩频码的，甚至某个用户信号中叠加的图样可能是功率的、天线的和扩频码组合的资源承载体，所以终端 SIC 接收机中的图样检测系统要复杂一些。

（3）多用户共享接入(Multi-User Shared Access，MUSA)

MUSA 是一种基于码域叠加的新型非正交多址接入方案，由中兴公司提出。在上行链路中，MUSA 技术充分利用终端用户因距基站远近不同而引起的发射功率差异，在发射端使用非正交复数扩频序列编码对用户信息进行调制，在接收端使用 SIC 技术滤除干扰，恢复每个用户的通信信息。对于下行链路，基于传统的功率叠加方案，利用镜像星座图对配对用户的符号映射进行优化，提升下行链路性能。在 MUSA 技术中，多用户可以复用相同的时域、频域和空域，在每个时域频域、资源单元上，MUSA 通过对用户信息扩频编码，可以显著提升系统的资源复用能力。理论研究表明，MUSA 算法可以将无线接入网络的过载能力提升 300%以上，可以更好地服务 5G 时代的万物互联。

面对 5G 更为多样化的业务场景，需要灵活的多址技术满足不同的场景与业务需求。例如，面对海量连接的业务场景，非正交多址接入技术通过多个用户复用同一资源，大大提升用户连接数。由于用户有更多机会接入，网络整体吞吐量和频谱效率得到提升。此外，面对低延时或低功耗的业务场景，采用非正交多址接入技术可以更好地实现免调度竞争接入，实现低延时通信，并且减少开启时间，降低设备功耗。

新型多址技术与现有的 OFDM 正交多址技术[13]可以采用统一的实现框架，通过不同的码本映射方式区分不同的多址技术。灵活多址技术一方面可以灵活地在不同多址技术上进行切换，另一方面可以复用相关模块，提高资源利用率，降低商用化成本，是 5G 的基础性核心技术之一。

7. 灵活双工

一方面，上行和下行业务总量的爆发式增长导致半双工方式已经在某些场景下不能满足需求。另一方面，随着上下行业务不对称性的增加以及上下行业务比例随着时间的不断变化，传统 LTE 系统中 FDD 的固定成对频谱使用和 TDD 的固定上下行时隙配比已经不能够有效支撑业务动态不对称特性。灵活双工充分考虑了业务总量增长和上下行业务不对称特性，有机地将 TDD、FDD 和全双工融合，根据上下行业务变化情况动态分配上下行资源，有效提高系统资源利用率，可用于低功率节点的微基站，也可以应用于低功率的中继节点。

灵活双工可以通过时域和频域的方案实现。在 FDD 时域方案中，每个小区可根据业务量需求将上行频带配置成不同的上下行时隙配比。在频域方案中，可以将上行频带配置为灵活频带以适应上下行非对称的业务需求，如图 9.10 所示。同样地，在 TDD 系统中，每个小区可以根据上下行业务量需求来决定用于上下行传输的时隙数目，实现方式与 FDD 中上行频段采用时隙方案类似。

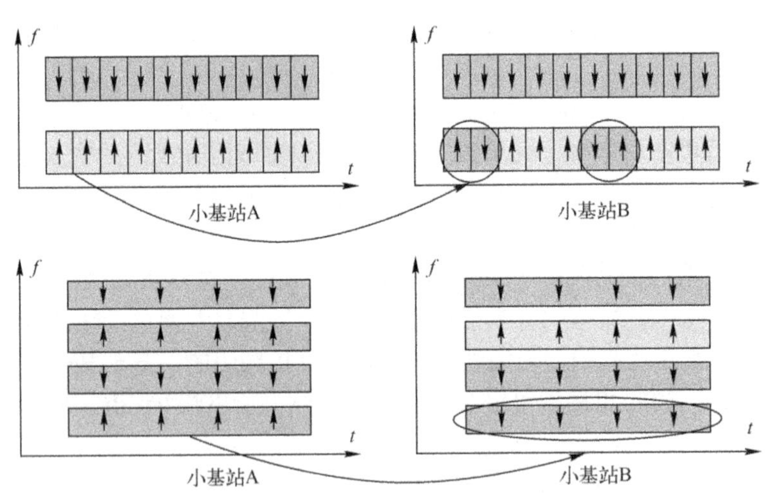

图 9.10 时域及频域的灵活资源分配

灵活双工的主要技术难点在于不同通信设备上下行信号间的相互干扰。在 LTE 系统中，上行信号和下行信号在多址方式、子载波映射、参考信号谱图等方面存在差异，不利于干扰识别和删除，因此上下行信号格式的统一对灵活双工系统性能提升非常关键。对于现有的 LTE 系统，可以调整上行或下行信号实现统一格式，如采用载波搬移、调整解调参考信号谱图或静默等方式，再将不同小区的信号通过信道估计、干扰消除等手段进行分离，从而有效解调出有用信息。

5G 系统将采用新频段和新的多址方式，上下行信号将进行全新的设计。可根据上下行信号对称性原则来设计 5G 的通信协议和系统，从而将上下行信号统一。这样上下行信号间干扰自然被转换为同向信号间干扰，再应用现有的干扰消除或干扰协调等手段处理干扰信号。虽然目前灵活双工可能受到频谱管理规则的限制，但如果能够通过技术手段控制灵活双工对其他系统的干扰，带来的增益将被认可。

8. 先进调制与编码

调制编码技术作为通信原理的基础技术，在移动通信系统的演进中占据着重要的作用。在3G、4G 时代，Turbo 码和正交振幅调制已经在单天线情况下可以逼近香农极限，现有的信道编码方案仅仅支持传统的业务类型，且方案的性能增益都是基于高斯白噪声信道的理想条件下获得的。因此，面对未来 5G 时代的多种应用场景与需求，需要设计更先进的调制编码技术。

先进调制编码涵盖许多单点技术，可分为三大领域：

- 链路级调制编码：包括多元域编码、比特映射技术和联合编码调制等。多元域编码通过伽罗华域的运算和比特交织，从而使得链路在高信噪比条件下更容易逼近香农极限并且增加分集效益。新的比特映射技术采用同心辐射状的幅度相位调制，提高频谱利用效率。联合调制编码采用相位旋转等技术使得链路在快衰信道下更加具有鲁棒性。
- 链路自适应：包括基于无速率和码率兼容，以及一些工程实现类的编码，可以通过对码字结构的优化以及合理的重传比特分布，让调制编码方式更准确地匹配快衰信道的变化。
- 网络编码：利用无线传输的广播特性，捡拾节点之间无线传播中所含的有用比特信息，能够提高系统的吞吐量。

9. 终端直通(D2D)技术

终端直通(Device to Device，D2D)技术是指借助 Wi-Fi、Bluetooth、LTE-D2D 技术实现终端设备之间的直接通信。在现有的蜂窝通信系统中，设备之间的通信都是由无线通信运营商的基站控制的，无法进行直接的语音或数据通信。这是因为终端通信设备的能力和无线通信的信道资源都有限。

在面向未来的 5G 系统中，用户处在由 D2D 通信用户组成的分布式网络中，每个用户节点都能发送和接收信号，并具有自动路由(转发消息)的功能。网络的参与者共享它们所拥有的一部分资源，包括信息处理、存储和网络连接能力等。这些共享资源向网络提供服务和资源，能被其他用户直接访问而不需要经过中间实体。

近年来，D2D 吸引了越来越多的商业兴趣，相关标准化工作正在 3GPP 和 WiFi 联盟进行中，将两者融合可衍生众多新应用。3GPP 定义的 LTE-D2D 应用场景分为两大类：公共安全和商业应用。公共安全场景是指发生在地震或其他自然灾害等紧急情况，移动通信基础设施遭到破坏或电力系统被切断导致基站不能正常工作，那么允许进行终端间的 D2D 通信。商业应用场景可依据通信模式分为对等通信和中继通信。对等通信的应用场景包括：本地广播、大量信息交互、基于内容的业务。中继通信的应用场景包括：安全监控、智能家居等通过将用户设备当作类网关的 M2M 通信；弱/无覆盖区域的用户设备中继传输。

D2D 是 5G 通信系统的一项重要的技术。引入 D2D 特性和功能，通过支持新的使用案例、服务和方案，可以为运营商管理的网络提供新的业务机会。在 D2D 特性和功能的设计之初就应充分考虑高效和高性能的通信机制，以确保未来可以很好地与其他 5G 技术整合、协调。下面简单介绍通过 5G 系统的 D2D 技术实现的一些新的应用领域。

（1）车联网

现在大量的汽车已经配备了 3G/4G 调制解调器并可以作为蜂窝网络的终端进行工作。我们预计在 5G 时代，车辆将被更紧密地集成到网络中并发挥更重要的作用。车车、车路、车人之间会频繁进行短距离广播通信，交互位置和速度等关键参数信息，以提升道路安全和交通效率。这种需求对时延和安全性均有较高的要求。一方面，通过增强的 D2D 通信、基站统一协调和资源集中分配，可以减轻消息在资源上的碰撞，提高消息传输的可靠性。另一方面，通过优化调度交互过程减少终端与网络的交互复杂性，保证时延的要求。

（2）多跳无线边缘网络

现有的蜂窝系统已经定义了通过中继扩展网络覆盖的机制，但是目前的架构并不能很轻易的扩展为多跳网络。D2D 技术可以为未来网络提供一个构建基础，以搭建更具有普遍性的多跳覆盖延伸网络。此外，如果提供多跳覆盖的节点同时可提供很多与其他节点的连接，它们可以形成无线边缘网络，为边缘节点和固定网络基础设施之间提供更多的连接，从而增加在覆盖延伸区域连接的鲁棒性。

（3）低成本 D2D 场景

进行低成本、低功耗的物联网终端和中继端设计，通过低成本 D2D 连接模式，代替物联网终端直连蜂窝网络的模式，满足网络对物联网终端的可管可控可计费及安全需求。

9.3　5G 应用与创新发展

9.3.1　5G 融合应用发展态势

2019 年，全球 5G 应用整体处于初期阶段。根据中国信息通信研究院监测，截至 2019 年 9 月，全球 135 家运营商共进行或即将进行的应用试验达到 391 项。其中，AR/VR、超高清视频传输、固定无线接入是试验最多的三类应用。在行业应用中，车联网、物联网、工业互联网受到广泛关注。到 2020 年，全球 5G 商用发展初具规模。据中国信息通信研究院统计，截至 2020 年 8 月，全球已有 24 个国家/地区的 47 家运营商开始计划部署面向公众的 5G SA（独立组网）网络。

1. 全球 5G 融合应用发展趋势

韩国、欧洲、美国、日本等国家和地区均积极推动 5G 建设，鼓励开展 5G 融合应用，业务生态逐步丰富，应用探索不断深入，5G 促进经济社会发展效能初步显现。整体来看，全球 5G 融合应用发展呈现以下特点：

- 消费领域应用最先落地，但尚未出现现象级的应用。各国 5G 商用初期均以增强移动宽带业务为主，重点发展固定无线接入业务，以及基于高速接入提供超高清视频、VR/AR 等应用。当前 5G 应用更多的是以 5G 技术的大带宽特性提升用户体验，现象级应用仍需进一步探索。
- 行业应用仍处于起步发展阶段，并逐渐与各国优势领域结合向纵深拓展。大多数 5G 行业应用项目还处在试验环境下的技术验证期或示范阶段，尚未出现可大规模复制、扩展的成熟应用。
- 部分国家行业应用中 5G 专网渐成热点，但是仍处于初期建设、用例验证和商业探索期。

2. 我国 5G 融合应用的发展趋势

我国高度重视 5G 应用发展，党中央、国务院、工信部和各地政府相继出台行动计划、实施方案、指导意见等各类 5G 扶持政策。中央政治局常委会提出要积极丰富 5G 技术应用场景，并加快 5G 网络等新型基础设施建设。工信部《“5G+工业互联网” 512 工程推进方案》提出打造 5 个产业公共服务平台，建设改造覆盖 10 个重点行业，形成至少 20 大典型工业应用场景。工信部《关于推动 5G 加快发展的通知》，要求全力推进 5G 网络建设、应用推广、技术发展和安全保障，充分发挥 5G 新型基础设施的规模效应和带动作用，支撑经济高质量发展。国家发改委、工信部《关于组织实施 2020 年新型基础设施建设工程（宽带网络和 5G 领域）的通知》，重点支持虚拟企业专网、智能电网、车联网等 7 大领域的 5G 创新应用提升工程。

我国 5G 融合应用发展处于导入期，未来需实现从 1 到 *N* 的飞跃，其应用发展路径呈现三步走态势：第一批是直播与监控、智能识别类的应用，如 5G 高清视频监控、VR 直播、医疗领域的 5G 远程实时会诊、4K/8K 超高清直播、高清视频安防监控等；第二批是基于云边协同的沉浸式体验类的应用；第三批是远程控制类的应用。其商业模式也初步形成以下三种形态。

（1）运营商主导模式。运营商作为网络提供商，提供等级差异化服务，通过订购或捆绑销售方式，实现网络价值变现；

（2）行业服务商主导模式。行业服务商作为专业化解决方案的主导者，从运营商那里租用网络服务，通过自研或集成等方式，形成行业项目解决方案，并直接向行业客户进行销售，获取综合价值变现。

（3）行业客户主导模式。行业客户通过组建自己的研发和运营团队，参与行业基础设施建设和运行维护，形成较为成熟的全套解决方案，该方案先在企业集团内部进行推广复制，逐步扩展到相关行业市场实现价值变现。

9.3.2 5G 应用场景

与前几代移动网络相比，5G 网络的能力有飞跃式发展，除了更极致的体验、更大的容量和更低的延时，它还将开启物联网时代，并渗透至各个行业。它将和大数据、云计算、人工智能（Artificial Intelligence，AI）等技术一道开启充满机会的信息通信时代，移动网络正在赋能全行业数字化，成为基础的生产力。5G 为移动运营商及其客户提供了极具吸引力的商业模式，随着其融合应用的不断发展和演进，应用重点行业和领域逐步聚焦。

1. 5G 重点应用场景

中国 IMT-2020（5G）推进组在《5G 应用创新发展白皮书》[14]中认为逐步获得业界认可及有望规模商用的十大应用场景集中在工厂、矿山、港口、医疗、电网、交通、安防、教育、文旅以及智慧城市等 10 个领域。华为公司则在其《5G 时代十大应用场景白皮书》[15]中认为未来最能体现 5G 能力的十大应用场景有：云 VR/AR（实时计算机图像渲染和建模）、车联网（远控驾驶、编队行驶、自动驾驶）、智能制造（无线机器人云端控制）、智能能源（馈线自动化）、无线医疗（具备力反馈的远程诊断）、无线家庭娱乐（超高清 8K 视频和云游戏）、联网无人机（专业巡检和安防）、社交网络（超高清/全景直播）、个人 AI 辅助（AI 辅助智能头盔）和智慧城市（AI 使能的视频监控）。

2. 5G 应用场景特点

不难发现，车联网、智能制造、智能农业、智慧城市等场景同时获得学界和产业界的重点关注，是物联网在垂直行业的首要切入领域，其将在 5G 时代蓬勃发展。产生的数据通过 5G 网络连接，构建“万物互联”的世界，不断创造价值。而 5G 网络能力的长足发展也支撑更多样的业务存在。从人们的日常应用看，视频体验将有巨大的提升：华为 Wireless X Labs 通过工程研究发现，从人眼可视角度、手臂长度、舒适性来看，手持移动设备最大视频显示极限是 5K 分辨率，那么只能带来 20Mbps+流量。 但是 5G 可以轻松把 8K 的片源带入客厅的电视大屏，提升 6 倍带宽需求，从而使超高清/全景直播业务成为可能。5G 视频业务还有另一个很大变化，AI 机器视觉在云端的应用可使得无人机实时识别车牌、油气泄漏等，无线工业相机实时识别位置、产品检错，7×24 小时不停歇。而云业务发展迅速，其存储、计算、渲染能力逐步提升，很多业务可以在云端完成处理，以降低终端成本和实现复杂的跨平台协作，实现实时计算机图像渲染和建模。因此 VR 云的结合能够大大推进 VR 游戏或 VR 工程建模业务，其都在云端进行渲染，通过可靠的高速网络实时返回给终端，使得业务获取性提升，体验提升。

9.3.3 5G+工业互联网

工业互联网是第四次工业革命的关键支撑，5G 是新一代信息通信技术演进升级的重要方向，二者都是实现经济社会数字化转型的重要驱动力量。5G 与工业互联网的融合创新发展，将推动制造业从单点、局部的信息技术应用向数字化、网络化和智能化转变，从而有力支撑制造强国、网络强国建设。当前，我国产业界推进 5G 与工业互联网融合创新的积极性不断提升，“5G+工业互联网”内网建设改造覆盖的行业领域日趋广泛，应用范围向生产制造核心环节持续延伸，叠加倍增效应和巨大应用潜力不断释放。

1．5G+工业互联网的应用场景

5G+工业互联网的行业应用主要包括 5G 在电力、制造(电子制造、汽车制造、家电制造等)、港口、油田等垂直行业的应用。国内主要在电力、工厂制造等行业取得了一定的应用示范成果，涉及的业务种类主要包括：工业控制类业务(如系统自动控制和远程控制等)、质量监测类业务和环境监测类业务(如物联网、大数据业务等)。同时，5G 与工业互联网融合也促进了通用型应用的发展。通用型应用主要包括 5G 与工业 AR/VR、超高清视频、无人机、机器人等领域的结合。国内已取得的示范性应用成果包括信息监测、视频回传类业务(如工业 AR/VR 巡检、无人机巡检、机器人巡检、超高清视频监控等)和物流类业务。

2．5G+工业互联网发展所面临的挑战

5G 与工业互联网融合创新仍处于起步期，产业基础有待进一步夯实，路径模式有待进一步探索，发展环境有待进一步完善。其发展所面临的主要挑战有[16]：

（1）供需对接问题有待解决。传统移动通信以运营商为主，很多行业企业还未参与到其中，与工业互联网行业的供需对接存在问题，需要尽快建立跨行业沟通平台和创新体制机制。因此，5G +工业互联网的行业应用还面临需求难匹配、行业有壁垒、回报不确定等诸多问题。

（2）关键技术问题有待研究。在 5G 与工业互联网融合应用推广之前，还有诸多关键技术问题有待研究。这其中主要包括网络切片技术、边缘计算技术、融合网络架构、工业网络安全体系、工业网络监测体系、工业网络标准化等一系列问题。

（3）产业链不够完善。在终端侧，目前虽已出现针对 3GPP 标准化的 5G 网络设备，然而在工业互联网行业中仍缺乏 5G 终端设备，工业 5G 通信模组的研发有待加强，模组与工业硬件产品的整合有待研究。在应用端，缺乏工业应用的端到端解决方案，工业自主开发使用的平台与运营商提供的开放性平台有待进一步对接。

（4）商业模式有待探索。5G 时代电信运营商角色不断演变，除了提供 5G 基础设施和连接服务外，将积极融入 5G 赋能工业互联网的应用场景开发中。运营商应针对不同行业的需求积极探索多样化的演进策略。

9.3.4 5G+产业标准化发展

5G 作为新一代信息通信技术，是实现“万物互联”的关键基础设施，其应用场景也从移动互联网逐渐拓展到工业互联网、车联网、物联网等诸多领域，形成 5G+产业集群，加速全球新一轮科技革命和产业变革。5G 作为标准主导且专利密集型的领域，对标准必要专利的应用提出了更高的要求和挑战。进一步推动 5G+标准必要专利良好许可规则的构建，这对于我国 5G+产业的健康发展具有至关重要的意义，其现有进展如下[17]：

（1）5G 标准化

3GPP 于 2019 年 6 月冻结 5G R15 标准版本，又于 2020 年 7 月冻结 R16 标准版本，R15 和 R16 标准满足了 ITU IMT-2020 的全部需求。R15 作为 5G 基础版本，重点支持增强移动宽带业务和基础的低时延高可靠业务，支持基于 5G 新空口（New Radio，NR）的独立组网以及 LTE 和 NR 联合组网的方式。R16 为 5G 增强版本，进一步增强网络支持移动宽带的能力和效率，支持米级定位、节能以及网络智能化，同时扩展支持更多物联网场景。

（2）车联网标准化

车联网无线通信技术在国际上存在 IEEE802.11p 和 C-V2X（Cellular-V2X）两种技术路线，其中 3GPP 制定的 V2X 标准完成了车与车、车与基础设施的直连通信能力的技术方案。通过引入组播、优化感知、调度、重传等技术，全面赋能 V2X 车辆编队、自动驾驶、远程驾驶、外延传感器等应用。

（3）多媒体标准化

随着 5G 技术的推广，音视频将更多地以 4K/8K 的 AR/VR 形式呈现，所以对编解码技术提出更高的要求。多媒体音频主要采用 3GPP 制定的 AMR（Adaptive Multi-Rate，自适应多速率）系列标准技术和 EVS（Enhance Voice Services，增强语音服务）标准技术。多媒体视频多采用由 ITU 制定的 H.264/H.265/H.266 系列标准技术和中国制定的 AVS（Audio Video coding Standard，音视频编码标准）等系列标准技术。

9.4 6G 研究展望

移动蜂窝通信技术大约每 10 年大发展一次，每一代无线通信技术都比其上一代技术有显著的能力改进，在无线接入网和核心网络中引入了新的服务类型和新的设计理念。在信息消费爆发式增长和生产效率不断提升的需求驱动下，以及在先进的感知技术、人工智能、通信技术、新材料和新器件的赋能下，将衍生出更高层次的移动通信新需求，推动 5G 向 6G 演进和发展。随着 5G 大规模商用，全球业界已开启对下一代移动通信技术（6th Generation of Mobile networks，6G）的研究探索，其发展目前仍处于早期研究阶段。ITU 于 2021 年 3 月成立愿景和需求工作组，3GPP 6G 技术预研与国际标准化预计 2025 年后启动，2030 年前后实现 6G 商用。

9.4.1 6G 愿景及潜在应用场景

2021 年 6 月，我国工信部 IMT-2030（6G）推进组正式发布了《6G 总体愿景与潜在关键技术》白皮书[18]，其中对 6G 总体愿景的描述为：“万物智联、数字孪生”。6G 移动通信系统将面向 2030 年及未来，构建人机物智慧互联、智能体高效互联，驱动人类社会进入智能化时代。白皮书描绘了未来 6G 的八大主要业务应用，即沉浸式云 XR、全息通信、感官互联、智慧交互、通信感知、普惠智能、数字孪生、全域覆盖，其呈现出沉浸化、智慧化、全域化等新发展趋势。

1. 沉浸式云XR：虚拟空间的广阔天地

扩展现实（Extended Reality，XR）是虚拟现实（Virtual Reality，VR）、增强现实（Augmented Reality，AR）、混合现实（Mixed Reality，MR）等的统称。在未来，网络及XR终端能力的提升将推动XR技术进入全面沉浸化时代。内容上云、渲染上云、空间计算上云等云化的XR技术将显著降低XR终端设备的计算负荷和能耗，摆脱了线缆的束缚，XR终端设备将变得更轻便、更沉浸、更智能、更利于商业化。该系统将实现用户和环境的语音交互、手势交互、头部交互、眼球交互等复杂业务，需要在相对确定的系统环境下，满足超低时延与超高带宽才能为用户带来极致体验。现有的云VR系统对时延的要求不高于20ms，而现有端到端时延则达到了70ms。面向6G及未来，基于云化XR的总时延将至少低于10ms。

2. 全息通信：身临其境的极致体验

随着无线网络能力、高分辨率渲染及终端显示设备的不断发展，未来的全息信息传递将通过自然逼真的视觉还原，实现人、物及其周边环境的三维动态交互，可广泛应用于文化娱乐、医疗健康、教育、社会生产等众多领域，使人们不受时间、空间的限制，打通虚拟场景与真实场景的界限，使用户享受身临其境般的极致沉浸感体验。但同时，全息通信将对信息通信系统提出更高要求，在实现大尺寸、高分辨率的全息显示方面需要足够快的全息图像传输能力和强大的空间三维显示能力。以传送原始像素尺寸为1920×1080×50的3D目标数据为例[19]，RGB数据为24bit，刷新频率60 FPS（Frames Per Second），需要峰值吞吐量约为149.3Gbps。按照压缩比100计算，平均吞吐量需求约为1.5Gbps。用户在全方位、多角度的全息交互中需要同时承载上千个并发数据流，由此推断用户吞吐量则需要至少达到Tbps量级。

3. 感官互联：多维感官的交融响应

视觉和听觉一直是人与人之间传递信息的两种基本手段，除视觉和听觉外，触觉、嗅觉和味觉等其他感官也在日常生活中发挥着重要作用。面向6G及未来，更多感官信息的有效传输将成为通信手段的一部分。感官互联可能会成为未来主流的通信方式，广泛应用于医疗健康、技能学习、娱乐生活、道路交通和情感交互等领域。

为了支撑感官互联的实现，需要保证触觉、听觉、视觉等不同感官信息传输的一致性与协调性，毫秒级的时延将为用户提供较好的连接体验。触觉的反馈信息与身体的姿态和相对位置息息相关，对于定位精度将提出较高要求。在多维感官信息协同传输的要求下，网络传送的最大吞吐量预计将成倍提升。安全方面，由于感官互联是多种感官相互合作的通信形式，为保护用户的隐私，通信的安全性必须得到更有力的保障，以防止侵权事件的发生。感官数字化表征方面，各种感觉都具有独特的描述维度和描述方式，需要研究并统一其单独和联合的编译码方式，使得各种感觉都能够被有效地表示。

4. 智慧交互：情感思维的互通互动

依托未来6G移动通信网络，有望在情感交互和脑机交互等全新研究方向上取得突破性进展。具有感知能力、认知能力、甚至会思考的智能体将彻底取代传统智能交互设备，人与智能体之间的支配和被支配关系将开始向着有情感、有温度、更加平等的类人交互转化。在智慧交互场景中，智能体将产生主动的智慧交互行为，同时可以实现情感判断与反馈智能，因此，数据处理量将会大幅增加。为了实现智能体对于人类的实时交互与反馈，传输时延要小于1ms，用户体验速率将大于10Gbps，可靠性指标需要进一步提高到99.99999%[20]。

5. 通信感知：融合通信的功能拓展

未来 6G 网络将可以利用通信信号实现对目标的检测、定位、识别、成像等感知功能，无线通信系统将可以利用感知功能获取周边环境信息，智能精确地分配通信资源，挖掘潜在通信能力，增强用户体验。6G 将利用无线通信信号提供实时感知功能，获取环境的实际信息，并且利用先进的算法、边缘计算和 AI 技术来生成超高分辨率的图像，在完成环境重构的同时，实现厘米级的定位精度，从而实现构筑虚拟城市、智慧城市的愿景。

6. 普惠智能：无处不在的智慧内核

在未来，越来越多的个人和家用设备、各种城市传感器、无人驾驶车辆、智能机器人等都将成为新型智能终端。这些新型终端不仅可以支持高速数据传输，还可以实现不同类型智能设备间的协作与学习。未来整个社会通过 6G 网络连接起来的设备数量将达到万亿级，这些智能体设备通过不断的学习、交流、合作和竞争，可以实现对物理世界运行及发展的超高效率模拟和预测，并给出最优决策。将 AI 应用到 6G 网络中，可通过不断增强的算力对大数据中蕴含的价值进行充分挖掘与持续学习。网络自学习、自运行、自维护的实现都将构建在 AI 和机器学习能力之上，能够从容应对各种实时的变化。6G 网络将通过不断的自主学习和设备间协作，持续为整个社会赋能赋智，真正做到学习无处不在，永远学习和永远更新，把 AI 的服务和应用推到每个终端用户，让实时、可靠的 AI 智能成为每个人、每个家庭、每个行业的忠实伙伴，实现真正的普惠智能。

7. 数字孪生：物理世界的数字镜像

随着感知、通信和 AI 技术的不断发展，物理世界中的实体或过程将在数字世界中得到数字化镜像复制，人与人、人与物、物与物之间可以凭借数字世界中的映射实现智能交互。通过在数字世界挖掘丰富的历史和实时数据，借助先进的算法模型产生感知和认知智能，数字世界能够对物理实体或者过程实现模拟、验证、预测、控制，从而获得物理世界的最优状态。未来 6G 时代将进入虚拟化的孪生数字世界。

数字孪生对 6G 网络的架构和能力提出了诸多挑战，需要 6G 网络拥有万亿级的设备连接能力并满足亚毫秒级的时延要求，以便能够精确实时地捕捉物理世界的细微变化。通过网络数据模型和标准接口并辅以自纠错和自生成的能力，使得数据质量得到保障。考虑到数据隐私和安全需求，需要 6G 网络能够在集中式和分布式架构下均可进行数据采集、存储、处理、训练和模型生成。此外，6G 网络还需要达到 Tbps 的传输速率以保证精准的建模和仿真验证的数据量要求，通过快速的迭代寻优和决策，按需采取集中式或分布式的智能生成模式。

8. 全域覆盖：无缝立体的超级连接

随着业务的逐渐融合和部署场景的不断扩展，地面蜂窝网与包括高轨卫星网络、中低轨卫星网络、高空平台、无人机在内的空间网络相互融合，将构建起全球广域覆盖的空天地一体化三维立体网络，为用户提供无盲区的宽带移动通信服务。全域覆盖将实现全时全地域的宽带接入能力，为偏远地区、飞机、无人机、汽车、轮船等提供宽带接入服务；为全球没有地面网络覆盖的地区提供广域物联网接入，保障应急通信、农作物监控、珍稀动物无人区监控、海上浮标信息收集、远洋集装箱信息收集等服务；提供精度为厘米级的高精度定位，实现高精度导航、精准农业等服务；此外，通过高精度地球表面成像，可实现应急救援、交通调度等服务。

9.4.2　6G 技术发展趋势展望

6G 与 5G 相比，将进一步拓展和深化物联网的应用范围和领域，并不断发掘新的业务应用来服务于智能化社会和生活，实现由“万物互联”到“万物智联”的跃迁。其主要的技术发展趋势有[21]：

1. 智慧连接

以往的蜂窝系统主要研发无线通信技术，但6G将通过融合移动通信技术与AI、大数据、云计算等新一代网络信息技术打破这一局限，“智慧连接”将成为未来新一代移动通信技术发展的新趋势之一。AI技术在网络性能优化、网络模式分析、部署管理、网络架构创新等多个领域的应用，将引发网络信息技术的全方位创新，释放多技术交叉融合运用所带来的叠加倍增效应，带来感知、存储、计算、传输等环节的群体性突破。“智慧连接”的特征可以表现为通信系统内在的全智能化：网元与网络架构的智能化、终端设备智能化、承载的信息支撑智能化。其将同时满足设备智能化、业务智能化、网络智能化的需求。

2. 全频段频谱利用

以指数增长的流量和以数据为中心的智慧连接都要求超高速无线通信，Tb/s(Tbps)无线连接有望在未来10年成为现实。在这种情况下，6G必须开发更宽、更丰富的频谱资源。毫米波波段将继续作为6G中数据速率增强的波段，而太赫兹波段将被视为短距离传输的一个有前途的解决方案，6G将在对现有频谱资源高效利用的基础上，进一步向毫米波、太赫兹、可见光等更高频段扩展。其通过对低、中、高全频段频谱资源的综合高效利用，来满足不同层次的发展需求。

3. 空天地海一体化

现有的地面蜂窝网络仅覆盖地球表面的10%，在人口密度低、回报价值低的偏远地区网络部署成本高昂、性价比低，且易受地形和地质灾害影响。因此，在未来6G网络中卫星等非地面通信将作为地面蜂窝网络的补充，推动形成“空天地海一体化”无缝全域覆盖的通信网络，进一步扩展网络覆盖的广度和深度。未来“空天地海一体化”全覆盖网络将由具备不同功能、位于不同高度的卫星、高空平台、近地通信平台以及陆地和海洋等多种网络节点实现互联互通，形成一个以地面蜂窝网络为基础，多种非地面通信为重要补充的立体广域覆盖通信网络，实现同一终端在地面、空中、海面各个区域之间的无缝漫游。

4. 绿色可持续发展

绿色和可持续的网络是全球可持续发展的推动者。能源效率长期以来一直是5G的一个重要设计目标，这将继续是6G网络设计的一个更重要的要求。然而，在6G中除了能源效率，还需要考虑网络全生命周期的能源消耗，考虑各种可再生能源。

根据以上6G发展趋势，有潜力的关键技术包括：继续深度挖掘低频段的潜力，提高系统的频谱效率；从毫米波频段向太赫兹直至光频段扩展，丰富无线通信的频谱资源；探索创新型的智能超表面等无线传输技术；融合感知与通信，形成通信感知一体化的新范式；实现空天地海一体化的无缝全覆盖信息传输；与大数据、AI技术等智能方法和技术深度融合，形成内生智能的新型网络架构，支撑万物智联。相应地，6G的一些关键技术指标也有了更高的要求，包括：系统峰值传输速率将达到Tbps量级、用户体验速率达到10Gbps、时延低至百μs量级同时可靠度达到99.99999%等。

习题与思考题

9.1　简述5G的主要应用场景和能力指标。

9.2　简述5G网络架构的发展方向。

9.3 了解 5G 关键网络技术。

9.4 了解 5G 关键无线技术。

9.5 了解 5G 应用与创新发展。

9.6 了解 5G+及 6G 技术未来发展趋势。

本章参考文献

1 White Paper on 5G Concept，IMT-2020(5G) Promotion Group，2015

2 中商产业研究院. 中国 5G 行业市场前景及投资机会研究报告[R]，2021.

3 New Recommendation ITU-R M.[IMT.Vision]，2015

4 中国移动研究院．基于集中式资源池，协作处理，实时“云”构架的绿色无线接入网[z]，2011.

5 L E Li，Z M Mao，J Rexford. Toward Software-DefinedCellular Networks[C]. Software Defined Networking (EWSDN)，2012 European Workshop on，2012

6 ETSI NFV ISG. ETSI GS NFV 002 v1.1.1.10，2013

7 3GPP. TS 36.213，Physical layer procedures for E-UTRA (Release 12) [S]，2013.

8 S. Han，Z.Xu and C.Rowell，“Large scale antenna system with hybrid analog and digital beamforming for 5G”，IEEE Commun. Mag. Vol.53，No.1，pp.186-194，Jan. 2015

9 Su L，Yang C，Chih-Lin I. On Energy Efficiency and Spectral Efficiency Joint Optimization of Ultra Dense Networks[C]// Global Communications Conference. IEEE，2016

10 TR36.814 Study on Evolved Universal Terrestrial Radio Access（E-UTRA）；Further advancements for E-UTRA physical layer aspects

11 E. Semaan，F. Harrysson，A Furuskär and H. Asplund，“Outdoor-to-indoor coverage in high frequency bands”，IEEE Global Commun. Conf.（Globecom），Austin，TX，Dec. 2014.

12 张长青. 面向 5G 的非正交多址接入技术的比较. 电信网技术. 2015，10

13 Zhao L，Zhao H，Zheng K，et al. A high energy efficient scheme with Selecting Sub-Carriers Modulation inOFDMA system[C]//Communications（ICC），2012 IEEE International Conference on. IEEE，2012: 5711-5715.

14 IMT-2020(5G) 推进组. 5G 应用创新发展白皮书[R]，2020.

15 华为技术有限公司. 5G 时代十大应用场景白皮书[R]，2018.

16 王锋. 5G 背景下工业互联网面临的挑战[J]. 现代雷达，2021.

17 IMT-2020(5G) 推进组. 5G+产业标准化发展白皮书[R]，2021.

18 IMT-2030(6G) 推进组正式发布《6G 总体愿景与潜在关键技术》白皮书[J]. 互联网天地，2021.

19 Xuewu Xu，Yuechao Pan，Phyu Mar Yi Lwin，and Xinan Liang. 3D Holographic Display and Its Data Transmission Requirement[C]，2011 International Conference on Information Photonics and Optical Communications，2011.

20 王淩豪，王淼，张亚文，张玉军. 未来网络应用场景与网络能力需求[J]. 电信科学，2019.

21 赵亚军，郁光辉，徐汉. 6G 移动通信网络：愿景、挑战与关键技术[J]. 中国科学：信息科学，2019.

附录A 矩阵分解

给定方阵$\boldsymbol{A}$，若对于标量λ存在一个非零向量使得$\boldsymbol{Ax}=\lambda\boldsymbol{x}$，则此标量为矩阵$\boldsymbol{A}$的特征值(eigenvalue)。这个向量$\boldsymbol{x}$称为矩阵$\boldsymbol{A}$对应于$\lambda$的特征向量(eigenvector)。矩阵$\boldsymbol{A}$的所有特征值是其特征方程(characteristic equation) $\det[\boldsymbol{A}-\lambda\boldsymbol{I}]=0$的解。$\det[\boldsymbol{A}-\lambda\boldsymbol{I}]$是关于$\lambda$的多项式，称为矩阵$\boldsymbol{A}$的特征多项式(characteristic polynomial)，因此$\boldsymbol{A}$的所有特征值都是其特征多项式的根。若$N\times N$矩阵的特征多项式形式为$\det[\boldsymbol{A}-\lambda\boldsymbol{I}]=(-1)^N(\lambda-r_1)\cdots(\lambda-r_N)$，则有$N$个各不相同的根$r_1,\cdots,r_N$（$r_i\neq r_j$）。当特征多项式包含$(\lambda-r_i)^k$，$k>1$时，称为$k$重根。例如，若$\det[\boldsymbol{A}-\lambda\boldsymbol{I}]=-(\lambda-r_1)^2(\lambda-r_2)^3$，则$r_1$是2重根，$r_2$为3重根。$N\times N$矩阵有$N$个特征值$\lambda_1,\cdots,\lambda_N$，其中有些可能因为重根而相同。可以证明，矩阵的行列式等于其所有特征值的积(求积时k重的特征值r_i按r_i^k计算)。

厄密矩阵的特征向量可能是复数的，但特征值总是实数。此外，$N\times N$的正规矩阵$\boldsymbol{A}$可以写成下面的形式：

$$\boldsymbol{A}=\boldsymbol{U\Lambda U}^{\mathrm{H}} \tag{A.1}$$

式中，$\boldsymbol{U}$是酉阵，其列是$\boldsymbol{A}$的特征向量。$\boldsymbol{\Lambda}=\mathrm{diag}[\lambda_1,\cdots,\lambda_k,0,\cdots,0]$是$N\times N$对角阵，前$k$个对角元素是$\boldsymbol{A}$的非零特征值。对于厄密矩阵，式(A.1)中的$\boldsymbol{\Lambda}$只有实元素。称矩阵$\boldsymbol{A}$为正定的(positive definite)，若对任意的非零矢量$\boldsymbol{x}$有$\boldsymbol{x}^{\mathrm{H}}\boldsymbol{Ax}>0$。厄密矩阵是正定的，当且仅当其所有特征值都是正的。类似地，称矩阵$\boldsymbol{A}$为半正定的(positive semidefinite)或者非负定的(nonnegative definite)，若对任意的非零矢量$\boldsymbol{x}$有$\boldsymbol{x}^{\mathrm{H}}\boldsymbol{Ax}\geqslant 0$。厄密矩阵为非负定的，当且仅当其所有特征值都是非负的。

若$N\times M$矩阵的秩为R_A，则存在一个$N\times M$矩阵$\boldsymbol{\Sigma}$，一个$N\times N$酉阵$\boldsymbol{U}$和一个$M\times M$酉阵$\boldsymbol{V}$，使得

$$A=\boldsymbol{U\Sigma V}^{\mathrm{H}} \tag{A.2}$$

称$\boldsymbol{V}$的列为$\boldsymbol{A}$的右奇异向量(right singular vector)，$\boldsymbol{U}$的列为$\boldsymbol{A}$的左奇异向量(left singular vector)。矩阵$\boldsymbol{\Sigma}$的非对角元素均为零，当$N\geqslant M$时形式为

$$\boldsymbol{\Sigma}_{N\times M}=\begin{bmatrix}\sigma_1 & \cdots & 0\\ \vdots & \ddots & \vdots\\ 0 & \cdots & \sigma_M\\ 0 & \cdots & 0\\ \vdots & \ddots & \vdots\\ 0 & \cdots & 0\end{bmatrix}$$

当$N<M$时形式为

$$\boldsymbol{\Sigma}_{N\times M}=\begin{bmatrix}\sigma_1 & \cdots & 0 & 0 & \cdots & 0\\ \vdots & \ddots & \vdots & \vdots & \ddots & \vdots\\ 0 & \cdots & \sigma_N & 0 & \cdots & 0\end{bmatrix}$$

这里$\sigma_i=\sqrt{\lambda_i}$，$\lambda_i$是$\boldsymbol{AA}^{\mathrm{H}}$的第$i$个特征值。$\sigma_i$称为$\boldsymbol{A}$的奇异值(singular value)，其中有$R_A$个非零值，$R_A$是$\boldsymbol{A}$的秩。式(A.2)的分解称为矩阵$\boldsymbol{A}$的奇异值分解(Singular Value Decomposition，

SVD)。矩阵的奇异值总是非负的。

令 $\boldsymbol{A}$ 是一个 $N \times M$ 矩阵，记其第 i 列为 A_i。把每个列当作一个子矩阵，可以将 $\boldsymbol{A}$ 写成 $\boldsymbol{A} = [A_1 A_2 \cdots A_M]$。矩阵的向量化 vec($\boldsymbol{A}$) 是把 $\boldsymbol{A}$ 的列 A_i 自上而下排列得到的一个 NM 维向量。

令 $\boldsymbol{A}$ 为 $N \times M$ 矩阵，$\boldsymbol{B}$ 为 $L \times K$ 矩阵。矩阵 $\boldsymbol{A}$ 和矩阵 $\boldsymbol{B}$ 的 Kronecker 积 $\boldsymbol{A} \otimes \boldsymbol{B}$ 是一个 $\boldsymbol{NL} \times \boldsymbol{MK}$ 矩阵，定义为

$$\boldsymbol{A} \otimes \boldsymbol{B} = \begin{bmatrix} A_{11}\boldsymbol{B} & \cdots & A_{1M}\boldsymbol{B} \\ \vdots & \ddots & \vdots \\ A_{N1}\boldsymbol{B} & \cdots & A_{NM}\boldsymbol{B} \end{bmatrix} \tag{A.3}$$

附录B　话务量和呼损率

1．呼叫话务量

话务量是度量通信系统通话业务量或繁忙程度的指标。话务量 A 是指单位时间(1 小时)内进行的平均电话交换量。

$$A = Ct_0 \tag{B.1}$$

式中，C 为每小时的平均呼叫次数(包括呼叫成功和呼叫失败的次数)；t_0 为每次呼叫平均占用信道的时间(包括接续时间和通话时间)。

如果在 1 小时内不断地占用一个信道，则其呼叫话务量为 1Erl(爱尔兰)。

2．呼损率

在一个通信系统中，造成呼叫失败的概率称为呼叫损失概率，简称呼损率(B)。

设 A'为呼叫成功而接通电话的话务量，简称完成话务量。C_0 为 1 小时内呼叫成功而通话的次数，t_0 为每次通话的平均占用信道的时间，则完成话务量为

$$A' = C_0 t_0 \tag{B.2}$$

于是呼损率为

$$B = \frac{A - A'}{A} \times 100\% = \frac{C - C_0}{C} = \frac{C_i}{C} \tag{B.3}$$

式中，$A-A'$为损失话务量。

呼损率也称为系统的服务等级(或业务等级)。呼损率与话务量是一对矛盾，即服务等级与信道利用率是矛盾的。

用 Erlang B 公式(也叫阻塞呼叫清除公式)求解呼叫阻塞概率。

$$B = P_n = \frac{A^n / n!}{\sum_{k=0}^{n} \frac{A^k}{k!}} \tag{B.4}$$

式中，A 为流入业务的流量强度(话务量)，n 为系统容量(电路数量)。

例如，有一个系统容量 C=10(条线)，流入的业务强度 $A = 6$Erlang，系统服务的用户很多，可计算这个系统的呼损率为 B=0.043142(4.3%)。

在不同呼损率 B 的条件下，信道的利用率也是不同的。

$$\eta = A_0 / n = A(1 - B) / n \tag{B.5}$$

Erlang B 公式已经制成爱尔兰呼损表，知道 3 个参数 A、B 和 n 中的任何两个参数，就可以从爱尔兰呼损表查出需要的第三个参数。例如，可以从表 B.1 中找到 B，A，n 三者。

3．每个信道能容纳用户数的计算

为了计算每个信道能容纳多少用户，需要计算每个用户的忙时话务量。在考虑通信系统的用户数和信道数时，应采用“忙时平均话务量”。因为只要在“忙时”信道够用，“非忙时”肯

定就不成问题。先定义忙时集中率

$$K = 忙时话务量/全日话务量 \tag{B.6}$$

表 B.1　爱尔兰呼损表

n \ A \ B	1%	2%	5%	10%	20%
1	0.0101	0.020	0.053	0.111	0.25
5	1.360	1.657	2.219	2.881	4.010
10	4.460	5.092	6.216	7.511	9.685
20	12.031	13.181	15.249	17.163	21.635

再考虑每个用户的忙时话务量

$$A_a = CTK / 3600 \tag{B.7}$$

式中，C 为每一用户每天平均呼叫次数；T(单位为秒)为每次呼叫平均占用信道的时间；A_a 为最繁忙的那个小时的话务量，是统计平均值。

这样就可以计算每个信道能容纳的用户数(m)了，即

$$m = \frac{A/n}{CTK/3600} = \frac{A/n}{A_a} = \frac{A/A_a}{n} \tag{B.8}$$

例如，某移动通信系统，每天每个用户平均呼叫 10 次，每次占用信道平均时间为 80s，呼损率要求 10%，忙时集中率 $K = 0.125$，问给定 8 个信道容纳多少用户？

解：① 利用爱尔兰损失概率表，查表求得 A=5.597Erl。

② 每个用户的忙时话务量为 $A_a = CTK / 3600 = 0.0272$爱尔兰/用户。

③ 每个信道能容纳的用户数为 $m = \frac{A/n}{A_a} = 205.8/8$。

④ 系统所容纳的用户数约为 205。

习题

B.1　某基站共有 10 个信道，现容纳 300 户，每用户忙时话务量为 0.03Erl，问此时的呼损率为多少？如用户数及忙时话务量不变，使呼损率降为 5%时，求所需增加的信道数。

附录 C　英文缩略语英汉对照表

3GPP	The 3th Generation Partner Project	第三代合作伙伴计划
3GPP2	The 3rd Generation Partnership Project 2	第三代合作伙伴计划 2
5G-PPP	5G-Public Private Partnership	5G-公私合作伙伴
AB	Access Burst	接入突发脉冲
ABS	Almost Blank Subframe	几乎空子帧
ACCH	Associated Control Channel	随路控制信道
ACK	Acknowledgement	确认
AGCH	Access Grant Channel	接入允许信道
AM	Acknowledged Mode	确认模式
AMC	Adaptive Modulation and Coding	自适应调制和编码
AMPS	Advanced Mobile Phone Systems	高级移动电话系统
APP	A Posteriori Probabilities	后验概率
ARQ	Automatic Repeat Request	自动重复请求
AS	Access Stratum	接入层
AUC	AUthentication Center	鉴权中心
AWGN	Additive White Gaussian Noise	加性高斯白噪声
BBU	Base Band Unit	基带处理单元
BCCH	Broadcast Control Channel	广播控制信道
BCH	Broadcast Channel	广播信道
BER	Bit Error Rate	误比特率
BPSK	Binary Phase Shift Keying	二进制移相键控
BSIC	Base Station Identification Code	基站识别码
BSC	Base Station Controller	基站控制器
BSS	Base Station Subsystem	基站子系统
BTS	Base Transceiver Station	基站收发信机
BSSAP	Base Station System Application Part	基站系统应用部分，A 口信令
BSSGP	Base Station Subsystem GPRS Protocol	基站系统 GPRS 协议
CA	Carrier Aggregation	载波聚合
CAC	Connection Admission Control	连接接纳控制
CC	Call Control	呼叫控制
CCCH	Common Control Channel	公共控制信道
CCH	Control Channel	控制信道
CDD	Cyclic Delay Diversity	循环位移分集
CDMA	Code Division Multiple Access	码分多址
C/I	Carrier-to-Interference Ratio	载干比

CIF	Carrier Indication Field	载波指示域
CMAS	Commercial Mobile Alert Service	商用手机预警系统
CoMP	Coordinated Multiple Points	协作多点传输
CN	Core Network	核心网络
CP	Cyclic Prefix	循环前缀
CPFSK	Continuous Phase Frequency Shift Keying	连续相位频移键控
CQI	Channel Quality Indication	信道质量指示
CRC	Cyclic Redundancy Code	循环冗余校验编码
CRS	Cell Reference Signal	小区参考信号
CSG	Closed Subscriber Group	封闭用户组
D2D	Device to Device	终端直通
DCA	Dynamic Channel Allocation	动态信道分配
DCCH	Dedicated Control Channel	专用控制信道
DCI	Downlink Control Information	下行控制信息
DFE	Decision Feedback Equalization	判决反馈均衡器
DFT	Discrete Fourier Transform	离散傅里叶变换
DL-SCH	Downlink Share CHannel	下行共享信道
DPS	Dynamic Point Selection	动态传输点选择
DQPSK	Differential Quadrature Phase Shift Keying	差分四相相移键控
DSSS	Direct Sequence Spread Spectrum	直接序列扩频
DTM	Discontinuous Transmission Mode	非连续传输模式
EDGE	Enhanced Data rates for GSM Evolution	GSM 演进的增强数据速率
EIA	Electronic Industry Association	电子工业协会
EIR	Equipment Identity Register	设备识别寄存器
eMBB	Enhanced Mobile Broadband	移动宽带增强
eMTC	Massive Machine type Communications	大规模机器类通信
EPC	Evolved Packet Core	演进型分组核心网
EPS	Evolved Packet System	演进的分组系统
ETSI	European Telecommunications Standard Institute	欧洲电信标准协会
ETWS	Earthquake and Tsunami Warning System	地震海啸预警系统
EUTRAN	Evolved Universal Terrestrial Radio Access Network	演进的通用陆基无线接入网
FAF	Floor Attenuation Factor	楼层衰减因子
FCA	Fixed Channel Allocation	固定信道分配
FCC	Federal Communications Commission	美国联邦通信委员会
FDCA	Fast Dynamic Channel Allocation	快速动态信道分配
FDD	Frequency Division Duplex	频分双工
FDM	Frequency Division Multiplexing	频分复用
FDMA	Frequency Division Multiple Access	频分多址
FEC	Forward Error Correction	前向纠错

FER	Frame Error Rate	误帧率
FFR	Fracetional Frequency Reuse	部分频率复用
FFT	Fast Fourier Transform	快速傅里叶变换
FH	Frequency Hopping	跳频
FHSS	Frequency Hopping Spread Spectrum	跳频扩频
FSK	Frequency Shift Keying	频移键控
GGSN	Gateway GPRS Support Node	网关 GPRS 支持节点
GMSC	Gateway Mobile Services Switching Center	关口移动交换中心
GMSK	Gaussian Minimum Shift Keying	高斯最小移频键控
GPRS	General Packet Radio Service	通用分组无线业务
GSM	Global System for Mobile communication	全球移动通信系统
GTP	GPRS Tunnelling Protocol	GPRS 隧道协议
HA	Home Agent	归属代理
HARQ	Hybrid Automatic Repeat request	混合自动重传请求
HCA	Hybrid Channel Allocation	混合信道分配
HCM	Handoff Completion Message	切换完成消息
HLR	Home Location Register	归属位置寄存器
HHO	Hard Handoff	硬切换
HON	Handover Number	切换号码
HSN	Hopping Sequence Number	跳频序列号
HSCSD	High Speed Circuit Switched Data	高速电路交换数据
HDM	Handoff Direction Message	切换指示消息
HSPA	High-Speed Downlink Packet Access	高速下行分组接入
HTTP	Hyper-Text Transfer Protocol	超文本传输协议
ICIC	Inter Cell Interference Coordination	小区间干扰协调
IDFT	Inverse Discrete Fourier Transform	离散傅里叶逆变换
IMEI	International Mobile Equipment Identity	国际移动台设备识别码
IMSI	International Mobile Subscriber Identity	国际移动用户识别码
ISDN	Integrated Services Digital Network	综合业务数字网
IDMA	Interleaved Division Multiple Access	交织多址
IP	Internet Protocol	互联网协议
ISI	Inter Symbol Interference	符号间干扰
ITW	Interworking Function	网间功能
ITU	International Telecommunication Union	国际电信联盟
JP	Joint Process	联合处理
JT	Joint Transmission	联合传输
LA	Location Area	位置区
LAC	Location Area Code	位置区代码
LAI	Location Area Identity	位置区识别

LDPC	Low Density Parity Check	低密度奇偶校验码
LOS	Line Of Sight	视距
LPF	Low-Pass Filter	低通滤波器
LPN	Low Power Node	低功率节点
LLC	Logic Link Control	逻辑链路控制
LTE	Long Term Evolution	长期演进
MAC	Medium Access Control	媒体访问控制
MAHO	Mobile Assisted Handoff	移动台辅助切换
MAI	Multiple Access Interference	多址干扰
MAIO	Mobile Allocation Index Offset	移动指配偏置度
MAP	Maximum A-Posteriori Probability	最大后验概率
	Mobile Application Part	移动应用部分
MBMS	Multimedia Broadcast and Multicast Services	多媒体广播组播业务
MBSFN	Multicast Broadcast Single Frequency Network	多播/组播单频网络
MCHO	Mobile Controlled Handover	移动台控制切换
ME	Mobile Equipment	移动设备
MEC	Mobile Edge Computing	移动边缘计算
MIB	Master Information Block	主信息块
MIMO	Multiple-Input Multiple-Ouput	多入多出
MLSE	Maximum Likelihood Sequence Estimation Equalizer	最大似然估计均衡器
MM	Management Mobility	移动性管理
MME	Mobility Management Entity	移动性管理实体
MS	Mobile Station	移动台
MSC	Mobile Switching Centre	移动交换中心
MSS	Mobile Switching Subsystem	移动交换子系统
MSK	Minimum Shift Keying	最小移频键控
MTP	Message Transfer Part	消息传递部分
MUSA	Multi-User Shared Access	多用户共享接入
NAS	Non-Access Stratum	非接入层
NB	Normal Burst	普通突发脉冲
NFV	Network Function Virtualization	网络功能虚拟化
NGFI	Next Generation Front-haul Interface	下一代前传接口
NLOS	Non-Line-Of-Sight	非视距
NRZ	Non Return Zero	不归零
NSP	Network Service Part	网络业务部分
NSS	Network and Switching Subsystem	网络和交换子系统
OFDM	Orthogonal Frequency Division Multiplexing	正交频分复用
OMS	Operation and Maintenance Subsystem	操作维护管理子系统
ONF	Open Networking Foundation	开放网络基金会
OQPSK	Offset Quadrature Phase-Shift Keying	偏移四相相移键控

OSI	Open Systems Interconnection	开放系统互连
OSS	Operation Support Subsystem	操作支持子系统
OTD	Orthogonal Transmission Diversity	正交发射分集
PACCH	Packet Associated Control Channel	分组专用控制信道
PARC	Per Antenna Rate Control	每天线速率控制
PAPR	Peak Average Power Rate	峰均比
PBCH	Physical Broadcast CHannel	物理广播信道
PBCCH	Packet Broadcast Control Channel	分组广播控制信道
PCCCH	Packet Common Control Channel	分组公共控制信道
PCF	Packet Control Function	分组控制功能
PCFICH	Physical Control Format Indicator Channel	物理控制格式指示信道
PCH	Paging Channel	寻呼信道
PCM	Pulse Code Modulation	脉冲编码调制
PCI	Physical Cell ID	物理小区 ID
PDCCH	Physical Downlink Control Channel	物理下行控制信道
PDCP	Packet Data Convergence Protocol	分组数据汇聚协议
PDMA	Pattern Division Multiple Access	图样分割多址接入
PDSCH	Physical Downlink Shared CHannel	物理下行共享信道
PDSN	Packet Data Serving Node	分组数据服务节点
PDU	Protocol Data Unit	协议数据单元
P-GW	PDN GateWay	PDN 网关
PLMN	Public Land Mobile Network	公共陆地移动网
PIN	Personal Identification Number	用户的个人身份号
PN	Pseudo-Noise	伪噪声
PRB	Physical Resource Block	物理资源块
PSDN	Packet Switched Data Network	分组交换数据网
PSK	Phase Shift Keying	相移键控
PSMM	Pilot Strength Measurement Message	导频强度测量消息
PSPDN	Packet Switched Public Data Network	分组交换公用数据网
PSS	Primary Synchronization Signal	主同步信号
PSTN	Public Switched Telephone Network	公用交换电话网
PUSCH	Physical Uplink Shared Channel	物理上行共享信道
PVC	Permanent Virtual Circuits	永久虚电路
QAM	Quadrature Amplitude Modulation	正交幅度调制
QI	Quality Indicator	质量指示
QoS	Quality of Service	服务质量
QPSK	Quadrature Phase-Shift Keying	四相相移键控
OVSF	Orthogonal Variable Spreading Factor	正交可变扩频因子技术
QOF	Quasi-Orthogonal Function	准正交函数
RAB	Radio Access Bearer	无线接入承载

RACH	Random Access Channel	随机接入信道
RAI	Routing Area Identification	路由区识别
RAC	Routing Area Code	路由区代码
RAN	Radio Access Network	无线接入网
RAR	Random Access Response	随机接入响应
RAT	Radio Access Technologies	无线接入技术
RB	Radio Bearer	无线承载
RE	Range Expansion	覆盖扩张
RZ	Return Zero	归零
RSC	Recursive Systematic Convolutional	递归系统卷积码
RRM	Radio Resource Management	无线资源管理
RRC	Radio Resource Control	无线资源控制
RRA	Radio Resource Allocation	无线资源分配
RRU	Remote Radio Unit	远端射频单元
RLC	Radio Link Control	无线链路控制
RM	Radio Management	无线管理
RNC	Radio Network Controller	无线网络控制器
RNTI	Radio Network Temporary Identifier	无线网络临时标识
ROHC	Robust Header Compression	健壮性头压缩
RSRP	Reference Signal Receiving Power	参考信号接收功率
RSRQ	Reference Signal Receiving Quality	参考信号接收质量
RSSI	Received Signal Strength Indicator	接收信号强度
SB	Synchronization Burst	同步突发脉冲
SCCP	Signaling Connection Control Part	信令连接控制部分
SCH	Synchronization Channel	同步信道
SCMA	Sparse Code Multiple Access	稀疏码多址接入
SDCA	Slow Dynamic Channel Allocation	慢速动态信道分配
SDM	Spatial Division Multiplexing	空分复用
SDMA	Space Division Multiple Access	空分多址
SDN	Software Defined Network	软件定义网络
SDU	Service Data Unit	业务数据单元
SFN	Single Frequency Network	单频网
	System Frame Number	系统帧号
SFR	Soft Frequency Reuse	软频率复用
SGSN	Service GPRS Support Node	服务 GPRS 支持节点
S-GW	Serving Gateway	服务网关
SHO	Soft Handoff	软切换
SIB	System Information Block	系统信息块
SIC	Successive Interference Cancellation	串行干扰消除
SIM	Subscriber Identity Module	用户识别卡
SN	Sequence Number	序列号

SNR	Signal to Noise Ratio	信噪比
SMS	Short Message Service	短消息业务
SMSC	Short Message Service Center	短消息业务中心
SNDCP	Subnetwork Dependence Converage Protocol	子网相关汇聚协议
SRS	Sounding Reference Signal	探测参考信号
SSS	Secondary Synchronization Signal	辅同步信号
SRES	Signed Response	符号响应
SVC	Switched Virtual Circuits	交换虚电路
STS	Space Time Spreading	空时扩展分集
STBC	Space-Time Block Code	空时块码
SYCH	Synchronization Channel	同步信道
TACS	Total Access Communication System	全接入通信系统
TCAP	Transaction Capabilities Application Part	事务处理能力应用部分
TCM	Trellis Coded Modulation	网格编码调制
TCH	Traffic Channel	业务信道
TDD	Time Division Duplex	时分双工
TDMA	Time Division Multiple Access	时分多址
TD-SCDMA	Time Division-Synchronous Code Division Multiple Access	时分-同步码分多址接入
TH	Time Hopping	跳时
TIA	Telecommunications Industry Association	电信工业协会
TMSI	Temporary Mobile Subscriber Identity	用户的临时识别码
TTI	Transmission Time Interval	传输时间间隔
TUP	Telephone User Part	电话用户部分
UDN	Ultra Dense Network	超密集组网
UE	User Equipment	用户设备
UIM	User Identity Module	用户识别模块
UMTS	Universal Mobile Telecommunication System	通用移动电信系统
UTRA	Universal Terrestrial Radio Access	通用陆地无线接入
VLR	Visitor Location Register	访问位置寄存器
WCDMA	Wideband Code Division Multiple Access	宽带码分多址接入
WiMAX	Worldwide interoperability for Microwave Access	全球微波互连接入